DELIUS KLASING

Herausgeber: R. Etzold

Martynn Randall

# So wird's gemacht

pflegen – warten – reparieren

Übertragen und bearbeitet
von Udo Stünkel

**Band 163**

**Mazda MX-5 (NA & NB)**

**Benziner**
1,6 l (1597 $cm^3$)
1,8 l (1840 $cm^3$)

Delius Klasing Verlag

Die englische Originalausgabe mit dem Titel »Madza MX-5 Owners Workshop Manual« erschien 2014
bei Haynes Publishing.

Autor: Martynn Randall

Bibliografische Information der Deutschen Nationalbibliothek
Die Deutsche Nationalbibliothek verzeichnet diese Publikation
in der Deutschen Nationalbibliografie; detaillierte bibliografische
Daten sind im Internet über http://dnb.dnb.de abrufbar.

1. Auflage
ISBN 978-3-667-11573-7
Die Rechte für die deutsche Ausgabe liegen beim Verlag
Delius Klasing & Co. KG, Bielefeld.

Übertragen und bearbeitet von Udo Stünkel
Lektorat: Hanno Vienken
Umschlaggestaltung: Gabriele Engel
Satz: Bernd Pettke · Digitale Dienste, Bielefeld
Printed in Malaysia 2019



Delius Klasing Verlag, Siekerwall 21, D - 33602 Bielefeld
Tel.: 0521/559-0, Fax: 0521/559-115
E-Mail: info@delius-klasing.de
www.delius-klasing.de

# Inhalt

Einleitung . . . 7
Sicherheit geht vor! . . . 8

**Straßenrand-Reparaturen**
Motor startet nicht . . . 10
Starthilfe . . . 11
Radwechsel . . . 12
Undichtigkeiten . . . 13
Abschleppen . . . 14

**Wöchentliche Kontrollen**
Einleitung . . . 14
Motorraum-Checkpunkte . . . 15
Motorölpegel . . . 16
Kühlmittelpegel . . . 16
Bremsflüssigkeit . . . 17
Servolenkungsöl . . . 18
Kupplungsflüssigkeit . . . 18
Wischwasserpegel . . . 19
Reifen – Zustand und Luftdruck . . . 19
Reifenverschleißmuster . . . 20
Scheibenwischer . . . 21
Batterie . . . 22
Lampen und Sicherungen . . . 23

**Schmierstoffe und Flüssigkeiten** . . . 24
**Reifen-Luftdruck** . . . 24

**Kapitel 1 – Einstellungs- und Wartungsarbeiten**
Technische Daten . . . 26
Wartungsplan . . . 27
Lage der Baugruppen . . . 28
Wartungsarbeiten . . . 30

**Kapitel 2, Teil A**
Reparaturen am eingebauten Motor . . . 44

**Kapitel 2, Teil B**
Motor – Ausbau und Überholarbeiten . . . 67

**Kapitel 3**
Kühlsystem, Heizung und Klimaanlage . . . 82

**Kapitel 4, Teil A**
Kraftstoffsystem und Auspuffanlage . . . 96

**Kapitel 4, Teil B**
Schadstoff-Begrenzungssysteme . . . 113

**Kapitel 5, Teil A**
Anlasser- und Ladesysteme . . . 117

**Kapitel 5, Teil B**
Zündsystem . . . 123

**Kapitel 6**
Kupplung . . . 128

**Kapitel 7**
Schaltgetriebe . . . 138

**Kapitel 8**
Antriebswellen, Achsdifferenzial und Kardanwelle . . . 145

**Kapitel 9**
Bremsanlage . . . 154

**Kapitel 10**
Radaufhängung und Lenkung ........ 173

**Kapitel 11**
Karosserie und Innenausstattung ........ 192

**Kapitel 12**
Fahrzeug-Elektrik ........ 225

**Schaltpläne**
NA-Modelle bis 1997 ........ 254
NB-Modelle 1998 bis 1999 ........ 259
NB-Modelle ab 2000 ........ 265

**Anhang**
Technische Daten ........ 273
Ersatzteilkauf ........ 273
Fahrzeug-Identifikation ........ 273
Allgemeine Reparaturarbeiten ........ 274
Anheben und Abstützen ........ 275
Werkzeug und Werkstatt-Ausrüstung ........ 276
Hauptuntersuchungs-Vorbereitung ........ 280
Fehlersuche ........ 286

## Einleitung

Der im Februar 1989 auf der Chicago Auto-Show präsentierte Mazda MX-5 war zunächst ausschließlich mit einem 1,6 l-Benzinmotor erhältlich. Mit seiner klassischen Frontmotor/Heckantrieb-Konfiguration wurde der zweisitzige Roadster ein überraschender Verkaufserfolg; dieser war nicht nur auf sein attraktives Design, sondern vor allem auf sein hervorragendes Fahrverhalten zurückzuführen. 1994 ergänzte ein 1,8 l-Motor die Baureihe, während der 1,6 l-Motor ab 1995 in der Leistung reduziert wurde, um die Abgasnorm Euro 2 zu erfüllen.
Ab Januar 1998 erschien die zweite Generation des MX-5 mit dem Produktionscode NB. Seine gesamte Karosserie war überarbeitet worden, doch vor allem fielen die jetzt fest montierten Scheinwerfer auf, mit denen die charakteristischen »Schlafaugen« der Baureihe NA ersetzt wurden. Die Inneneinrichtung wurde etwas luxuriöser, doch das tat der Fahrspaß-Maschine keinen Abbruch. Ende 2000 kam der MX-5 NB-FL mit einem leichten Facelift an Front und Heck, etwas mehr Ausstattung und einem mit variablen Steuerzeiten ausgerüsteten 1,8 l-Motor.
Alle Motoren sind mit zwei obenliegenden Nockenwellen (DOHC) und vier Ventilen je Brennraum ausgerüstet und längs eingebaut. In den USA und Asien wurde kurze Zeit ein (nicht in diesem Handbuch behandelter) 1,8 l-Turbomotor angeboten. Das hinten an den Motor geflanschte Schaltgetriebe leitet die Kraft auf die Hinterachse weiter. Das optional angebotene (und nur selten nachgefragte) Automatikgetriebe wird ebenfalls nicht in diesem Buch behandelt.
Alle Modelle sind vorn und hinten mit einzeln aufgehängten Rädern und Querstabilisatoren ausgerüstet.
Unterschiedliche Ausstattungsvarianten können eine Zentralverriegelung, elektrische Fensterheber, eine Klimaanlage und zahlreiche Airbags enthalten.
Vorausgesetzt, das Fahrzeug wurde und wird regelmäßig entsprechend der Herstellervorgaben gewartet, gilt der MX-5 als zuverlässiges und wirtschaftliches Automobil. Für den Hobbyschrauber ist der MX-5 ein unkompliziert zu wartendes Fahrzeug, bei dem die meisten der regelmäßig Aufmerksamkeit erfordernden Bauteile leicht zugänglich sind.

## Über dieses Handbuch

Der Sinn dieses Buches ist es, Ihnen dabei zu helfen, mit Ihrem Fahrzeug viel Freude zu haben. Diese Hilfe kann auf verschiedenen Wegen geschehen: Sie können entscheiden, welche Arbeiten erledigt werden müssen und was Sie davon selbst ausführen können; Ihnen werden Informationen zur Instandhaltung und Pflege Ihres Autos gegeben; es werden Ihnen Diagnosen und Reparatur-Reihenfolgen angeboten, um Störungen zu beseitigen.
Wir wünschen uns, dass Sie mit diesem Handbuch viele Arbeiten selber erledigen können. Bei vielen simplen Arbeiten kann es einfacher sein, sie selber auszuführen, als einen Werkstatttermin auszumachen und das Auto zum Händler zu bringen und wieder abzuholen. Noch wichtiger ist, dass man schon viel Geld sparen kann, wenn man auch nur einige Vorarbeiten erledigt – noch mehr, wenn man alle Reparaturen selber erledigt. Ebenfalls ein wichtiger Punkt ist das gute Gefühl, das entsteht, wenn man eine Arbeit erfolgreich zu Ende gebracht hat.
Angaben für die rechte oder linke Seite beziehen sich – soweit nicht anders angegeben – auf die Fahrtrichtung. Im ursprünglich bei Haynes in England erschienenen Handbuch wurde ein Rechtslenker-Modell behandelt. Wir haben versucht, alle für Linkslenker relevanten Informationen zu berücksichtigen, dennoch kann es vorkommen, dass auf Fotos manche Bauteile auf der »falschen« Seite angeordnet sind.

## Danksagung

Dank an Draper Tools, die uns einige der gezeigten Werkzeuge zur Verfügung gestellt haben. Wir möchten uns auch bei MX5-Heaven in Dorchester (www.mx5heaven.co.uk) sowie allen Menschen in Sparkford bedanken, die uns bei der Produktion dieses Handbuchs geholfen haben.
**Wir sind stets sehr um die Richtigkeit der Informationen in allen unseren Büchern bemüht, doch es kommt immer wieder vor, dass Fahrzeughersteller während der Produktion technische Veränderungen vornehmen, von denen wir nichts wissen. Autor und Verlag können deshalb keine Verantwortung für fehlende oder falsche Informationen übernehmen, die dem Kunden Schaden oder Verletzungen zugefügt haben.**

## Sicherheit geht vor!

Professionelle Mechaniker haben während ihrer Ausbildung viel über Arbeitssicherheit gelernt. Doch auch der Enthusiast sollte sich bei seinen Tätigkeiten die Zeit nehmen, um sicherzustellen, dass er sich nicht unnötig in Gefahr begibt. Eine kurze Unachtsamkeit kann genauso zu einem Unfall führen wie die Nichtbeachtung simpler Vorsichtsmaßnahmen.
Es gibt unendlich viele Möglichkeiten, einen Unfall herbeizuführen – und es kann hier keine umfassende Liste aller Gefahren wiedergegeben werden; vielmehr soll auf das Risiko hingewiesen und auf eine sichere Herangehensweise an alle Arbeiten am Auto aufmerksam gemacht werden.

### Asbest

- Verschiedene Reibmaterialien, Isolierungen und Dichtungen (z. B. Brems- und Kupplungsbeläge, Kopfdichtungen, Hitzeschilde usw.) können gefährliche Fasern wie Asbest enthalten. Absolute Vorsicht ist beim Einatmen des Staubs solcher Teile geboten, da dieser äußerst gesundheitsschädlich sein kann. Im Zweifelsfall sollte man immer davon ausgehen, dass Asbest enthalten ist.

### Feuer

- Denken Sie immer daran, dass Benzin leicht entzündbar ist. Rauchen Sie niemals bei der Arbeit am Fahrzeug und lassen Sie keine offenen Flammen in die Nähe kommen. Hiermit ist das Feuerrisiko jedoch noch nicht gebannt, denn Funken durch einen elektrischen Kurzschluss, das Aufeinanderschlagen zweier Metallteile, der unbedachte Einsatz von Werkzeugen oder die statische Aufladung des Körpers oder der Kleidung können in geschlossenen Räumen Benzindämpfe entzünden, die sich zu einem hochexplosiven Gemisch entwickelt haben. Verwenden Sie Benzin niemals als Reinigungsmittel, sondern benutzen Sie ungefährlichere Lösungsmittel.
- Trennen Sie vor jeder Arbeit am Kraftstoff- oder Zündsystem den Masseanschluss (–) von der Batterie. Lassen Sie niemals Benzin auf den heißen Motor oder Auspuff tropfen.
- In der Garage oder der Werkstatt muss ein für brennende Flüssigkeiten geeigneter Feuerlöscher griffbereit gehalten werden. Löschen Sie niemals brennendes Benzin oder unter Strom stehende Teile mit Wasser!

### Dämpfe

- Manche Dämpfe sind hochgiftig und können schnell zur Bewusstlosigkeit oder gar zum Tod führen, wenn sie in einer bestimmten Konzentration eingeatmet werden. Benzindämpfe gehören genauso dazu wie Dämpfe von Lösungsmitteln wie Trichlorethylen. Sämtlicher Umgang mit solch flüchtigen Stoffen darf nur in gut belüfteten Bereichen geschehen.
- Bei der Verwendung von Reinigungs- oder Lösungsmitteln müssen stets sorgfältig die Anwendungshinweise durchgelesen werden. Benutzen Sie niemals Stoffe aus unbeschrifteten Behältern und mischen Sie niemals verschiedene an sich harmlose Lösungsmittel – sie können giftige Dämpfe freisetzen.
- Lassen Sie niemals einen Verbrennungsmotor in geschlossenen Räumen laufen. Auspuffgase enthalten Kohlenmonoxid, das extrem giftig ist. Wenn ein Motor gestartet werden muss, hat dies möglichst im Freien zu geschehen, zumindest ist das Auto so hinzustellen, dass der Auspuff nach draußen zeigt.

### Batterie

- Setzen Sie die Batterie nie offenem Feuer oder Funken aus, da sie immer etwas Wasserstoff abgibt, der hochexplosiv ist.
- Trennen Sie vor der Arbeit am Kraftstoff- oder Zündsystem den Masse-Anschluss (–) von der Batterie – außer, die Stromzufuhr wird ausdrücklich verlangt.
- Lockern Sie beim Laden der Batterie die Einfüllstopfen. Laden Sie die Batterie nicht mit einer zu hohen Rate, da sie hierdurch beschädigt wird.
- Beim Auffüllen, Reinigen und Tragen der Batterie ist Vorsicht geboten. Die Batteriesäure ist auch im verdünnten Zustand stark ätzend. Haut- und Augenkontakt muss durch das Tragen von Gummihandschuhen und einer Schutzbrille mit Gesichtsschutz vermieden werden. Muss die Batteriesäure selber vorbereitet werden, darf nur die Säure langsam dem Wasser zugefügt werden – kippen Sie niemals das Wasser in die Säure!

### Elektrizität

- Beim Einsatz von Elektrowerkzeugen, Lampen usw. muss immer ein korrekter Stromanschluss und ggf. Masseanschluss sichergestellt sein. Verwenden Sie keine Elektrogeräte in feuchter Umgebung oder in der Nähe von Benzin oder Benzindämpfen. Achten Sie darauf, dass alle Geräte und das Stromnetz den Sicherheitsstandards entsprechen.
- Einen starken Stromschlag kann man beim Berühren bestimmter Teile der elektrischen Anlage bekommen, so zum Beispiel beim Anfassen der Zündkabel bei laufendem oder durchgedrehtem Motor – und besonders, wenn Bauteile feucht sind oder eine defekte Isolierung haben. Bei elektronischen Zündanlagen kann die Zündspannung lebensgefährlich sein!

### Niemals ...

- den Motor starten, ohne geprüft zu haben, dass sich das Getriebe im Leerlauf befindet.
- plötzlich den Deckel eines heißen Kühlsystems entfernen – sondern ihn mit Lappen abdecken und langsam den Druck ablassen, um sich nicht durch austretendes Kühlmittel zu verbrühen.
- aus einem heißen Motor Öl ablassen, sondern ihn erst etwas abkühlen lassen, um sich nicht zu verbrennen.
- Teile eines heißen Motors oder Auspuffs anfassen, um sich nicht zu verbrennen.
- Bremsflüssigkeit oder Kühlmittel auf Lack oder Kunststoffteile gelangen lassen.
- giftige Flüssigkeiten wie Benzin, Bremsflüssigkeit oder Frostschutzmittel mit dem Mund ansaugen oder auf die Haut gelangen lassen.
- Staub einatmen, der gesundheitsschädlich sein kann (siehe oben unter Asbest).
- Öl oder Fett auf dem Boden belassen, sondern es aufwischen, bevor jemand darauf ausrutscht.
- verschlissene Werkzeuge benutzen, da man damit abrutschen und sich verletzen kann.
- schwere Bauteile allein heben, sondern einen Assistenten zu Hilfe holen.
- in Zeitnot arbeiten oder die Arbeit auf gefährlichen Wegen abkürzen.
- Kinder oder Tieren ermöglichen, sich in der Nähe eines unbeobachteten Fahrzeugs aufzuhalten.
- einen Reifen über den erlaubten Maximaldruck aufpumpen. Abgesehen von der Überlastung der Karkasse kann er in Extremfällen platzen.

### Stets ...

- dafür sorgen, dass das Fahrzeug sicher steht. Besonders wichtig ist dies, wenn das Auto für den Ausbau eines Rades oder einer Radaufhängung aufgebockt wird.
- festsitzende Schrauben oder Muttern vorsichtig lockern. An einem Schlüssel zu ziehen, ist immer besser als ihn zu drücken, damit man beim Abrutschen nicht gegen das Bauteil stößt.

- beim Einsatz von Bohrern, Schleifern und anderen Maschinen eine Schutzbrille tragen.
- beim Arbeiten in schmutzigen Bereichen die Hände mit Schutzcreme versehen, die nicht nur vor Infektionen schützt, sondern auch das Reinigen erleichtert. Längerer Kontakt mit Motoröl kann ein Gesundheitsrisiko sein. Passen Sie auf, dass die Hände durch die Creme nicht rutschig werden.
- Kleidungsstücke wie Ärmel, Halstücher oder lange Haare außerhalb des Arbeitsbereichs beweglicher Teile halten.
- Schmuck und Uhren vor der Arbeit – besonders an elektrischen Bauteilen – ablegen.
- den Arbeitsbereich sauber und geordnet halten, um nicht über herumliegende Teile zu fallen.
- beim Zusammendrücken von Federn für den Aus- oder Einbau, Spannen und Entspannen vorsichtig sein.
- Federn nur mit geeigneten Werkzeugen greifen, die die Feder nicht plötzlich wegspringen lassen.
- aufpassen, dass Hebevorrichtungen genügend Tragkraft für die zu verrichtende Arbeit haben.
- jemanden regelmäßig die Arbeit kontrollieren lassen, wenn man allein am Fahrzeug arbeitet.
- die Arbeit in einer logischen Reihenfolge ausführen und anschließend prüfen, ob alles korrekt montiert und gesichert ist.
- daran denken, dass die Sicherheit des Fahrzeugs auch Ihre eigene Sicherheit und die anderer bedeutet. Bei jedem Zweifel muss professioneller Rat eingeholt werden.
- Da man sich trotz des Befolgens dieser Hinweise verletzen kann, muss dafür gesorgt werden, dass immer jemand (nötigenfalls per Telefon) erreichbar ist, der einem zu Hilfe kommen kann.

# Straßenrand-Reparaturen

Auf den folgenden Seiten werden typische Pannen und Startprobleme behandelt. Detailliertere Fehlersuchen finden sich im Anhang dieses Buchs; Informationen zu Reparaturen sind in den entsprechenden Kapiteln zu finden.

## Motor startet nicht und Anlasser dreht nicht

☐ Öffnen Sie den Kofferraum und prüfen Sie, ob die Batteriekabel sauber sind und fest sitzen.
☐ Schalten Sie das Fahrlicht ein und versuchen Sie, den Motor zu starten – wenn das Licht dabei sehr schwach wird, wird die Batterie wahrscheinlich stark entladen sein. Lassen Sie sich Starthilfe geben (siehe nächste Seite).

## Motor startet nicht, obwohl der Anlasser normal dreht

☐ Befindet sich Kraftstoff im Tank?
☐ Sind elektrische Komponenten im Motorraum feucht? Schalten Sie die Zündung aus und wischen Sie Feuchtigkeit mit einem trockenen Lappen ab. Sprühen Sie Kontakte des Zündsystems und der Kraftstoffversorgung mit wasserverdrängendem Mittel (z. B. WD 40) ein (siehe Abbildungen) – achten Sie dabei besonders auf den Zündspulenstecker und die Zündkabel.

**A** Prüfen Sie bei abgeschalteter Zündung den festen Sitz der Stecker am Drosselklappengehäuse …

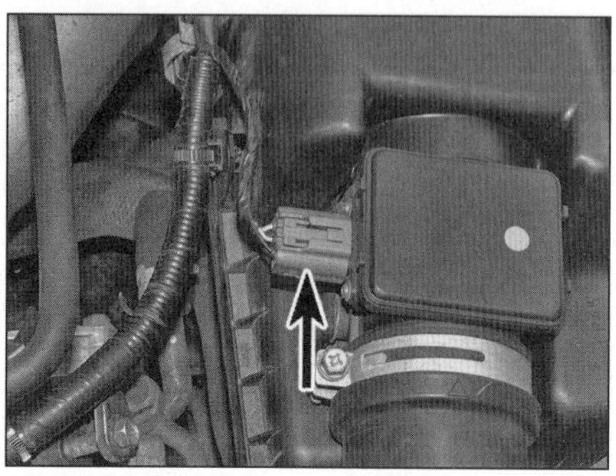

**B** … und am Luftmassenmesser.

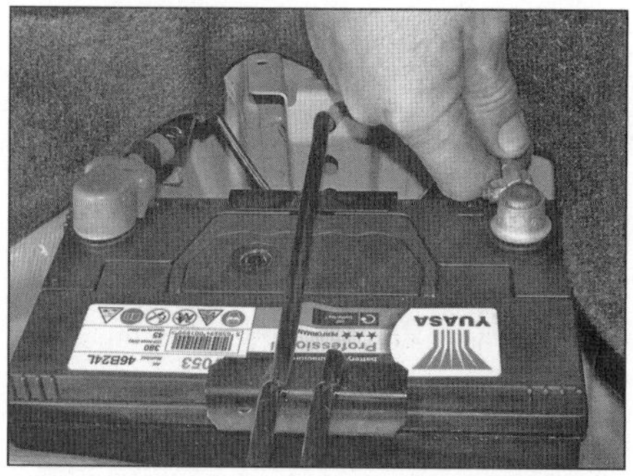

**C** Kontrollieren Sie die Festigkeit und den Zustand der Batterieanschlüsse (rechts im Kofferraum).

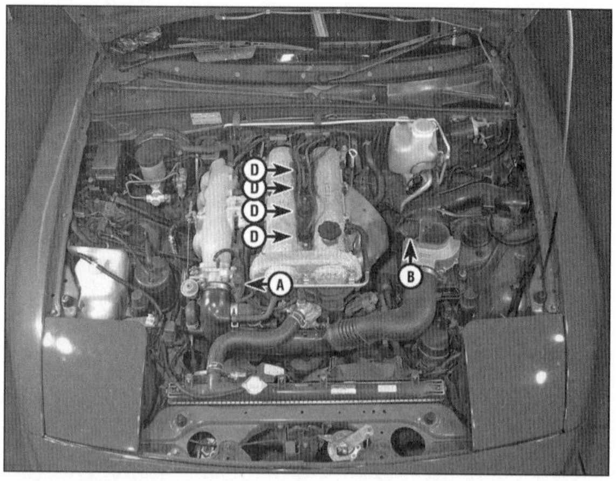


Bei ausgeschalteter Zündung muss geprüft werden, ob alle elektrischen Anschlüsse sicher verbunden sind. Sprühen Sie alle Kontakte mit wasserverdrängendem Mittel (z. B. WD 40) ein, falls Feuchtigkeit das Problem sein kann.

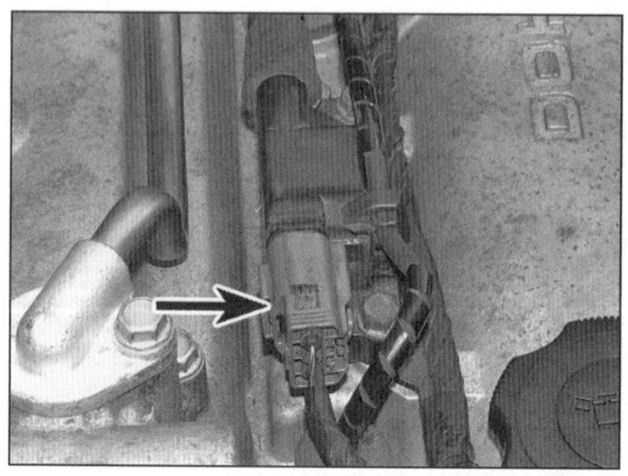

**D** Prüfen Sie, ob die Zündspulenstecker fest auf den Kerzensteckern und diese korrekt auf den Zündkerzen sitzen.

**Praxis-Tipp**

***Starthilfe bringt den Wagen zwar erst einmal wieder in Fahrt, doch muss der Fehler umgehend behoben werden, der die Batterie zum Schwächeln brachte. Es gibt drei Möglichkeiten:***

***1** Die Batterie wurde durch wiederholte Startversuche oder Anlassen der Beleuchtung entleert.*

***2** Das Ladesystem funktioniert nicht richtig (Keilrippenriemen locker oder gerissen, Kabel mit Kontaktproblemen, Lichtmaschine selbst defekt).*

***3** Die Batterie ist defekt (Säurepegel niedrig oder physikalische Schäden).*

**Beim Überbrücken eines Fahrzeugs mithilfe einer Fremdbatterie müssen die folgenden Vorsichtsmaßnahmen berücksichtigt werden:**

✓ Vor dem Anklemmen der Fremdbatterie muss die Zündung ausgeschaltet werden.

## Starthilfe

**Achtung: Ziehen Sie den Zündschlüssel ab, falls die Zentralverriegelung beim Anschließen der Fremdbatterie das Fahrzeug verriegelt.**

✓ Sämtliche elektrischen Verbraucher (Licht, Lüftung, Scheibenwischer etc.) müssen abgeschaltet sein.
✓ Alle auf der Batterie zu findenden Sicherheitshinweise müssen beachtet werden.
✓ Die Fremdbatterie muss die gleiche Spannung haben wie die Fahrzeugbatterie.
✓ Falls die Fremdbatterie in einem anderen Auto eingebaut ist, dürfen sich die beiden Autos keinesfalls berühren.
✓ Das Getriebe muss sich im Leerlauf befinden.

**Praxis-Tipp**

***Verwenden Sie ausreichend dimensionierte Überbrückungskabel. Die beträchtlichen Strommengen können dünne Kabel sehr heiß werden lassen.***

**1** Entfernen Sie ggf. die Abdeckung der rechts im Kofferraum sitzenden Batterie und verbinden Sie eine Klemme des roten Überbrückungskabels mit dem Pluspol (+) der leeren Batterie.

**2** Die andere Klemme des roten Überbrückungskabels wird mit dem Pluspol (+) der Starthilfebatterie verbunden.

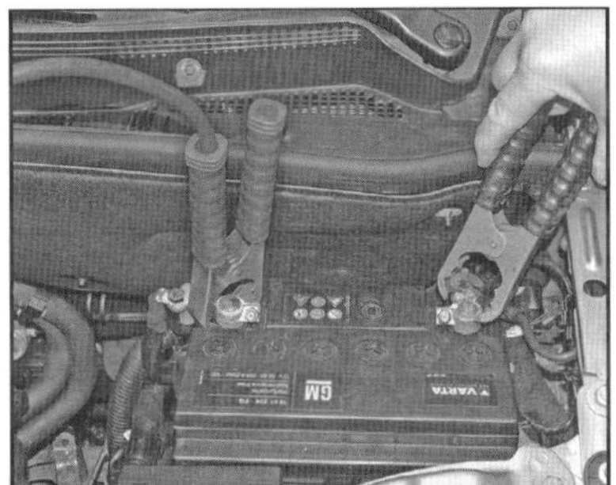

**3** Eine Klemme des schwarzen Überbrückungskabels wird mit dem Minuspol (–) der Starthilfebatterie verbunden.

**4** Die andere Klemme des schwarzen Überbrückungskabels wird möglichst weit entfernt von der Batterie mit einer Schraube oder einem blanken Halter des zu startenden Motors verbunden.

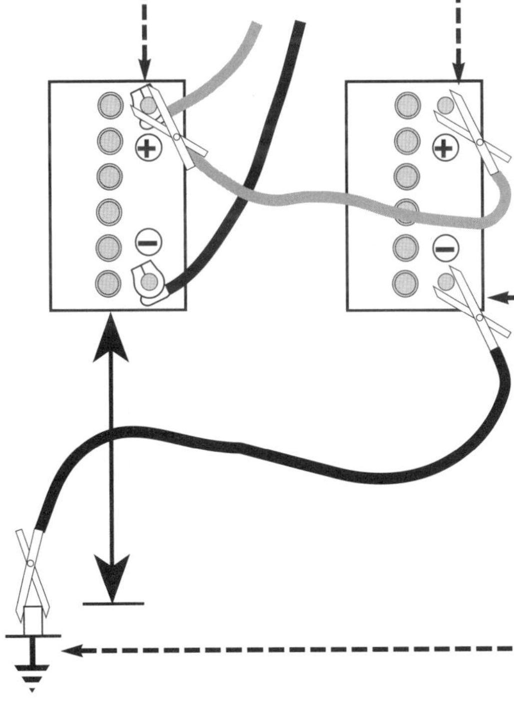

**5** Starten Sie den Motor mithilfe der Fremdbatterie und lassen Sie ihn im erhöhten Standgas laufen. Trennen Sie die Überbrückungskabel in exakt der umgeehrten Anschluss-Reihenfolge. Installieren Sie alle entfernten Batterie-Abdeckungen.

## Radwechsel

***Warnung:** Ein Radwechsel darf niemals in Situationen durchgeführt werden, wo ein Gefährdungsrisiko durch andere Verkehrsteilnehmer besteht. An belebten Straßen muss versucht werden, in einer Parkbucht oder einer Einfahrt zu halten. Bei Radwechsel muss der Verkehr stets beobachtet werden – bei der Arbeit kann man leicht abgelenkt werden.*

## Vorbereitung

- ☐ Sobald ein Druckverlust bemerkt wird, muss angehalten werden, solange dies gefahrlos möglich ist.
- ☐ Gestoppt werden muss möglichst auf einem ebenen Untergrund und abseits des Verkehrs.
- ☐ Falls nötig, muss die Warnblinkanlage eingeschaltet werden.
- ☐ Falls das Fahrzeug am Straßenrand steht, müssen andere Verkehrsteilnehmer mithilfe des Warndreiecks gewarnt werden.
- ☐ Ziehen Sie die Handbremse an und legen Sie den ersten oder den Rückwärtsgang ein.
- ☐ Das dem Plattfuß diagonal gegenüberliegende Rad muss verkeilt werden – ein paar größere Steine reichen aus.
- ☐ Auf weichem Untergrund muss die Last unterhalb des Wagenhebers mit einem Stück Holz oder Ähnlichem verteilt werden.

## Austausch der Räder

**1 Das Reserverad und das Bordwerkzeug befinden sich im Kofferraum.**

**2 Klappen Sie bei NB-Modellen (ab 1998) den Bodenbelag zurück und heben Sie die Abdeckung ab.**

**3 Lösen Sie die Schraube und die Mutter und heben Sie das Bordwerkzeug und das Reserverad heraus.**

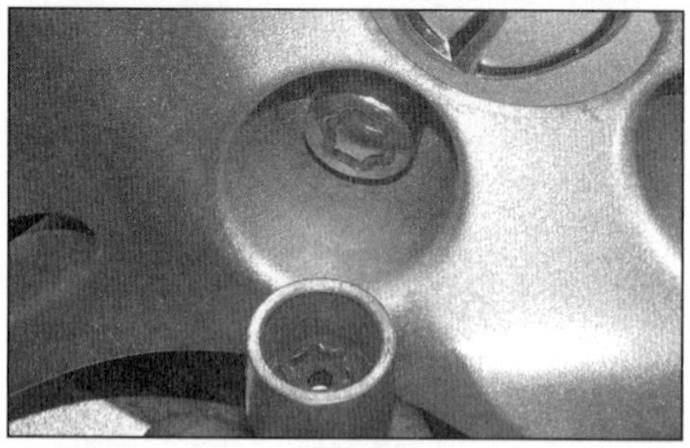

**4 Hebeln Sie ggf. die Radkappe oder die Radmuttern-Abdeckungen ab. Alufelgen sind oft mit diebstahlsicheren Muttern befestigt, die mit einem speziellen Steckschlüssel aus dem Handschuhfach oder dem Werkzeugset gelöst werden können.**

**5 Lockern Sie bei noch auf dem Boden stehendem Rad die Muttern um etwa eine halbe Umdrehung. Falls sie sehr fest sitzen, darf man sich nicht auf den Schlüssel stellen, sondern muss sich um ein längeres Werkzeug kümmern und damit einen neuen Versuch starten.**

**6 Positionieren Sie den Wagenheber unter einer der zwei markierten Verstärkung des Schwellers und heben Sie das Fahrzeug an, bis das Rad nicht mehr den Boden berührt.**

**7 Lösen Sie die Radmuttern vollständig und entnehmen Sie das Rad.**

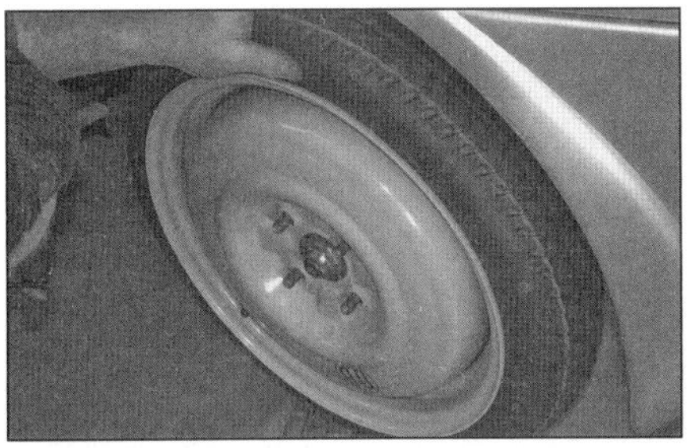

**8 Setzen Sie das Reserverad an der Radnabe an, installieren Sie die Muttern handfest und senken Sie das Fahrzeug ab. Ziehen Sie die Radmuttern über Kreuz fest an und montieren Sie ggf. die Radkappe. Verstauen Sie das defekte Rad und das Werkzeug in der Radmulde unter dem Kofferraum.**

## Zum Schluss ...

- ☐ ... wird der Keil entfernt.
- ☐ ... wird der Luftdruck des soeben montierten Rades geprüft. Falls er niedrig ist oder kein Messgerät zur Hand ist, muss langsam zur nächsten Werkstatt oder Tankstelle gefahren werden, um dort den Reifen aufzupumpen.
- ☐ ... werden die Radmuttern bei nächster Gelegenheit gelockert und mit dem korrekten Drehmoment (110 Nm) angezogen.
- ☐ ... wird der defekte Reifen möglichst bald repariert oder ausgetauscht.

**Anmerkung:** *Einige Modelle sind mit einem speziellen Not-Reserverad ausgerüstet, das nur für kurze Strecken mit geringer Geschwindigkeit (80 km/h) eingesetzt werden darf und möglichst bald durch das reparierte Laufrad ersetzt werden muss.*

## Undichtigkeiten

Pfützen auf dem Garagenboden oder in der Einfahrt, eine triefende Motorhaube und eine komplett durchfeuchtete Fahrzeug-Unterseite weisen auf Lecks hin, die abgedichtet werden müssen. Manchmal ist es nicht einfach, die Quelle zu entdecken (vor allem, wenn der Motorraum und die Unterseite stark verschmutzt sind. Fahrtwind-Verwirbelungen tragen ebenfalls dazu bei, die Ursache zu verschleiern.

⚠ ***Warnung: Die meisten im Fahrzeug verwendeten Schmiermittel und Flüssigkeiten sind giftig! Falls man mit ihnen in Berührung kommt, muss kontaminierte Bekleidung unverzüglich ausgezogen und verunreinigte Haut abgewaschen werden.***

***Praxis-Tipp***

***Der Geruch der aus dem Auto tropfenden Flüssigkeit kann Hinweise auf deren Ursprung geben. Manche Flüssigkeiten haben auch eine spezielle Farbe. Um den Austrittspunkt zu bestimmen, kann hilfreich sein, den Motorraum und den Unterboden sorgfältig zu reinigen und über Nacht sauberes Papier unter das Auto zu legen.***
***Manche Flüssigkeiten treten allerdings nur aus, wenn der Motor läuft und/oder das Fahrzeug bewegt wird.***

## Ölwanne

Motoröl kann an der Ablassschraube ...

## Ölfilter

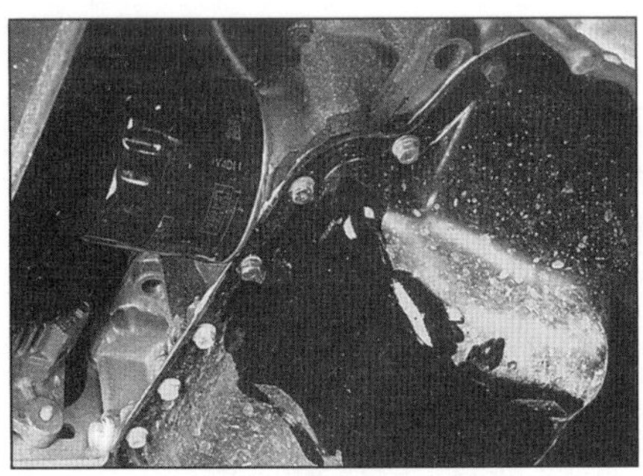

... oder am Ölfilter austreten.

## Getriebeöl

Getriebeöl hat einen speziellen Geruch. Es kann durch die Dichtringe zur Kupplung oder am Kardanwellen-Flansch austreten.

## Frostschutzmittel

Ausgetretenes Kühlmittel hinterlässt oft kristalline Ablagerungen.

## Bremsflüssigkeit

Flüssigkeit im Bereich der Radaufhängungen stammt mit großer Sicherheit aus der Bremse.

## Servolenkung-Hydraulikflüssigkeit

Diese Flüssigkeit tritt zumeist an den Anschlüssen am Lenkgetriebe aus.

## Abschleppen

Wenn nichts mehr geht, muss das Auto abgeschleppt werden. Lange Strecken sollten nur von einem professionellen Abschleppdienst bewältigt werden. Kurze Strecken können mithilfe eines anderen Autos erledigt werden – dabei sind folgende Hinweise zu beachten:

- ☐ Abschleppen darf nur mit einem speziellen Abschleppseil oder einer Abschleppstange erfolgen. Bei beiden Fahrzeuge müssen die Warnblinkanlagen eingeschaltet sein.
- ☐ Beim gezogenen Fahrzeug muss der Zündschlüssel so weit gedreht werden, bis das Lenkschloss entriegelt ist und die Bremsleuchten funktionieren.
- ☐ Die Abschleppöse ist zusammen mit dem Bordwerkzeug in der Reserveradmulde verstaut. Entfernen Sie die Abdeckung aus der entsprechenden Stoßstange, drehen Sie die Öse in das dahinter sitzende Gewinde und ziehen Sie sie fest an (siehe Abbildung).
- ☐ Das Abschleppseil oder die Abschleppstange darf nur an der Abschleppöse befestigt werden.
- ☐ Vor dem Abschleppen muss die Handbremse gelöst und der Leerlauf eingelegt sein.
- ☐ Weil die Bremskraftverstärkung des Motors fehlt, muss mit erhöhtem Pedaldruck beim Bremsen gerechnet werden.
- ☐ Auch die Lenkung wird bei einer nicht funktionierenden Servolenkung deutlich schwergängiger.
- ☐ Der Fahrer des gezogenen Fahrzeugs muss stets dafür sorgen, dass das Abschleppseil gespannt ist.
- ☐ Beide Fahrer müssen vor Abfahrt die Route besprechen.
- ☐ Das Tempo muss moderat sein, die abzuschleppende Distanz möglichst gering. Der Fahrer des Zugfahrzeugs darf nur sanft an Kreuzungen usw. heranfahren.

## Wöchentliche Kontrollen – Einleitung

Es gibt einige sehr simple Checkpunkte, die nur wenige Minuten dauern – aber vor reichlich Unannehmlichkeiten und hohen Kosten schützen können.

Diese »Wöchentlichen Kontrollen« erfordern keine großen Kenntnisse oder Spezialwerkzeuge; und das bisschen Zeit für ihre Ausführung kann eine sehr gute Investition sein. Zum Beispiel:

- ☐ Ein gelegentlicher Blick auf den Zustand und den Luftdruck der Reifen schützt nicht nur vor frühzeitigem Verschleiß und höherem Kraftstoffverbrauch, sondern kann tatsächlich Leben retten.
- ☐ Viele Pannen sind auf Elektrikprobleme zurückzuführen. Besonders häufig sind defekte Batterien die Ursache. Regelmäßige Schnell-Checks können die Mehrzahl dieser Pannen verhindern.
- ☐ Falls im Bremssystem eine Undichtigkeit auftritt, merkt man dies möglicherweise erst, wenn die Bremse nicht mehr korrekt funktioniert. Eine regelmäßige Kontrolle des Flüssigkeitspegels kann vorzeitig auf Probleme hinweisen.
- ☐ Falls Öl oder Kühlmittel austritt, ist eine Abdichtung des Lecks deutlich billiger als die Reparatur eines Motorschadens.

## Motorraum-Checkpunkte

*(abgebildet sind Rechtslenker-Modelle – einige Bauteile sind bei Linkslenkern anders positioniert.)*

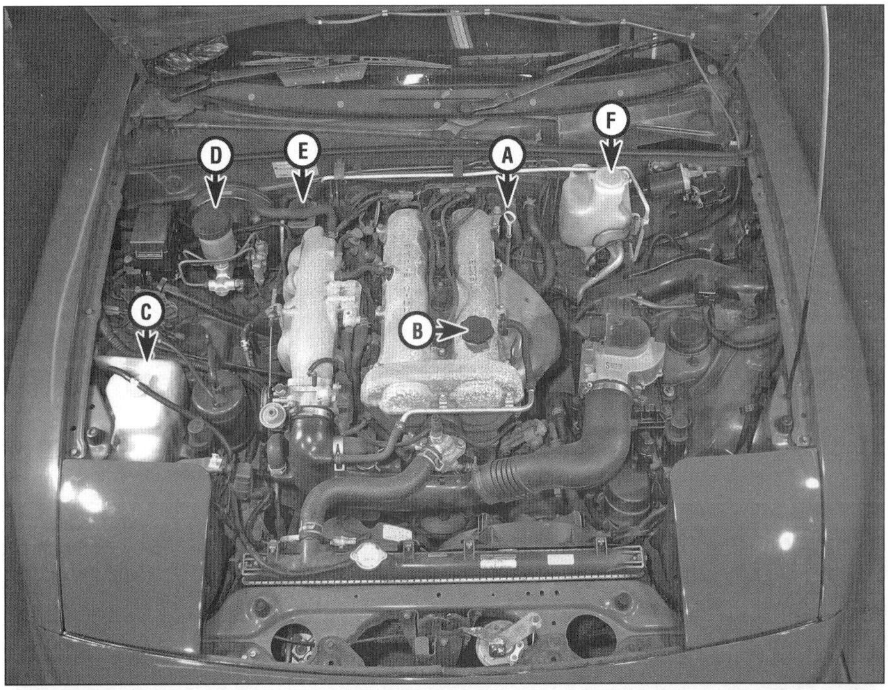


### ◀ 1,6 l Motor

**A** *Motoröl-Peilstab*

**B** *Motoröl-Einfülldeckel*

**C** *Kühlmittel-Ausgleichsbehälter*

**D** *Bremsflüssigkeitsbehälter (bei Linkslenkern auf der anderen Seite)*

**E** *Kupplungsflüssigkeitsbehälter (bei Linkslenkern auf der anderen Seite)*

**F** *Wischwasserbehälter*

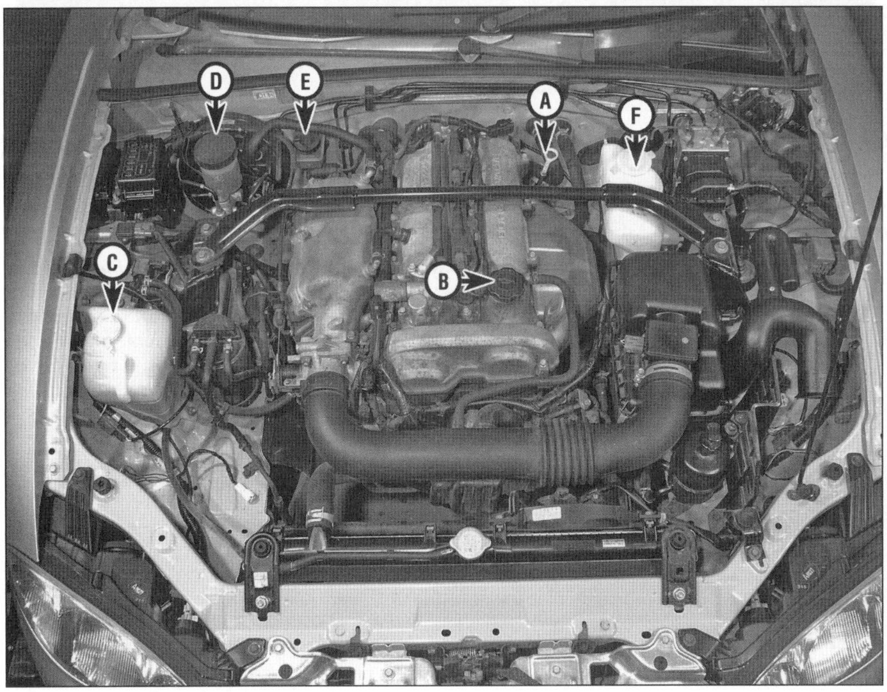


### ◀ 1,8 l Motor (gezeigt am 2000er-Modell)

**A** *Motoröl-Peilstab*

**B** *Motoröl-Einfülldeckel*

**C** *Kühlmittel-Ausgleichsbehälter*

**D** *Bremsflüssigkeitsbehälter (bei Linkslenkern auf der anderen Seite)*

**E** *Kupplungsflüssigkeitsbehälter (bei Linkslenkern auf der anderen Seite)*

**F** *Wischwasserbehälter*

## Motorölpegel

### Vor Beginn:

✓ Das Fahrzeug muss auf einem ebenen Untergrund stehen.
✓ Der Ölpegel sollte vor Fahrtantritt oder mindestens zehn Minuten nach dem Abschalten des Motors kontrolliert werden.

**Praxis-Tipp** ***Falls das Öl direkt nach dem Abschalten des Motors kontrolliert wird, sorgt das noch im oberen Bereich des Motors befindliche Öl dafür, dass am Peilstab möglicherweise ein niedriger Pegel festgestellt wird.***

### Das richtige Öl

Moderne Motoren stellen hohe Ansprüche an ihr Öl. Die von Mazda vorgeschriebenen Schmiermittel finden sich auf Seite 24.

### Vorsichtsmaßnahmen:

- Ein geringer Ölverbrauch ist normal. Falls jedoch regelmäßig Öl nachgefüllt werden muss, sollten die Gründe des Ölverlustes gefunden werden (siehe Praxis-Tipp auf Seite 14). Sind keine Anzeichen von Lecks an Verbindungen und Dichtungen festzustellen, wird das Öl vom Motor verbrannt (siehe Fehlersuche).
- Der Ölpegel muss stets zwischen den beiden Markierungen am Peilstab stehen (Abb. 3). Bei zu niedrigem Pegel können schwere Motorschäden entstehen. Falls das Motoröl überfüllt wird, können Dichtringe und Dichtungen beschädigt werden.

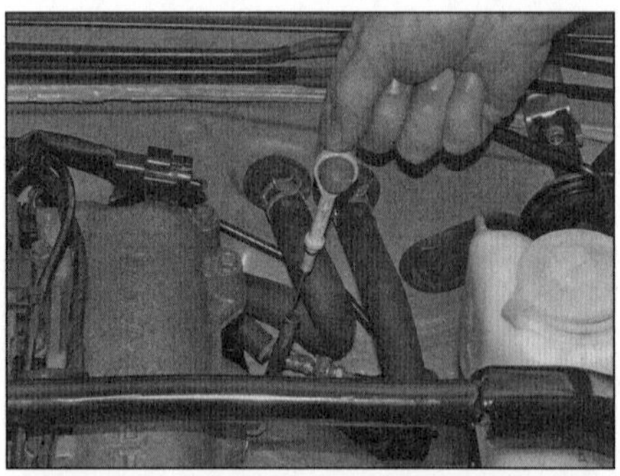

**1 Der hinten am Motor sitzende Peilstab ist durch eine markante Farbgebung (gelb oder orange) oder eine abgebildete Ölkanne gut erkennbar – ziehen Sie ihn heraus.**

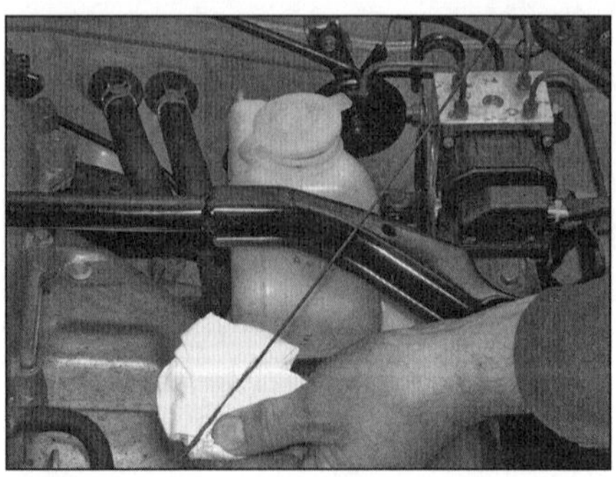

**2 Der Peilstab wird mithilfe eines sauberen Lappens oder Papiertuchs abgewischt und wieder bis zum Anschlag in sein Rohr gesteckt.**

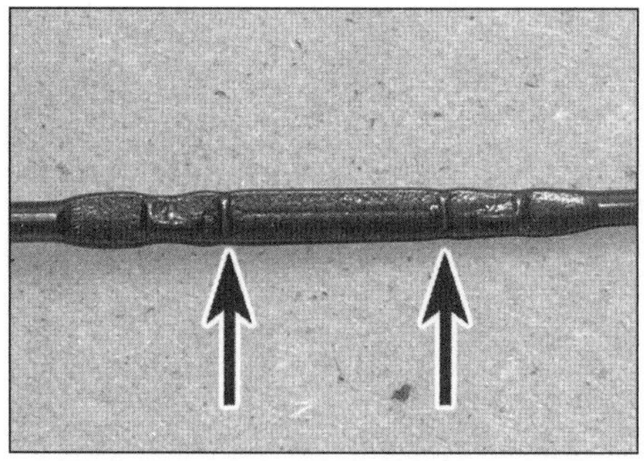

**3 Am unteren Ende des wieder herausgezogenen Peilstabs wird kontrolliert, ob der Ölpegel im Bereich zwischen den beiden Markierungen steht. Die Differenz zwischen der unteren und der oberen Markierung beträgt etwa 0,8 Liter.**

**4 Falls Öl nachgefüllt werden muss, geschieht dies über den Einfülldeckel am Zylinderkopf – nötigenfalls mithilfe eines Trichters. Da das Öl erst durch den Motor laufen muss, sollte vor der erneuten Kontrolle einen Moment gewartet werden. Der Motor darf nicht überfüllt werden (siehe oben).**

## Kühlmittelpegel

***Warnung: NIEMALS darf bei heißem Motor der Deckel des Ausgleichsbehälters entfernt werden, da eine hohe Verbrühungsgefahr besteht. Kühlmittel darf niemals in offenen Behältern gelagert werden – es ist giftig und kann durch seinen süßlichen Geruch Kindern und Tieren zum Verhängnis werden.***

### Vorsichtsmaßnahmen

- Bei einem abgedichteten Kühlsystem sollte nicht regelmäßig Kühlflüssigkeit nachgefüllt werden müssen. Falls der Pegel stetig abfällt, wird wahrscheinlich ein Leck entstanden sein. Überprüfen Sie den Kühler, alle Schläuche und Anschlüsse auf Flecken und Feuchtigkeit. Alle Schäden müssen umgehend behoben werden.
- Es ist wichtig, Frostschutz ganzjährig zu verwenden und nicht nur im Winter. Füllen Sie bei gesunkenem Pegel nicht nur Wasser auf, um die Flüssigkeit nicht zu verdünnen.

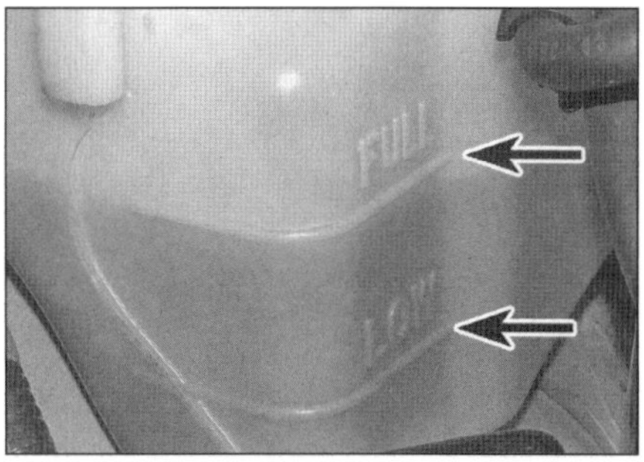


**1 Der Kühlmittelpegel muss zwischen der FULL- und der LOW-Markierung des Ausgleichsbehälters (rechts im Motorraum) liegen.**

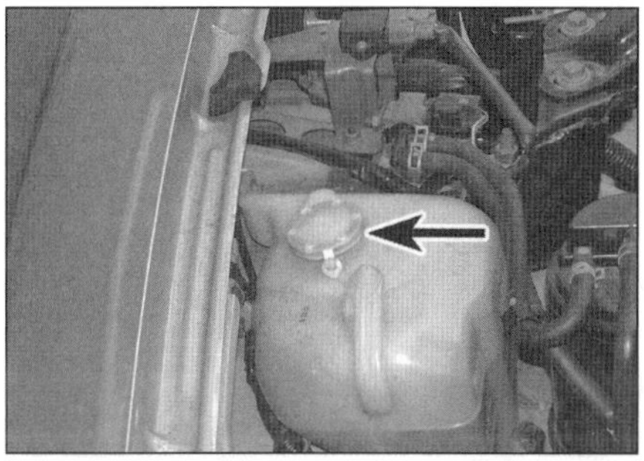

**2 Falls Kühlmittel nachgefüllt werden muss, wird bei abgekühltem Motor der Deckel entfernt.**

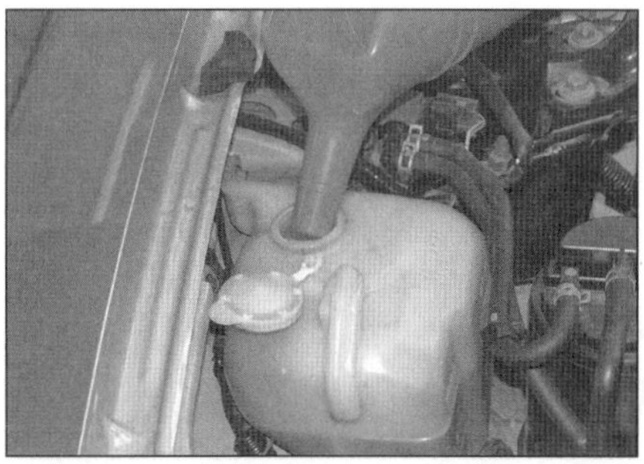

**3 Füllen Sie das aus Wasser und Frostschutzmittel bestehende Kühlmittel bis zur FULL-Markierung auf. Drehen Sie den Deckel fest zu.**

## Bremsflüssigkeit

*Warnung:*

- ***Bremsflüssigkeit kann zu Augenverletzungen führen und Lackoberflächen angreifen, bewahren Sie deshalb beim Umgang hiermit größte Sorgfalt.***
- ***Benutzen Sie keine Bremsflüssigkeit, die längere Zeit offen gestanden hat, da sie Feuchtigkeit aus der Luft absorbiert, was zu einem gefährlichen Verlust an Bremswirkung führen kann.***
- ***Das Fahrzeug muss auf ebenem Untergrund stehen.***
- ***Der Pegel im Ausgleichsbehälter sinkt langsam ab, da die Bremsbeläge verschleißen. Der Pegel darf jedoch NIEMALS unter den MIN-Pegel sinken!***

### Sicherheit geht vor!

- Falls der Ausgleichsbehälter regelmäßig aufgefüllt werden muss, ist dies ein Hinweis auf ein Leck im Hydrauliksystem, das unverzüglich abgedichtet werden muss.
- Falls ein Leck vermutet wird, darf das Fahrzeug nicht gefahren werden, solange das Bremssystem nicht kontrolliert wurde. Schadhafte Bremsen stellen ein extrem hohes Sicherheitsrisiko dar.

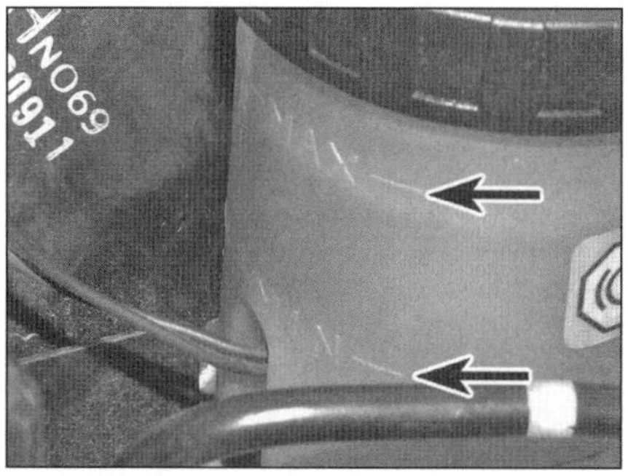

**1 Die MIN- und MAX-Markierungen sind seitlich am Ausgleichsbehälter zu sehen, der sich hinten im Motorraum befindet. Der Bremsflüssigkeitspegel muss stets zwischen diesen beiden Markierungen stehen.**

**2 Falls Hydraulikflüssigkeit nachgefüllt werden muss, sollte zuerst der Bereich um den Einfülldeckel herum abgewischt werden, damit kein Schmutz ins Hydrauliksystem gerät.**

**3 Schrauben Sie den Deckel auf und entnehmen Sie ihn samt der Gummimanschette; vor dem Einfüllen sollte kontrolliert werden, ob sich im Behälter Ablagerungen gebildet haben – in diesem Fall sollte die Bremsflüssigkeit ausgetauscht werden (siehe Kapitel 1, Sektion 18).**

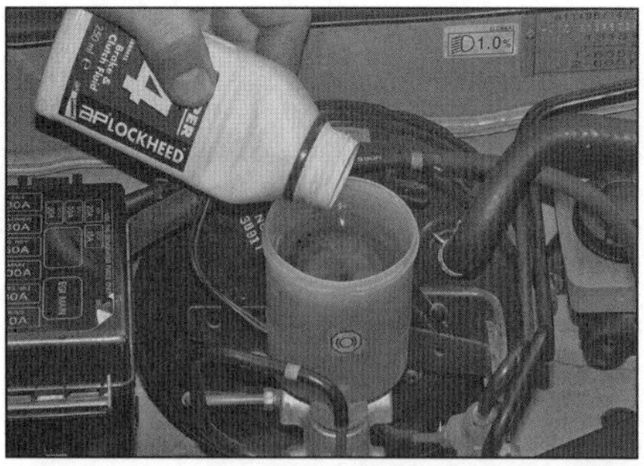

**4 Füllen Sie vorsichtig frische Hydraulikflüssigkeit auf, ohne dass dabei Spritzer auf umliegende Bauteile gelangen. Verwenden Sie ausschließlich Bremsflüssigkeit vom Typ DOT 4 – das Mischen unterschiedlicher Typen kann dem Bremssystem schaden! Nach dem Auffüllen werden die Manschette eingesetzt, der Deckel aufgeschraubt und mögliche Spritzer abgewischt.**

## Servolenkungsöl

- ✓ Das Fahrzeug muss auf ebenem Untergrund stehen.
- ✓ Stellen Sie die Lenkung geradeaus.
- ✓ Der Motor muss abgeschaltet sein.

***Praxis-Tipp*** *Für eine akkurate Kontrolle darf das Lenkrad bei der Prüfung nicht bewegt werden.*

### Sicherheit geht vor!

• Falls der Ausgleichsbehälter regelmäßig aufgefüllt werden muss, ist dies ein Hinweis auf ein Leck im Hydrauliksystem, das unverzüglich abgedichtet werden muss.

**1 Der Ausgleichsbehälter befindet sich vorn im Motorraum. Wischen Sie den Bereich um den Einfüllstutzen sauber und schrauben Sie den Deckel/Peilstab heraus.**

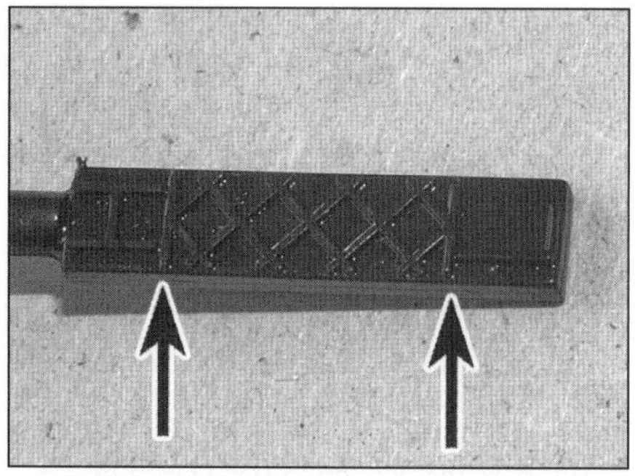

**2 Stecken Sie den Peilstab in den Behälter – aber schrauben Sie ihn nicht ein – und ziehen Sie ihn wieder heraus. Der Pegel muss zwischen H und L stehen.**

**3 Füllen Sie den Ausgleichsbehälter nötigenfalls mit dem korrekten Hydrauliköl (Dexron II) auf und kontrollieren Sie den Pegel erneut. Drehen Sie zum Schluss den Deckel sorgfältig auf.**

## Kupplungsflüssigkeit

*Warnung:*

- ***Hydraulikflüssigkeit kann zu Augenverletzungen führen und Lackoberflächen angreifen, bewahren Sie deshalb beim Umgang hiermit größte Sorgfalt.***
- ***Benutzen Sie keine Bremsflüssigkeit, die längere Zeit offen gestanden hat, da sie Feuchtigkeit aus der Luft absorbiert, was zu einem gefährlichen Verlust an Bremswirkung führen kann.***
- ***Das Fahrzeug muss auf ebenem Untergrund stehen.***
- ***Der Pegel im Ausgleichsbehälter darf niemals unter den MIN-Pegel sinken!***

### Sicherheit geht vor!

• Falls der Ausgleichsbehälter regelmäßig aufgefüllt werden muss, ist dies ein Hinweis auf ein Leck im Hydrauliksystem, das unverzüglich abgedichtet werden muss.

• Falls ein Leck vermutet wird, darf das Fahrzeug nicht gefahren werden, solange die Kupplungshydraulik nicht kontrolliert wurde.

**1 Die MIN- und MAX-Markierungen sind seitlich am Ausgleichsbehälter zu sehen, der sich hinten im Motorraum befindet. Der Bremsflüssigkeitspegel muss stets zwischen diesen beiden Markierungen stehen.**

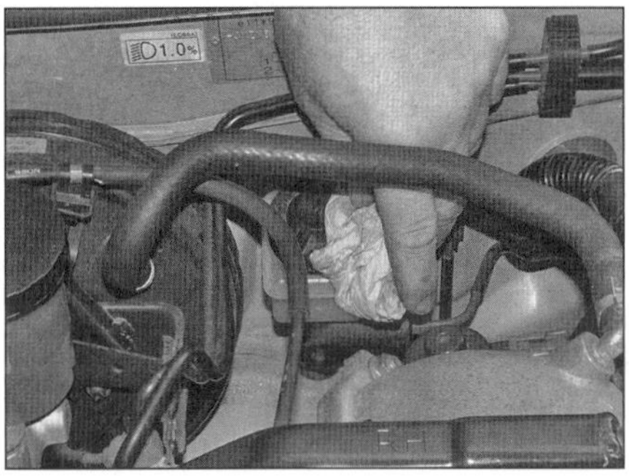

**2 Falls Hydraulikflüssigkeit nachgefüllt werden muss, sollte zuerst der Bereich um den Einfülldeckel herum abgewischt werden, damit kein Schmutz ins Hydrauliksystem gerät.**

**3 Schrauben Sie den Deckel auf und entnehmen Sie ihn.**

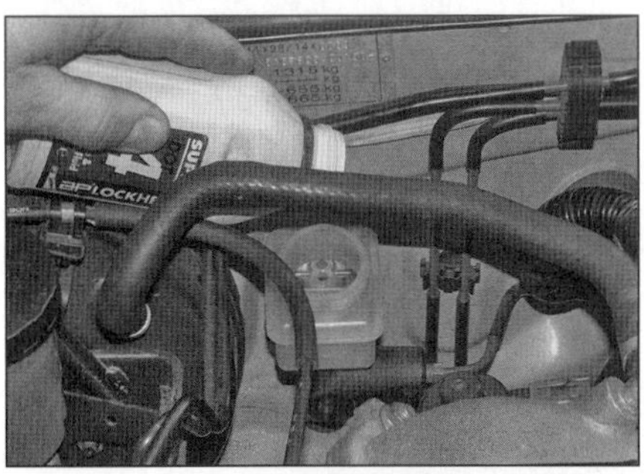

**4 Füllen Sie vorsichtig frische Hydraulikflüssigkeit auf, ohne dass dabei Spritzer auf umliegende Bauteile gelangen. Verwenden Sie ausschließlich Bremsflüssigkeit vom Typ DOT 4 – das Mischen unterschiedlicher Typen kann dem System schaden! Nach dem Auffüllen werden der Deckel aufgeschraubt und mögliche Spritzer abgewischt.**

## Wischwasserpegel*

** Bei Modellen mit Scheinwerfer-Waschsystem wird dies ebenfalls mit dem Wischwasser versorgt.*

• Wischwasserzusätze sorgen nicht nur für klare Sicht durch die Windschutzscheibe, sondern verhindern auch, dass das Wischwasser im Winter einfriert – eine Zeit, in der es am häufigsten gebraucht wird. Daher darf der Behälter niemals mit klarem Wasser nachgefüllt werden.
**Auf keinen Fall darf Kühler-Frostschutzmittel für die Scheibenwaschanlage verwendet werden, da es den Lack des Fahrzeugs angreift!**

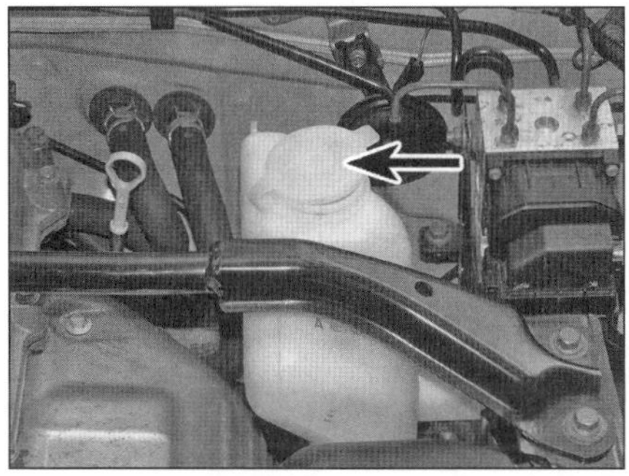

**1 Der Wischwasserbehälter sitzt links vorn im Motorraum. Für die Kontrolle des Pegels muss der Deckel geöffnet und hineingeschaut werden.**

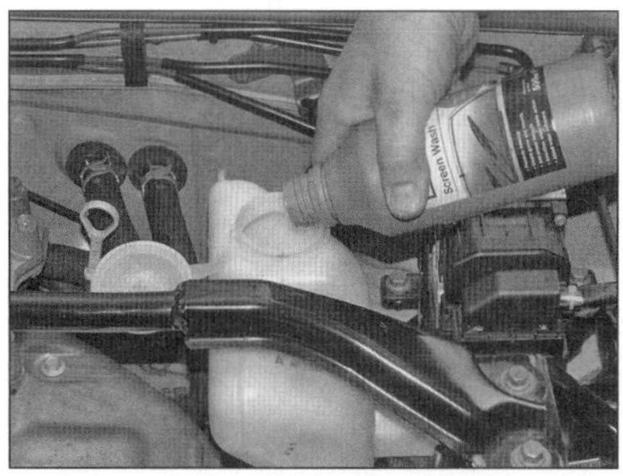


**2 Zum Auffüllen des Behälters muss das korrekte Gemisch aus Wasser und Zusatzmittel verwendet werden.**

## Reifen – Zustand und Luftdruck

Die Reifen müssen sich stets in einem guten Zustand befinden und den korrekten Luftdruck aufweisen – ein Reifenschaden kann bei jeder Geschwindigkeit ein hohes Risiko darstellen. Der Reifenverschleiß hängt stark von der Fahrweise ab – starkes Beschleunigen und Bremsen sowie hohe Kurvengeschwindigkeiten beschleunigen den Verschleiß. Generell gilt, dass bei unterschiedlich abgefahrenen Reifen diejenigen mit der größeren Profiltiefe hinten montiert sein sollten – es wird jedoch empfohlen, alle vier Reifen gleichzeitig auszutauschen.
Entfernen Sie alle Nägel, scharfkantigen Steine und andere Fremdkörper aus dem Reifenprofil, bevor sie sich nach innen arbeiten können. Falls nach dem Entfernen eines Nagels Luft entweicht, muss er wieder hineingesteckt werden, um

die Stelle für eine Reparatur zu markieren. Tauschen Sie das Rad gegen das Reserverad aus und lassen Sie den Reifen unverzüglich reparieren.
Die Seitenwände der Reifen müssen regelmäßig auf Risse oder Beulen überprüft werden. Demontieren Sie die Räder gelegentlich, um sie innen und außen zu reinigen. Kontrollieren Sie regelmäßig die Felgen auf Korrosion und Beschädigungen. Leichtmetallfelgen können leicht beim Überfahren von Bordsteinen beschädigt werden; auch Stahlfelgen können hier verbeult werden. Bei größeren Schäden hilft meistens nur der Austausch der Felge.
Neue Reifen müssen nach der Montage ausgewuchtet werden. Allerdings müssen sie manchmal bei einem gewissen Verschleiß neu gewuchtet werden; das Gleiche gilt, wenn Gewichte verloren gegangen sind. Nicht ausgewuchtete Reifen beeinträchtigen nicht nur den Fahrkomfort, sondern lassen auch Federelemente, die Lenkung und die Reifen selbst schneller verschleißen. Eine Unwucht zeigt sich üblicherweise durch Vibrationen – meistens bei Geschwindigkeiten um 80 km/h herum. Falls diese Vibrationen lediglich im Lenkrad fühlbar sind, sind wahrscheinlich nur die Vorderräder nicht ausgewuchtet. Sind die Vibrationen im gesamten Auto spürbar, werden die Hinterräder nicht ausgewuchtet sein. Räder können bei jedem Reifenhändler ausgewuchtet werden.

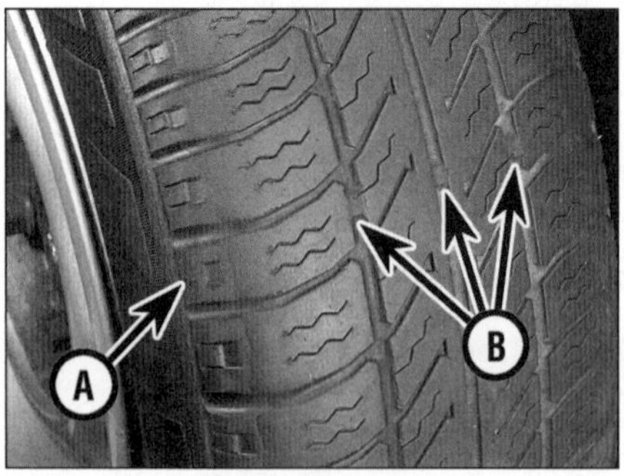


**1 Profiltiefe – Sichtkontrolle**

**Die meisten Reifen besitzen Profiltiefen-Indikatoren (B), auf die an den Flanken mit Dreiecken oder der Bezeichnung TWI hingewiesen wird (A). Diese Indikatoren müssen nicht den vorgeschriebenen 1,6 mm entsprechen!**

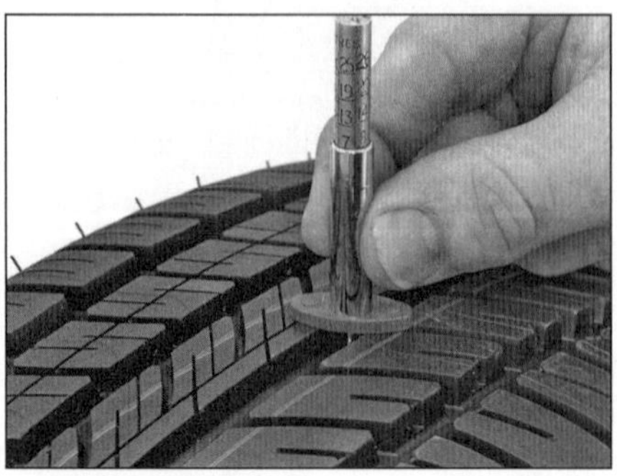

**2 Profiltiefe – Messen**

**Mithilfe eines einfachen und preiswerten Profiltiefen-Messgeräts wird die Profiltiefe an der am stärksten verschlissenen Stelle des Reifens ermittelt – die Polizei wird es bei einer Kontrolle ebenso tun.**

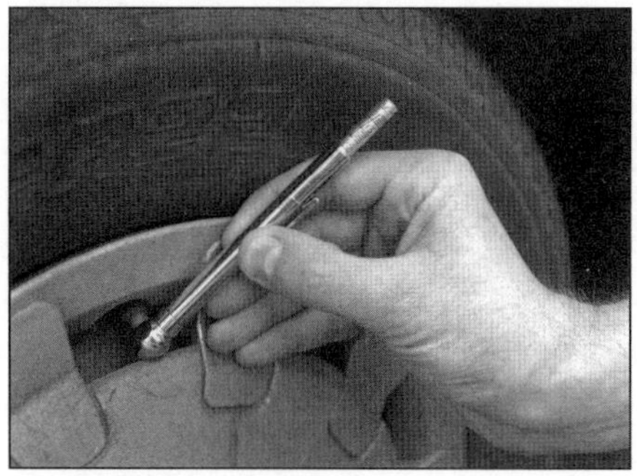

**3 Luftdruck – Kontrolle**

**Der Luftdruck muss bei kaltem Reifen überprüft werden – also nicht direkt nach längerer Fahrt, denn hierbei wird der Reifen warm und der Luftdruck steigt. Der korrekte Druck kann bei geöffneter Fahrertür auf einem Aufkleber an der A-Säule abgelesen werden.**

## Reifenverschleißmuster

### Seitlicher Verschleiß

Zu niedriger Luftdruck (Verschleiß an beiden Rändern)
Geringer Luftdruck sorgt für starke Erwärmung des Reifens, da er während der Fahrt zu stark walkt. Überhitzung kann zum plötzlichen Ausfall des Reifens führen! Da die Lauffläche nicht korrekt auf der Fahrbahn aufliegt, wird die Traktion vermindert und der Verschleiß stark erhöht. *Der Luftdruck muss sofort auf den korrekten Wert gebracht werden!*

**Unkorrekter Sturz (Verschleiß an einer Seite)**
Der Sturzwinkel des Fahrzeugs muss eingestellt werden. Beschädigte Teile des Fahrwerks müssen ersetzt werden.
Hohe Kurvengeschwindigkeiten
Der Reifen kann von der Felge springen! Langsam fahren und bei nächster Gelegenheit den Luftdruck erhöhen!

## Mittiger Verschleiß

**Zu hoher Luftdruck**
Zu hoher Reifendruck erhöht den Verschleiß in der Laufflächenmitte, verringert die Traktion, verschlechtert den Fahrkomfort und erhöht die Gefahr eines plötzlichen Schadens an der Reifenstruktur.
*Der Luftdruck muss sofort auf den korrekten Wert gebracht werden!*

*Falls die Reifen manchmal wegen hoher Reisegeschwindigkeiten stärker aufgepumpt werden müssen, darf nicht vergessen werden, den Druck anschließend wieder auf die normalen Werte abzusenken.*

## Ungleichmäßiger Verschleiß

Vorderreifen verschleißen manchmal aufgrund falscher Spureinstellungen ungleichmäßig. Viele Reifenhändler und Werkstätten sind in der Lage, die Spur zu kontrollieren und korrekt einzustellen.

**Unkorrekter Sturz oder Nachlauf**
Verschlissene oder beschädigte Teile des Fahrwerks müssen ersetzt werden.

**Ungewuchtete Räder**
Die Räder müssen ausgewuchtet werden.

**Unkorrekte Spureinstellung**
Die Spur der Vorderräder muss eingestellt werden.
**Anmerkung:** *Ungleichmäßig verschlissene Profilblöcke, die auf eine unkorrekte Spureinstellung hinweisen, lassen sich am besten per Auge und Fingergefühl ermitteln.*

## Scheibenwischer

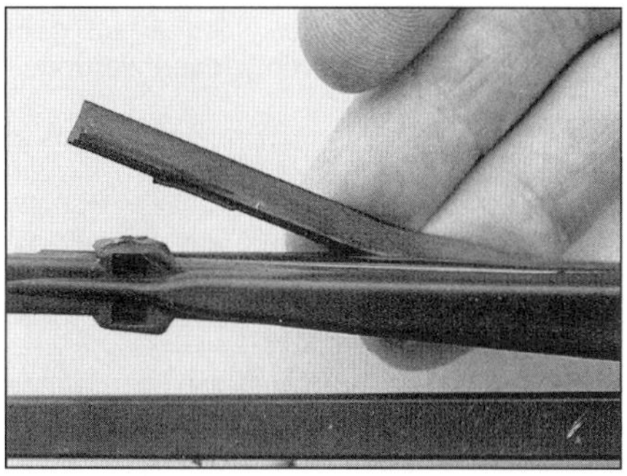

**1 Kontrollieren Sie den Zustand der Wischerblätter. Ist ein Blatt eingerissen oder spröde oder erzeugt es auf der Windschutzscheibe Schlieren, muss es ersetzt werden. Wischerblätter sollten jährlich erneuert werden.**

**2 Um ein Wischerblatt zu demontieren, wird der Wischerarm von der Windschutzscheibe abgehoben, der Scheibenwischer in eine rechtwinklige Position zu ihm geschwenkt und der Halteclip gedrückt, ...**

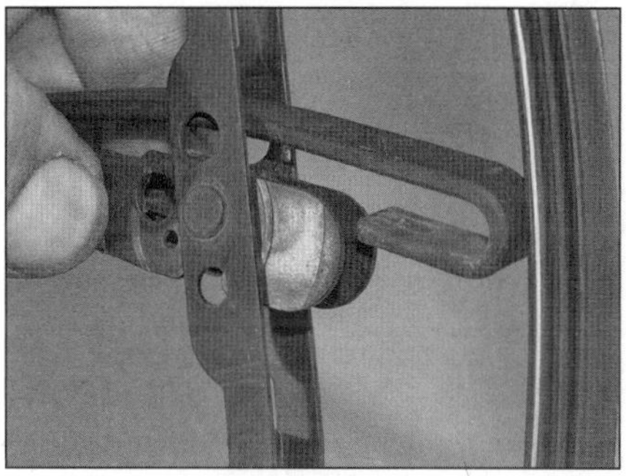

**3 ... um ihn zu befreien.**

## Batterie

**Achtung: Bevor an der Fahrzeugbatterie gearbeitet wird, müssen die Hinweise in der Sektion »Sicherheit geht vor!« am Anfang dieses Kapitels durchgelesen werden.**

✓ Der Batteriehalter muss sich in einem guten Zustand befinden und die Halterung muss fest sitzen. Korrosion am Halter, der Klemme und der Batterie selbst kann mithilfe von Sodalauge entfernt werden, anschließend werden alle gereinigten Bereiche mit Wasser abgespült. Durch Korrosion beschädigte Metallteile sollten umgehend mit Zink-Grundierung behandelt und anschließend lackiert werden.

✓ Etwa vierteljährlich sollte der Ladezustand der Batterie überprüft werden (siehe Kapitel 5A).

✓ Muss das Fahrzeug wegen einer entladenen Batterie überbrückt werden, sind die Hinweise auf Seite 11 zu beachten.

**Praxis-Tipp**

***Korrosion der Batteriepole kann auf ein Minimum reduziert werden, wenn man sie nach dem Anschließen der Kabel mit Polfett oder Vaseline versieht. Für diesen Zweck sind auch Sprays erhältlich. Verwenden Sie kein Fett auf Mineralbasis.***

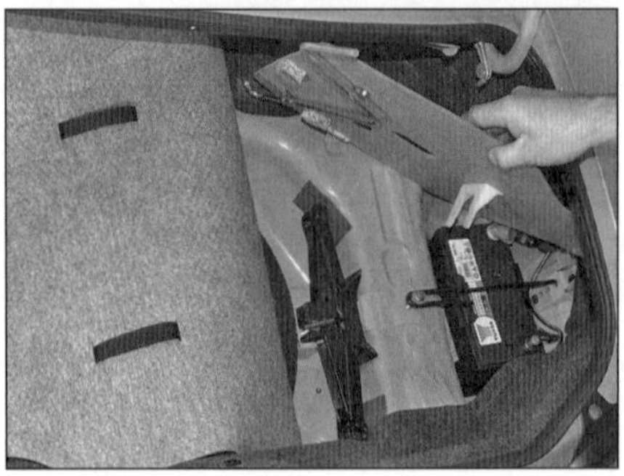

**1 Die Batterie ist rechts im Kofferraum untergebracht. Heben Sie den Teppich an und entfernen Sie ggf. die Batterieabdeckung.**

**2 Prüfen Sie die Festigkeit der Batterieklemmen, um eine gute elektrische Verbindung sicherzustellen.**

**3 Die Anschlüsse dürfen sich nicht von Hand bewegen lassen. Alle Batteriekabel müssen auf Risse in der Isolierung und abgerissene Litzen überprüft werden.**

**4 Falls Korrosion (weiße, flockige Ablagerungen) festgestellt wird, müssen die Kabelklemmen von den Batteriepolen befreit, die Pole mit einer kleinen Drahtbürste gereinigt und die Klemmen wieder gesichert werden. Im Autozubehörhandel sind Werkzeuge erhältlich, mit denen sich sowohl die Batteriepole ...**

**5 ... als auch die Kabelklemmen reinigen lassen.**

## Lampen und Sicherungen

✓ Kontrollieren Sie alle Leuchten außen am Fahrzeug sowie die Hupe. Falls Stromkreise nicht funktionieren, müssen die Hinweise in Kapitel 12, Sektion 2 beachtet werden.
✓ Begutachten Sie alle zugänglichen Kabelstecker sowie die Verkabelungen und ihre Befestigungen auf sichere Anschlüsse und Hinweise auf Scheuerstellen und Beschädigungen.

**Praxis-Tipp**

***Um Bremslichter ohne fremde Hilfe kontrollieren zu können, wird das Fahrzeug rückwärts vor eine helle Wand oder ein Garagentor gefahren und die Bremse betätigt – durch die Reflexionen lässt sich erkennen, ob alle Bremsleuchten funktionieren.***

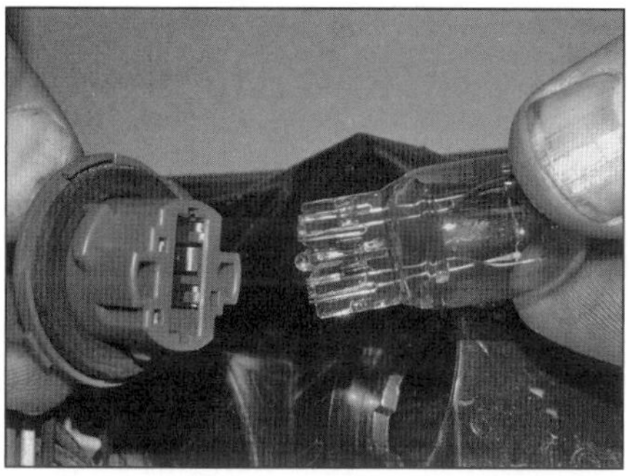

**1 Falls ein einzelner Blinker, ein Bremslicht, ein Standlicht, ein Rücklicht oder ein Scheinwerfer ausfällt, muss wahrscheinlich die Lampe ersetzt werden (siehe Kapitel 12, Sektion 5). Falls alle Bremsleuchten ausfallen, wird wahrscheinlich der Bremslichtschalter defekt sein (siehe Kapitel 12, Sektion 18).**

**2 Falls mehr als ein Blinker oder beide Rücklichter ausfallen, wird wahrscheinlich eine Sicherung durchgebrannt sein oder im Stromkreis ein Defekt vorliegen. Sicherungen befinden sich hinter einer Abdeckung links unten am Armaturenbrett ...**

**3 ... und rechts im Motorraum. Im Deckel kann (auf englisch) abgelesen werden, welche Sicherung für welchen Stromkreis zuständig ist – beachten Sie auch die Schaltpläne am Ende von Kapitel 12.**

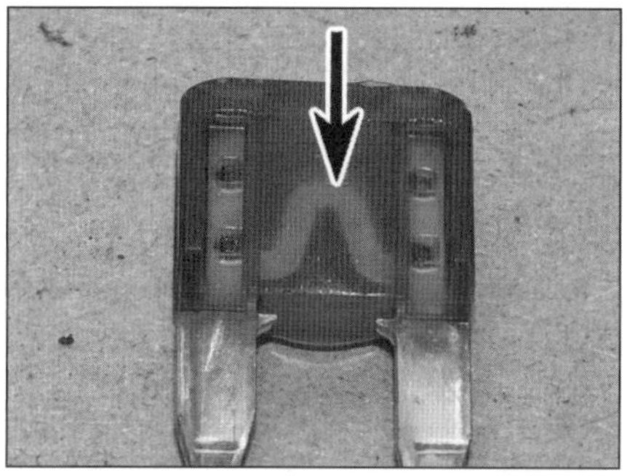

**4 In der Sicherungsbox befinden sich mehrere Sicherungen sowie Ersatzsicherungen. Ziehen Sie mithilfe der beigefügten kleinen Zange die defekte Sicherung heraus und installieren Sie eine gleich starke Ersatzsicherung (siehe Kapitel 12, Sektion 3). Falls die neue Sicherung sofort wieder durchbrennt, muss vor dem Einbau der nächsten Sicherung die Ursache gefunden und beseitigt werden (siehe Kapitel 12, Sektion 2).**

## Schmierstoffe und Flüssigkeiten

| | |
|---|---|
| **Motoröl** | Teilsynthetisches oder synthetisches 10W/40-Mehrbereichsöl der Norm ACEA A3/B4 |
| **Kühlmittel** | Ethylen/Glykol-Frostschutzmittel |
| **Schaltgetriebeöl** | 75W/90 GL4 oder GL5 |
| **Hinterachsantrieb** | SAE 90 GL5 |
| **Brems- und Kupplungsflüssigkeit** | DOT 4-Bremsflüssigkeit |
| **Servolenkungsöl** | Dexron II |

**Auswahl des Motoröls**
Das Motoröl dient nicht nur der Schmierung beweglicher Teile, sondern es unterstützt auch die Kühlung, minimiert den Verschleiß, reinigt Bauteile, steigert die Motorleistung und sorgt für geringen Kraftstoffverbrauch.

**Wie Motoröl funktioniert**
- **Verschleißminderung**

Ohne Öl würden die beweglichen Teile des Motor aneinanderreiben, sich dabei stark erhitzen und schmelzen bzw. miteinander verschweißen – ein rascher Motorschaden wäre die Folge. Motoröl erzeugt zwischen beweglichen Teilen einen Film, der vor Verschleiß und Überhitzung schützt.

- Hotspot-Kühlung

Im Motor können Temperaturen von über 1000 °C entstehen. Das zirkulierende Motoröl dient dabei als Kühlmittel, indem es die Hitze in die Ölwanne transferiert.

- Motorreinigung

Hochwertiges Motoröl reinigt Motorbauteile und nimmt Verbrennungsrückstände auf, um sie im Ölfilter abzulagern. Spezielle Additive sorgen dafür, dass sich kleinste Schwebeteilchen nicht absetzen, sondern im Öl verbleiben und beim nächsten Ölwechsel herausgespült werden.

**Achtung: Motoröl darf nicht mehr verwendet werden und muss in einen auslaufsicheren Behälter gefüllt werden. Jeder Händler, der technische Öle verkauft, ist auch dazu verpflichtet, entsprechende Mengen Altöl zurückzunehmen und zur fachgerechten Entsorgung oder zum Recycling zu bringen. Lassen Sie nie Altöl in die Kanalisation gelangen oder im Boden versickern!**

## Reifen-Luftdruck

Die Luftdruck-Werte sind auf einem Aufkleber hinten in der Fahrertür angegeben.

# Kapitel 1

## Einstellungs- und Wartungsarbeiten

**Inhalt** **Sektion**

Antriebswellenmanschetten – Kontrolle . . . . . . . . . . . . . . . . 9
Auspuffanlage – Kontrolle . . . . . . . . . . . . . . . . . . . . . . . . . 12
Benzingas-Verdunstungsregelung – Kontrolle . . . . . . . . . . 22
Bremsbeläge – Verschleißkontrolle . . . . . . . . . . . . . . . . . . . 8
Bremsflüssigkeit – Austausch. . . . . . . . . . . . . . . . . . . . . . . 18
Bremspedal – Kontrolle und Einstellung. . . . . . . . . . . . . . . . 4
Einleitung . . . . . . . . . . . . . . . . . . . . . . . . . . . . . . . . . . . . . 1
Fernbedienung – Batteriewechsel . . . . . . . . . . . . . . . . . . . 27
Getriebeöl – Pegelkontrolle und Austausch . . . . . . . . . . . . 24
Große Inspektion . . . . . . . . . . . . . . . . . . . . . . . . . . . . . . . . 2
Handbremse – Kontrolle und Einstellung . . . . . . . . . . . . . . 13
Hinterachs-Differenzial – Ölwechsel. . . . . . . . . . . . . . . . . . 25
Keilrippenriemen – Kontrolle und Ersetzen . . . . . . . . . . . . . 6
Kraftstofffilter – Austausch . . . . . . . . . . . . . . . . . . . . . . . . . 23
Kühlflüssigkeit – Austausch . . . . . . . . . . . . . . . . . . . . . . . . 19
Kupplungspedal – Kontrolle und Einstellung . . . . . . . . . . . . 5
Lenkung und Radaufhängungen – Kontrolle . . . . . . . . . . . 10
Luftfilterelement – Ersetzen . . . . . . . . . . . . . . . . . . . . . . . . 20
Motorentlüftungsventil – Kontrolle und Ersetzen . . . . . . . . 21
Motoröl und Ölfilter – Austausch. . . . . . . . . . . . . . . . . . . . . . 3
Motorsteuerung – Kontrolle . . . . . . . . . . . . . . . . . . . . . . . . 17
Probefahrt. . . . . . . . . . . . . . . . . . . . . . . . . . . . . . . . . . . . . 14
Scharniere und Schlösser – Schmieren. . . . . . . . . . . . . . . . 14
Schläuche und Undichtigkeiten – Kontrolle . . . . . . . . . . . . . 7
Unterbodenschutz – Kontrolle . . . . . . . . . . . . . . . . . . . . . . 11
Ventilspiel – Kontrolle und Einstellung . . . . . . . . . . . . . . . . 28
Zahnriemen – Austausch . . . . . . . . . . . . . . . . . . . . . . . . . . 26
Zündkerzen – Ersetzen und Kontrolle des Zündsystems. . 16

# Schwierigkeitsgrade

| | | | | |
|---|---|---|---|---|
| **Leicht.** Geeignet für Anfänger mit wenig Erfahrung. | **Relativ leicht.** Geeignet für Anfänger mit etwas Erfahrung. | **Relativ schwierig.** Geeignet für geübte Selbstschrauber. | **Schwer.** Geeignet für Selbstschrauber mit viel Erfahrung. | **Sehr schwer.** Geeignet für Experten und Profis. |

# Technische Daten

| | | |
|---|---|---|
| **Schmiermittel und Flüssigkeiten** | siehe Wöchentliche Kontrollen | |
| **Füllmengen** | | |
| **Motoröl** (Öl- und Filterwechsel) | | |
| 1,6 l-Motoren | 3,7 Liter | |
| 1,8 l-Motoren | 3,8 Liter | |
| **Kühlsystem** | | |
| Alle Modelle | 6,0 Liter | |
| **Getriebeöl** | | |
| 5.Gang-Modelle | 2,3 Liter | |
| 6.Gang-Modelle | 1,8 Liter | |
| **Hinterachsantrieb** | | |
| 1,6 l-Modelle bis 1993 | 0,65 Liter | |
| 1,6 l-Modelle ab 1994 | 1,0 Liter | |
| 1,8 l-Modelle | 1,0 Liter | |
| **Kraftstofftank** | | |
| NA-Modelle bis 1997 | 45 Liter | |
| NB-Modelle ab 1998 | 50 Liter | |
| **Motor** | | |
| Keilrippenriemen-Spielraum | **Neuer Riemen** | **Gebrauchter Riemen** |
| Modelle bis 1997 | 8 bis 9 mm | 9 bis 10 mm |
| NB-Modelle ab 1998 | | |
| Lichtmaschinen-Riemen | 5,5 bis 7 mm | 6 bis 7,5 mm |
| Servolenkung/Klimaanlage | 8 bis 9 mm | 9 bis 10 mm |
| Ventilspiel ab 1998 (NB) – Motor kalt | **Einlass** | **Auslass** |
| 1,6 l-Motor | 0,17 bis 0,23 mm | 0,27 bis 0,33 mm |
| 1,8 l-Motor | 0,18 bis 0,24 mm | 0,28 bis 0,34 mm |
| **Kühlsystem** | | |
| Frostschutzgemisch (Ethylenglykol) | **Frostschutzmittel** | **Wasser** |
| Frostschutz bis –15 °C | 30 % | 70 % |
| Frostschutz bis –35 °C | 50 % | 50 % |

**Anmerkung:** *Beachten Sie die Hinweise des Herstellers auf der Verpackung.*

| | |
|---|---|
| **Zündsystem** | |
| Zündzeitpunkt | 10 ± 1° vor OT bei Standgas |
| Zündkerzen | Z.B. NGK BKR6E-11 oder BKR5E-11 – erkundigen Sie sich im Fachhandel |
| Elektrodenabstand | 1,0 bis 1,1 mm |
| **Fernbedienung** | |
| Batterie-Typ | CR 2025 |
| **Kupplungspedal** | |
| Gesamt-Pedalhöhe (mit Teppich) | 175 bis 185 mm |
| Spiel | 0,6 bis 3,1 mm |
| Ausrück-Höhe (mit Teppich) – Minimum | 68 mm |
| **Bremsen** | |
| Bremsbelag-Verschleißgrenze | |
| ohne Sportfahrwerk | 1,0 mm |
| mit Sportfahrwerk | 2,0 mm |
| **Anzugsdrehmomente** | **Nm** |
| 5-Gang-Schaltgetriebe | |
| Einfüll-/Kontrollschraube | 35 |
| Ablassschraube | 44 |
| 6-Gang-Schaltgetriebe | |
| Einfüll-/Kontrollschraube | 35 |
| Ablassschraube | 35 |
| Verstärkungsrahmen-Schrauben | |
| NB-Modell ab 1998 | 65 |
| NB-Modell ab 2000 | 105 |
| Hinterachsantrieb | |
| Einfüll-/Kontrollschraube | 44 |
| Ablassschraube | 44 |
| Motoröl-Ablassschraube | 35 |
| Radmuttern | 110 |
| Zündkerzen | 20 |

# Wartungsplan

Die in diesem Handbuch angegebenen Wartungsintervalle beziehen sich darauf, dass der Fahrzeugbesitzer – und nicht die Werkstatt – die Arbeiten durchführt. Es sind die von uns empfohlenen Minimum-Wartungsintervalle für täglich bewegte Fahrzeuge. Wer sein Auto in einem hervorragenden Zustand erhalten will, muss einige dieser Punkte öfter ausführen. Wir empfehlen, alle Wartungen regelmäßig durchzuführen, da hierdurch die Wirtschaftlichkeit, die Leistungsfähigkeit und der Wiederverkaufswert des Fahrzeugs erhalten bleiben. Falls der Wagen viel mit geringem Tempo (viel Stadtverkehr) oder auf kurzen Strecken gefahren wird, empfehlen wir, die Wartungsintervalle zu verkürzen oder gar zu halbieren.

## Alle 400 km oder wöchentlich

☐ Alle »Wöchentlichen Kontrollen«

## Alle 10.000 km oder spätestens nach 6 Monaten

☐ Wechsel des Motoröls und des Ölfilters (Sektion 3)*
*** Anmerkung:** *Der Austausch des Motoröls und des Ölfilters wirkt sich äußerst positiv auf den Motor aus. Wir empfehlen daher, diesen Wechsel mindestens zweimal jährlich durchzuführen – besonders wenn das Fahrzeug viel auf Kurzstrecke eingesetzt wird.*
☐ Kontrolle und Einstellung der Bremspedalhöhe (Sektion 4)
☐ Kontrolle und Einstellung der Kupplungspedalhöhe (Sektion 5)

## Alle 20.000 km oder spätestens nach 12 Monaten

*Führen Sie neben den oben angegebenen Punkten die folgenden aus:*
☐ Kontrolle des Zustands und der Spannung aller Keilrippenriemen (Sektion 6)
☐ Kontrolle der Schläuche auf Undichtigkeiten (Sektion 7)
☐ Kontrolle und ggf. Ersetzen der Bremsbeläge (Sektion 8)
☐ Kontrolle der Antriebswellenmanschetten (Sektion 9)
☐ Kontrolle der Lenkung und der Radaufhängungen (Sektion 10)
☐ Kontrolle des Unterbodens und des Motorraums auf Undichtigkeiten (Sektion 11)
☐ Kontrolle der Auspuffanlage und ihrer Aufnahmen (Sektion 12)
☐ Kontrolle und ggf. Einstellung der Handbremse (Sektion 13)
☐ Schmieren aller Schlösser und Scharniere (Sektion 14)
☐ Probefahrt (Sektion 15)

## Alle 40.000 km oder spätestens nach 2 Jahren

*Führen Sie neben den oben angegebenen Punkten die folgenden aus:*
☐ Austausch der Zündkerzen und Kontrolle der Zündkabel (Sektion 16)
☐ Kontrolle der Motorsteuerung (Sektion 17)
☐ Austausch der Bremsflüssigkeit (Sektion 18)
☐ Austausch des Kühlmittels (Sektion 19)
☐ Austausch des Luftfilterelements (Sektion 20)
☐ Kontrolle des Motorentlüftungs-Ventils (Sektion 21)
☐ Kontrolle des Benzingas-Verdunstungssystems (Sektion 22)
☐ Austausch des Kraftstofffilters (Sektion 23)
☐ Kontrolle des Getriebeöl-Pegels (Sektion 24)
☐ Austausch des Hinterachsantrieb-Öls (Sektion 25)

## Alle 80.000 km oder spätestens nach 4 Jahren

*Führen Sie neben den oben angegebenen Punkten die folgenden aus:*
☐ Austausch des Zahnriemens (Sektion 26)*
☐ Austausch des Getriebeöls (Sektion 24)
☐ Austausch der Fernbedienungs-Batterie (Sektion 27)
☐ Kontrolle des Ventilspiels (Sektion 28)
*** Anmerkung:** *Auch wenn Mazda den Austausch des Zahnriemens erst nach 90 000 km vorschreibt, empfiehlt sich ein Austausch nach 80 000 km. Bedenken Sie, dass bei einem im Betrieb reißenden Zahnriemen mit schweren Motorschäden gerechnet werden muss.*

# Lage der Baugruppen

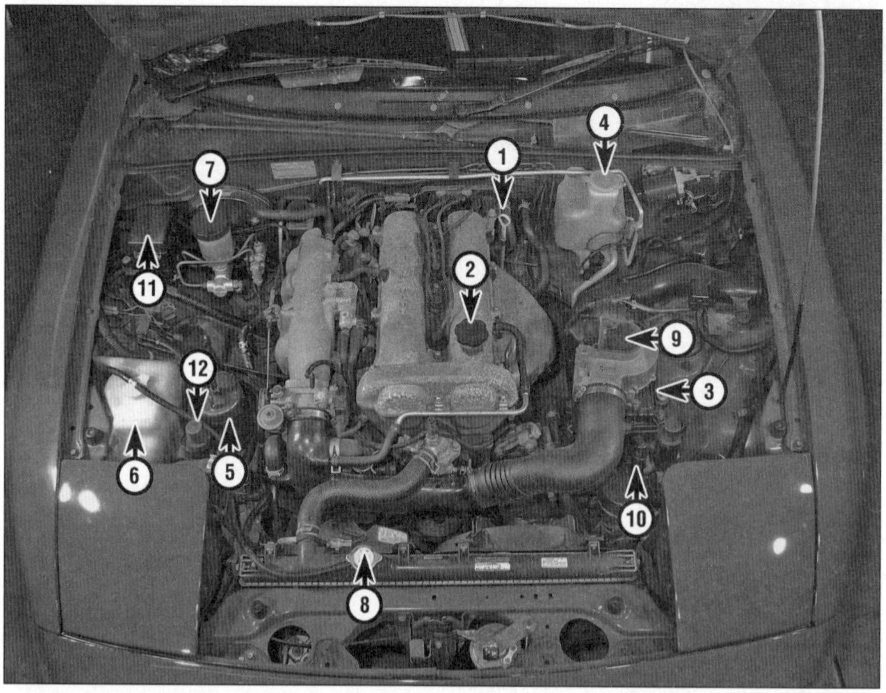


**Motorraum –
NA-Modelle bis 1997**

1 *Motoröl-Peilstab*
2 *Motoröl-Einfülldeckel*
3 *Luftfiltergehäuse*
4 *Wischwasserbehälter (bei Linkslenkern auf der anderen Seite)*
5 *Aktivkohlebehälter*
6 *Kühlmittel-Ausgleichsbehälter*
7 *Bremsflüssigkeitsbehälter (bei Linkslenkern auf der anderen Seite)*
8 *Kühlerdeckel/Druckventil*
9 *Luftmassen-Sensor*
10 *Servolenkungsöl-Peilstab*
11 *Motorraum-Sicherungsbox*
12 *Manuelle Klappscheinwerfer-Sperre*

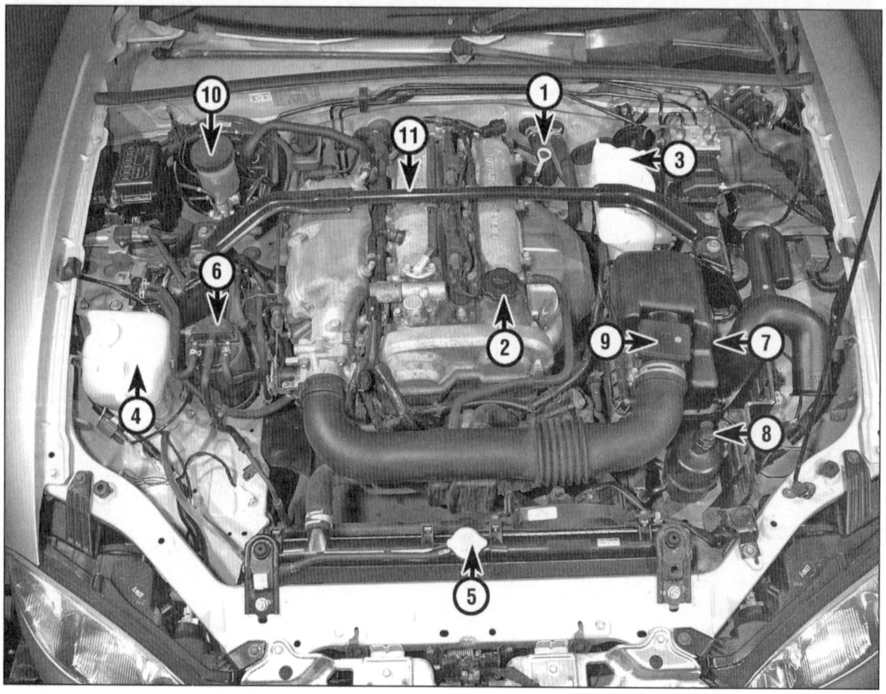


**Motorraum – NB-Modelle ab 2000
(NB-Modelle ab 1998 ähnlich)**

1 *Motoröl-Peilstab*
2 *Motoröl-Einfülldeckel*
3 *Wischwasserbehälter*
4 *Kühlmittel-Ausgleichsbehälter*
5 *Kühlerdeckel/Druckventil*
6 *Aktivkohlebehälter*
7 *Luftfiltergehäuse*
8 *Servolenkungsöl-Peilstab*
9 *Luftmassen-Sensor*
10 *Bremsflüssigkeitsbehälter (bei Linkslenkern auf der anderen Seite)*
11 *Domstrebe*

**Unterseite Frontbereich**

*1 Motoröl-Ablassschraube*
*2 Kühlmittel-Ablassschraube*
*3 Zahnstange (Lenkung)*
*4 Unterer Querlenker*
*5 Bremssattel*
*6 Getriebe-Unterfahrschutz*
*7 Querstabilisator*
*8 Keilrippenriemen*

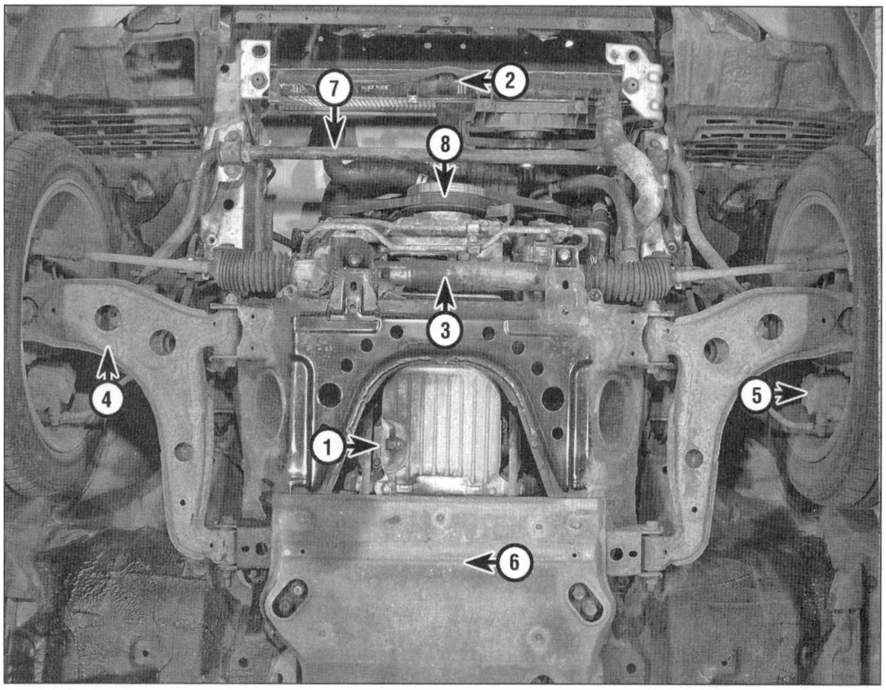


**Unterseite – Heckbereich**

*1 Hinterachsantrieb-Ölablassschraube*
*2 Antriebsstrang-Rahmen*
*3 Antriebswelle*
*4 Handbremsseil*
*5 Verstärkungsrahmen*
*6 Kraftstofffilter*
*7 Stoßdämpfer*
*8 Unterer Querlenker*

# Wartungsarbeiten

## 1 Einleitung

Dieses Kapitel soll dem Hobbyschrauber helfen, sein Fahrzeug in einem sicheren und technisch guten Zustand zu halten, sodass es immer voll leistungsfähig ist und eine lange Lebensdauer erreicht.
Dieses Kapitel beinhaltet einen Master-Wartungsplan und Sektionen, die sich im Einzelnen mit jeder Aufgabe in diesem Plan beschäftigt; darin finden sich Sichtkontrollen, Einstellungen, der Austausch von Komponenten und andere hilfreiche Dinge. Das Auffinden der diversen Komponenten wird mithilfe der Motorraum- und Unterseitenbilder auf den vorherigen Seiten erleichtert.
Werden die Arbeiten am Fahrzeug entsprechend des Wartungsplans (s. o.) und der folgenden Sektionen durchgeführt, sollte dies zu einem lange und zuverlässig funktionierendem Fahrzeug führen. Es handelt sich um einen sehr umfangreichen Plan – und das regelmäßige Warten einiger Komponenten, aber die Vernachlässigung anderer Baugruppen bringt nicht die gleichen Ergebnisse.
Während der Wartungsarbeiten wird auffallen, dass viele Prozeduren gemeinsam erledigt werden können – entweder wegen der speziellen Prozeduren oder der unmittelbaren Nähe zweier ansonsten nicht zusammenhängender Komponenten. Wird das Fahrzeug beispielsweise aus einem bestimmten Grund angehoben, kann neben einer Kontrolle der Lenkung und Radaufhängungen auch gleich eine Inspektion des Auspuffs durchgeführt werden.
Der erste Schritt dieses Wartungsprogramms ist, sich selbst vor der eigentlichen Arbeit korrekt vorzubereiten. Alle relevanten Sektionen müssen sorgfältig durchgelesen werden. Dann wird eine Liste erstellt und alle erforderlichen Teile und Werkzeuge müssen beschafft werden. Falls ein Problem auftritt, muss Rat bei einem Ersatzteilhändler oder einer Fachwerkstatt gesucht werden.

## 2 Große Inspektion

**1** Wenn das Fahrzeug von Beginn an nach Wartungsplan inspiziert wurde und entsprechend der Hinweise in diesem Handbuch regelmäßig Flüssigkeitspegel und Verschleißteile überprüft worden sind, kann davon ausgegangen werden, dass sich der Motor in einem relativ guten Zustand befindet und kaum zusätzliche Arbeiten nötig sind.
**2** Möglicherweise lief der Motor mangels regelmäßiger Wartung nicht korrekt. Dies kann bei Gebrauchtwagen, die nicht regelmäßig gewartet wurden, durchaus auftreten. In solchen Fällen können neben den üblichen Wartungsintervallen zusätzliche Arbeiten auftreten.
**3** Bei Verdacht auf erhöhten Motorverschleiß kann ein Kompressionstest (siehe Kapitel 2, Sektion 2) wertvolle Informationen über die Gesamtperformance wichtiger Motorinnereien liefern. Solch ein Test kann als Grundlage genutzt werden, um zu entscheiden, wie umfangreich die Arbeit ausfallen wird. Falls ein Kompressionstest beispielsweise auf einen hochgradigen Verschleiß von Motorkomponenten hinweist, würde die in diesem Kapitel beschriebene konventionelle Wartung die Leistungsfähigkeit des Motors kaum verbessern und sich stattdessen als Zeit- und Geldverschwendung erweisen, solange nicht zuvor umfangreiche Überholungen (siehe Kapitel 2B) stattgefunden haben.
**4** Die folgenden Arbeitsabläufe sind oft nötig, um die Leistungsfähigkeit eines generell schlecht laufenden Motors zu verbessern:

**Primär-Tätigkeiten**

*a) Reinigung, Kontrolle und Testen der Batterie (siehe Wöchentliche Kontrollen)*
*b) Kontrolle aller für den Motor wichtigen Betriebsflüssigkeiten (siehe Wöchentliche Kontrollen)*
*c) Kontrolle des Zustands und der Spannung des Keilrippenriemens (Sektion 6)*
*d) Kontrolle aller Schläuche auf Undichtigkeit (Sektion 7)*
*e) Austausch der Zündkerzen (Sektion 16)*
*f) Kontrolle der Zündkabel (Sektion 16)*
*g) Kontrolle und ggf. Austausch des Luftfilterelements (Sektion 20).*

**5** Falls die oben beschriebenen Tätigkeiten nicht das gewünschte Ergebnis bringen, müssen zusätzlich die folgenden Arbeiten durchgeführt werden:

Sekundär-Tätigkeiten

*a) Kontrolle des Batterieladesystems (siehe Kapitel 5A)*
*b) Kontrolle des Zündsystems (siehe Kapitel 5B)*
*c) Kontrolle des Kraftstoffsystems (siehe Kapitel 4A Sektion 8)*
*d) Ersetzen der Zündkabel (Sektion 16)*

## Alle 10 000 km oder spätestens nach 6 Monaten

### 3 Motoröl und Ölfilter – Austausch

**1** Ein regelmäßiger Öl- und Filterwechsel ist die wichtigste präventive Wartungsarbeit, die ein Hobbyschrauber zum Erhalt seines Fahrzeugs erledigen kann. Motoröl wird mit der Zeit schlecht und verunreinigt, sodass vorzeitiger Motorverschleiß einsetzt.
**2** Bevor mit dieser Prozedur begonnen wird, müssen alle erforderlichen Werkzeuge beschafft sein. Um Spritzer aufzuwischen, werden Lappen oder Zeitungspapier benötigt. Motoröl sollte möglichst gewechselt werden, wenn der Motor nach einer Fahrt auf Betriebstemperatur ist; warmes Öl und Ölschlamm fließen so leichter ab. Bei Arbeiten unter dem Fahrzeug dürfen weder der Auspuff noch andere heiße Komponenten berührt werden. Um Verbrühungen vorzubeugen und sich selbst vor Hautreizungen und im Öl enthaltenen giftigen Stoffen zu schützen, sollten bei dieser Arbeit Handschuhe getragen werden. Der Zugang zur Unterseite des Autos wird deutlich besser, wenn es angehoben, auf Rampen gefahren oder mit Böcken abgestützt wird (siehe Seite 275). Bei allen Methoden muss sichergestellt sein, dass das Fahrzeug waagerecht steht, damit sämtliches Öl aus der Ablassbohrung fließen kann.
**3** Lockern Sie die Ablassschraube etwa eine halbe Umdrehung, stellen Sie einen geeigneten Sammelbehälter unter die Ablassschraube, und drehen Sie diese vollständig heraus – während der letzten Umdrehungen sollte sie von Hand gegen die Ölwanne gedrückt werden. Die Dichtscheibe muss später erneuert werden (siehe Abbildungen).

3.3a Motoröl-Ablassschraube

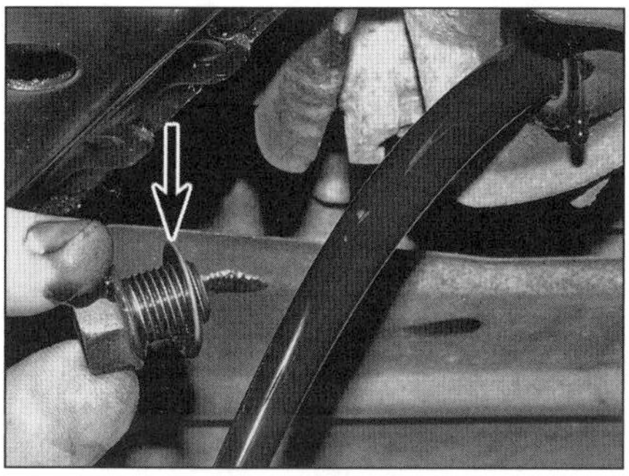

3.3b Ersetzen Sie die Dichtscheibe der Ablassschraube.

4 Geben Sie dem Öl genug Zeit zum Ablaufen – nötigenfalls muss der Behälter umgesetzt werden, wenn es nur noch tröpfelt.
5 Nachdem das Öl vollständig abgelaufen ist, werden die Ablassschraube und ihr Gewinde in der Ölwanne gesäubert und die mit der neuen Dichtung ausgerüstete Schraube mit 35 Nm angezogen.
6 Positionieren Sie den Sammelbehälter jetzt unter dem rechts am Motor sitzenden Ölfilter.
7 Lockern Sie die Patrone nötigenfalls mithilfe eines Ölfilterschlüssels. Drehen Sie den Filter von Hand ab – seien Sie dabei auf austretendes Öl vorbereitet (siehe Abbildung). Das im Filter befindliche Öl wird in den Auffangbehälter gegossen.

3.7 Die Ölfilterpatrone sitzt rechts am Motor.

8 Wischen Sie die Ölfilter-Dichtfläche am Motorblock mit einem Lappen sauber (die Gummidichtung des alten Filters darf nicht dort kleben geblieben sein).
9 Benetzen Sie den Gummi-Dichtring des neuen Filters mit sauberem Motoröl und füllen Sie die Filterpatrone mit etwas frischem Öl auf (siehe Abbildung). Drehen Sie den Filter dann auf seinen Stutzen – nur so fest, wie dies von Hand möglich ist. Verwenden Sie dazu keinen Ölfilterschlüssel!

3.9 Schmieren Sie den Dichtring der Filterpatrone mit frischem Motoröl.

10 Entfernen Sie den mit Altöl gefüllten Sammelbehälter und sämtliches unter dem Fahrzeug liegendes Werkzeug und senken Sie den Wagen ab.
11 Ziehen Sie den Peilstab aus dem Motor und drehen Sie den Einfülldeckel aus dem Ventildeckel. Füllen Sie etwa die Hälfte des vorgeschriebenen Motoröls durch die Öffnung im Ventildeckel ein (siehe Wöchentliche Kontrollen). Warten Sie ein paar Minuten, damit das Öl in die Ölwanne sickern kann. Füllen Sie dann Öl in kleinen Mengen nach, bis der Pegel an der unteren Markierung des Peilstabs erreicht ist. Bis zur oberen Markierung muss jetzt noch etwa 1,0 Liter nachgefüllt werden. Installieren Sie den Einfülldeckel.
12 Starten Sie den Motor. Die Öldruck-Warnlampe wird noch einige Sekunden leuchten, bis der Ölfilter und alle Ölkanäle im Motor gefüllt sind. Die Drehzahl darf in diesem Zeitraum nicht erhöht werden. Lassen Sie den Motor einige Minuten laufen und kontrollieren Sie die Bereiche um den Ölfilter und die Ablassschraube auf Undichtigkeiten.
13 Schalten Sie den Motor ab und warten Sie einige Minuten, damit sich das Öl wieder in der Ölwanne gesammelt hat. Kontrollieren Sie erneut den Pegel und füllen Sie nötigenfalls etwas Öl nach.
14 Das alte Motoröl kann nicht mehr verwendet werden und muss in einen auslaufsicheren Behälter gefüllt werden. Jeder Händler, der technische Öle verkauft, ist auch dazu verpflichtet, entsprechende Mengen Altöl zurückzunehmen und zur fachgerechten Entsorgung oder zum Recycling zu bringen. Lassen Sie nie Altöl in die Kanalisation gelangen oder im Boden versickern!

## 4 Bremspedal – Kontrolle und Einstellung

1 Die Kontrolle und Einstellung der Bremspedal-Höhe ist in Kapitel 9, Sektion 11 beschrieben.

## 5 Kupplungspedal – Kontrolle und Einstellung

1 Zur Kontrolle der Pedal-Höhe muss der waagerechte Abstand der Pedalmitte zum Teppich oder zur Fußmatte an der Spritzwand gemessen werden (siehe Abbildung) – falls nicht zwischen 175 und 185 mm festgestellt werden, muss die Höhe eingestellt werden:

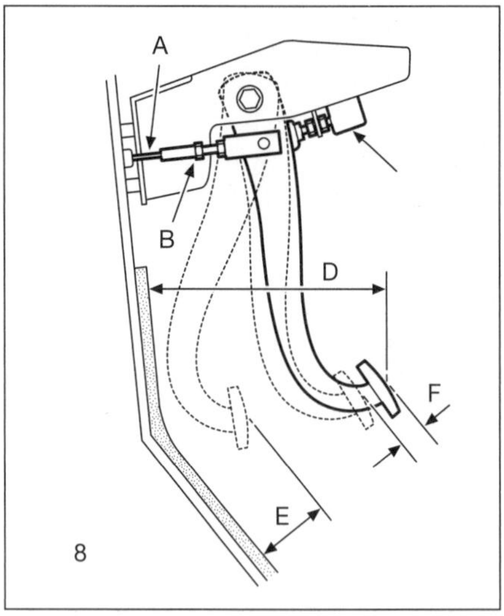


**5.1 Kupplungspedal – Einstellungs-Details**

*A Druckstange*
*B Druckstangen-Kontermutter*
*C Kupplungs-schalter*
*D Pedalhöhe*
*E Ausrückhöhe*
*F Pedal-Spiel*

**2** Trennen Sie den Stecker des Kupplungsschalters (Abb. 5.1).
**3** Lockern Sie die Kontermutter des Schalters.
**4** Drehen Sie den Schalter, bis die Pedalhöhe innerhalb der Vorgaben liegt (s. o.).
**5** Ziehen Sie die Kontermutter an und prüfen Sie, ob die Pedalhöhe korrekt ist. **Anmerkung:** *Nach jeder Einstellung der Pedalhöhe muss wahrscheinlich auch das Spiel des Pedals eingestellt werden.*
**6** Prüfen Sie das Pedal-Spiel, indem Sie das Pedal sanft herunterdrücken und mit einem kleinen Lineal den Abstand zwischen der Ruhestellung und dem Punkt, an dem Widerstand fühlbar ist, messen (Abb. 5.1) – falls nicht zwischen 0,6 und 3 mm Spiel festgestellt werden, muss das Spiel eingestellt werden:
**7** Lockern Sie am Pedal-Ende die Kontermutter der Druckstange (Abb. 5.1).
**8** Verdrehen Sie die Druckstange, bis das Spiel korrekt ist (s. o.).
**9** Ziehen Sie die Kontermutter wieder an und kontrollieren Sie erneut das Pedal-Spiel.
**10** Messen Sie schließlich die Höhe des Pedals, bei dem die Kupplung vollständig ausgerückt ist – sie muss bei mindestens 68 mm liegen.

## Alle 20 000 km oder spätestens nach 12 Monaten

## 6 Keilrippenriemen – Kontrolle und Ersetzen

### Kontrolle

**1** Drehen Sie mithilfe eines Steckschlüssels samt Verlängerung die Kurbelwelle im Uhrzeigersinn, um den/die Riemen über die gesamte Länge auf glänzende Scheuerstellen, Risse, ablösendes oder ausgefranstes Gewebe und andere Schäden inspizieren zu können. Ein schadhafter Riemen muss ersetzt werden.
**2** Wenn der Riemen in Ordnung ist, muss die Riemenspannung wie unten beschrieben kontrolliert und ggf. eingestellt werden.
**3** Um den vorgegebenen Bewegungsspielraum des jeweiligen Riemens zu messen, muss in der Mitte zwischen den jeweiligen Riemenrädern ein moderater Druck von etwa 10 kg (98 Newton) ausgeübt werden. Ermitteln Sie, wie weit sich der Riemen dadurch bewegen lässt, und vergleichen Sie das Ergebnis mit den Angaben in den technischen Daten (siehe Abbildung). **Anmerkung:** *Laut Mazda ist ein »gebrauchter« Keilrippenriemen länger als fünf Minuten bei einem laufendem Motor im Einsatz gewesen – ein »neuer« Riemen hat entsprechend eine Laufzeit von unter fünf Minuten hinter sich.*

**6.3 Drücken Sie den Riemen mit der Hand nach außen oder innen und ermitteln Sie seinen Spielraum.**

### Einstellung

**4** Falls der Lichtmaschinen/Wasserpumpen-Riemen eingestellt werden soll, müssen die über und unter der Lichtmaschine befindlichen Befestigungsschrauben gelockert werden – bei manchen Modellen ist die untere Schraube von hinten eingesetzt. Ziehen Sie dann die Einstellschraube an, um die Lichtmaschine vom Motor wegzudrücken und den Riemen zu spannen (siehe Abbildungen); ziehen Sie die Befestigungsschrauben wieder an. Ermitteln Sie erneut den Bewegungsspielraum des Riemens (s. o.) und wiederholen Sie die Einstellung nötigenfalls, bis der korrekte Wert erreicht ist.

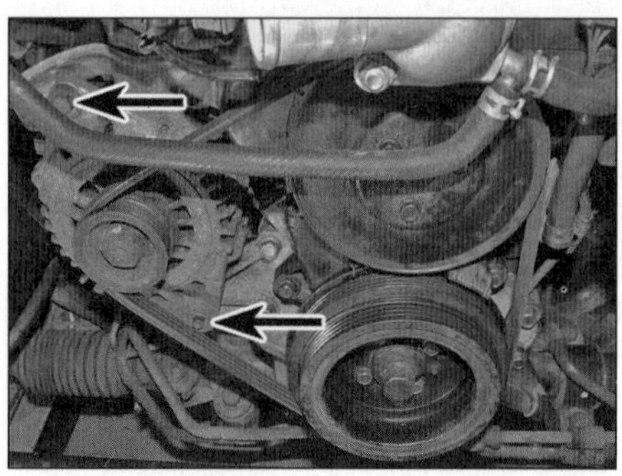

**6.4a Lockern Sie die zwei Lichtmaschinen-Befestigungsschrauben (Pfeile).**

**6.4b Lichtmaschinenriemen-Einstellschraube**

**5** Um den Riemen der Servolenkungspumpe einstellen zu können, müssen die Schraube und die zwei Kontermuttern gelockert werden, mit denen die Pumpe am Motor gesichert ist. Stellen Sie die Riemenspannung dann mit der Einstellschraube ein (siehe Abbildungen). Ziehen Sie die Einsteller-Kontermutter, die Pumpenschraube und die Mutter an. Ermitteln Sie erneut den Bewegungsspielraum des Riemens (s. o.) und wiederholen Sie die Einstellung nötigenfalls, bis der korrekte Wert erreicht ist.

**6.5a Die untere Servolenkungspumpen-Schraube ist durch ein Langloch im Riemenrad zugänglich.**

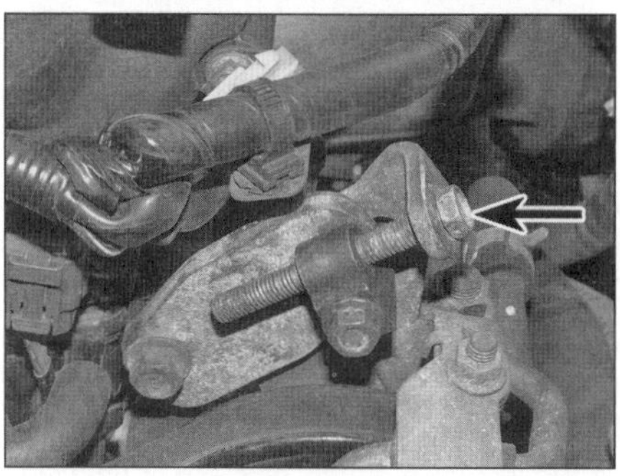

**6.5b Servopumpenriemen-Einstellschraube**

**6** Falls das Fahrzeug nicht mit einer Servolenkung, aber einer Klimaanlage ausgerüstet ist, läuft der Riemen oberhalb des Kompressors über eine Umlenkrolle. Lockern Sie die Umlenkrollen-Kontermutter und drehen Sie die Einstellschraube, um den Riemen zu spannen. Ziehen Sie die Kontermutter wieder an. Ermitteln Sie erneut den Bewegungsspielraum des Riemens (s. o.) und wiederholen Sie die Einstellung nötigenfalls, bis der korrekte Wert erreicht ist.

## Ersetzen

**7** Um einen Keilrippenriemen zu erneuern, muss er wie oben beschrieben so weit gelockert werden, bis er vom Kurbelwellen-Riemenrad gezogen und entfernt werden kann. Falls der Lichtmaschinen/Wasserpumpen-Riemen erneuert werden soll, muss zunächst der davor sitzende und zum Antrieb der Servolenkungspumpe oder des Klimaanlagen-Kompressors dienende Riemen abgenommen werden. Aus diesem Grund und weil die Riemen mehr oder weniger zeitgleich verschleißen, sollten beide Riemen gleichzeitig ausgetauscht werden. Markieren Sie jeden Riemen und die dazugehörigen Riemenrad-Nuten, damit die neuen Riemen korrekt positioniert werden können.
**8** Nehmen Sie beim Kauf neuer Riemen die alten mit, um Länge, Breite und Form vergleichen zu können.
**9** Achten Sie beim Auflegen neuer Riemen darauf, dass sie korrekt sitzen. Ein Keilrippenriemen darf auf keinen Fall den Rand eines Riemenrades überlappen.

# 7 Schläuche und Undichtigkeiten – Kontrolle

**1** Unterziehen Sie alle Motor-Dichtflächen, Dichtungen und Dichtringe auf Spuren ausgetretenen Öls oder Kühlmittels – beachten Sie dabei besonders die Bereiche um die Zylinderkopf-, die Ventildeckel-, die Ölfilter- und die Ölwannendichtung. Mit der Zeit können Dichtungen zu »schwitzen« beginnen, was aber normal ist; an »echten« Undichtigkeiten tropft Flüssigkeit ab. Werden solche Lecks entdeckt, muss die entsprechende Dichtung oder der Dichtring erneuert werden – beachten Sie das entsprechende Kapitel in diesem Handbuch.
**2** Kontrollieren Sie ebenfalls sorgfältig sämtliche mit dem Motor verbundenen Schläuche und Rohre; diese müssen korrekt (ggf. mit Schellen) an ihren Anschlüssen und in ihren Halterungen gesichert sein. Gerissene oder fehlende Halterungen können dazu führen, dass Rohre reißen und Schläuche scheuern – mit entsprechenden ernsthaften Folgen.
**3** Überprüfen Sie sorgfältig alle Kühler- und Heizungsschläuche auf ihrer gesamten Länge. Alle Schläuche, die Risse aufweisen, angeschwollen oder spröde sind, müssen ersetzt werden. Risse zeigen sich besser, wenn man den Schlauch von Hand an mehreren Stellen quetscht. Achten Sie besonders auf die Schellen, mit denen die Schläuche an den Kühlsystem-Komponenten gesichert sind. Eine zu fest angezogene Schlauchschelle kann einen Schlauch abklemmen oder durchstechen, sodass Kühlmittel austritt.
**4** Kontrollieren Sie alle Kühlsystem-Komponenten (Schläuche, Anschlüsse, Verbindungsstücke) auf Undichtigkeit. Wo Probleme dieser Art entdeckt werden, müssen entsprechende Bauteile oder Dichtungen ersetzt werden (siehe Kapitel 3). Ein Leck im Kühlsystem hinterlässt üblicherweise rostbraune oder weiße Ablagerungen (siehe Praxis-Tipp).

**Praxis-Tipp**

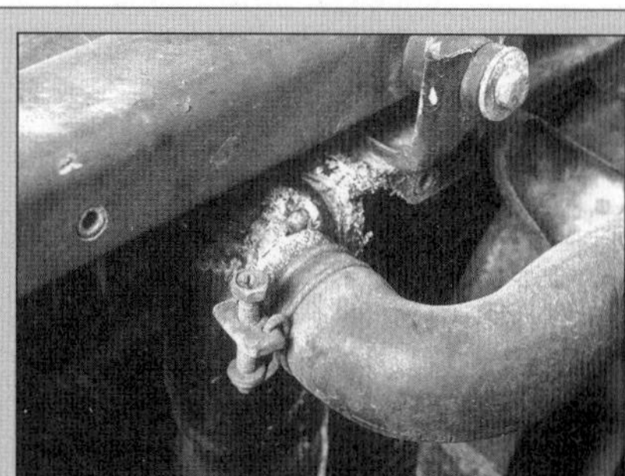

***Ein Leck im Kühlsystem zeigt sich normalerweise als weiße oder rostbraune Ablagerung.***

**5** Kontrollieren Sie bei angehobenem Fahrzeug den Tank und den Einfüllstutzen auf Beulen, Risse und andere Beschädigungen (die Verbindung zwischen Stutzen und Tank ist besonders kritisch). Manchmal leckt ein Gummistutzen oder ein Verbindungsschlauch aufgrund lockerer Schellen oder Rissen im Gummi.
**6** Überprüfen Sie sorgfältig alle vom Tank wegführenden Schläuche und Rohre. Achten Sie auf lockere Anschlüsse, spröde Schläuche, geknickte Rohre und andere Schäden. Begutachten Sie auch alle Ent- und Belüftungsleitungen, die oft am Einfüllstutzen entlang verlaufen und leicht verstopfen oder gequetscht werden können. Folgen Sie der Kraftstoffleitung und der Rücklaufleitung nach vorn in den Motorraum und achten Sie auf Schäden oder Korrosion. Ersetzen Sie nötigenfalls schadhafte Segmente.
**7** Inspizieren Sie alle Bremsleitungen (siehe Kapitel 9).
**8** Kontrollieren Sie im Motorraum alle Benzinschläuche und Benzinleitungsanschlüsse auf Alterungserscheinungen und Scheuerstellen. Prüfen Sie die Schläuche besonders in Biegungen und an Anschlüssen auf Risse. Kontrollieren Sie Rohrleitungen auf Knicke, Korrosion und Scheuerstellen.

## 8 Bremsbeläge – Verschleißkontrolle

### Vorderradbremsen

**1** Ziehen Sie die Handbremse fest an, heben Sie dann das Fahrzeug vorn an, und stützen Sie es sicher ab (siehe Seite 275). Demontieren Sie die Vorderräder.
**2** Die Belagstärke kann jetzt durch die Öffnung im Bremssattel kontrolliert werden (siehe Abbildung). Falls das Belagmaterial auch nur eines Bremsbelages unter der Verschleißgrenze von 1 (Standardfahrwerk) oder 2 mm (Sportfahrwerk) liegt, müssen alle vier Bremsbeläge beider Bremssättel als Set ausgetauscht werden (siehe Kapitel 9, Sektion 4).

**8.2 Für eine schnelle Kontrolle kann die Stärke des Belagmaterials durch die Öffnung im Bremssattel kontrolliert werden.**

**3** Für eine umfangreiche Kontrolle müssen die Bremsbeläge ausgebaut und gereinigt werden (siehe Kapitel 9) – hierbei können auch die Funktion der Bremssättel und die Bremsscheiben überprüft werden.

### Hinterradbremsen

**4** Blockieren Sie die Vorderräder, heben Sie dann das Fahrzeug hinten an, und stützen Sie es sicher ab (siehe Seite 275). Demontieren Sie die Hinterräder.
**5** Kontrollieren Sie die Bremsbeläge wie in den Schritten 2 und 3 beschrieben – der Austausch der hinteren Bremsbeläge ist in Kapitel 9, Sektion 5 beschrieben.

## 9 Antriebswellenmanschetten – Kontrolle

**1** Das Fahrzeug muss hinten angehoben und sicher abgestützt sein (siehe Seite 275). Drehen Sie langsam eines der Hinterräder, um den Zustand der Manschette über dem äußeren Gleichlaufgelenk zu ermitteln – drücken Sie diese an verschiedenen Stellen von Hand, um die Bereiche in den Falten freizulegen. Falls Risse oder andere Beschädigungen festgestellt werden, die Fett austreten lassen, kann hierdurch auch Wasser und Schmutz eindringen. Kontrollieren Sie ebenfalls die Schellen. Wiederholen Sie die Kontrolle an der inneren Manschette und am anderen Hinterrad (siehe Abbildung). Falls irgendwelche Schäden oder Hinweise auf Alterung festgestellt werden, müssen die Manschetten ersetzt werden (siehe Kapitel 8, Sektion 5).

**9.1 Kontrollieren Sie die Antriebswellenmanschetten.**

**2** Kontrollieren Sie gleichzeitig den Zustand des Gleichlaufgelenks selbst, indem Sie die Antriebswelle festhalten und versuchen, das Rad zu drehen. Wiederholen Sie die Kontrolle, indem Sie den inneren Flansch halten und versuchen, die Antriebswelle zu drehen. Jedes fühlbare Spiel weist auf Verschleiß im Gelenk oder in den Mitnehmerverzahnungen hin – oder auf eine lockere Antriebswellenmutter.

## 10 Lenkung und Radaufhängungen – Kontrolle

### Vorderradfederung und Lenkung

**1** Ziehen Sie die Handbremse an, heben Sie das Fahrzeug vorn an, und stützen Sie es sicher ab (siehe Seite 275).
**2** Begutachten Sie die Staubkappen der Spurstangenköpfe und die Lenkstangen-Manschetten auf Risse, Scheuerstellen und Alterungserscheinungen (siehe Abbildung). Jeder Schaden an diesen Komponenten lässt Schmutz und Wasser eindringen und Schmiermittel austreten, sodass die Spurstangenköpfe und das Lenkgestänge rapide verschleißen.

**10.2 Überprüfen Sie die Manschetten der Lenkstangen.**

**3** Greifen Sie das Rad in der 12-Uhr- und der 6-Uhr-Position und versuchen Sie, daran zu wackeln (siehe Abbildung). Sehr geringes Spiel ist normal, doch wenn deutliche Bewegung spürbar ist, müssen weitere Untersuchungen die Ursache ermitteln. Wackeln Sie weiter am Rad, während ein Assistent das Bremspedal betätigt. Wenn die Bewegung jetzt verschwunden oder deutlich verringert ist, werden wahrscheinlich die Radlager defekt sein oder ggf. Einstellungen benötigen. Ist das Spiel auch bei betätigter Bremse vorhanden, wird der Verschleiß an den Radaufhängungen oder Federsystemen zu suchen sein.

**10.3 Wackeln Sie so am angehobenen Rad, um mögliches Spiel der Radlager zu ermitteln.**

**4** Greifen Sie jetzt das Rad in der 9-Uhr- und der 3-Uhr-Position und versuchen Sie erneut, daran zu wackeln. Jede jetzt fühlbare Bewegung kann wieder auf defekte Radlager zurückzuführen sein – oder auf Verschleiß in den Spurstangenköpfen. Falls das innere oder äußere Lenkgestänge-Kugelgelenk verschlissen ist, wird seine Bewegung deutlich zu beobachten sein.
**5** Mithilfe eines zwischen die Federelemente und ihren Befestigungspunkten eingesetzten großen Schraubendrehers oder einer flachen Stange kann durch Hebeln Verschleiß in den Lagerbuchsen ermittelt werden. Da die Buchsen aus Gummi bestehen, ist etwas Bewegung normal, doch übermäßiger Verschleiß sollte deutlich fühlbar sein. Kontrollieren Sie auch den Zustand aller sichtbaren Gummibuchsen; achten Sie auf Risse und sprödes Gummi.
**6** Während das Fahrzeug wieder auf seinen Rädern steht, dreht ein Assistent das Lenkrad etwa eine achtel Umdrehung hin und her – die Räder müssen sich ein kleines Stück bewegen. Ist dies nicht der Fall, müssen alle zuvor beschriebenen Gelenke und Halterungen genau untersucht werden, zusätzlich müssen auch die Kreuzgelenke und das Zahnstangengetriebe auf Verschleiß überprüft werden.

## Hinterradaufhängung und Federbeine

**7** Blockieren Sie die Vorderräder, heben Sie das Fahrzeug hinten an, und stützen Sie es sicher ab (siehe Seite 275).
**8** Kontrollieren Sie wie bei den Vorderrädern, ob die Radlager, die Lagerbuchsen der Radaufhängung und die Stoßdämpferaufnahmen erhöhtes Spiel aufweisen.
**9** Kontrollieren Sie das Federbein- oder Stoßdämpfergehäuse sowie die Gummidichtung der Kolbenstange auf ausgetretenes Öl – in diesem Fall ist das Bauteil defekt und muss ersetzt werden.
**Anmerkung:** *Die Federbeine oder Stoßdämpfer einer Achse müssen stets paarweise ersetzt werden.*
**10** Die Funktion der Federbeine oder Stoßdämpfer kann geprüft werden, indem das Fahrzeug an jeder Ecke heruntergedrückt wird. Die Karosserie sollte in ihre normale Position zurückkehren und dort verbleiben; falls sie sich über die ursprüngliche Lage hinaus anhebt und wieder einsackt, wird das Federbein oder der Stoßdämpfer wahrscheinlich defekt sein. Kontrollieren Sie auch seine oberen und unteren Aufnahmen auf Verschleiß.

## 11 Unterbodenschutz – Kontrolle

**1** Ziehen Sie die Handbremse an, heben Sie das Fahrzeug vorn und hinten an, und stützen Sie es sicher ab (siehe Seite 275). Alternativ kann das Fahrzeug über eine Werkstatt-Grube gestellt werden.
**2** Kontrollieren Sie den Unterboden, die Radkästen und die Schweller auf Rost und/oder Schäden an der Dichtmasse. Reparieren Sie alle Schäden.

## 12 Auspuffanlage – Kontrolle

**1** Kontrollieren Sie die (mindestens eine Stunde lang) abgekühlte Auspuffanlage vom Krümmerflansch bis zum Endrohr am Heck. Dies sollte möglichst beim vorn und hinten angehobenen und sicher abgestützten Fahrzeug geschehen (siehe Seite 275).
**2** Überprüfen Sie alle Rohre und Anschlüsse auf Undichtigkeit, starke Korrosion und Beschädigungen. Alle Halterungen und Gummis müssen in Ordnung sein und zusammen mit allen fest angezogenen Schrauben und Muttern den Auspuff sicher halten (siehe Abbildung). Falls eine der Halterungen ersetzt werden muss, ist sicherzustellen, dass baugleiche Ersatzteile beschafft werden. Undichtigkeiten an Anschlüssen oder anderen Bereichen des Auspuffsystems zeigen sich üblicherweise durch schwarze Ablagerungen.

**12.2 Kontrollieren Sie alle Auspuff-Verbindungen auf festen Sitz.**

**3** Klappern und andere Geräusche weisen oft auf Defekte an der Auspuffanlage hin – meistens auf schadhafte Haltegummis. Versuchen Sie, an den Schalldämpfern und am Katalysator zu wackeln; falls dabei Auspuffteile gegen die Karosserie schlagen, müssen sie mit neuen Halterungen gesichert werden. Trennen Sie nötigenfalls – und falls möglich – die Auspuff-Komponenten und verdrehen Sie die Rohre, um den Abstand zur Karosserie zu vergrößern.

## 13 Handbremse – Kontrolle und Einstellung

### Kontrolle

**1** Ziehen Sie die Handbremse mit moderater Kraft an und zählen Sie dabei die Klicks – es müssen 5 bis 7 sein. Die mit moderater Kraft betätigte Handbremse muss in der Lage sein, das geparkte Fahrzeug auch an stärkeren Neigungen sicher zu halten. Stellen Sie die Handbremse nötigenfalls ein (siehe Kapitel 9, Sektion 14).

## 14 Scharniere und Schlösser – Schmieren

**1** Schmieren Sie alle Tür-, Motorhauben- und Kofferraum-Scharniere mit Mehrzweck- oder Maschinenöl. Schmieren Sie ebenfalls die Motorhaubenverriegelung samt Bowdenzug und alle Schließmechanismen.
**2** Kontrollieren Sie sorgfältig die Sicherheit und Funktion aller Scharniere, Verriegelungen und Schlösser, und stellen Sie sie nötigenfalls ein (siehe Kapitel 11).

## 15 Probefahrt

### Instrumente und Elektrik

**1** Kontrollieren Sie die Funktion aller Instrumente, aller Lampen und anderen elektrischen Bauteile.
**2** Stellen Sie sicher, dass alle Instrumente korrekt anzeigen und sämtliche Schalter korrekt funktionieren.

### Lenkung und Radaufhängungen

**3** Vergewissern Sie sich, dass die Lenkung, die Federung, das Handling und die Straßenlage keine Auffälligkeiten aufweisen.
**4** Kontrollieren Sie beim Fahren, ob keine ungewöhnlichen Vibrationen oder Geräusche auftreten.
**5** Die Lenkung darf sich nicht schwammig oder rau anfühlen. Beim Durchfahren von Kurven oder auf schlechten Straßen dürfen die Federelemente keine Geräusche erzeugen.

### Antrieb

**6** Kontrollieren Sie die Leistungsfähigkeit des Motors, der Kupplung, des Getriebes und der Kraftübertragung.
**7** Aus dem Motor und dem Antrieb dürfen keine ungewöhnlichen Geräusche zu hören sein.
**8** Der Motor muss sich warm und kalt problemlos starten lassen, im Standgas rund laufen und verzögerungsfrei beschleunigen.
**9** Die Kupplung muss sanft und progressiv die Kraft übertragen und darf weder schleifen noch rutschen. Der Pedalweg darf nicht zu lang sein. Bei gedrücktem Kupplungspedal dürfen keine Geräusche auftreten. Details finden sich in Kapitel 6.
**10** Alle Gänge des Getriebes müssen sich sanft und geräuschfrei einlegen lassen. Im Schalthebel muss das Einrasten der Gänge deutlich fühlbar sein.

### Bremsanlage

**11** Prüfen Sie, ob das Fahrzeug beim Bremsen nicht zu einer Seite zieht und die Räder bei Vollbremsungen nicht frühzeitig blockieren.
**12** Beim Bremsen dürfen in der Lenkung keine Vibrationen auftreten.
**13** Prüfen Sie, ob die Handbremse korrekt funktioniert – sie muss das Fahrzeug problemlos an einem Gefälle halten können.
**14** Prüfen Sie die Funktion der Servobremse bei ausgeschaltetem Motor wie folgt: Treten Sie vier- bis fünfmal auf die Bremse, um den Unterdruck abzubauen. Starten Sie dann den Motor – das Bremspedal muss sich unverzüglich durch den aufgebauten Unterdruck weiter herunterdrücken lassen. Lassen Sie den Motor mindestens zwei Minuten laufen und schalten Sie ihn wieder ab. Wird die Bremse nun erneut gedrückt, sollte dabei ein Zischen aus der Servopumpe zu hören sein. Nach vier bis fünf Tritten auf die Bremse sollte kein Zischen mehr hörbar sein und der Pedaldruck deutlich härter werden.

## Alle 40 000 km oder spätestens nach zwei Jahren

## 16 Zündkerzen – Ersetzen und Kontrolle des Zündsystems

### Zündkerzen – Austausch

**1** Damit ein Motor rund, leistungsfähig und wirtschaftlich läuft, müssen die Zündkerzen mit maximaler Effizienz funktionieren. Der wichtigste Faktor hierfür ist, dass die passenden Zündkerzen installiert sind. Befindet sich der Motor in einem guten Zustand, sollten die Zündkerzen zwischen den Wechselintervallen keine Aufmerksamkeit verlangen. Zündkerzen müssen bei Einspritzmotoren nur selten gereinigt werden. Solange nicht die nötigen Hilfsmittel zur Hand sind, sollten Reinigungsversuche auch unterbleiben, damit die Elektroden nicht beschädigt werden.

#### Modelle bis 1999

**2** Um ein Vertauschen der Zündkerzenstecker zu vermeiden, sollte immer nur an einer Zündkerze zurzeit gearbeitet werden. Entfernen Sie den Kerzenstecker, indem Sie ihn an seiner Gummikappe – nicht am Zündkabel – drehend herausziehen (Abb. 16.4).

#### Modelle ab 2000

**3** Entfernen Sie die zwei Zündspulen (siehe Kapitel 5B, Sektion 3).

**4** Es gibt nur zwei Zündkerzenstecker, da die zwei Zündspulen direkt auf den mittleren beiden Zündkerzen sitzen. Entfernen Sie einen Kerzenstecker, indem Sie ihn an seiner Gummikappe – nicht am Zündkabel – drehend herausziehen (siehe Abbildung).

**16.4 Ziehen Sie den Kerzenstecker drehend von der Zündkerze ab – ziehen Sie dabei nicht am Zündkabel.**

## Alle Modelle

**5** Vor dem Ausbau der Zündkerzen sollten ihre Sitze mit einer Bürste, Druckluft und/oder einem Sauger von Verunreinigungen befreit werden, damit nichts in die Brennräume fallen kann.

**6** Der Austausch von Zündkerzen erfordert einen geeigneten Schlüssel samt Verlängerung und Knarre – möglichst auch einen Drehmomentschlüssel. Ein Zündkerzenschlüssel ist innen mit einem Gummiring ausgerüstet, damit der aus Porzellan bestehende Isolator nicht beschädigt wird und die Kerze aus ihrem Sitz im Zylinderkopf herausgehoben werden kann (siehe Abbildung).

**16.6 Drehen Sie die Zündkerzen mit einem geeigneten Kerzenschlüssel heraus.**

***Praxis-Tipp***

***Zündkerzen können für viele Symptome verantwortlich sein: Schlechtes Anspringen, ungleichmäßiges Standgas, Fehlzündungen, hoher Verbrauch, mangelnde Leistung usw. Ein Kerzenwechsel bewirkt hier oft Wunder.***

**7** Der Elektrodenabstand bestimmt die Länge des Zündfunkens, die wiederum für eine korrekte Verbrennung sehr wichtig ist. Für einen optimalen Zündfunken muss der Abstand zwischen der Mittelelektrode und dem Masseelektroden-Bügel 1,0 bis 1,1 mm betragen.

**8** Messen Sie den Abstand möglichst mithilfe einer Drahtlehre – notfalls kann auch eine Fühlerlehre verwendet werden (siehe Abbildung). Verbiegen Sie dann ggf. vorsichtig die Masseelektrode, um den korrekten Wert zu erhalten. Niemals darf die Mittelelektrode verbogen werden – hierbei würde der Isolator brechen und schlimmstenfalls im laufenden Betrieb in den Brennraum fallen.

**16.8 Der Elektrodenabstand kann mit einer Fühlerlehre ermittelt werden.**

**9** Im Fachhandel sind spezielle Werkzeuge zum Einstellen des Elektrodenabstands erhältlich (siehe Abbildung).

**16.9 Einsatz eines speziellen Elektrodenabstands-Mess- und Einstellwerkzeugs**

**10** Vor dem Einbau der Zündkerze muss ihr Gewinde zum Schutz vor Korrosion dünn mit Kupferpaste bestrichen werden. Drehen Sie die Kerze möglichst weit per Hand in den Motor (siehe Praxis-Tipp) und ziehen Sie sie anschließend mit 20 Nm an.

***Praxis-Tipp***

***Zündkerzen lassen sich oft nur schwer in den Motor schrauben. Damit sie auch in tiefere Kanäle von Hand geschraubt werden können (sodass sie nicht verkanten), wird ein Schlauch aufgeschoben, der flexibel genug ist, die Kerze senkrecht zu ihrem Gewinde aufzusetzen. Sollte die Zündkerze beim Einschrauben verkanten, wird der Schlauch überrutschen, und es muss ein neuer Versuch gestartet werden.***

**11** Stecken Sie die Zündspulen/Kerzenstecker drehend auf die Zündkerzen, bis sie einrasten.
**12** Wiederholen Sie die Prozedur nach und nach mit den verbliebenen drei Zündkerzen.

## Zündsystem-Kontrolle

***Warnung: Aufgrund der hohen vom Zündsystem produzierten Spannung ist bei der Arbeit daran größte Sorgfalt geboten. Personen mit Herzschrittmachern sollten sich auf jeden Fall vom Zündstromkreis, Komponenten und Prüfgeräten fernhalten.***

**13** Bei jedem Ausbau der Zündkerzen müssen die Kerzenstecker kontrolliert werden.
**14** Entfernen Sie die Kerzenstecker, indem Sie ihn an seiner Gummikappe – nicht am Zündkabel – drehend herausziehen (Abb. 16.4).
**15** Begutachten Sie den Innenbereich des Kerzensteckers auf Korrosion, die sich als weiße Kruste bemerkbar macht, und ersetzen Sie den Stecker nötigenfalls. Drücken Sie den Stecker wieder auf die Zündkerze, um seinen festen Sitz zu testen. Falls er locker sitzt, kann mit einer Spitzzange der Anschluss innerhalb des Steckers nachgebogen werden.
**16** Wischen Sie das Zündkabel auf der gesamten Länge mit einem sauberen Lappen ab, um Ablagerungen und Fett zu entfernen. Kontrollieren Sie das saubere Kabel auf Verbrennungen, Risse und andere Schäden. Das Kabel darf nicht übermäßig gebogen und geknickt werden; übermäßiges Ziehen kann Schäden am Leiterdraht hervorrufen.
**17** Trennen Sie das andere Ende des Zündkabels von der Zündspule – ziehen Sie auch hier nur am Anschluss. Kontrollieren Sie den Stecker wie am Zündkerzen-Ende auf Korrosion. Sichern Sie das Kabel anschließend korrekt an der Zündspule.
**18** Kontrollieren Sie die verbliebenen drei Kerzenstecker und Zündkabel auf die gleiche Weise.
**19** Falls ein Kerzenstecker oder ein Zündkabel defekt ist, sollten alle vier Kabel samt Steckern durch Neuteile ersetzt werden.
**20** Trotz eines vollständig funktionsfähigen Zündsystems ist bei manchen Modellen gelegentliches schlechtes Startverhalten auf feucht gewordene Zündsysteme zurückzuführen. Gelegentliches Einsprühen mit reichlich wasserverdrängenden Mitteln hilft hier übergangsweise, dauerhaft kann nur der Austausch der Zündspulen und Kerzenstecker Abhilfe schaffen.

## 17 Motorsteuerung – Kontrolle

**1** Diese Kontrolle ist Teil des Mazda-Wartungsplans und beinhaltet den Test des Steuergeräts mithilfe spezieller Prüfgeräte. Hierbei werden alle im Steuergerät gespeicherten Fehler ausgelesen.
**2** Solange kein Fehler vermutet wird, ist dieser Test unnötig, wird bei einer Inspektion in einer Mazda-Fachwerkstatt aber dennoch durchgeführt.
**3** Falls kein Zugang zu den geeigneten Prüfgeräten besteht, müssen alle Komponenten des Zündsystems, des Kraftstoffsystems und der Abgasreinigung sorgfältig auf sichtbare Schäden kontrolliert werden. Weitere Details zum Kraftstoffsystem, der Abgasreinigung und dem Zündsystem sind in den entsprechenden Sektionen der Kapitel 4A, 4B und 5B beschrieben.

## 18 Bremsflüssigkeit – Austausch

***Warnung:***
- ***Bremsflüssigkeit kann zu Augenverletzungen führen und Lackoberflächen angreifen, bewahren Sie deshalb beim Umgang hiermit größte Sorgfalt.***
- ***Benutzen Sie NIEMALS Bremsflüssigkeit, die längere Zeit offen gestanden hat, da sie Feuchtigkeit aus der Luft absorbiert, was zu einem gefährlichen Verlust an Bremswirkung führen kann.***

**1** Die Prozedur ähnelt dem Entlüften der Bremse, wie in Kapitel 9, Sektion 2 beschrieben. Nur wird hier der Ausgleichsbehälter zunächst entleert – möglichst durch Abpumpen – und dann beim Herauspumpen beobachtet, wann frische Bremsflüssigkeit austritt.
**2** Gehen Sie wie in Kapitel 9, Sektion 2 beschrieben vor, öffnen Sie das erste Entlüftungsventil, und pumpen Sie sanft mit dem Bremspedal, bis fast die gesamte Bremsflüssigkeit aus dem Ausgleichsbehälter abgepumpt ist.

***Praxis-Tipp*** ***Alte Bremsflüssigkeit ist deutlich dunkler als frische. Pumpen Sie so lange Bremsflüssigkeit heraus, bis helle Flüssigkeit austritt.***

**3** Füllen Sie bis zur MAX-Markierung frische Bremsflüssigkeit in den Ausgleichsbehälter und pumpen Sie sie so lange durch, bis sämtliche alte Flüssigkeit aus dem System gepumpt ist. Füllen Sie dabei regelmäßig frische Bremsflüssigkeit nach. Ziehen Sie die Entlüftungsschraube anschließend sorgfältig an und stecken Sie die Kappe auf.
**4** Gehen Sie bei den anderen Entlüftungsschrauben genauso vor. Achten Sie darauf, dass der Pegel im Ausgleichsbehälter nicht unter die MIN-Markierung fällt – falls Luft ins Bremssystem eindringt, muss es zeitaufwendig entlüftet werden.
**5** Prüfen Sie zum Schluss, ob alle Entlüftungsschrauben fest sitzen und mit den Gummikappen ausgerüstet sind. Waschen Sie Bremsflüssigkeitsspritzer ab und kontrollieren Sie erneut den Pegel im Ausgleichsbehälter.
**6** Prüfen Sie die Funktion der Bremse, bevor Sie das Fahrzeug im Straßenverkehr bewegen.
**7** Entsorgen Sie die alte Bremsflüssigkeit (separat von Ölen!) im Fachhandel, wo sie auch verkauft wird – hier ist man verpflichtet, »handelsübliche« Mengen wieder zurückzunehmen.

## 19 Kühlflüssigkeit – Austausch

***Warnung: Diese Arbeit darf erst ausgeführt werden, wenn der Motor abgekühlt ist. Lassen Sie Frostschutzmittel nicht auf die Haut oder lackierte Teile des Fahrzeugs gelangen. Spülen Sie Spritzer umgehend mit reichlich Wasser ab. Kühlmittel darf niemals in offenen Behältern gelagert werden – es ist giftig und kann durch seinen süßlichen Geruch Kindern und Tieren zum Verhängnis werden.***

## Ablassen

**1** Um das Kühlmittel abzulassen, muss der Motor vollständig abgekühlt sein. Umwickeln Sie den Kühlerdeckel mit Lappen und drehen Sie ihn langsam nach links, bis der erste Anschlag erreicht ist. Warten Sie, bis zischende Geräusche verschwinden und jeglicher Druck abgebaut ist, drücken Sie ihn herunter, und drehen Sie ihn weiter nach links bis zum zweiten Anschlag – jetzt kann er entnommen werden.
**2** Stellen Sie einen ausreichend großen Behälter unter die Ablaufschraube am Kühler, lösen Sie diese, und lassen Sie das Kühlmittel in den Sammelbehälter ablaufen (siehe Abbildung).

**19.2 Die Ablassschraube des Kühlers ist durch eine Öffnung im Unterfahrschutz zugänglich.**

**3** Sobald das Kühlmittel abgelaufen ist, wird die Schraube wieder installiert und sorgfältig angezogen.

## Spülen

**4** Beachten Sie die Hinweise in Kapitel 3, Sektion 3.

## Auffüllen

**5** Zunächst muss geprüft werden, ob alle Schläuche und Schellen in Ordnung und fest verbunden sind. Prüfen Sie auch den festen Sitz aller die Ablass- und Entlüftungsschrauben. Um Korrosion im Motor zu verhindern, muss das Kühlsystem ganze Jahr über mit Frostschutzmittel befüllt sein (siehe unten).
**6** Stellen Sie die Heizungsregler auf die höchste Stufe.
**7** Entfernen Sie den Kühlerdeckel und füllen Sie den Kühler langsam mit Kühlmittel auf, damit sich keine Luftblasen bilden.
**8** Falls das Kühlmittel erneuert werden soll, müssen zunächst ein bis zwei Liter Wasser, dann die vorgeschriebene Menge Frostschutz und anschließend wieder Wasser aufgefüllt werden. Drücken und bewegen Sie zwischendurch immer wieder den oberen und unteren Kühlerschlauch, damit mögliche Luftblasen aufsteigen können.
**9** Füllen Sie den Ausgleichsbehälter bis zur MIN- oder LOW-Markierung auf.
**10** Installieren Sie den Kühlerdeckel, starten Sie den Motor, und lassen Sie ihn im Standgas laufen, bis er Betriebstemperatur erreicht hat.
**Achtung: Falls die Temperaturanzeige im Cockpit auf Überhitzung hinweist, muss der Motor unverzüglich abgeschaltet werden. Kontrollieren Sie nach dem Abkühlen des Motors erneut den Kühlmittelpegel.**
**11** Sobald der Motor warm ist, wird die Drehzahl für etwa fünf Minuten auf ca. 2500/min erhöht und dann fünf Sekunden lang auf 3000/min gebracht, bevor sie wieder auf Standgasdrehzahl abgesenkt wird.
**12** Wiederholen Sie Schritt 11 viermal, schalten Sie den Motor ab, und lassen Sie ihn abkühlen.
**13** Füllen Sie ggf. den Ausgleichsbehälter auf. Beachten Sie, dass das Kühlsystem vollständig abgekühlt sein muss, bevor sich der korrekte Pegel einpendelt.

## Frostschutzgemisch

**14** Das Kühlmittel sollte nach jeweils 40 000 km oder alle zwei Jahre ausgetauscht werden. Dies garantiert nicht nur einen Schutz gegen zerstörerische Eisbildung, sondern hilft auch gegen Korrosion – beide Eigenschaften gehen im Frostschutzmittel mit der Zeit verloren.
**15** Verwenden Sie stets das vorgeschriebene Frostschutzmittel (siehe Seite 24) – die Gesamt-Füllmenge beträgt 6 Liter.
**16** Bevor Frostschutzmittel zugefügt wird, muss das gesamte Kühlsystem entleert, möglichst gespült und auf Undichtigkeiten überprüft werden. Kontrollieren Sie alle Schläuche regelmäßig auf Risse und Alterungserscheinungen.
**17** Nach dem Auffüllen frischen Kühlmittels muss am Ausgleichsbehälter ein Hinweis angebracht werden, auf dem der Typ, die Konzentration, das Datum und die Laufleistung vermerkt ist. Zum Nachfüllen darf nur das gleiche Mittel verwendet werden.
**Achtung: Verwenden Sie kein Motor-Kühlmittel im Wischwasserbehälter, da es den Lack angreift; hierfür gibt es spezielle Frostschutzmittel.**

## 20 Luftfilterelement – Ersetzen

**1** Das Luftfiltergehäuse sitzt links vorn im Motorraum.
**2** Lösen Sie je nach Modell die Schrauben oder Federklemmen des Gehäusedeckels, heben Sie diesen ab, und entfernen Sie das Filterelement (siehe Abbildungen).

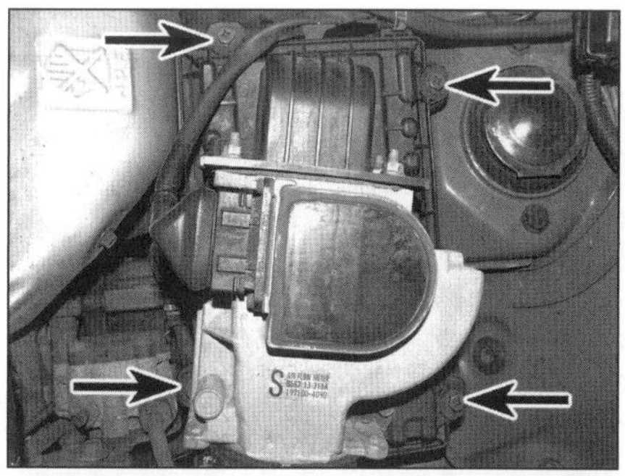

**20.2a Manche Luftfilterdeckel sind mit Schrauben gesichert, ...**

**20.2b ... andere mit Federklemmen.**

**20.2c Beachten Sie die Ausrichtung des Filterelements.**

**3** Inspizieren Sie die Oberfläche des Filterelements. Falls es verschmutzt ist, muss es erneuert werden; falls es nur leicht verstaubt ist, kann es von der Rückseite mit Druckluft ausgeblasen und wieder installiert werden. Da es sich um einen Papierfilter handelt, darf er weder gewaschen noch eingeölt werden. Falls das Element mit Druckluft nicht zufriedenstellend gereinigt werden kann, muss es ersetzt werden. Achten Sie bei ausgebautem Filterelement darauf, nichts in das Gehäuse gelangen zu lassen.
**Achtung: Fahren Sie niemals ohne Luftfilter! Dies würde zu erhöhtem Motorverschleiß führen und Fehlzündungen können einen Brand im Motorraum auslösen.**
**4** Wischen Sie das Gehäuse innen mit einem feuchten Lappen sauber und entfernen Sie ggf. hineingefallenen Partikel.
**5** Installieren Sie den korrekt ausgerichteten Luftfilter in das Gehäuse. Setzen Sie den Deckel auf und sichern Sie ihn mit den Schrauben oder Clips.

## 21 Motorentlüftungsventil – Kontrolle und Ersetzen

**1** Das Motorentlüftungsventil sitzt samt Schlauch im Ventildeckel und kann herausgezogen werden (siehe Abbildung).

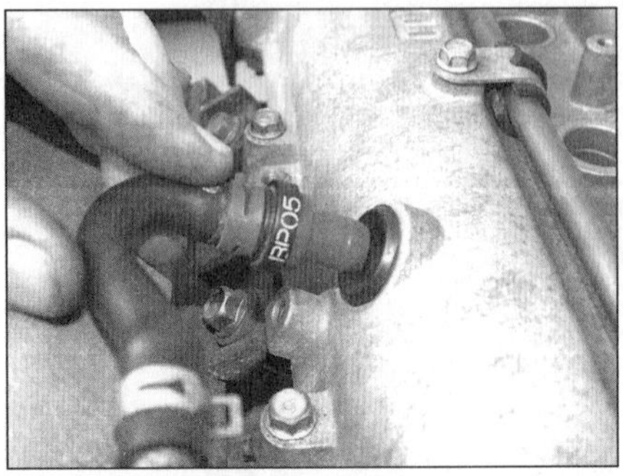

**21.1 Ziehen Sie das Motorentlüftungsventil aus dem Ventildeckel.**

**2** Lassen Sie den auf Betriebstemperatur gebrachten Motor im Standgas laufen und halten Sie einen Finger über das Ende des Ventils – falls er nicht durch Unterdruck angesaugt wird, muss das Ventil und sein Schlauch auf Verstopfung untersucht und ggf. ersetzt werden.
**3** Schalten Sie den Motor aus. Entfernen Sie das Ventil vom Schlauch und setzen Sie am Ventildeckel-Ende sanften Luftdruck an – falls sich in diese Richtung keine Luft durchblasen lässt, ist das Ventil defekt und muss ersetzt werden.

## 22 Benzingas-Verdunstungsregelung – Kontrolle

**1** Beachten Sir für die Kontrolle aller Kabel und Schläuche des Systems die Hinweise in Kapitel 4B, Sektion 2.

## 23 Kraftstofffilter – Ersetzen

**1** Trennen Sie das Massekabel (–) der Batterie (siehe Kapitel 5A, Sektion 4).
**2** Um den Zugang zu verbessern, kann das Fahrzeug hinten angehoben und abgestützt werden (siehe Seite 275). Der Kraftstofffilter sitzt rechts hinter den Tank.
**3** Bei Modellen mit einem Verstärkungsrahmen muss dieser nach dem Lösen seiner Schrauben abgenommen werden (siehe Abbildung).

**23.3 Schrauben des Verstärkungsrahmens**

**4** Entfernen Sie die Filterabdeckung (siehe Abbildung).

**23.4 Lösen Sie die zentralen Schrauben, hebeln Sie die Kunststoffniete (Pfeile) heraus, und entfernen Sie die Filterabdeckung.**

**5** Trennen Sie den Benzinschlauch vom Kraftstofffilter (siehe Abbildungen) – seien Sie auf austretendes Benzin vorbereitet.

**23.5a Trennen Sie die Kupplungen der Kraftstoffleitungen (Pfeile) ...**

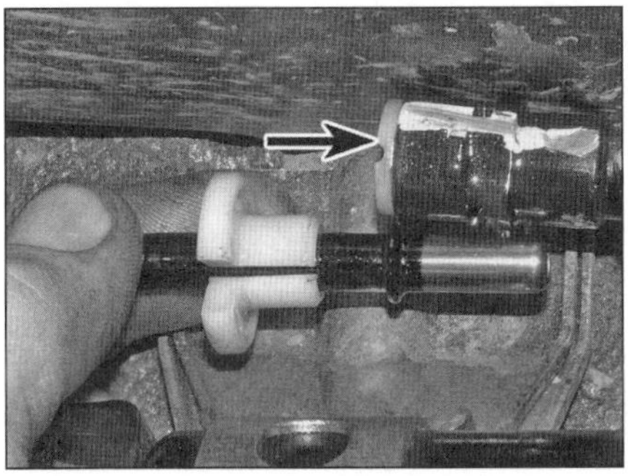

**23.5b ... mithilfe eines Werkzeugs, das in den Kupplungshalter (Pfeil) greift, und die Clips auseinanderdrückt.**

**6** Lockern Sie die Klemmschraube und befreien Sie den Filter aus dem Halter (siehe Abbildung).

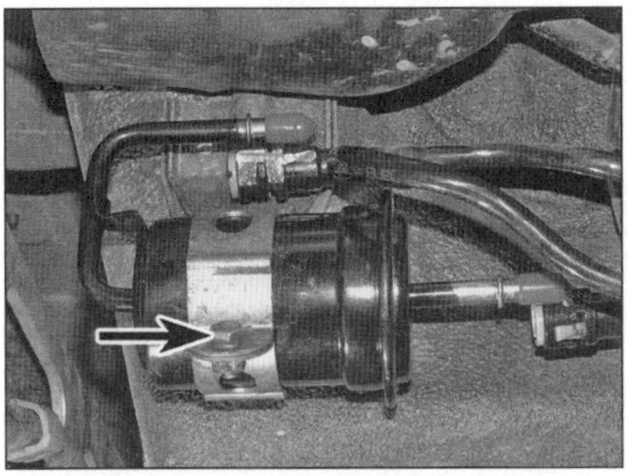

**23.6 Klemmschraube des Filterhalters**

**7** Die Zulauf- und Ablaufleitungen sind an ihren Enden deutlich markiert. Installieren Sie den neuen Filter korrekt ausgerichtet.
**8** Der Einbau entspricht der umgekehrten Ausbaureihenfolge. Drücken Sie die Benzinleitungen vollständig auf ihre Anschlüsse, bis sie einrasten. Ziehen Sie ggf. die Schrauben des Verstärkungsrahmens mit 65 Nm (ab 1998 – NB) bzw. mit 105 Nm (ab 2000) an.

## 24 Getriebeöl – Pegelkontrolle und Austausch

### Pegelkontrolle

**1** Stellen Sie das Fahrzeug auf ebenem Untergrund ab. Vor der Kontrolle des Ölpegels muss der Motor mindestens fünf Minuten abgeschaltet worden sein, da sich andernfalls noch nicht das gesamte Getriebeöl unten im Gehäuse gesammelt hat. Um den Zugang zu verbessern, kann das Fahrzeug über eine Grube gefahren oder so angehoben und abgestützt werden (siehe Seite 275), dass es weiterhin waagerecht steht.
**2** Wischen Sie den Bereich um die links am Getriebe sitzende Einfüll-/Kontrollschraube sauber, drehen Sie diese aus dem Getriebe, und reinigen Sie sie (siehe Abbildung).

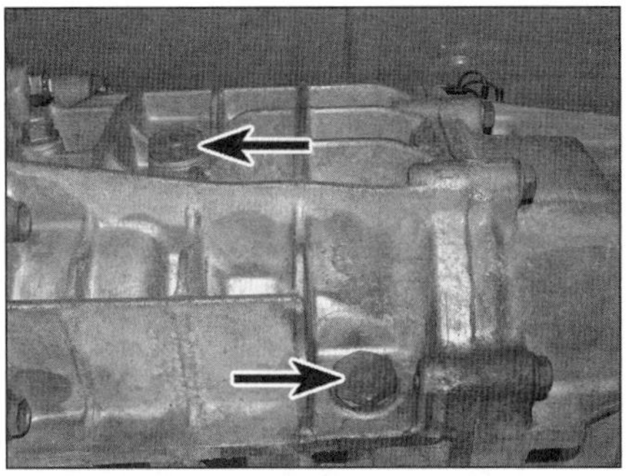

**24.2 Getriebeöl-Einfüll-/Kontrollschraube (oben), Ablassschraube (unten)**

**3** Der Ölpegel soll am unteren Rand der Gewindebohrung stehen – eventuell tropft nach dem Entfernen der Schraube etwas Öl heraus, doch dies bedeutet nicht, dass der Pegel korrekt ist. Um den tatsächlichen Pegel festzustellen, wird gewartet, bis das Öl abgetropft ist, dann eine kleine Menge Getriebeöl eingefüllt und erneut gewartet, bis das Abtropfen erneut aufhört. Verwenden Sie ausschließlich hochwertiges Getriebeöl (siehe Seite 24).

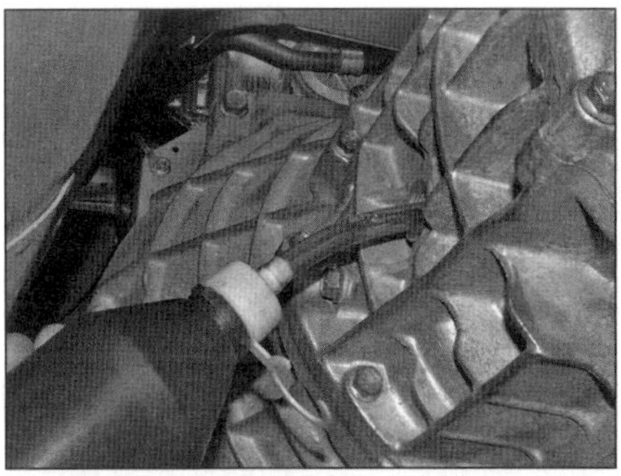

**24.3 Füllen Sie Getriebeöl auf, bis es aus der Bohrung wieder austritt.**

**4** Sobald der Ölpegel korrekt ist, wird die Schraube mit 35 Nm angezogen und der Bereich um sie herum abgewischt.

### Austausch

**5** Das Getriebeöl muss alle 40 000 km oder spätestens nach zwei Jahren gewechselt werden.
**6** Beschaffen Sie zunächst 2 Liter des vorgeschriebenen Getriebeöls (75W/90 GL4 oder GL5) und eine neue Dichtscheibe für die Ablassschraube.
**7** Das Öl sollte direkt nach einer Fahrt abgelassen werden, da es warm besser fließt und Ablagerungen in der Schwebe hält. Tragen Sie Schutzhandschuhe.
**8** Stützen Sie das Fahrzeug nach der Fahrt sicher ab (siehe Seite 275), sodass es weiterhin waagerecht steht, oder fahren Sie es über eine Werkstatt-Grube.
**9** Stellen Sie einen Auffangbehälter unter das Getriebe und lockern Sie die Ablassschraube (Abb. 24.2).
**10** Drehen Sie die Ablassschraube vorsichtig von Hand heraus und entnehmen Sie die Dichtscheibe – verbrühen Sie sich dabei nicht die Finger.

**11** Lassen Sie das Öl vollständig abtropfen. Reinigen Sie die Ablassschraube und rüsten Sie sie mit einer neuen Dichtscheibe aus. Ziehen Sie die Ablassschraube mit 44 Nm (Fünfganggetriebe) bzw. 35 Nm (Sechsganggetriebe) an.
**12** Füllen Sie durch die Bohrung der Einfüll-/Kontrollschraube frisches Getriebeöl (2,0 Liter beim Fünfganggetriebe, 1,8 Liter beim Sechsganggetriebe) auf.
**13** Installieren Sie die Einfüll-/Kontrollschraube und ziehen Sie sie mit 35 Nm an.

## 25 Hinterachs-Differenzial – Ölwechsel

**1** Das Öl sollte direkt nach einer Fahrt abgelassen werden, da es warm besser fließt und Ablagerungen in der Schwebe hält. Tragen Sie Schutzhandschuhe.
**2** Stützen Sie das Fahrzeug nach der Fahrt sicher ab (siehe Seite 275), sodass es weiterhin waagerecht steht, oder fahren Sie es über eine Werkstatt-Grube.
**3** Stellen Sie einen Auffangbehälter unter das Hinterachs-Differenzial und lockern Sie die Ablassschraube (siehe Abbildung).

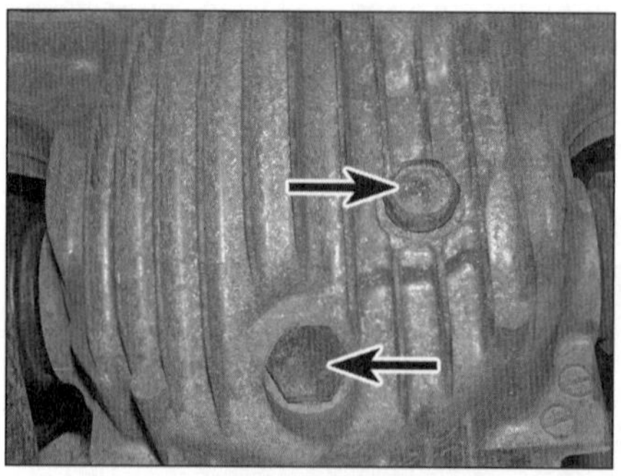

**25.3 Differenzial-Einfüll-/Kontrollschraube (oben), Ablassschraube (unten)**

**4** Drehen Sie die Ablassschraube vorsichtig von Hand heraus und entnehmen Sie die Dichtscheibe – verbrühen Sie sich dabei nicht die Finger.
**5** Lassen Sie das Öl vollständig abtropfen. Reinigen Sie die Ablassschraube und rüsten Sie sie mit einer neuen Dichtscheibe aus. Ziehen Sie die Ablassschraube mit 44 Nm an.
**6** Füllen Sie durch die Bohrung der Einfüll-/Kontrollschraube frisches Getriebeöl (0,65 Liter beim 1,6 l-Modell bis 1993; 1,0 Liter beim 1,6 l-Modell ab 1994 und allen 1,8 l-Modellen) auf.
**7** Installieren Sie die Einfüll-/Kontrollschraube und ziehen Sie sie mit 44 Nm an.

## Alle 80.000 km oder spätestens nach 4 Jahren

## 26 Zahnriemen – Austausch

Beachten Sie die Hinweise in Kapitel 2A, Sektion 6.

## 27 Fernbedienung – Batteriewechsel

**1** Hebeln Sie mit einem kleinen Schraubendreher die Schlüsselgehäuse-Hälften auseinander (siehe Abbildung).

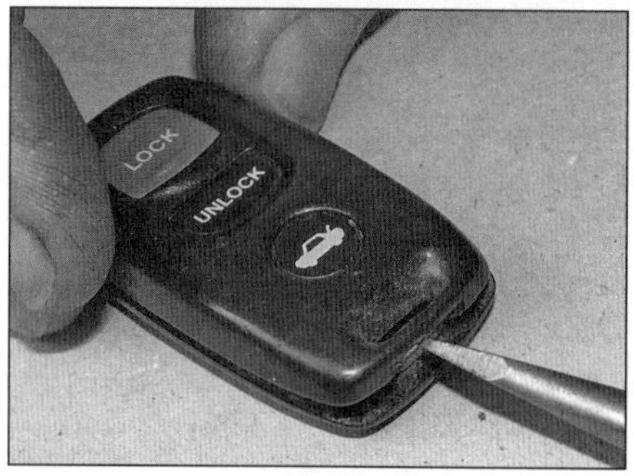


**27.1 Hebeln Sie die Fernbedienungs-Gehäusehälften auseinander.**

**2** Beachten Sie die Ausrichtung der Batterie und entnehmen Sie sie aus dem Gehäuse.
**3** Installieren Sie die neue Batterie (Typ: CR 2025) – die Plus-Seite kommt nach oben (siehe Abbildung). Vermeiden Sie das Berühren der beiden Batterieseiten mit den Fingern.

**27.3 Legen Sie die neue Batterie mit der Plus-Seite nach oben ein.**

**4** Drücken Sie die beiden Gehäusehälften zusammen, bis sie einrasten. Prüfen Sie die Funktion der Fernbedienung.

## 28 Ventilspiel – Kontrolle und Einstellung

**Anmerkung:** *Diese Arbeit muss nur bei Modellen ab 1998 (NB) erledigt werden. Ältere Motoren sind mit Hydrostößeln ausgerüstet, die keine Einstellung erfordern.*
**1** Die Wichtigkeit korrekt eingestellter Ventile kann gar nicht überbewertet werden, da hierdurch sowohl die Leistungsfähigkeit als auch die Haltbarkeit des Motors massiv beeinflusst wird. Der Motor muss für die Kontrolle vollständig abgekühlt sein – am besten über Nacht. Prüfen Sie zunächst, ob das Spiel in Ordnung ist:
**2** Entfernen Sie sämtliche Zündkerzen (siehe Sektion 16).
**3** Demontieren Sie den Ventildeckel (siehe Kapitel 2A, Sektion 4).
**4** Das Spiel jedes Ventils wird ermittelt, wenn der entsprechende Nocken senkrecht vom Tassenstößel weg zeigt.

**5** Prüfen Sie das Ventilspiel entsprechend der Zündfolge 1-3-4-2 (Zylinder Nr. 1 liegt vorn) – so muss die Kurbelwelle möglichst wenig gedreht werden.
**6** Schieben Sie am ersten Ventil ein Fühlerlehrenblatt der vorgegebenen Stärke (Einlass: 0,2 mm; Auslass: 0,3 mm) zwischen den Nocken und den Tassenstößel (siehe Abbildung); falls dabei zu viel oder zu wenig Spiel festgestellt wird, muss der tatsächliche Wert mithilfe verschiedener Fühlerlehrenblätter ermittelt werden (das Blatt muss sich mit leichtem Widerstand wie durch ein dickes Buch ziehen lassen). Notieren Sie die Stärke des passenden Blatts – dieses steht für das tatsächliche Spiel dieses Ventils.

**28.6 Führen Sie zwischen der Nockenwelle und dem Tassenstößel ein Fühlerlehrenblatt ein.**

**7** Drehen Sie die Kurbelwelle mithilfe eines am Riemenscheiben-Bolzen angesetzten Schlüssels im Uhrzeigersinn, bis die Nocken über dem dritten Zylinder senkrecht nach oben zeigen. Messen Sie das Ventilspiel und notieren Sie die Werte.
**8** Wiederholen Sie die Messung an allen verbliebenen Ventilen und notieren Sie auch diese Werte.
**9** Falls das Ventilspiel nicht korrekt ist – beachten Sie die unterschiedlichen Werte für die Einlass- und Auslassventile –, muss das entsprechende Einstellplättchen (»Shim«) ausgetauscht werden.
**10** Demontieren Sie die Nockenwelle(n) (siehe Kapitel 2A, Sektion 8).
**11** Entfernen Sie vorsichtig den Shim oben aus dem Tassenstößel – benutzen Sie dazu einen Magneten oder einen kleinen Saugnapf.
**12** Vermessen Sie den Shim, da sich der eingeätzte Wert durch Abrieb verändert haben kann (siehe Abbildung). Beschaffen Sie einen entsprechend dickeren oder dünneren Shim, um das Ventilspiel auf den vorgegebenen Wert zu bringen. Falls der gemessene Wert an einem Einlassventil z. B. 0,27 mm betrug, muss ein Shim beschafft werden, der 0,7 mm dünnerer ist als der ursprüngliche Shim.

**28.12 Messen Sie die Stärke des vorhandenen Shims mit einer Mikrometerschraube.**

**13** Falls mehrere Shims ersetzt werden müssen, besteht manchmal die Möglichkeit, sie auszutauschen, sodass nicht mehr als nötig gekauft werden müssen. Drehen Sie die Kurbelwelle niemals, wenn Shims ausgebaut sind.
**14** Falls selbst mit dem dünnsten Fühlerlehrenblatt kein Ventilspiel ermittelt werden kann, muss das Ventil ausgebaut und das Ende des Schafts geschliffen werden, um durch einen gekürzten Schaft wieder Spiel zu erreichen. Wahrscheinlich hat sich das Ventil jedoch in seinen Sitz eingearbeitet, sodass der Zylinderkopf in einer Fachwerkstatt überholt werden muss.
**15** Installieren Sie anschließend die Nockenwelle(n) und den Ventildeckel (siehe Kapitel 2A, Sektionen 8 und 4) sowie die Zündkerzen (siehe Sektion 16).

# Kapitel 2, Teil A

## Reparaturen am eingebauten Motor

### Inhalt — Sektion


Allgemeine Informationen . . . 1
Dichtringe – Ersetzen . . . 12
Kompressionsprüfung – Beschreibung und Auswertung . . . 2
Kurbelwellen-Vibrationsdämpfer und Riemenscheibe – Ausbau und Einbau . . . 5
Motorhalterungen – Kontrolle und Ersetzen . . . 14
Motoröl – Pegelkontrolle . . . siehe Wöchentliche Kontrollen
Motoröl und Ölfilter – Wechsel . . . siehe Kapitel 1
Nockenwellen und Stößel – Ausbau und Einbau . . . 8
Oberer Totpunkt (OT) – Positionierung . . . 3
Öldruckschalter – Ausbau und Einbau . . . 15
Ölpumpe – Ausbau, Kontrolle und Einbau . . . 11
Ölwanne – Ausbau und Einbau . . . 10
Schwungscheibe – Ausbau, Kontrolle und Einbau . . . 13
Variable Steuerzeiten – Beschreibung und Austausch der Komponenten . . . 7
Ventildeckel – Ausbau und Einbau . . . 4
Ventilspiel – Kontrolle und Einstellung . . . siehe Kapitel 1
Zahnriemen und Riemenräder – Ausbau, Kontrolle und Einbau . . . 6
Zylinderkopf – Ausbau und Einbau . . . 9


# Schwierigkeitsgrade

| **Leicht.** Geeignet für Anfänger mit wenig Erfahrung. | **Relativ leicht.** Geeignet für Anfänger mit etwas Erfahrung. | **Relativ schwierig.** Geeignet für geübte Selbstschrauber. | **Schwer.** Geeignet für Selbstschrauber mit viel Erfahrung. | **Sehr schwer.** Geeignet für Experten und Profis. |
|---|---|---|---|---|

## Technische Daten

### Motor

| | | |
|---|---|---|
| Bezeichnung | | |
| 1,6 l (1597 cm³ Hubraum) | B6 | |
| 1,8 l (1840 cm³ Hubraum) | BP | |
| Bohrung | | |
| 1,6 l | 70,0 mm | |
| 1,8 l | 83,0 mm | |
| Hub | | |
| 1,6 l | 83,6 mm | |
| 1,8 l | 85,0 mm | |
| Kurbelwellen-Drehrichtung | im Uhrzeigersinn (von vorn betrachtet) | |
| Position von Zylinder Nr. 1 | vorn (an Zahnriemen-Seite) | |
| Zündfolge | 1-3-4-2 | |
| Minimaler Zylinder-Kompressionsdruck | | |
| 1,6 l | 9,0 bar | |
| 1,8 l | | |
| bis 11/2000 | 8,7 bar | |
| ab 12/2000 | 10,0 bar | |
| Maximale Druckdifferenz zwischen Zylindern | 2,0 bar | |
| Verdichtungsverhältnis | | |
| 1,6 l | 9,4 : 1 | |
| 1,6 l (leistungsreduziert) | 9,0 : 1 | |
| 1,8 l bis 04/1998 | 9,0 : 1 | |
| 1,8 l von 05/1998 bis 11/2000 | 9,5 : 1 | |
| 1,8 l ab 12/2000 | 10,0 : 1 | |
| Ventilspiel bis 1997 | automatisch per Hydrostößel | |
| Ventilspiel ab 1998 (NB) – Motor kalt | **Einlass** | **Auslass** |
| 1,6 l-Motor | 0,17 bis 0,23 mm | 0,27 bis 0,33 mm |
| 1,8 l-Motor | 0,18 bis 0,24 mm | 0,28 bis 0,34 mm |

**Nockenwellen**

| | |
|---|---|
| Axialspiel | 0,2 mm (max.) |
| Hydrostößel-Abstand zu Nocken (bis 1997) | 0,15 mm |
| **Schmiersystem** | |
| Minimaler Öldruck | |
| bei Standgas | 2,0 bar |
| bei 3000/min | 3,0 bar |

| **Anzugsdrehmomente** | Nm |
|---|---|
| Ansaugstutzenhalter-Schrauben | 50 |
| Hauptlagerdeckel-Schrauben | |
| Schritt 1 | 20 |
| Schritt 2 | 59 |
| Hauptlagerstützplatten-Schrauben | 20 |
| Kurbelwellen-Naben/Riemenrad-Schraube* | |
| NA-Modelle (bis 1997) | |
| 53 mm Gesamtlänge | 118 |
| 74 mm Gesamtlänge | 160 |
| NB-Modelle (ab 1998) | 160 |
| Kurbelwellen-Vibrationsdämpfer/Riemenscheiben-Schrauben an Nabe/Riemenrad | 15 |
| Motorhalter-Muttern | 78 |
| Motorhalterungen an Motorblock | 50 |
| Motoröl-Ablassschraube | 35 |
| Nockenwellen-Lagerdeckelschrauben | 14 |
| Nockenwellenritzel-Schrauben | |
| Fixe Steuerzeiten | 60 |
| Variable Steuerzeiten | |
| Riemenrad-Schraube | 70 |
| Abdeckungs-Schrauben | 5 |
| Öl-Ansaugrohr | 11 |
| Öldruckschalter | 15 |
| Öldüse | 18 |
| Ölpumpe an Motorblock | 25 |
| Ölregelventil-Schraube | 10 |
| Ölregelventilgehäuse-Schrauben | 10 |
| Ölrohr-Anschlussschrauben | |
| Oben | 40 |
| Unten | 20 |
| Ölrohrhalter-Schrauben | 10 |
| Ölwanne | 11 |
| Pleuelfußmuttern | |
| Schritt 1 | 20 |
| Schritt 2 | 52 |
| Schwungscheiben-Schrauben | 103 |
| Thermostatgehäuse | 22 |
| Zahnriemendeckel-Schrauben | 10 |
| Zahnriemenspanner-Schraube | 50 |
| Zahnriemen-Umlenkrollen-Schraube | 50 |
| Ventildeckelschrauben | 8 |
| Wasserpumpenrad-Schrauben | 11 |
| Zylinderkopfschrauben | 80 |

# 1 Allgemeine Informationen

## Der Zweck dieses Kapitels

Dieses Kapitel beinhaltet Reparaturen, die bei im Fahrzeug montiertem Motor durchgeführt werden können. Falls der Motor ausgebaut und entsprechend freigelegt ist, können nicht zutreffende Schritte ignoriert werden. Kapitel 2B beinhaltet den Ausbau des Motors samt Getriebe aus dem Fahrzeug und die dann mögliche Komplettüberholung.
Obwohl es technisch möglich ist, Bauteile wie Kolben und Pleuelstangen bei eingebautem Motor zu überholen, werden solche Tätigkeiten normalerweise nicht als separate Arbeiten durchgeführt. Üblicherweise müssen verschiedene weitere Prozeduren (nicht zu vergessen die Reinigung von Bauteilen und Ölkanälen) durchgeführt werden, sodass solche Aufgaben zu den größeren Überholprozessen gezählt werden, die in Kapitel 2B beschrieben sind.

## Motor – Beschreibung

Der Vierzylindermotor wird mit zwei obenliegenden Nockenwellen (DOHC) und vier Ventilen je Zylinder gesteuert. Der Motor ist längs eingebaut und das Getriebe ist hinten angeflanscht. Die mit 1,6 l- oder 1,8 l Hubraum versehenen Motoren weisen je nach Modelljahr und Verkaufsland unterschiedliche Leistungen und Drehmomente auf. Der Grundaufbau beider Triebwerke ist identisch, nur die 1,8 l-Motoren ab Modelljahr 2000 haben eine Einlassnockenwelle mit hydraulisch geregelten variablen Steuerzeiten, die gleichzeitig für besseren Durchzug als auch bessere Abgaswerte sorgen.
Die per Zahnriemen angetriebenen zwei Nockenwellen sind im Zylinderkopf gelagert und öffnen die Ventile direkt über Tassenstößel. Beim NA-Modell (bis 1997) wird das Ventilspiel automatisch durch in die Tassenstößel integrierte Hydrostößel geregelt. Beim NB-Modell (ab 1998) wird das Ventilspiel mit in den Tassenstößeln liegenden Einstellplättchen (»Shims«) sichergestellt – falls es korrigiert werden muss, ist der entsprechende Shim auszutauschen.
Die Kurbelwelle des komplett gleitgelagerten Motors läuft in fünf Lagerschalen. Ihr Axialspiel wird durch Anlauf-Halbringe an den Hauptlagern Nr. 2 und 5 (obere Hälfte) begrenzt.
Die aus einer Aluminiumlegierung bestehenden Kolben sind mit drei Kolbenringen (zwei Kompressionsringen und einem Ölabstreifring) ausgerüstet und mit Kolbenbolzen im oberen Pleuelauge gelagert.
Die Rotor-Ölpumpe sitzt vorn am Motor und wird direkt von der Kurbelwelle angetrieben.

## Reparaturen, die bei eingebautem Motor möglich sind

Die folgenden Arbeiten können erledigt werden, ohne dass der Motor dafür aus dem Fahrzeug ausgebaut werden muss:
*a) Zylinderkopf – Ausbau und Einbau*
*b) Zahnriemen und Riemenräder – Ausbau und Einbau*
*c) Nockenwellen und Tassenstößel – Ausbau und Einbau*
*d) Ölwanne – Ausbau und Einbau**
*e) Pleuelfußlager, Pleuel und Kolben – Ausbau und Einbau**
*f) Ölpumpe – Ausbau und Einbau*
*g) Motor- und Getriebehalterungen – Ausbau und Einbau*
*h) Schwungscheibe – Ausbau und Einbau*
** Obwohl diese Komponenten theoretisch bei eingebautem Motor ausgebaut werden können, wird aus Gründen der besseren Zugänglichkeit und Sauberkeit empfohlen, den Motor dafür auszubauen.*

# 2 Kompressionsprüfung – Beschreibung und Auswertung

**1** Wenn die Motorleistung sinkt oder Fehlzündungen entstehen, die nicht auf das Zünd- oder Kraftstoffsystem zurückzuführen sind, kann eine Kompressionsprüfung Hinweise auf den Zustand des Motors liefern. Wenn dieser Test regelmäßig durchgeführt wird, kann er vor Problemen warnen, bevor andere Symptome offensichtlich werden.
**2** Der Motor muss vollständig auf Betriebstemperatur gebracht werden und die Batterie muss komplett geladen sein. Demontieren Sie die Zündkerzen (siehe Kapitel 1, Sektion 16). Für den Test wird ein Assistent benötigt.
**3** Deaktivieren Sie das Zündsystem, indem Sie den Zündspulenstecker trennen und das Benzinpumpenrelais entfernen (siehe Kapitel 12, Sektion 3).
**4** Drehen Sie den passenden Adapter in das Zündkerzengewinde von Zylinder Nr. 1 und schließen Sie den Kompressionsprüfer an.
**5** Lassen Sie den Assistenten auf dem Fahrersitz Platz nehmen und das Gaspedal durchdrücken. Gleichzeitig muss er den Motor mit dem Anlasser durchdrehen – nach ein bis zwei Umdrehungen sollte der Kompressionsdruck seinen maximalen Wert erreicht haben und sich dort stabilisieren. Notieren Sie den höchsten gemessenen Wert.
**6** Wiederholen Sie den Test an den anderen Zylindern und notieren Sie alle Messwerte.
**7** Alle Zylinder sollten ähnliche Kompressionswerte erreichen – Unterschiede von mehr als 2 bar weisen auf einen Defekt hin. Beachten Sie, dass sich die Kompression in einem gesunden Motor sehr schnell aufbaut; niedrige Kompression im ersten Kolbenhub gefolgt von schrittweisen Anstiegen in den folgenden Hüben weist auf verschlissene Kolbenringe hin. Niedrige Kompression im ersten Kolbenhub, der auch in den folgenden Hüben keine höheren Werte folgen, weist auf verschlissene Ventile oder eine durchgebrannte Zylinderkopfdichtung hin (ein Riss im Zylinderkopf kann auch möglich sein). Ablagerungen an den Ventilen können ebenfalls zu niedriger Kompression führen.
**8** Die von Mazda vorgegebenen Kompressionsdruck-Werte finden sich in den technischen Daten.
**9** Falls der Druck in einem Zylinder zu niedrig ist, muss der folgende Test durchgeführt werden, um den Grund herauszufinden: Füllen Sie einen Teelöffel Motoröl durch das Zündkerzenloch ein und wiederholen Sie den Test.
**10** Wenn das zugegebene Öl den Kompressionsdruck zeitweise erhöht, werden der Kolben oder die Zylinderbohrung verschlissen sein. Keine Druckveränderung lässt auf undichte oder verbrannte Ventile oder auf eine schadhafte Zylinderkopfdichtung schließen.
**11** Niedrige Drücke in zwei benachbarten Zylindern weisen fast immer darauf hin, dass die Kopfdichtung zwischen ihnen durchgebrannt ist – Kühlmittel im Motoröl bestätigt dies.
**12** Wenn ein Zylinder um etwa 20 % unter den anderen liegt und der Motor im Standgas etwas unrund läuft, kann ein verschlissener Nocken die Ursache hierfür sein.
**13** Falls die Kompression ungewöhnlich hoch ist, haben sich wahrscheinlich Kohleablagerungen in den Brennräumen gebildet. In diesem Fall muss der Zylinderkopf demontiert und samt Kolbenboden gereinigt werden.
**14** Nach Beendigung des Tests werden die Zündkerzen und das Benzinpumpenrelais installiert sowie der Zündspulenstecker angeschlossen.

## 3 Oberer Totpunkt (OT) – Positionierung

**Anmerkung:** *Die OT-Markierungen fluchten, wenn der Kolben in Zylinder Nr. 1 entweder im Gaswechsel-Takt oder im Verdichtungstakt an seiner höchsten Position steht. Der Verdichtungs-OT lässt sich bei demontiertem Ventildeckel an den hochstehenden Nocken erkennen; alternativ kann an der Zündkerzenbohrung erfühlt werden, ob der aufsteigende Kolben Druck aufbaut.*

**1** Der obere Totpunkt (OT) ist die höchste Position des oszillierenden Kolbens; er erreicht ihn in einem Arbeitstakt zweimal – im Gaswechsel-Takt und im Verdichtungstakt. Oft ist mit »OT« nur der Verdichtungs-OT gemeint. Im unteren Teil seines Arbeitstaktes steht der Kolben im UT.

**2** Die Positionierung des Kolbens von Zylinder Nr. 1 (vorn) im OT ist ein entscheidender Teil beim Einstellen der Steuerzeiten und der Montage der Nockenwellen sowie des Zahnriemens.

**3** Zunächst werden der Leerlauf eingelegt und die Handbremse gezogen oder die Hinterräder blockiert. Deaktivieren Sie die Zündung, indem Sie den Zündspulenstecker trennen (siehe Kapitel 5B, Sektion 3) und die Zündkerzen demontieren (siehe Kapitel 1, Sektion 16).

**4** Um den Kolben Nr. 1 in den OT zu bringen, muss die Kurbelwelle mit einem am Riemenscheiben-Bolzen angesetzten Steckschlüssel gedreht werden – dies darf ausschließlich im Uhrzeigersinn (von vorn betrachtet) geschehen.

**5** Drehen Sie einen Kompressionsprüfer in die vordere Zündkerzenbohrung. Sobald der Kolben im Verdichtungstakt aufsteigt, baut er jetzt erkennbar Kompression auf.

### Modelle bis 1999

**6** Drehen Sie die Kurbelwelle (sieh Schritt 4), bis die Kerbe am Zahnriemenrad zum T an der Markierungsplatte (vorn am Motor) ausgerichtet ist (siehe Abbildung).

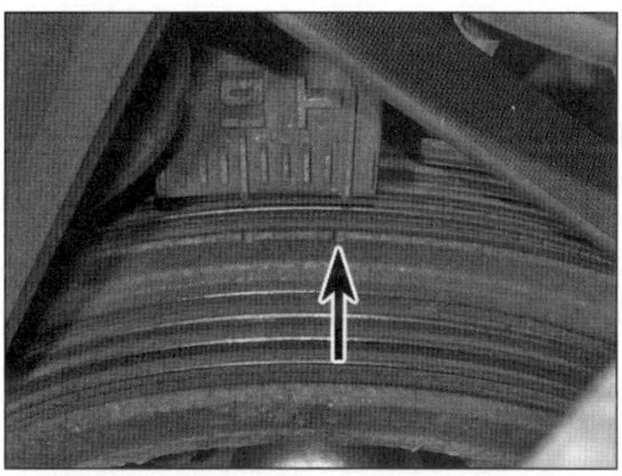

**3.6 Die Kerbe am Zahnriemenrad muss zur T-Markierung an der Platte ausgerichtet sein.**

**7** Falls bei der Ausrichtung der Markierungen kein Kompressionsdruck festgestellt wurde, steht der Kolben Nr. 1 im Gaswechseltakt.

**8** Um den Kolben in den Verdichtungs-OT zu bringen, muss die Kurbelwelle exakt eine Umdrehung (360°) weitergedreht werden, bis die Markierungen wieder fluchten (Abb. 3.6).

### Modelle ab 2000

**9** Demontieren Sie die Zahnriemendeckel (siehe Sektion 6) und drehen Sie die Kurbelwelle, bis die Kerbe am Kurbelwellen-Riemenrad zur Markierung am Ölpumpengehäuse und gleichzeitig die Markierungen an den Nockenwellenrädern zu denen am inneren Zahnriemendeckel ausgerichtet sind (siehe Abbildungen).

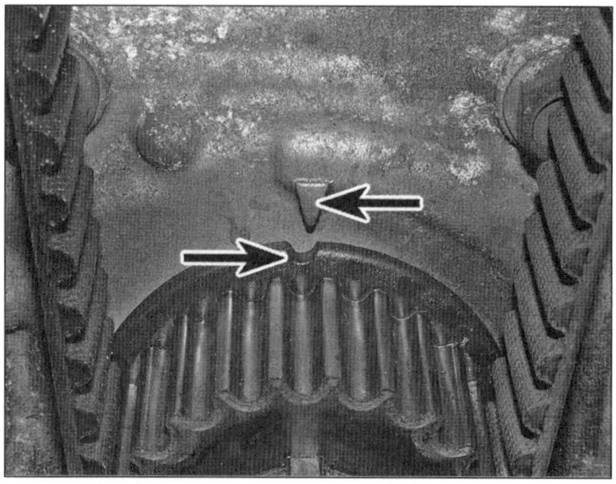

**3.9a Richten Sie die Kerbe am Kurbelwellen-Riemenrad zur Markierung am Ölpumpengehäuse ...**

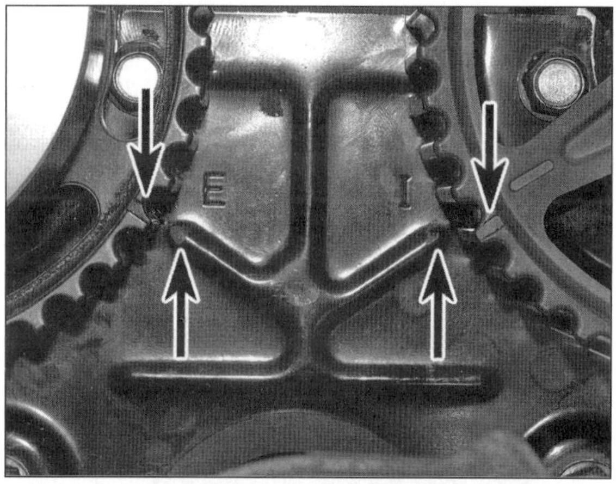


**3.9b ... und die Markierungen an den Nockenwellenrädern zu denen am inneren Zahnriemendeckel aus.**

## 4 Ventildeckel – Ausbau und Einbau

### Ausbau

**1** Trennen Sie das Massekabel von der Batterie (siehe Kapitel 5A, Sektion 4).

**2** Ziehen Sie am Ventildeckel die Schläuche des Entlüftungsventils und der Motorentlüftung ab (siehe Abbildungen).

**4.2a Ziehen Sie am Ventildeckel den Schlauch des Motorentlüftungsventils ...**

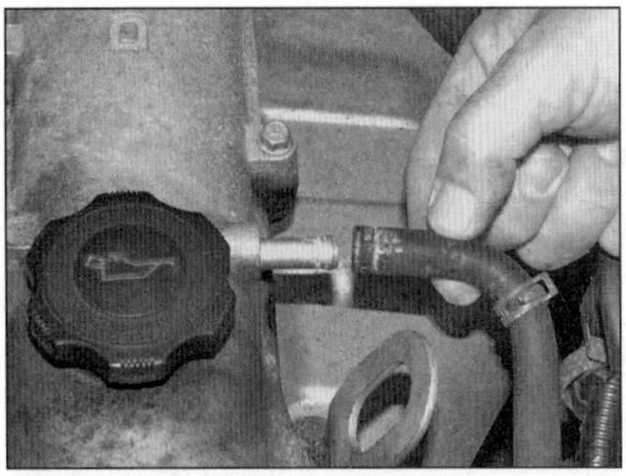

**4.2b … und der Motorentlüftung ab.**

**3** Entfernen Sie die Zündspulen (siehe Kapitel 5B, Sektion 3). Ziehen Sie bei Modellen ab 2000 die auf den Zündkerzen verbliebenen Kerzenstecker ab.

## Modelle mit variablen Steuerzeiten

**4** Lockern Sie die obere und untere Anschlussschraube des Ölrohrs und lösen Sie dann dessen Befestigungsschrauben. Drehen Sie die Anschlussschrauben heraus und entfernen Sie das Rohr vom Zylinderkopf (siehe Abbildungen) – alle O-Ringe und Dichtscheiben müssen später erneuert werden.

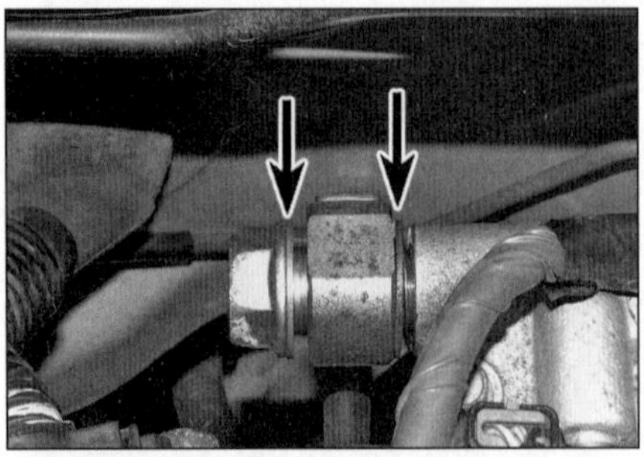

**4.4a Lösen Sie hinten am Ventildeckel die Anschlussschraube – die zwei Dichtscheiben (Pfeile) müssen erneuert werden.**

**4.4b Lösen Sie die fünf Ölrohr-Befestigungsschrauben.**

**5** Lösen Sie die Schrauben und trennen Sie den Stecker des Öldruckventil-Gehäuses, um dies vom Ventildeckel zu befreien (siehe Abbildung) – die Dichtung muss später ersetzt werden.

**4.5 Öldruckventil-Befestigungsschrauben**

## Alle Modelle

**6** Falls vorhanden müssen die Schrauben der Domstrebe gelöst und diese entfernt werden (siehe Abbildung).

**4.6 Lösen Sie ggf. links und rechts im Motorraum die Schrauben der Domstrebe und entfernen Sie diese.**

**7** Lösen Sie ENTGEGEN der in Abb. 4.13 gezeigten Anzugsreihenfolge die Ventildeckelschrauben.

**8** Trennen Sie alle Rohre und anderen Anschlüsse vom Ventildeckel, verlagern Sie sie beiseite, und heben Sie den Deckel vom Zylinderkopf. **Anmerkung:** *Um den Deckel nötigenfalls lösen zu können, muss er rundherum mit einem weichen Hammer oder Holz abgeklopft werden – auf keinen Fall darf er abgehebelt werden.*

# Einbau

**9** Alle Dichtflächen müssen absolut sauber sein. Entfernen Sie altes Dichtmaterial nötigenfalls mit einem Schaber, aber achten Sie darauf, kein Metall abzutragen. Reinigen und entfetten Sie die Dichtflächen sorgfältig, da ansonsten später Undichtigkeiten entstehen können.

**10** Begutachten Sie sorgfältig die Gummidichtung des Ventildeckels und erneuern Sie sie, falls Alterungserscheinungen oder andere Schäden festgestellt werden. Drücken Sie die Dichtung in die Nut des Ventildeckels (siehe Abbildung).

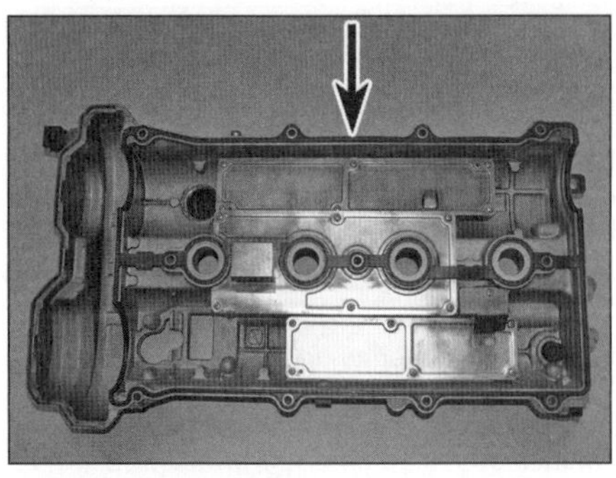

**4.10 Die Gummidichtung muss rundherum in der Nut des Ventildeckels sitzen.**

11 Tragen Sie an den gezeigten Bereichen Silikon-Dichtmasse auf (siehe Abbildungen).

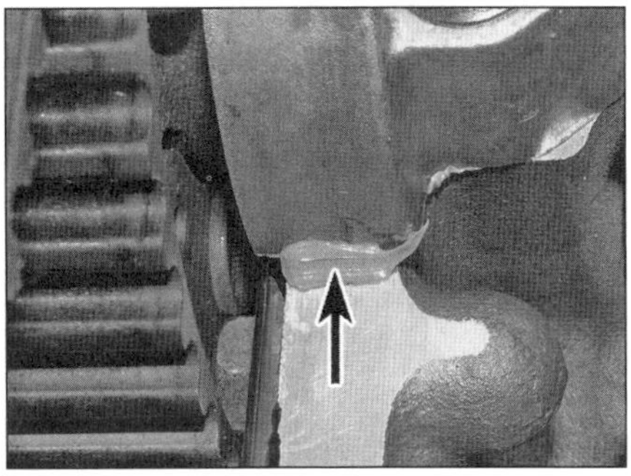

**4.11a Tragen Sie an beiden Seiten der Lagerdeckel vorn ...**

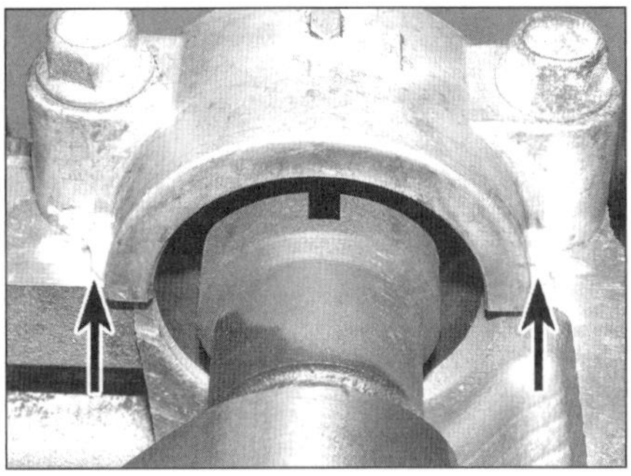

**4.11b ... und hinten am Zylinderkopf etwas Dichtmasse auf.**

12 Positionieren Sie den Ventildeckel auf dem Zylinderkopf und drehen Sie alle Schrauben zunächst von Hand ein.
13 Ziehen Sie die Schrauben in der gezeigten Reihenfolge (siehe Abbildung) und in zwei oder drei Durchgängen bis zum Drehmoment von 8 Nm an.

**4.13 ANZUGS-Reihenfolge der Ventildeckelschrauben**

## Modelle mit variablen Steuerzeiten

14 Legen Sie am Sitz des Ölregelventils eine neue Dichtung auf und setzen Sie das Ventilgehäuse vorsichtig an – die O-Ringe an der Nockenwellen-Kappe dürfen dabei nicht beschädigt werden (siehe Abbildung). Ziehen Sie die Gehäuseschrauben schrittweise bis zum Drehmoment von 10 Nm an.

**4.14 Das Ölregelventilgehäuse muss mit einer neuen Dichtung montiert werden.**

15 Der Filter des am Ölregelventil sitzenden Ölrohr-Anschlusses muss korrekt eingesetzt sein – die Rippen des Filterrahmens müssen zu den jeweiligen Schraubenbohrungen zeigen (maximale Abweichung: 15°) (siehe Abbildung).

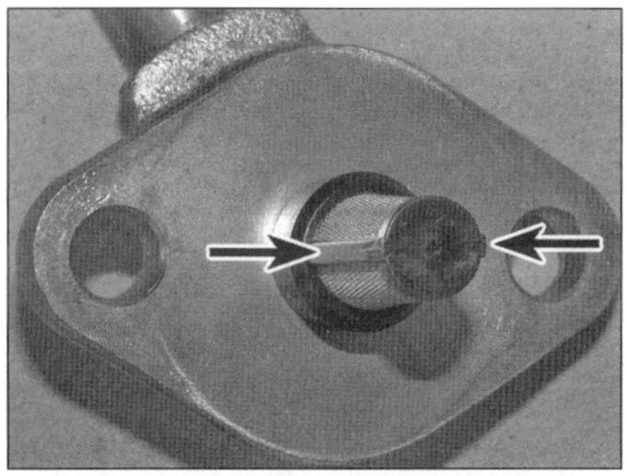

**4.15 Die Filterrahmen-Rippen (Pfeile) müssen eine Linie zu den Schraubenbohrungen bilden.**

16 Positionieren Sie die mit neuen Dichtscheiben ausgerüsteten Ölrohre an den Anschlüssen des Ventildeckels, des Zylinderkopfs und des Motorblocks, aber drehen Sie die Befestigungsschrauben zunächst nur handfest ein..
17 Beginnen Sie mit dem Rohr des Ventildeckels und ziehen Sie die Befestigungsschrauben von außen nach innen mit 10 Nm an.
18 Ziehen Sie in mehreren Schritten zunächst die untere Anschlussschraube bis zum Drehmoment von 20 Nm und dann die obere Anschlussschraube bis 40 Nm an. Ziehen Sie dann die Befestigungsschrauben mit 10 Nm an (siehe Abbildung).

**4.18 Ziehen Sie zuerst die untere Anschlussschraube mit 20 Nm an.**

### Alle Modelle

**19** Der Rest des Einbaus entspricht der umgekehrten Ausbaureihenfolge.
**20** Starten Sie den Motor und prüfen Sie ihn auf Dichtigkeit.

## 5 Kurbelwellen-Vibrationsdämpfer/ Riemenrad – Ausbau und Einbau

### Ausbau

**1** Entfernen Sie den/die Keilriemen (siehe Kapitel 1, Sektion 6).
**2** Lösen sie die vier Sicherungsschrauben und entfernen Sie die Kurbelwellen-Vibrationsdämpfer/Riemenrad-Baugruppe je nach Modell vom Flansch oder dem Zahnriemenrad. Kontern Sie nötigenfalls die Kurbelwelle mit einem geeigneten Ring- oder Steckschlüssel (siehe Abbildung).

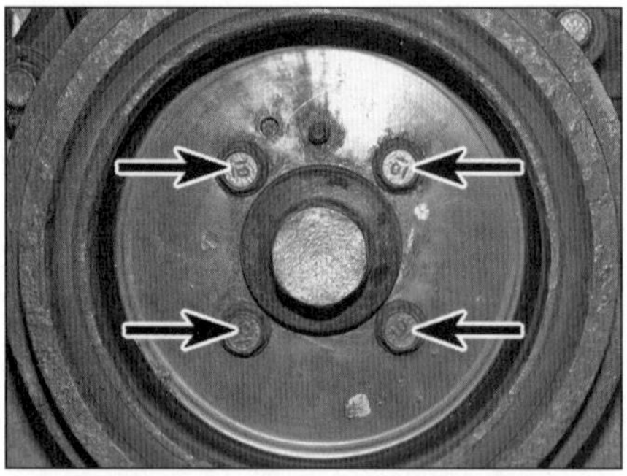

**5.2 Kurbelwellen-Vibrationsdämpfer/Riemenrad-Befestigungsschrauben**

### Einbau

**3** Der Einbau entspricht der umgekehrten Ausbaureihenfolge – reinigen Sie die Gewinde der vier Schrauben, versehen Sie sie mit Sicherungspaste, und ziehen Sie sie mit 15 Nm an.

## 6 Zahnriemen und Riemenräder – Ausbau, Kontrolle und Einbau

### Ausbau

**1** Trennen Sie das Massekabel von der Batterie (siehe Kapitel 5A, Sektion 4).
**2** Entleeren Sie das Kühlsystem (siehe Kapitel 1, Sektion 18).
**3** Falls vorhanden, muss der Unterfahrschutz demontiert werden (siehe Abbildungen).

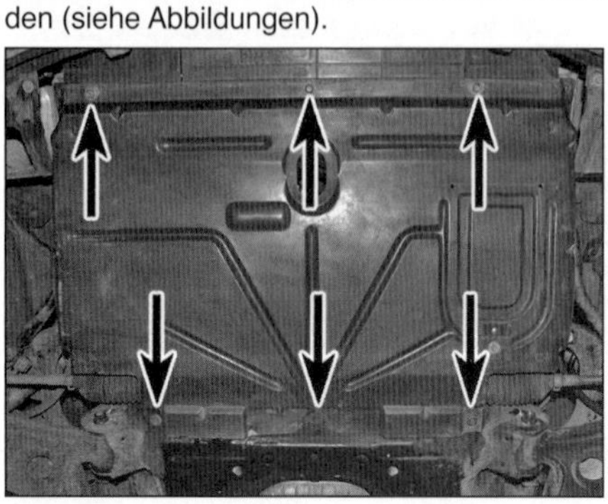

**6.3a Der Motor-Unterfahrschutz ist an der Unterseite mit sechs ...**

**6.3b ... und an beiden Seiten mit je drei Schrauben befestigt.**

**4** Entfernen Sie die Ansaugstutzen-Baugruppe, indem Sie ihre Schellen lockern und ggf. die Schraube lösen (siehe Abbildungen).

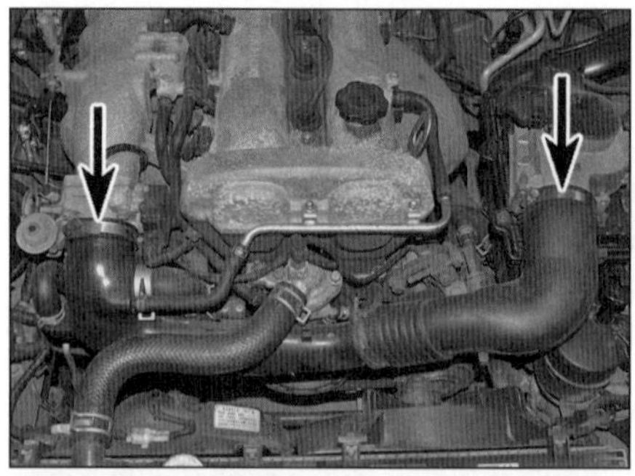

**6.4a Schellen der Ansaugstutzen-Baugruppe**

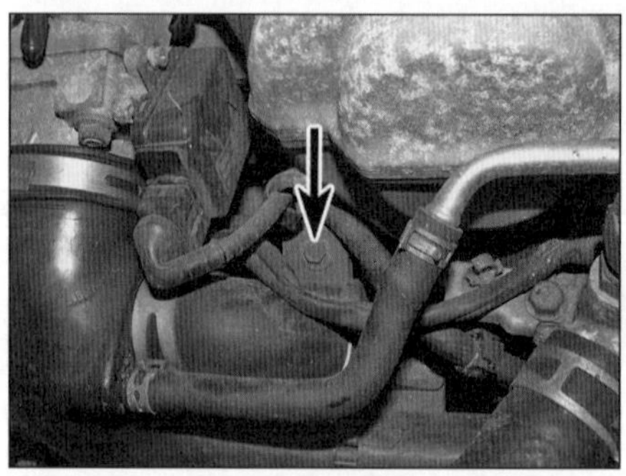

**6.4b Bei manchen Modellen sind die Stutzen zusätzlich mit einer Schraube gesichert.**

**5** Befreien Sie den oberen Kühlerschlauch und die kleinen Schläuche vom Thermostatgehäuse (siehe Kapitel 3, Sektion 4).
**6** Entfernen Sie bei NB-Modellen (ab 1998) den Kurbelwellensensor (siehe Kapitel 4A, Sektion 10).
**7** Lockern sie die Schrauben des Wasserpumpenrades und entfernen sie das Kurbelwellenrad (siehe Sektion 5). Bei 1,6 l-Modellen bis 1991 mit vier Schlitzen in der Kurbelwellenscheibe müssen die inneren und äußeren Zahnriemen-Führungsplatten sichergestellt werden (siehe Abbildung). Bei Modellen ab 1998 (NB) muss die hinter den Riemenrad sitzende Kurbelwellensensor-Geberscheibe entnommen werden (siehe Abbildung).

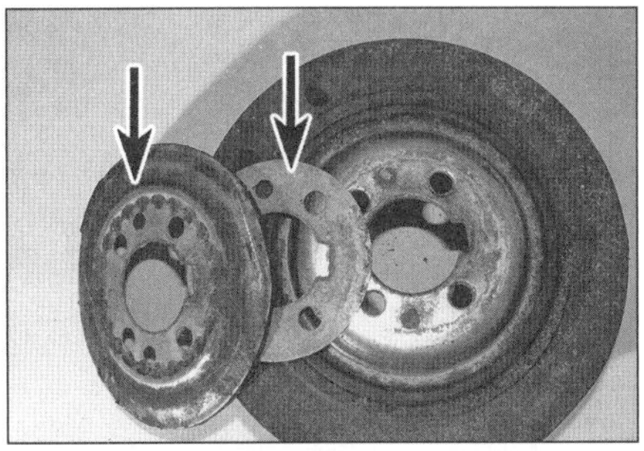

**6.7a Frühe 1,6 l-Modelle sind mit Zahnriemen-Führungsplatten ausgerüstet – die oft an der Riemenscheibe kleben.**

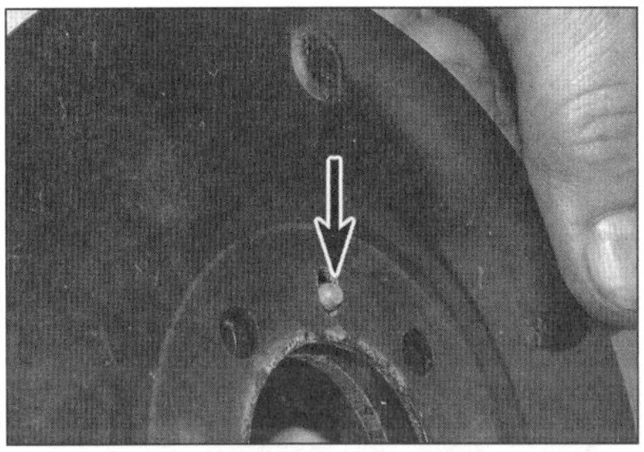

**6.7b Die Kurbelwellensensor-Geberscheibe sitzt über einem Zapfen an der Rückseite der Riemenscheibe – NB-Modelle ab 1998.**

**8** Entfernen Sie das Wasserpumpenrad (siehe Abbildung).

**6.8 Das mit drei Schrauben gesicherte Wasserpumpenrad**

**9** Demontieren Sie den Ventildeckel (siehe Sektion 4).
**10** Entfernen Sie die obere, mittlere und untere Zahnriemenabdeckung (siehe Abbildungen).

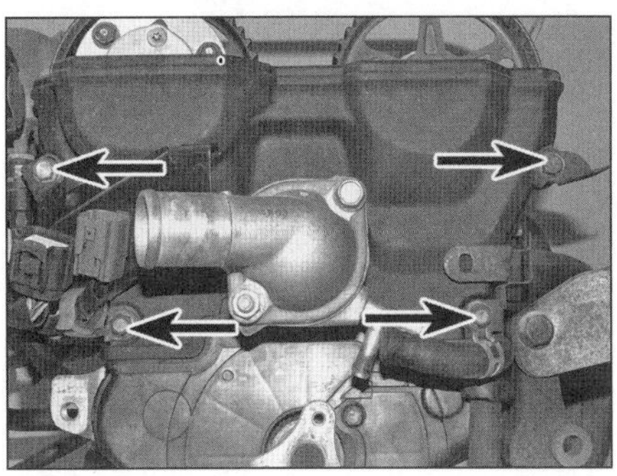

**6.10a Die vier Schrauben der oberen Zahnriemenabdeckung**

**6.10b Die einzelne Schraube der mittleren Zahnriemenabdeckung**

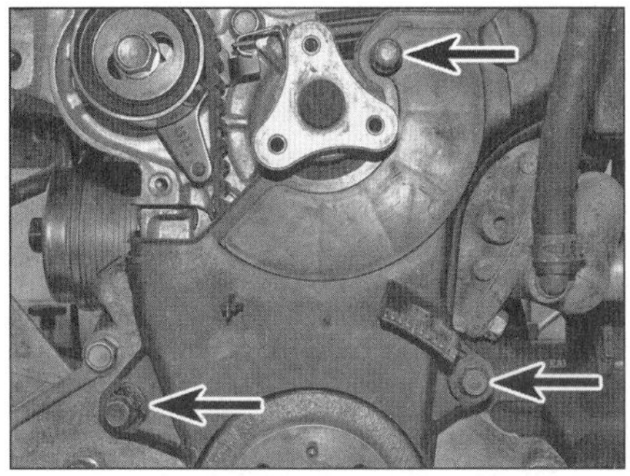

**6.10c Die drei Schrauben der unteren Zahnriemenabdeckung**

**11** Setzen Sie am Kurbelwellenbolzen einen Schlüssel an und drehen Sie die Welle, bis alle Markierungen an den drei Zahnriemenrädern mit denen am Ölpumpengehäuse und dem inneren Zahnriemendeckel fluchten (siehe Abbildungen).

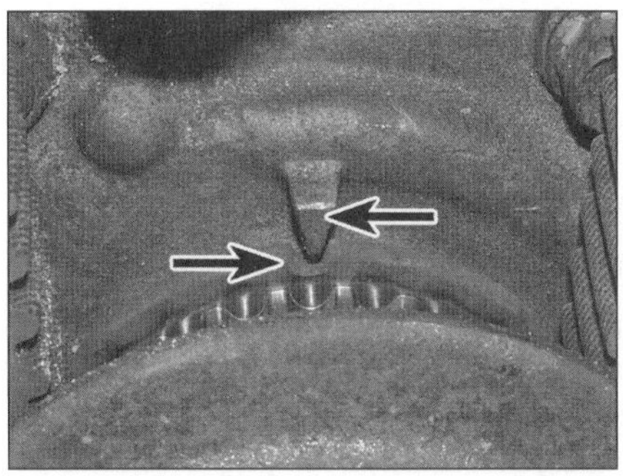

**6.11a Richten Sie die Kerbe am Kurbelwellenrad zum Anguss am Ölpumpengehäuse ...**

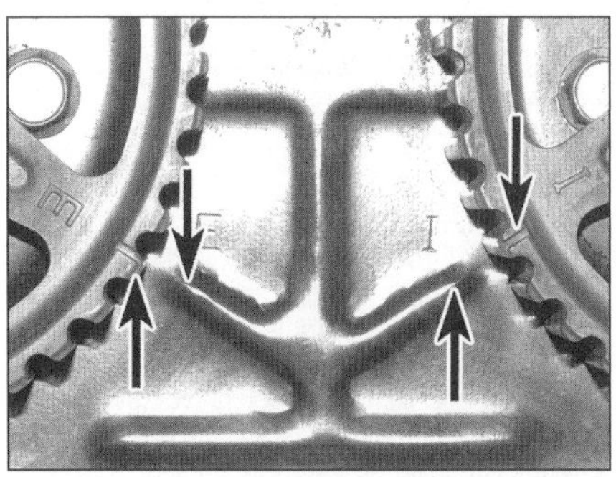

**6.11b ... und die Kerben der Nockenwellenräder mit den erhabenen Rippen neben den Buchstaben E und I am inneren Zahnriemendeckel aus.**

**12** Außer bei sehr frühen 1,6 l-Modellen mit vier Schlitzen in der Kurbelwellen-Riemenscheibe sind keine inneren und äußeren Führungsplatten vorhanden. Um den Riemen abnehmen zu können, muss der Kurbelwellenrad-Bolzen herausgeschraubt und die Radnabe entfernt werden (siehe Abbildungen). **Anmerkung:** *Um die Kurbelwelle am Mitdrehen zu hindern, kann ein Haltewerkzeug angefertigt werden, das an der Riemenscheibe angesetzt wird. Um den Zugang zum Kurbelwellenbolzen zu verbessern, können die Klemmschrauben des Querstabilisators gelockert und dieser abgesenkt werden (siehe Kapitel 10, Sektion 7).*

**6.12a Kontern Sie die Riemenradnabe ggf. mit dem selbstgebauten Haltewerkzeug.**

**6.12b Lösen Sie den Bolzen, ...**

**6.12c ... und entfernen Sie die Nabe.**

**13** Falls der Zahnriemen – anders als von Mazda empfohlen – wiederverwendet werden soll, muss er mit einem Pfeil markiert werden, der die normale Drehrichtung (im Uhrzeigersinn – von vorn betrachtet) anzeigt.
**14** Lockern Sie die Schraube des Zahnriemenspanners (siehe Abbildung). Schützen Sie das Thermostatgehäuse mit einem Lappen, während Sie den Spanner mit einem geeigneten Werkzeug nach außen hebeln. Ziehen Sie den Spanner übergangsweise mit vollständig gedehnter Feder an.

**6.14 Riemenspanner-Schraube**

**15** Entfernen Sie den Zahnriemen.
**16** Demontieren Sie nötigenfalls das Kurbelwellenrad, indem Sie zwei Brecheisen oder Schraubendreher dahinter ansetzen und es von der Kurbelwelle hebeln. Beachten Sie die Ausrichtung des Keils (siehe Abbildung).

**6.16 Der Keil des Kurbelwellenrades wird mit der schrägen Seite zur Ölpumpe installiert.**

**17** Lösen Sie nötigenfalls die Schrauben der Nockenwellenräder und ziehen Sie diese von den Nockenwellen. Lösen Sie bei Modellen mit variablen Steuerzeiten an der Einlassnockenwelle die drei Torxschrauben des Deckels, um diesen vom Versteller zu entfernen – hindern Sie die Nockenwelle dabei am Mitdrehen, indem Sie an ihrem Sechskant einen Maulschlüssel ansetzen (siehe Abbildungen). **Anmerkung:** *Bei Modellen mit variablen Einlass-Steuerzeiten sichert sich der Versteller in der Ruheposition, sodass es nicht möglich ist, das Riemenrad unabhängig von der Nockenwelle zu drehen.*

**6.17a Lösen Sie die drei Torxschrauben des Deckels ...**

**6.17b … und entfernen Sie diesen, um Zugang zur Ritzelschraube zu erhalten – Modelle mit variablen Steuerzeiten.**

**6.17c Kontern Sie die Nockenwelle mit einem Maulschlüssel (Pfeil), um den Riemenradbolzen zu lösen.**

## Kontrolle

**Achtung: Der Zahnriemen darf niemals verbogen oder auf links verdreht werden. Er darf niemals in Kontakt mit Öl, Kühlmittel oder Kraftstoff kommen. Setzen Sie niemals den Zahnriemenspanner zum Kontern einer Welle ein, wenn die Riemenradschraube gelöst oder angezogen werden soll. Bei demontiertem Riemen darf die Kurbelwelle oder eine Nockenwelle nur um wenige Grad gedreht werden, um Markierungen neu auszurichten.**

**18** Prüfen Sie, ob die Lager der Umlenkrolle und des Riemenspanners sanft laufen und kein übermäßiges Spiel aufweisen. Die Spannerfeder darf nicht beschädigt oder ermüdet sein. Es empfiehlt sich, den Spanner, die Umlenkrolle und die Feder ungeachtet ihres Zustands nach jeder Demontage zu ersetzen. **Anmerkung:** *Die Feder darf (gemessen zwischen den Innenseiten der Haken) nicht länger als 58,8 mm (NA-Modelle) bzw. 59,2 mm (NB-Modelle) sein – andernfalls ist sie ermüdet und muss auf jeden Fall erneuert werden.*

**19** Falls der Zahnriemen gerissen oder anderweitig beschädigt ist, kann dies durch Ablagerungen oder defekte Komponenten innerhalb seines Arbeitsbereichs hervorgerufen worden sein. Kontrollieren Sie die Riemenräder zwischen den Zähnen auf Abrieb. Defekte Teile oder Abrieb müssen beseitigt werden, bevor der neue Riemen installiert wird, da die Zähne ansonsten nicht korrekt ineinander greifen.

**20** Falls am Riemen Zähne abgerissen oder abgeschliffen sind, können die Nockenwelle(n) oder die Ölpumpe blockiert haben.

**21** Falls am Riemen sichtbarer Verschleiß oder Risse entdeckt wurden, müssen auch die Riemenräder penibel auf Kerben oder Grate überprüft werden.

**22** Falls nur an einer Seite des Riemens Verschleiß oder Beschädigungen festgestellt werden, müssen die Riemenführung und die Ausrichtung aller Riemenräder kontrolliert werden. Überprüfen Sie auch die Dichtringe vorn am Motor auf Undichtigkeit und ersetzen Sie sie nötigenfalls.

**23** Ersetzen Sie den Zahnriemen, falls sichtbarer Verschleiß oder auch nur kleinste Schäden entdeckt werden – ein im Betrieb reißender Zahnriemen kann zu schweren Motorschäden führen. Beseitigen Sie alle Probleme, die zum Ausfall des Riemens geführt haben könnten, bevor ein neuer Zahnriemen installiert wird. **Anmerkung:** *Wir empfehlen, den Zahnriemen nach jedem Ausbau generell durch ein Neuteil zu ersetzen – der Preis eines Zahnriemens stehen in keinem Verhältnis zu den Kosten eines Motorschadens.*

## Einbau

**24** Befreien Sie den Zahnriemenbereich vorn am Motor von sämtlichen Verunreinigungen und Ölresten.

**25** Installieren Sie den neuen Riemenspanner samt Feder und Umlenkrolle. Das geschlossene Ende der Feder-Abdeckung muss oben liegen (siehe Abbildungen).

**6.25a Montieren Sie die Umlenkrolle.**

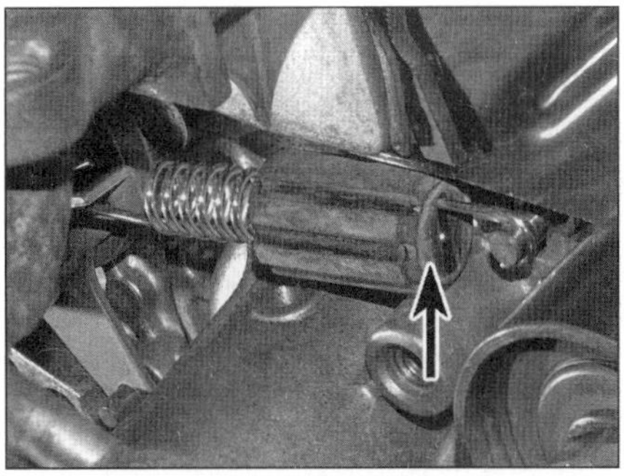

**6.25b Einbaulage der Feder-Abdeckung**

**26** Falls entfernt, müssen die Riemenräder der Nockenwelle(n) und der Kurbelwelle installiert werden. Der Keil des Kurbelwellenrades muss mit der schrägen Seite zur Ölpumpe installiert sein. Beachten Sie die Hinweise in Schritt 17 und ziehen Sie die Nockenwellenrad-Schrauben mit 60 Nm (fixe Steuerzeiten) bzw. mit 70 Nm (variable Steuerzeiten) an.

**27** Richten Sie die Markierungen des Nockenwellenrades und des Kurbelwellenrades zu den festen Steuerzeitenmarkierungen aus (Abb. 6.11a und b). Bei Modellen ohne variable Steuerzeiten müssen die Buchstaben E und I an den Nockenwellen-Riemenrädern etwa in der 12-Uhr-Position stehen (siehe Abbildungen). **Anmerkung:** *Drehen Sie nötigenfalls das entsprechende Riemenrad, um, die Markierungen korrekt zueinander auszurichten.*

**6.27a Bei Motoren ohne variable Steuerzeiten ist das Riemenrad der Einlassnockenwelle mit einem I (für »Intake«) versehen, ...**

**6.27b ... während das Riemenrad der Auslassnockenwelle ein E (für »Exhaust«) trägt.**

**28** Schieben Sie den Zahnriemen über die Kurbelwellen- und Nockenwellen-Riemenräder und legen Sie ihn um die Umlenkrolle und den Riemenspanner. Positionieren Sie den Riemen dann so, dass er gegenüber dem Spanner und zwischen den Nockenwellen stramm ist. Falls der alte Riemen wiederverwendet wird, müssen die beim Ausbau angebrachten Markierungen zu denen der Riemenräder ausgerichtet werden; zudem muss er in der ursprünglichen Drehrichtung laufen (die ebenfalls darauf markiert sein sollte). Falls ein neuer Riemen installiert wird, müssen eventuell darauf angebrachte Pfeile nach rechts zeigen (siehe Abbildungen).

**6.28a Der Zahnriemen muss wie gezeigt verlegt sein.**

**6.28b Die Richtungspfeile des Zahnriemens müssen nach rechts zeigen.**

**29** Installieren Sie die Riemenscheiben-Nabe an die Kurbelwelle und drehen Sie den neuen Bolzen ein. Lockern Sie die Spannerschraube, lassen Sie die Feder den Zahnriemen spannen, und ziehen Sie die Schraube übergangsweise wieder an.
**30** Drehen Sie die Kurbelwelle eine volle und fünf-sechstel (1 5/6) Umdrehungen oder 660° im Uhrzeigersinn und richten Sie die Kerbe am Kurbelwellenrad zum Anguss am Ölpumpengehäuse aus (siehe Abbildung).
**Achtung: Falls beim Drehen der Kurbelwelle von Hand ein Widerstand spürbar wird, darf nicht weitergedreht werden, da die Ventile aufgrund einer falschen Einstellung die Kolben berühren können. Überprüfen Sie erneut die Steuerzeitenmarkierungen der drei Riemenräder und korrigieren Sie sie nötigenfalls.**

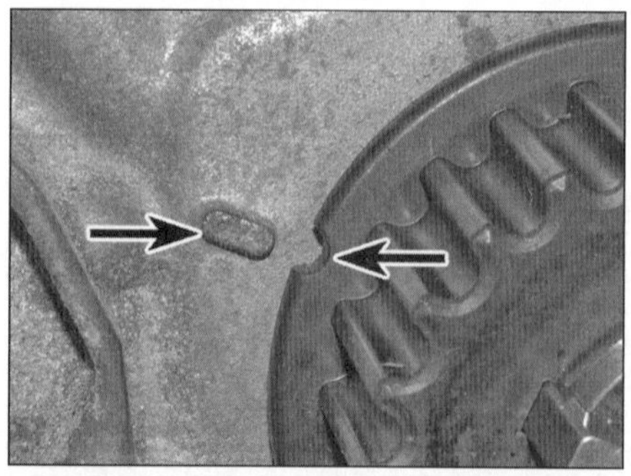

**6.30 Richten Sie die Kerbe hinten am Kurbelwellenrad zur »Riemen gespannt«-Markierung am Ölpumpengehäuse aus – der Riemen ist zur besseren Sichtbarkeit entfernt.**

**31** Lockern Sie die Schraube der Spannrolle und lassen Sie die Feder den Riemen spannen. **Anmerkung:** *Die Feder übt die korrekte Spannung auf den Zahnriemen aus.*
**32** Ziehen Sie die Spannerschraube mit 50 Nm an.
**33** Drehen Sie die Kurbelwelle zwei volle und eine sechstel (2 1/6) Umdrehung oder 780° im Uhrzeigersinn und überprüfen Sie erneut die korrekt ausgerichteten Steuerzeitenmarkierungen (Abb. 6.11a und b) – falls sie korrigiert werden müssen, muss der Riemen abgenommen und neu installiert werden.
**34** Prüfen Sie die Zahnriemenspannung, indem Sie zwischen den Nockenwellen moderaten Druck von Hand auf ihn ausüben und den Verzug des Riemens messen (siehe Abbildung) – er muss sich 9 bis 11,5 mm bewegen lassen.

**6.34 Mit moderatem Handdruck muss sich der Zahnriemen zwischen den Nockenwellen 9 bis 11,5 mm bewegen lassen.**

**35** Falls die Zahnriemenspannung nicht korrekt ist, muss die Einbauprozedur wiederholt werden. Lässt sich der Riemen dadurch nicht korrekt spannen, muss die Spannerfeder durch ein Neuteil ersetzt und der Riemen erneut installiert werden.
**36** Ziehen Sie den neuen Kurbelwellenbolzen mit 118 Nm (53 mm lange Schrauben bei Modellen bis 1997 – NA) bzw. mit 160 Nm (alle anderen Modelle) an.
**37** Montieren Sie alle entfernten Komponenten in der umgekehrten Ausbaureihenfolge. Starten Sie den Motor und kontrollieren Sie, ob er korrekt läuft.

## 7 Variable Steuerzeiten – Beschreibung und Austausch der Komponenten

## Beschreibung

**1** 1,8 l-Motoren ab Modelljahr 2000 sind mit einem Mechanismus versehen, der die Ausrichtung der Einlassnockenwelle zu ihrem Riemenrad verändert. Hierbei wird Motoröl unter Druck in die Vor- und Rückverstellungs-Kammern des an das Ende der Nockenwelle geschraubten Steuerzeiten-Verstellers gepumpt. Der Ölstrom wird durch ein elektronisch gesteuertes Magnetventil geregelt, das wiederum vom Motorsteuergerät überwacht wird. Bei niedrigen Motordrehzahlen wird die Nockenwelle in die »Zurück«-Position gebracht, um das Motordrehmoment zu verbessern. Mit steigenden Drehzahlen wird die Nockenwelle immer weiter »vor« verstellt, um die Motorleistung zu steigern. Insgesamt werden hierbei die Leistungsfähigkeit, der Durchzug und die Fahrbarkeit sowie die Abgaswerte verbessert.

## Erneuern der Komponenten

### Variabler Steuerzeitenversteller

**2** Der Versteller ist in das Einlassnockenwellenrad integriert – dessen Ausbau ist in Sektion 6 beschrieben.
**3** Der Versteller kehrt beim Abschalten des Motors durch Federkraft in die Zurück-Position zurück. In dieser Position schieben sich zwei Arretierstifte ein, um das Riemenrad an der Nockenwelle zu sichern. Bei demontiertem Zahnriemen wird die Nockenwelle am Sechskant in Position gehalten und versucht, den Versteller von Hand zu drehen – falls dies möglich ist, wird der Versteller defekt sein und muss erneuert werden.

### Ölregelventil

**4** Das Ölregelventil sitzt über der Einlassnockenwelle am Ventildeckel.
**5** Trennen Sie den Kabelstecker, lösen Sie die Schraube und ziehen Sie das Ventil aus dem Zylinderkopf (siehe Abbildung) – der O-Ring muss erneuert werden.

**7.5 O-Ring des Ölregelventils**

**6** Verbinden Sie ein Ohmmeter mit den Kontakten des ausgebauten Ventils und ermitteln Sie den Widerstand – es müssen zwischen 6,9 und 7,9 Ohm festgestellt werden; bei anderen Ergebnissen ist das Ventil wahrscheinlich defekt.
**7** Ohne am Ventil angelegte Stromspannung muss es in der »Zurück«-Position stehen (siehe Abbildung). Schließen Sie Bordspannung am Ventil an und prüfen Sie, ob das darin sitzende Schiebekolbenventil in die »Vor«-Position bewegt wird und nach dem Trennen der Stromversorgung wieder zurückkehrt.

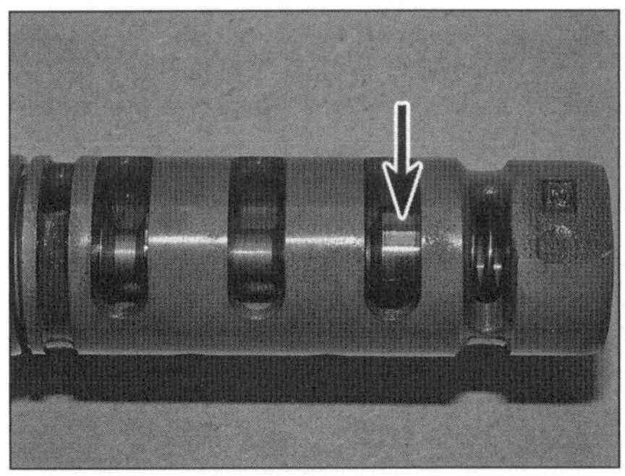

**7.7 Das Schiebekolbenventil in der »Zurück«-Position**

**8** Der Einbau entspricht der umgekehrten Ausbaureihenfolge. Ziehen Sie die Schraube des Ölregelventils mit 10 Nm an.

## 8 Nockenwellen und Stößel – Ausbau und Einbau

## Ausbau

**1** Trennen Sie das Massekabel (–) der Batterie (siehe Kapitel 5A, Sektion 4).
**2** Demontieren Sie den Ventildeckel (siehe Sektion 4).
**3** Entfernen Sie den Nockenwellensensor (siehe Kapitel 4A, Sektion 10).
**4** Drehen Sie bei NA-Modellen (bis 1997) die Kurbelwelle mit einem am Riemenscheiben-Bolzen angesetzten Schlüssel, um die Grundkreise aller Nocken über den Hydrostößeln auszurichten und den Abstand zwischen ihnen messen zu können – falls irgendwo mehr als 0,15 mm gemessen wird, muss der Stößel wahrscheinlich gereinigt oder erneuert werden. Messen Sie alle Abstände durch und notieren Sie die Positionen aller auffälligen Stößel.

**5** Entfernen Sie die Zahnriemendeckel, den Zahnriemen und die Riemenräder der Nockenwellen (siehe Sektion 6).
**6** Ermitteln Sie das Axialspiel jeder Nockenwelle mit einer Messuhr (siehe Abbildung) – falls mehr als 0,2 mm festgestellt werden, muss herausgefunden werden, ob die Nockenwelle oder der Zylinderkopf verschlissen ist und ersetzt werden muss.

**8.6 Ermittlung des Axialspiels der Nockenwelle mithilfe einer Messuhr**

**7** Entfernen Sie den hinteren Zahnriemendeckel (siehe Abbildung).

**8.7 Schrauben des hinteren Zahnriemendeckels**

**8** Lockern Sie schrittweise (in fünf bis sechs Schritten) von außen nach innen die Lagerdeckel-Schrauben und notieren Sie die Positionen der Deckel, bevor Sie sie entnehmen. Um den korrekten Einbau sicherzustellen, sind die Deckel mit verschiedenen Nummern und Richtungspfeilen ausgerüstet (siehe Abbildung).

**8.8 Die in die Lagerdeckel eingeschlagenen Markierungen. E steht für Auslass, I für Einlass; Nr. 1 liegt vorn am Zahnriemen.**

**9** Notieren Sie, wie tief der alte Dichtring im Lagerdeckel sitzt, um einen Hinweis für den Einbau des neuen Dichtrings zu erhalten.
**10** Markieren Sie die Nockenwelle, um sie später korrekt einbauen zu können, und entnehmen Sie sie. Befreien Sie die Dichtringe von den Nockenwellen.
**11** Heben Sie mit einem Magneten die Stößel aus den Bohrungen und lagern Sie sie in nummerierten Schachteln oder Tüten, damit sie später an ihre ursprünglichen Positionen gelangen (siehe Abbildung). Falls Hydrostößel für längere Zeit gelagert werden sollen, empfiehlt es sich, sie kopfüber in Motoröl zu lagern – auch sie müssen später an ihre ursprünglichen Positionen gelangen.

**8.11 Heben Sie mit einem Magneten die Stößel aus den Bohrungen.**

## Kontrolle

**12** Inspizieren Sie alle Teile auf Ausbrüche, Riefen und Abrieb.
**13** Kontrollieren Sie alle Stößel auf Riefen und Abrieb.
**14** Begutachten Sie die Nocken und Lager der Nockenwellen sowie die Lagerflächen der Nockenwellen im Zylinderkopf und den Lagerdeckeln auf Riefen und tiefe Kratzer. Inspizieren Sie die Nocken und die Lagerflächen der Nockenwelle(n) auf Riefen und andere Verschleißmerkmale (blaue Verfärbung des Stahls weist auf Überhitzung hin). Sobald die gehärtete Oberfläche der Nocken angegriffen wurde, nimmt der Verschleiß massiv zu. Lassen Sie alle Teile nötigenfalls von einem Motorenfachbetrieb untersuchen.

## Einbau

**15** Ölen Sie die Tassenstößelbohrungen im Zylinderkopf und die Stößel ausgiebig. Setzen Sie die Stößel senkrecht in ihre ursprünglichen Bohrungen – hierbei ist anfangs Vorsicht geboten, um sie nicht zu verkanten. Prüfen Sie, ob sie sanft darin gleiten.
**16** Schmieren Sie die Nockenwelle an den Nocken und den Lagerflächen mit spezieller Montagepaste oder frischem Motoröl. Installieren Sie die Wellen mit den Riemenrad-Arretierzapfen an ihren Enden in der 12-Uhr-Position (siehe Abbildung). Die Auslass-Nockenwelle liegt in Fahrtrichtung links, die Einlass-Nockenwelle rechts.

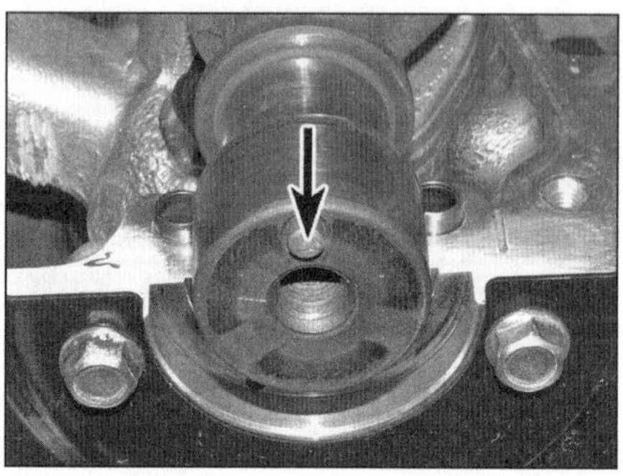

**8.16 Die Arretierzapfen müssen jeweils in der 12-Uhr-Position stehen.**

**17** Tragen Sie an den vorderen Lagerdeckeln im Bereich um den Dichtring-Sitz herum Silikon-Dichtmasse auf (siehe Abbildung) – sie darf nicht in den Kontaktbereich zur Nockenwelle geraten.

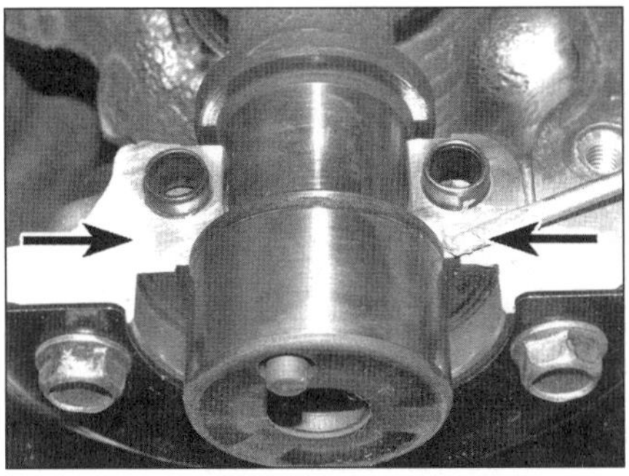

**8.17 Tragen Sie im Dichtring-Bereich Dichtmasse auf – aber nicht an der Lager-Gleitfläche.**

**18** Setzen Sie die Lagerdeckel in den beim Ausbau markierten Positionen auf – beachten Sie die eingeschlagenen Markierungen. Ziehen Sie die Lagerdeckel-Schrauben von innen nach außen in zwei oder drei Schritten bis zum Drehmoment von 14 Nm an.
**19** Schmieren Sie die Dichtlippen der neuen Nockenwellen-Dichtringe mit frischem Motoröl und installieren Sie sie (siehe Sektion 12).
**20** Montieren Sie die Nockenwellen-Riemenräder (siehe Sektion 6).
**21** Installieren Sie den Zahnriemen (siehe Sektion 6).
**22** Kontrollieren Sie bei NB-Modellen (ab 1998) das Ventilspiel und justieren Sie es nötigenfalls (siehe Kapitel 1, Sektion 28).
**23** Installieren Sie bei NA-Modellen (bis 1997) vor dem Einbau des Nockenwellensensors einen neuen gefetteten O-Ring. Tragen Sie an den Antriebslaschen des Nockenwellensensors ebenfalls Fett oder Montagepaste auf. Installieren Sie den Sensor (siehe Kapitel 4A, Sektion 10).
**24** Der Rest des Einbaus entspricht der umgekehrten Ausbaureihenfolge. Prüfen Sie, ob der Motor korrekt läuft, und kontrollieren Sie nötigenfalls den Zündzeitpunkt (siehe Kapitel 5B, Sektion 4).

## 9 Zylinderkopf – Ausbau und Einbau

**Achtung: Der Motor muss vollständig abgekühlt sein, bevor mit der Arbeit begonnen werden darf.**

## Ausbau

**1** Trennen Sie den Masseanschluss (–) der Batterie (siehe Kapitel 5A, Sektion 4).
**2** Entleeren Sie das Kühlsystem (siehe Kapitel 1, Sektion 19).
**3** Lösen Sie die Schrauben des vorderen Verstärkungsrahmens und des Getriebe-Unterfahrschutzes (falls vorhanden) (siehe Abbildungen).

**9.3a Schrauben des vorderen Verstärkungsrahmens**

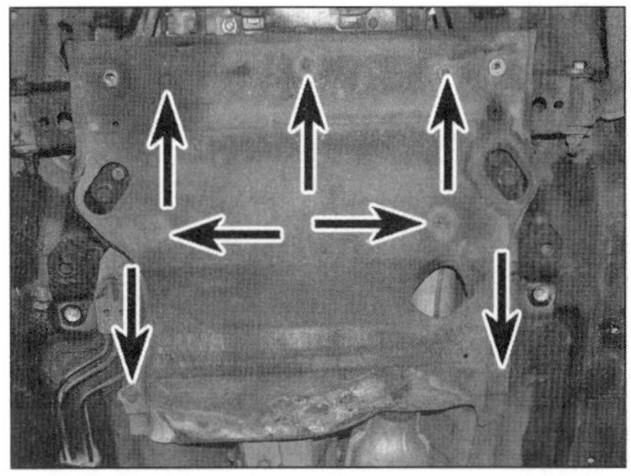

**9.3b Schrauben des Getriebe-Unterfahrschutzes**

**4** Lassen Sie das Motoröl ab und entfernen Sie den Ölfilter (siehe Kapitel 1, Sektion 3).
**5** Entfernen Sie die Ansaugstutzen-Baugruppe.
**6** Befreien Sie den Gaszug vom Drosselklappengehäuse und dem Widerlager (siehe Kapitel 4A, Sektion 4).
**7** Trennen Sie die Schläuche des Bremskraftverstärkers, der Kraftstoffversorgung und der Heizung sowie die Unterdruckschläuche der Spülluftregelung und ggf. der Tempomatregelung (siehe Abbildungen). Markieren Sie alle Schläuche, um sie wieder korrekt anschließen zu können.

**9.7a Bremskraftverstärker-Schlauch**

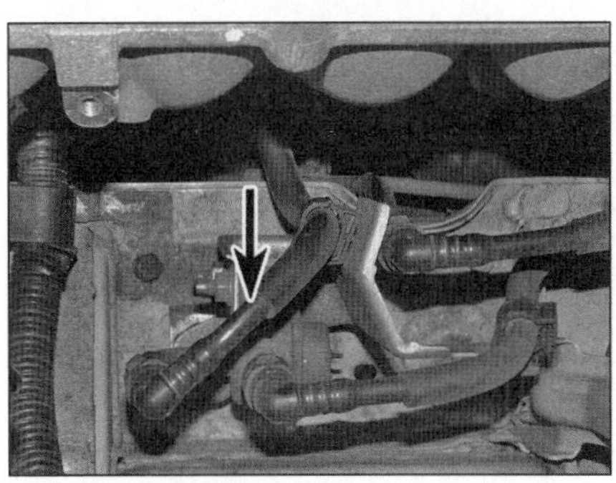

**9.7b Kraftstoffschlauch**

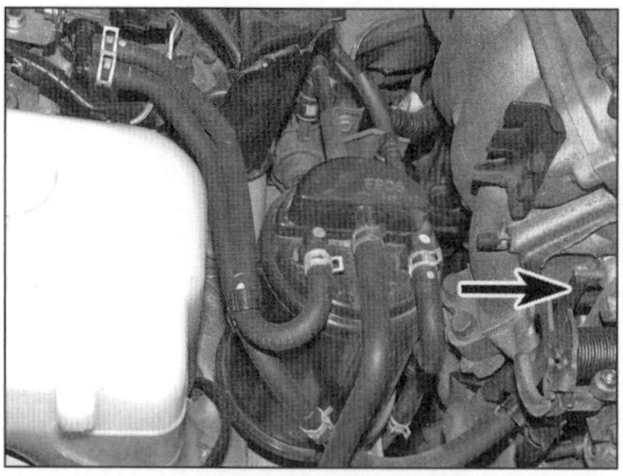

**9.7c Spülluftregelungs-Schlauch**

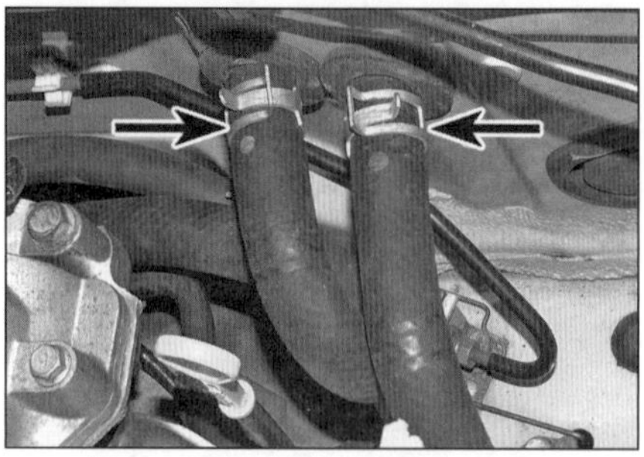

**9.7d Öffnen Sie die Schellen und ziehen Sie die Heizungsschläuche von den Stutzen der Spritzwand ab.**

**8** Trennen Sie alle Kabelstecker und befreien Sie die Kabel vom Zylinderkopf. Markieren Sie alle Stecker, um sie wieder korrekt anschließen zu können.
**9** Entfernen Sie die Luftfilter-Baugruppe (siehe Kapitel 4A, Sektion 2). Lösen Sie bei Modellen ab 2000 die Schrauben des Wischwasserbehälters und verlagern Sie diesen beiseite.
**10** Lösen Sie die Schrauben des Auspuffstutzen-Hitzeschildes und entfernen Sie dies. Trennen Sie das vordere Auspuffrohr vom Stutzen und lösen Sie die Schrauben der vorderen Auspuffhalterung (siehe Abbildungen) – die Dichtung muss später erneuert werden.

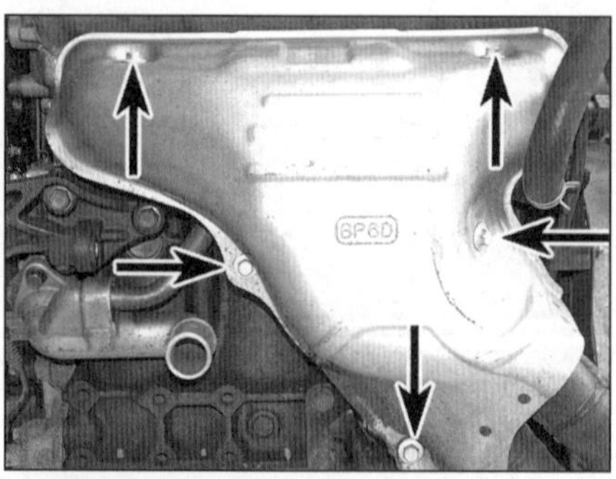

**9.10a Schrauben des Auspuffstutzen-Hitzeschildes**

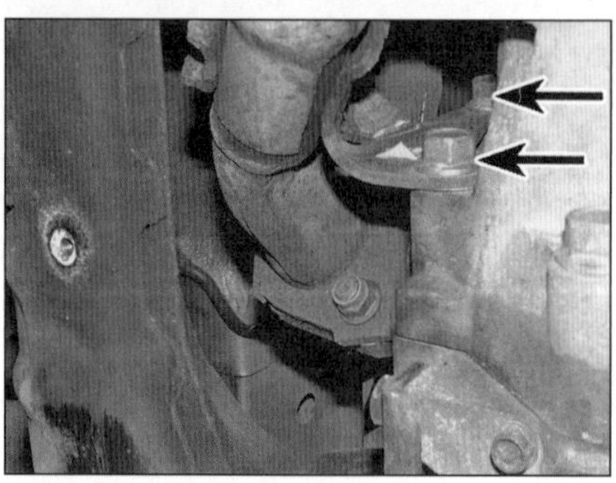

**9.10b Schrauben der vorderen Auspuffhalterung**

**11** Lösen Sie am Zylinderkopf die Schrauben/Muttern des Kühlkreis-Bypasses (siehe Abbildungen). Da die Dichtung an der Vorderseite des Rohrs leicht verrutscht, empfehlen wir, das Rohr herauszuziehen und die Dichtung generell zu erneuern.

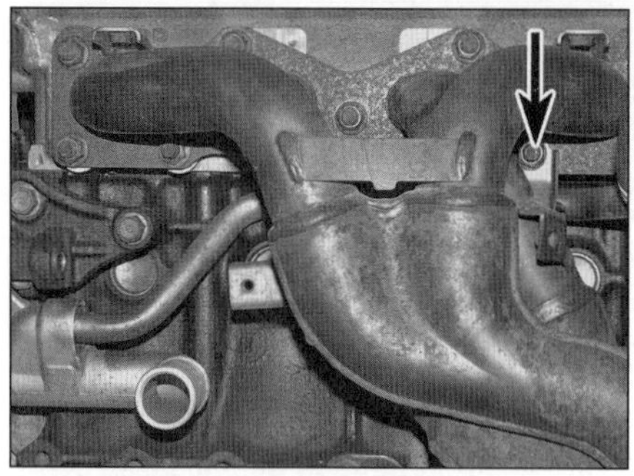

**9.11a Mutter des Kühlkreis-Bypasses**

**9.11b Ziehen Sie das Rohr heraus und erneuern Sie den O-Ring.**

**12** Lockern Sie die Schrauben der Wasserpumpe und entfernen Sie den/die Keilrippenriemen (siehe Kapitel 1, Sektion 6).
**13** Entfernen Sie den Zahnriemen (siehe Sektion 6).

## Modelle mit variablen Steuerzeiten

**14** Befreien Sie das Rohr der Abgasrückführung (AGR), indem Sie dessen zwei Muttern am Einlassstutzen, den Anschluss am Auspuffstutzen und die Halteschraube in der Mitte lösen (siehe Abbildung). Entfernen Sie die am Einlassstutzen sitzende Dichtung.

**9.14 Entfernen Sie das AGR-Rohr – hier gezeigt bei ausgebautem Motor.**

**15** Lösen Sie die Schraube, mit der die Ölrohrhalterung unten am Einlassstutzen gesichert ist (Abb.4.18) – der Zugang ist etwas begrenzt.

## Alle Modelle

**16** Lösen Sie die drei Schrauben der Halterung unterhalb des Einlassstutzens (siehe Abbildung).

9.16 **Schrauben der Einlassstutzen-Halterung**

**17** Markieren und befreien Sie alle weiteren bei der Demontage hinderlichen Komponenten – darunter ggf. den Kühlerschlauch, der von der Rückseite des Zylinderkopfes zum Ölkühler führt.
**18** Lockern Sie **ENTGEGEN** der Anzugsreihenfolge (Abb. 9.27) die Zylinderkopfschrauben um jeweils eine Viertelumdrehung, bis alle von Hand herausgedreht und samt Scheiben entfernt werden können.
**19** Heben Sie den Zylinderkopf mithilfe eines Assistenten ab – er hat ein beträchtliches Gewicht. Entfernen Sie die Zylinderkopfdichtung vom Motorblock – falls er klemmt, kann er hinten vorsichtig abgehebelt werden.
**20** Demontieren Sie nötigenfalls die Einlass- und Auspuffstutzen vom Zylinderkopf (siehe Kapitel 4A, Sektion 11).

## Einbau

**21** Die Dichtflächen des Zylinderkopfes und des Zylinderblocks müssen absolut sauber sein. Entfernen Sie dazu Dichtungsreste und Kohleablagerungen mithilfe eines Hartplastik- oder Holzschabers; reinigen Sie auch die Kolbenböden. Die Ablagerungen dürfen keinesfalls in Öl- oder Wasserkanäle gelangen – bereits kleinste Partikel können Öldüsen verstopfen! Kleben Sie daher alle Bohrungen des Zylinderkopfs/Motorgehäuses mit Kreppband ab. Damit keine Ablagerungen zwischen die Kolben und Zylinderwände gelangen, muss hier etwas Fett aufgetragen werden (anschließend kann es samt anhaftender Partikel mit einem sauberen Lappen abgewischt werden). Wischen Sie die Dichtflächen anschließend mit Verdünner oder Aceton ab.
**Achtung: Achten Sie bei der Reinigung darauf, nicht das relativ weiche Aluminium abzutragen.**
**22** Kontrollieren Sie die Zylinderkopfschrauben auf Verschleiß, Überdehnung und Schäden. Obwohl nicht zwingend vorgeschrieben, empfiehlt sich der generelle Austausch der Schrauben, um die Abdichtung des Zylinderkopfes sicherzustellen.
**23** Montieren Sie ggf. die Einlass- und Auspuffstutzen an den Zylinderkopf (siehe Kapitel 4A, Sektion 11).
**24** Legen Sie die neue Zylinderkopfdichtung über den Passhülsen auf den Motorblock und heben Sie den Zylinderkopf mithilfe eines Assistenten vorsichtig über die Passhülsen auf den Motorblock (siehe Abbildung).

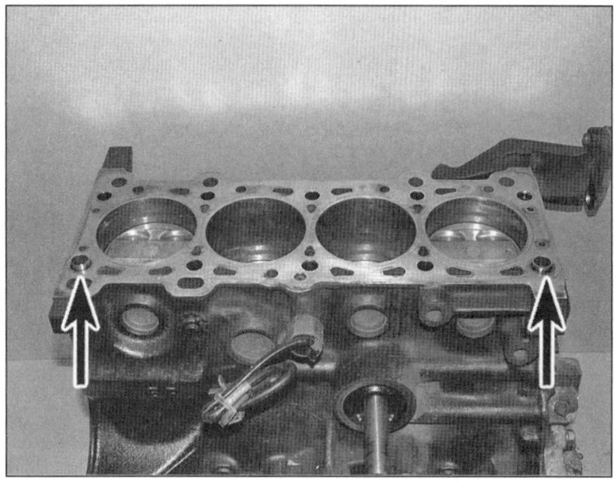

9.24 **Positionen der Passhülsen**

**25** Schmieren Sie die Gewinde und die Unterseite der Zylinderkopfschrauben dünn mit frischem Motoröl ein.
**26** Installieren Sie die Schrauben samt Scheiben und drehen Sie sie handfest ein.
**27** Ziehen Sie die Schrauben schrittweise in der vorgegebenen Anzugsreihenfolge (siehe Abbildung) bis zum Drehmoment von 80 Nm an.

9.27 **Anzugsreihenfolge der Zylinderkopfschrauben**

**28** Der Rest des Einbaus entspricht der umgekehrten Ausbaureihenfolge – beachten Sie dabei die folgenden Punkte:
*a) Füllen Sie das Kühlsystem auf (siehe Kapitel 1, Sektion 19).*
*b) Füllen Sie frisches Motoröl auf und installieren Sie einen neuen Ölfilter (siehe Kapitel 1, Sektion 3).*
*c) Ziehen Sie alle in den technischen Daten erwähnten Befestigungen mit den angegebenen Drehmomenten an.*
*d) Starten Sie den Motor und kontrollieren Sie ihn auf Undichtigkeiten.*
*e) Kontrollieren Sie ggf. den Zündzeitpunkt (siehe Kapitel 5B, Sektion 4).*

# 10 Ölwanne – Ausbau und Einbau

## Ausbau

**1** Aufgrund des äußerst begrenzten Zugangs im Motorraum und der unmittelbaren Nähe zum vorderen Hilfsrahmen empfehlen wir, die Ölwanne erst nach dem Ausbau des Motors zu demontieren – beachten Sie hierzu die Hinweise in Kapitel 2B, Sektion 4.

**2** Lösen Sie an beiden Seiten die Schrauben der Motorhalteplatten und entnehmen Sie diese (siehe Abbildung).

**10.2 Schrauben Sie an beiden Seiten des Motors die Halteplatte ab.**

**3** Ziehen Sie den Motoröl-Peilstab heraus, lösen Sie die Mutter des Führungsrohrs, und ziehen Sie dies aus der Ölwanne – der O-Ring muss später erneuert werden (siehe Abbildung).

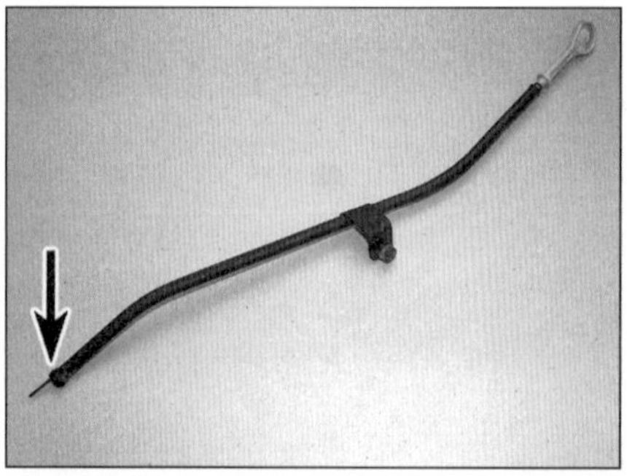

**10.3 Entfernen Sie den unten am Peilstabrohr sitzenden O-Ring.**

**4** Lösen Sie die Ölwannenschrauben (siehe Abbildung) – sie können unterschiedliche Größen haben, sodass sie so markiert oder gelagert werden sollten, dass sie später wieder an ihre ursprünglichen Positionen installiert werden können.

**10.4 Die langen Ölwannenschrauben sind von hinten eingesetzt.**

**5** Befreien Sie die Ölwanne vom Motorblock – falls sie daran klebt, muss sie mit einem an den Laschen des Motorgehäuses angesetzten Schraubendreher oder Spachtel sehr vorsichtig abgehebelt werden. **Anmerkung:** *Setzen Sie den Hebel keinesfalls zwischen dem Ölleitblech bzw. der Halteplatte und dem Motorgehäuse an. Achten Sie darauf, die Dichtflächen der Ölwanne, des Ölleitblechs und des Motorgehäuses nicht zu zerkratzen, zu verbiegen oder anderweitig zu beschädigen, da der Motor andernfalls kaum wieder öldicht zu bekommen ist.*

**6** Schrauben Sie das Ansaugrohr von der Ölpumpe und dem Blech ab (siehe Abbildung) – die Dichtung muss später erneuert werden.

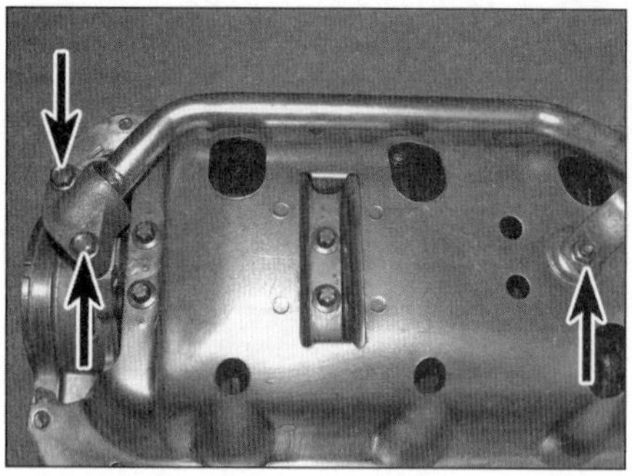

**10.6 Ansaugrohr-Befestigungen**

## Alle 1,6 l-Motoren sowie 1,8 l-Motoren bis 1999

**7** Entfernen Sie das Ölleitblech – hebeln Sie es nötigenfalls gegen den Hauptlagersitz oder an der Kante ab.

## 1,8 l-Motoren ab 2000

**8** Entfernen Sie die Gummidichtungen vom Ölpumpen-Ende und dem hinteren Ende.

**9** Lösen Sie die Schrauben der Hauptlager-Halteplatte und befreien Sie diese unten vom Motorgehäuse – hebeln Sie sie nötigenfalls vorsichtig ab, ohne die Dichtflächen zu beschädigen (siehe Abbildung).

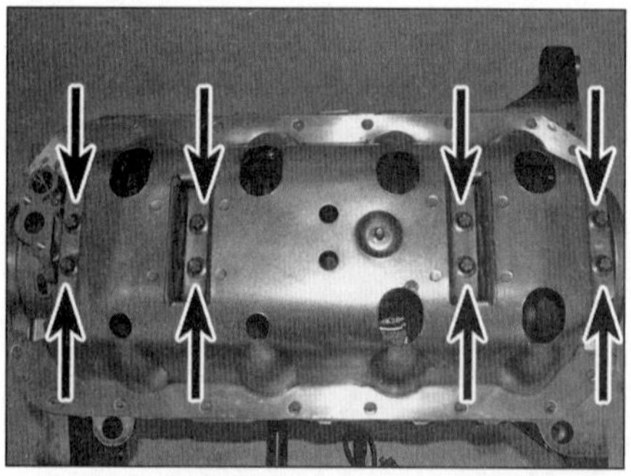

**10.9 Schrauben der Hauptlager-Halteplatte**

# Einbau

**10** Reinigen Sie die Ölwanne von innen. Befreien Sie die Dichtflächen des Motorgehäuses, des Ölleitblechs, der Hauptlager-Halteplatte und der Ölwanne von alten Dichtungsresten. Achten Sie darauf, die Dichtflächen der Ölwanne, des Ölleitblechs und des Motorgehäuses nicht zu zerkratzen, zu verbiegen oder anderweitig zu beschädigen, da der Motor andernfalls kaum wieder öldicht zu bekommen ist.

**11** Sorgen Sie dafür, dass die Gewindebohrungen im Motorblock sauber sind. Begutachten Sie den Zustand des Ölsiebs.

**12** Kontrollieren Sie den Ölwannen-Flansch – besonders an den Schraubenbohrungen auf Risse oder Verzug.

## Alle 1,6 l-Motoren und 1,8 l-Motoren bis 1999

**13** Tragen Sie am Ölleitblech innerhalb der Schraubenbohrungen eine durchgehende Raupe aus Silikon-Dichtmasse auf (siehe Abbildung) und installieren Sie das Blech. **Anmer-**

**kung:** *Nach dem Auftragen der Dichtmasse muss das Blech innerhalb von fünf Minuten montiert werden.*

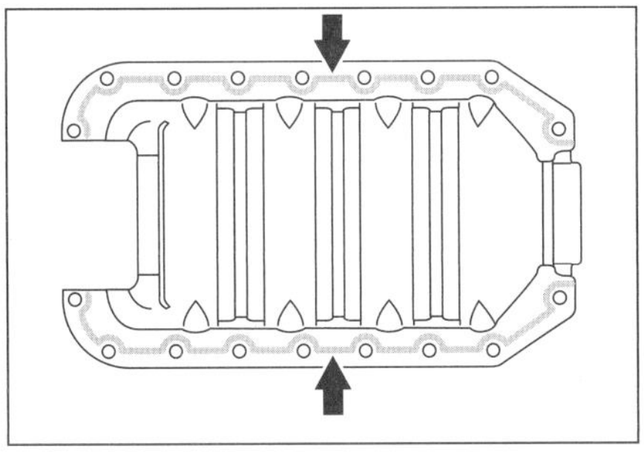

**10.13 Tragen Sie die Dichtmasse innerhalb der Schraubenbohrungen auf – Ölleitblech ...**

## 1,8 l-Motoren ab 2000

**14** Tragen Sie innerhalb der Schraubenbohrungen an der Dichtfläche der Hauptlager-Halteplatte eine durchgehende 2,5 mm starke Raupe aus Dichtmasse (SH 780 oder TB1207B von Mazda) auf, installieren Sie die Platte, und ziehen Sie ihre Schrauben mit 20 Nm an (siehe Abbildung).

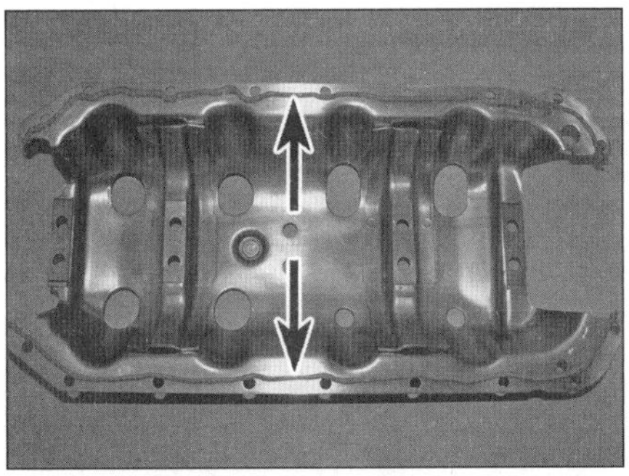

**10.14 ... und Hauptlager-Halteplatte**

## Alle Modelle

**15** Installieren Sie das Ansaugrohr mit einer neuen Dichtung und ziehen Sie seine Schrauben mit 11 Nm an.
**16** Tragen Sie an den Nuten des hinteren Deckels und des Ölpumpengehäuses Silikon-Dichtmasse auf und installieren Sie die neuen Dichtungen so, dass ihre Ausbuchtungen in den Kerben liegen (siehe Abbildungen).

**10.16a Tragen Sie Dichtmasse in der Nut des hinteren Deckels ...**

**10.16b ... und des Ölpumpengehäuses auf, ...**

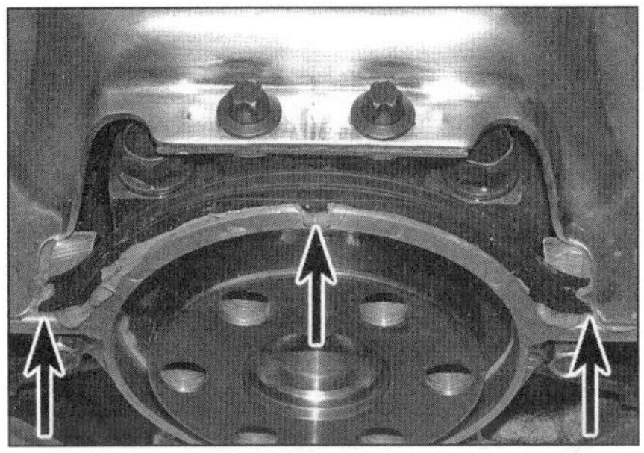

**10.16c ... drücken Sie dann die Gummidichtungen ein, sodass ihre Ausbuchtungen mit den Kerben fluchten (Pfeile).**

**17** Tragen Sie innerhalb der Schraubenbohrungen des Ölwannenflanschs eine durchgehende Raupe aus Silikon-Dichtmasse auf (siehe Abbildung).

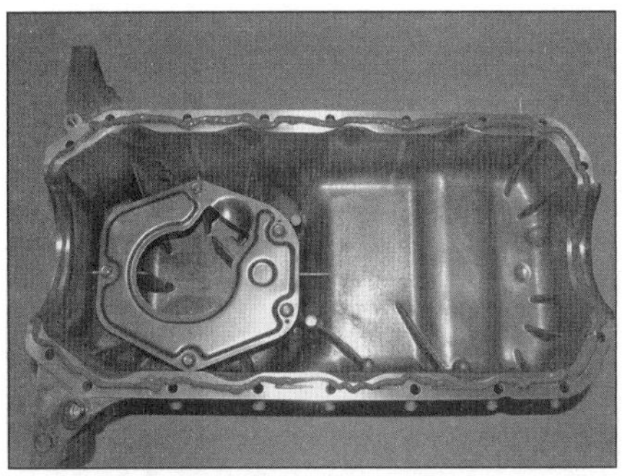

**10.17 Tragen Sie innerhalb der Schraubenbohrungen am Ölwannenflansch Dichtmasse auf.**

**18** Positionieren Sie die Ölwanne vorsichtig am Motorblock und installieren Sie die Schrauben und Muttern. Ziehen Sie die Schrauben von innen nach außen in drei oder vier Schritten bis zum Drehmoment von 11 Nm an.
**19** Der Rest des Einbaus entspricht der umgekehrten Ausbaureihenfolge – beachten Sie dabei die folgenden Punkte:
*a) Füllen Sie frisches Motoröl auf und installieren Sie einen neuen Ölfilter (siehe Kapitel 1, Sektion 3).*
*b) Ziehen Sie alle in den technischen Daten erwähnten Befestigungen mit den angegebenen Drehmomenten an.*
*c) Starten Sie den Motor und kontrollieren Sie ihn auf Undichtigkeiten.*

## 11 Ölpumpe – Ausbau, Kontrolle und Einbau

### Ausbau

**1** Entfernen Sie den Zahnriemen und das Kurbelwellen-Riemenrad (siehe Sektion 6).
**2** Entfernen Sie die Ölwanne, das Ansaugrohr und das Ölleitblech bzw. die Hauptlager-Halteplatte (siehe Sektion 10).
**3** Lösen Sie die Schrauben, mit denen die Ölpumpe am Motorblock befestigt ist (siehe Abbildung). Eventuell muss die Pumpe vorsichtig mit einem Schraubendreher vom vorderen Hauptlagerdeckel abgehebelt werden.

**11.3 Ölpumpen-Befestigungsschrauben**

### Kontrolle

**4** Legen Sie die Ölpumpe auf die Werkbank. Notieren Sie die Einbautiefe des Dichtrings in seiner Bohrung (siehe Abbildung) und entfernen Sie ihn – entweder mit einem speziellen Ausbauwerkzeug oder mit einem mit Lappen umwickelten Schraubendreher, um das Gehäuse zu schützen.

**11.4 Notieren Sie die Einbautiefe des Dichtrings.**

**5** Lösen Sie die Schrauben, die den Deckel an der Ölpumpe sichern, und heben Sie ihn ab (siehe Abbildung).

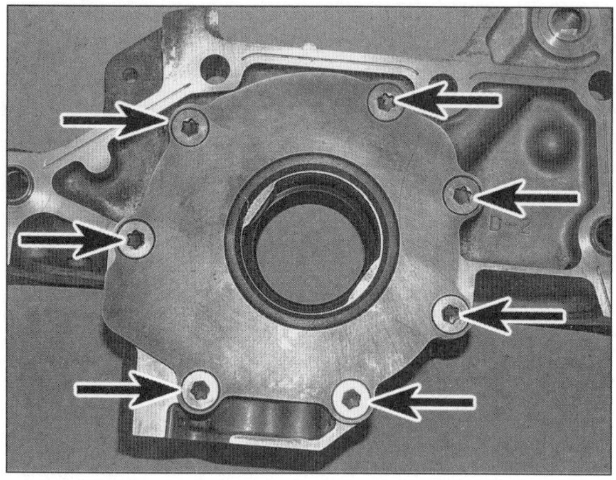

**11.5 Der Ölpumpendeckel ist mit 7 Torxschrauben gesichert.**

**6** Entfernen Sie das Überdruckventil. Notieren oder markieren Sie die Einbaurichtungen aller Komponenten und entfernen Sie den Innen- und den Außenrotor aus dem Gehäuse (siehe Abbildungen) – reinigen Sie sie anschließend sorgfältig mit Lösungsmittel.

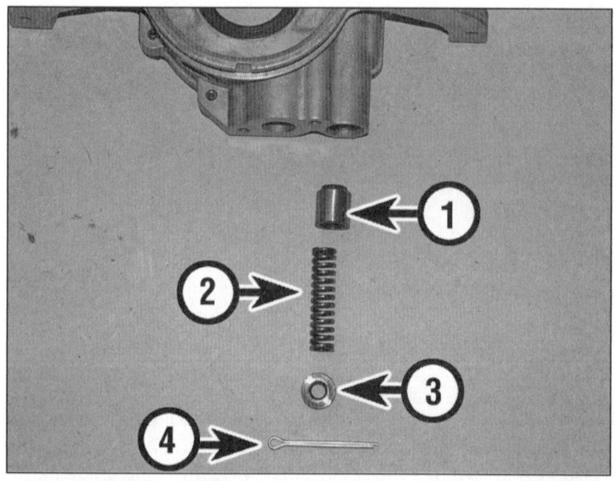


**11.6a Bauteile des Überdruckventils**

*1 Kolben  2 Feder  3 Scheibe  4 Splint*

**11.6b Die Vertiefungen (Pfeile) der Rotoren müssen zum Motorblock zeigen.**

**7** Kontrollieren Sie die Pumpen-Komponenten auf Verschleiß und Beschädigungen; bei jeglichem Zweifel müssen entsprechende Komponenten ausgetauscht werden.
**8** Sorgen Sie dafür, dass die Dichtflächen der Ölpumpe und des Motorgehäuses sauber und trocken sind.
**9** Schmieren Sie den Außenrand des neuen Dichtrings dünn mit Montagepaste oder Motoröl ein und treiben Sie ihn mit einem Steckschlüssel, der gerade in die Bohrung passt, bis zur notierten Einbautiefe in seinen Sitz. Schmieren Sie die Dichtlippe ebenfalls mit Montagepaste oder Fett.
**10** Schmieren Sie den Kolben des Überdruckventils mit Motoröl und installieren Sie alle Komponenten in das Pumpengehäuse (Abb. 11.6a).
**11** Schmieren Sie die Rotoren mit Motoröl und installieren Sie sie richtig herum in die Pumpe (Abb. 11.6b).
**12** Füllen Sie die Pumpen-Hohlräume mit Vaseline – so saugt die Pumpe nach dem Start des Motors sofort Öl an und baut Öldruck auf.
**13** Setzen Sie den Deckel auf, versehen Sie die Schrauben mit Sicherungspaste (»Loctite«), und ziehen Sie sie sorgfältig an.
**14** Begutachten Sie das Sieb am Ende des Öl-Ansaugrohrs auf mögliche Ablagerungen, die es blockieren. Reinigen Sie das Rohr und das Sieb sorgfältig oder ersetzen Sie es durch ein Neuteil.

## Einbau

**15** Schaben Sie sämtliche Dichtungsreste von den Dichtflächen der Ölpumpe und des Motorgehäuses und reinigen Sie sie mit Verdünner oder Aceton.
**16** Legen Sie ggf. eine neue, an der Ölpumpenseite dünn mit Silikon-Dichtmasse bestrichene Dichtung auf. Setzen Sie die Ölpumpe an den Motorblock, richten Sie dabei die Abflachungen der Kurbelwelle zu denen des Rotors aus. Falls keine Dichtung zum Einsatz kommt, wird die Dichtfläche mit Silikon-Dichtmasse bestrichen und ein neuer O-Ring installiert (siehe Abbildungen) – die Dichtmasse darf in keine Ölbohrung gelangen.

**11.16a Tragen Sie Dichtmasse an den Dichtflächen auf und erneuern Sie den O-Ring.**

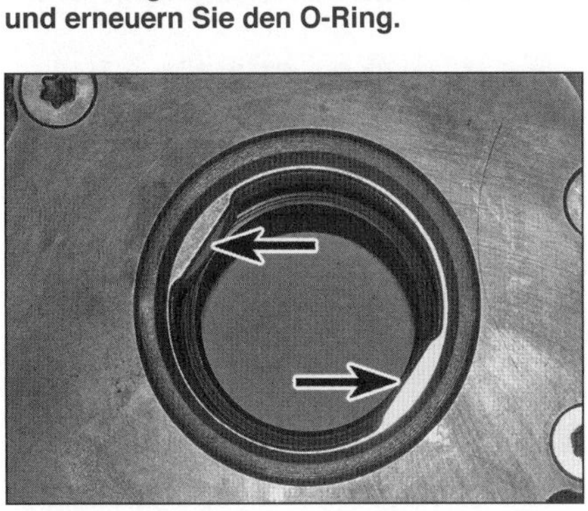

**11.16b Richten Sie die Abflachungen des inneren Pumpenrotors zu denen der Kurbelwelle aus.**

**17** Installieren Sie die Pumpenschrauben und ziehen Sie sie mit 25 Nm an.
**18** Falls eine Dichtung verwendet wurde, muss sie mit einem scharfen Messer bündig zur Ölwannen-Dichtfläche abgeschnitten werden.
**19** Der Rest des Einbaus entspricht der umgekehrten Ausbaureihenfolge.

# 12 Dichtringe – Ersetzen

## Nockenwellen-Dichtringe

**1** Demontieren Sie die Nockenwellen-Riemenräder (siehe Sektion 6).
**2** Schlagen oder bohren Sie ein kleines Loch in den Dichtring, drehen Sie eine selbstschneidende Schraube hinein, und ziehen Sie mit einer hier angesetzten Zange den Dichtring heraus (siehe Abbildungen).

**12.2a Bohren Sie ein kleines Loch in den Dichtring, ...**

**12.2b ... drehen Sie eine Schraube hinein, und ziehen den Dichtring damit heraus.**

**3** Reinigen Sie den Dichtring-Sitz und schleifen Sie Grate am Wellenstumpf weg, die den Ausfall des alten Dichtrings herbeigeführt haben könnten.
**4** Schmieren Sie die Dichtlippe des neuen Dichtrings mit Motoröl und setzen Sie ihn mit der Lippe nach innen zeigend an – achten Sie darauf, sie nicht zu beschädigen. Treiben Sie den Dichtring mithilfe eines Rohrs oder Steckschlüssels, das/der nur seinen Außenbereich berührt, senkrecht in seinen Sitz, bis er rundherum bündig im Deckel sitzt (siehe Abbildung).

**12.4 Der Außenrand des Dichtrings muss bündig im Lagerdeckel sitzen.**

**5** Installieren Sie die Riemenräder und den Zahnriemen (siehe Sektion 6).

## Vorderer Kurbelwellen-Dichtring

**6** Entfernen Sie das Kurbelwellen-Riemenrad (siehe Sektion 6).
**7** Schneiden Sie mit einem scharfen Messer um den Dichtring herum, ohne dabei den Kurbelwellenzapfen zu beschädigen (siehe Abbildung).

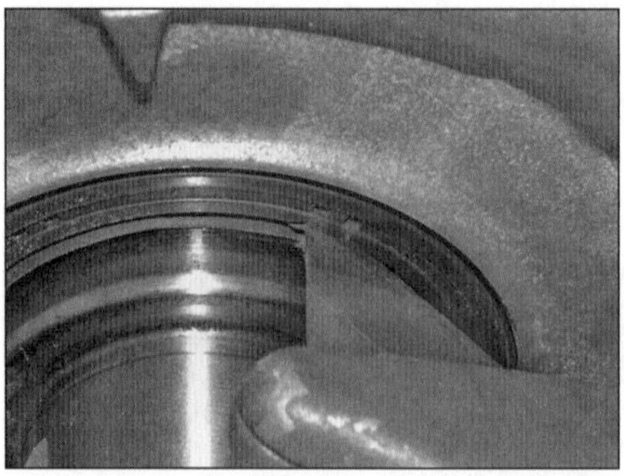

**12.7 Schneiden Sie den Dichtring rundherum aus ...**

**8** Notieren Sie die Einbautiefe des Dichtrings und die Einbaurichtung seiner Dichtlippe. Hebeln Sie den Dichtring mit einem mit Klebeband oder Lappen umwickelten Schraubendreher heraus, um die Welle und das Gehäuse zu schützen (siehe Abbildung).

**12.8 ... und hebeln Sie den Dichtring heraus – hier mit einem vorn mit Klebeband umwickelten Schraubendreher.**

**9** Reinigen Sie die Bohrung im Motorblock und den Kurbelwellenzapfen.
**10** Schmieren Sie die Dichtlippe des neuen Dichtrings mit Montagepaste oder Motoröl. Drücken Sie den korrekt ausgerichteten Dichtring zunächst von Hand senkrecht ein und treiben Sie ihn dann mit einem gerade in die Bohrung passenden Steckschlüssel oder einem kurzen Rohr senkrecht bis in die notierte Einbautiefe ein (siehe Abbildung). Bei Modellen bis 1997 (NA) sitzt der Dichtring bündig zum Ölpumpengehäuse – bei späteren Modellen sitzt er 0,5 bis 1,0 mm tief.

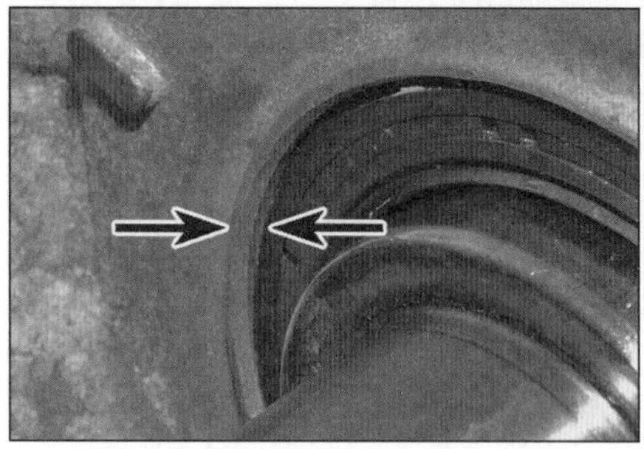

**12.10 Je nach Modell sitzt der Dichtring bündig oder 0,5 bis 1,0 mm tief im Ölpumpengehäuse.**

**11** Montieren die Riemenräder und den Zahnriemen (siehe Sektion 6).
**12** Starten Sie den Motor und kontrollieren Sie den Bereich um den Dichtring auf Dichtigkeit.

## Hinterer Kurbelwellen-Dichtring

**13** Demontieren Sie die Schwungscheibe (siehe Sektion 13).
**14** Schneiden Sie mit einem scharfen Messer um den Dichtring herum, ohne dabei den Kurbelwellenzapfen zu beschädigen (Abb. 12.7).
**15** Hebeln Sie den Dichtring mit einem mit Klebeband oder Lappen umwickelten Schraubendreher heraus, um die Welle und das Gehäuse zu schützen (siehe Abbildung) – oder verwenden Sie ein Dichtring-Ausbauwerkzeug.

**12.15 Hebeln Sie den hinteren Dichtring aus seinem Sitz.**

**16** Schmieren Sie die Dichtlippe des neuen Dichtrings mit Montagepaste oder Motoröl. Drücken Sie den korrekt ausgerichteten Dichtring zunächst von Hand senkrecht ein und treiben Sie ihn dann mit einem gerade in die Bohrung passenden Steckschlüssel oder einem kurzen Rohr senkrecht ein, bis er bündig zum Gehäuse sitzt (siehe Abbildung).

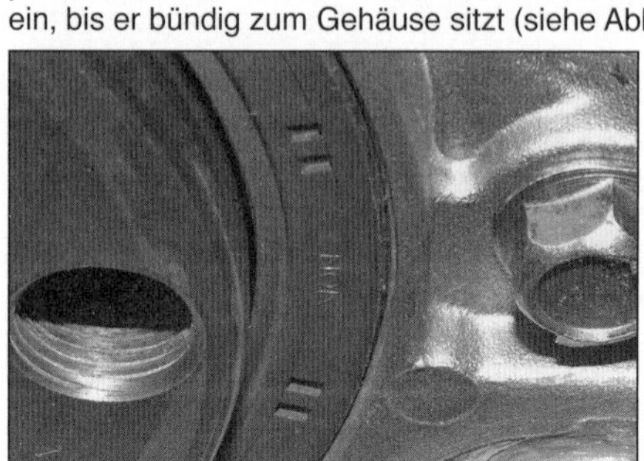

**12.16 Der hintere Dichtring muss bündig im Motorgehäuse sitzen.**

**17** Montieren Sie die Schwungscheibe (siehe Sektion 13).

## 13 Schwungscheibe – Ausbau und Einbau

### Ausbau

1 Demontieren Sie die Kupplung (siehe Kapitel 6, Sektion 2).
2 Markieren Sie die Ausrichtung der Schwungscheibe zur Kurbelwelle mit Farbe, damit sie später wieder korrekt ausgerichtet montiert werden kann (siehe Abbildung).

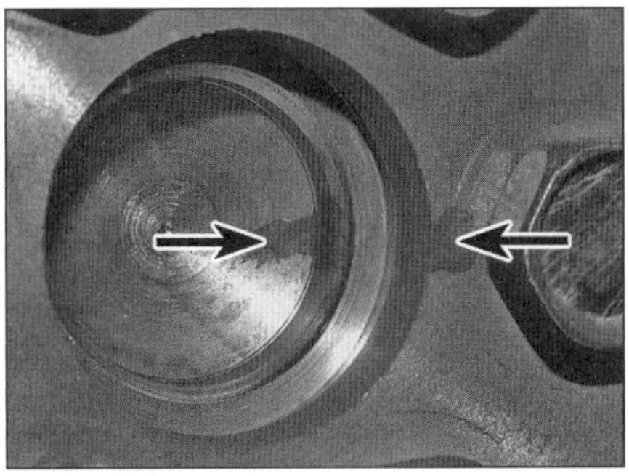

**13.2 Markieren Sie die Ausrichtung der Schwungscheibe zur Kurbelwelle.**

3 Lösen Sie die sechs Befestigungsschrauben der Schwungscheibe – hindern Sie sie nötigenfalls am Mitdrehen, indem Sie den Anlasserring blockieren (siehe Abbildungen).

**13.3a Blockieren Sie die Schwungscheibe z.B. mit einem solchen Werkzeug, ...**

**13.3b ... und lösen Sie die sechs Befestigungsschrauben.**

4 Heben Sie die Schwungscheibe von der Kurbelwelle ab – sie ist relativ schwer und muss beim Lösen der letzten Schraube gut abgestützt werden.

5 Reinigen Sie die Schwungscheibe und befreien Sie sie von Fett und Öl. Inspizieren Sie sie auf Riefen, durch Niete entstandene Kerben, verbrannte Bereiche und Risse. Leichte Riefen können mit Schleifpapier geschlichtet werden. Achten Sie auf gerissene oder abgebrochene Zähne am Anlasserzahnkranz. Legen Sie die Schwungscheibe auf eine ebene Fläche, prüfen Sie sie mit einem Haarlineal auf Verzug, und lassen Sie die Schwungscheibe nötigenfalls von einer Fachwerkstatt schleifen.
6 Reinigen Sie die Kontaktfläche der Schwungscheibe und der Kurbelwelle. Falls am hinteren Kurbelwellendichtring Öl austritt, muss dieser jetzt ersetzt werden (siehe Sektion 12).
7 Kontrollieren und ersetzen Sie nötigenfalls das Führungslager (siehe Kapitel 6, Sektion 7).

### Einbau

8 Befreien Sie die Schwungscheiben-Schrauben und ihre Gewindebohrungen in der Kurbelwelle von Sicherungspasten-Resten.
**Achtung: Falls eine Schraube nicht vollständig gereinigt werden kann, muss sie ersetzt werden – neue Schrauben sollten mit Sicherungspaste beschichtet sein.**
9 Heben Sie die Schwungscheibe korrekt ausgerichtet in Position und installieren Sie die mit Sicherungspaste (»Loctite«) versehenen alten oder bereits damit ausgerüstete neue Schrauben.
10 Blockieren Sie die Schwungscheibe wie beim Ausbau und ziehen Sie die Schrauben schrittweise und über Kreuz bis zum Drehmoment von 103 Nm an.
11 Montieren Sie die Kupplung (siehe Kapitel 6, Sektion 2).

## 14 Motorhalterungen – Kontrolle und Ersetzen

1 Motorhalterungen erfordern nur selten Aufmerksamkeit. Falls jedoch eine Halterung gebrochen oder anderweitig beschädigt ist, muss sie unverzüglich ersetzt werden, da die zusätzliche Belastung des Antriebsstrangs zu Schäden oder erhöhtem Verschleiß führen kann.

### Kontrolle

2 Heben Sie das Fahrzeug vorn an und stützen Sie es sicher ab (siehe Seite 275). Positionieren Sie einen Rangierwagenheber mit einem Stück Holz unter der Ölwanne oder heben Sie den Motor mit einem Werkstattkran leicht an, um ihn zu entlasten – heben Sie damit nicht das Fahrzeug von der Abstützung!
Achtung: Positionieren Sie niemals Körperteile unter dem Motor, wenn er nur mit einem Wagenheber gestützt ist!
3 Prüfen Sie, ob die Gummilager irgendwo gerissen, verhärtet oder vom Metall getrennt sind – oft reißen Lager in der Mitte aus.
4 Kontrollieren Sie mit einem großen Schraubendreher oder einem Brecheisen, ob sich die Halterungen am Motor oder der Karosserie bewegen lassen – prüfen Sie nötigenfalls, ob die Befestigungen mit dem korrekten Drehmoment angezogen sind.

### Ersetzen

5 Heben Sie das Fahrzeug an und stützen Sie den Motor ab (siehe Schritt 2).
6 Ersetzen Sie die Motorhalterungen wie folgt:
a) *Demontieren Sie die Muttern der Haltestutzen, um die Gummihalterungen von den Halterungen zu befreien.*
b) *Lösen Sie die Schrauben der Motorhalterungen aus dem Motorblock.*

*c) Montieren Sie die Motorhalterungen in der umgekehrten Ausbaureihenfolge.*
*d) Ziehen Sie alle Befestigungen mit den in den technischen Daten angegebenen Drehmomenten an.*

## 15 Öldruckschalter – Ausbau und Einbau

**1** Der Öldruckschalter sitzt zwischen dem Ölfilter und dem Anlasser rechts im Motorgehäuse (siehe Abbildung).

**15.1 Position des Öldruckschalters**

**2** Trennen Sie den Kabelstecker und schrauben Sie den Schalter aus dem Motor (siehe Abbildung) – seien Sie auf austretendes Öl vorbereitet.

**15.2 Schrauben Sie den Öldruckschalter heraus.**

**3** Der Einbau entspricht der umgekehrten Ausbaureihenfolge – ziehen Sie den Schalter mit 15 Nm an.

# Kapitel 2, Teil B

## Motoren – Ausbau und Überholarbeiten

### Inhalt — Sektion


Allgemeine Informationen . . . 1
Hauptlager und Pleuelfußlager – Kontrolle . . . 14
Kolben und Pleuel – Ausbau . . . 9
Kolben und Pleuel – Kontrolle . . . 12
Kolben und Pleuel – Einbau . . . 18
Kolbenringe – Einbau . . . 16
Kurbelwelle – Ausbau . . . 10
Kurbelwelle – Einbau . . . 17
Kurbelwelle – Kontrolle . . . 13
Motor – Erstinbetriebnahme nach Überholen . . . 19
Motor – Ausbaumethoden und Vorsichtsmaßnahmen . . . 3
Motor – Ausbau und Einbau . . . 4
Motorüberholung – Allgemeine Informationen . . . 2
Motorüberholung – Zerlegungsreihenfolge . . . 5
Motorüberholung – Zusammenbaureihenfolge . . . 15
Zylinderblock/Motorgehäuse – Reinigung und Kontrolle . . 11
Zylinderkopf – Zerlegen . . . 6
Zylinderkopf – Zusammenbau . . . 8
Zylinderkopf und Ventile – Reinigung und Kontrolle . . . 7


## Schwierigkeitsgrade

| **Leicht.** Geeignet für Anfänger mit wenig Erfahrung. | **Relativ leicht.** Geeignet für Anfänger mit etwas Erfahrung. | **Relativ schwierig.** Geeignet für geübte Selbstschrauber. | **Schwer.** Geeignet für Selbstschrauber mit viel Erfahrung. | **Sehr schwer.** Geeignet für Experten und Profis. |
|---|---|---|---|---|

### Technische Daten

| | |
|---|---|
| **Zylinderkopf** | |
| Dichtflächen-Verzug (max.) | |
| 1,6 l-Motoren | 0,15 mm |
| 1,8 l-Motoren | 0,10 mm |
| Plan-Grenze | |
| 1,6 l-Motoren | 0,20 mm |
| 1,8 l-Motoren | 0,10 mm |
| **Ventiltrieb** | |
| Ventilschaft-Durchmesser | |
| Einlass | 5,970 bis 5,985 mm |
| Auslass | 5,950 bis 5,965 mm |
| Ventilschaft – Spiel in Führung | |
| Einlass | |
| Standard | 0,025 bis 0,06 mm |
| Verschleißgrenze | 0,2 mm |
| Auslass | |
| Standard | 0,030 bis 0,065 mm |
| Verschleißgrenze | 0,2 mm |
| Ventilfeder | |
| Verzugsgrenze | |
| 1,6 l-Motoren | 1,68 mm |
| 1,8 l-Motoren | 1,62 mm |
| Freie Federlänge (min.) | |
| 1,6 l-Motoren | |
| Einlass | 47,0 mm |
| Auslass | 47,3 mm |
| 1,8 l-Motoren (Einlass/Auslass) | 46,26 mm |
| **Kurbelwelle und Pleuel** | |
| Hubzapfen-Durchmesser | 44,940 bis 44,956 mm (nominell) |
| Hauptlager-Durchmesser | 49,938 bis 49,956 mm (nominell) |

| | |
|---|---|
| Hauptlager-Radialspiel | |
| Standard | 0,018 bis 0,036 mm |
| Verschleißgrenze | 0,1 mm |
| Kurbelwellen-Axialspiel | |
| Standard | 0,08 bis 0,28 mm |
| Verschleißgrenze | 0,3 mm |
| Anlauf-Halbring-Stärke | 2,5 bis 2,55 mm (nominell) |

**Motorblock**

| | |
|---|---|
| Dichtflächen-Verzug (max.) | 0,15 mm |
| Zylinderbohrungs-Durchmesser | |
| 1,6 l-Motoren | 78,006 bis 78,013 mm (nominell) |
| 1,8 l-Motoren | 83,000 bis 83,019 mm (nominell) |

**Kolben und Kolbenringe**

| | |
|---|---|
| Kolben-Durchmesser | |
| 1,6 l-Motoren | 77,954 bis 77,974 mm (nominell) |
| 1,8 l-Motoren | 82,954 bis 82,974 mm (nominell) |
| Kolbenring-Stoßspiel im Zylinder | |
| Oberer und zweiter Kompressionsring | 0,15 bis 0,3 mm – Verschleißgrenze: 1,0 mm |
| Ölabstreifring | 0,2 bis 0,7 mm – Verschleißgrenze: 1,0 mm |

**Anzugsdrehmomente**

Siehe technische Daten in Kapitel 2A

## 1 Allgemeine Informationen

In diesem Teil von Kapitel 2 werden der Ausbau des Motors samt Getriebe sowie dessen allgemeine Überholung (Zylinderkopf, Zylinder, Kurbelwelle und alle anderen beteiligten Komponenten) detailliert beschrieben.

Die Informationen reichen von Hinweisen bezüglich der Vorbereitung einer Überholung über die Beschaffung von Ersatzteilen bis hin zu detaillierten Schritt-für-Schritt-Anleitungen zum Ausbau, Kontrollieren, Erneuern und Einbau interner Motorkomponenten.

Ab Sektion 5 basieren alle Anleitungen auf der Annahme, dass der Motor aus dem Fahrzeug ausgebaut ist. Informationen zu Reparaturen bei eingebautem Motor sowie den Aus- und Einbau externer Komponenten, die zu einer Komplettüberholung gehören, finden sich in Kapitel 2A sowie in Sektion 5 dieses Kapitels. Wenn der Motor bereits ausgebaut ist, müssen alle nicht zutreffenden Zerlegungsanweisungen in Kapitel 2A ignoriert werden.

Abgesehen von den in den technischen Daten der Kapitel 2A zu findenden Anzugsdrehmomenten finden sich alle zum Überholen benötigten Daten am Anfang dieses Kapitels.

## 2 Motorüberholung – Allgemeine Informationen

Es ist nicht immer einfach festzustellen, wann oder ob ein Motor vollständig überholt werden muss. Eine Vielzahl an Faktoren muss hierbei berücksichtigt werden.

Eine hohe Laufleistung ist nicht zwingend ein Hinweis auf eine erforderliche Überholung – genauso wie eine geringe Laufleistung eine Motorüberholung nicht ausschließt. Eine regelmäßige Wartung ist hierbei der wichtigste Punkt. Ein Motor, bei dem regelmäßig das Motoröl und der Filter gewechselt und auch andere Wartungspunkte durchgeführt wurden, wird wahrscheinlich mehrere hunderttausend Kilometer problemlos durchhalten. Umgekehrt wird ein vernachlässigter Motor wesentlich früher eine Überholung benötigen. Übermäßiger Ölverbrauch weist darauf hin, dass Kolbenringe, Ventilschaftdichtungen und/oder Ventilführungen nach Aufmerksamkeit verlangen. Mithilfe eines in Kapitel 2A, Sektion 2 durchgeführten Kompressionstests kann herausgefunden werden, welche Gründe für den Ölverlust verantwortlich sind.

Ermitteln Sie den Öldruck mithilfe eines statt des Öldruckschalters in den Ölkanal geschraubten Messgeräts und vergleichen Sie das Ergebnis mit den technischen Daten von Kapitel 2A. Falls extrem geringer Druck festgestellt wird, werden die Haupt- und Pleuelfußlager und/oder die Ölpumpe verschlissen sein.

Leistungsmangel, rauer Motorlauf, klopfende oder metallisch klingende Motorgeräusche, ein klappernder Ventiltrieb und hoher Benzinverbrauch können ebenfalls auf eine Überholung hinweisen – besonders, wenn alles gleichzeitig auftritt. Falls eine große Inspektion die Probleme nicht behebt, können nur größere Überholmaßnahmen die Lösung sein.

Eine Motorüberholung beinhaltet die Wiederherstellung aller internen Motorkomponenten auf die Vorgaben für einen neuen Motor. Während einer Überholung werden Kolben und deren Ringe erneuert und die Zylinderbohrungen überholt. Neue Haupt- und Pleuellagerschalen werden generell eingebaut und die Kurbelwelle wird nötigenfalls geschliffen (oder ausgetauscht), um die Lagerzapfen zu restaurieren. Die Ventile werden ebenfalls behandelt, da sie zu diesem Zeitpunkt üblicherweise ebenfalls nicht mehr perfekt sind. Kontrollieren Sie unbedingt den Zustand der Ölpumpe und ersetzen Sie sie nötigenfalls.

Wichtige Komponenten des Kühlsystems (Schläuche, Antriebsriemen, Thermostat, Wasserpumpe) sollten bei einer Motorüberholung ebenfalls erneuert werden. Der Kühler selbst muss sorgfältig überprüft werden, um sicherstellen zu können, dass er weder blockiert noch undicht ist.

Vor einer Motorüberholung muss die gesamte Prozedur

durchgelesen werden, um sich mit dem Umfang und den Anforderungen vertraut zu machen. Das Überholen eines Motors ist nicht schwierig, wenn man sorgfältig den Anweisungen folgt, die benötigten Werkzeuge und Ausrüstungsgegenstände zur Hand hat und sich genau an alle Vorgaben hält. Sie kann jedoch zeitaufwendig sein. Prüfen Sie die Verfügbarkeit von Teilen und beschaffen Sie sämtliche Spezialwerkzeuge und andere Hilfsmittel im Voraus. Die meisten Arbeiten können mit typischen Hand-Werkzeugen verrichtet werden, doch viele Teile müssen präzise vermessen werden, um ihre Wiederverwendbarkeit bestimmen zu können. Ein Großteil der Arbeit besteht in der Kontrolle von Teilen und der Entscheidung, ob Teile aufgearbeitet oder ersetzt werden müssen.

Wenn größere Reparaturen, wie das Schleifen der Kurbelwelle oder der Zylinderbohrungen anstehen, kommt niemand um eine entsprechend ausgerüstete Fachwerkstatt herum. Abgesehen von der Ausführung der Arbeiten kann man hier auch Bauteile begutachten und Ratschläge geben, ob Teile wie Kolben, Kolbenringe oder Lagerschalen wiederverwendet werden können, repariert oder ausgetauscht werden sollten.

Warten Sie stets, bis der Motor komplett zerlegt und alle Komponenten (besonders Zylinderblock/Motorgehäuse und Kurbelwelle) begutachtet wurden, bevor entschieden wird, welche Wartungs- und Reparaturarbeiten durchgeführt werden müssen. Der Zustand dieser Baugruppen ist der wesentliche Faktor, wenn es darum geht, ob der ursprüngliche Motor überholt oder ein aufgearbeitetes Triebwerk gekauft werden soll. Kaufen Sie daher noch keine Einzelteile und lassen sie noch nichts überholen, solange nicht alles sorgfältig inspiziert wurde.

Generell bildet Zeit die größten Kosten einer Überholung, sodass es sich nicht lohnt, verschlissene oder grenzwertige Teile einzubauen.

Schließlich muss für ein möglichst langes Leben eines aufgearbeiteten Motors sichergestellt sein, dass alles mit größter Sorgfalt in einer lupenreinen Umgebung wieder zusammengebaut wird.

Während der Motor überholt wird, können auch andere Bauteile wie das Zündsystem, die Einspritzanlage, der Anlasser oder die Lichtmaschine kontrolliert und überarbeitet werden. Das Endergebnis soll ein absolut neuwertiger Motor sein, der viele pannenfreie Kilometer garantiert.

## 3 Motor/Getriebe – Ausbaumethoden und Vorsichtsmaßnahmen

Obwohl Mazda empfiehlt, den Motor samt Getriebe auszubauen, haben wir die Erfahrung gemacht, dass sich der Motor auch alleine nach oben aus der Karosserie heben lässt und das Getriebe eingebaut bleiben kann.

Wenn entschieden wurde, dass ein Motor für eine Überholung oder größere Reparatur ausgebaut werden soll, müssen einige einleitende Schritte durchgeführt werden.

Ein geeigneter Arbeitsplatz ist extrem wichtig. Es wird ausreichend Platz für Arbeiten und das Fahrzeug selbst benötigt. Falls keine Werkstatt oder ausreichend große Halle zur Verfügung steht, wird mindestens eine ebene und saubere Arbeitsfläche gebraucht.

Reinigen Sie vor Arbeitsbeginn den Motorraum und die Antriebseinheit, um Werkzeug sauber und gut organisiert zu halten.

Ein Werkstattkran oder eine andere Vorrichtung zum Herausheben des Motors ist zwingend notwendig. Die Ausrüstung muss dafür ausgelegt sein, den Motor heben und tragen zu können. Angesichts der Gefahren beim Herausheben des Motors aus dem Fahrzeug ist Sicherheit der wichtigste Punkt. Die Unterstützung eines Assistenten ist unerlässlich. Abgesehen von Sicherheitsaspekten gibt es immer wieder Situationen, in denen eine Person nicht gleichzeitig alle erforderlichen Operationen durchführen kann.

Planen Sie alle Arbeiten weit voraus. Sorgen Sie vor Arbeitsbeginn dafür, dass alle erforderlichen Werkzeuge und Teile gekauft oder gemietet sind. Zu den Ausrüstungsgegenständen, die für einen sicheren und unkomplizierten Aus- und Einbau benötigt werden, gehören (neben einem Werkstattkran) ein ausreichend dimensionierter Rangierwagenheber, ein komplettes Set an Schraubenschlüsseln, ein Knarrenkasten, Holzblöcke, eine ausreichende Menge an Lappen und Lösungsmittel zum Aufwischen von Ölspritzern, Kühlmittel und Lösungsmittel. Falls der Kran gemietet wird, sollten alle Arbeiten, die ohne ihn möglich sind, bereits erledigt sein – das spart Zeit und Geld.

Planen Sie ein, dass das Auto längere Zeit nicht benutzt werden kann. Viele Arbeiten kann der Hobbyschrauber ohne Spezialausrüstungen nicht erledigen, sodass sie Fachwerkstätten überlassen werden müssen. Hier herrscht oft rege Betriebsamkeit, sodass es hilfreich sein kann, sie vor dem Ausbau des Motors zu konsultieren, damit Arbeiten in den Terminplan aufgenommen werden können und ein entsprechender Zeitrahmen aufgestellt werden kann.

Während des Ausbaus ist es ratsam, die Positionen aller Halterungen, Kabelbinder, Massepunkte usw. zu notieren; zudem sollten die Anschlüsse und Verlegungen aller Kabelbäume und anderen Leitungen am und um den Motor herum festgehalten werden. Ein effektiver Weg hierzu liegt im Anfertigen von zahlreichen Fotos von den verschiedenen Komponenten, bevor sie getrennt und/oder demontiert werden – moderne Digitaltechnik ersetzt oder ergänzt beim Einbau das fotografische Gedächtnis.

Seien Sie beim Aus- und Einbau des Motors stets sehr vorsichtig. Leichtsinnige Aktionen können schnell zu ernsthaften Verletzungen führen. Planen Sie gut voraus und lassen Sie sich Zeit, um diese umfangreiche Tätigkeit erfolgreich abzuschließen.

## 4 Motor – Ausbau und Einbau

**Anmerkung:** *Aufgrund der Ausstattung der Fahrzeuge und der Vielzahl an Modellen können im Folgenden eher grobe Hinweise als Schritt-für-Schritt-Anleitungen gegeben werden. Wo Differenzen auftreten oder weitere Komponenten getrennt oder demontiert werden müssen, sollte dies als Einbauhilfe notiert werden.*

## Ausbau

1 Machen Sie das Kraftstoffsystem drucklos (siehe Kapitel 4A, Sektion 6).

2 Trennen Sie den Masseanschluss (–) der Batterie (siehe Kapitel 5A, Sektion 4).

**3** Legen Sie zum Schutz vor Schäden Lappen über die vorderen Kotflügel.

**4** Entfernen Sie die Luftfilter-Baugruppe und die Resonanzkammer (siehe Kapitel 4A, Sektion 2).

**5** Befreien Sie den Gaszug von der Drosselklappenbetätigung (siehe Kapitel 4A, Sektion 4).

**6** Trennen Sie ggf. den Stecker des Tempomaten vom Drosselklappengehäuse.

**7** Lösen Sie die Befestigungen aller Verstärkungen und Unterfahrschutze (siehe Abbildungen).

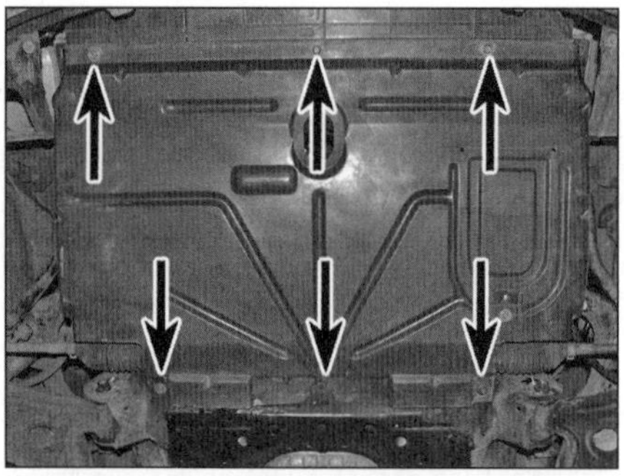

**4.7a Der Motor-Unterfahrschutz ist unten ...**

**4.7b ... und an beiden Seiten mit Schrauben gesichert.**

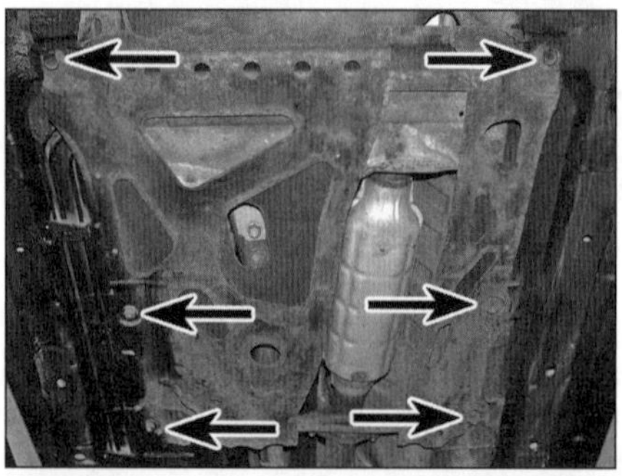

**4.7c Lösen Sie ggf. die Schrauben des Verstärkungsblechs ...**

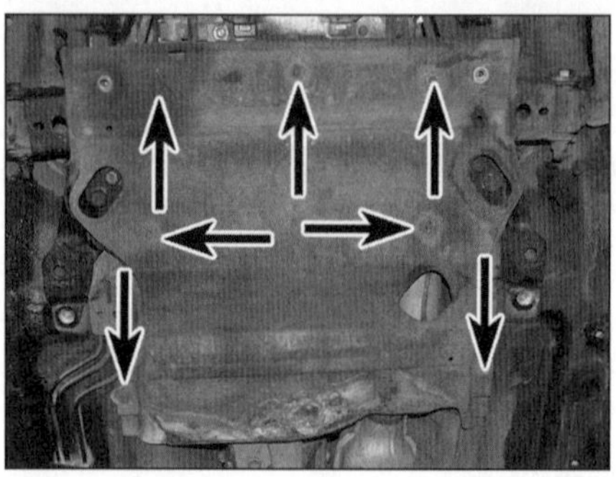

**4.7d ... und die Befestigungen des Getriebe-Unterfahrschutzes.**

**8** Entfernen Sie den/die Zahnrippenriemen (siehe Kapitel 1, Sektion 6).

**9** Schrauben Sie bei Modellen mit Servolenkung die Servopumpe ab. Falls genug Platz ist, kann die Pumpe abseits gesichert werden, ohne dafür Schläuche trennen zu müssen. Nötigenfalls muss die Pumpe komplett entfernt werden (siehe Kapitel 10, Sektion 18).

**10** Demontieren Sie die Lichtmaschine (siehe Kapitel 5A, Sektion 7), die Wasserpumpen-Riemenscheibe (siehe Kapitel 3, Sektion 7) und die Kurbelwellen-Riemenscheibe (siehe Kapitel 2A, Sektion 5).

**11** Demontieren Sie die Motorhaube (siehe Kapitel 11, Sektion 8).

**12** Heben Sie das Fahrzeug an und stützen Sie es sicher ab (siehe Seite 275).

**13** Demontieren Sie den Anlasser (siehe Kapitel 5A, Sektion 10).

**14** Schrauben Sie bei Modellen mit Klimaanlage den Kompressor ab und verlagern Sie ihn beiseite, ohne die Kältemittelschläuche zu trennen. Anmerkung: *Sichern Sie den Kompressor mit Bädern, Draht oder Kabelbindern außerhalb des Arbeitsbereichs – lassen Sie ihn niemals an seinen Schläuchen hängen.*

**15** Trennen Sie das Auspuffrohr vom Auspuffstutzen.

**16** Entleeren Sie das Kühlsystem (siehe Kapitel 1, Sektion 19) und lassen Sie das Motoröl ab (siehe Kapitel 1, Sektion 3).

**17** Senken Sie das Fahrzeug wieder ab.

**18** Trennen Sie die Heizungsschläuche (siehe Abbildung).

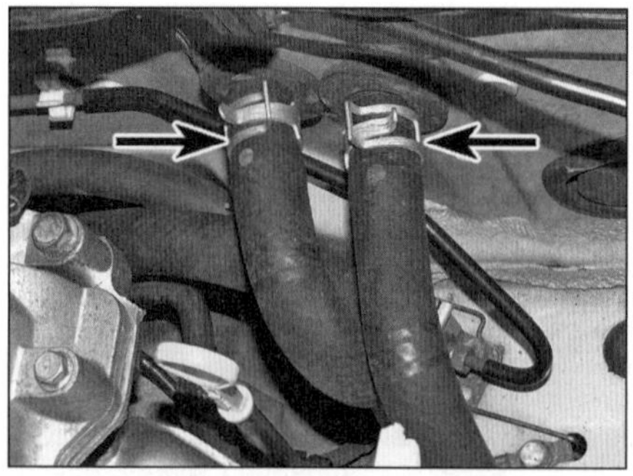

**4.18 Lösen Sie die Schellen und trennen Sie die Heizungsschläuche von den Stutzen an der Spritzwand.**

**19** Entfernen Sie alle Kühler-Ventilatoren, die Kühlerschläuche und den Kühler (siehe Kapitel 3, Sektionen 3 und 5).

**20** Befreien Sie die Kraftstoff-Zufuhrleitung und ggf. die Rücklaufleitung vom Druckspeicher. Dichten Sie offene Anschlüsse ab, damit kein Schmutz eindringen kann.

**21** Markieren und trennen Sie alle Unterdruck-, Kühler- und Entlüftungsschläuche, Kabelstecker, Masseanschlüsse und Kraftstoffleitungen. Kreppband und/oder verschiedene Farben eignen sich hierfür sehr gut. Fertigen Sie Fotos oder Zeichnungen an, um die Positionen aller Komponenten und Halterungen festzuhalten.

**22** Verbinden Sie eine Kette oder einen Hebegurt mit dem Motor, positionieren Sie den Werkstattkran, und hängen Sie die Kette oder den Gurt ein. Heben Sie den Motor an, bis sich die Kette oder der Gurt straffen (siehe Abbildung).

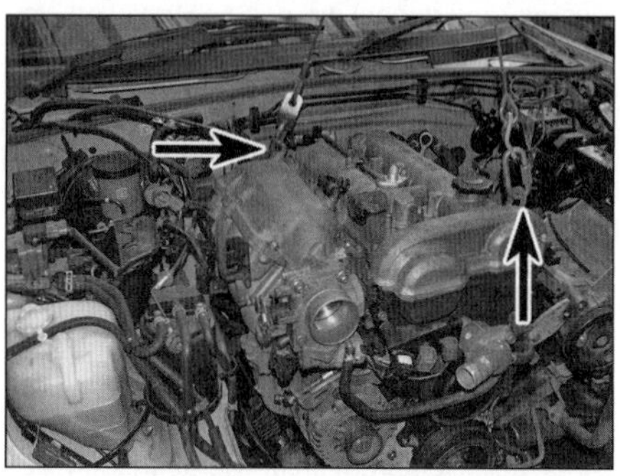

**4.22 Aufhänge-Ösen für Hebevorrichtungen**

**23** Prüfen Sie erneut, ob alle Kabel, Schläuche und Halterungen, die den Ausbau des Motors behindern könnten, getrennt sind. Kontrollieren Sie, ob alle getrennten Komponenten markiert sind.
**24** Stützen Sie das Getriebe vorn mit einem Rangierwagenheber und einem Stück Holz ab, um das Gehäuse zu schützen. Lösen Sie die Schrauben, die das Getriebe mit dem Motor verbinden, und trennen Sie die Motorhalterungen (siehe Abbildung).

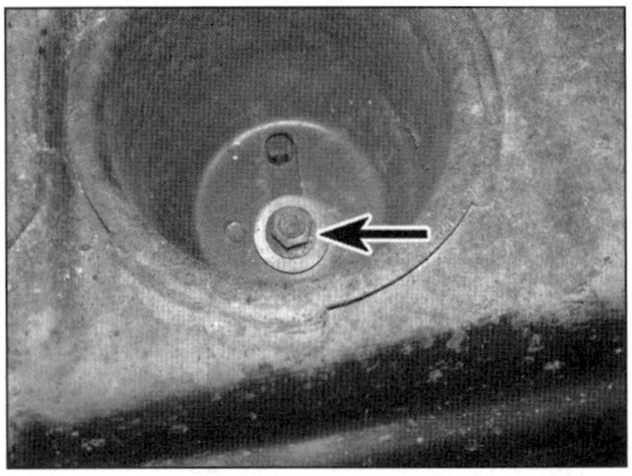

**4.24 Die Muttern der Motorhalterungen sind an beiden Seiten des Hilfsrahmens von unten zugänglich.**

**25** Heben Sie den Motor etwas an und manövrieren Sie ihn nach vorn, um ihn vom Getriebe zu trennen. Falls er sich nicht vorwärts bewegen lässt, muss geprüft werden, ob alle Getriebeschrauben entfernt sind. Es kann helfen, den Motor mit einem geeigneten Werkzeug vom Getriebe abzuhebeln. Auch kann es nötig sein, den Motor nach oben zu schwenken, um genügend Platz zu erhalten. Sobald der Motor vom Getriebe befreit ist, kann er nach oben aus dem Motorraum gehoben werden.
**26** Senken Sie den Motor abseits des Fahrzeugs vorsichtig auf den Boden ab. Falls er in einen Montageständer gesetzt werden soll, muss zunächst die Schwungscheibe demontiert werden (siehe Kapitel 2A, Sektion 13).

## Einbau

**27** Kontrollieren Sie die Motorhalterungen. Falls sie verschlissen oder beschädigt sind, müssen sie erneuert werden.
**28** Begutachten Sie die Kupplungs-Komponenten und ersetzen Sie schadhafte Teile (siehe Kapitel 6) – angesichts der erforderlichen Arbeit kann es sinnvoll sein, die Kupplung ungeachtet ihres Zustands zu ersetzen (siehe Kapitel 6, Sektion 2).
**29** Senken Sie den Motor vorsichtig in den Motorraum ab.
**30** Führen Sie den Motor vorsichtig gegen das Getriebe und richten Sie seine Aufnahmen zu den Halterungen aus. **Anmerkung:** *Da die Getriebeeingangswelle in die Kupplung eingeführt werden muss, ist eine präzise Ausrichtung des Motors entscheidend. Gegebenenfalls hilft eine Umpositionierung des Getriebes mit dem Rangierwagenheber. Keinesfalls dürfen die Schrauben dazu genutzt werden, den Motor und das Getriebe mit Gewalt zusammenzuziehen – hierbei können wichtige Komponenten verbiegen oder zerbrechen.*
**31** Installieren Sie die Getriebeschrauben und ziehen Sie sie schrittweise und über Kreuz bis zum Drehmoment von 71 Nm an.
**32** Installieren Sie die Muttern der Motorhalterungen und ziehen Sie sie mit 78 Nm an.
**33** Der Rest des Einbaus entspricht der umgekehrten Ausbaureihenfolge – beachten Sie dabei die folgenden Punkte:
*a) Ziehen Sie alle in den technischen Daten erwähnten Befestigungen mit den angegebenen Drehmomenten an.*
*b) Füllen Sie den Motor mit dem in Kapitel 1, Sektion 3 angegebenen Öl auf.*
*c) Befüllen Sie das Kühlsystem (siehe Kapitel 1, Sektion 19).*
*d) Starten Sie den Motor und kontrollieren Sie alles auf Undichtigkeiten.*

## 5 Motorüberholung – Zerlegungsreihenfolge

**1** Das Zerlegen und die Arbeit am Motor wird deutlich einfacher, wenn dieser an einem transportablen Motorständer befestigt ist. Damit er daran befestigt werden kann, muss die Schwungscheibe entfernt werden (siehe Kapitel 2A, Sektion 13).
**2** Falls kein Motorständer zur Hand ist, kann der Motor auf einer ausreichend stabilen Werkbank oder dem Boden zerlegt werden – lassen Sie ihn dabei nicht umkippen oder gar herunterfallen.
**3** Falls ein Austauschmotor beschafft werden soll, müssen zunächst – wie bei einer selbst durchgeführten Überholung – sämtliche externen Komponenten vom vorhandenen Motor demontiert werden, um sie mit dem »neuen« Triebwerk zu verbinden. Je nach Motortyp gehören hierzu:
*a) der Motor-Kabelbaum samt Halterungen*
*b) Halterungen für Nebenaggregate (Lichtmaschine, Klimaanlagen-Kompressor usw.)*
*c) Wasserpumpe und Ein/Auslass-Gehäuse*
*d) Peilstab-Rohr*
*e) Kraftstoffsystem-Komponenten*
*f) Alle elektrischen Schalter und Sensoren*
*g) Einlass- und Auspuffstutzen (siehe Kapitel 4)*
*h) Schwungscheibe*
**Anmerkung:** *Bei der Demontage der externen Komponenten vom Motor müssen alle Details genau beachtet werden, die für den Einbau hilfreich und wichtig sein können. Achten Sie auf die Einbaupositionen von Dichtungen, Dichtringen, Scheiben, Schrauben und anderer Kleinteile.*
**4** Falls Sie als Ersatz einen Rumpfmotor (Motorgehäuse mit Zylindern, Kolben, Pleuel und Kurbelwelle) beschafft haben, müssen auch die Ölwanne, die Ölpumpe, der Zylinderkopf und der Zahnriementrieb umgebaut werden.
**5** Bevor mit dem Zerlegen und Überholen begonnen wird, muss dafür gesorgt werden, dass alle erforderlichen Werkzeuge vorhanden sind – beachten Sie hierzu die Hinweise im Anhang.
**6** Falls eine Komplettüberholung geplant ist, kann der Motor zerlegt werden; dabei sind die noch vorhandenen Komponenten in der folgenden Reihenfolge auszubauen – beachten Sie ggf. die Hinweise in Kapitel 2A:
*a) Einlass- und Auspuffstutzen (Kapitel 4A, Sektion 11)*
*b) Wasserpumpe (Kapitel 3, Sektion 7)*
*c) Zylinderkopf (Kapitel 2A, Sektion 9)*
*d) Schwungscheibe (Kapitel 2A, Sektion 13)*
*e) Ölwanne (Kapitel 2A, Sektion 10).*
*f) Ölpumpe (Kapitel 2A, Sektion 11)*
*g) Zahnriemen samt Riemenräder (Kapitel 2A, Sektion 6).*
*h) Kolben samt Pleuelstangen (Sektion 9 dieses Kapitels)*
*i) Kurbelwelle (Sektion 10 dieses Kapitels)*

## 6 Zylinderkopf – Zerlegen

**Anmerkung:** *Beim Mazda-Händler oder Fachbetrieben und -Händlern sind neue oder überholte Zylinderköpfe zu bekommen. Zum Zerlegen und Begutachten des vorhandenen Zylinderkopfes werden Spezialwerkzeuge und präzise Messinstrumente benötigt, zudem müssen diverse Einzelteile beschafft werden. Es kann daher für den Hobbymechaniker praktischer und wirtschaftlicher sein, einen überholten Zylinderkopf zu kaufen, als das Originalteil zu zerlegen, zu* *kontrollieren und zu vermessen und mit neuen Ersatzteilen auszurüsten. Zum Zerlegen des Zylinderkopfes wird eine Ventilfederpresse benötigt.*

**1** Demontieren Sie den Zylinderkopf (siehe Kapitel 2A Sektion 9), reinigen Sie ihn äußerlich, und demontieren Sie die folgenden Komponenten (falls noch nicht erledigt):

*a) Einlass- und Auspuffstutzen (Kapitel 4A, Sektion 11)*
*b) Zündkerzen (Kapitel 1, Sektion 16)*
*c) Nockenwellen und Stößel (Kapitel 2A, Sektion 8)*
*d) Motor-Halteösen*

**2** Um ein Ventil ausbauen zu können, muss eine Ventilfederpresse senkrecht zwischen Federteller und Ventilteller angesetzt werden (siehe Abbildung).

**6.2 Die Ventilfederpresse muss senkrecht zum Ventil positioniert werden.**

**3** Komprimieren Sie die Feder, bis die Keile entspannt sind.

**4** Befreien Sie die Keile aus den Nuten des Ventilschafts – hierzu kann ein kleiner Schraubendreher, ein Magnet oder eine Spitzzange benutzt werden (siehe Abbildung). Entspannen Sie die Ventilfeder langsam wieder und entfernen Sie die Ventilfederpresse.

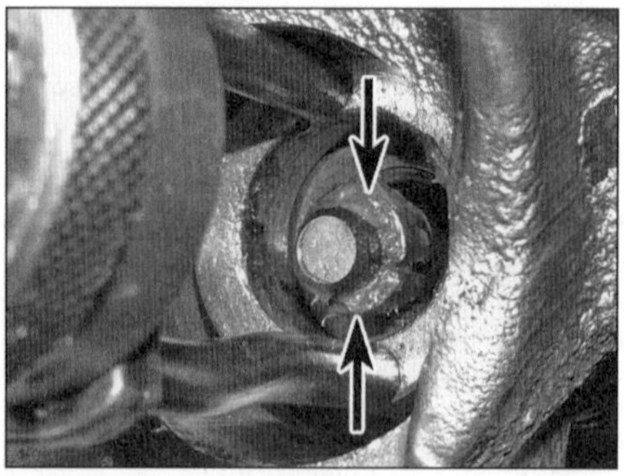

**6.4 Befreien Sie die zwei Keile.**

**5** Entnehmen Sie den Federteller, die Feder und den Federsitz. Ziehen Sie das Ventil durch den Brennraum heraus. Ziehen Sie anschließend mit einer Zange vorsichtig die Ventilschaftdichtung von der Ventilführung (siehe Abbildungen).

**6.5a Entfernen Sie den Federteller, ...**

**6.5b ... die Ventilfeder ...**

**6.5c ... und den Federsitz.**

**6.5d Ziehen Sie das Ventil unten heraus.**

**6.5e Befreien Sie die Ventilschaftdichtung von der Ventilführung.**

**6** Wiederholen Sie die Prozedur mit den anderen Ventilen und achten Sie darauf, dass nichts durcheinander gerät, denn solange die Bauteile nicht allzu sehr verschlissen sind, sodass sie nicht wiederverwendet werden können, muss jedes Ventil zusammen mit seinem Federteller, seinen Keilen, der Feder und deren Sitz so abgelegt werden, dass später alles wieder an seinen ursprünglichen Platz gelangt. Packen Sie die Teile dazu in markierte Tüten oder z. B. einen Eierkarton.

## 7 Zylinderkopf und Ventile – Reinigung und Kontrolle

1 Reinigen Sie den Zylinderkopf und die Ventil-Komponenten sorgfältig, um anschließend eine detaillierte Inspektion durchzuführen. So können Entscheidungen getroffen werden, ob vor dem Zusammenbau der Komponenten weitere Arbeiten notwendig sind.

### Reinigung

2 Schaben Sie altes Dichtungsmaterial vom Zylinderkopf.
3 Schaben Sie Kohleablagerungen aus den Brennräumen und Kanälen, waschen Sie den Zylinderkopf dann mit Petroleum oder geeignetem Lösungsmittel.
4 Kratzen Sie alle Kohleablagerungen von den Ventilen. Reinigen Sie Ventilteller und Schaft anschließend mit einem Drahtbürstenaufsatz für die Bohrmaschine.

### Kontrolle

**Anmerkung:** *Führen Sie die folgenden Kontrollen durch, bevor der Zylinderkopf zum Überholen an eine Fachwerkstatt weitergereicht wird. Erstellen Sie eine Liste mit allen Punkten, die Aufmerksamkeit erfordern.*

#### Zylinderkopf

5 Inspizieren Sie den Zylinderkopf sorgfältig auf Risse (ausgetretenes Kühlmittel) und andere Beschädigungen. Wenn Risse festgestellt werden, muss der Zylinderkopf ausgetauscht werden.
6 Mithilfe eines Präzisions-Richtwinkels und einer Fühlerlehre wird geprüft, ob die Dichtfläche des Zylinderkopfs verzogen ist; mithilfe der Angaben in den technischen Daten kann ermittelt werden, ob die Dichtfläche geplant werden kann (siehe Abbildung) – holen Sie sich nötigenfalls Rat in einer Fachwerkstatt.

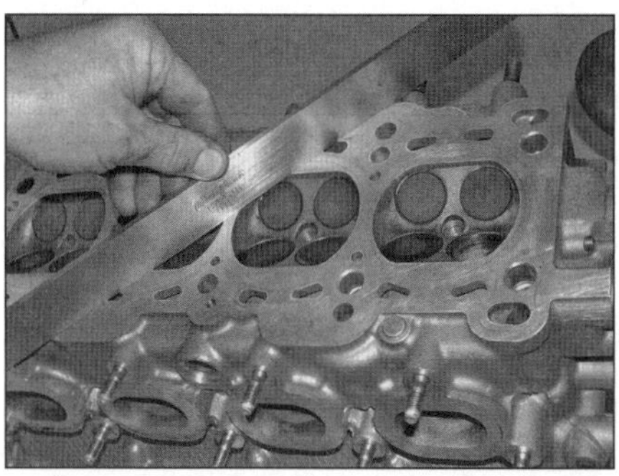

**7.6 Kontrollieren Sie den Verzug des Zylinderkopfs.**

7 Begutachten Sie die Ventilsitze im Brennraum. Falls sie Ausbrüche, Risse oder Verbrennungen zeigen, müssen sie nachgeschnitten oder ausgetauscht werden – diese notwendige Arbeit übersteigt die Möglichkeiten eines Hobbyschraubers. Wenn sie nur leicht erodiert sind, kann dies durch Einschleifen beseitigt werden (siehe unten). Falls die Ventilsitze nachgeschnitten werden müssen, darf dies erst nach dem Austausch der Ventilführungen geschehen.
8 Kontrollieren Sie die Ventilführungen auf Verschleiß, indem Sie das entsprechende Ventil einschieben: Leichtes Spiel ist akzeptabel. Falls übermäßiges Spiel festgestellt wird, muss das Ventil ausgebaut und sein Schaftdurchmesser ermittelt werden (siehe unten). Liegt der Wert unter den Vorgaben (siehe technische Daten), muss das Ventil ersetzt werden; andernfalls muss der Verschleiß in der Ventilführung liegen, deren Austausch von einem Spezialbetrieb vorgenommen werden sollte.
9 Inspizieren Sie die Stößelbohrungen im Zylinderkopf auf Verschleiß – falls welcher festgestellt wird, muss der Zylinderkopf erneuert werden. Kontrollieren Sie auch die Ölbohrungen im Zylinderkopf auf Ablagerungen und blasen Sie sie möglichst mit Druckluft aus.

#### Ventile

10 Inspizieren Sie sorgfältig den Ventilteller auf Risse, Löcher sowie verbrannte Stellen. Drehen Sie das Ventil und prüfen Sie dabei, ob es verzogen sein könnte. Kontrollieren Sie das Ende des Ventilschafts und die Keilnuten auf Ausbrüche und übermäßigen Verschleiß. Schadhafte Ventile müssen ersetzt werden. Wenn die Ventile bis hierher gut aussehen, wird der Schaftdurchmesser an mehreren Stellen mit einer Mikrometerschraube ermittelt (siehe Abbildung). Jede Differenz zwischen den Messungen weist auf Verschleiß am Schaft hin, sodass das Ventil ersetzt werden muss.

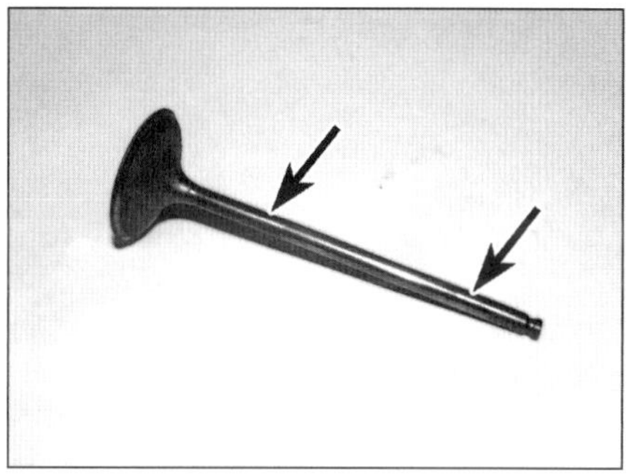

**7.10 Ermitteln des Ventilschaft-Durchmessers mithilfe einer Mikrometerschraube an mehreren Stellen.**

11 Sind die Ventile in einem zufriedenstellenden Zustand, müssen sie in ihren jeweiligen Sitzen geschliffen (»geläppt«) werden, um Dichtigkeit zu garantieren. Wenn der Sitz nur leicht erodiert ist oder nachgeschnitten wurde, sollte nur Feinschleifpaste verwendet werden. Grobe Schleifpaste darf nur benutzt werden, wenn ein Sitz stark verbrannt oder tief vernarbt ist; in diesem Fall sollten der Zylinderkopf und die Ventile von einem Experten untersucht werden, der entscheiden kann, ob ein Sitz nachgeschnitten oder ggf. samt Ventil erneuert werden muss.
12 Das Läppen der Ventile wird wie folgt ausgeführt: Legen Sie den Zylinderkopf verkehrt herum auf die Werkbank – unterlegen Sie ihn mit Hölzern, um Platz für die Ventilschäfte zu erhalten.
13 Geben Sie etwas von der Schleifpaste auf die Ventildichtfläche sowie etwas von einem Gemisch aus Molybdänfett und Motoröl an den Ventilschaft und stecken Sie das Ventil in die Führung. Befestigen Sie einen Ventildreher am Ventil und drehen sie ihn zwischen den Handflächen. Hin- und herdrehen ist dem Drehen in eine Richtung vorzuziehen. Heben Sie das Ventil gelegentlich an, um die Schleifpaste neu zu verteilen.
14 Falls grobe Schleifpaste benutzt wird, darf damit nur so lange gearbeitet werden, bis am Ventilsitz und am Ventilteller eine trübe, matte und gleichmäßige Oberfläche entstanden ist. Wischen Sie dann die Schleifpaste ab und wiederholen Sie den Prozess mit der Feinschleifpaste. Sobald ein gleichmäßiger und ununterbrochener matt hellgrauer Ring am Ventilsitz und am Ventil entstanden ist, wird das Läppen beendet – schleifen Sie die Ventile nicht weiter als nötig ein, da sonst der Sitz vorzeitig in den Zylinderkopf gedrückt werden kann.
15 Wiederholen Sie den Arbeitsgang mit den anderen Ventilen. Reinigen Sie anschließend das Ventil und seine Führung sorgfältig mit Lösungsmittel. Blasen Sie alle Kanäle mit Druck-

luft aus – vor der Montage müssen alle Schleifmittelreste entfernt sein.

## Ventilfedern

**16** Begutachten Sie die Ventilfedern auf Beschädigungen und Verfärbung – ersetzen Sie sie bei jedem Zweifel.
**17** Vergleichen Sie möglichst die freie Länge der vorhandenen Federn mit Neuteilen. Stellen Sie die Federn auf eine ebene Fläche und prüfen Sie sie auf Verzug. Falls eine Feder deutlich kürzer ist oder schräg steht, müssen alle Federn als Set ausgetauscht werden. Federn ermüden mit der Zeit und es kann nicht schaden, sie nach einer hohen Laufleistung generell auszutauschen.

## Stößel

**18** Kontrollieren Sie die Stößel auf sichtbaren Verschleiß an den Gleitflächen. Begutachten Sie die Ölbohrungen auf Verstopfungen und Ablagerungen. Falls übermäßiger Verschleiß festgestellt wird oder ein Stößel bei laufendem Motor Geräusche verursacht hat, müssen alle Stößel als Set ausgetauscht werden.

# 8 Zylinderkopf – Zusammenbau

**Anmerkung:** *Beim Zusammenbau müssen neue Ventilschaftdichtungen verwendet werden. Zum Einbauen der Ventile wird wieder eine Ventilfederpresse benötigt.*

**1** Nachdem alle Komponenten gereinigt sind, wird an einem Ende des Zylinderkopfes mit dem Einbau begonnen.
**2** Ölen Sie den Schaft des Ventils und schieben Sie es in seine Führung (siehe Abbildung). Falls neue Ventile installiert werden, müssen sie dort installiert werden, wo sie eingeschliffen wurden.
**3** Installieren Sie den Federsitz.
**4** Originale Ventilschaftdichtungen werden mit einer Hülse ausgeliefert, die über die Keilnut des Ventils geschoben wird, um Schäden beim Aufschieben der Dichtung zu verhindern. Falls eine solche Hülse nicht vorhanden ist, sollte etwas Isolierband um die Nut gewickelt werden.
**5** Schmieren Sie die Ventilschaftdichtung mit frischem Motoröl und drücken Sie sie mithilfe eines passenden Steckschlüssels auf die Ventilführung (siehe Abbildungen) – sie muss fühlbar einrasten. Entfernen Sie die Hülse oder das Isolierband vom Ventilschaft.

**8.5a Pressen Sie die neue Ventilschaftdichtung mit einem geeigneten Werkzeug auf die Ventilführung, ...**

**8.5b ... bis sie dort korrekt einrastet.**

**6** Installieren Sie die Ventilfeder und legen Sie den Federteller auf.
**7** Komprimieren Sie die Feder mit der Ventilfederpresse, bis der Federteller unter der Keilnut liegt.
**8** Installieren Sie die Keile mit der schmalen Seite nach unten in ihre Nut im Ventilschaft und »kleben« Sie sie dort mit etwas Fett an (siehe Abbildung).

**8.8 Sichern Sie die Keile mit Fett am Ventilschaft.**

**9** Entlasten Sie die Presse vorsichtig und prüfen Sie, ob die Keile in der Nut verbleiben. Sobald die Ventilfederpresse vollständig gelöst ist, sollte der Ventilschaft einen sanften Schlag mit einem weichen Hammer erhalten, damit sich die Komponenten setzen.
**10** Wiederholen Sie die Prozedur mit den anderen Ventilen – achten Sie auf ihre originalen Positionen.
**11** Montieren Sie alle in Sektion 6 entfernten Komponenten.

# 9 Kolben und Pleuel – Ausbau

**1** Demontieren Sie die Ölwanne samt Ansaugrohr und Ölleitblech bzw. Lager-Halteplatte, demontieren Sie außerdem den Zylinderkopf (siehe Kapitel 2A).
**2** Erfühlen Sie oben in den Zylinderbohrungen, ob die Kolbenringe im oberen Totpunkt bereits eine Kante erzeugt haben. Es wird empfohlen, diese vor dem Ausbau des Kolbens mit einem Schaber oder einer Reibahle zu entfernen, um Schäden an den Kolben zu vermeiden. Solch eine Kante weist auf stark verschlissene Zylinderbohrungen hin.
**3** Jede Pleuelstange samt Lagerdeckel sollte mit ihrer Zylindernummer versehen sein – Nr. 1 befindet sich vorn an der Steuerseite des Motors. Falls keine Markierungen sichtbar sind, müssen an den geschliffenen Übergängen der Pleuelfußhälften mithilfe schnell trocknender Farbe welche angebracht werden (siehe Abbildung).

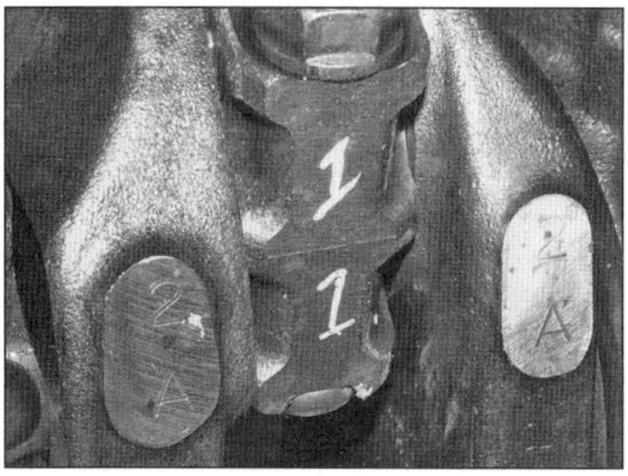

**9.3 Pleuelfuß-Markierungen (für Zylinder Nr. 1)**

**4** Drehen Sie die Kurbelwelle so, dass die Kolben der Zylinder 1 und 4 im unteren Totpunkt (UT) stehen.
**5** Lösen Sie von unten die Muttern am Pleuelfuß Nr. 1. Heben Sie den Lagerdeckel ab und entnehmen Sie die untere Lagerschale – falls sie wiederverwendet werden soll, muss sie mit Klebeband am Lagerdeckel gesichert werden.
**6** Drücken Sie mithilfe eines Hammergriffs den Kolben samt Pleuelstange nach oben aus der Zylinderbohrung; entnehmen Sie auch hier die Lagerschale und sichern Sie sie ggf. am Pleuel.
**7** Verbinden Sie die beiden Pleuelfußhälften locker miteinander, damit alle Teile korrekt zusammengehalten werden.
**8** Entfernen Sie Kolben/Pleuel-Baugruppe von Zylinder Nr. 4 auf die gleiche Weise.
**9** Drehen Sie die Kurbelwelle eine halbe Umdrehung (180°) weiter, um die Kolben 2 und 3 in den UT zu bringen, und entfernen Sie diese auf die gleiche Weise.

## 10 Kurbelwelle – Ausbau

**1** Demontieren Sie die Schwungscheibe und die Ölpumpe (siehe Kapitel 2A, Sektion 13 und 11).
**2** Lösen Sie die Schrauben des hinteren Dichtringgehäuses und entfernen Sie dies (siehe Abbildung).

**10.2 Schrauben des hinteren Dichtringgehäuses**

**3** Entfernen Sie die Kolben samt Pleuelstangen (siehe Sektion 9).
**4** Stellen Sie den Motor verkehrt herum auf die Werkbank, sodass die Kurbelwelle oben liegt.
**5** Prüfen Sie vor dem Ausbau der Kurbelwelle deren Axialspiel, indem Sie eine Messuhr am Gehäuse anbringen, die Welle vollständig in eine Richtung drücken und die Uhr nullen. Drücken Sie die Welle nun in die andere Richtung und ermitteln Sie das Spiel (siehe Abbildung) – es muss zwischen 0,08 und 0,28 mm liegen. Werte darüber oder darunter erfordern beim Zusammenbau neue Anlauf-Halbringe, die den korrekten Wert sicherstellt.

**10.5 Ermitteln Sie mit einer Messuhr das Axialspiel der Kurbelwelle.**

**6** Falls keine Messuhr vorhanden ist, kann das Axialspiel auch mit einer Fühlerlehre ermittelt werden. Drücken Sie die Welle vollständig in eine Richtung und führen Sie am Lager mit dem Anlauf-Halbring (siehe Sektion 17) zwischen dem Anlauf-Flansch der Hauptlagerschale und der geschliffenen Oberfläche der Kurbelwange Fühlerlehrenblätter ein, um das Spiel zu ermitteln.
**7** Die Hauptlagerdeckel sollten von vorn nach hinten mit 1 bis 5 durchnummeriert und mit eingeschlagenen Pfeilen nach vorn ausgerüstet sein – falls nicht, müssen mit schnell trocknender Farbe Markierungen angebracht werden, mit deren Hilfe die Lagerdeckel sowohl korrekt positioniert als auch ausgerichtet werden können. Lockern Sie schrittweise **ENTGEGEN** der in Abb. 17.10 gezeigten Anzugsreihenfolge die Lagerdeckel-Schrauben um jeweils eine Viertelumdrehung, bis alle locker sind und von Hand herausgedreht werden können.
**8** Klopfen Sie die Lagerdeckel vorsichtig mit einem weichen Hammer ab, um sie vom Motorblock zu trennen; hebeln Sie sie nötigenfalls mithilfe der Schrauben ab. Die Lagerschalen sollten möglichst in den Lagerdeckeln verbleiben.
**9** Heben Sie die Kurbelwelle vorsichtig aus dem Motorgehäuse – da sie relativ schwer ist, sollte dies mit einem Assistenten erledigt werden. Wenn alle Lagerschalen in ihren Sitzen im Motorgehäuse bzw. den Lagerdeckeln sitzen, werden diese an ihren ursprünglichen Positionen aufgesetzt und mit den handfest angezogenen Schrauben gesichert.

## 11 Zylinderblock/Motorgehäuse – Reinigung und Kontrolle

### Reinigung

**1** Demontieren Sie zunächst alle externen Komponenten und elektrische Schalter und Sensoren vom Motorblock.
**2** Schaben Sie Dichtungsreste vom Motorgehäuse und den Hauptlagerdeckeln – beschädigen Sie dabei nicht die Dichtflächen.
**3** Entfernen Sie ggf. vorhandene Ölkanalstopfen; weil sie oft sehr fest sitzen, müssen sie manchmal ausgebohrt werden, sodass ihre Bohrungen mit neuen Gewinden ausgerüstet werden müssen. Installieren Sie später auf jeden Fall neue Stopfen. Lösen Sie die Schrauben der Öldüsen, um diese aus dem Motorblock zu befreien (siehe Abbildungen).

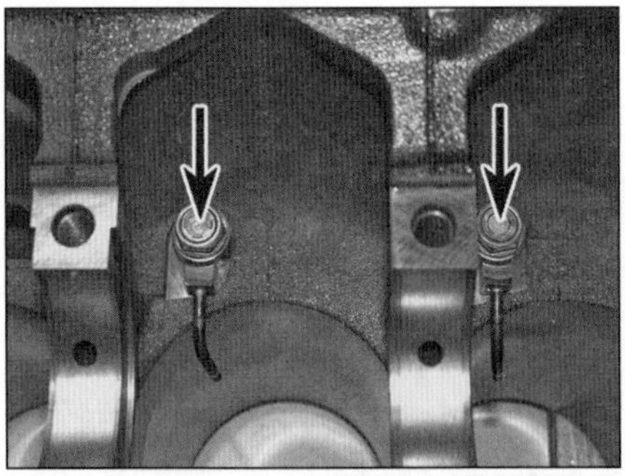

**11.3a Öldüsen zum Kühlen der Kolbenboden-Unterseite**

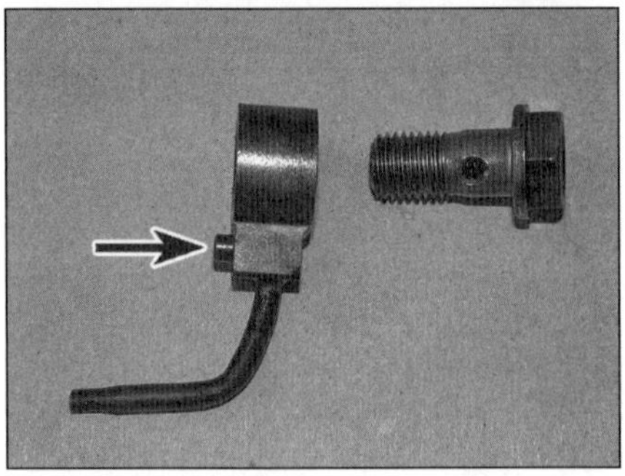

**11.3b Beachten Sie den Arretierstift der jeweiligen Düse**

**4** Falls Teile des Motorgehäuses extrem verschmutzt sind, sollte zunächst alles mit einem Dampfstrahler gesäubert werden.

**5** Nachdem das Motorgehäuse vom Dampfstrahlen zurückgekehrt ist, müssen alle Ölbohrungen und -kanäle gereinigt werden. Spülen Sie alle Kanäle mit warmen Wasser durch, bis es klar wieder austritt. Trocknen Sie anschließend alles sorgfältig und ölen Sie alle bearbeiteten Flächen – vor allem die Zylinderbohrungen – dünn ein, um sie vor Rost zu schützen. Falls Zugang zu Druckluft besteht, kann damit der Trocknungsprozess beschleunigt werden; außerdem sollten damit alle Ölbohrungen und -kanäle ausgeblasen werden.

***Warnung: Tragen Sie beim Einsatz von Druckluft stets eine Schutzbrille!***

**6** Falls das Motorgehäuse nicht allzu stark verschmutzt ist, kann es mit warmen Seifenwasser und einer harten Bürste gereinigt werden – nehmen Sie sich Zeit und arbeiten Sie sorgfältig. Unabhängig von der Reinigungsmethode müssen besonders Bohrungen und Kanäle äußerst penibel gesäubert und alle Komponenten gut getrocknet werden. Ölen Sie die Zylinderbohrungen in Gusseisen-Gehäusen sofort nach der Reinigung ein, um sie vor Korrosion zu schützen.

**7** Um beim Zusammenbau korrekte Anzugswerte sicherstellen zu können, müssen die Gewindebohrungen gereinigt werden: drehen Sie dazu einen passenden Gewindebohrer hinein und entfernen Sie damit Korrosion, Kleberreste und Schmutz; gleichzeitig werden dadurch Schäden am Gewinde beseitigt. Reinigen Sie anschließend die Bohrungen möglichst mit Druckluft. Vergessen Sie nicht, auch die Gewinde der Schrauben und Muttern zu reinigen, falls sie wiederverwendet werden sollen.

**8** Versehen Sie ggf. die neuen Ölkanalstopfen mit geeigneter Dichtmasse und drehen Sie sie sorgfältig in das Gehäuse. Installieren Sie die Öldüsen und ziehen Sie ihre Schrauben mit 18 Nm an.

**9** Falls der Motor nicht gleich wieder zusammengebaut werden soll, muss er mit einer Abdeckplane vor Staub und Schmutz geschützt werden. Schützen Sie bearbeiteten Flächen mit Öl vor Korrosion. Montieren Sie ggf. die Lager-Halteplatte und drehen Sie die Schrauben handfest ein.

## Kontrolle

**10** Inspizieren Sie das Gehäuse auf Risse und Korrosion. Achten Sie auf ausgerissene Gewindebohrungen. Falls irgendwann Wasser in den Motor eingedrungen war, sollte das Gehäuse von einem Spezialbetrieb auf Haarrisse untersucht werden. Falls Schäden gefunden werden, können diese eventuell repariert werden, ansonsten muss ein Austauschmotor beschafft werden.

**11** Kontrollieren Sie jede Zylinderbohrung auf Scheuerstellen und Riefen. Falls die Kolbenringe im oberen Totpunkt bereits eine Kante erzeugt haben, ist dies ein Hinweis auf eine verschlissene Bohrung.

**12** Zum korrekten Vermessen der Zylinderbohrungen werden Spezialinstrumente benötigt. Wir empfehlen, den Motorblock von einer Fachwerkstatt vermessen und kontrollieren zu lassen; hier können auch Ratschläge zu möglicherweise benötigten neuen Kolben gegeben werden, falls die Zylinder auf Übermaß aufgebohrt werden müssen.

**13** Wenn die Zylinderbohrungen und Kolben nicht übermäßig verschlissen sind, sich in einem brauchbaren Zustand befinden und das Kolbenspiel eingehalten wird, brauchen nur die Kolbenringe erneuert werden. Dies erfordert das Honen der Bohrungen – und kann von einem Fachbetrieb zu moderaten Kosten durchgeführt werden.

# 12 Kolben und Pleuel – Kontrolle

**1** Zunächst müssen die aus dem Kolben und dem Pleuel bestehenden Baugruppen gereinigt werden, dann werden die alten Kolbenringe entfernt. **Anmerkung:** *Installieren Sie bei jedem Zusammenbau des Motors neue Kolbenringe.*

**2** Spannen Sie die alten Ringe vorsichtig auseinander, um sie aus ihren Nuten zu befreien und nach oben zu entfernen; mithilfe zwei oder drei alter Fühlerlehrenblätter können die Ringe daran gehindert werden, in leeren Nuten einzurasten (siehe Abbildung). Der Kolben darf nicht mit den Ring-Enden zerkratzt werden. Kolbenringe sind gehärtet und können leicht brechen, wenn sie zu sehr gespannt werden. Sie sind außerdem sehr scharfkantig, sodass Schutzhandschuhe getragen werden sollten.

**12.2 Ausbau der Kolbenringe mithilfe alter Fühlerlehrenblätter**

**3** Schaben Sie die Ölkohle vom Kolbenboden. Eine weiche Drahtbürste oder feines Schmirgelleinen kann zur Nacharbeit verwendet werden. Benutzen Sie keinesfalls einen Drahtbürstenaufsatz auf einer Bohrmaschine, das Kolbenmaterial ist sehr weich und würde abgetragen werden.

**4** Die Kolbenring-Nuten können mit einem Spezialwerkzeug, aber auch mit einem abgebrochenen Stück eines alten Kolbenringes von Kohleresten befreit werden. Seien Sie vorsichtig, dass kein Kolben-Metall entfernt wird oder die Seiten der Nut gequetscht oder eingekerbt werden.
**5** Wenn die Kohleablagerungen entfernt sind, wird der Kolben mit Lösungsmittel gereinigt und anschließend getrocknet. Gehen Sie sicher, dass die Ölrücklaufbohrungen in der Nut des Ölabstreifrings sauber sind.
**6** Wenn die Kolben und Zylinder weder beschädigt noch übermäßig verschlissen sind, können die alten Kolben wiederverwendet werden. Normaler Kolbenverschleiß sind leichte Laufspuren an den Kolbenhemden und ein mit leichtem Spiel in seiner Nut sitzender oberer Kolbenring. Nach jedem Zerlegen des Motors sollten ungeachtet ihres Zustands neue Kolbenringe installiert werden.
**7** Begutachten Sie jeden Kolben sorgfältig auf Brüche am Hemd, an den Bolzenaugen und zwischen den Kolbenringnuten.
**8** Achten Sie auf Riefen und Schleifspuren am Hemd, Löcher im Kolbenboden sowie Verbrennungen an dessen Rand. Wenn das Hemd Riefen oder Klemmspuren zeigt, kann der Motor an Überhitzung gelitten haben und/oder eine abnormale Verbrennung sorgte für extrem hohe Arbeitstemperatur. Kontrollieren Sie sorgfältig das Kühl- und das Schmiersystem. Brandspuren an den Seiten des Kolbens weisen auf Leckgas hin. Ein Loch im Kolbenboden oder verbrannte Stellen am Rand des Bodens weisen auf Klingeln oder Klopfen hin. Wenn eines dieser Probleme existiert, müssen die Gründe beseitigt werden, damit die Schäden sich nicht fortsetzen. Ursachen können Nebenluft, eine defekte Einspritzdüse oder ein Fehler in der Motorsteuerung sein.
**9** Korrosion (in Form von Lochfraß) am Kolben weist darauf hin, dass Kühlmittel in den Brennraum und/oder das Kurbelgehäuse gelangt. Wieder muss das Problem beseitigt werden, bevor der Motor zusammengebaut wird.
**10** Bei jedem Zweifel über den Zustand der Kolben und Pleuel sollten die Bauteile von einer Fachwerkstatt inspiziert und vermessen werden. Falls neue Teile benötigt werden, ist man hier auch in der Lage, die passenden Kolben und Ringe zu beschaffen und die Zylinderbohrungen entsprechend zu honen oder ggf. aufzubohren.

## 13 Kurbelwelle – Kontrolle

## Kontrolle

**1** Reinigen Sie die Kurbelwelle mit Petroleum oder Lösungsmittel und trocknen Sie sie möglichst mit Druckluft. Reinigen Sie alle Ölbohrungen mit einem Pfeifenreiniger oder Ähnlichem, um sicherzugehen, dass sie nicht verstopft sind.

***Warnung: Tragen Sie beim Einsatz von Druckluft stets eine Schutzbrille!***

**2** Kontrollieren Sie die Gleitlagerflächen der Haupt- und Pleuellager auf ungleichmäßigen Verschleiß, Riefen, Lochfraß und Risse.
**3** Verschlissene Pleuelfußlager machen sich durch metallisches Klopfen bemerkbar – besonders wenn der Motor bei geringen Drehzahlen unter Last gesetzt wird; zudem sinkt der Öldruck.
**4** Verschlissene Hauptlager machen sich durch starke Motorvibrationen und rumpelnde Geräusche bemerkbar – je höher die Drehzahl, desto stärker; zudem sinkt auch hier der Öldruck.
**5** Kontrollieren Sie die Lagerzapfen auf raue Oberflächen, indem Sie sanft mit einem Finger darüberstreichen. Raue Stellen weisen auf Lagerverschleiß hin, sodass die Kurbelwelle eventuell auf ein Untermaß geschliffen oder ersetzt werden muss.
**6** Wenn die Welle geschliffen wurde, müssen die Ölbohrungen auf Grate überprüft werden (normalerweise sind sie angefast, sodass Grate kein Problem darstellen, solange nicht sorglos gearbeitet wurde. Entfernen Sie sämtliche Grate mit einer feinen Feile oder einem Schaber und reinigen Sie die Ölbohrungen wie oben beschrieben.
**7** Lassen Sie eine Fachwerkstatt den Durchmesser der Hauptlager- und Hubzapfen ermitteln und entscheiden, ob die Welle geschliffen werden kann und entsprechende Übermaß-Lagerschalen eingesetzt werden können – falls beim Mazda-Händler keine Übermaß-Lagerschalen erhältlich sind und die Kurbelwelle unter die in den technischen Daten angegebenen Maße verschlissen ist, hilft nur ein Austausch der Welle.

## 14 Hauptlager und Pleuelfußlager – Kontrolle

**1** Auch wenn die Haupt- und Pleuelfuß-Lagerschalen bei einer Motorüberholung generell ausgetauscht werden, sollten die alten Bauteile für eine genaue Begutachtung aufbewahrt werden, um aus Ihnen wertvolle Informationen über den Zustand des Motors zu ziehen. Die Lagerschalen sind in verschiedenen Stärken erhältlich – diese sind mit Farbmarkierungen angezeigt.
**2** Lagerschäden beruhen zumeist auf Ölmangel, Schmutz oder Fremdkörpern im Motor, Motorüberlastung und/oder Korrosion (siehe Abbildung). Ungeachtet des Grundes für die Lagerschäden muss dieser vor der Motormontage korrigiert werden, um eine Wiederholung auszuschließen.

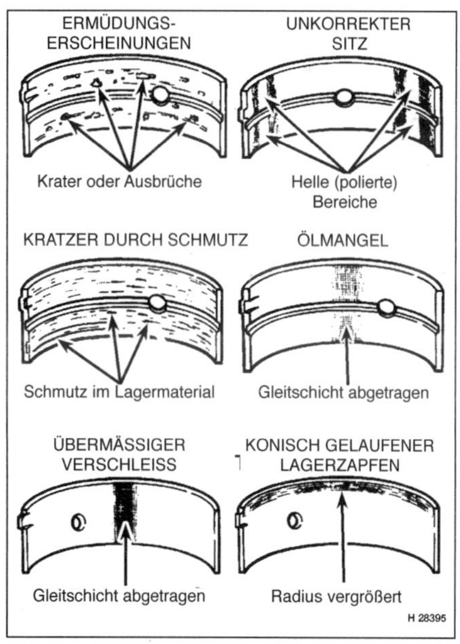


**14.2 Typische Verschleißerscheinungen an Lagerschalen**

**3** Zu einer Begutachtung der Lager werden alle Lagerschalen aus dem Motorblock, den Pleuel und allen Lagerdeckeln ausgebaut und entsprechend ihrer Positionen an der Kurbelwelle auf eine saubere Oberfläche gelegt. Dieses erlaubt Ihnen, ein erkanntes Lagerproblem dem entsprechenden

Kurbelzapfen zuzuordnen. Die Lagerflächen der Gleitschalen dürfen nicht mit den Fingern berührt werden!

**4** Schmutz und andere Fremdkörper können auf unterschiedliche Weise in den Motor gelangen. Sie können beim Zusammenbau zurückgelassen werden oder durch den Filter bzw. die Motorentlüftung eindringen. Die Partikel gelangen mit dem Öl in die Lager. Oftmals finden sich Metallsplitter als Bearbeitungsrückstände oder Verschleißspuren. Ablagerungen verbleiben auch nach Überholungen in Motorkomponenten, besonders wenn die Teile nicht sorgfältig gereinigt wurden. Solche Teilchen arbeiten sich auf jeden Fall in das weiche Lagermaterial ein und können leicht erkannt werden. Große Partikel werden jedoch nicht in das Lager eingebettet, sondern kerben und zerkratzen die Lager und Zapfen. Der beste Schutz gegen diese Lager-Ausfälle ist sorgfältiges Reinigen und absolute Sauberkeit bei der Motormontage. Ebenso müssen natürlich regelmäßig das Öl und der Ölfilter gewechselt werden.

**5** Ölmangel und eine Unterbrechung der Schmierung haben eine Reihe von zusammenhängenden Gründen: Extreme Hitze verdünnt das Öl, Überlastung drückt das Öl aus den Lagern und überhöhtes Lagerspiel oder eine verschlissene Ölpumpe lässt den nötigen Druck des Schmiersystems zusammenbrechen. Blockierte Ölleitungen lassen ein Lager trocken laufen und zerstören es schnell. Lagerschalen besitzen zwar sogenannte »Notlaufeigenschaften«, aber nur für die jeweils ersten Sekunden nach dem Anlassen – wird jedoch bei hohen Drehzahlen einmal die Schmierung für Zehntelsekunden unterbrochen, können Schalen und Zapfen bereits schrottreif sein. Das Lagermaterial wird abgetragen und die durch die Reibung entstehende starke Hitze zerstört den Wellenzapfen.

**6** Auch die Fahrweise hat einen direkten Einfluss auf die Laufzeiten von Lagern. Vollgas bei niedrigen Drehzahlen und hohe Belastung beanspruchen die Lager stark, da diese dazu neigen, den Ölfilm abzuquetschen. Diese Zustände belasten die Lager stark und erzeugen feine Ermüdungsbrüche in der Oberfläche. Eventuell kann das Lagermaterial ausbrechen und selbst weitere Schäden erzeugen.

**7** Kurzstreckenbetrieb führt zu Korrosion der Lager, da der Motor keine ausreichende Betriebstemperatur erreicht, um Kondenswasser und aggressive Gase zu vertreiben. Diese Produkte sammeln sich im Motoröl und bilden Säure und Schlamm. Wenn dieses Öl in die Lager gelangt, greift die Säure die Lager an und lässt das Material korrodieren.

**8** Eine nachlässige Lagermontage während des Motorzusammenbaus kann ebenso zu Problemen führen. Festsitzende Lager führen zu geringem Lagerspiel und einem unzureichenden Schmierfilm. Hinter einer Lagerschale verbleibender Schmutz oder Fremdteile verbiegen die Schale und sorgen für punktuellen Verschleiß.

**9** Die Gleitflächen der Lagerschalen dürfen unter keinen Umständen mit den Fingern berührt werden, da die empfindliche Oberfläche beschädigt werden kann oder kleinste Schmutzpartikel daran haften bleiben.

**10** Wie bereits erwähnt, ist es sehr empfehlenswert, die Lagerschalen bei jeder Motorüberholung durch Neuteile zu ersetzen; alles andere wäre falsche Sparsamkeit.

## 15 Motorüberholung – Zusammenbaureihenfolge

**1** Bevor der Zusammenbau beginnt, muss sichergestellt sein, dass alle neuen Teile und notwendigen Werkzeuge beschafft sind. Lesen Sie die gesamte Arbeitsprozedur durch, um sich mit der anstehenden Arbeit vertraut zu machen und sicher zu sein, dass alle für den Zusammenbau benötigten Dinge – einschließlich aller Dichtungen – vorhanden sind. Neben allen normalen Werkzeugen und Materialien werden in manchen Fällen Schrauben-Sicherungspaste (»Loctite«) und Dichtmasse benötigt. Generell müssen Dichtflächen absolut sauber und fettfrei sein, bevor Dichtungen aufgelegt werden dürfen.

**2** Zu diesem Zeitpunkt müssen alle Motorkomponenten absolut sauber und trocken und alle Schäden repariert sein. Alle Bauteile müssen auf einer absolut sauberen Arbeitsfläche ausgelegt oder in Behältern bereitgehalten werden.

**3** Um Zeit zu sparen und Probleme zu vermeiden, sollte der Zusammenbau in der folgenden Reihenfolge durchgeführt werden:

*a) Kolbenringe (Sektion 16)*
*b) Kurbelwelle (Sektion 17).*
*c) Kolben/Pleuel (Sektion 18)*
*d) Ölpumpe (Kapitel 2A, Sektion 11)*
*e) Ölwanne (Kapitel 2A, Sektion 10)*
*f) Schwungscheibe (Kapitel 2A, Sektion 13)*
*g) Zylinderkopf (Kapitel 2A, Sektion 9)*
*h) Wasserpumpe (Kapitel 3, Sektion 7)*
*i) Zahnriemen und Riemenräder (Kapitel 2A, Sektion 6)*
*j) Einlass- und Auspuffstutzen (Kapitel 4A, Sektion 11)*

## 16 Kolbenringe – Einbau

**1** Es ist ratsam, die Kolbenringe bei jeder Motorüberholung zu erneuern. Vor der Montage neuer Ringe an die Kolben muss ihr Stoßspiel in den Zylinderbohrungen ermittelt werden:

**2** Sortieren Sie zum Messen den Kolben samt Ringen dem korrekten Zylinder zu, sodass die Ringe mit dem korrekten Kolben und Zylinder gemessen und später auch hier installiert werden.

**3** Installieren Sie den oberen Ring in die erste Bohrung und drücken Sie ihn mit der Oberseite des Kolbens herunter, damit er senkrecht im Zylinder sitzt. Positionieren Sie den Ring knapp über dem unteren Totpunkt der Kolbenringe und ziehen Sie den Kolben wieder heraus.

**4** Messen Sie das Stoßspiel mit einer Fühlerlehre und vergleichen Sie die Ergebnisse mit den Angaben in den technischen Daten (siehe Abbildung).

**16.4 Messen Sie das Stoßspiel des eingebauten Kolbenrings mit einer Fühlerlehre.**

**5** Falls das Spiel zu gering ist (bei Markenartikeln eher unwahrscheinlich), können die Enden im Betrieb zusammenstoßen und schwere Motorschäden hervorrufen. Im Idealfall weisen neue Kolbenringe das korrekte Stoßspiel auf, notfalls kann das Spiel äußerst vorsichtig mit einer feinen Feile vergrößert werden: Klemmen Sie dazu die Feile in einen mit weichen Backen ausgerüsteten Schraubstock, schieben Sie den Kolbenring darüber, sodass seine Enden die Feile berühren, und schieben Sie ihn langsam hin und her, um Material abzutragen. Vorsicht: Kolbenringe sind scharfkantig und brechen leicht ab.

**6** Bei neuen Kolbenringen ist zu viel Stoßspiel unwahrscheinlich – kontrollieren Sie ggf., ob die korrekten Kolbenringe für die Zylinderbohrung beschafft sind.
**7** Wiederholen Sie die Kontrollen mit allen drei Kolbenringen des ersten Zylinders, dann mit den Ringen der anderen Zylinder – achten Sie stets darauf, Ringe, Kolben und Zylinder zusammenzuhalten.
**8** Sobald die Ringe und Spaltmaße kontrolliert und ggf. korrigiert wurden, können die Ringe an die Kolben montiert werden.
**9** Der (untere) Ölabstreifring besteht aus drei Teilen und wird als Erster installiert: zuerst der untere Stahlring, dann der Expander und schließlich der obere Stahlring (siehe Abbildung).

**16.9 Der installierte dreiteilige Ölabstreifring**

**10** Installieren Sie den zweiten Kompressionsring in die mittlere Kolbennut. **Anmerkung:** *Folgen Sie stets den mit den Kolbenring-Sets gelieferten Hinweisen – verschiedene Hersteller können unterschiedliche Prozeduren vorschreiben. Vertauschen Sie nicht die beiden oberen Kolbenringe – sie haben unterschiedliche Querschnitte. Auf der Oberseite sollte er markiert sein. Spannen Sie Kolbenringe nicht zu weit auseinander, da sie leicht brechen, und verwenden Sie für die Montage die Fühlerlehrenblätter vom Ausbau (siehe Abbildung).*

**16.10 Montage des zweiten Kompressionsrings mithilfe von Fühlerlehrenblättern**

**11** Installieren Sie den oberen Kompressionsring auf die gleiche Weise in die obere Nut – auch er sollte auf der Oberseite markiert sein.
**12** Wiederholen Sie die Prozedur mit den anderen Kolben und Ringen.

## 17 Kurbelwelle – Einbau

**1** Beim Zusammenbau des Motors wird zuerst die Kurbelwelle installiert. Der Motorblock und die Kurbelwelle müssen gereinigt, kontrolliert und ggf. repariert oder überarbeitet sein.
**2** Reinigen Sie die Rückseiten der Lagerschalen sowie deren Sitze im Motorblock und den Lagerschalen.
**3** Falls neue Lagerschalen verwendet werden, müssen sämtliche Schutzfett-Reste mit Petroleum entfernt werden. Trocknen Sie alle Lagerschalen mit einem fusselfreien Lappen.
**4** Beachten Sie, dass das Axialspiel der Kurbelwelle von Anlauf-Halbringen kontrolliert wird, die sich am Hauptlager Nr. 4 im Motorgehäuse befinden.
**5** Falls die alten Lagerschalen wiederverwendet werden, müssen sie an ihre ursprünglichen Positionen im Motorgehäuse und den Lagerdeckeln installiert werden.
**6** Drücken Sie die oberen Lagerschalen und Anlaufscheiben in ihre Sitze im Motorgehäuse (siehe Abbildungen).

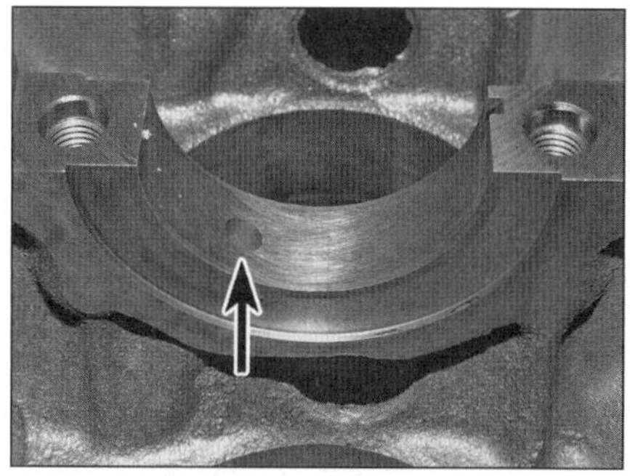

**17.6a Die Ölbohrung im Sitz ...**

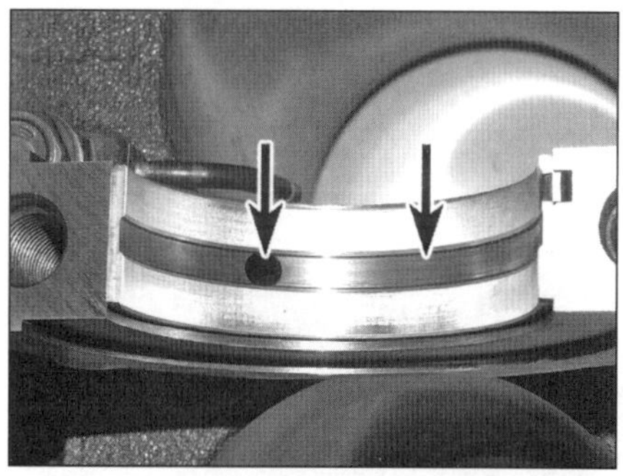

**17.6b ... muss zu derjenigen in der Lagerschale fluchten. Die Lagerschalen des Motorblocks sind mit Ölnuten ausgerüstet.**

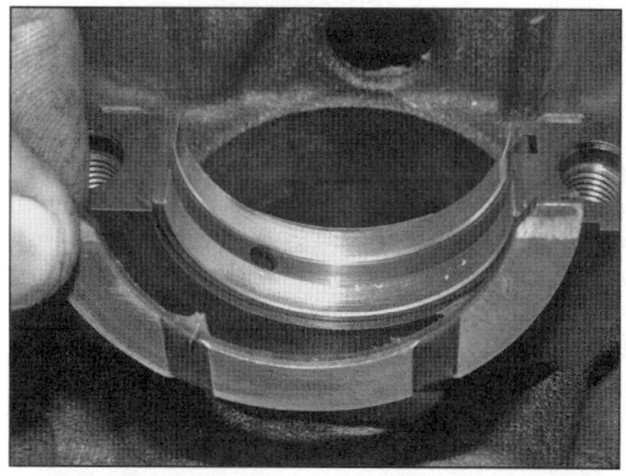

**17.6c Installieren Sie die Anlauf-Halbringe mit den Ölnuten nach außen an das Hauptlager Nr. 4 im Motorblock.**

**7** Schmieren Sie die Lagerschalen im Motorblock ausgiebig mit Motoröl und senken Sie die Kurbelwelle darin ab (siehe Abbildungen).

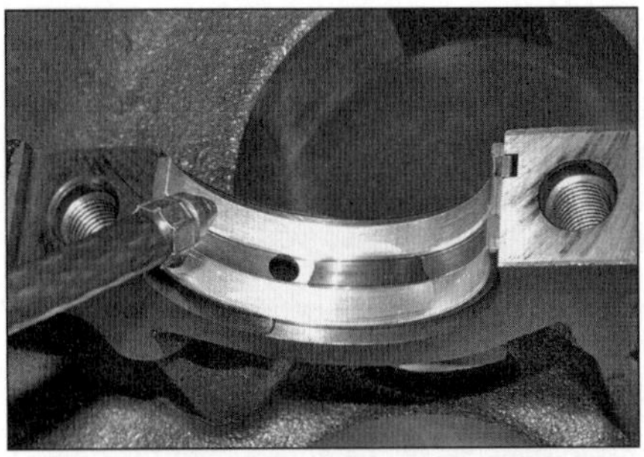

**17.7a Ölen Sie die Lagerschalen im Motorblock, ...**

**17.7b ... und legen Sie die Kurbelwelle ein.**

**8** Klopfen Sie die Kurbelwelle nötigenfalls an den Kurbelwangen mit einem weichen Hammer ab, damit sie sich korrekt setzt.
**9** Reinigen Sie die Gleitflächen der Lagerschalen in den Lagerdeckeln, ölen Sie sie ein, und setzen Sie sie mit den Pfeilen nach vorn zeigend an ihren ursprünglichen Positionen an (siehe Abbildung).

**17.9 Der Pfeil am Lagerdeckel muss nach vorn (zur Zahnriemen-Seite) zeigen.**

**10** Ölen Sie die Gewinde und Kopf-Unterseiten der Hauptlager-Schrauben, installieren Sie sie, und ziehen Sie sie in der gezeigten Reihenfolge zunächst mit 20 und dann mit 59 Nm an (siehe Abbildung).

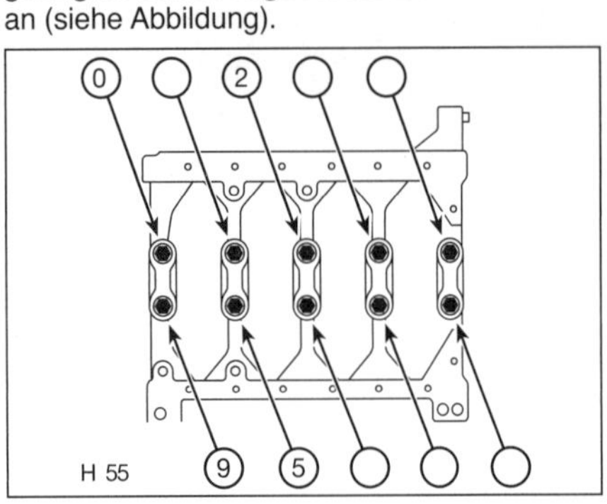


**17.10 Anzugsreihenfolge der Hauptlagerschrauben**

**11** Prüfen Sie, ob sich die Kurbelwelle frei drehen lässt.
**12** Kontrollieren Sie das Axialspiel der Kurbelwelle (siehe Sektion 10, Schritte 5 und 6).
**13** Installieren Sie das hintere Dichtringgehäuse und einen neuen Dichtring (siehe Kapitel 2A, Sektion 12).
**14** Montieren Sie die Pleuel/Kolben-Baugruppe (siehe Sektion 18).
**15** Montieren Sie die Schwungscheibe und die Ölpumpe (siehe Kapitel 2A, Sektion 13 und 11).

## 18 Kolben und Pleuel – Einbau

### Lager-Auswahl

**1** Reinigen Sie die Rückseiten der Lagerschalen und die Lagersitze in der Pleuelstange und im Pleuelfußdeckel. Falls neue Lagerschalen verwendet werden, müssen sämtliche Schutzfett-Reste mit Petroleum entfernt werden. Trocknen Sie alle Lagerschalen mit einem fusselfreien Lappen.
**2** Drücken Sie die Lagerschalen in ihre Sitze in der Pleuelstange und im Pleuelfußdeckel – Die Lasche muss in die Nut des Pleuels oder des Deckels greifen. Berühren Sie die Gleitflächen der Lagerschalen nicht mit den Fingern.
**3** Schmieren Sie den Kolben von Zylinder Nr. 1 samt seiner Kolbenringe und prüfen Sie die Ausrichtung der Ringstöße: Die Öffnungen der beiden Ölabstreifring-Stahlringe müssen ca. 30° zu beiden Seiten versetzt zur Öffnung des Expanders liegen; die Öffnungen der beiden Kompressionsringe müssen ca. 60° zueinander versetzt verdreht sein.
**4** Schmieren Sie die Zylinderbohrung ausgiebig mit Motoröl.
**5** Schieben Sie Plastikrohre oder Gummischläuche über die Pleuelfußschrauben.
**6** Installieren Sie das Kolbenring-Einbauwerkzeug an Kolben Nr. 1, richten Sie diesen so aus, dass die Vertiefung im Kolbenboden zur Vorderseite des Motors zeigt, und installieren Sie ihn mit dem Pleuel voran bis zum Werkzeug in die Zylinderbohrung. Drehen Sie die Kurbelwelle so, dass der vordere Hubzapfen ganz unten steht, und klopfen Sie den Kolben mit einem Hammergriff vorsichtig in den Zylinder; dabei muss das Pleuel zum Hubzapfen ausgerichtet werden (siehe Abbildungen).

**18.6a Klopfen Sie den Kolben vorsichtig durch das Kolbenring-Werkzeug in den Zylinder, ...**

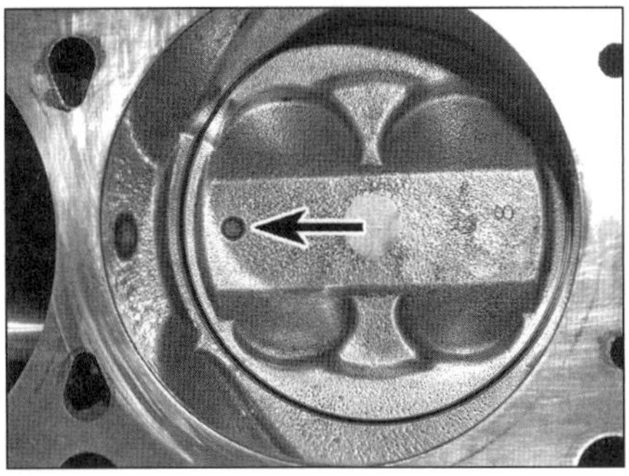

**18.6b … die Vertiefung im Kolbenboden muss nach vorn zeigen.**

**7** Entfernen Sie die Plastikrohre oder Gummischläuche von den Pleuelfußschrauben.
**8** Installieren Sie die Lagerschalen an die unteren Pleuelfußhälften.
**9** Schmieren Sie den Hubzapfen und die Lagerschalen ausgiebig mit Motoröl, setzen Sie den Fuß korrekt ausgerichtet auf, drehen Sie die Muttern auf, und ziehen Sie sie nacheinander zunächst mit 20 und dann mit 52 Nm an (siehe Abbildung).

**18.9 Richten Sie die zuvor angebrachten Markierungen zueinander aus.**

**10** Sobald die Pleuelfußmuttern korrekt angezogen sind, muss geprüft werden, ob die Kurbelwelle frei drehbar ist; bei Neuteilen darf eine gewisse Steifigkeit erwartet werden, klemmen darf sie jedoch nicht.
**11** Verbinden Sie die drei verbliebenen Pleuel auf die gleiche Weise mit der Kurbelwelle.
**12** Montieren Sie alle anderen entfernten Teile in der umgekehrten Ausbaureihenfolge.

## 19 Motor – Erstinbetriebnahme nach Überholen

**1** Wenn der Motor ins Fahrzeug eingebaut ist, werden der Motoröl- und der Kühlmittelpegel kontrolliert. Überprüfen Sie erneut, ob alles angeschlossen ist und keine Werkzeuge oder Lappen im Motorraum zurückgelassen wurden.
**2** Starten Sie den Motor – aufgrund der entleerten Kraftstoff-Komponenten kann es länger dauern, bis er anspringt.
**3** Lassen Sie den Motor im Standgas laufen und kontrollieren Sie alles auf austretendes Benzin, Motoröl oder Kühlmittel. Falls bei der Montage Öl oder Fett auf jetzt heiß werdende Teile gelangt sind, werden diese verdampfen, sodass eine gewisse Rauchentwicklung normal ist.
**4** Lassen Sie den Motor im Standgas laufen, bis im oberen Kühlerschlauch heißes Kühlwasser erfühlt werden kann. Schalten Sie den Motor anschließend ab.
**5** Kontrollieren Sie nach einigen Minuten erneut den Motoröl- und der Kühlmittelpegel und füllen Sie ggf. Flüssigkeiten nach (siehe Wöchentliche Kontrollen).
**6** Falls Neuteile wie Kolben, Kolbenringe und Lagerschalen installiert wurden, muss der Motor auf den ersten 1000 km eingefahren werden, als wäre er neu. Fahren Sie den Wagen nicht mit Vollgas und setzen Sie ihn bei niedrigen Drehzahlen unter große Last. Es ist ratsam, nach diesen 1000 km das Motoröl samt Filter zu wechseln (siehe Kapitel 1).
**7** Soweit die Zylinderkopfschrauben während der Montage korrekt angezogen wurden, ist es bei diesen Motoren nicht erforderlich, sie noch einmal nachzuziehen.

# Kapitel 3

## Kühlsystem, Heizung und Klimaanlage

### Inhalt — Sektion


Allgemeine Informationen und Warnhinweise . . . . . . . . . . . 1
Heizung und Lüftung – Allgemeine Informationen . . . . . . . . 8
Heizungs- und Lüftungs-Komponenten – Ausbau und Einbau . . . . . . . . . . . . . . . . . . . . . . . . . . . . 9
Klimaanlage – Allgemeine Informationen und Warnhinweise . . . . . . . . . . . . . . . . . . . . . . . . . . . 10
Klimaanlagen-Komponenten – Ausbau und Einbau . . . . . . 11
Kühlerventilator – Ausbau und Einbau . . . . . . . . . . . . . . . . . 5
Kühlmittelpegel – Kontrolle. . . siehe Wöchentliche Kontrollen
Kühlmittel – Ersetzen . . . . . . . . . . siehe Kapitel 1, Sektion 19
Kühlsystem-Schläuche – Trennen und Verbinden . . . . . . . . 2
Kühlsystem-Schalter und Sensoren – Test, Ausbau und Einbau . . . . . . . . . . . . . . . . . . . . . . . . . 6
Thermostat – Ausbau, Test und Einbau . . . . . . . . . . . . . . . . 4
Wasserkühler – Ausbau, Kontrolle und Einbau . . . . . . . . . . 3
Wasserpumpe – Test, Ausbau und Einbau. . . . . . . . . . . . . . 7


# Schwierigkeitsgrade

| **Leicht.** Geeignet für Anfänger mit wenig Erfahrung. | **Relativ leicht.** Geeignet für Anfänger mit etwas Erfahrung. | **Relativ schwierig.** Geeignet für geübte Selbstschrauber. | **Schwer.** Geeignet für Selbstschrauber mit viel Erfahrung. | **Sehr schwer.** Geeignet für Experten und Profis. |
|---|---|---|---|---|

## Technische Daten

| **Allgemein** | |
|---|---|
| Kühlerdeckel | 0,75 bis 1,25 bar |
| Kühlmittel-Füllmenge | 6 Liter |
| **Kühltemperatursensor-Widerstand** | |
| Modelle bis 1993 bei 80 °C | 290 bis 350 Ohm |
| Modelle von 1994 bis 2000 bei 60 °C | 560 bis 640 Ohm |
| Modelle ab 2000 bei 80 °C | 290 bis 340 Ohm |
| **Thermostat** | |
| Öffnungs-Temperatur | |
| 1,6 l-Motoren | 80,5 bis 83,5 °C |
| 1,8 l-Motoren | 83,5 bis 86,5 °C |
| **Anzugsdrehmomente** | **Nm** |
| Kühlmitteleinlassrohr-Schrauben | 22 |
| Kühltemperatursensor | 25 |
| Thermostatgehäuse-Schrauben | 22 |
| Wasserpumpen-Befestigungsschrauben | 20 |

## 1 Allgemeine Informationen und Warnhinweise

### Allgemeine Informationen

Das unter Druck stehende Kühlsystem besteht aus der vom Keilrippenriemen angetriebenen Wasserpumpe, einem aus Leichtmetall bestehenden Wasserkühler, einem Ausgleichsbehälter, einem oder zwei elektrisch betriebenen Kühlventilatoren, einem Thermostat, einem Heizungs-Wärmetauscher sowie diversen Schläuchen und Schaltern.

Das Kühlsystem funktioniert folgendermaßen: Kaltes Kühlmittel gelangt durch den unteren Kühlerschlauch zur Wasserpumpe, die es durch die Kühlkanäle des Motorblocks und des Zylinderkopfes fördert. Nachdem es die Zylinder, die Brennräume und die Ventilsitze abgekühlt hat, gelangt das Kühlmittel an die Unterseite des Thermostaten, der anfangs geschlossen ist und das Kühlmittel durch den Wärmetauscher der Heizung zur Wasserpumpe zurückleitet.

Sobald das Kühlmittel eine bestimmte Temperatur erreicht hat, öffnet der Thermostat, und das Kühlmittel fließt durch den oberen Schlauch in den Wasserkühler, wo es vom hindurchströmenden Fahrtwind abgekühlt wird – oder mithilfe des am Kühler sitzenden Ventilators. Hier beginnt der »große« Kühlkreis wieder von vorn.

Das Kühlmittel dehnt sich mit zunehmender Temperatur aus, sodass es über einen dünnen Schlauch oben vom Kühler in einen Ausgleichsbehälter geleitet wird, wo der Pegel ansteigt; bei abkühlendem Kühlmittel sinkt er wieder ab.

Hinter dem Kühler sitzt ein elektrisch betriebener Ventilator, die von einem Thermoschalter, bzw. einem Sensor gesteuert wird und sich bei einer vorgegebenen Temperatur einschaltet, um die Kühlwirkung zu verbessern.

### Warnhinweise

***Warnung: Solange der Motor heiß ist, darf weder der Ausgleichsbehälterdeckel noch irgendein anderes Teil des Kühlsystems entfernt oder getrennt werden – das unter Druck stehende Kühlmittel kann bei Druckverlust plötzlich aufkochen, sodass heißer Dampf austritt und ernsthafte Verbrennungen verursacht. Falls der Ausgleichsbehälterdeckel im Notfall vor dem Abkühlen des Motors und des Kühlers entfernt werden soll, muss zunächst vorsichtig der Druck abgelassen werden. Legen Sie dazu einen dicken Lappen oder ein Handtuch um den Deckel und entfernen Sie diesen durch vorsichtiges Drehen nach links bis zum Anschlag. Wenn ein zischendes Geräusch hörbar wird, muss gewartet werden, bis es aufhört. Jetzt wird der Deckel heruntergedrückt und weiter nach links gedreht, bis er abgenommen werden kann. Achtung: Siedendes Wasser kann auch mit etwas Verzögerung herausspritzen!***

- ***Frostschutzmittel darf nicht mit der Haut oder Lackoberflächen in Berührung kommen. Wischen Sie Spritzer unverzüglich mit reichlich Wasser ab. Frostschutz kann giftige und explosive Gase produzieren, wenn er in offenen Behältern gelagert oder auf den Boden verschüttet wird. Kinder und Tiere können durch den süßen Geschmack irritiert werden und das Mittel trinken. Fragen Sie Ihren Fachhändler, wo Sie altes Frostschutzmittel entsorgen können.***
- ***Bei heißem Motor kann ein elektrischer Ventilator auch nach dem Abschalten des Motors (und auch der Zündung) einschalten. Halten Sie bei Arbeiten im Motorraum stets Hände, Haare und Kleidung weit genug vom Ventilator weg.***
- ***Beachten Sie vor der Arbeit an Klimaanlagen-Komponenten die Warnhinweise in Sektion 10.***

## 2 Kühlsystem-Schläuche – Trennen und Verbinden

**Anmerkung:** *Beachten Sie vor Arbeitsbeginn die Warnhinweise in Sektion 1. Schläuche dürfen erst abgezogen werden, wenn der Motor ausreichend abgekühlt ist.*

**1** Falls bei den Kontrollen in Kapitel 1, Sektion 7 ein defekter Schlauch entdeckt wurde, muss er wie folgt ersetzt werden:

**2** Entleeren Sie zuerst das Kühlsystem (siehe Kapitel 1, Sektion 19) – falls das Frostschutzmittel nicht erneuert werden muss, kann es später wiederverwendet werden, wenn es in einem sauberen Behälter gelagert wird.

**3** Je nach Modell kommen verschiedene und unterschiedlich verlegte Schläuche zum Einsatz, für die aber immer die gleiche Grundprozedur zutrifft. Sorgen Sie zunächst dafür, dass alle erforderlichen neuen Schläuche ggf. samt Schellen vorhanden sind. Generell sollten die Schellen stets zusammen mit den Schläuchen ersetzt werden.

**4** Merken Sie sich vor dem Trennen eines Schlauchs seine Verlegung im Motorraum und mögliche zusätzliche Befestigungen mit Clips oder Kabelbindern. Lösen Sie Schellen des entsprechenden Schlauchs – es können drei Schellentypen zum Einsatz kommen: Schraubschellen, Federschellen und Einweg-Quetschschellen. Für Schraubschellen wird ein passender Schraubendreher benötigt, für Federschellen eine geeignete Zange und für Quetschschellen ein Seitenschneider oder eine Blechschere.

**5** Befreien Sie alle am Schlauch gesicherten Kabel, Bowdenzüge oder anderen Schläuche – notieren Sie entsprechende Hinweise für den Zusammenbau, oder fertigen Sie Fotos an.

**6** Ziehen Sie den Schlauch von seinem Stutzen – neue Schläuche lassen sich relativ einfach abziehen, alte Schläuche können ausgehärtet sein und sehr fest sitzen. Falls ein Schlauch sich nicht lösen lässt, muss versucht werden, ihn drehend abzuziehen. Wenn das auch nicht klappt, muss mit einem scharfen Messer ein Längsschnitt über dem Flansch gezogen werden, sodass der Schlauch abgeschält werden kann. Es ist immer besser, nur einen neuen Schlauch zu beschaffen, als den ganzen Kühler zu ersetzen.

**7** Vor der Montage empfiehlt es sich, den Stutzen mit etwas Spülmittel oder speziellem Gummi-Schmiermittel zu versehen, um den Schlauch leichter aufschieben zu können. Verwenden Sie auf keinen Fall Fett oder Motoröl, da dies den Schlauch angreifen kann.

**8** Vor der Montage eines Schlauchs müssen die Schellen aufgeschoben sein. Prüfen Sie vor dem Verbinden des Schlauchs, ob er korrekt verlegt ist. Stecken Sie den Schlauch auf seinen Stutzen – richten Sie ihn dabei korrekt aus. Schieben Sie die Schelle über den Stutzen und ziehen Sie sie ggf. an.

**9** Füllen Sie das Kühlsystem auf (siehe Kapitel 1, Sektion 19) und kontrollieren Sie das Kühlsystem auf Undichtigkeiten.

**10** Prüfen Sie nach einigen Hundert Kilometern die Festigkeit aller auf neuen Schläuchen sitzenden Schellen.

## 3 Wasserkühler – Ausbau, Kontrolle und Einbau

**Anmerkung:** *Beachten Sie vor Arbeitsbeginn die Warnhinweise in Sektion 1. Falls der Kühler wegen eines kleinen Lecks ausgebaut werden soll, muss bedacht werden, dass dies oft im eingebauten Zustand mithilfe von Kühler-Dichtmittel verschlossen werden kann.*

## Ausbau

1 Entleeren Sie das Kühlsystem (siehe Kapitel 1, Sektion 19).
2 Demontieren Sie den Kühler-Ventilator (siehe Sektion 5).
3 Ziehen Sie den zum Ausgleichsbehälter führenden Schlauch vom Einfüllstutzen, lockern Sie die Schellen der oberen und unteren Kühlerschläuche, und ziehen Sie diese ab (siehe Abbildungen) – beachten Sie die Hinweise in Sektion 2.

**3.3a Ziehen Sie den dünnen Schlauch vom Einfüllstutzen und lösen Sie die Schellen des oberen ...**

**3.3b ... und unteren Kühlerschlauchs, um diese abzuziehen.**

4 Lösen Sie die Befestigungsschrauben des Kühlers. Bei Modellen bis 1997 (NA) gibt es zwei Schrauben in den oberen Ecken, bei einigen Modellen auch Befestigungszapfen an den unteren Ecken (siehe Abbildungen). Kühler ab 1998 (NB) sind mit zwei mit Muttern befestigten Halterungen an den oberen Ecken gesichert. Heben Sie den Kühler anschließend nach oben heraus.

**3.4a Bei NA-Modellen ist der Kühler oben an jeder Ecke mit einer Schraube ...**

**3.4b ... und unten mit Haltezapfen gesichert.**

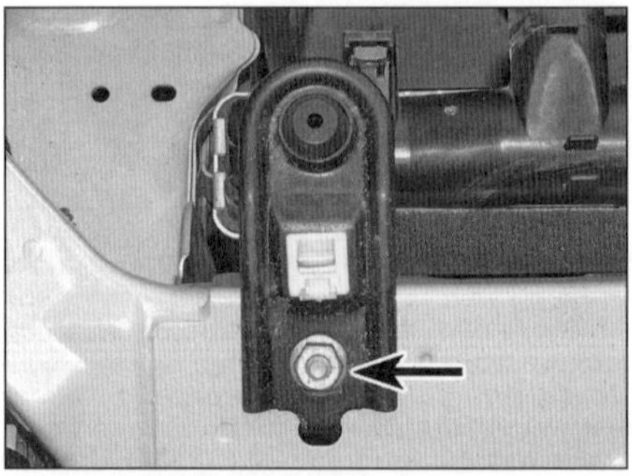

**3.4c Bei NB-Modellen sind die oberen Kühlerhalterungen mit Muttern gesichert.**

**3.4d Heben Sie den Kühler aus dem Motorraum.**

## Kontrolle

5 Der demontierte Kühler kann auf Undichtigkeiten, Schäden und Verstopfung überprüft werden. Ein leckender Kühler muss von einem Fachbetrieb repariert werden. Versuchen Sie nicht, einen Kühler zu schweißen oder zu löten, da hierbei spezielle Techniken erforderlich sind.

6 Falls am Kühler eine Verstopfung vermutet wurde, muss er entgegen der normalen Strömungsrichtung gespült werden (siehe unten). Befreien Sie mit Druckluft und einer weichen Bürste Schmutz und Insekten aus den Kühlerlamellen.
**Achtung: Tragen Sie beim Einsatz von Druckluft stets eine Schutzbrille!**
**Achtung: Die Lamellen sind scharfkantig und sehr empfindlich!**

## Spülen

7 Verbinden Sie einen Gartenschlauch mit dem oberen Kühlerstutzen und lassen Sie solange Wasser durch den Kühler strömen, bis dies unten sauber wieder austritt.
8 Falls das austretende Wasser auch nach längerer Zeit nicht aufklart, kann der Kühler mit einem speziellen Kühler-Reinigungsmittel gespült werden – beachten Sie die beigefügten Hinweise.
9 Spülen Sie den Kühler nötigenfalls in Gegenrichtung von unten nach oben durch.

## Einbau

10 Der Einbau entspricht der umgekehrten Ausbaureihenfolge – beachten Sie dabei folgende Punkte:
a) *Alle Schläuche müssen korrekt verbunden und mit ihren Schellen gesichert sein.*
b) *Füllen Sie zum Schluss das Kühlsystem auf (siehe Kapitel 1, Sektion 19).*

# 4 Thermostat – Test, Ausbau und Einbau

## Test

1 Bevor vermutet wird, dass der Thermostat für ein Problem im Kühlsystem verantwortlich ist, sollten der Kühlmittelpegel (siehe Wöchentlichen Kontrollen), die Spannung des Keilrippenriemens (siehe Kapitel 1, Sektion 6) und die Funktion der Temperaturanzeige (oder Warnleuchte) überprüft werden.
2 Falls der Motor zum Aufwärmen sehr lange braucht (erkennbar an der Temperaturanzeige oder Funktion der Heizung), wird der Thermostat wahrscheinlich permanent offen stehen, sodass bereits kaltes Kühlmittel durch den Kühler geleitet wird. Ersetzen Sie den Thermostaten.
3 Falls der Motor heiß läuft, muss von Hand die Temperatur des oberen Kühlerschlauchs geprüft werden – falls dieser bei heißem Motor kalt bleibt, klemmt der Thermostat wahrscheinlich im geschlossenen Zustand und das Kühlmittel gelangt nicht durch den Kühler. Ersetzen Sie den Thermostaten.
4 Falls der untere Kühlerschlauch heiß wird, bedeutet dies, dass der Thermostat offen ist, der Kühlkreislauf aber nicht in Gang kommt – beachten Sie die Hinweise in der Fehlersuche am Ende dieses Buchs.

## Ausbau

5 Trennen Sie bei Modellen bis 1993 das Massekabel (–) der Batterie (siehe Kapitel 5A, Sektion 4).
6 Entleeren Sie den Wasserkühler (siehe Kapitel 1, Sektion 19).
7 Trennen Sie bei Modellen bis 1993 den Thermoschalter-Stecker vom vorn am Zylinderkopf sitzenden Thermostatdeckel.
8 Lockern Sie die Schelle und ziehen Sie den Kühlerschlauch vom Thermostatdeckel ab (siehe Abbildungen). **Anmerkung:** *Solange der Deckel nicht erneuert werden soll, kann der Schlauch damit verbunden bleiben.*

**4.8a Lockern Sie die Schelle und ziehen Sie den Schlauch vom Thermostatdeckel – frühe Modelle ...**

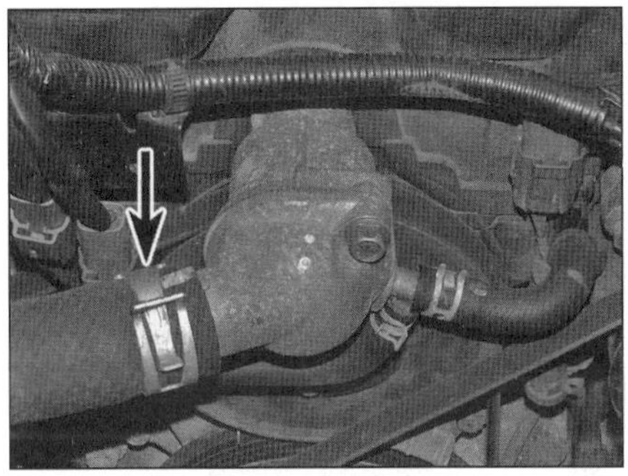

**4.8b ... und spätere Modelle.**

9 Befreien Sie den Thermostatdeckel vom Motor (siehe Abbildungen) – seien Sie auf etwas austretendes Kühlmittel vorbereitet.

**4.9a Thermostatdeckel-Schrauben – frühe Modelle ...**

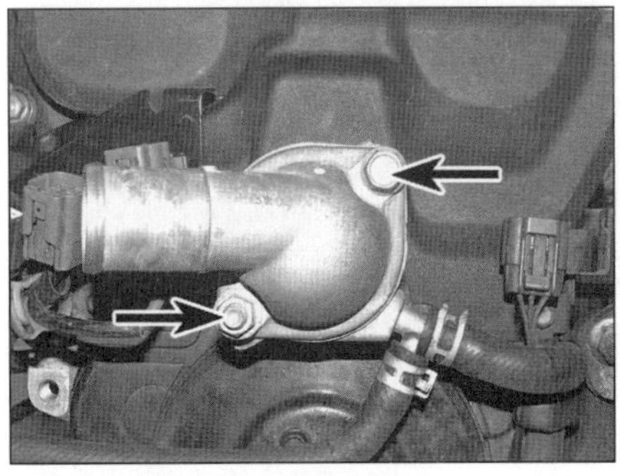

**4.9b ... und spätere Modelle.**

10 Entnehmen Sie den Thermostaten – beachten Sie seine Einbaurichtung.
11 Entfernen Sie die Dichtung und reinigen Sie sorgfältig die Dichtflächen.

## Einbau

**12** Installieren Sie den Thermostaten mit der Feder nach unten (Modelle bis 1993) oder zum Motor und der Entlüftungsbohrung nach oben (Modelle ab 1994) (siehe Abbildungen).

**4.12a Einbau des Thermostaten mit der Feder nach unten (Modelle bis 1993) ...**

**4.12b ... oder zum Motor und der Entlüftungsbohrung nach oben (Modelle ab 1994)**

**13** Legen Sie eine neue Dichtung auf – ihre Löcher müssen mit den Schraubenbohrungen fluchten – beachten Sie dabei folgendes:

*a) Wenn bei Modellen bis 1993 eine originale Mazda-Dichtung verwendet wird, muss diese mit der Dichtmittel-Seite nach unten (zum Thermostat) aufgelegt werden (siehe Abbildung).*

*b) Legen Sie bei Modellen ab 1994 die Dichtung mit der Lasche zum Thermostatdeckel zeigend auf.*

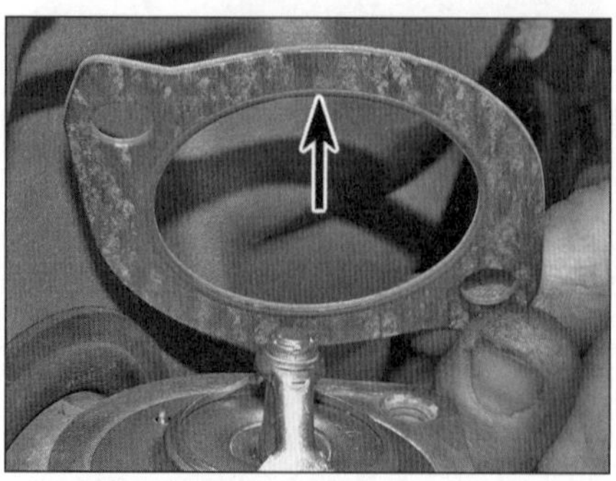

**4.13 Legen Sie bei Modellen bis 1993 die Dichtung mit der Dichtseite nach unten auf.**

**14** Der Rest des Einbaus entspricht der umgekehrten Ausbaureihenfolge – beachten Sie dabei folgende Punkte:

*a) Rüsten Sie die Ablassschraube des Kühlers mit einer neuen Dichtscheibe aus.*

*b) Ziehen Sie die Schrauben des Thermostatdeckels mit 22 Nm an.*

*c) Füllen Sie zum Schluss das Kühlsystem auf (siehe Kapitel 1, Sektion 19).*

# 5 Kühlerventilator – Ausbau und Einbau

***Warnung: Der Ventilator kann bei heißem Motor jederzeit anspringen – passen Sie bei Arbeiten in der Nähe des Ventilators entsprechend auf.***

## Ausbau

**1** Trennen Sie den Masseanschluss (–) der Batterie (siehe Kapitel 5A, Sektion 4).

**2** Entfernen Sie den Ansaugtrakt (siehe Abbildung).

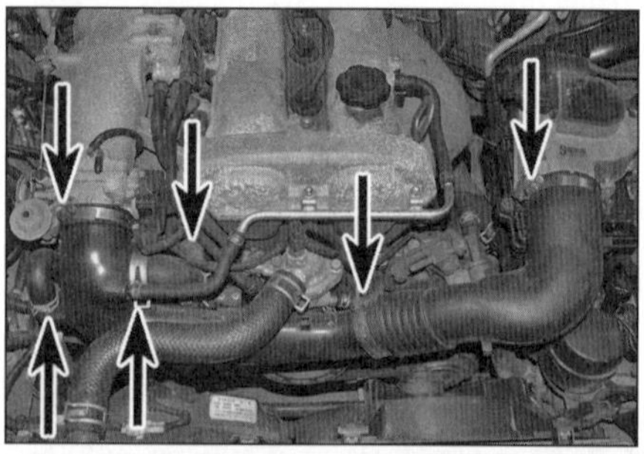

**5.2 Je nach Modell ist die Ansaugtrakt-Baugruppe mit verschiedenen Schellen und Schrauben gesichert und mit Schläuchen verbunden.**

**3** Trennen Sie den Stecker des Ventilatormotors.

**4** Schrauben Sie die linke Ventilatorhaube ab und heben Sie die Ventilator-Baugruppe aus dem Motorraum. Entfernen Sie dann ggf. die rechte Ventilator-Bautruppe (siehe Abbildungen).

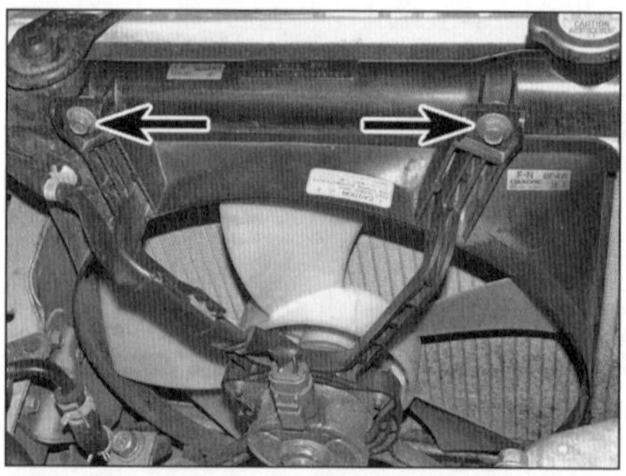

**5.4a Lösen Sie die Schrauben oben an der Ventilatorhaube.**

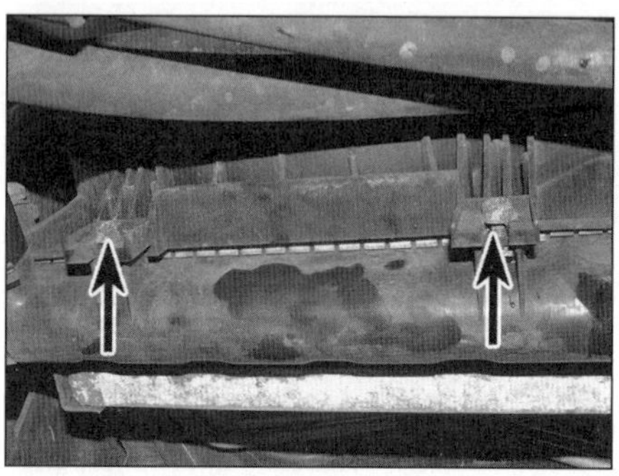

**5.4b Bei frühen Modellen ist die Ventilatorhaube auch unten mit Schrauben gesichert.**

**5** Halten Sie den Ventilator an den Flügeln und lösen Sie die Befestigungsmutter, um das Flügelrad vom Motor zu trennen (siehe Abbildung).

**5.5. Lösen Sie die Ventilatormutter.**

**6** Demontieren Sie den Motor aus der Ventilatorhaube.

## Einbau

**7** Der Rest des Einbaus entspricht der umgekehrten Ausbaureihenfolge – beachten Sie dabei folgende Punkte:

*a) Die Haube muss korrekt mit dem Kühler verbunden werden.*

*b) Sichern Sie alle befreiten Kabel mit neuen Kabelbindern.*

*c) Prüfen Sie, ob bei heißem Motor der Ventilator anläuft.*

# 6 Kühlsystem-Schalter und Sensoren – Test, Ausbau und Einbau

## Kühltemperatursensor

### Test

**1** Falls die Kühltemperaturanzeige nichts anzeigt, muss zuerst die Sicherung kontrolliert werden (siehe Kapitel 12, Sektion 3).

**2** Falls die Kühltemperaturanzeige während der Fahrt sehr hohe Temperaturen anzeigt, müssen die Hinweise in der Fehlersuche am Ende dieses Buchs beachtet werden.

**3** Falls die Kühltemperaturanzeige direkt nach dem Start des Motors auf HOT steht, muss der Stecker des hinten am Motor sitzenden Temperatursensors getrennt werden (siehe Abbildung) – wenn die Anzeige jetzt abfällt, ist der Sensor defekt und muss ersetzt werden. Wenn die Anzeige auf HOT verbleibt, kann das Problem in einem Massekontakt des zu ihr führenden Kabels oder der Anzeige selbst liegen.

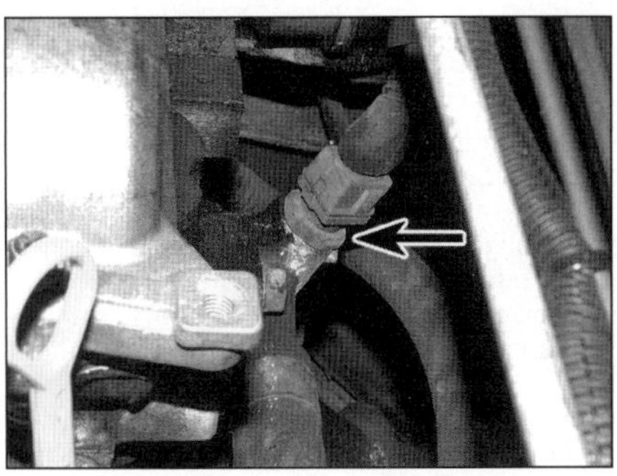

**6.3 Der Kühltemperatursensor sitzt hinten am Zylinderkopf.**

**4** Falls die Kühltemperaturanzeige nach dem Warmfahren des Motors (ca. 10 Minuten) nicht ansteigt und die Sicherungen in Ordnung sind, muss der Motor abgeschaltet, der Stecker des Sensors getrennt und dieser mit einem Überbrückungskabel mit Masse am Motor verbunden werden. Schalten Sie die Zündung kurz ein, ohne den Motor zu starten. Falls jetzt HOT angezeigt wird, ist wahrscheinlich der Sensor defekt.

**5** Der Sensor kann zusätzlich mithilfe eines Ohmmeters einer Widerstandsprüfung unterzogen werden – je nach Modell muss bei 60 oder 80 °C Kühlmitteltemperatur der in den technischen Daten angegebene Widerstand festgestellt werden. Bei anderen Ergebnissen ist der Sensor defekt und muss erneuert werden.

**6** Falls die Anzeige gar nicht reagiert, kann der Stromkreis unterbrochen oder die Anzeige selbst defekt sein.

### Ausbau

**7** Entleeren Sie das Kühlsystem (siehe Kapitel 1, Sektion 19).

**8** Trennen Sie den Stecker des Sensors (Abb. 6.3).

**9** Lösen Sie den Sensor mit einem langen Steckschlüssel oder Ringschlüssel und entfernen Sie ihn.

### Einbau

**10** Schrauben Sie den Sensor ein und ziehen Sie ihn mit 25 Nm an. Verwenden Sie keine Dichtmasse, da sie den Sensor elektrisch isolieren kann. Verbinden Sie den Sensorstecker.

**11** Füllen Sie das Kühlsystem auf und prüfen Sie die Funktion der Anzeige sowie die Dichtigkeit des Sensor-Anschlusses.

## Ventilator-Thermoschalter

**Anmerkung:** *Dieser Schalter findet sich nur an Modellen bis 1993.*

### Ausbau

**12** Entleeren Sie das Kühlsystem (siehe Kapitel 1, Sektion 19).

**13** Trennen Sie den Stecker des Schalters und schrauben Sie diesen aus dem Thermostatgehäuse (siehe Abbildung).

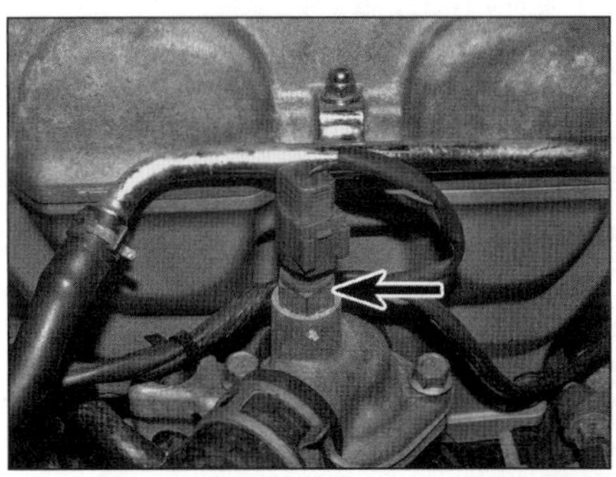

**6.13 Der Thermoschalter ist ins Thermostatgehäuse geschraubt.**

### Einbau

**14** Rüsten Sie den neuen Schalter mit einem neuen O-Ring aus und ziehen Sie ihn sorgfältig an. Verbinden Sie den Kabelstecker.

**15** Füllen Sie das Kühlsystem auf und prüfen Sie die Funktion der Anzeige sowie die Dichtigkeit des Schalter-Anschlusses.

## 7 Wasserpumpe – Test, Ausbau und Einbau

### Test

**1** Ein Defekt an der Wasserpumpe kann schwere Motorschäden durch Überhitzung hervorrufen. Falls die Pumpe defekt ist, muss sie überholt oder ersetzt werden.
**2** Entfernen Sie die Zahnriemendeckel (siehe Kapitel 2A, Sektion 6).
**3** Die Wasserpumpe ist mit einer Ablauf- und Belüftungsbohrung ausgerüstet und bei einem defekten Pumpen-Dichtring tritt hier Kühlmittel aus. Sowohl die Bohrung als auch eine mögliche Undichtigkeit können von unten mithilfe einer Lampe entdeckt werden. Aus der Bohrung austretendes Kühlmittel wird nach hinten aus dem Zahnriemendeckel geleitet, um den Riemen nicht zu beschädigen.
**4** Kontrollieren Sie die Wasserpumpenwelle auf Verschleiß, indem Sie die Pumpennabe ergreifen und an der Welle wackeln – bei spürbarem Spiel kann das Lager oder die Welle verschlissen sein.
**5** Bei einem Ausfall des Wellenlagers ist im laufenden Betrieb ein heulendes Geräusch vorn am Motor zu hören (das nicht mit dem Quietschen eines durchrutschenden Keilrippenriemens verwechselt werden darf, der gespannt werden muss).

### Ausbau

**6** Entfernen Sie den Zahnriemen (siehe Kapitel 2A, Sektion 6). Falls die Pumpe erneuert werden soll, müssen auch die Spann- und die Umlenkrolle demontiert werden.
**7** Lösen Sie die Schrauben, die das Kühlmittel-Einlassrohr an der Wasserpumpe sichern (siehe Abbildung) – die Dichtung muss später erneuert werden.

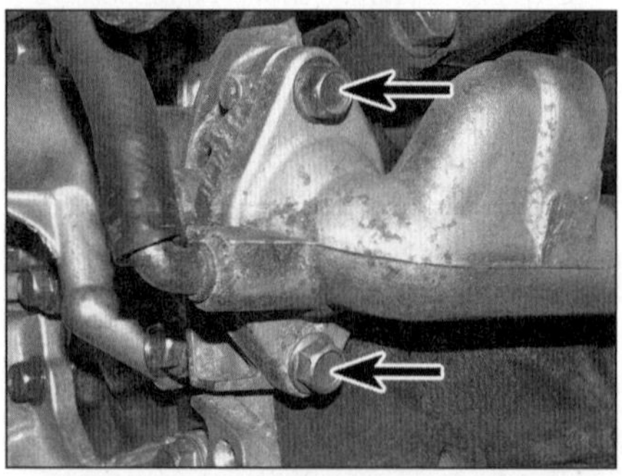

**7.7 Schrauben, die das Kühlmittel-Einlassrohr an der Wasserpumpe sichern**

**8** Lösen Sie die vier Wasserpumpen-Befestigungsschrauben (siehe Abbildung) und befreien Sie die Pumpe vom Motor – falls sie klemmt, muss sie rundherum mit einem weichen Hammer abgeklopft werden.

**7.8 Wasserpumpen-Befestigungsschrauben**

### Einbau

**9** Befreien Sie die Schrauben und die Gewindebohrungen von Korrosion und alter Dichtmasse.
**10** Reinigen Sie die Dichtflächen der Pumpe und des Motorgehäuses und entfernen Sie sämtliche Dichtungsreste.
**11** Legen Sie eine neue Dichtung auf und positionieren Sie die Wasserpumpe am Motor (siehe Abbildung).

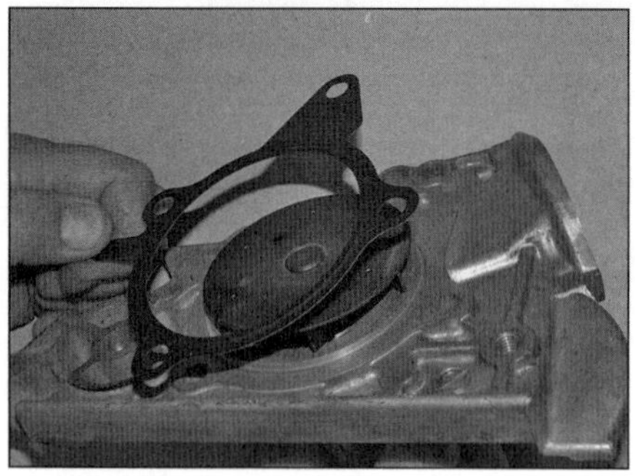

**7.11 Rüsten Sie die Wasserpumpe mit einer neuen Dichtung aus.**

**12** Installieren Sie die vier Wasserpumpen-Befestigungsschrauben und ziehen Sie sie mit 20 Nm an.
**13** Der Rest des Einbaus entspricht der umgekehrten Ausbaureihenfolge – vergessen Sie nicht den Dichtstreifen an der Pumpe (siehe Abbildung).

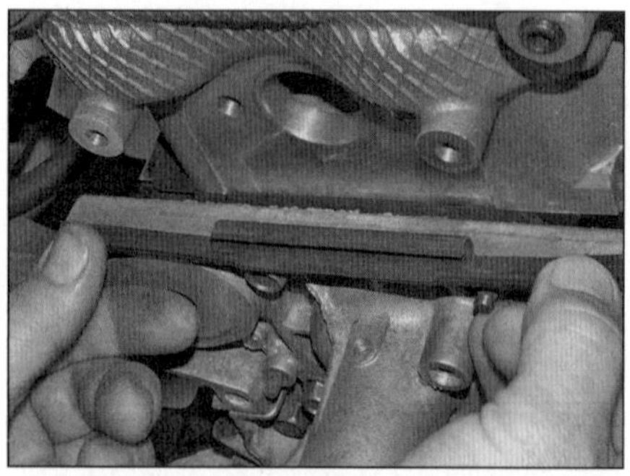

**7.13 Vergessen Sie nicht den Dichtstreifen oben an der Pumpe.**

**14** Füllen Sie das Kühlsystem auf (siehe Kapitel 1, Sektion 19), starten Sie den Motor, und prüfen Sie alles auf Dichtigkeit.

## 8 Heizung und Lüftung – Allgemeine Informationen

**1** Das Heizungs- und Belüftungssystem besteht aus einem vierstufigen Gebläse, Lüftungsklappen im Armaturenbrett und Lüftungstrakten zur Windschutzscheibe und den Fußräumen.
**2** Mithilfe der im Armaturenbrett sitzenden Heizungsregler werden Klappen betätigt, um die durch die verschiedenen Teile des Heizungs- und Belüftungssystems strömende Luft abzulenken und zu mischen. Die Luftklappen sitzen im zentralen Luftverteilergehäuse, das die Luft zu den verschiedenen Öffnungen verteilt.
**3** Die zum Heizen verwendete Luft wird durch den Grill vor der Windschutzscheibe angesaugt. Im Lüftungs-Einlass befindet sich ein Pollenfilter, um Staub und andere Partikel aus der ins Fahrzeug strömenden Luft herauszufiltern.

**4** Die nötigenfalls per Gebläse beschleunigte Luft wird von der Regelung zu den verschiedenen Lüftungsdüsen geleitet. Abluft gelangt hinter den Türen wieder ins Freie. Falls Warmluft verlangt wird, leiten entsprechende Klappen die Frischluft durch einen vom Kühlmittel des Motors beheizten Wärmetauscher.
**5** Ein Umlufthebel ermöglicht den Ausschluss der Außenluft, während im Fahrzeug die Luft zirkuliert. Diese Funktion kann kurzzeitig genutzt werden, um Gerüche nicht ins Fahrzeug dringen zu lassen, sollte aber nicht lange verwendet werden, da die Luft rasch verbraucht sein wird.

## 9 Heizungs- und Lüftungs-Komponenten – Ausbau und Einbau

## Heizungsregler – Ausbau und Einbau

**1** Trennen Sie den Masseanschluss (–) der Batterie (siehe Kapitel 5A, Sektion 4).

### NA-Modelle bis 1997

**2** Demontieren Sie die Mittelkonsole und das Handschuhfach (siehe Kapitel 11, Sektion 27 und 26).
**3** Hebeln Sie vorsichtig die Luftdüsen aus der Mittelkonsolen-Blende (siehe Abbildung).

**9.3 Hebeln Sie die Luftdüsen heraus.**

**4** Lösen Sie die Schrauben oben in den Luftdüsen-Öffnungen und die Schraube unten an der Blende. Ziehen Sie die Blende nach hinten und trennen Sie die Kabelstecker, um sie vollständig zu entfernen (siehe Abbildungen).

**9.4a Lösen Sie die Schrauben oben in den Luftdüsen-Öffnungen ...**

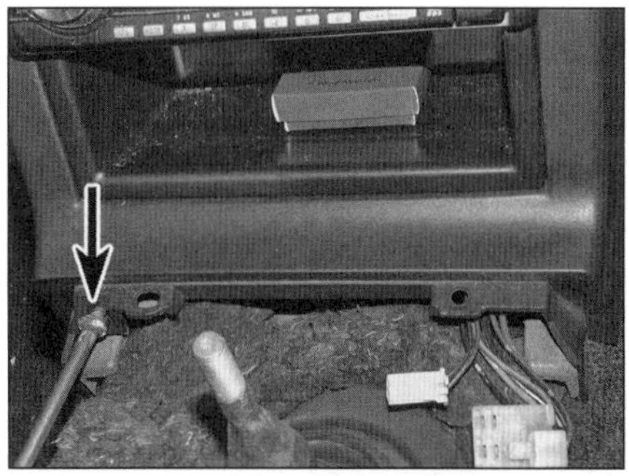

**9.4b ... und die Schraube unten an der Blende, ...**

**9.4c ... um die Blende vorsichtig abzuziehen.**

**5** Trennen Sie die Bowdenzüge der Temperaturregelung, der Lüftungsregelung und des Umlufthebels vom Heizungsgehäuse (siehe Abbildungen). Um den Zugang zu verbessern, können die Schrauben der Abdeckung oberhalb der Pedale gelöst und diese entfernt werden.

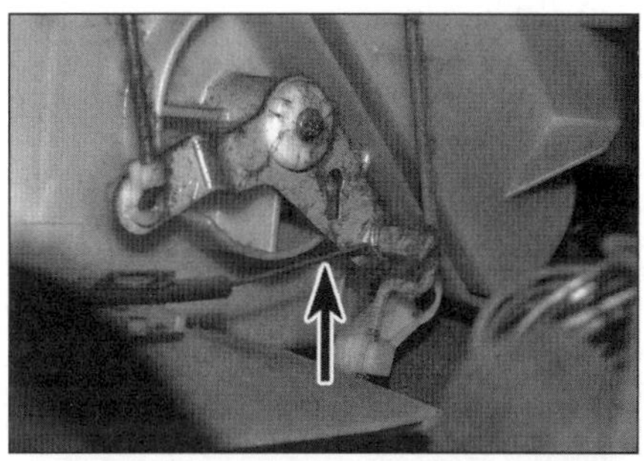

**9.5a Trennen Sie rechts am Heizungsgehäuse den Temperaturregelungs-Bowdenzug, ...**

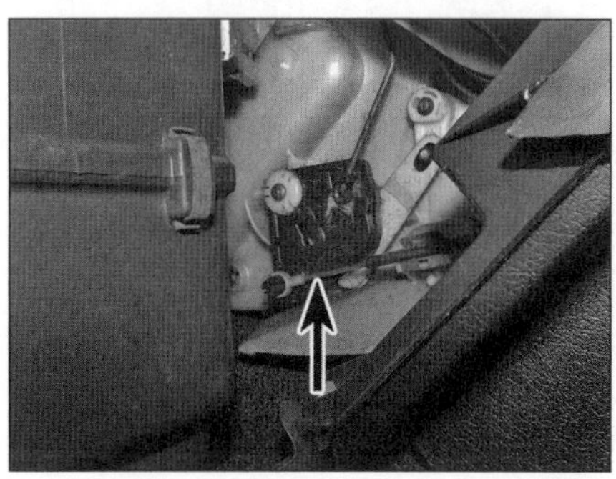

**9.5b ... links den Bowdenzug der Lüftungsregelung ...**

**9.5c … und neben dem Gebläsemotor-Gehäuse den Seilzug des Umlufthebels.**

6 Lösen Sie die Schrauben der Regler-Baugruppe und befreien Sie diese aus dem Armaturenbrett (siehe Abbildung) – ziehen Sie die Kabelstecker ab, sobald sie zugänglich sind.

**9.6 Heizungsreglerblenden-Schrauben**

## NB-Modelle ab 1998

**7** Trennen Sie die Bowdenzüge der Temperaturregelung, der Lüftungsregelung und des Umlufthebels vom Heizungsgehäuse (Abb. 9.5a bis c). Um den Zugang zu verbessern, können das Handschuhfach (siehe Kapitel 11, Sektion 26) und die Abdeckung oberhalb der Pedale entfernt werden.
**8** Hebeln Sie vorsichtig die Abdeckungen an beiden Seiten der Reglerblende ab und führend Sie die Mazda-Spezialwerkzeuge SST 49 D066 801A oder vergleichbare Drahtbügel (die auch zum Ausbau von Autoradios verwendet werden) in die Bohrungen ein, um die Baugruppe zu befreien und herausziehen zu können (siehe Abbildungen) – trennen Sie dabei die Kabelstecker.

**9.8a Hebeln Sie vorsichtig die seitlichen Abdeckungen ab, …**

**9.8b … und führen Sie das Werkzeug in die Bohrungen (Pfeile) ein, …**

**9.8c … um damit die Haltelaschen (Pfeil) nach innen zu drücken und die Regelung zu befreien.**

## Alle Modelle

**9** Der Einbau entspricht der umgekehrten Ausbaureihenfolge – zuvor sollten jedoch alle unten aufgeführten Einstellungen durchgeführt sein.

# Heizungsregler – Einstellung

**10** Drehen oder schieben Sie den Temperaturregler in der Blende auf die MAX-Position und bewegen Sie den Hebel am Gehäuse in die Maximalstellung. Verbinden Sie den Seilzug und drücken Sie die Seilzug-Hülle in die Klemme (Abb. 9.5a). Prüfen Sie, ob sich der Regler und der Hebel von Anschlag zu Anschlag bewegen lassen.
**11** Drehen oder schieben Sie den Belüftungsart-Schalter in die Position für Luft aus Armaturenbrett und bewegen Sie den Hebel am Gehäuse in die entsprechende Stellung. Verbinden Sie den Seilzug und drücken Sie die Seilzug-Hülle in die Klemme (Abb. 9.5b). Prüfen Sie, ob sich der Regler und der Hebel von Anschlag zu Anschlag bewegen lassen.
**12** Schieben Sie den Umlufthebel in die Position für Frischluft (rechts) und bewegen Sie den Hebel am Gehäuse in die entsprechende Stellung. Verbinden Sie den Seilzug und drücken Sie die Seilzug-Hülle in die Klemme (Abb. 9.5c). Prüfen Sie, ob sich der Regler und der Hebel von Anschlag zu Anschlag bewegen lassen.

# Heizungsregler-Bowdenzüge

## Ausbau

**13** Demontieren Sie die Regler-Blende (siehe oben).
**14** Beachten Sie die Ausrichtung aller Bowdenzüge, befreien Sie die Halteclips der Hüllen und trennen Sie die Zugseile von den Hebeln (siehe Abbildungen).

**9.14a Befreien Sie die Bowdenzughüllen von den Halteclips – NA-Modelle bis 1997 ...**

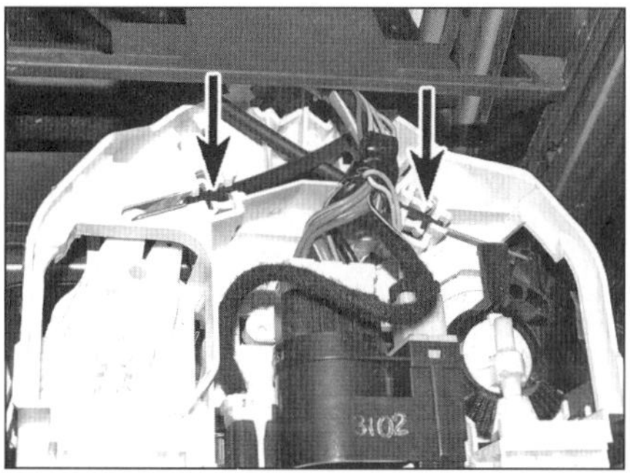

**9.14b ... und NB-Modelle ab 1998.**

## Einbau

**15** Der Einbau entspricht der umgekehrten Ausbaureihenfolge.

# Heizungs-Wärmetauscher

## Ausbau

**16** Demontieren Sie das Lüftungs-Verteilergehäuse (siehe unten)
**17** Lösen Sie am Wärmetauscher die Schrauben der Rohrklemmen (siehe Abbildung).

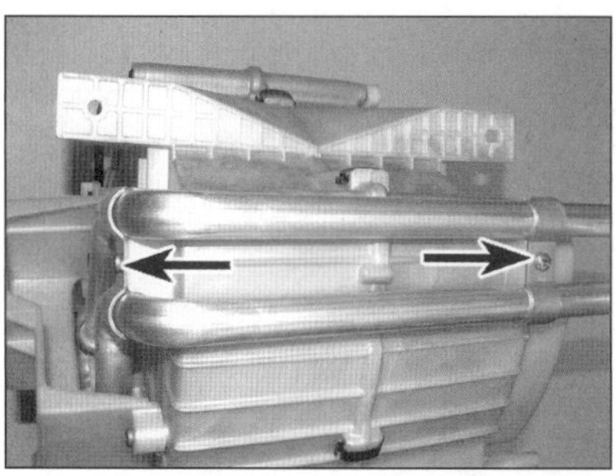

**9.17 Schrauben der Wärmetauscherrohr-Klemmen**

**18** Befreien Sie das über der Wärmetauscher-Abdeckung verlaufende Reglergestänge (siehe Abbildungen).

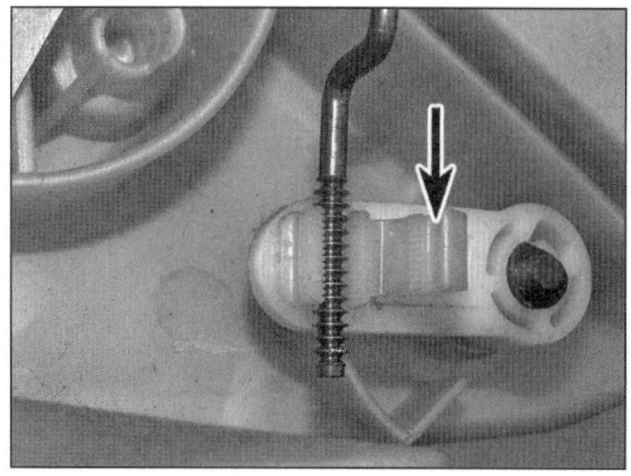

**9.18a Hebeln Sie den Clip auf ...**

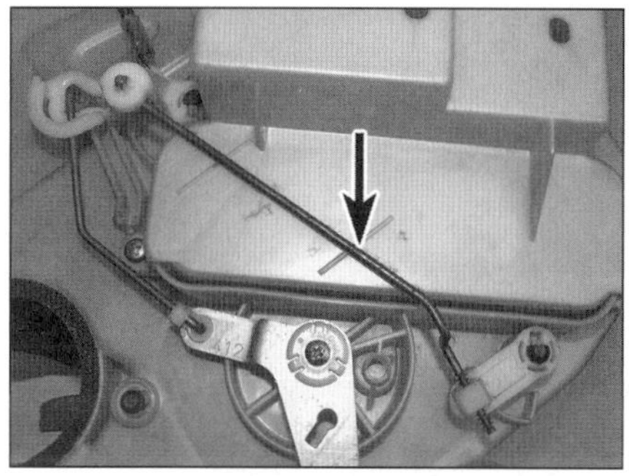

**9.18b ... und befreien Sie das Gestänge.**

**19** Lösen Sie die Deckelschrauben und ziehen Sie den Wärmetauscher aus dem Gehäuse (siehe Abbildungen). Kontrollieren Sie den Zustand der um den Wärmetauscher sitzenden Schaumstoff-Dichtung. Lockern Sie nötigenfalls die Schellen, um die Rohre vom Wärmetauscher zu befreien – ihre Dichtringe müssen später erneuert werden.

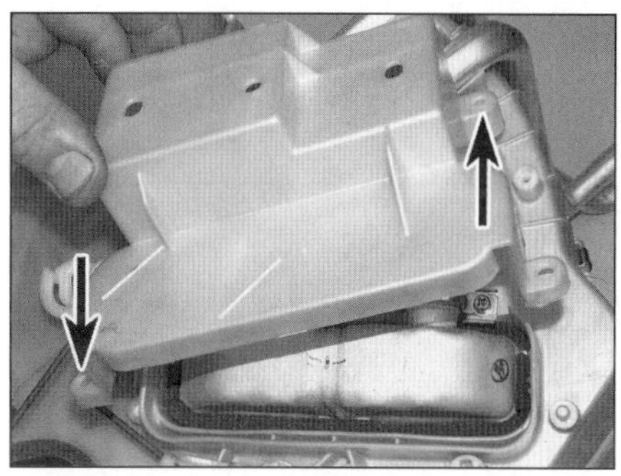

**9.19a Lösen Sie die Schrauben und heben Sie den Deckel ab, ...**

**9.19b ... um den Wärmetauscher aus dem Gehäuse zu ziehen.**

### Einbau

**20** Der Einbau entspricht der umgekehrten Ausbaureihenfolge.

## Gebläsemotor

### Ausbau

**21** Trennen Sie den Masseanschluss (–) der Batterie (siehe Kapitel 5A, Sektion 4).
**22** Entfernen Sie das Handschuhfach (siehe Kapitel 11, Sektion 26).
**23** Greifen Sie unter das Armaturenbrett, verfolgen Sie den Kabelbaum, und trennen Sie den Stecker des Gebläsemotors (siehe Abbildung).

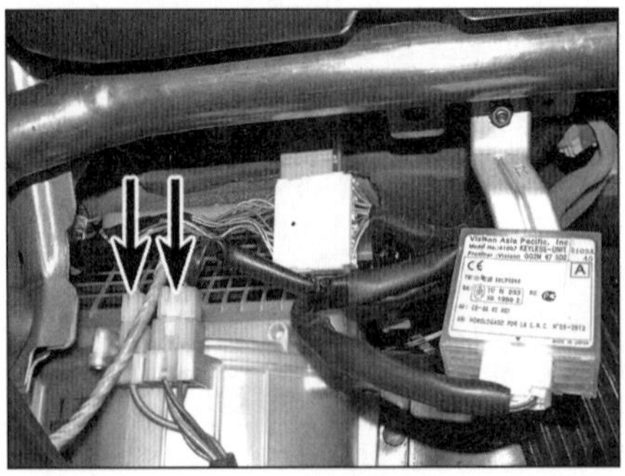

**9.23 Stecker des Gebläsemotors und seines Widerstands**

**24** Lösen Sie die Schrauben des Lüftermotors und senken Sie diesen vom Heizungsgehäuse ab (siehe Abbildung).

**9.24 Schrauben des Lüftermotors**

### Einbau

**25** Der Einbau entspricht der umgekehrten Ausbaureihenfolge.

## Gebläsemotor-Widerstand

### Ausbau

**26** Trennen Sie den Masseanschluss (–) der Batterie (siehe Kapitel 5A, Sektion 4).
**27** Entfernen Sie das Handschuhfach (siehe Kapitel 11, Sektion 26).
**28** Greifen Sie unter das Armaturenbrett, verfolgen Sie den Kabelbaum, und trennen Sie den Stecker des Gebläsemotor-Widerstands (Abb. 9.23).
**29** Lösen Sie die Schrauben des Widerstands und entfernen Sie diesen vom Gebläsemotorgehäuse (siehe Abbildung).

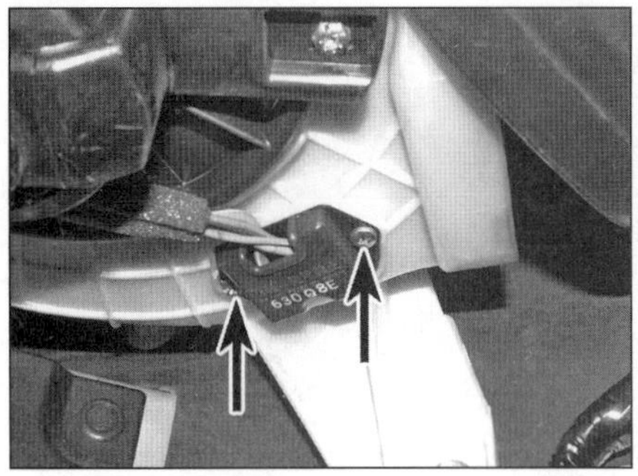

**9.29 Schrauben des Gebläsemotor-Widerstands**

### Einbau

**30** Der Einbau entspricht der umgekehrten Ausbaureihenfolge.

## Lüftungs-Verteilergehäuse

**Anmerkung:** *Bei Modellen mit Klimaanlage lässt sich das Lüftungs-Verteilergehäuse nicht ohne eine Öffnung des Kältemittel-Kreislaufs demontieren (siehe Sektionen 10 und 11). Lassen Sie das Klimaanlagen-Kältemittel zunächst von einem Klimaanlagen-Fachbetrieb ablassen.*

### Ausbau

**31** Demontieren Sie das komplette Armaturenbrett (siehe Kapitel 11, Sektion 28).
**32** Lassen Sie das Kühlmittel ab (siehe Kapitel 1, Sektion 19) und trennen Sie ggf. die Kältemittel-Rohre der Klimaanlage von der Spritzwand (siehe Abbildung) – die O-Ringe müssen später erneuert werden.

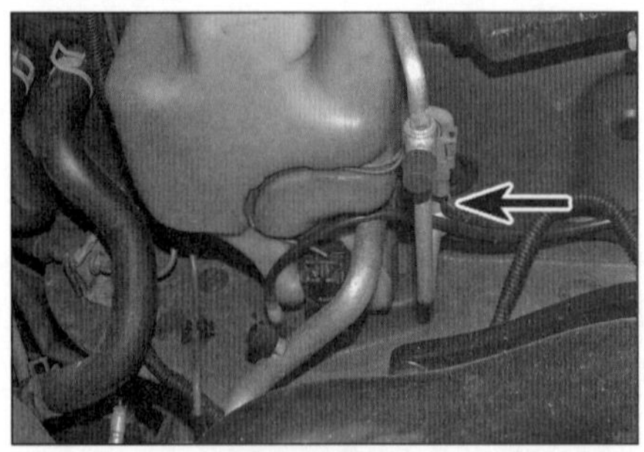

**9.32 Die Kältemittel-Rohre der Klimaanlage finden sich rechts an der Spritzwand.**

**33** Lösen Sie im Motorraum die Schellen der Heizungsschläuche und trennen Sie diese vom Heizungs-Wärmetauscher (siehe Abbildung) – seien Sie auf austretendes Kühlmittel vorbereitet.

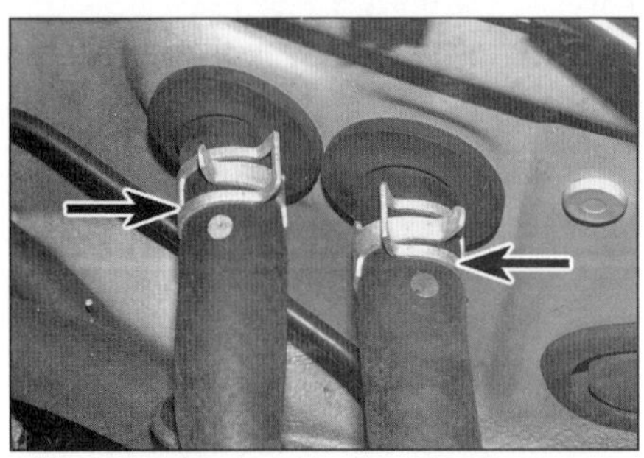

**9.33 Schellen der Heizungsschläuche im Motorraum**

34 Hebeln Sie links am Verteilergehäuse den Clip heraus oder lösen Sie die Schelle, um den Stutzen zu befreien (siehe Abbildungen).

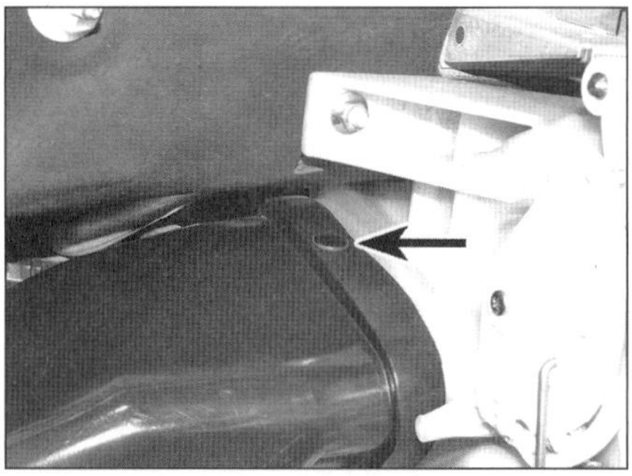

**9.34a Hebeln Sie den Clip des Stutzens heraus ...**

**9.34b ... oder lösen Sie die Schelle.**

35 Befreien Sie ggf. den Kabelbaum-Stecker rechts vom Verteilergehäuse.
**36** Lösen Sie die drei Muttern und manövrieren Sie das Verteilergehäuse nach hinten aus seinem Sitz (siehe Abbildungen) – seien Sie auf austretendes Kühlmittel vorbereitet.

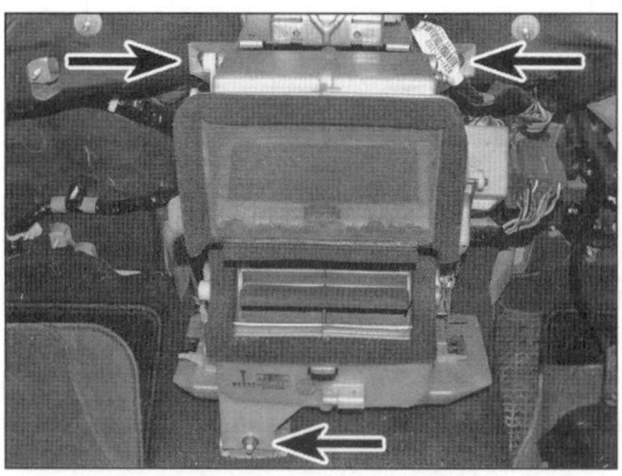

**9.36a Lösen Sie die drei Muttern, ...**

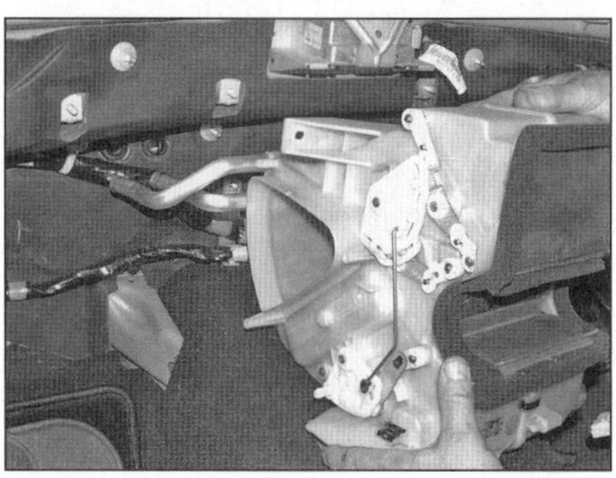

**9.36b ... und manövrieren Sie das Verteilergehäuse heraus.**

## Einbau

**37** Der Einbau entspricht der umgekehrten Ausbaureihenfolge. Füllen Sie zum Schluss das Kühlsystem auf (siehe Kapitel 1, Sektion 19). Lassen Sie bei einem Modell mit Klimaanlage das Kältemittel vom Spezialbetrieb wieder auffüllen und die Anlage auf Dichtigkeit prüfen.

# 10 Klimaanlage – Allgemeine Informationen und Warnhinweise

## Allgemeine Informationen

**1** Manche Modelle sind mit einer Klimaanlage ausgerüstet. Zusammen mit der Heizung ermöglicht die Klimaanlage die Anpassung der Innenraumtemperatur. Sie reduziert auch die Luftfeuchtigkeit der einströmenden Frischluft und hindert so die Fenster am Beschlagen.
**2** Die Kühlfunktion der Klimaanlage arbeitet ähnlich wie ein gewöhnlicher Kühlschrank. Der von der Kurbelwelle über den Keilrippenriemen angetriebene Kompressor presst gasförmiges Kühlmittel in den vorn am Wasserkühler sitzenden Verflüssiger, wo es Wärme abgibt und flüssig wird. Es durchströmt ein Expansionsventil und gelangt in den Verdampfer, wo es sich von unter hohem Druck stehender Flüssigkeit in Gas umwandelt, das unter niedrigem Druck steht. Diese Umwandlung wird von einer Temperaturabsenkung begleitet, sodass der Verdampfer abkühlt. Das Kühlmittel kehrt zum Kompressor zurück und der Kreislauf beginnt von vorn.
**3** Durch den Verdampfer geblasene Luft passiert den Luft-Verteiler, wo sie mit heißer Luft aus dem Wärmetauscher gemischt wird, um im Innenraum die gewünschte Temperatur zu erreichen.
**4** Die Heizungsseite des Systems arbeitet wie eine normale Fahrzeugheizung (siehe Sektion 9).
**5** Die Funktion des Systems wird vom einem elektronischen Steuergerät überwacht. Bei irgendwelchen Problemen mit dem System muss Rat bei einer Fachwerkstatt gesucht werden.

## Klimaanlagen-Wartungspunkte

**6** Die Wartungspunkte für den Niederdruck- und den Hochdruck-Bereich befinden sich rechts im Motorraum (siehe Abbildung).

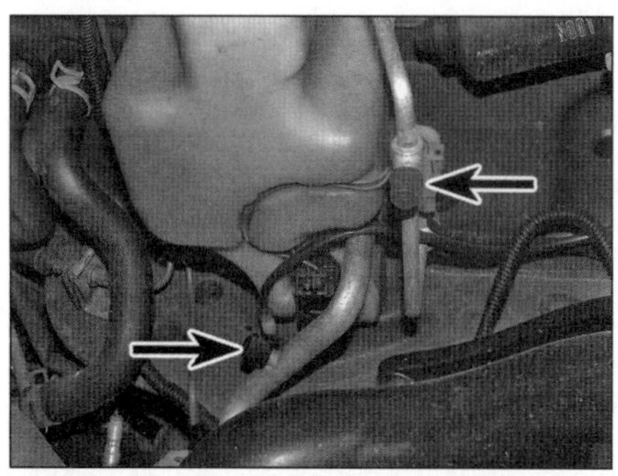

**10.6 Klimaanlagen-Wartungspunkte**

## Warnhinweise

**7** Bei der Arbeit an der Klimaanlage oder damit verbundenen Komponenten müssen besondere Warnhinweise beachtet werden. Das Kältemittel ist potenziell gefährlich, sodass nur qualifizierte Personen damit hantieren dürfen. Eine unkontrollierte Entleerung des Systems birgt Gefahren und ist aus den folgenden Gründen äußerst umweltschädlich:

*a) Falls es auf die Haut gerät, kann es Erfrierungen verursachen.*
*b) Kältemittel ist schwerer als Luft und kann Sauerstoff verdrängen. In einem geschlossenen Raum, der nicht ausreichend belüftet wird, besteht daher Erstickungsgefahr. Das Gas ist farb- und geruchslos, sodass es unbemerkt austreten kann.*
*c) Das Kältemittel ist selbst nicht giftig, doch in Anwesenheit einer offenen Flamme (auch einer Zigarette) bildet es giftige Gase, die u. a. zu Kopfschmerzen und Übelkeit führen können.*

***Warnung: Versuchen Sie niemals, irgendeinen Schlauch- oder Rohranschluss der Klimaanlage zu öffnen, ohne dass das System zuvor von einem Klimaanlagen-Spezialisten entleert wurde. Nach Beendigung der Arbeit muss das System ebenfalls von einem Fachbetrieb wieder mit dem korrekten Kältemittel aufgefüllt werden.***
***Warnung: Getrennte Rohr- und Schlauchanschlüsse müssen direkt nach dem Trennen abgedichtet werden. Falls Luft eindringen kann, wird der Trockner-Behälter mit Feuchtigkeit zugesetzt, sodass er ausgetauscht werden muss. Ersetzen Sie alle Anschluss-Dichtringe.***
***Achtung: Aktivieren Sie nicht die Klimaanlage, wenn bekannt ist, dass Kältemittel fehlt – hierdurch kann der Kompressor beschädigt werden!***

## 11 Klimaanlagen-Komponenten – Ausbau und Einbau

***Warnung: Beachten Sie die Warnhinweise in Sektion 10 und lassen Sie das System von einem Klimaanlagen-Spezialisten entleeren, bevor Sie daran irgendwelche Arbeiten ausführen.***
***Anmerkung: Diese Sektion beschäftigt sich ausschließlich mit Klimaanlagen-Komponenten – beachten Sie für Komponenten der Heizung und der Lüftung die Hinweise in Sektion 9.***

### Verflüssiger

**1** Demontieren Sie den Trockner (siehe unten).
**2** Lassen Sie die Klimaanlage von einem Spezialbetrieb vollständig entleeren. Lösen Sie vorn unter dem Fahrzeug die Muttern des Kältemittel-Anschlussblocks, um diesen zu trennen – die O-Ringe müssen später erneuert werden. Verstopfen Sie umgehend die Öffnungen, um keine Luftfeuchtigkeit oder Schmutz eindringen zu lassen.
**3** Lösen Sie die Befestigungsmuttern des Verflüssigers und heben Sie diesen unter dem Fahrzeug heraus – lagern Sie ihn aufrecht, um keine Flüssigkeit austreten zu lassen. Beschädigen Sie nicht seine Kühlrippen.
**4** Der Einbau entspricht der umgekehrten Ausbaureihenfolge. Erneuern Sie die O-Ringe und schmieren Sie sie mit Kältemittel.
**5** Lassen Sie das Kältemittel vom Spezialbetrieb wieder auffüllen und die Anlage auf Dichtigkeit prüfen.

### Verdampfer und Expansionsventil

**6** Lassen Sie die Klimaanlage von einem Spezialbetrieb vollständig entleeren.
**7** Trennen Sie die Kältemittel-Rohre der Klimaanlage von der Spritzwand (Abb. 9.32) – die O-Ringe müssen später erneuert werden. Verstopfen Sie umgehend die Öffnungen, um keine Luftfeuchtigkeit oder Schmutz eindringen zu lassen.
**8** Entfernen Sie das Handschuhfach (siehe Kapitel 11, Sektion 26). Entfernen Sie die Handschuhfach-Abdeckung des Armaturenbretts.
**9** Trennen Sie den oben am Verdampfergehäuse sitzenden Thermoschalter-Stecker (siehe Abbildung).

**11.9 Der am Verdampfergehäuse sitzenden Thermoschalter-Stecker**

**10** Lösen Sie an beiden Seiten des Verdampfergehäuses die Klemmlaschen der Haltebänder (siehe Abbildung).

**11.10 Lasche eines Haltebands am Verteilergehäuse**

**11** Lösen Sie die Haltemutter des Verdampfergehäuses an der Spritzwand (siehe Abbildung).

**11.11 Verdampfergehäuse-Befestigungsmutter**

**12** Ziehen Sie den Ablaufschlauch ab und entnehmen Sie das Verdampfergehäuse (siehe Abbildung).

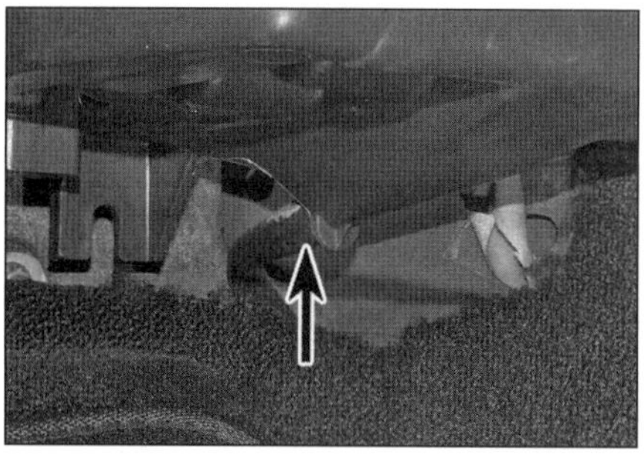

**11.12 Ziehen Sie unten am Verdampfergehäuse den Schlauch ab.**

**13** Trennen Sie die beiden Verdampfergehäuse-Hälften.
**14** Befreien Sie den Verdampfer.
**15** Trennen Sie dem Expansionsventil-Anschluss und befreien Sie das Ventil vom Verdampfer. Verstopfen Sie umgehend die Öffnungen, um keine Luftfeuchtigkeit oder Schmutz eindringen zu lassen.
**16** Entfernen Sie nötigenfalls den Klimaanlagen-Thermoschalter aus der oberen Verdampfergehäusehälfte.
**17** Inspizieren Sie den Verdampfer-Kern und seine Anschlüsse auf Risse und andere Schäden und ersetzen Sie den Verdampfer nötigenfalls.
**18** Montieren Sie das Expansionsventil und erneuern Sie seine Dichtung. Ziehen Sie die Anschlüsse des Ventils sorgfältig an.
**19** Der Einbau entspricht der umgekehrten Ausbaureihenfolge. Erneuern Sie die O-Ringe und schmieren Sie sie mit Kältemittel.
**20** Lassen Sie das Kältemittel vom Spezialbetrieb wieder auffüllen und die Anlage auf Dichtigkeit prüfen.

## Kompressor

**21** Lassen Sie die Klimaanlage von einem Spezialbetrieb vollständig entleeren.
**22** Trennen Sie den Masseanschluss (–) der Batterie (siehe Kapitel 5A, Sektion 4).
**23** Entfernen Sie den Keilrippenriemen (siehe Kapitel 1, Sektion 6).
**24** Blockieren Sie die Hinterräder, damit das Fahrzeug nicht wegrollen kann. Heben Sie die Fahrzeug-Front mindestens 30 cm an und stützen Sie sie sicher ab. Entfernen Sie den Motor-Unterfahrschutz (siehe Abbildungen).
**25** Trennen Sie die Kältemittelrohre und den Kabelstecker vom Kompressor (siehe Abbildung). Lösen Sie die Schrauben des Kompressors und befreien Sie ihn nach unten aus dem Fahrzeug.
**26** Falls der Kompressor durch ein Neuteil oder einen überholten Kompressor ersetzt werden soll, müssen die beigefügten Hinweise bezüglich des Kompressorölpegels beachtet werden.

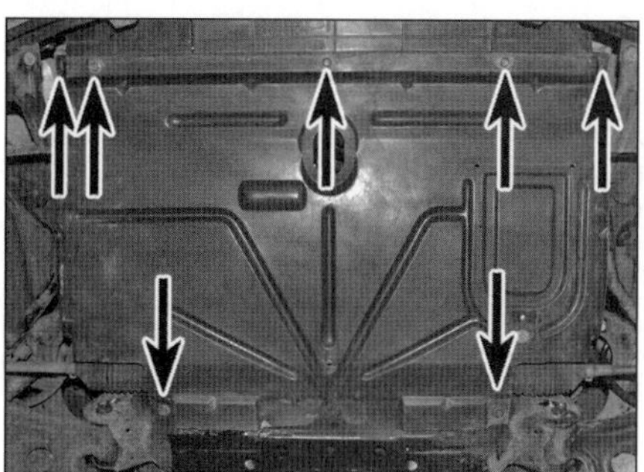

**11.24a Der Motor-Unterfahrschutz ist unten …**

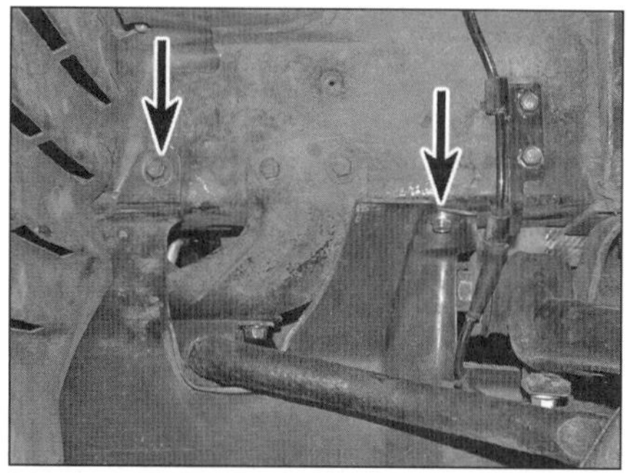

**11.24b … und an beiden Seiten mit Schrauben gesichert.**

**11.25 Der Kompressor sitzt unterhalb der Servolenkungspumpe.**

**27** Montieren Sie den Kompressor in der umgekehrten Ausbaureihenfolge – ersetzen Sie dabei alle freigelegten Dichtungen.
**28** Lassen Sie das Kältemittel vom Spezialbetrieb wieder auffüllen und die Anlage auf Dichtigkeit prüfen.

## Trockner

**29** Lassen Sie die Klimaanlage von einem Spezialbetrieb vollständig entleeren.
**30** Demontieren Sie die vordere Stoßstange (siehe Kapitel 11, Sektion 6).
**31** Trennen Sie die Kältemittelrohre vom Trockner (siehe Abbildung). Verstopfen Sie umgehend die Öffnungen, um keine Luftfeuchtigkeit oder Schmutz eindringen zu lassen.

**11.31 Der Trockner sitzt hinter der vorderen Stoßstange.**

**32** Lösen Sie die Schraube des Trockner-Haltebands und entfernen Sie den Trockner.
**33** Der Einbau entspricht der umgekehrten Ausbaureihenfolge. Erneuern Sie die O-Ringe und schmieren Sie sie mit Kältemittel.
**34** Lassen Sie das Kältemittel vom Spezialbetrieb wieder auffüllen und die Anlage auf Dichtigkeit prüfen.

# Kapitel 4A

## Kraftstoffsystem und Auspuffanlage

### Inhalt — Sektion


Allgemeine Informationen und Warnhinweise . . . . . . . . . . . 1
Auspuffanlage – Ausbau und Einbau . . . . . . . . . . . . . . . . . 12
Auspuffanlage – Kontrolle . . . . . . . . . . . . . . . siehe Kapitel 1
Drosselklappengehäuse – Ausbau und Einbau . . . . . . . . . . 9
Einlass- und Auspuffstutzen – Ausbau und Einbau . . . . . . 11
Einspritzanlage – Allgemeine Informationen . . . . . . . . . . . . 5
Einspritzanlage – Druckabsenkung und Vorfüllen . . . . . . . . 6
Einspritzanlage – Tests und Einstellungen . . . . . . . . . . . . . 8
Einspritzanlagen-Komponenten – Ausbau und Einbau . . . 10
Gaszug – Ausbau, Einbau und Einstellung . . . . . . . . . . . . . 4
Kraftstofftank – Ausbau und Einbau . . . . . . . . . . . . . . . . . . . 3
Kraftstofffilter – Ersetzen . . . . . . . . . . . . . . . . siehe Kapitel 1
Kraftstoffpumpe und Tankuhr-Geber – Ausbau und Einbau . 7
Luftfilter-Baugruppe – Ausbau und Einbau . . . . . . . . . . . . . 2
Luftfilterelement – Ersetzen . . . . . . . . . . . . . . siehe Kapitel 1


# Schwierigkeitsgrade

| **Leicht.** Geeignet für Anfänger mit wenig Erfahrung. | **Relativ leicht.** Geeignet für Anfänger mit etwas Erfahrung. | **Relativ schwierig.** Geeignet für geübte Selbstschrauber. | **Schwer.** Geeignet für Selbstschrauber mit viel Erfahrung. | **Sehr schwer.** Geeignet für Experten und Profis. |
|---|---|---|---|---|

## Technische Daten

| | |
|---|---|
| System-Typ | Indirekte Mehrpunkteinspritzung mit elektronischem Motormanagement |
| **Kraftstoffsystem-Daten** | |
| Kraftstoffpumpen-Typ | Elektrisch, im Tank |
| Kraftstoffpumpen-Ausgangsdruck | 4,5 bis 6,0 bar |
| Kraftstoffdruck geregelt | 2,7 bis 3,2 bar |
| Einspritzdüsen-Widerstand | 12 bis 16 Ohm |
| Standgas-Luftregelventil – Widerstand | |
| bis 1993 | 11 bis 13 Ohm |
| ab 1994 | 10,7 bis 12,3 Ohm |
| Standgasdrehzahl | 800 bis 900/min |
| Gaszug-Spiel | 1 bis 3 mm |
| **Anzugsdrehmomente** | **Nm** |
| Ansaug-Kammer an Einlassstutzen | 22 |
| Auspuffstutzen-Muttern/Schrauben | 42 |
| Drosselklappengehäuse | 22 |
| Druckspeicher | 22 |
| Einlassstutzen | 22 |
| Kurbelwellensensor-Schraube | 10 |
| Nockenwellensensor-Schraube | 10 |

## 1 Allgemeine Informationen und Warnhinweise

Das Kraftstoffsystem besteht aus einem hinten unter dem Fahrzeug angebrachten Tank, einer darin sitzenden elektrischen Benzinpumpe, dem Kraftstofffilter und Kraftstoffleitungen. Die Kraftstoffpumpe fördert Benzin zum Druckspeicher, der als Reservoir für die vier im Einlassstutzen sitzenden Einspritzdüsen dient. In die Pumpe sind ein Filter und ein Druckregler integriert.

***Warnung: Viele der in diesem Kapitel durchgeführten Prozeduren erfordern die Demontage von Kraftstoffleitungen und -anschlüssen – dabei können Benzinspritzer austreten. Bevor Arbeiten am Kraftstoffsystem erledigt werden, müssen die Hinweise in der Sektion »Sicherheit geht vor!« am Anfang dieses Buchs durchgelesen werden – ihnen ist unbedingt zu folgen! Benzin ist eine hochgefährliche und flüchtige Flüssigkeit und die beim Umgang damit erforderlichen Vorsichtsmaßnahmen müssen zwingend eingehalten werden.***

***Warnung: Noch lange nach dem Abschalten des Motors verbleibt in den Kraftstoffleitungen ein gewisser Restdruck. Daher muss vor dem Trennen von Kraftstoffleitungen das System drucklos gemacht werden – siehe Sektion 6.***

## 2 Luftfilter-Baugruppe – Ausbau und Einbau

**1** Schrauben Sie die Ansaugstutzen ab und lockern Sie ihre Schellen (siehe Abbildungen), um die Resonanzrohre vom Luftfiltergehäuse zu trennen.

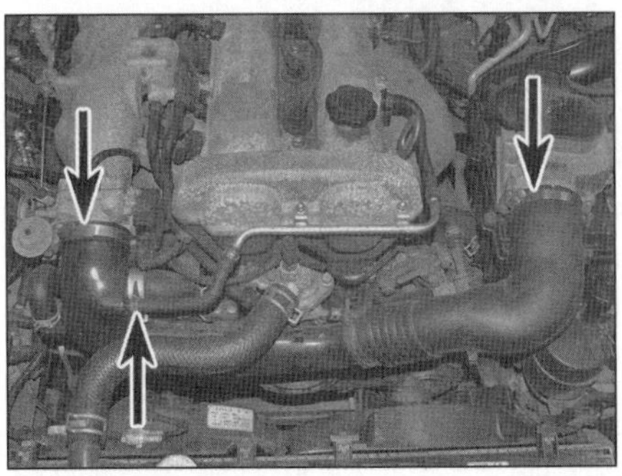

**2.1a Lockern Sie die Schellen und lösen Sie die Ansaugschläuche.**

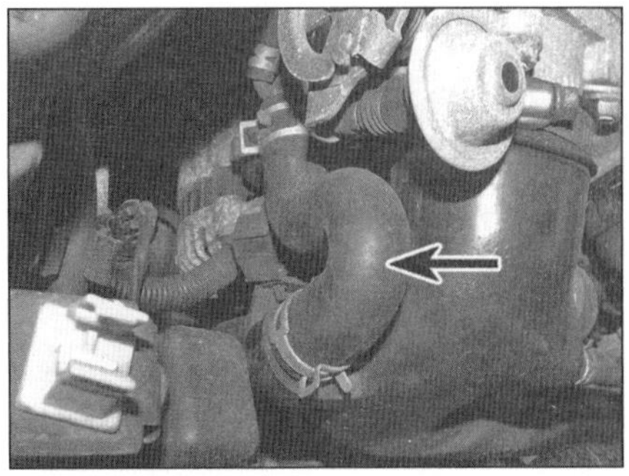

**2.1b Manche Modelle sind mit einem Luftschlauch rechts am Stutzen ausgerüstet, ...**

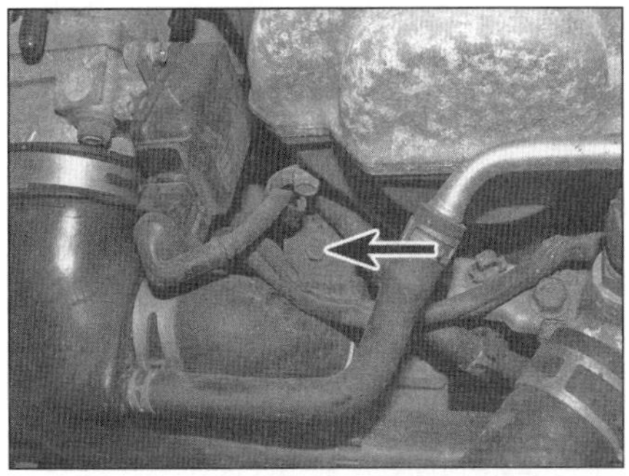

**2.1c ... der auch mit einer Schraube gesichert sein kann.**

**2.1d Resonanzrohr-Schraube**

**2** Trennen Sie oben am Luftfilter den Stecker des Luftmassensensors.

**3** Trennen Sie bei Modellen ab 1998 (NB) links am Luftfiltergehäuse den Stecker des Ansauglufttemperatursensors.

**4** Lösen Sie bei Modellen mit einer Domstrebe deren Schrauben, um sie zu entfernen und den Zugang zu verbessern.

**5** Lösen Sie die Schraube(n) und die Mutter des Luftfiltergehäuses, um dieses aus dem Motorraum zu entfernen (siehe Abbildungen).

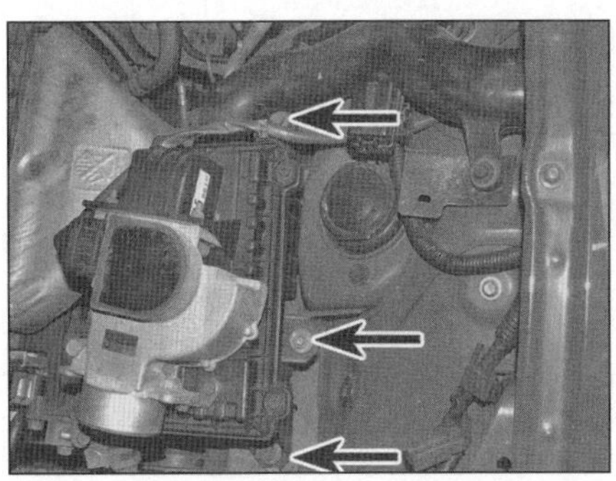

**2.5a Luftfilter-Befestigungsschrauben – frühe Modelle ...**

**2.5b ... und spätere Modelle.**

6 Der Einbau entspricht der umgekehrten Ausbaureihenfolge.

## 3 Kraftstofftank – Ausbau und Einbau

### Ausbau

1 Bevor der Tank ausgebaut werden kann, muss er komplett entleert werden. Da keine Ablassschraube vorhanden ist, sollte der Tank daher ausgebaut werden, wenn er fast leer ist.
2 Trennen Sie den Masseanschluss (–) der Batterie (siehe Kapitel 5A, Sektion 4).
3 Öffnen Sie den Tankdeckel und machen Sie das Kraftstoffsystem drucklos (siehe Sektion 6).
4 Heben Sie das Fahrzeug an und stützen Sie es sicher ab (siehe Seite 275).
5 Entfernen Sie die Hutablage (siehe Kapitel 11, Sektion 26) und die Abdeckung der Kraftstoffpumpe, um hier die Schläuche und Stecker zu trennen (Abb. 7.4a und b).
6 Demontieren Sie den Antriebseinheit-Rahmen (siehe Kapitel 7, Sektion 6), die Kardanwelle und das Achsdifferenzial (siehe Kapitel 8, Sektion 2). Zu diesem Zeitpunkt muss die gesamte Querträger-Baugruppe der Hinterradaufhängung abgestützt, von der Karosserie geschraubt und unter dem Fahrzeug herausbefreit werden. Dies macht das Trennen der Bremsleitungen vom Querträger und das Befreien der Handbrems-Züge von den Bremssätteln nötig (siehe Kapitel 9, Sektion 15).
7 Stützen Sie den Tank mit einem Rangierwagenheber – schützen Sie ihn dabei mit einem stabilen Brett ab. Entfernen Sie den Tank-Protektor.
8 Lösen Sie die Schrauben der Abdeckung und entfernen Sie diese (siehe Abbildung).

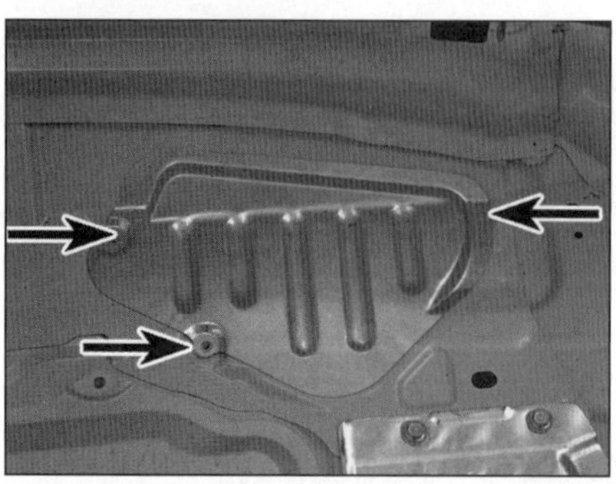

**3.8 Lösen Sie die drei Schrauben und entfernen Sie die Abdeckung.**

9 Befreien Sie die Schläuche vom Tank (siehe Abbildung). **Anmerkung:** *Verstopfen Sie die Schläuche, um kein Benzin austreten und Schmutz eindringen zu lassen.*

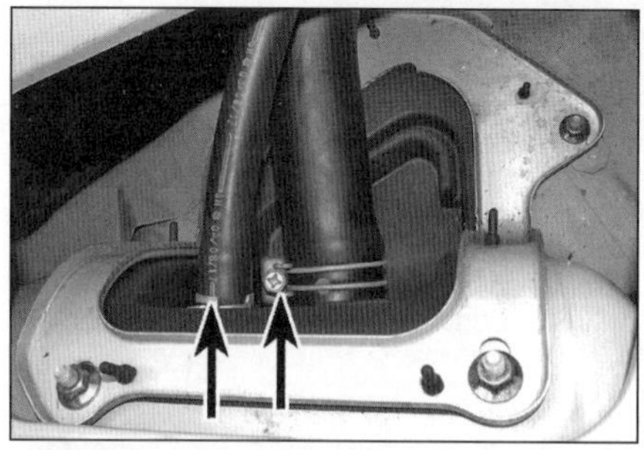

**3.9 Lösen Sie die Schellen und ziehen Sie die Schläuche vom Tank ab.**

10 Lösen Sie im Kofferraum die Schrauben der Tankstutzen-Abdeckung und entfernen Sie diese (siehe Abbildung).

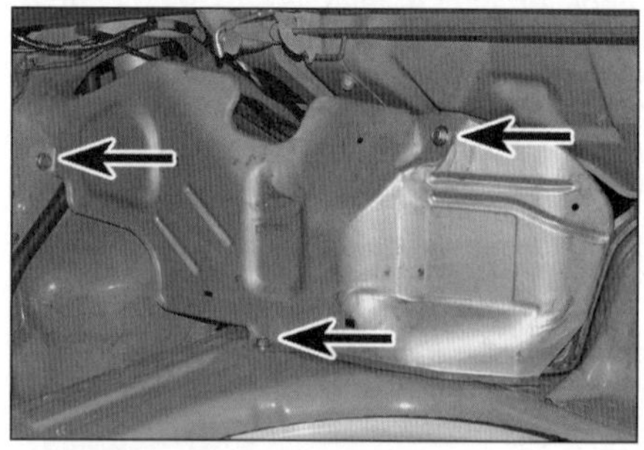

**3.10 Die Tankstutzen-Abdeckung ist im Kofferraum mit drei Schrauben gesichert.**

11 Lösen Sie im Kofferraum die Muttern des Tankstutzen-Rahmens und entfernen Sie die Dichtung (siehe Abbildung).

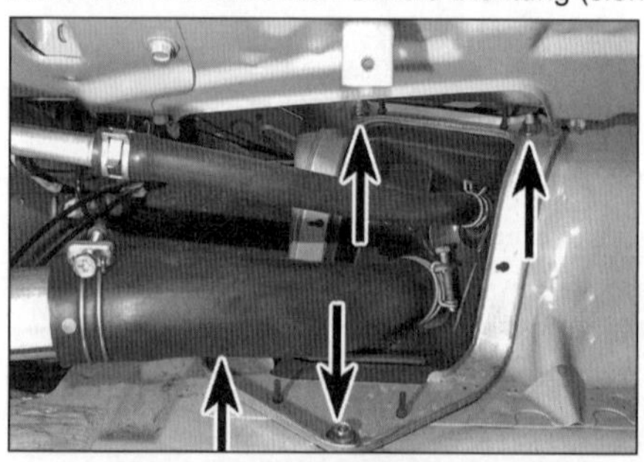

**3.11 Muttern des Tankstutzen-Rahmens**

12 Lösen Sie die Schrauben der Tankhalterungen.
13 Befreien Sie den Tank aus dem Fahrzeug.

### Einbau

14 Der Einbau entspricht der umgekehrten Ausbaureihenfolge. Entlüften Sie die Bremsen, wie in Kapitel 9, Sektion 9 beschrieben.

## 4 Gaszug – Ausbau, Einbau und Einstellung

### Ausbau

1 Lockern Sie an der Einlasskammer die Kontermutter des Gaszug-Einstellers (siehe Abbildung).

4.1 **Gaszug-Kontermutter**

2 Drehen Sie die Drosselklappenbetätigung, um den Gaszug-Nippel befreien zu können (siehe Abbildung).

4.2 **Drosselklappenbetätigung**

3 Befreien Sie den Gaszug am Gaspedal und die Führung aus der Spritzwand (siehe Abbildung).

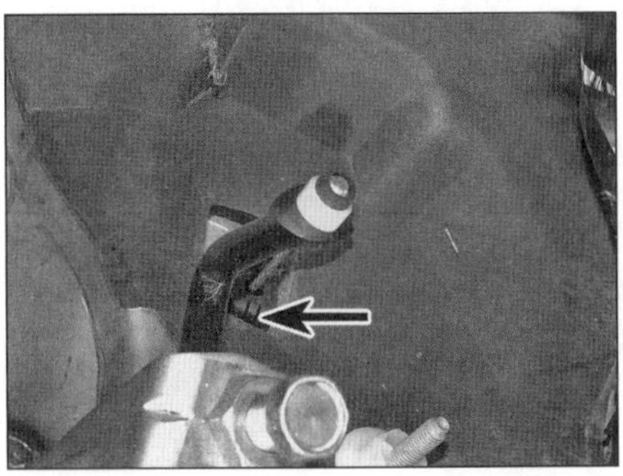

4.3 **Lösen Sie den Clip der Gaszug-Führung.**

4 Ziehen Sie den Gaszug in den Motorraum und befreien Sie ihn dabei aus allen Halterungen.

## Einbau und Einstellung

5 Der Einbau entspricht der umgekehrten Ausbaureihenfolge. Der Gummistopfen muss korrekt in der Spritzwand sitzen.
6 Zur Einstellung des Gaszugs muss ein Assistent das Gaspedal vollständig durchtreten – dabei muss sich die Drosselklappe komplett öffnen.
7 Messen Sie das Spiel des Gaszugs – es muss zwischen 1 und 3 mm liegen.
8 Falls sich die Drosselklappe nicht vollständig öffnet oder das Spiel unkorrekt ist, müssen die Kontermuttern des Gaszugs gelockert und der Zug entsprechend verstellt werden.
9 Ziehen Sie die Kontermuttern wieder an und prüfen Sie erneut die Einstellung. Die Drosselklappe muss vollständig geschlossen sein, sobald das Gaspedal in seine Ruhestellung zurückkehrt.
10 Lassen Sie einen Assistenten das Gaspedal vollständig durchtreten – falls sich die Drosselklappe dabei nicht komplett öffnet, muss die Kontermutter des Pedal-Einstellers gelockert und die Pedal-Position mit der Schraube eingestellt werden; ziehen Sie die Kontermutter anschließend wieder an (siehe Abbildung).

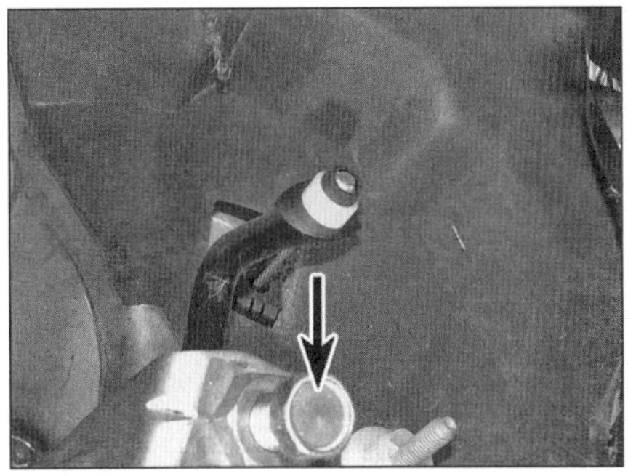

4.10 **Gaspedal-Einstellschraube mit Kontermutter**

# 5 Einspritzanlage – Allgemeine Informationen

1 Das Kraftstoffsystem besteht aus dem Tank, einer darin sitzenden elektrischen Benzinpumpe, dem Einspritzanlagen/Benzinpumpen-Relais, den Einspritzdüsen, einem Druckregler, dem Luftfilter und dem Drosselklappengehäuse. Alle in diesem Buch behandelten Modelle sind mit einer Mehrpunkteinspritzung (MPFI) ausgerüstet.

## Einspritzanlage

2 Die Mehrpunkteinspritzung nutzt zeitlich abgestimmte Impulse, um den Kraftstoff sequentiell in die Einlassstutzen der Zylinder einzuspritzen. Die Einspritzdüsen werden vom Motorsteuergerät (ECU) kontrolliert. Das Steuergerät überwacht verschiedene Parameter des Motors und errechnet den Beginn und die Dauer der Einspritzung in die Einlasskanäle. Im Drosselklappengehäuse wird die dazu erforderliche Luftmenge beigemischt. Weil jeder Zylinder mit einer eigenen Einspritzdüse ausgerüstet ist, lässt sich das korrekte Benzin/Luft-Gemisch deutlich besser überwachen als bei einer Zentraleinspritzung.

## Kraftstoffpumpe und Leitungen

3 Die im Tank sitzende Pumpe fördert den Kraftstoff zur Einspritzanlage, bei Modellen bis 1999 wird überschüssiges Benzin über eine zweite Leitung wieder zurück in den Tank geleitet. Ab Modelljahr 2000 kam ein »rückkehrloses« System zum Einsatz, bei dem ein in die Pumpe integrierter Druckregler überschüssigen Kraftstoff direkt in den Tank ableitet.
4 Die Kraftstoffpumpe läuft, solange sich der Motor dreht und das Steuergerät Impulse aus dem Zündsystem erhält (siehe Kapitel 5B, Sektion 1). Sobald keine Referenz-Impulse mehr festgestellt werden, schaltet die Pumpe nach zwei bis drei Sekunden ab.

## Auspuffanlage

5 Der Auspuff besteht aus dem am Zylinderkopf sitzenden Stutzen, einem Katalysator, dem Auspuffrohr und dem Schalldämpfer.
6 Details zum Katalysator finden sich in Kapitel 4B, Sektion 3.

## 6 Kraftstoffsystem – Druckabsenkung und Vorfüllen

### Druckabsenkung

**1** Bevor an Komponenten des Kraftstoffsystems gearbeitet werden kann, muss dies drucklos gemacht werden, um das Risiko von Feuer und Verletzungen zu minimieren.
**2** Öffnen Sie den Tankdeckel, um im Tank aufgebauten Druck entweichen zu lassen.
**3** Lösen Sie an der Abdeckung unterhalb der Lenksäule die zwei Schrauben und lokalisieren Sie den Stecker des Stromkreisöffnungsreleis (Modelle bis 1993) bzw. des Kraftstoffpumpenrelais (Modelle ab 1994).

*a) Das Stromkreisöffnungsreleis (Modelle bis 1993) hat sechs Anschlusskontakte, von denen einer nicht belegt ist. Die anderen fünf Kontakte sind mit Kabeln folgender Farben verbunden: violett, weiß/rot, blau/rot, hellgrün und schwarz.*

*b) Das Kraftstoffpumpenrelais (Modelle ab 1994)hat sechs Anschlusskontakte, von denen zwei nicht belegt sind. Die anderen vier Kontakte sind mit Kabeln folgender Farben verbunden: weiß/rot, weiß/rot, blau/rot und hellgrün.*

**4** Trennen Sie den Stecker des Relais.
**5** Starten Sie den Motor, warten Sie bis er ausgeht, und schalten Sie die Zündung wieder aus.
**6** Das Kraftstoffsystem ist jetzt drucklos. **Anmerkung:** *Legen Sie Lappen um die Rohranschlüsse, bevor Sie sie trennen, da sich weiterhin Kraftstoffreste darin befinden.*
**7** Verbinden Sie den Relaisstecker und montieren Sie die Abdeckung.

### Vorfüllen

**8** Nachdem das Kraftstoffsystem drucklos gemacht wurde, muss es vor dem Starten des Motors vorgefüllt werden, damit der Anlasser nicht unnötig lange drehen muss. Dies geschieht folgendermaßen:

*a) Lokalisieren Sie den Diagnosestecker im Motorraum.*

*b) Überbrücken Sie mit einem Kabel die Masse- und Kraftstoffpumpen-Kontakte (siehe Abbildung).*

*c) Drehen Sie den Zündschlüssel für etwa zehn Sekunden auf ON (aber starten Sie nicht den Motor), schalten Sie dann die Zündung wieder aus. Entfernen Sie das Überbrückungskabel vom Diagnosestecker.*

*d) Kontrollieren Sie vor der ersten Fahrt das Kraftstoffsystem auf Undichtigkeiten.*

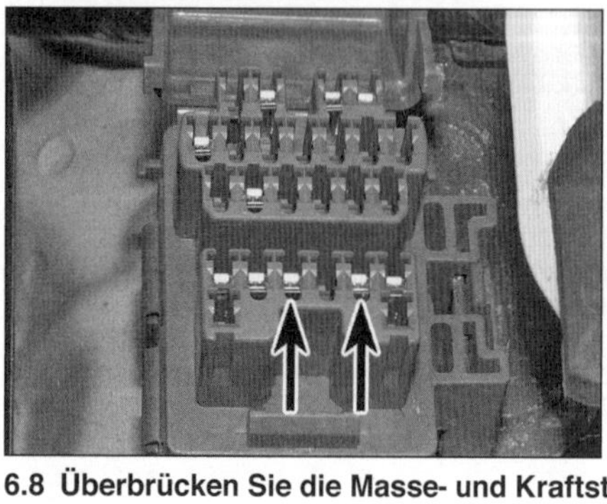

**6.8 Überbrücken Sie die Masse- und Kraftstoffpumpen-Kontakte.**

## 7 Kraftstoffpumpe und Tankuhr-Geber – Ausbau und Einbau

### Kraftstoffpumpe

**1** Machen Sie das Kraftstoffsystem drucklos (siehe Sektion 6).
**2** Trennen Sie den Masseanschluss (–) der Batterie (siehe Kapitel 5A, Sektion 4).
**3** Entfernen Sie die Ablage-Verkleidung hinter den Sitzen (siehe Kapitel 11, Sektion 26).
**4** Entfernen Sie die Kraftstoffpumpen-Abdeckung (siehe Abbildungen).

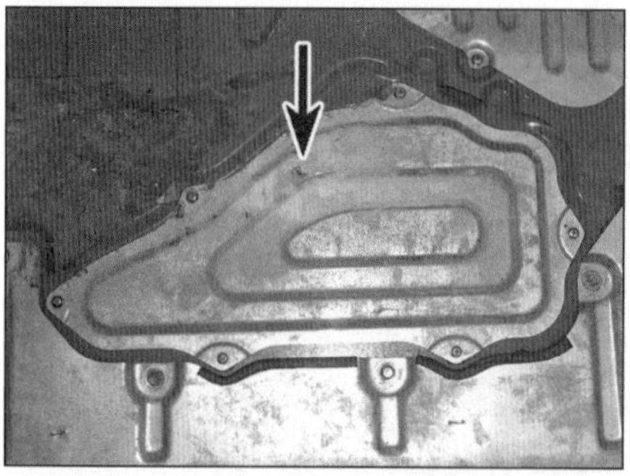

**7.4a Entfernen Sie das Abdeckblech über der Kraftstoffpumpe – frühe Modelle ...**

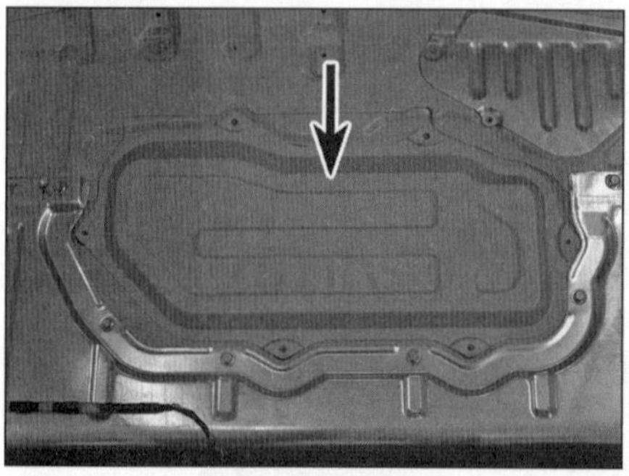

**7.4b ... und spätere Modelle.**

**5** Trennen Sie den Kabelstecker der Pumpen-Baugruppe (siehe Abbildung).

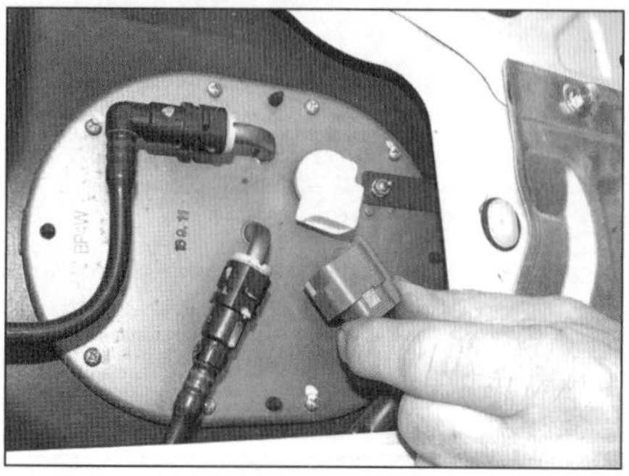

**7.5 Ziehen Sie den Pumpenstecker ab.**

**6** Trennen Sie den Zulaufschlauch und ggf. den Rücklaufschlauch von der Pumpe (siehe Abbildungen).

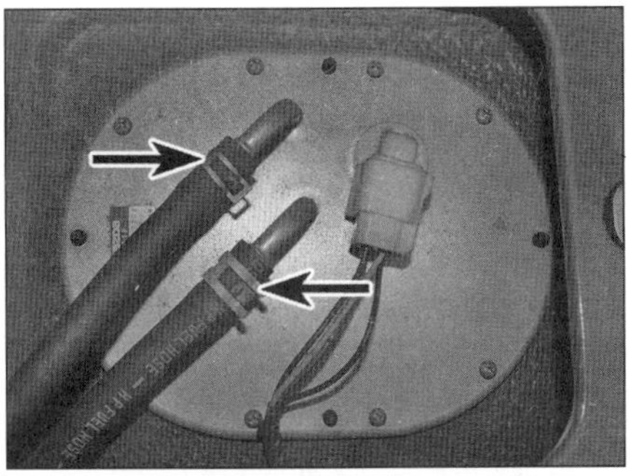

**7.6a Lockern Sie bei frühen Modellen die Schellen und ziehen Sie die Schläuche ab.**

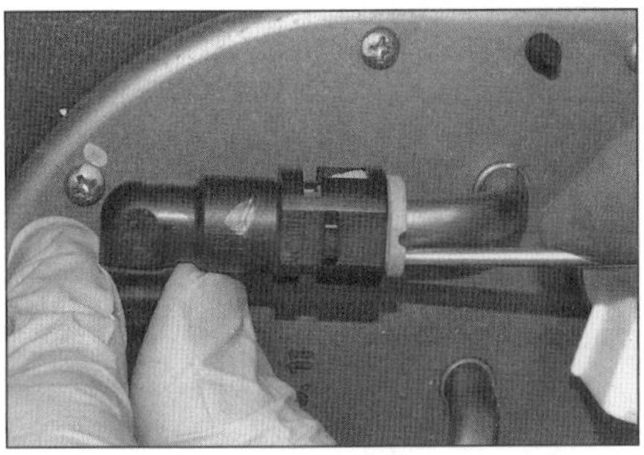

**7.6b Spreizen Sie bei späteren Modellen mit einem kleinen Werkzeug die Laschen der Steckverbindung, ...**

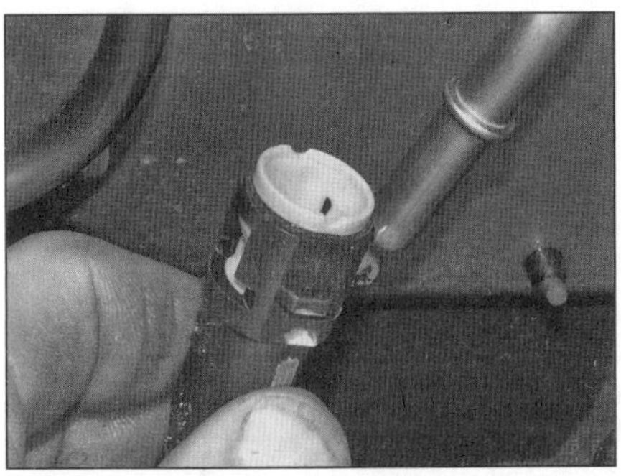

**7.6c ... und ziehen Sie den Schlauch von seinem Stutzen.**

**7** Lösen Sie die Befestigungsschrauben der Pumpenplatte (siehe Abbildungen).

**7.7a Lösen Sie die Pumpenplatten-Schrauben.**

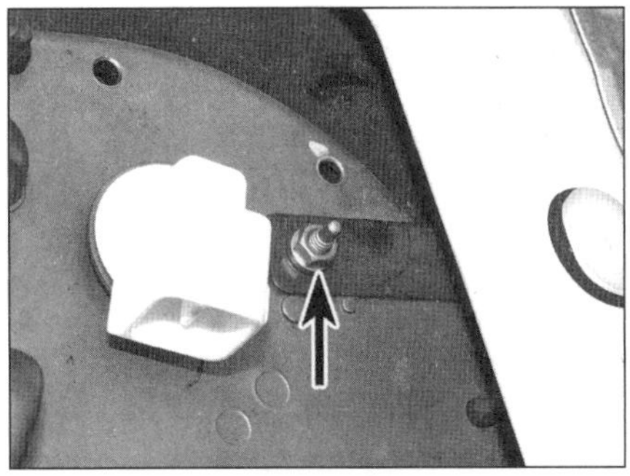

**7.7b Bei manchen Modellen muss die Mutter gelöst und der Halter beiseite geschwenkt werden.**

**8** Heben Sie die Pumpenbaugruppe vorsichtig aus dem Tank (siehe Abbildung).

**7.8 Beschädigen Sie beim Herausheben der Pumpe nicht den Schwimmerarm.**

**9** Trennen Sie den Pumpenstecker und schieben Sie ggf. die Schlauchschelle vom Stutzen zurück (siehe Abbildungen).

**7.9a Trennen Sie den Pumpenstecker, ...**

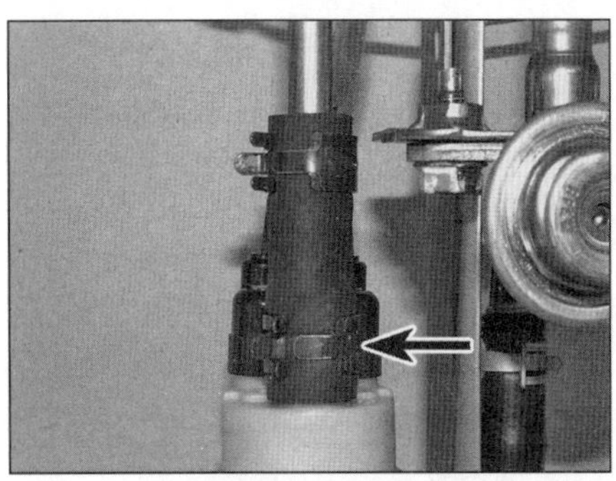

**7.9b ... und schieben Sie die Schelle vom Stutzen.**

**10** Entfernen Sie ggf. das Band, mit dem die Pumpe am Halter gesichert ist (siehe Abbildung).

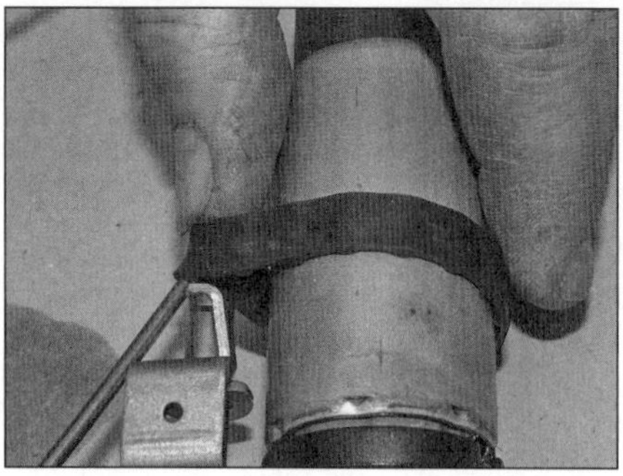

**7.10 Ziehen Sie das Band nach oben vom Halter ab.**

**11** Entfernen Sie unten an der Pumpe die Halterung samt Gummipuffer (siehe Abbildungen).

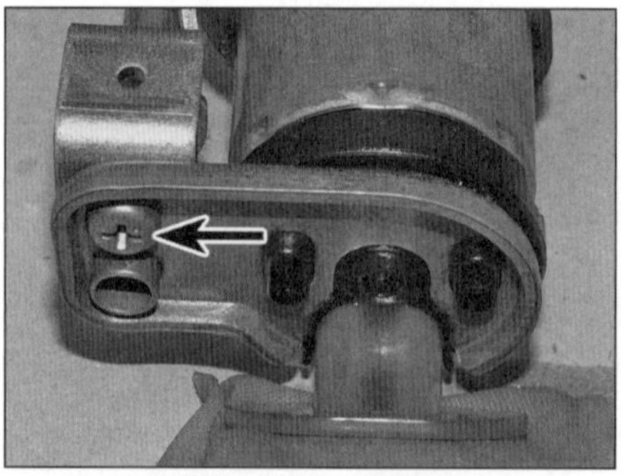

**7.11a Lösen Sie die Schraube, ...**

**7.11b ... und entfernen Sie die untere Halterung – frühe Modelle.**

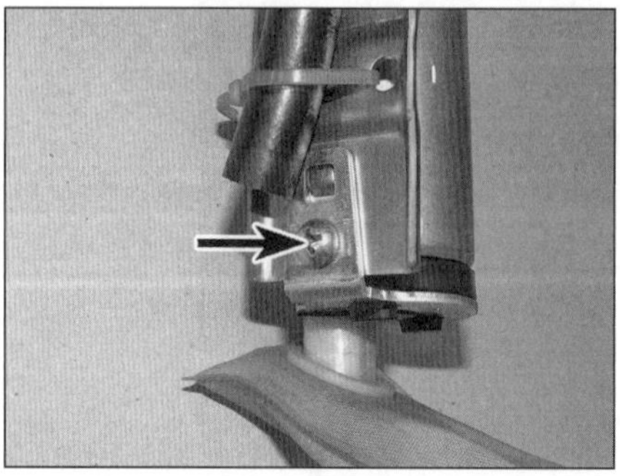

**7.11c Pumpenhalter-Schraube – spätere Modelle**

**12** Entfernen Sie die Kraftstoffpumpe.
**13** Entfernen Sie unten an der Pumpe den Filter und begutachten Sie ihn auf Verschmutzung – ersetzen Sie ihn nötigenfalls.
**14** Der Einbau entspricht der umgekehrten Ausbaureihenfolge. Verwenden Sie am Schlauchanschluss ggf. ein neues Dichtungsset (O-Ring, Kappe und Distanzstück) (siehe Abbildung) und eine neue Tankdichtung. **Anmerkung:** *Nachdem die Pumpe an den Halter montiert ist, muss sie heruntergezogen werden, damit sie fest gegen dessen Unterlage drückt, positionieren Sie dann die Schlauchschellen (nur spätere Modelle).*

**7.14 Erneuern Sie den O-Ring, die Kappe und das Distanzstück.**

# Tankuhr-Geber

## Test

**15** Der Tankuhr-Geber ist Teil der im Tank sitzenden Kraftstoffpumpen-Baugruppe.
**16** Befreien Sie die Pumpe aus dem Tank (siehe oben).
**17** Prüfen Sie mit einem Ohmmeter den Widerstand des Gebers bei nach unten geschwenktem Schwimmer (Tank leer) und bei nach oben geschwenktem Schwimmer (Tank voll) – er muss dabei von ca. 110 auf 3 Ohm abfallen (siehe Abbildung).

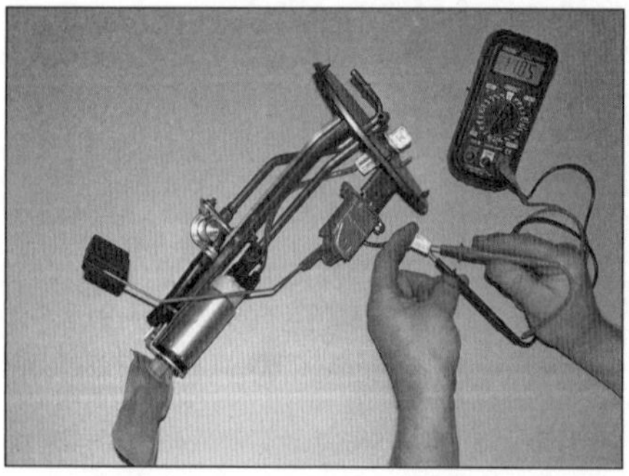

**7.17 Der Widerstand des Gebers muss bei nach oben geschwenktem Schwimmer sinken.**

**18** Bei stark abweichenden Ergebnissen muss der Geber erneuert werden.

## Ersetzen

**19** Befreien Sie die Pumpe aus dem Tank (siehe oben).
**20** Trennen Sie den Stecker des Tankuhr-Gebers.
**21** Lösen Sie die Muttern, die den Geber am Halter sichern, und befreien Sie ihn von der Baugruppe (siehe Abbildung).

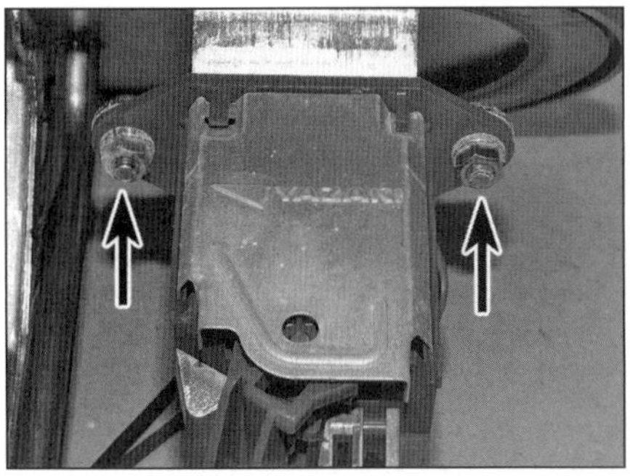

7.21 Muttern des Tankuhr-Gebers

22 Der Einbau entspricht der umgekehrten Ausbaureihenfolge.

## 8 Einspritzanlage – Tests und Einstellungen

### Testen

1 Überprüfen Sie die Masseanschlüsse auf Festigkeit. Kontrollieren Sie alle zum System gehörenden Stecker. Lockere Stecker und schlechte Massekontakte können viele Probleme hervorrufen, die schwerwiegenden Fehlfunktionen ähneln.
2 Kontrollieren Sie, ob die Batterie vollständig geladen ist – das Steuergerät und die Sensoren benötigen eine akkurate Versorgungsspannung, um die erforderliche Kraftstoffmenge korrekt zu bemessen.
3 Inspizieren Sie das Luftfilterelement – ein verschmutzter oder teilweise verstopfter Filter wirkt stark leistungsmindernd und kann den Verbrauch ansteigen lassen (siehe Kapitel 1, Sektion 20).
4 Falls eine durchgebrannte Sicherung entdeckt wird, muss sie ersetzt werden, um zu sehen, ob sie erneut durchbrennt – in diesem Fall muss der zum System gehörende Kabelbaum auf Kurzschluss zu Masse kontrolliert werden.
5 Kontrollieren Sie den Ansaugtrakt vom Luftfiltergehäuse zum Einlassstutzen auf Undichtigkeiten, die zu einem abgemagerten Gemisch führen können. Überprüfen Sie ebenfalls die mit dem Einlassstutzen verbundenen Unterdruckschläuche.
6 Trennen Sie den Ansaugstutzen vom Drosselklappengehäuse und überprüfen Sie ihn auf Ablagerungen. Falls er verschmutzt ist, muss er mit Vergaserreiniger-Spray (das weder Lambdasonden noch Katalysatoren angreift) und einer alten Zahnbürste gesäubert werden.
**Achtung: Keinesfalls darf der dünne Dichtfilm vom Rand der Drosselklappe und ihrem Sitz im Gehäuse entfernt werden.**
7 Halten Sie bei laufendem Motor ein Stethoskop nacheinander an die Einspritzdüsen – klickende Geräusche weisen auf ihre Funktion hin. Falls kein Stethoskop zur Hand ist, kann auch die Spitze eines langen Schraubendrehers angesetzt und das Ohr gegen den Griff gedrückt werden.
8 Messen Sie bei abgeschaltetem Motor und getrennten Einspritzdüsensteckern die Widerstände aller Düsenstecker – wenn nicht zwischen 12 und 16 Ohm festgestellt werden, wird die entsprechende Einspritzdüse wahrscheinlich defekt sein.
9 Weitere Kontrollen der Einspritzanlage müssen einer Fachwerkstatt überlassen werden, die mithilfe eines Diagnosegeräts Fehler auslesen und reparieren kann. Der hierfür benötigte Diagnosestecker sitzt bei Modellen bis 1999 im Motorraum; bei Modellen ab 2000 befindet er sich oberhalb der Sicherungen im Armaturenbrett (siehe Abbildungen).

8.9a Der Wartungsstecker für das Diagnosegerät befindet sich links im Motorraum – Modelle bis 1999 ...

8.9b ... oder im Sicherungsfach des Armaturenbretts.

### Einstellungen

10 Erfahrene Hobbyschrauber mit reichlich Erfahrung, einem Drehzahlmesser und einem korrekt kalibrierten Abgas-Analysegerät können den CO-Wert und die Standgasdrehzahl kontrollieren – für Einstellungen sollte das Fahrzeug jedoch in eine Mazda-Werkstatt gebracht werden, wo weitere Tests durchgeführt werden können.

## 9 Drosselklappengehäuse – Ausbau und Einbau

### Ausbau

1 Demontieren Sie die Ansaugstutzen-Baugruppe (siehe Sektion 2).
2 Trennen Sie den Gaszug von der Drosselklappenbetätigung (siehe Sektion 4).
3 Markieren Sie alle Unterdruckschläuche und trennen Sie sie vom Drosselklappengehäuse.
4 Markieren Sie alle Kühlerschläuche und trennen Sie sie vom Drosselklappengehäuse (siehe Abbildung). Verstopfen Sie die Schläuche, damit kein Kühlmittel austritt.

**9.4 Markieren Sie die Unterdruckschläuche, bevor Sie sie vom Drosselklappengehäuse abziehen.**

**5** Trennen Sie die Stecker des Drosselklappensensors und des am Drosselklappengehäuse sitzenden Standgas-Regelventils.

**6** Lösen Sie die vier Muttern/Schrauben des Drosselklappengehäuses (siehe Abbildung).

**9.6 Drosselklappengehäuse-Befestigungen**

**7** Befreien Sie das Drosselklappengehäuse samt Dichtung vom Einlassstutzen.

**8** Säubern Sie das Gehäuse sorgfältig mit einer weichen Bürste und Vergaserreiniger und blasen Sie alle Kanäle anschließend mit Druckluft aus.

**Achtung: Der Drosselklappensensor darf nicht mit Reiniger behandelt, sondern nur vorsichtig mit einem weichen Lappen abgewischt werden.**

## Einbau

**9** Der Einbau entspricht der umgekehrten Ausbaureihenfolge. Ziehen Sie Befestigungsschrauben mit 22 Nm an.

# 10 Einspritzanlagen-Komponenten – Ausbau und Einbau

## Motorsteuergerät (ECU)

**1** Trennen Sie den Masseanschluss (–) der Batterie (siehe Kapitel 5A, Sektion 4). **Anmerkung:** *Vor dem Trennen der Batterie sollte der Fehlerspeicher im Steuergerät mit einem speziellen Diagnosegerät ausgelesen werden. Lassen Sie diese Tätigkeit von einer Mazda-Werkstatt oder einer Fachwerkstatt durchführen.*

### NA-Modelle bis 1997

**2** Das Steuergerät sitzt unter dem Teppich im Beifahrerfußraum. Lösen Sie die Schrauben der Schwellerverkleidung, heben Sie diese an, befreien Sie das Dichtgummi, hebeln Sie am vorderen Rand den Clip heraus, und entfernen Sie den Trittschutz (siehe Abbildungen).

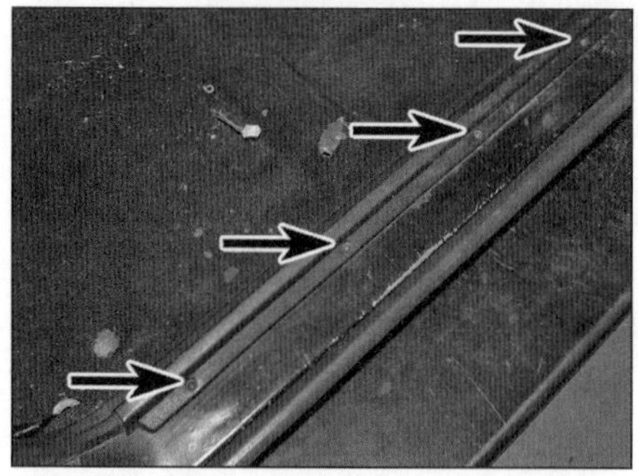

**10.2a Lösen Sie die Schrauben der Schwellerabdeckung und ziehen Sie sie ab.**

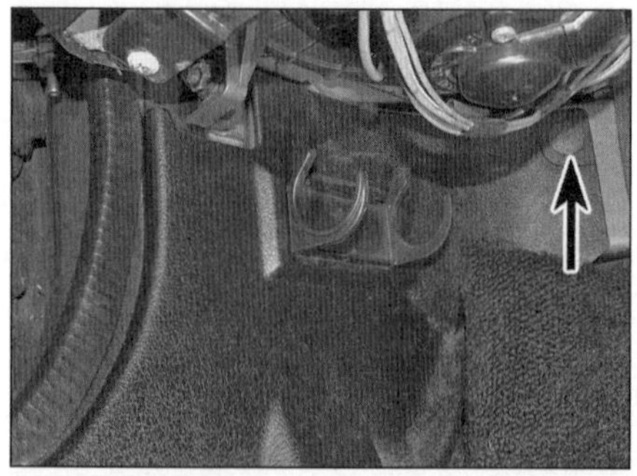

**10.2b Hebeln Sie den Clip heraus und entfernen Sie den Trittschutz.**

**3** Klappen Sie den Teppich zurück, lösen Sie die Muttern/Schrauben, und entfernen Sie die Steuergerät-Abdeckung (siehe Abbildung). Falls der Zugang begrenzt ist, muss das Handschuhfach entfernt werden (siehe Kapitel 11, Sektion 26).

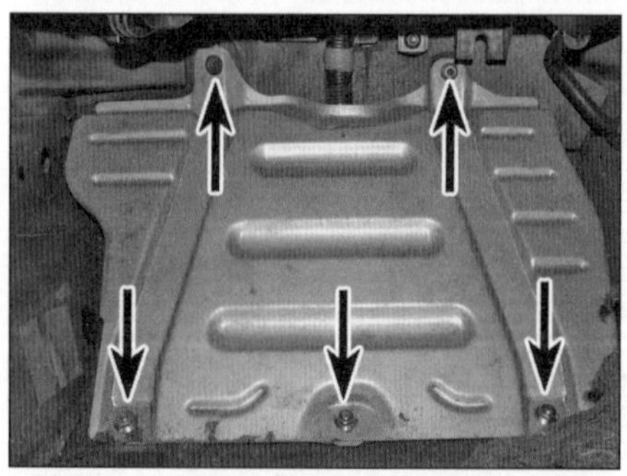

**10.3 Lösen Sie die Befestigungen der Steuergerät-Abdeckung und entfernen Sie diese.**

**4** Heben Sie das Steuergerät an, trennen Sie die Kabelstecker, und befreien Sie den Kabelbaum (siehe Abbildung). Lösen Sie nötigenfalls die Schrauben der Halterung und befreien Sie diese vom Steuergerät.

**10.4 Trennen Sie die Kabelstecker, befreien Sie den Kabelbaum und heben Sie das Steuergerät heraus.**

**5** Der Einbau entspricht der umgekehrten Ausbaureihenfolge.

## NB-Modelle ab 1998

**6** Das Steuergerät sitzt im Beifahrerraum unter dem Armaturenbrett. Ziehen Sie die Schwellerabdeckung hoch, befreien Sie die Gummidichtung, hebeln Sie den Clip heraus, und entfernen Sie den Trittschutz (siehe Abbildungen).

**10.6a Ziehen Sie die Schwellerabdeckung ab.**

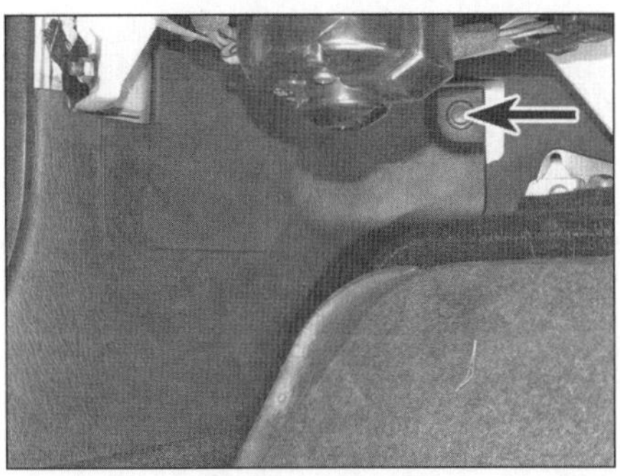

**10.6b Hebeln Sie den zentralen Stift heraus und entfernen Sie den Clip.**

**7** Ziehen Sie den Teppich zurück, lösen Sie die Muttern/ Schrauben, und bohren Sie die Köpfe der Abreiß-Schrauben aus, um die Abdeckung des Steuergeräts zu entfernen (siehe Abbildungen).

**10.7a Bohren Sie die Köpfe der Abreiß-Schrauben aus, ...**

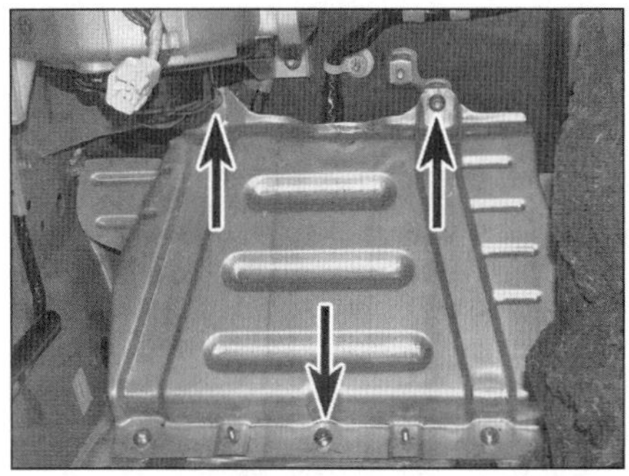

**10.7b ... lösen Sie die drei Muttern und entfernen Sie die Steuergerät-Abdeckung.**

**8** Heben Sie das Steuergerät heraus und trennen Sie seine Stecker (siehe Abbildung). Lösen Sie nötigenfalls die Schrauben, um das Steuergerät von seiner Halterung zu trennen.

**10.8 Heben Sie das Steuergerät heraus und trennen Sie seine Stecker.**

**9** Der Einbau entspricht der umgekehrten Ausbaureihenfolge.

# Druckspeicher und Einspritzdüsen

***Warnung: Beachten Sie vor Beginn den Warnhinweis in Sektion 1.***

**10** Trennen Sie den Masseanschluss (–) der Batterie (siehe Kapitel 5A, Sektion 4).
**11** Machen Sie das Kraftstoffsystem drucklos (siehe Sektion 6).

## NA-Modelle bis 1997

**12** Ziehen Sie den PVC-Schlauch vom Ventildeckel und dem Einlassstutzen ab.

**13** Lösen Sie bei Modellen bis 1993 die Schlauchschellen und Schläuche des an der Motorseite der Einlasskammer sitzenden Luftventils und schrauben Sie dies ab (siehe Abbildung).

**10.13 Befreien Sie das Luftventil von der Einlasskammer.**

**14** Markieren Sie sorgfältig mit einem Filzstift oder Farbe die Einspritzdüsen und ihre Stecker. Ziehen Sie die Stecker von den Düsen und verlagern Sie den Kabelbaum beiseite (siehe Abbildung). **Anmerkung:** *Drücken Sie die Arretierung der Stecker mit einem kleinen Schraubendreher herunter, während Sie sie abziehen.*

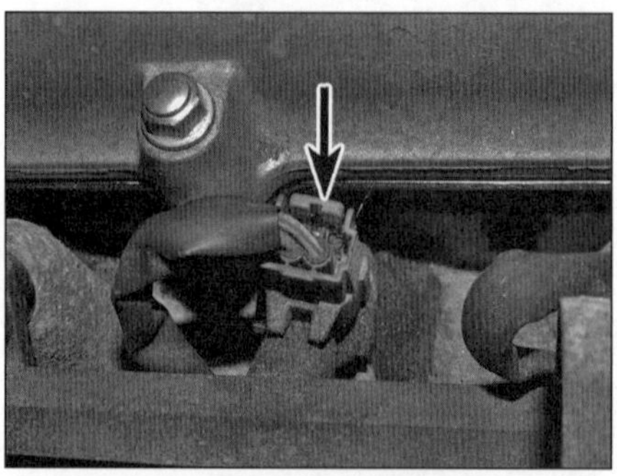

**10.14 Drücken Sie die Arretierung herunter und ziehen Sie den Einspritzdüsen-Stecker ab.**

**15** Ziehen Sie bei Modellen bis 1997 (NA) den Unterdruckschlauch am Druckregler ab (siehe Abbildung).

**10.15 Ziehen Sie den Unterdruckschlauch ab.**

**16** Trennen Sie die Kraftstoffleitungen vom Druckregler und dem Druckspeicher.
**17** Lösen Sie die Schrauben des Druckspeichers und ziehen Sie diesen von den Einspritzdüsen (siehe Abbildung).

**10.17 Druckspeicher-Befestigungsschrauben**

**18** Entfernen Sie die Isolierstücke, heben Sie den Druckspeicher und den Druckregler heraus, und ziehen Sie die Einspritzdüsen aus ihren Sitzen.

## NB-Modelle ab 1998

**19** Demontieren Sie das Drosselklappengehäuse (siehe Sektion 9).
**20** Lösen Sie die Schrauben der Einlasskammer-Halterung (siehe Abbildung).

**10.20 Die von unten zugängliche Halterung der Einlasskammer**

**21** Markieren Sie die Positionen der verschiedenen Schläuche und trennen Sie sie von der Einlasskammer.
**22** Lösen Sie alle Muttern und Schrauben der Einlasskammer und entfernen Sie sie (siehe Abbildung) – später muss eine neue Dichtung verwendet werden. **Anmerkung:** *Die neue Dichtung muss mit der konvexen Seite zum Einlassstutzen zeigen (siehe Abbildung).*

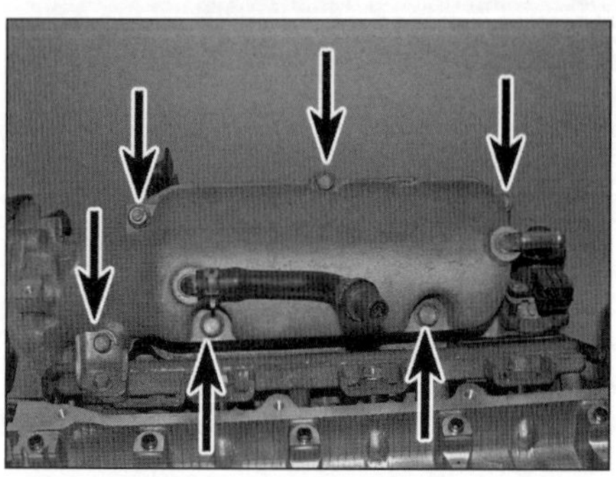

**10.22a Muttern und Schrauben der Einlasskammer**

**10.22b Die konvexe Dichtungsseite muss zum Einlassstutzen zeigen.**

**23** Trennen Sie die Kraftstoff-Zulaufleitung vom Druckspeicher – seien Sie auf etwas austretendes Benzin vorbereitet.
**24** Befreien Sie den Kabelbaumschacht und lösen Sie die Druckspeicher-Schrauben (siehe Abbildungen).

**10.24a Befreien Sie den Kabelbaumschacht, ...**

**10.24b ... und lösen Sie die Druckspeicher-Schrauben.**

**25** Ziehen Sie mit dem Druckspeicher die Einspritzdüsen aus dem Zylinderkopf (siehe Abbildungen).

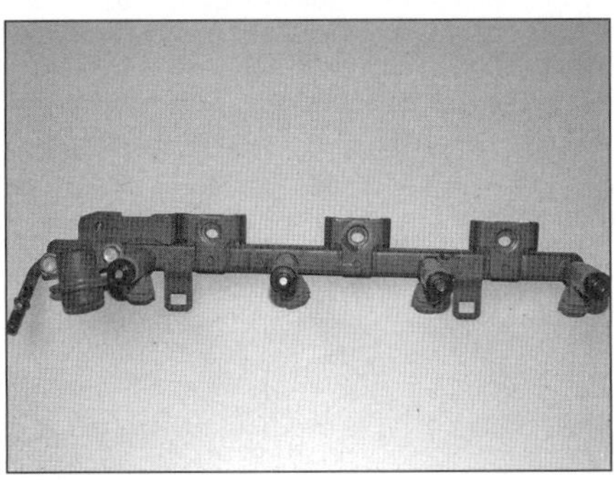

**10.25a Befreien Sie den Druckspeicher samt Einspritzdüsen ...**

**10.25b ... und entfernen Sie die Halterungen aus dem Zylinderkopf.**

**26** Ziehen Sie die Einspritzdüsen aus dem Druckspeicher.

## Alle Modelle

**27** Lagern Sie die Einspritzdüsen in deutliche markierten Behältern, damit sie später an ihre ursprünglichen Positionen gelangen.
**28** Falls die Einspritzdüsen wiederverwendet werden sollen, müssen ihre Isolierstücke, Gummiösen und O-Ringe erneuert werden (siehe Abbildung).

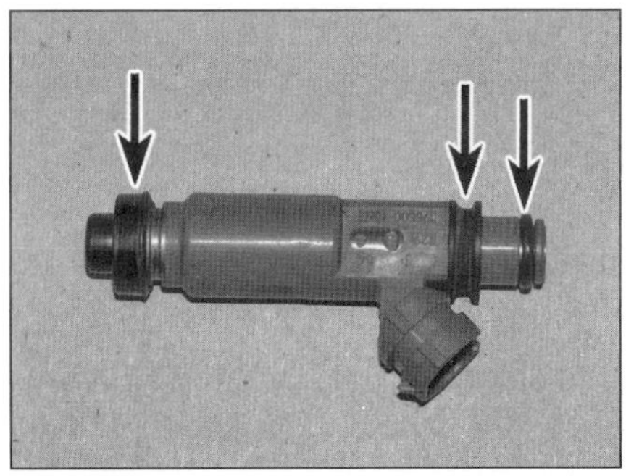

**10.28 Erneuern Sie das Isolierstück, die Gummiöse und den O-Ring.**

**29** Der Einbau entspricht der umgekehrten Ausbaureihenfolge. Ölen Sie die Einspritzdüsen-O-Ringe vor dem Einbau dünn ein. Ziehen Sie Befestigungsschrauben des Druckspeichers mit 22 Nm an.

# Luftmassensensor/ Ansauglufttemperatursensor

## Modelle bis 1993

**30** Trennen Sie den Sensorstecker (siehe Abbildung).

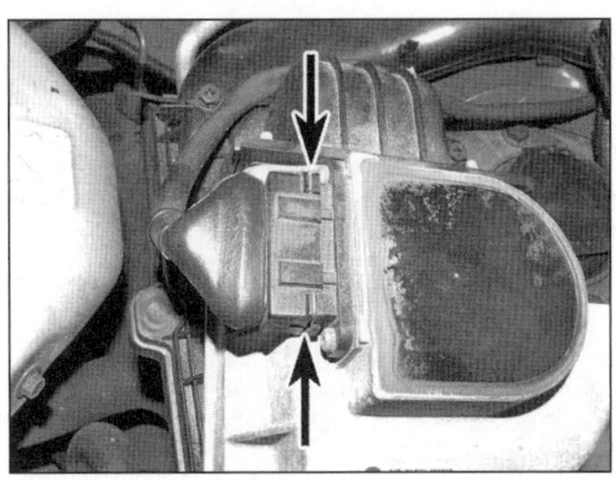

**10.30 Hebeln Sie an beiden Seiten den Clip heraus und trennen Sie den Stecker des Luftmassensensors.**

**31** Lockern Sie die Schelle des Ansaugstutzens und entfernen Sie diesen.
**32** Lösen Sie die vier Muttern und die einzelne Schraube der Sensor-Baugruppe und entfernen Sie diese (siehe Abbildungen).

**10.32a Der Luftmassensensor ist hinten mit vier Muttern ...**

**10.32b ... und vorn mit einer Schraube gesichert.**

**33** Der Einbau entspricht der umgekehrten Ausbaureihenfolge.

## NA-Modelle bis 1997

**34** Lockern Sie die Schelle des Ansaugstutzens und entfernen Sie diesen.
**35** Trennen Sie den Kabelstecker und entfernen Sie den Sensor aus dem Luftfiltergehäuse.
**36** Der Einbau entspricht der umgekehrten Ausbaureihenfolge.

## NB-Modelle ab 1998 – Luftmassensensor

**Anmerkung:** *Bei diesen Modellen sind der Luftmassensensor und der Ansauglufttemperatursensor zwei separate Bauteile.*
**37** Lockern Sie die Schelle des Ansaugstutzens, entfernen Sie diesen, und trennen Sie den Stecker des Sensors (siehe Abbildung).

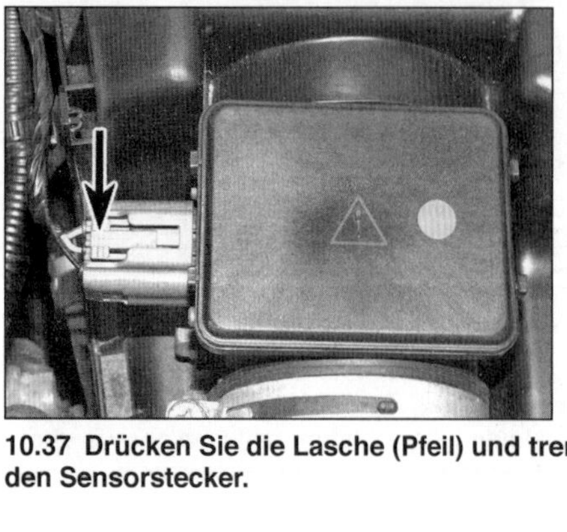

**10.37 Drücken Sie die Lasche (Pfeil) und trennen Sie den Sensorstecker.**

**38** Lösen Sie die Schrauben des Sensors und entfernen Sie diesen aus dem Luftfiltergehäuse (siehe Abbildung).

**10.38 Luftmassensensor-Befestigungsschrauben**

**39** Der Einbau entspricht der umgekehrten Ausbaureihenfolge.

## NB-Modelle ab 1998 – Ansauglufttemperatursensor

**Anmerkung:** *Bei diesen Modellen sind der Luftmassensensor und der Ansauglufttemperatursensor zwei separate Bauteile.*
**40** Trennen Sie den Stecker des oben im Luftfiltergehäuse sitzenden Sensors.
**41** Ziehen Sie den Sensor aus dem Luftfiltergehäuse (siehe Abbildung).

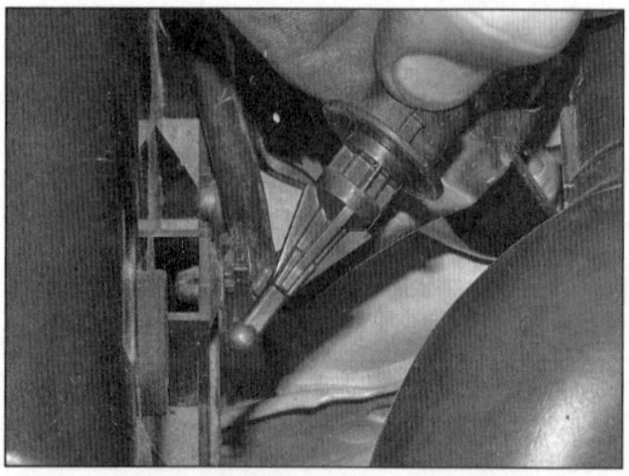

**10.41 Ziehen Sie den Ansauglufttemperatursensor aus dem Luftfiltergehäuse.**

# Drosselklappensensor

## Austausch

**Anmerkung:** *Der im Drosselklappengehäuse sitzende Sensor kommt bei allen Modellen zum Einsatz und kann als separates Ersatzteil beschafft werden. Bei Modellen ab 1996 lässt er sich allerdings nicht ohne eine spezielle Diagnoseausrüstung einstellen, sodass der Austausch von einer Mazda-Werkstatt vorgenommen werden sollte.*
**43** Trennen Sie den Stecker des Sensors (siehe Abbildung).

**10.43 Heben Sie den Drahtbügel an und trennen Sie den Stecker des Drosselklappensensors.**

**44** Lösen Sie die Schrauben des Sensors und entfernen Sie ihn.
**45** Der Einbau entspricht der umgekehrten Ausbaureihenfolge. Stellen Sie den Sensor wie folgt ein:

## Einstellung – Modelle bis 1995

**46** Trennen Sie den Stecker des Sensors und prüfen Sie, ob die Drosselklappe geschlossen ist.
**47** Verbinden Sie ein Ohmmeter mit den unteren Kontakten (Modelle bis 1993) bzw. den Kontakten C und D (Modelle ab 1994) (siehe Abbildung).

**10.47 Verbinden Sie ein Ohmmeter mit den Sensorkontakten (siehe Text).**

**48** Lockern Sie die zwei Sensorschrauben.

### Modelle bis 1993

**49** Führen Sie eine 0,4-mm-Fühlerlehre zwischen der Anschlagschraube und dem Anschlaghebel der Drosselklappenbetätigung ein (siehe Abbildung).

**10.49 Führen Sie zwischen der Anschlagschraube und dem Anschlaghebel eine 0,4-mm-Fühlerlehre ein.**

**50** Drehen Sie den Sensor etwa 30° im Uhrzeigersinn und dann zurück, bis an den Kontakten Durchgang besteht.
**51** Tauschen Sie das Fühlerlehrenblatt durch eines mit einer Stärke von 0,7 mm aus und prüfen Sie, ob kein Durchgang besteht.
**52** Wird Durchgang festgestellt, müssen die Schritte 49 bis 51 wiederholt werden.
**53** Ziehen Sie anschließend die Sensorschrauben sorgfältig an, ohne dabei den Sensor zu bewegen.

### Modelle von 1994 bis 1995

**54** Positionieren Sie den Sensor so, dass zwischen seinen Kontakten Durchgang besteht, wenn eine 0,3-mm-Fühlerlehre zwischen der Anschlagschraube und dem Anschlaghebel der Drosselklappenbetätigung eingeführt ist – und beim Einführen eines 0,4-mm-Blattes kein Durchgang besteht.
**55** Ziehen Sie anschließend die Sensorschrauben sorgfältig an, ohne dabei den Sensor zu bewegen.

## Kühltemperatursensor

**56** Der Ausbau und Einbau des Sensors ist in Kapitel 3, Sektion 6 beschrieben.

## Kurbelwellensensor

**Anmerkung:** *Der Sensor findet sich nur an Modellen ab 1998 (NB).*
**57** Verfolgen Sie die Verkabelung vom neben der Riemenscheibe sitzenden Sensor zum Stecker und trennen Sie diesen; befreien Sie das Kabel aus allen Befestigungen.
**58** Lösen Sie die Schraube des Sensors und ziehen Sie diesen aus dem Halter (siehe Abbildung).

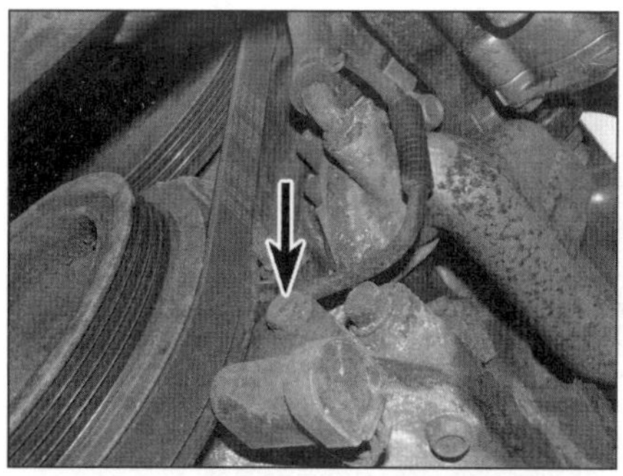

**10.58 Kurbelwellensensor-Schraube**

**59** Positionieren Sie den Sensor beim Einbau so, dass zwischen seiner Spitze und den Zähnen des Signalrades ein Abstand zwischen 0,5 und 1,5 mm besteht (siehe Abbildung). Ziehen Sie die Sensorschraube dann mit 10 Nm an.

**10.59 Ermitteln Sie mit einer Fühlerlehre das Spiel zwischen dem Signalrad-Zahn und der Sensorspitze.**

**60** Verbinden Sie den Kabelstecker.

## Nockenwellensensor/ Kurbelwinkelsensor

**Anmerkung:** *Bei Modellen bis 1997 (NA) bezeichnete Mazda diesen Sensor als »Kurbelwinkelsensor«.*

### NA-Modelle bis 1997

**61** Der Sensor befindet sich in links hinten im Zylinderkopf – trennen Sie seinen Kabelstecker.
**62** Markieren Sie die Ausrichtung des Sensorgehäuses zum Zylinderkopf, lösen Sie seine Schraube und ziehen Sie ihn heraus (siehe Abbildungen) – der O-Ring muss später erneuert werden.

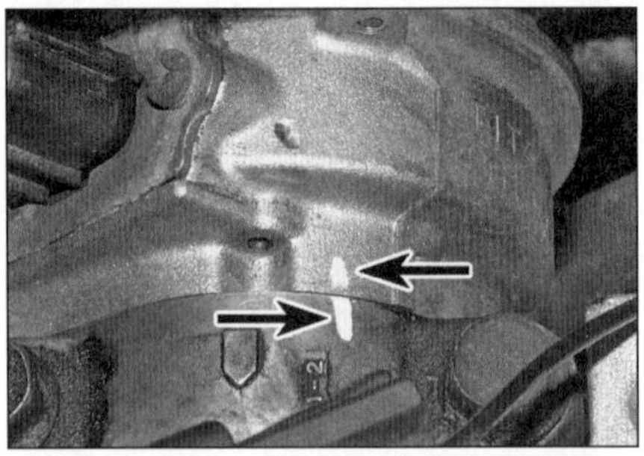

**10.62a Markieren Sie die Ausrichtung des Nockenwellensensors zum Zylinderkopf.**

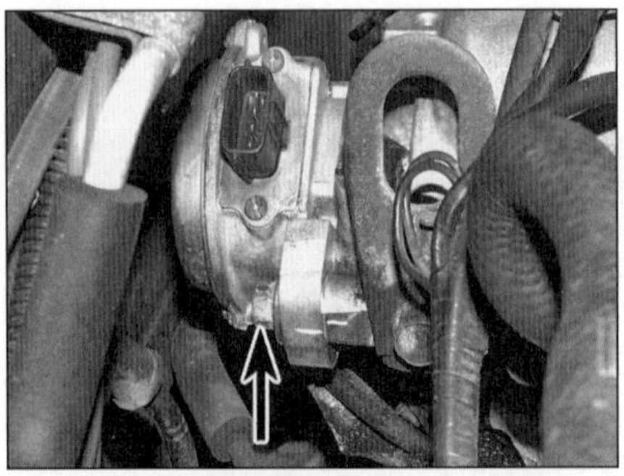

**10.62b Sensor-Befestigungsschraube**

**10.62c Ersetzen Sie den O-Ring des Sensors.**

**63** Richten Sie beim Einbau die Antriebslaschen des Sensors zur Nut in der Nockenwelle aus und positionieren Sie ihn am Zylinderkopf (siehe Abbildung) – er passt nur in einer Richtung.

**10.63 Richten Sie die Laschen des Sensors zur Nut in der Kurbelwelle aus.**

**64** Ziehen Sie übergangsweise die Sensorschraube an und kontrollieren Sie den Zündzeitpunkt (siehe Kapitel 5B, Sektion 4) – stellen Sie ihn nötigenfalls ein.

### Modelle von 1998 bis 2000

**65** Der Sensor sitzt rechts vorn am Zahnriemendeckel. Trennen Sie den Sensorstecker.
**66** Lösen Sie die Schraube des Sensors und entfernen Sie ihn (siehe Abbildung).

**10.66 Nockenwellensensor – Modelle von 1998 bis 2000**

**67** Befreien Sie den Sensor vor dem Einbau ggf. von anhaftender Metallspäne.
**68** Der Einbau entspricht der umgekehrten Ausbaureihenfolge.

### 1,8 l-Modelle ab 2000

**69** er Sensor sitzt hinten im Ventildeckel – trennen Sie seinen Kabelstecker.
**70** Lösen Sie die Schraube des Sensors und ziehen Sie ihn aus dem Ventildeckel (siehe Abbildung).

**10.70 Nockenwellensensor – Modelle ab 2000**

**71** Der Einbau entspricht der umgekehrten Ausbaureihenfolge.

## Lambdasonde

**72** Der Ausbau und Einbau der Sonde ist in Kapitel 4B, Sektion 2 beschrieben.

## Kraftstoff-Druckregler

### NA-Modelle bis 1997

**73** Machen Sie das Kraftstoffsystem drucklos (siehe Sektion 6).
**74** Ziehen Sie vom am Druckspeicher sitzenden Druckregler den Unterdruckschlauch ab (siehe Abbildung).

**10.74 Kraftstoff-Druckregler (NA-Modelle bis 1997)**

**75** Lösen Sie die Schelle des Kraftstoff-Rücklaufschlauchs zurück und ziehen Sie ihn vom Regler ab – seien Sie auf Benzinspritzer vorbereitet.
**76** Lösen Sie die Schrauben, um den Regler vom Druckspeicher zu befreien – der O-Ring muss später erneuert werden.
**77** Der Einbau entspricht der umgekehrten Ausbaureihenfolge.

### NB-Modelle ab 1998

**78** Der Kraftstoff-Druckregler ist in die im Tank sitzende Benzinpumpe integriert – deren Ausbau und Einbau ist in Sektion 7 beschrieben.

# 11 Einlass- und Auspuffstutzen – Ausbau und Einbau

## Einlassstutzen

### Ausbau

**1** Machen Sie das Kraftstoffsystem drucklos (siehe Sektion 6).
**2** Trennen Sie den Masseanschluss (–) der Batterie (siehe Kapitel 5A, Sektion 4).
**3** Entleeren Sie das Kühlsystem (siehe Kapitel 1, Sektion 19).
**4** Demontieren Sie das Drosselklappengehäuse (siehe Sektion 9).
**5** Markieren und trennen Sie alle mit dem Einlassstutzen verbundenen Kabelbäume, Bowdenzüge und Schläuche.
**6** Entfernen Sie den Druckspeicher, die Einspritzdüsen und deren Verkabelung (siehe Sektion 10).
**7** Lösen Sie den unter dem Einlassstutzen sitzenden Halter (siehe Abbildung).

**11.7 Einlassstutzen-Halter**

**8** Lösen Sie die Einlassstutzen-Schrauben und -Muttern, während Sie den Stutzen von oben halten. Heben Sie den Stutzen anschließend vom Zylinderkopf ab (siehe Abbildung).

**11.8 Obere Einlassstutzen-Befestigungsmuttern**

### Einbau

**9** Entfernen Sie vorsichtiges altes Dichtungsmaterial von den Dichtflächen des Einlassstutzens und des Zylinderkopfes und wischen Sie anschließend alles mit Lösungsmittel ab. Falls zuvor Undichtigkeiten festgestellt wurden, muss der Einlassstutzen auf Verzug kontrolliert und nötigenfalls geplant werden.
**10** Legen Sie eine neue Dichtung auf, positionieren Sie den Einlassstutzen am Zylinderkopf, und installieren Sie die Schrauben und Muttern.
**11** Ziehen Sie die Muttern und Schrauben schrittweise bis zum Drehmoment von 22 Nm an.
**12** Der Rest des Einbaus entspricht der umgekehrten Ausbaureihenfolge.

## Auspuffstutzen

### Ausbau

**13** Trennen Sie den Masseanschluss (–) der Batterie (siehe Kapitel 5A, Sektion 4).
**14** Verfolgen Sie das Kabel der im Auspuffstutzen sitzenden Lambdasonde zum Stecker und trennen Sie diesen. Falls der Auspuffstutzen ausgetauscht werden soll, muss die Lambdasonde demontiert werden (siehe Kapitel 4B, Sektion 2).
**15** Demontieren Sie die Schrauben des Hitzeschilds und entfernen Sie diesen vom Stutzen (siehe Abbildung).

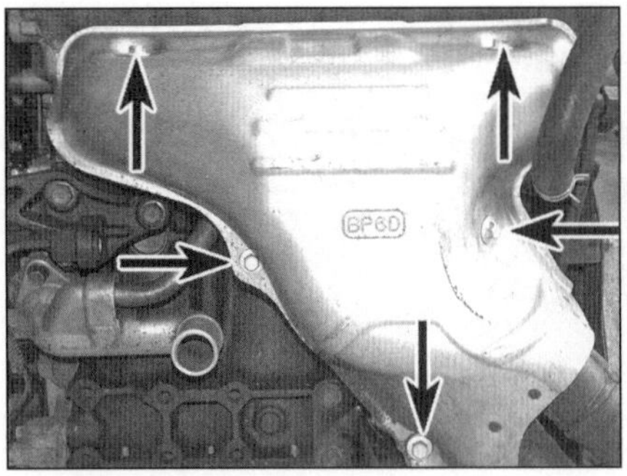


**11.15 Schrauben des Auspuffstutzen-Hitzeschilds**

**16** Lösen Sie ggf. die Mutter des AGR-Rohrs, um dieses zu trennen.
**17** Versehen Sie die Gewinde der Auspuffstutzen-Schrauben/Muttern und der Auspuffrohr-Muttern mit Kriechöl und lassen Sie dies eine Zeit lang wirken, um das Lösen zu erleichtern.
**18** Heben Sie das Fahrzeug an und stützen Sie es sicher ab (siehe Seite 275).
**19** Lösen Sie das Auspuffrohr vom Auspuffstutzen – die Dichtung muss später erneuert werden.
**20** Lösen Sie die Schrauben und Muttern des Auspuffstutzens und heben Sie diesen vom Zylinderkopf ab (siehe Abbildung).
**Anmerkung:** *Falls sich Schrauben oder Muttern nicht lösen lassen, muss erneut Kriechöl aufgetragen und ihm Zeit zum Einwirken gegeben werden. Falls beim Ausbau Schrauben oder Stehbolzen abreißen, sollte diese(r) nach dem Entfernen des Auspuffstutzens mit einer Gripzange herausgedreht werden können; andernfalls muss Rat bei einer Fachwerkstatt gesucht werden. Ersetzen Sie alle beschädigten Teile durch Originalteile oder speziell für Auspuffanlagen konzipierte Teile.*

**11.20 Lösen Sie die Muttern und entfernen Sie den Auspuffstutzen.**

## Einbau

**21** Schaben Sie altes Dichtmaterial oder Kohleablagerungen von den Dichtflächen des Auspuffstutzens und des Zylinderkopfes.
Achtung: Beschädigen Sie dabei nicht die aus relativ weichem Aluminium bestehende Dichtfläche des Zylinderkopfes!
**22** Legen Sie eine neue Auspuffstutzen-Dichtung über die Stehbolzen des Zylinderkopfes.
**23** Positionieren Sie den Auspuffstutzen am Zylinderkopf und installieren Sie die Schrauben und Muttern.

**Praxis-Tipp** ***Versehen Sie die Gewinde aller Auspuffsystem-Schrauben und -Muttern mit Kupferpaste, um zukünftige Korrosion zu minimieren.***

**24** Ziehen Sie die Muttern und Schrauben schrittweise bis zum Drehmoment von 22 Nm an.
**25** Der Rest des Einbaus entspricht der umgekehrten Ausbaureihenfolge.

## 12 Auspuffanlage – Ausbau und Einbau

**Anmerkung:** *Die Verbindungsmuttern zwischen dem vorderen und hinteren Teil der Auspuffanlage müssen beim Zusammenbau durch Neuteile ersetzt werden.*
**1** Die Auspuffanlage besteht aus dem Auspuffstutzen, dem Katalysator, dem Schalldämpfer, dem Endrohr und allen Verbindungsrohren, Haltern, Aufhängungen und Schellen. Die Anlage ist mit Gummis unter der Karosserie aufgehängt (siehe Abbildung). Falls Teile des Auspuffs beschädigt werden oder altern, können starke Geräusche und Vibrationen auf die Karosserie übertragen werden.

**12.1 Kontrollieren Sie alle Auspuff-Haltegummis.**

**2** Regelmäßige Kontrollen der Auspuffanlage sorgen für Ruhe und Sicherheit. Achten Sie hierbei auf verbogene oder anderweitig beschädigte Komponenten, gerissene Schweißnähte, Löcher, lockere Anschlüsse, starke Korrosion und andere Schäden, die dafür sorgen können, das Abgase in den Innenraum gelangen könnten. Schadhafte Auspuff-Komponenten sollten generell nicht repariert, sondern ausgetauscht werden.
**3** Falls Auspuff-Komponenten stark korrodiert sind, müssen sie wahrscheinlich mit einem Schneidbrenner voneinander getrennt werden – nötigenfalls hilft auch eine Eisensäge. Alternativ kann ein mit Druckluft betriebener Trennmeißel verwendet werden. Tragen Sie bei der Arbeit auf jeden Fall eine Schutzbrille und Handschuhe.
**4** Bei Reparaturen an der Auspuffanlage sind einige einfache Grundregeln zu beachten:
*a) Arbeiten Sie sich bei der Demontage der Auspuffanlage von hinten nach vorn vor.*
*b) Versehen Sie die Gewinde aller Auspuffsystem-Schrauben und -Muttern mit Kriechöl und lassen Sie dies eine Zeit lang wirken, um das Lösen zu erleichtern.*
*c) Verwenden Sie beim Einbau von Auspuff-Komponenten neue Dichtungen, Aufhängungen und Schellen.*
*d) Versehen Sie die Gewinde aller Auspuffsystem-Schrauben und -Muttern mit Kupferpaste, um zukünftige Korrosion zu minimieren.*
**5** Prüfen Sie vor dem Anziehen der Auspuff-Befestigungen, ob alle Haltegummis korrekt positioniert sind und zwischen dem Auspuff und der Karosserie ausreichend Abstand besteht. Andernfalls besteht die Gefahr, Isoliermaterial und Innenverkleidungen oder Teppiche durch Überhitzung zu beschädigen. Achten Sie besonders auf den Katalysator und den Hitzeschild am Auspuffstutzen.

***Warnung: Der Katalysator arbeitet mit sehr hohen Temperaturen und benötigt zum Abkühlen viel Zeit. Warten Sie vor Arbeiten daran, bis er vollständig abgekühlt ist, um keine Verbrennungen davonzutragen.***

# Kapitel 4B

## Schadstoff-Begrenzungssysteme

### Inhalt — Sektion

Allgemeine Informationen . . . . . . . . . . . . . . . . . . . . . . . . . . 1
Katalysator – Allgemeine Informationen und Warnhinweise . . . . . . . . . . . . . . . . . . . . . . . . . . . . 3
Schadstoffregelung – Tests und Austausch von Komponenten . . . . . . . . . . . . . . . . . . . . . . . . . . . . . . . . . 2

## Schwierigkeitsgrade

| **Leicht.** Geeignet für Anfänger mit wenig Erfahrung. | **Relativ leicht.** Geeignet für Anfänger mit etwas Erfahrung. | **Relativ schwierig.** Geeignet für geübte Selbstschrauber. | **Schwer.** Geeignet für Selbstschrauber mit viel Erfahrung. | **Sehr schwer.** Geeignet für Experten und Profis. |
|---|---|---|---|---|

### Technische Daten

| **Anzugsdrehmomente** | **Nm** |
|---|---|
| AGR-Ventil/Rohr-Schrauben | |
| M6-Schrauben | 10 |
| M8-Schrauben | 25 |
| Lambdasonde | 45 |

### 1 Allgemeine Informationen

**1** Alle Motoren dürfen nur mit bleifreiem Benzin betrieben werden. Im Kraftstoffsystem gibt es verschiedene Vorrichtungen, die gesundheitsschädliche Emissionen minimieren sollen. Zusätzlich sind alle Motoren mit einer Schadstoffregelung für die Motorentlüftung, einem Katalysator und einer Verdunstungs-Rückhalteregelung ausgerüstet.
**2** Um die gesundheitsschädlichen Emissionen weiter zu minimieren, sind die meisten Motoren auch mit einer Regelung zur Abgasrückführung (AGR) versehen.
**3** Die Schadstoff-Begrenzungssysteme funktionieren wie folgt:

### Kurbelgehäuse-Entlüftungsregelung

**4** Um die Emission unverbrannter Kohlenwasserstoffe aus dem Kurbelgehäuse in die Umgebung zu reduzieren, kommt eine Kurbelgehäuse-Entlüftungsregelung zum Einsatz, bei der das Motorgehäuse abgedichtet ist und Leckgase sowie Ölnebel aus dem Kurbelgehäuse durch einen Drahtgeflecht-Ölabscheider und den Einlasstrakt geleitet werden, um vom Motor im normalen Betrieb mitverbrannt zu werden.
**5** Unter hohem Einlassstutzen-Unterdruck (Standgas, Schiebebetrieb) werden die Gase durch ein schmales Rohr »stromabwärts« von der Drosselklappe aus dem Kurbelgehäuse gesaugt und in den Einlasstrakt geleitet, während »stromaufwärts« Frischluft durch ein dickeres Rohr ins Motorgehäuse angesaugt wird, um sich mit den Motorgasen zu mischen. Bei geringem Einlassstutzen-Unterdruck (Beschleunigen, Vollgasbetrieb) werden die Gase durch den (relativ) höheren Kurbelgehäuse-Druck aus dem Motorgehäuse herausgedrückt und durch beide Rohre in den Ansaugtrakt weitergeleitet.

### Abgasreinigung

**6** Zur Minimierung der in die Umgebung geleiteten Schadstoffe sind alle Modelle mit einem geregelten Katalysator im Auspuff ausgerüstet. Eine oder zwei Lambdasonden im Auspuff versorgen das Motorsteuergerät stets mit Informationen über den Sauerstoffgehalt im Abgas, damit das korrekte Luft-Benzin-Gemisch für eine optimale Verbrennung erzeugt werden kann. Eine Lambdasonde sitzt vor dem Katalysator im Auspuffstutzen oder dem vorderen Auspuffrohr, während ggf. eine zweite hinter dem Katalysator installiert ist, um diesen zu überwachen. Manche Lambdasonden sind mit einem vom Steuergerät überwachten Heizelement ausgerüstet, um sie bei kaltem Motor schneller auf Betriebstemperatur zu bringen.
**7** Die Spitze der Lambdasonde reagiert auf Sauerstoff und sendet je nach Sauerstoffgehalt im Abgas unterschiedliche Spannungswerte an das Steuergerät. Falls das Luft-Kraftstoff-Gemisch zu »fett« ist, enthalten die Abgase wenig bis gar keinen Sauerstoff, sodass die Sonde ein geringes Spannungssignal ans Steuergerät sendet. Die Spannung steigt bei magerer werdendem Gemisch (weil im Abgas mehr unverbrannter Sauerstoff enthalten ist). Die besten Abgaswerte entstehen bei einem im korrekten Mischungsverhältnis aus 14,7 Teilen Luft und einem Teil Kraftstoff (nach Gewicht) – stöchiometrisches

Kraftstoffverhältnis genannt. Die Sensorspannung ändert sich an diesem Punkt in einem großen Schritt, sodass das Steuergerät diese Signaländerung als Referenzpunkt nutzt, und mit einer entsprechend langen Einspritzdauer das Gemisch anpasst.

## Verdunstungs-Rückhaltesystem

**8** Um möglichst wenig unverbrannte Kohlenwasserstoffe in die Atmosphäre gelangen zu lassen, sorgt dieses System dafür, dass Benzindämpfe nicht aus dem Tank in die Atmosphäre gelangen. Der Tankdeckel ist abgedichtet und innerhalb des Motorraums sitzt ein mit Aktivkohle gefüllter Behälter, der die bei abgeschaltetem Motor entstehenden Benzindämpfe aufnimmt. Bei laufendem Motor öffnet ein vom Motorsteuergerät überwachtes Ventil und die Dämpfe werden in den Einlassstutzen entlassen.

**9** Damit der Motor beim Kaltstart oder im Standgas korrekt läuft und der Katalysator vor einem durch die Benzindämpfe angereicherten Gemisch geschützt wird, öffnet das Ventil erst, wenn der Motor auf Betriebstemperatur ist und unter Last läuft, sodass die gesammelten Dämpfe vom Motor angesaugt werden.

## Abgasrückführungssystem (AGR)

**10** Das bei Modellen ab 1994 eingesetzte System sorgt dafür, dass kleine Abgasmengen wieder in den Einlasstrakt geleitet werden, um erneut verbrannt zu werden. Der Prozess reduziert die Menge unverbrannter Kohlenwasserstoffe im Abgas, bevor dies in den Katalysator gelangt. Mithilfe diverser Sensoren überwacht das Motorsteuergerät das AGR-Ventil, welches den Einlass- und den Auspuffstutzen miteinander verbindet.

# 2 Schadstoffregelung – Tests und Austausch von Komponenten

## Kurbelgehäuse-Entlüftungsregelung

### Allgemeine Informationen

**1** Das Positive Crankcase Ventilation (PCV) genannte System reduziert Kohlenwasserstoff-Emissionen, indem es Kurbelgehäuse-Dämpfe herausspült. Dies geschieht durch das Ansaugen von Frischluft aus dem Luftfilter, die sich mit den Leckgasen des Motors vermischt und dann durch das PCV-Ventil in den Ansaugtrakt gelangt.

**2** Die wesentlichen Komponenten des PCV-Systems sind das Ventil, ein Frischluft-Einlass und Unterdruckschläuche, die diese Teile mit dem Motor verbinden.

**3** Um das Standgas konstant zu halten, behindert das PCV-System den Luftstrom bei hohem Unterdruck im Ansaugsystem. Bei ungewöhnlichen Betriebszuständen (z.B. Problemen mit Kolbenringen) leitet das System größere Mengen Leckgas durch das Motorentlüftungsrohr in den Luftfilter, damit es der normalen Verbrennung zugeführt wird.

**4** Das System leitet die Leckgase ins Drosselklappengehäuse, wo sich im Laufe der Zeit neben der Klappe Ölablagerungen bilden können. Daher ist es eine gute Idee, diese Rückstände gelegentlich zu entfernen – beachten Sie hierzu die Hinweise in Kapitel 4A, Sektion 9.

### Kontrolle

**5** Um das Ventil testen zu können, muss es zunächst aus seinem Sitz im Ventildeckel gezogen (Abb. 2.7) und geschüttelt werden – wenn es dabei klappert, wird es nicht mit Ablagerungen verstopft sein; falls das Ventil nicht klappert, muss es wahrscheinlich ersetzt werden.

**6** Starten Sie den Motor und lassen Sie ihn im Standgas laufen. Halten Sie einen Finger über die Öffnung des Ventils – falls Unterdruck fühlbar ist, arbeitet das PCV-Ventil korrekt. Wird kein Unterdruck festgestellt, kann das Ventil defekt oder sein Schlauch verstopft sein. Kontrollieren Sie auch das Ventil, den Öleinfülldeckel des Motors und alle Schläuche auf Unterdruck-Lecks.

### Ersetzen

**7** Ziehen Sie das Ventil senkrecht aus dem Ventildeckel (siehe Abbildung). Kontrollieren Sie die Gummiöse ihres Sitzes auf Risse und Alterungserscheinungen und ersetzen Sie es nötigenfalls.

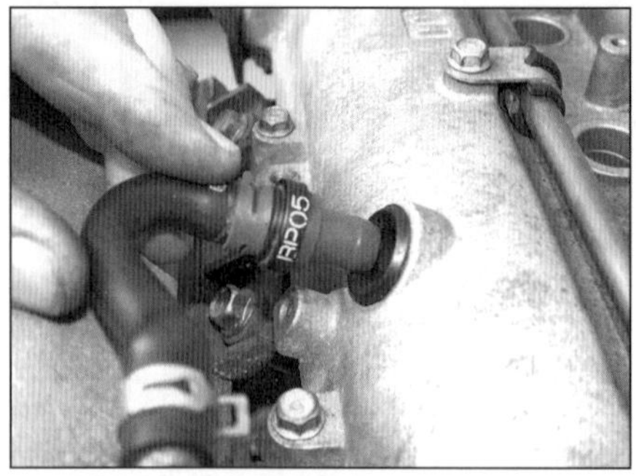

**2.7 Ziehen Sie das PCV-Ventil aus dem Ventildeckel.**

**8** Falls das Ventil verstopft ist, werden sich wahrscheinlich auch in seinem Schlauch Ablagerungen gebildet haben – ziehen Sie ihn daher ab, und reinigen Sie ihn mit Lösungsmittel.

**9** Nachdem der Schlauch gesäubert ist, sollte er auf Beschädigungen, Verschleiß und Alterungserscheinungen kontrolliert werden. Prüfen Sie, ob er fest auf seine Stutzen gedrückt werden kann.

**10** Stecken Sie das (neue) PCV-Ventil in seinen Sitz.

**11** Stecken Sie den gesäuberten Schlauch auf und achten Sie auf einen festen Sitz des Schlauchs und des Ventils.

## Verdunstungs-Rückhaltesystem

### Testen

**12** Falls im System ein Defekt vorzuliegen scheint, müssen die Schläuche des Aktivkohlebehälters und des Ventils abgezogen werden. Blasen Sie hinein, um zu prüfen, ob sie frei sind. Eine vollständige Kontrolle des Systems kann nur mithilfe eines mit dem Motorsteuergerät verbundenen Diagnosegerät durchgeführt werden (siehe Kapitel 4A, Sektion 8). Falls das Ventil oder der Aktivkohlebehälter beschädigt sind, müssen sie ersetzt werden.

### Aktivkohlebehälter – Ersetzen

**13** Der Behälter sitzt rechts im Motorraum.

**14** Markieren Sie die Positionen der Luft- und Spül-Schläuche am Behälter und trennen Sie sie (siehe Abbildung).

**2.14 Markieren und trennen Sie die Schläuche des Aktivkohlebehälters.**

**15** Entfernen Sie den Behälter.
**16** Der Einbau entspricht der umgekehrten Ausbaureihenfolge – alle Schläuche müssen korrekt verbunden sein.

### Absaugventil – Ersetzen

**17** Das Ventil sitzt an einem Halter rechts im Motorraum (siehe Abbildung).

**2.17 Das Absaugventil sitzt rechts im Motorraum.**

**18** Die Zündung muss abgeschaltet sein. Trennen Sie den Stecker des Ventils.
**19** Notieren Sie die Positionen der Schläuche und ziehen Sie sie vom Ventil ab.
**20** Lösen Sie den Clip und ziehen Sie das Ventil aus dem Halter.
**21** Der Einbau entspricht der umgekehrten Ausbaureihenfolge – die Schläuche müssen korrekt sitzen und mit den Schellen gesichert sein.

## Abgasreinigung

### Testen

**22** Die Funktion des Katalysators kann nur mit einem hochwertigen und sorgfältig kalibrierten Abgas-Analysegerät überprüft werden. Falls ein solches Gerät vorhanden ist, müssen die beigefügten Anweisungen beachtet werden.
**23** Falls der CO-Wert im Auspuff zu hoch ist, muss eine mit Diagnosegeräten ausgerüstete Mazda-Werkstatt eine sorgfältige Kontrolle der Motorsteuerung durchführen. Wenn im Kraftstoff- und Zündsystem keine Defekte vorliegen, kann der Katalysator beschädigt sein, sodass er ersetzt werden muss.

### Katalysator – Ersetzen

**24** Bei Modellen bis 1999 ist der Katalysator zwischen die vordere und hintere Auspuff-Sektionen geschraubt. Bei Modellen ab 2000 ist der Katalysator in die vordere Auspuff-Sektion integriert (siehe Abbildung).

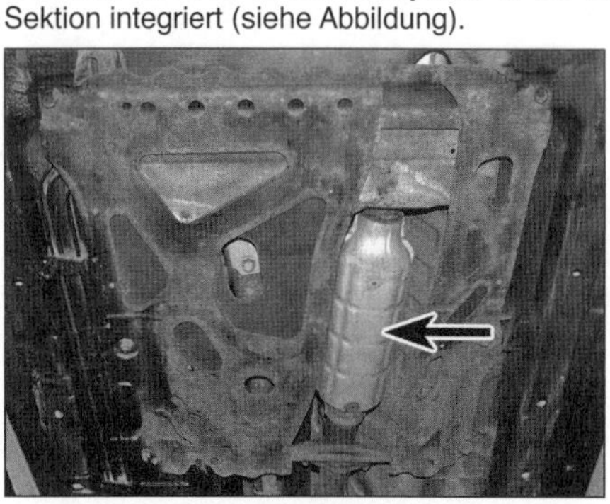

**2.24 Position des Katalysators**

**25** Verfolgen Sie nötigenfalls das Lambdasondenkabel zum Stecker zurück und trennen Sie diesen. Falls der Katalysator ausgebaut werden soll, muss die Lambdasonde herausgeschraubt werden – verwenden Sie hierfür einen speziellen Lambdasonden-Steckschlüssel und reichlich Kriechöl.
**26** Lösen Sie die Schrauben/Muttern, die den Katalysator am Rest der Auspuffanlage sichern, und manövrieren Sie ihn heraus. Alle Dichtungen müssen ersetzt werden.
**27** Der Einbau entspricht der umgekehrten Ausbaureihenfolge – versehen Sie das Gewinde der Lambdasonde vor dem Einbau mit Kupferpaste und ziehen Sie sie mithilfe des Spezialsteckschlüssels mit 45 Nm an.

### Lambdasonde(n) – Ersetzen

**Anmerkung:** *Lambdasonden sind sehr empfindlich. Sie dürfen nicht herunterfallen, abgeklopft, von der Stromversorgung getrennt oder mit Reinigungsmitteln behandelt werden.*
**28** Verfolgen Sie bei abgeschalteter Zündung das/die Lambdasondenkabel zum Stecker zurück, befreien Sie diese(n) und trennen Sie ihn/sie.
**29** Schrauben Sie die Lambdasonde aus dem Auspuffstutzen oder dem Auspuffrohr – hierfür wird ein Ring- oder Steckschlüssel mit einer Durchführung für das Kabel benötigt (siehe Abbildung).

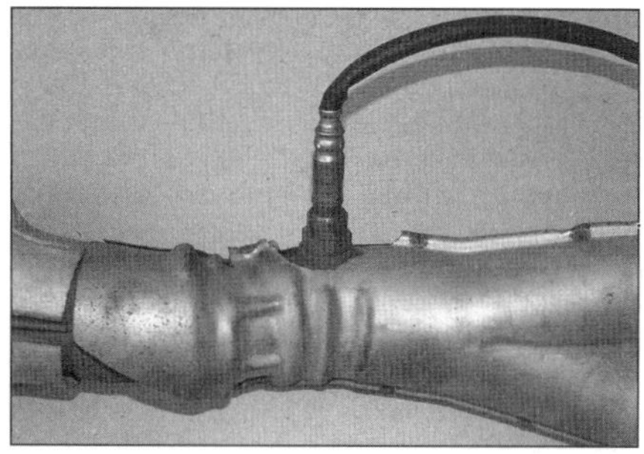

**2.29 Zum Aus- und Einbau der Lambdasonde wird ein Ring- oder Steckschlüssel mit einer Durchführung für das Kabel benötigt.**

**30** Der Einbau entspricht der umgekehrten Ausbaureihenfolge – versehen Sie das Gewinde der Lambdasonde vor dem Einbau mit Kupferpaste und ziehen Sie sie mithilfe des Spezialsteckschlüssels mit 45 Nm an. Das Kabel muss korrekt verlegt sein, sodass es weder die Auspuffanlage noch den Motor berührt.

## Abgasrückführung (AGR)

### Test

**31** Ein umfassender Test des Abgasrückführungs-Systems kann nur mithilfe eines an den Diagnosestecker des Motorsteuergeräts angeschlossenen Diagnosegerät durchgeführt werden (siehe Kapitel 4A, Sektion 8). Falls sich das AGR-Ventil oder das Magnetventil als defekt erwiesen haben, müssen sie wie folgt erneuert werden:

### AGR-Ventil – Ersetzen

**32** Das AGR-Ventil sitzt hinter (1,8 l-Motoren) oder vor (1,6 l-Motoren) dem Einlassstutzen rechts am Motor (siehe Abbildung).

**2.32 Position des AGR-Ventils – 1,8 l-Motor**

**33** Trennen Sie den Kabelstecker und ggf. das Unterdruckrohr vom AGR-Ventil.
**34** Lösen Sie die Schrauben des Ventils und entfernen Sie es – die Dichtung muss beim Einbau erneuert werden.
**35** Der Einbau entspricht der umgekehrten Ausbaureihenfolge.

## 3 Katalysator – Allgemeine Informationen und Warnhinweise

### Allgemeine Informationen

**1** Der Katalysator wandelt gesundheitsschädliche Abgase in relativ harmlosere Gase um. Bei der dazu erforderlichen chemische Reaktion wird Sauerstoff zugesetzt, um eine Oxidation zu erzeugen.
**2** Innerhalb des Katalysators befindet sich eine keramische Wabenstruktur, die mit den Edelmetallen Palladium, Platin und Rhodium beschichtet ist, die die chemische Reaktion fördern. Diese Reaktion erzeugt Hitze, die ebenfalls die Reaktion unterstützt. Aus diesem Grund wird der Katalysator während der Fahrt sehr heiß.
**3** Die keramische Struktur ist äußerst empfindlich und verträgt keine grobe Behandlung. So sollte vermieden werden, mit dem heißen Katalysator durch tiefes Wasser zu fahren, da die plötzliche Abkühlung zu Rissen und Brüchen in der Keramik führen kann, was zur »Verstopfung« des Katalysators führen kann. Ein auf diese Weise beschädigter Katalysator kann nach dessen Ausbau durch Schütteln kontrolliert werden: Falls rasselnde Geräusche festgestellt werden, ist der Katalysator defekt und muss ersetzt werden.

### Warnhinweise

**4** Der Katalysator arbeitet automatisch und erfordert praktisch keine Wartung. Trotzdem sollten folgende Hinweise beachtet werden, um ihn lange Zeit funktionsfähig zu halten:

a) *Tanken Sie IMMER bleifreien Kraftstoff und verwenden Sie keine entsprechenden Zusätze – bereits kleine Mengen verbleiten Benzins zerstören den Katalysator.*
b) *Halten Sie das Kraftstoff- und Zündsystem entsprechend des Wartungsplans in Kapitel 1 STETS in einem guten Zustand.*
c) *Wenn der Motor Fehlzündungen produziert, MUSS dies unverzüglich behoben werden, da der Katalysator dadurch zerstört wird.*
d) *Versuchen Sie NICHT, ein schlecht anspringendes Fahrzeug durch Anschieben oder Anschleppen zu starten – der Katalysator saugt sich mit unverbranntem Kraftstoff voll und überhitzt, sobald der Motor anspringt.*
e) *Schalten Sie NICHT bei hohen Drehzahlen die Zündung aus. Geben Sie keinen kurzen Gasstoß, bevor Sie die Zündung abschalten.*
f) *Benutzen Sie KEINE Kraftstoff- oder Öl-Zusätze (Additive) – diese können Substanzen enthalten, die den Katalysator beschädigen.*
g) *Wenn der Motor Öl verbrennt und blaue Abgaswolken produziert, MUSS er unverzüglich repariert werden, da der Katalysator dadurch zerstört wird.*
h) *Der Katalysator arbeitet mit sehr hohen Temperaturen. Parken Sie daher nach einer längeren Fahrt NICHT über trockenem Gras oder Laub.*
i) *Behandeln Sie die ausgebaute Auspuffanlage VORSICHTIG – der Katalysator und die Lambdasonde vertragen keine Schläge oder Stürze.*
j) *Manchmal riechen die Abgase nach Schwefel (verrottete Eier). Nach einigen Tausend Kilometern mit einem neuen Katalysator sollte dies verschwunden sein.*
k) *Der Katalysator eines gut gewarteten und sorgsam gefahrenen Autos sollte mindestens 160.000 km halten – ein nicht mehr wirksamer Katalysator muss ersetzt werden.*
l) *Mangelnde Motorleistung kann auf einen verstopften Katalysator zurückzuführen sein (siehe Schritt 3). Manchmal zerbricht die Keramik auch aufgrund ihres Alters. Das Problem kann nur durch den Austausch des Katalysators gelöst werden.*
m) *Wie bereits erwähnt, sollten Wasser-Durchfahrten mit heißem Katalysator vermieden werden, da die plötzliche Abkühlung zu Brüchen in der keramischen Struktur führen kann – dies gilt auch für andere heiße Komponenten des Fahrzeugs.*

# Kapitel 5A

## Anlasser- und Ladesysteme

## Inhalt — Sektion


Allgemeine Informationen und Warnhinweise . . . . . . . . . . . 1
Anlasser – Ausbau und Einbau . . . . . . . . . . . . . . . . . . . . . 10
Anlasser – Testen und Überholen . . . . . . . . . . . . . . . . . . . 11
Anlassersystem – Testen . . . . . . . . . . . . . . . . . . . . . . . . . . . 9
Batterie – Trennen, Ausbau und Einbau. . . . . . . . . . . . . . . 4
Batterie – Testen und Laden. . . . . . . . . . . . . . . . . . . . . . . . 3
Elektrik-Fehlersuche – Allgemeine Informationen . . . . . . . . 2
Keilrippenriemen – Ausbau, Einbau und Einstellung . . . . . . 6
Ladesystem – Testen . . . . . . . . . . . . . . . . . . . . . . . . . . . . . 5
Lichtmaschine – Ausbau und Einbau . . . . . . . . . . . . . . . . . 7
Lichtmaschine – Testen und Überholen . . . . . . . . . . . . . . . 8


# Schwierigkeitsgrade

| **Leicht.** Geeignet für Anfänger mit wenig Erfahrung. | **Relativ leicht.** Geeignet für Anfänger mit etwas Erfahrung. | **Relativ schwierig.** Geeignet für geübte Selbstschrauber. | **Schwer.** Geeignet für Selbstschrauber mit viel Erfahrung. | **Sehr schwer.** Geeignet für Experten und Profis. |
|---|---|---|---|---|

## Technische Daten

| | | |
|---|---|---|
| System | 12 Volt, Minus an Masse | |
| **Lichtmaschine** | | |
| Geregelte Ausgangsspannung | | |
| NA-Modelle bis 1997 | | |
| 1,6 l-Modell | 14,1 bis 14,7 Volt | |
| 1,8 l-Modell | 14,3 bis 14,9 Volt | |
| NB-Modelle ab 1998 | 13,0 bis 15,0 Volt | |
| Ausgangsleistung | | |
| Modelle bis 1999 | | |
| 1,6 l-Modell | 60 A | |
| 1,8 l-Modell | 65 A | |
| Modelle ab 2000 | 80 A | |
| **Bürstenlänge** | **Neu** | **Verschleißgrenze** |
| NA-Modelle bis 1997 | | |
| 1,6 l-Modell | 21,5 mm | 8,0 mm |
| 1,8 l-Modell | 18,5 mm | 11,5 mm |
| NB-Modelle ab 1998 | 22,0 mm | 6,0 mm |
| **Anlasser** | | |
| Bürstenlänge | | |
| NA-Modelle bis 1997 | 17,0 mm | 11,5 mm |
| NB-Modelle ab 1998 | 12,3 mm | 7,0 mm |
| **Anzugsdrehmomente** | **Nm** | |
| Anlasser-Befestigungsschrauben | 45 | |
| Einlassstutzenhalterungs-Schrauben | 50 | |
| Lichtmaschine | | |
| Obere Befestigungsschraube | 22 | |
| Untere Befestigungsschraube | 45 | |

## 1 Allgemeine Informationen und Vorsichtsmaßnahmen

### Allgemeine Informationen

Die Motor-Elektrik besteht vor allem aus dem Ladesystem und dem Anlassersystem. Aufgrund ihrer motorbezogenen Funktionen werden diese Komponenten separat von der in Kapitel 12 zu findenden Karosserie-Elektrik (Beleuchtung, Instrumente usw.) behandelt. Informationen zur Zündanlage werden in Kapitel 5B gegeben.

Die Fahrzeugelektrik arbeitet mit 12 Volt Spannung und Minus ist Masse.

Die Batterie wird von der Lichtmaschine geladen, die vom der Kurbelwelle mithilfe des Keilrippenriemens angetrieben wird.

Der als Schubtriebstarter ausgebildete Anlasser ist mit einem integrierten Magnetschalter ausgerüstet, der beim Starten das Antriebsrad zunächst in den Zahnkranz der Schwungscheibe bzw. des Antriebsflanschs (zwischen Motor und Getriebe) schiebt, bevor der Anlassermotor aktiviert wird. Sobald der Motor läuft, sorgt eine Freilaufkupplung dafür, dass bis zum Ausrücken des Antriebsrades nicht der Motor den Anlasser dreht.

### Vorsichtsmaßnahmen

Weitere Details zu den verschiedenen Systemen finden sich in den entsprechenden Sektionen dieses Kapitels. Obwohl einige Reparaturhinweise angegeben sind, wird üblicherweise die betreffende Komponente ausgebaut und ersetzt. Wer sich für mehr als den Austausch von Bauteilen interessiert, sollte sich entsprechende Fachliteratur besorgen.

Bei der Arbeit an elektrischen Systemen ist besondere Vorsicht geboten, um keine Halbleiter (Dioden und Transistoren) zu beschädigen und sich nicht selbst zu verletzen. Neben den Hinweisen in der Sektion »Sicherheit geht vor!« am Anfang dieses Handbuchs müssen die folgenden Vorsichtsmaßnahmen beachtet werden:

- Legen Sie stets Schmuck, Armbanduhren usw. ab, bevor Sie an Elektrik-Systemen arbeiten. Auch bei abgeklemmter Batterie kann eine kapazitive Entladung entstehen, sobald der Anschluss einer Komponente durch ein Metallteil mit Masse verbunden wird, und einen Schock oder eine Verbrennung auslösen.
- Vertauschen Sie nicht die Batteriepole. Bauteile wie die Lichtmaschine enthalten Halbleiter-Stromkreise, die irreparabel beschädigt werden können.
- Falls der Motor mit einer Fremdbatterie gestartet werden soll, müssen stets Plus an Plus und Minus an Minus geklemmt werden (siehe Seite 11); dies trifft auch beim Anschließen eines Batterie-Ladegeräts zu.
- Bei laufendem Motor dürfen niemals die Batterie, die Lichtmaschine oder andere elektrische Verbindungen getrennt werden – das gilt auch für Prüfinstrumente.
- Lassen Sie niemals den Motor die Lichtmaschine drehen, wenn diese nicht angeschlossen ist.
- Die Lichtmaschinen-Leistung darf niemals »getestet« werden, indem das Ausgangskabel gegen Masse gehalten wird, um Funken zu erzeugen.
- Verwenden Sie für Stromkreis- oder Durchgangsprüfungen niemals ein Ohmmeter mit einem Handkurbel-Generator.
- Der Masseanschluss (–) der Batterie muss stets getrennt sein, bevor an elektrischen Komponenten gearbeitet wird.
- Bevor am Fahrzeug Schweißarbeiten durchgeführt werden, müssen die Batterie und die Lichtmaschine abgeklemmt werden, um Schäden daran zu vermeiden.

Verschiedene Systeme des Fahrzeugs erfordern Dauerstrom – entweder, um ihre permanente Funktion sicherzustellen (z. B. die Uhr) oder um einen Sicherheitscode zu speichern, der ansonsten wieder neu eingegeben werden muss (z. B. das Radio). Um hierbei nicht unvorhergesehene Konsequenzen zu erleben, sollten die Informationen zum Trennen der Batterie durchgelesen werden (siehe Sektion 4).

## 2 Elektrik–Fehlersuche – Allgemeine Informationen

Beachten Sie die Hinweise in Kapitel 12, Sektion 2.

## 3 Batterie – Kontrolle, Testen und Laden

### Kontrolle

#### Standard- und wartungsarme Batterien

**1** Neben den in den Wöchentlichen Kontrollen beschriebenen Kontrollen sollte auch eine regelmäßige Überprüfung des Säurepegels durchgeführt werden:

#### Batterien mit transparentem Gehäuse

**2** Bei diesem Batterietyp sind die Pegel der einzelnen Zellen durch das Gehäuse erkennbar, nachdem die Batterie ausgebaut ist (siehe Sektion 4). Der Pegel muss in allen Zellen zwischen den Markierungen für UPPER und LOWER oder MIN und MAX stehen.

**3** Falls der Pegel zu niedrig ist, muss der Deckel der entsprechenden Zelle entfernt und bis zur oberen Markierung destilliertes Wasser aufgefüllt werden. **Anmerkung:** *Verwenden Sie kein normales Leitungswasser, da die darin enthaltenen Mineralien die Batterieplatten beschädigen können.* Installieren Sie die Deckel und wischen Sie ggf. verschüttetes Wasser ab.

#### Batterien mit intransparentem Gehäuse

**4** Falls der Säurepegel nicht durch das Gehäuse erkennbar ist, muss er durch die Deckelöffnungen überprüft werden (nötigenfalls mithilfe einer Lampe). Der Pegel muss bis knapp unter der Öffnung stehen; auf jeden Fall müssen alle Batterieplatten bedeckt sein.

**5** Falls der Pegel zu niedrig ist, muss der Deckel der entsprechenden Zelle entfernt und diese bis unter den Rand der Öffnung mit destilliertem Wasser aufgefüllt werden. **Anmerkung:** *Verwenden Sie kein normales Leitungswasser, da die darin enthaltenen Mineralien die Batterieplatten beschädigen können. Installieren Sie die Deckel und wischen Sie ggf. verschüttetes Wasser ab.*

### Testen

#### Standard- und wartungsarme Batterien

**6** Falls das Fahrzeug nur eine geringe jährliche Fahrleistung erreicht, sollte die Dichte der Säure etwa alle drei Monate getestet werden, um den Ladezustand der Batterie zu ermitteln. Führen Sie die Kontrolle mit einem Hydrometer durch und vergleichen Sie das Ergebnis mit der folgenden Tabelle. Beachten Sie, dass bei den Messergebnissen von einer Temperatur von 15 °C ausgegangen wird. Bei niedrigerer Temperatur muss für jeweils 10 °C 0,007 subtrahiert werden; bei höheren Temperaturen sind für jeweils 10 °C 0,007 zu addieren.

| | **Über 25 °C** | **Unter 25 °C** |
|---|---|---|
| *Vollständig geladen* | *1,21 bis 1,23* | *1,27 bis 1,29* |
| *70 % geladen* | *1,17 bis 1,19* | *1,23 bis 1,25* |
| *Entladen* | *1,05 bis 1,07* | *1,11 bis 1,13* |

**7** Falls der Zustand der Batterie unklar ist, muss zuerst die Säuredichte in jeder Zelle geprüft werden – Unterschiede von 0,04 oder mehr zwischen den Zellen weisen auf einen Säureverlust oder Schäden an den Bleiplatten hin, und die Batterie muss ersetzt werden.
**8** Falls der Unterschied der Säuredichte zwischen den Zellen unter 0,04 liegt, die Batterie aber entladen ist, muss sie aufgeladen werden (siehe unten).

### Wartungsfreie Batterien

**9** Bei sogenannten »wartungsfreien« oder MF-Batterien ist ein Auffüllen der Zellen und ein Ermitteln der Dichte nicht möglich. Der Zustand der Batterie kann daher nur mit einem Batterieprüfer oder einem Voltmeter getestet werden.
**10** Manche Modelle sind mit einer wartungsfreien »Delco«-Batterie ausgerüstet, die über eine eingebaute Ladestand-Anzeige verfügt. Die Anzeige oben im Batteriegehäuse zeigt mit verschiedenen Farben den Zustand der Batterie an: Bei grün ist die Batterieladung in Ordnung; wird die Anzeige dunkler bis schwarz, muss die Batterie geladen werden. Bei einer klaren oder gelben Anzeige ist der Säurepegel zu niedrig und die Batterie muss erneuert werden.
**Achtung: Versuchen Sie niemals, die Batterie zu laden oder zu überbrücken, wenn die Anzeige klar oder gelb ist!**
**11** Beim Test mit einem Voltmeter muss dieses Gerät mit den Batteriepolen verbunden werden. Vergleichen Sie die gemessene Spannung mit den Angaben für den Ladezustand in den technischen Daten. Dieser Test ist nur exakt, wenn die Batterie nicht in den letzten sechs Stunden in irgendeiner Weise geladen wurde. Ist dies nicht der Fall, müssen die Scheinwerfer für 30 Sekunden eingeschaltet werden, dann wird nach etwa fünf Minuten Wartezeit die Spannung gemessen. Alle anderen Verbraucher müssen abgeschaltet sein.
**12** Falls die Spannung unter 12,2 Volt liegt, ist die Batterie entladen. 12,2 bis 12,4 Volt weisen darauf hin, dass die Batterie teilweise entladen ist.
**13** Zum Laden muss die Batterie ausgebaut (Sektion 4) und mit einem Ladegerät verbunden werden (siehe unten).

### Laden

**Anmerkung:** *Die folgenden Hinweise sind nur grobe Richtlinien. Beachten Sie stets die Hinweise des Herstellers (oft auf Aufklebern an der Batterie zu erkennen), bevor Sie die Batterie laden.*

### Standard- und wartungsarme Batterien – Laden

**14** Laden Sie die Batterie mit 3,5 bis 4,0 Ampere so lange, bis nach jeweils vierstündigen Perioden keine höhere Dichte mehr messbar ist.
**15** Alternativ kann ein Erhaltungsladegerät über Nacht angeschlossen werden, um die Batterie sicher mit 1,5 Ampere zu laden.
**16** Sogenannte »Schnellladungen«, bei denen die Batterie innerhalb ein bis zwei Stunden vollständig geladen sein soll, werden nicht empfohlen, da sie die Bleiplatten überhitzen und so dauerhaft schädigen können.
**17** Prüfen Sie beim Laden der Batterie die Temperatur – ihr Gehäuse darf niemals wärmer als 38 °C (etwas mehr als handwarm) werden.

## Wartungsfreie Batterien

**18** Dieser Batterietyp benötigt zum kompletten Aufladen deutlich mehr Zeit als eine Standardbatterie; die Zeit hängt von der Entladungsrate ab und kann bis zu drei Tage betragen.
**19** Ein Konstantspannungs-Ladegerät muss bei 13,9 bis 14,9 Volt unter 25 Ampere Ladestrom liefern. Bei dieser Methode sollte eine teilweise entladene Batterie nach drei Stunden 12,5 Volt aufweisen und wieder einsetzbar sein; bei komplett entladenen Batterien kann dies deutlich länger dauern.
**20** Falls die Batterie vollständig entladen ist (unter 12,2 V), sollte sie mit einem Spezial-Ladegerät verbunden werden, wie es beim Mazda-Händler oder einer Fachwerkstatt vorrätig sein sollte; die Laderate ist deutlich höher, und das Laden muss stets überwacht werden.

# 4 Batterie – Trennen, Ausbau und Einbau

**Anmerkung:** *Beim Trennen der Batterie werden alle im Motorsteuergerät gespeicherten Fehlercodes gelöscht. Falls vermutet wird, dass Fehler gespeichert sind, sollten diese zuvor von einer Mazda-Werkstatt ausgelesen werden. Falls das Fahrzeug mit einem per Code geschützten Radio ausgerüstet ist, muss vor dem Trennen der Batterie das dazugehörige Handbuch beachtet werden.*

## Trennen

**1** Die Batterie befindet sich im Kofferraum.
**2** Entfernen Sie ggf. die Batterie-Abdeckung (siehe Abbildung).

**4.2 Klappen Sie den Teppich zurück und heben Sie die Batterieabdeckung ab.**

**3** Lockern Sie am Minuspol die Mutter des Massekontakts und ziehen Sie diesen ab (siehe Abbildungen).

**4.3a Trennen Sie den Massekontakt – frühe Modelle ...**

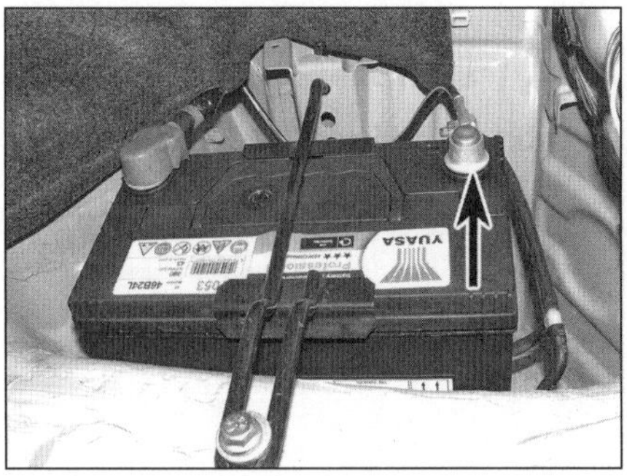

4.3b ... und spätere Modelle.

4 Prüfen Sie vor dem Einbau, ob der Batteriepol und die Anschlussklemme sauber sind. Stecken Sie den Anschluss auf den Pol und ziehen Sie die Mutter sorgfältig an.

## Ausbau

5 Trennen Sie den Minuspol (–) der Batterie (siehe oben).

6 Hebeln Sie die Abdeckung des Pluskabels ab und trennen Sie dies von der Batterie (siehe Abbildung).

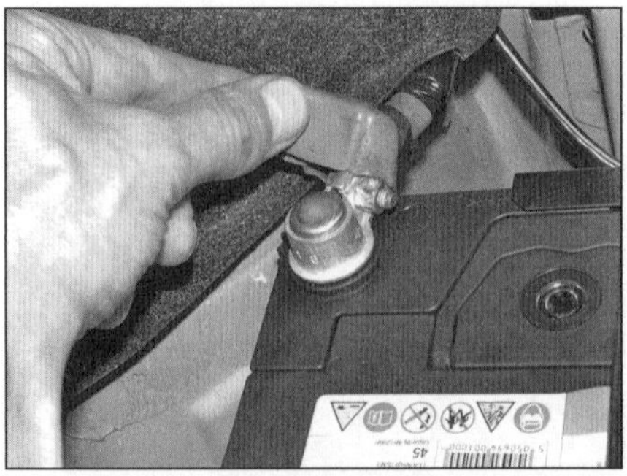

**4.6 Hebeln Sie die Kappe ab und lösen Sie den Plus-Anschluss von der Batterie.**

7 Lösen Sie je nach Modell die Mutter oder Schraube des über der Batterie sitzenden Haltebügels und entfernen Sie diesen (siehe Abbildungen).

**4.7a Batteriehalterungs-Mutter**

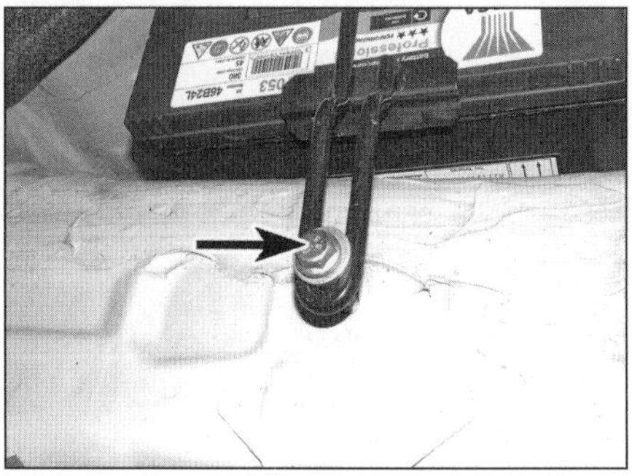

**4.7b Batteriehalterungs-Schraube**

8 Ziehen Sie den Entlüftungsschlauch ab und heben Sie die Batterie aus dem Motorraum – sie ist sehr schwer!

## Einbau

9 Der Einbau entspricht der umgekehrten Ausbaureihenfolge. Verbinden Sie zuerst die Plus-Klemme, dann das Massekabel, und ziehen Sie die Anschlussmuttern sorgfältig an. Schmieren Sie die Anschlüsse anschließend mit Polfett oder Vaseline.

## 5 Ladesystem – Testen

**Anmerkung:** *Beachten Sie vor Arbeitsbeginn die Warnhinweise in »Sicherheit geht vor!« und in Sektion 1 dieses Kapitels.*

1 Falls die Ladekontrollleuchte beim Einschalten der Zündung nicht aufleuchtet, müssen zuerst die Lichtmaschinenkabel auf guten Kontakt überprüft werden. Wenn hier alles in Ordnung ist, muss kontrolliert werden, ob die Lampe durchgebrannt ist und der Lampenhalter sicher in seinem Sitz im Armaturenbrett befestigt ist. Leuchtet die Lampe weiterhin nicht, muss das von der Lichtmaschine zur Warnleuchte führende Kabel auf Durchgang geprüft werden. Ist auch hier kein Fehler festzustellen, kann die Lichtmaschine defekt sein und sollte von einer Fachwerkstatt getestet und ggf. repariert werden.

2 Falls die Ladekontrollleuchte bei laufendem Motor aufleuchtet, muss dieser abgeschaltet und geprüft werden, ob der Keilrippenriemen korrekt gespannt und nicht mit Öl kontaminiert ist (siehe Kapitel 1, Sektion 6) und die Lichtmaschinenkabel sicher verbunden sind. Ist hier alles in Ordnung, kann die Lichtmaschine defekt sein und sollte von einer Fachwerkstatt getestet und ggf. repariert werden.

3 Wird trotz funktionierender Warnleuchte vermutet, dass die Lichtmaschinenleistung nicht korrekt ist, muss die geregelte Spannung wie folgt überprüft werden:

4 Verbinden Sie ein Voltmeter mit den Batteriepolen und starten Sie den Motor.

5 Erhöhen Sie die Motordrehzahl, bis eine konstante Spannung erreicht wird – es müssen zwischen 12 und 13 Volt abgelesen werden (aber nicht mehr als 15 Volt!).

6 Schalten Sie möglichst viele Verbraucher (Scheinwerfer, Heckscheibenheizung, Heizgebläse) ein und kontrollieren Sie, ob die geregelte Spannung zwischen 13 und 14 Volt liegt.

7 Falls die geregelte Spannung nicht wie beschrieben ist, können verschlissene Kohlebürsten, ermüdete Bürstenfedern, ein defekter Spannungsregler, eine schadhafte Diode, eine durchtrennte Phasenwicklung oder verschlissene bzw. beschädigte Schleifringe die Ursache sein. Die Lichtmaschine muss ggf. erneuert oder von einer Fachwerkstatt getestet und ggf. repariert werden.

## 6 Keilrippenriemen – Ausbau, Einbau und Einstellung

Beachten Sie die Hinweise in Kapitel 1, Sektion 6.

## 7 Lichtmaschine – Ausbau und Einbau

### Ausbau

1 Trennen Sie zunächst das Massekabel (–) der Batterie (siehe Sektion 4).
2 Entfernen Sie den Keilrippenriemen (siehe Kapitel 1, Sektion 6).
3 Entfernen Sie die Ansaugstutzen-Baugruppe (siehe Kapitel 4A, Sektion 2).
4 Lösen Sie bei Modellen ab 1998 (NB) die Schrauben der Einlassstutzen-Halterung und entfernen Sie diese (siehe Abbildung).

**7.4 Schrauben der Einlassstutzen-Halterung – NB-Modelle ab 1998**

5 Trennen Sie an der Rückseite der Lichtmaschine die Kabelstecker (siehe Abbildung).

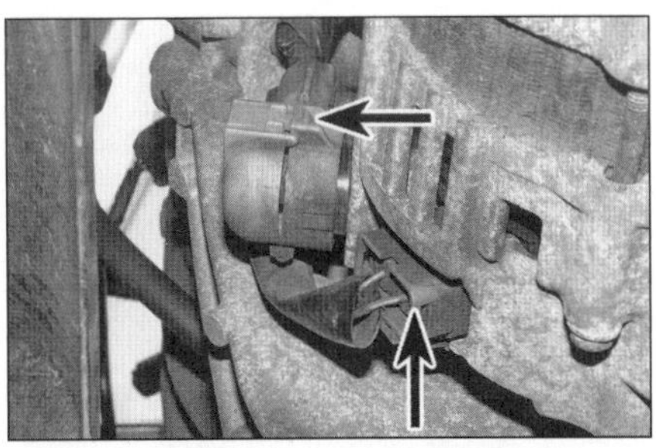

**7.5 Lösen Sie die Clips, hebeln Sie die Kappe hoch, und trennen Sie die Lichtmaschinen-Stecker.**

6 Lösen Sie die Lichtmaschinen-Befestigungsschrauben (siehe Abbildung) und befreien Sie die Lichtmaschine aus dem Motorraum. Bei Modellen bis 1997 (NA) ist die vordere Schraube von vorn installiert, während sie bei Modellen ab 1998 (NB) von hinten eingesetzt ist – und daher die Einlassstutzen-Halterung demontiert werden muss.

**7.6 Lichtmaschinenschrauben**

### Einbau

7 Der Einbau entspricht der umgekehrten Ausbaureihenfolge – spannen Sie den Keilrippenriemen (siehe Kapitel 1) und ziehen Sie die obere Lichtmaschinenschraube mit 22 Nm und die untere mit 45 Nm an.

## 8 Lichtmaschine – Testen und Überholen

Falls an der Lichtmaschine ein Defekt vermutet wird, sollte sie ausgebaut und zu einer Fachwerkstatt gebracht werden, um dort getestet und ggf. repariert zu werden. Kohlebürsten können oft relativ günstig ausgetauscht werden. Holen Sie auf jeden Fall einen Kostenvoranschlag ein und erkundigen Sie sich, was ein Neuteil oder eine Austausch-Lichtmaschine kostet.

## 9 Anlassersystem – Testen

**Anmerkung:** *Beachten Sie vor Arbeitsbeginn die Warnhinweise in »Sicherheit geht vor!« und in Sektion 1 dieses Kapitels.*

1 Falls der Anlasser beim Drehen des Zündschlüssels in die entsprechende Position nicht arbeitet, kann dies folgende Ursachen haben:

*a) Die Batterie ist defekt oder entladen.*
*b) Die elektrischen Verbindungen zwischen dem Zündschloss, dem Magnetschalter, der Batterie und dem Anlasser sind irgendwo unterbrochen oder beschädigt, sodass der nötige Strom nicht von der Batterie zum Anlasser und über Masse wieder zurückfließen kann.*
*c) Der Magnetschalter ist defekt.*
*d) Der Anlasser selbst hat einen mechanischen oder elektrischen Defekt.*

2 Zur Kontrolle der Batterie werden die Scheinwerfer eingeschaltet. Wenn sie nach wenigen Sekunden dunkler werden, weist dies auf eine entladene Batterie hin, sodass sie geladen (siehe Sektion 2) oder ersetzt werden muss. Wenn die Scheinwerfer hell leuchten, wird wieder versucht, den Motor zu starten – werden sie hierbei dunkel, weist dies darauf hin, dass der Strom den Anlasser erreicht, sodass der Defekt hier liegen muss. Leuchten die Scheinwerfer weiter (und aus dem Magnetschalter des Anlassers ist kein Klicken zu hören), weist dies darauf hin, dass der Fehler in der Verkabelung oder dem Magnetschalter liegt (siehe folgende Schritte). Falls der Anlasser beim Starten nur langsam dreht, obwohl die Batterie

geladen ist, ist entweder der Anlasser selbst defekt oder im Stromkreis ist ein beträchtlicher Widerstand vorhanden.
**3** Falls im Stromkreis ein Defekt vermutet wird, müssen die Batteriekabel (einschließlich der Masseanschlüsse zur Karosserie), das Anlasser-/Magnetschalter-Kabel und das Masseband der Motor-Getriebe-Einheit getrennt werden. Reinigen Sie alle Kontakte sorgfältig und verbinden Sie alle Anschlüsse wieder. Prüfen Sie mit einem Voltmeter, ob am Plus-Anschluss des Magnetschalters Batteriespannung anliegt und Masse gut verbunden ist. Versehen Sie die Batteriepole mit Polfett oder Vaseline, um sie vor Korrosion zu schützen – korrodierte Anschlüsse sind die häufigsten Gründe für Elektrikfehler.
**4** Wenn die Batterie und alle Anschlüsse in Ordnung sind, muss der Stromkreis durch Trennen des Magnetschalter-Anschlusses kontrolliert werden. Verbinden Sie ein Voltmeter oder eine Prüflampe zwischen das Pluskabel und Masse (z. B. dem Minuspol der Batterie) und prüfen Sie, ob beim Drehen des Zündschlüssels in die Startposition Spannung anliegt – ist dies nicht der Fall, müssen die Stromkreiskabel wie in Kapitel 12, Sektion 2 beschrieben kontrolliert werden.
**5** Die Magnetschalter-Kontakte können getestet werden, indem ein Voltmeter oder eine Prüflampe zwischen den Plus-Anschluss an der Anlasserseite des Magnetschalters und Masse geklemmt wird. Beim Drehen des Zündschlüssels in die Startposition muss Spannung festgestellt werden – andernfalls ist der Magnetschalter defekt und muss ersetzt werden.
**6** Wenn sich sowohl der Magnetschalter als auch der Stromkreis als funktionsfähig erwiesen haben, muss der Defekt im Anlasser liegen. Dieser kann von einem Spezialisten überholt werden. Kohlebürsten können oft relativ günstig ausgetauscht werden. Holen Sie auf jeden Fall einen Kostenvoranschlag ein und erkundigen Sie sich, was ein Neuteil oder ein Austausch-Anlasser kostet.

## 10 Anlasser – Ausbau und Einbau

### Ausbau

**1** Trennen Sie zunächst das Massekabel (–) der Batterie (siehe Sektion 4).
**2** Lösen Sie bei Modellen bis 1997 (NA) die Schraube der Halterung vorn am Anlasser und entfernen Sie sie.
**3** Lösen Sie bei Modellen ab 1998 (NB) die Schrauben der Einlassstutzen-Halterung und entfernen Sie diese (Abb. 7.4). Um den Zugang zu verbessern, kann der Einlassstutzen demontiert werden (siehe Kapitel 4A, Sektion 11).
**4** Notieren Sie bei allen Modellen die Positionen der Anschlüsse am Magnetschalter, lösen Sie die Mutter, und trennen Sie die Kabel (siehe Abbildung).

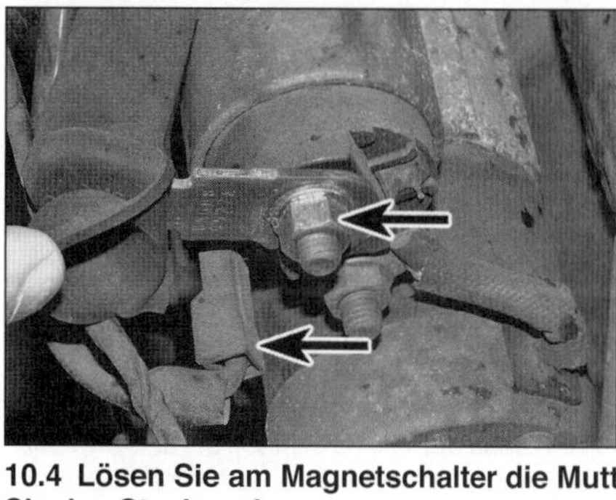

**10.4 Lösen Sie am Magnetschalter die Mutter und ziehen Sie den Stecker ab.**

**5** Lösen Sie die drei Schrauben/Muttern und befreien Sie den Anlasser (siehe Abbildung) – der Zugang ist sehr begrenzt.

**10.5 Befestigungs-Schrauben/Muttern des Anlassers**

### Einbau

**6** Der Einbau entspricht der umgekehrten Ausbaureihenfolge. Ziehen Sie die Anlasser-Befestigungsschrauben mit 45 Nm an.

## 11 Anlasser – Testen und Überholen

Falls am Anlasser ein Defekt vermutet wird, sollte er ausgebaut und zu einer Fachwerkstatt gebracht werden, um dort getestet und ggf. repariert zu werden. Kohlebürsten können oft relativ günstig ausgetauscht werden. Holen Sie auf jeden Fall einen Kostenvoranschlag ein und erkundigen Sie sich, was ein Neuteil oder ein Austausch-Anlasser kostet.

# Kapitel 5B

## Zündsystem

## Inhalt Sektion


Allgemeine Informationen und Warnhinweise . . . . . . . . . . . 1
Klopfsensor (NB-Modelle ab 1998) – Ausbau und Einbau . . 6
Zündkerzen – Ersetzen . . . . . . . . . . . . . . . . . . siehe Kapitel 1, Sektion 16
Zündschaltgerät (Modelle bis 1993) – Ersetzen . . . . . . . . . . 5
Zündspule(n) – Tests und Ersetzen . . . . . . . . . . . . . . . . . . . 3
Zündsystem – Test . . . . . . . . . . . . . . . . . . . . . . . . . . . . . . . . 2
Zündzeitpunkt – Kontrolle und Einstellung . . . . . . . . . . . . . . 4


# Schwierigkeitsgrade

| **Leicht.** Geeignet für Anfänger mit wenig Erfahrung. | **Relativ leicht.** Geeignet für Anfänger mit etwas Erfahrung. | **Relativ schwierig.** Geeignet für geübte Selbstschrauber. | **Schwer.** Geeignet für Selbstschrauber mit viel Erfahrung. | **Sehr schwer.** Geeignet für Experten und Profis. |
|---|---|---|---|---|

## Technische Daten

**Allgemein**

| | |
|---|---|
| System | Vollelektronisches Zündsystem, überwacht vom Motorsteuergerät (ECU) |
| Zündfolge | 1-3-4-2 (Zylinder Nr. 1 liegt vorn) |

**Zündsystem-Daten**

| | |
|---|---|
| Zündzeitpunkt (siehe Text) | |
| NA-Modelle bis 1997 | 9 bis 11° vor OT bei 850/min |
| NB-Modelle von 1998 bis 99 | 9 bis 11° vor OT bei 800/min |
| NB-Modelle ab 2000 | nicht einstellbar – gesteuert von ECU |
| Zündspulen-Widerstände | |
| Primärwicklungen | |
| 1,6 l-Motoren | |
| bis 1997 (NA) | 0,78 bis 0,94 Ohm |
| ab 1998 (NB) | keine Angaben |
| 1,8 l-Motoren | keine Angaben |
| Sekundärwicklungen | |
| NA-Modelle bis 1997 | |
| 1,6 l-Motoren | 11,2 bis 15,2 K-Ohm |
| 1,8 l-Motoren | 8,7 bis 12,9 K-Ohm |
| Modelle von 1998 bis 1999 | 8,24 bis 12,36 K-Ohm |
| Modelle ab 2000 | 7,0 bis 11,0 K-Ohm |

| **Anzugsdrehmomente** | **Nm** |
|---|---|
| Klopfsensor | 27 |
| Zündspulen | |
| Modelle bis 1999 | 22 |
| Modelle ab 2000 | 10 |

## 1 Allgemeine Informationen und Warnhinweise

1 Das Zündsystem schließt das Zündschloss, die Batterie, das Zündschaltgerät (Modelle bis 1993), die Zündspulen-Baugruppe und die Zündkerzen ein. Die Zündspulen-Baugruppe besteht aus zwei Zündspulen, die jeweils für die Zylinder 1 und 4 bzw. 2 und 3 zuständig sind. Das Zündsystem wird wie die Einspritzanlage vom Motorsteuergerät (ECU) überwacht. Das Steuergerät berechnet anhand der Informationen verschiedener Sensoren (Drehzahl, angesaugte Luftmenge, Motortemperatur usw.) den optimalen Zündzeitpunkt und die Ladezeit der Zündspulen. **Anmerkung:** *Bei Modellen ab 1994 wird die Funktion des Zündschaltgeräts vom Motorsteuergerät übernommen.*

2 Bei der Diagnose der elektronischen Zündung müssen alle notwendigen Kontrollen durchgeführt werden, bevor irgendwelche Komponenten erneuert werden.

3 Die in diesem Kapitel enthaltenen Informationen konzentrieren sich auf die Zündungs-Seite des Motorsteuergeräts – diejenigen über das Kraftstoffsystem und die Abgasregelung finden sich in den Kapiteln 4A und 4B.

### Warnhinweise

4 Bei der Arbeit am Zündsystem müssen folgende Vorsichtsmaßnahmen beachtet werden:

a) *Belassen Sie die Zündung nicht länger als 10 Sekunden eingeschaltet, wenn der Motor nicht anspringt.*
b) *Schließen Sie einen Drehzahlmesser immer entsprechend der beigefügten Anleitung an. Manche Drehzahlmesser funktionieren Sie bei diesem Zündsystem nicht.*
c) *Es kann passieren, dass Prüflampen, die an den Zylindern 1 und 4 funktionieren, an den Zylindern 2 und 3 nicht korrekt arbeiten.*
d) *Lassen Sie niemals Zündspulen-Anschlüsse Kontakt zu Masse erlangen – die Spule und das Zündschaltgerät bzw. das Motorsteuergerät können dabei beschädigt werden.*
e) *Trennen Sie niemals die Batterie bei laufendem Motor.*
f) *Stellen Sie bei Modellen bis 1993 eine korrekte Erdung des Zündschaltgeräts sicher.*

***Warnung: Aufgrund der hohen vom Zündsystem produzierten Spannung ist bei der Arbeit daran größte Sorgfalt geboten. Personen mit Herzschrittmachern sollten sich auf jeden Fall vom Zündstromkreis, Komponenten und Prüfgeräten fernhalten.***

## 2 Zündsystem – Test

### Allgemein

1 Die Komponenten des Zündsystems sind normalerweise sehr zuverlässig. Die meisten Ausfälle sind eher auf lockere oder verschmutzte Anschlüsse, die Ableitung der Hochspannung durch Schmutz und feuchte oder beschädigte Isolierungen als auf den tatsächlichen Ausfall von Bauteilen zurückzuführen. Kontrollieren Sie immer alle Kabel äußerst sorgfältig, bevor Elektrik-Komponenten als defekt verurteilt werden. Arbeiten Sie sich methodisch vor, um alle anderen Möglichkeiten auszuschließen, bevor ein Bauteil ausgetauscht wird.

2 Die alte Praxis, einen Zündfunkentest durch die Positionierung eines Zündkerzensteckers in der Nähe des Motors durchzuführen, ist nicht empfehlenswert! Hierbei besteht nicht nur die Gefahr eines schmerzhaften Stromschlags, sondern auch das Motorsteuergerät, das Zündschaltgerät oder Zündspulen können beschädigt werden. Versuchen Sie zudem niemals, Fehlzündungen durch Abziehen von Kerzensteckern zu lokalisieren.

3 Die folgenden Tests sollten durchgeführt werden, wenn ein offensichtlicher Defekt wie schlechtes Anspringen oder Fehlzündungen vorliegen. Manche Defekte sind jedoch undeutlich und werden oft durch ein im Notprogramm laufendes Steuergerät verschleiert. Hierzu gehören übermäßiger Kraftstoffverbrauch, ungleichmäßiges Standgas, mangelnde Leistung, Klopfen oder Klingeln unter bestimmten Bedingungen oder eine Kombination aus diesen Umständen. Wenn Probleme dieser Art auftreten, sollte das Fahrzeug zu einer mit Diagnosegeräten ausgerüsteten Fachwerkstatt gebracht werden.

### Motor springt nicht an

**Anmerkung:** *Beachten Sie, dass Defekte an der Wegfahrsperre oder der Alarmanlage zu Startproblemen führen können. Prüfen Sie, ob die Wegfahrsperre oder der Alarmanlage deaktiviert ist – beachten Sie dazu die Hinweise in der Betriebsanleitung.*

4 Falls der Anlasser den Motor gar nicht oder nur sehr langsam durchdrehen lässt, müssen die Batterie und/oder der Anlasser überprüft werden. Verbinden Sie ein auf den DC-Messbereich geschaltetes Voltmeter mit den Batteriepolen und lassen Sie einen Assistenten den Anlasser für etwa 10 Sekunden betätigen (aber nicht länger!) – falls hierbei weniger als 9,5 Volt gemessen werden, müssen die Batterie, der Anlasser und das Ladesystem kontrolliert werden (siehe Kapitel 5A).

### Motor erzeugt Fehlzündungen

5 Unregelmäßige Fehlzündungen sind oft auf lockere Anschlüsse an einer der Zündspulen oder Zündsystem-Sensoren zurückzuführen.

6 Prüfen Sie bei abgeschalteter Zündung sorgfältig alle Anschlüsse des Systems auf Sauberkeit und sicheren Sitz.

7 Regelmäßige Fehlzündungen können auf Probleme an einer der Zündspulen oder Zündkerzen zurückzuführen sein. Ermitteln Sie mithilfe der ggf. vorhandenen Widerstands-Werte, ob die Zündspule in Ordnung ist, oder lassen Sie sie von einer Mazda-Werkstatt überprüfen.

8 Alle weiteren Kontrollen von Zündungs-Komponenten sollten nach dem Auslesen von Fehlern aus dem Motorsteuergerät erfolgen.

## 3 Zündspule(n) – Tests und Ersetzen

### Tests

1 Führen Sie eine Kontrolle des Zündsystems durch (siehe Sektion 2).

#### Modelle bis 1993

2 Verbinden Sie ein auf den Ohm-Messbereich geschaltete Multimeter mit den Primärkontakten der Zündspule – wenn nicht zwischen 0,78 und 0,94 Ohm festgestellt werden, muss die Zündspule ersetzt werden.

3 Verbinden Sie das auf den K-Ohm-Messbereich geschaltete Multimeter mit den Sekundärkontakten der Zündspule (siehe Abbildung) – wenn nicht zwischen 11,2 und 15,2 K-Ohm (1,6 l-Modell) bzw. zwischen 8,7 und 12.9 K-Ohm (1,8 l-Modell)

festgestellt werden, muss die Zündspule ersetzt werden.

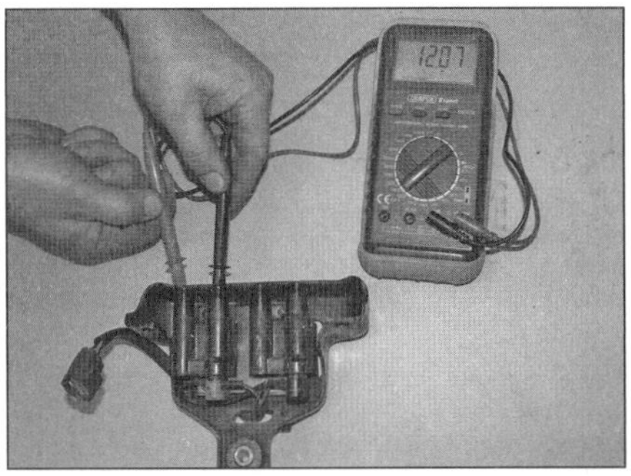

**3.3 Ermitteln Sie den Sekundärspulen-Widerstand der Zündspule – Modelle bis 1993, ...**

## Modelle von 1994 bis 1999

**4** Kontrollieren Sie das Zündsystem (siehe Sektion 2).
**5** Verbinden Sie das auf den K-Ohm-Messbereich geschaltete Multimeter mit den Sekundärkontakten der Zündspule (siehe Abbildung) – wenn nicht zwischen 8,24 und 12,36 K-Ohm (Modelle bis 1999) bzw. zwischen 7,0 und 11,0 K-Ohm (Modelle ab 2000) festgestellt werden, muss die Zündspule ersetzt werden. Für den Primär-Widerstand liegen bei Modellen ab 1994 keine Werte vor.

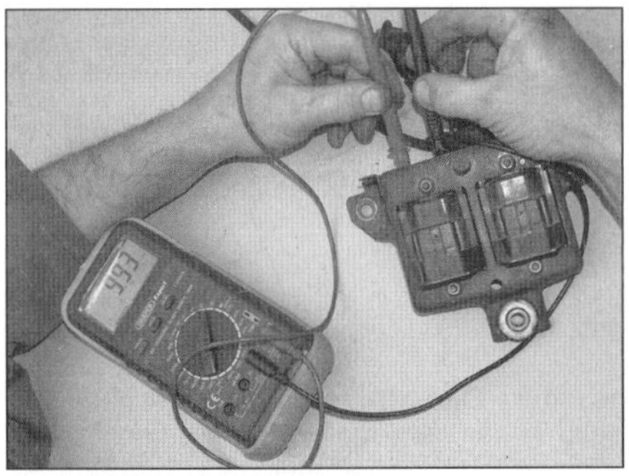

**3.5 ... Modelle von 1994 bis 1999 ...**

## Modelle ab 2000

**6** Kontrollieren Sie das Zündsystem (siehe Sektion 2).
**7** Demontieren Sie die Zündspule (siehe unten) und verbinden Sie das auf den K-Ohm-Messbereich geschaltete Multimeter mit den Hochspannungs-Kontakten der Zündspule (siehe Abbildung) – wenn nicht zwischen 7,0 und 11,0.9 K-Ohm festgestellt werden, muss die Zündspule ersetzt werden. Für den Primär-Widerstand liegen bei Modellen ab 1994 keine Werte vor.

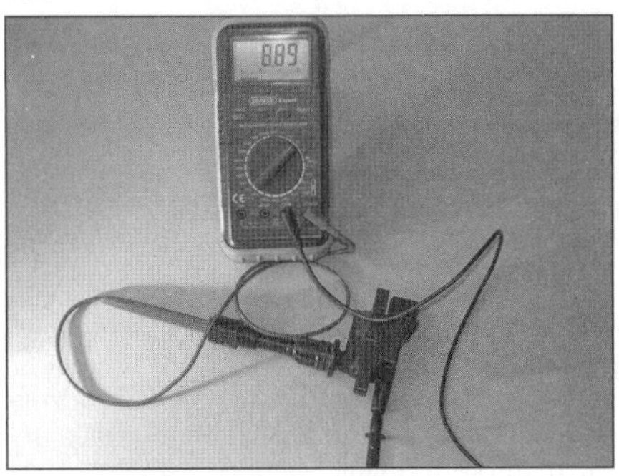

**3.7 ... und Modelle ab 2000.**

## Ersetzen

**8** Trennen Sie den Masseanschluss (–) der Batterie (siehe Kapitel 5A, Sektion 4).

## Modelle bis 1999

**9** Trennen Sie die Kabelstecker von den Zündspulen (siehe Abbildung).

**3.9 Drücken Sie die Lasche ein und trennen Sie den Zündspulen-Stecker.**

**10** Markieren Sie die Zündkabel und ziehen Sie die Kerzenstecker von den Zündkerzen (siehe Abbildung).

**3.10 Ziehen Sie die Kerzenstecker ab.**

**11** Lösen Sie die drei Schrauben der Zündspulen-Baugruppe und entfernen Sie diese (siehe Abbildung). Trennen Sie die Zündspule nötigenfalls von der Halterung.

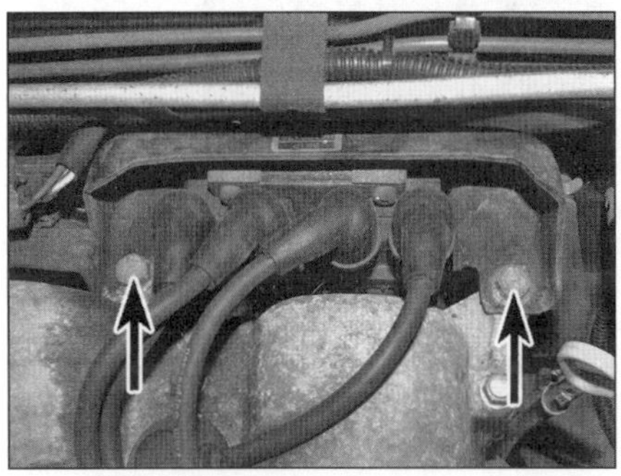

**3.11a Die Zündspulen-Baugruppe ist an beiden Seiten mit zwei Schrauben ...**

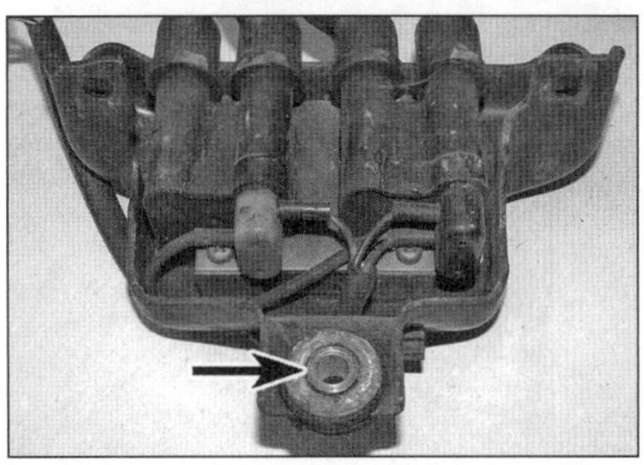

**3.11b ... und mit einer mittigen Schraube von unten gesichert.**

**12** Der Einbau entspricht der umgekehrten Ausbaureihenfolge – die Kerzenstecker müssen an ihre ursprünglichen Positionen gelangen. Ziehen Sie die Schrauben der Zündspulen mit 22 Nm an.

## Modelle ab 2000

**13** Trennen Sie die Kabelstecker von den Zündspulen (siehe Abbildung).

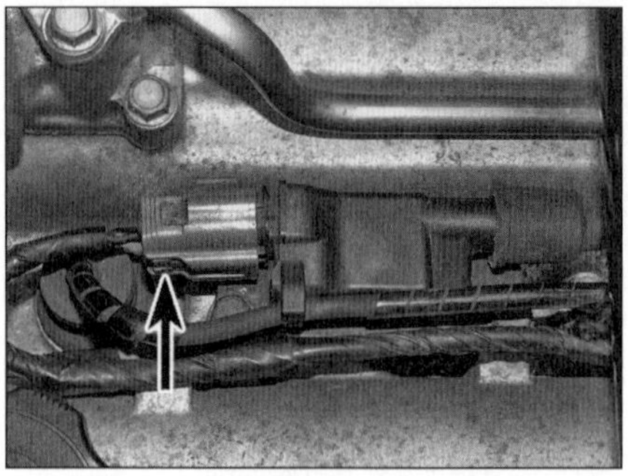

**3.13 Drücken Sie die Lasche ein und trennen Sie die Zündspulen-Stecker.**

**14** Trennen Sie die Zündkabel von den Zündspulen. Beachten Sie, dass das Zündkabel von Zylinder Nr. 4 mit der Zündspule über Zylinder Nr. 1 und das Zündkabel von Zylinder Nr. 2 mit der Zündspule über Zylinder Nr. 3 verbunden ist (siehe Abbildung).

**3.14 Beachten Sie die Verlegung der Zündkabel.**

**15** Lösen Sie die Schrauben der entsprechenden Zündspule und ziehen Sie sie samt Kerzenstecker nach oben ab (siehe Abbildungen). **Anmerkung:** *Weil das Trennen der Zündspule vom Kerzenstecker zu Beschädigungen führen kann, sollten die beiden Teile nur getrennt werden, wenn eines ersetzt werden muss.*

**3.15a Lösen Sie die Schrauben, ...**

**3.15b ... und ziehen Sie die Zündspule samt Kerzenstecker ab.**

**16** Der Einbau entspricht der umgekehrten Ausbaureihenfolge – die Kerzenstecker müssen an ihre ursprünglichen Positionen gelangen. Ziehen Sie die Schrauben der Zündspulen mit 10 Nm an.

## 4 Zündzeitpunkt – Kontrolle und Einstellung

**Anmerkung:** *Die folgende Prozedur trifft nur auf Fahrzeuge bis 1997 (NA) zu. Falls sich die Prozedur auf dem Aufkleber für Abgaskontrollinformationen (VECI) jedoch von diesen unterscheiden, müssen diejenigen des Aufklebers verwendet werden. Die Einstellung des Zündzeitpunktes bei Modellen ab 1998 (NB) erfordert spezielle Prüfgeräte, sodass sie von einer Fachwerkstatt durchgeführt werden sollte.*

**1** Verbinden Sie einen Drehzahlmesser entsprechend der beigefügten Anleitung mit dem Motor. Die externe Gleichstromversorgung des Geräts sollte über den Einstiftstecker am blauen Kabel links vorn im Motorraum sichergestellt werden (siehe Abbildung).

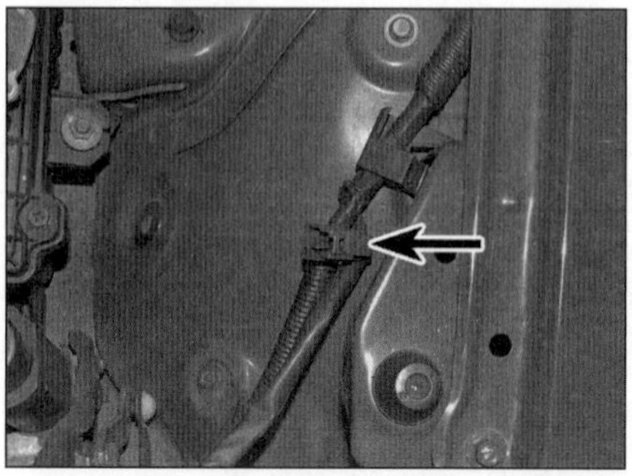

**4.1 Bordnetzstecker links vorn im Motorraum**

**2** Öffnen Sie die Abdeckung des Diagnosesteckers und verbinden Sie die Anschlüsse TEN und GND mit einem Überbrückungskabel (siehe Abbildungen).
**3** Schließen Sie bei abgeschalteter Zündung eine Zündzeitpunkt-Prüflampe entsprechend der beigefügten Hinweise an. Die meisten Prüflampen werden mit Batterien versorgt. Auch eine induktive Prüflampe wird mit dem Zündkabel von Zylinder Nr. 1 verbunden.
**4** Machen Sie sich mit den Steuerzeitenmarkierungen an der Indexplatte und am Zahnriemenrad vertraut (siehe Abbildung).

**4.2a Öffnen Sie die Abdeckung des Diagnosesteckers, ...**

**4.2b ... und überbrücken Sie die Kontakte TEN und GND.**

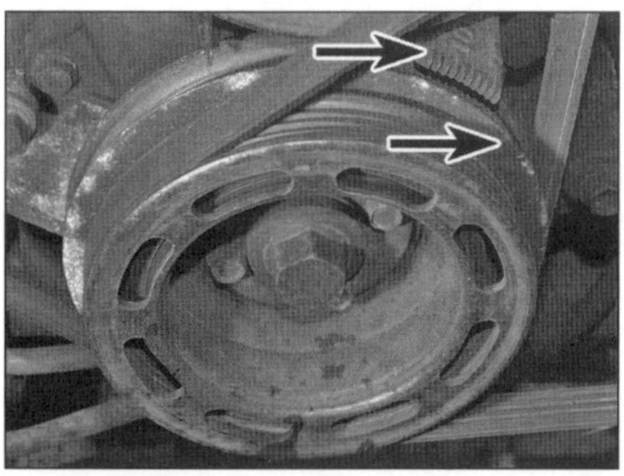

**4.4 Steuerzeitenmarkierungen an der Indexplatte und am Zahnriemenrad**

**5** Starten Sie den Motor und bringen Sie ihn auf Betriebstemperatur (sodass der obere Kühlerschlauch warm ist). Prüfen Sie, ob der Motor mit der in den technischen Daten angegebene Standgasdrehzahl läuft. Richten Sie die Prüflampe auf die Indexplatte – die Markierung am Riemenrad muss zur statischen Markierung ausgerichtet sein. Lockern Sie nötigenfalls die Schraube des Nockenwellensensors und verdrehen Sie diesen langsam, bis die Zündmarkierungen fluchten (siehe Abbildung).

**4.5 Schraube des Nockenwellensensors**

**6** Entfernen Sie das Überbrückungskabel aus dem Diagnosestecker, geben Sie einige Male Gas, um die Drehzahl kurzzeitig zu erhöhen, und prüfen Sie den Zündzeitpunkt erneut.
**7** Schalten Sie die Zündung aus und entfernen Sie den Drehzahlmesser und die Prüflampe.

## 5 Zündschaltgerät (Modelle bis 1993) – Ersetzen

**1** Trennen Sie den Masseanschluss (–) der Batterie (siehe Kapitel 5A, Sektion 4).
**2** Das Zündschaltgerät sitzt rechts im Motorraum. Trennen Sie seinen Stecker (siehe Abbildung).

**5.2 Position des Zündschaltgeräts**

**3** Lösen Sie die Schrauben und entfernen Sie das Zündschaltgerät.
**4** Der Einbau entspricht der umgekehrten Ausbaureihenfolge.

## 6 Klopfsensor (Modelle ab 1998 – NB) – Ausbau und Einbau

**1** Trennen Sie den Masseanschluss (–) der Batterie (siehe Kapitel 5A, Sektion 4).
**2** Der Klopfsensor sitzt unter dem Einlassstutzen rechts am Motorblock. Demontieren Sie den Einlassstutzen (siehe Kapitel 4A, Sektion 11).
**3** Verfolgen Sie das Kabel des Sensors und trennen Sie seinen Stecker.
**4** Notieren Sie seine Einbauposition und schrauben Sie den Sensor aus dem Motorgehäuse (siehe Abbildung).

**6.4 Der Klopfsensor sitzt unter dem Einlassstutzen rechts am Motorblock.**

**5** Der Einbau entspricht der umgekehrten Ausbaureihenfolge. Ziehen Sie den Sensor exakt mit 27 Nm an – bei anderen Anzugswerten wird der Klopfsensor nicht korrekt funktionieren und schwere Motorschäden können die Folge sein.

# Kapitel 6

## Kupplung

### Inhalt — Sektion

Allgemeine Informationen . . . 1
Ausrücklager und -Hebel – Ausbau, Kontrolle und Einbau . . 3
Ausrückzylinder – Ausbau, Überholen und Einbau . . . 4
Führungslager – Ersetzen . . . 7
Geberzylinder – Ausbau, Kontrolle und Einbau . . . 5
Kupplung – Ausbau, Kontrolle und Einbau . . . 2
Kupplungshydraulik – Entlüften . . . 6
Kupplungspedal – Kontrolle und Einstellung . siehe Kapitel 1
Kupplungsschalter – Testen und Ersetzen . . . 8

## Schwierigkeitsgrade

| **Leicht.** Geeignet für Anfänger mit wenig Erfahrung. | **Relativ leicht.** Geeignet für Anfänger mit etwas Erfahrung. | **Relativ schwierig.** Geeignet für geübte Selbstschrauber. | **Schwer.** Geeignet für Selbstschrauber mit viel Erfahrung. | **Sehr schwer.** Geeignet für Experten und Profis. |
|---|---|---|---|---|

## Technische Daten

| | |
|---|---|
| **Allgemein** | |
| Kupplungstyp | Einscheiben-Trockenkupplung mit Tellerfeder |
| Betätigung | hydraulisch mit Geber- und Ausrückzylinder |
| **Kupplungsscheibe** | |
| Reibmaterial-Stärke über Nietköpfen (min.) | 0,3 mm |
| Durchmesser | |
| 1,6 l-Motor | 200 mm |
| 1,8 l-Motor | 215 mm |
| **Anzugsdrehmomente** | **Nm** |
| Kupplungsdeckel an Schwungscheibe | 22 |

## 1 Allgemeine Informationen

**1** Die Einscheiben-Trockenkupplung besteht aus der Reibscheibe, der Druckplatte, der Tellerfeder, dem Deckel und dem Ausrücklager. All diese Bauteile befinden sich in dem aus Aluminium gegossenen Gehäuse (»Kupplungsglocke«) zwischen dem Motor und dem Getriebe.
**2** Die auf der Verzahnung der Getriebeeingangswelle verschiebbare Reibscheibe wird zwischen der Schwungscheibe und der Druckplatte mit dem Druck der Tellerfeder auf die Druckplatte in Position gehalten. Das Reibmaterial ist auf beiden Seiten der Reibscheibe angenietet.
**3** Die Tellerfeder wird auf Zapfen geführt und von kreisförmigen Kippringen in Position gehalten
**4** Das Ausrücklager sitzt auf einer Führungshülse vorn am Getriebe und lässt sich mithilfe des innerhalb der Kupplungsglocke sitzenden Ausrückhebels darauf verschieben.
**5** Der Ausrückmechanismus wird hydraulisch betätigt – mit einem vom Kupplungspedal aktivierten Geberzylinder und der auf den Ausrückhebel wirkenden Druckstange.
**6** Beim Treten des Kupplungspedals schiebt der Ausrückhebel das Ausrücklager nach vorn, sodass es die Nabe der Tellerfeder nach innen drückt und die Feder gegen die Kippringe des Deckels drückt. Die Nabe der Tellerfeder drückt nach innen, während ihr Außenrand nach außen drückt, sodass sich die Druckplatte von der Reibscheibe weg nach hinten bewegt und das Getriebe vom Motor getrennt ist.
**7** Beim Lösen des Kupplungspedals drückt die Tellerfeder die Druckplatte gegen das Belagmaterial der Reibscheibe und schiebt diese gleichzeitig auf der Getriebewelle nach vorn gegen die Schwungscheibe. Die Reibscheibe sitzt jetzt fest zwischen der Druckplatte und der Schwungscheibe, sodass der Kraftschluss sichergestellt wird.

## 2 Kupplung – Ausbau, Kontrolle und Einbau

***Warnung:** Der durch den Abrieb in der Kupplung entstehende Staub kann hochgradig gesundheitsschädlich sein. Blasen Sie die Kupplung KEINESFALLS mit Druckluft aus und inhalieren Sie diesen Staub nicht. Entfernen Sie den Staub KEINESFALLS mit Benzin oder Lösungsmittel auf Petroleumbasis. Verwenden Sie Bremsenreiniger oder Spiritus, um den Staub in einen geeigneten Behälter zu spülen. Nachdem alle Kupplungs-Komponenten mit Lappen sauber gewischt sind, müssen diese sowie der Behälter mit dem ausgewaschenen Staub bei einer Sondermüll-Annahmestelle entsorgt werden.*

## Ausbau

**1** Bauen Sie das Getriebe aus (siehe Kapitel 7, Sektion 7).
**2** Falls die ursprüngliche Kupplung wieder eingebaut werden soll, müssen Markierungen zwischen dem Kupplungsdeckel und der Schwungscheibe angebracht werden, damit sie wieder in ihrer originalen Ausrichtung montiert werden kann.
**3** Lockern Sie die Kupplungsdeckel/Druckplatten-Schrauben über Kreuz um jeweils eine halbe Umdrehung, bis der Federdruck abgebaut ist und die Schrauben von Hand entfernt werden können – stellen Sie ggf. die Scheiben sicher.
**4** Ziehen Sie den Kupplungsdeckel vom der Schwungscheibe ab – die Reibscheibe kann dabei herausfallen und muss aufgefangen werden. Die Reibscheibe sollte mit Ausrichtmarkierungen (»Engine Side« [Motorseite] und »Transmission Side« [Getriebeseite]) versehen sein und der größere Vorsprung an der Nabe muss von der Schwungscheibe weg zeigen.

## Kontrolle

**Anmerkung:** *Aufgrund der beträchtlichen Arbeit beim Aus- und Einbau der Kupplungs-Komponenten ist es empfehlenswert, die Reibscheibe, die Druckplatten-Baugruppe und das Ausrücklager als Set auszutauschen – auch wenn nur eines dieser Teile übermäßig verschlissen ist. Auch sollten die Kupplungs-Komponenten als Präventionsmaßnahme ausgetauscht werden, wenn das Getriebe aus anderen Gründen ausgebaut wurden.*
**5** Beachten Sie vor dem Reinigen der Kupplungs-Komponenten den am Anfang dieser Sektion gegebenen Warnhinweis. Entfernen Sie Staub mit einem sauberen und trockenen Tuch und arbeiten Sie in einer gut belüfteten Umgebung.
**6** Begutachten Sie die Beläge der Reibscheibe auf Verschleiß, Beschädigungen und Verölung. Falls im Belagmaterial Risse, Verbrennungen, Kerben oder andere Schäden festgestellt werden oder es mit Öl oder Fett kontaminiert ist (erkennbar an schwarz glänzenden Flecken), muss die Reibscheibe ersetzt werden. Falls die Reibscheibe verölt ist, kann dies durch einen defekten Kurbelwellen-Dichtring oder den Getriebewellen-Dichtring eingedrungen sein (Getriebeöl hat einen speziellen säuerlichen Geruch). Ersetzen Sie vor dem Einbau einer neuen Reibscheibe den/die Dichtring(e) oder die Dichtung (siehe Kapitel 2, Sektion 12 bzw. Kapitel 7, Sektion 3) – andernfalls würde das gleiche Problem bald wieder auftreten. Die Reibscheibe muss spätestens ersetzt werden, wenn das Belagmaterial nur noch 0,3 mm über die Nietköpfe hinausragt.
**7** Begutachten Sie die geschliffenen Reibflächen der Druckplatte und der Schwungscheibe – sie müssen sauber, absolut eben und frei von Riefen oder Kerben sein. Falls eine von ihnen durch übermäßige Hitze verfärbt ist oder Rissbildung zeigt, muss sie ersetzt werden (kleinere Fehler können allerdings auch mit Schmirgelpapier beseitigt werden.
**8** Kontrollieren Sie nach dem Ausbau der Kupplung stets das Ausrücklager (siehe Sektion 3).
**9** Inspizieren Sie das Führungslager in der Schwungscheibe – es muss sich sanft und geräuschlos drehen lassen. Falls die Getriebeeingangswelle-Kontaktfläche des Lagers verschlissen oder beschädigt ist, muss das Ausrücklager ersetzt werden (siehe Sektion 7).

## Einbau

**10** Die Reibflächen der Schwungscheibe und der Druckplatte müssen absolut sauber, glatt und fettfrei sein. Neuteile müssen mit nicht nachfettendem Lösungsmittel von Schutzfetten befreit werden.
**11** Auf das Reibmaterial sowie die Gleitflächen der Schwungscheibe und der Druckplatte dürfen weder Öl noch Fett geraten. Es ist ratsam, die Kupplung mit sauberen Händen zu montieren, und die Gleitflächen zuvor mit sauberen Lappen abzuwischen.
**12** Setzen Sie die korrekt ausgerichtete Reibscheibe (siehe Schritt 4) an der Schwungscheibe an und zentrieren Sie sie mit einem geeigneten Werkzeug (siehe Abbildung).

**2.12 Zentrieren Sie die Reibscheibe an der Schwungscheibe.**

**13** Setzen Sie die Kupplungsdeckel-Baugruppe – ggf. korrekt ausgerichtet – über den drei Passstiften der Schwungscheibe an (siehe Abbildung). Installieren Sie die Schrauben und ziehen Sie sie mit 22 Nm an.

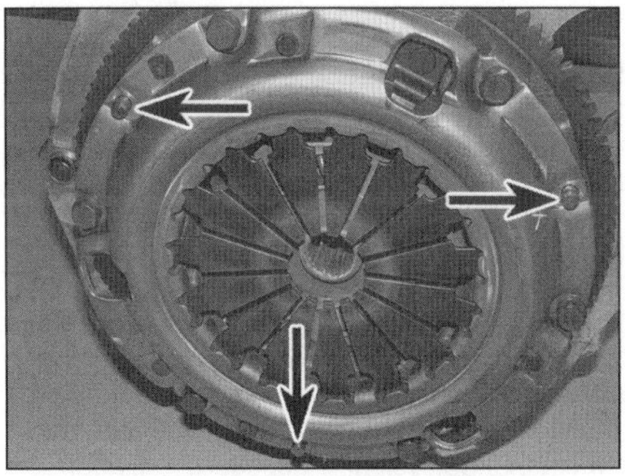

**2.13 Der Kupplungsdeckel muss über den drei Passstiften der Schwungscheibe sitzen.**

**14** Montieren Sie das Getriebe an den Motor (siehe Kapitel 7, Sektion 7).

## 3 Ausrücklager und -Hebel – Ausbau, Kontrolle und Einbau

***Warnung:** Der durch den Abrieb in der Kupplung entstehende Staub kann hochgradig gesundheitsschädlich sein. Blasen Sie die Kupplung KEINESFALLS mit Druckluft aus und inhalieren Sie diesen Staub nicht. Entfernen Sie den Staub KEINESFALLS mit Benzin oder Lösungsmittel auf Petroleumbasis. Verwenden Sie Bremsenreiniger oder Spiritus, um den Staub in einen geeigneten Behälter zu spülen. Nachdem alle Kupplungs-Komponenten mit Lappen sauber gewischt sind, müssen diese sowie der Behälter mit dem ausgewaschenen Staub bei einer Sondermüll-Annahmestelle entsorgt werden.*

### Ausbau

**1** Bauen Sie das Getriebe aus (siehe Kapitel 7, Sektion 7).
**2** Befreien Sie den Ausrückhebel vom Kugelzapfen und entfernen Sie das Lager vom Hebel (siehe Abbildung).

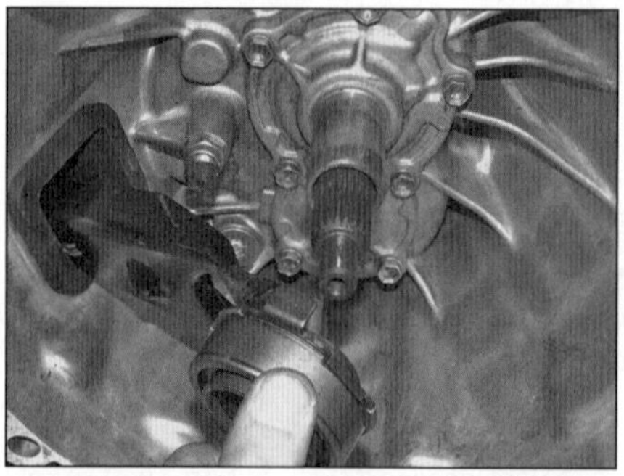

**3.2 Ziehen Sie den Hebel vom Kugelzapfen und drücken Sie das Lager heraus.**

### Kontrolle

**3** Halten Sie den Außenring des Lagers und drehen Sie den Innenring, während Sie gleichzeitig seitlichen Druck auf ihn ausüben – falls das Lager rau läuft oder Geräusche verursacht, muss die Lager/Naben-Baugruppe ersetzt werden. Wischen Sie das Lager mit einem sauberen Lappen ab und kontrollieren Sie es auf Verschleiß, Schäden und Risse. Das Lager darf nicht mit Lösungsmittel gereinigt werden – dies kann durch die Dichtungen eindringen und das Fett herausspülen, sodass das Lager vorzeitig verschleißt. Kontrollieren Sie auch den Ausrückhebel auf Risse und Hinweise auf Verformung.
**4** Kontrollieren Sie die Ausrückhebel-Manschette auf Risse oder Alterungserscheinungen (siehe Abbildung) – ziehen Sie sie nötigenfalls aus ihrem Sitz und ersetzen Sie sie.

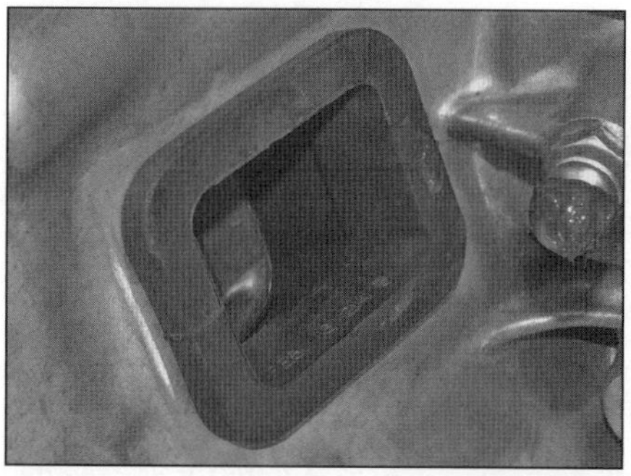

**3.4 Begutachten Sie die Ausrückhebel-Manschette.**

### Einbau

**5** Füllen Sie die innere Nut des Ausrücklagers mit Hochtemperatur-Molybdänfett; tragen Sie dies auch dünn auf der Kerbverzahnung der Getriebeeingangswelle und dem Kugelzapfen auf (siehe Abbildungen).

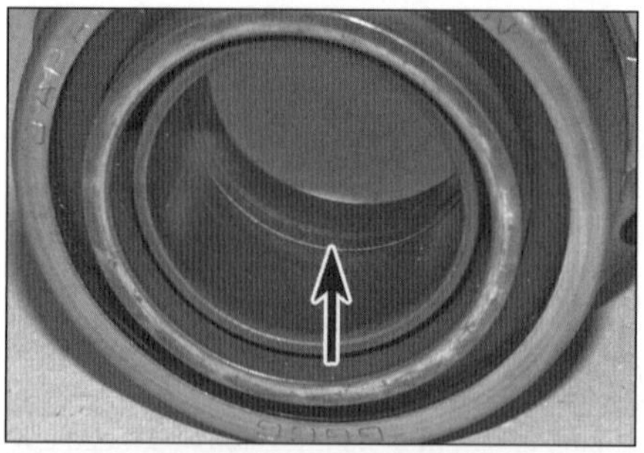

**3.5a Schmieren Sie die innere Nut des Ausrücklagers, ...**

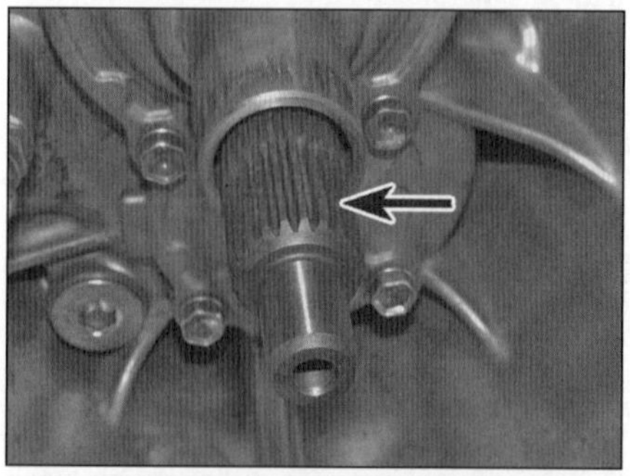

**3.5b ... die Getriebewellen-Verzahnung ...**

**3.5c ... und das Kugelgelenk dünn mit Hochtemperatur-Molybdänfett ein.**

**6** Schmieren Sie die Gabel-Enden und den Kugelsitz des Ausrückhebels dünn mit Hochtemperatur-Molybdänfett ein (siehe Abbildungen).

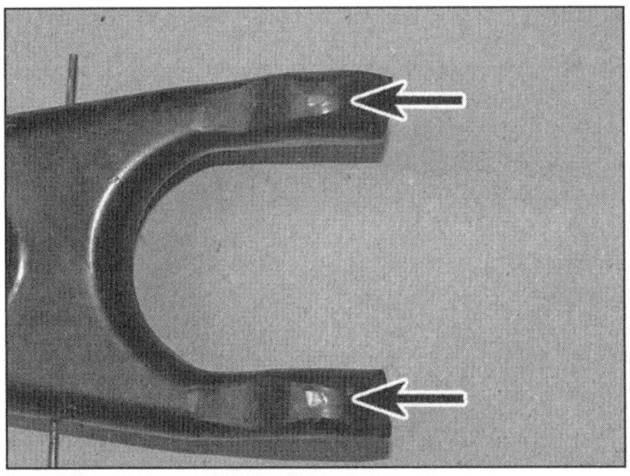

**3.6a Schmieren Sie ebenso die Gabel-Enden ...**

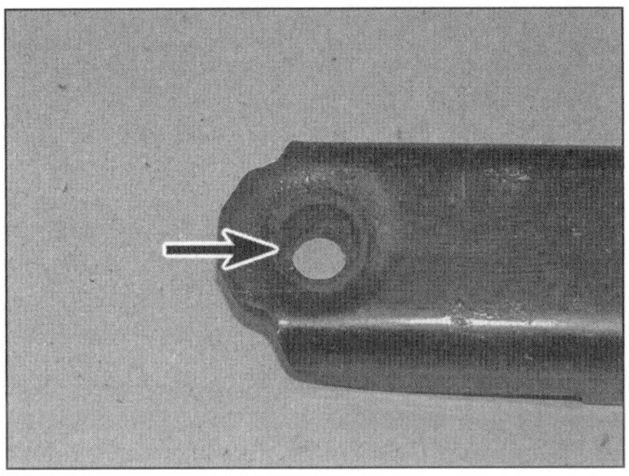

**3.6b ... und den Kugelsitz des Ausrückhebels.**

**7** Verbinden Sie das Ausrücklager mit dem Ausrückhebel.
**8** Schieben Sie das Ausrücklager auf den an der Getriebeeingangswelle sitzenden Lagerträger, während Sie das Ende des Ausrückhebels durch die Öffnung des Kupplungsgehäuses führen und den Kugelgelenksitz auf den Kugelzapfen drücken, bis er einrastet (siehe Abbildung).

**3.8 Pressen Sie den Ausrückhebel fest auf den Kugelzapfen.**

**9** Der Rest des Einbaus entspricht der umgekehrten Ausbaureihenfolge.

## 4 Ausrückzylinder – Ausbau, Überholen und Einbau

***Warnung: Hydraulikflüssigkeit ist giftig! Waschen Sie Spritzer bei Hautkontakt unverzüglich ab und suchen Sie medizinischen Rat, falls etwas in die Augen gelangt. Hydraulikflüssigkeit kann brennbar sein und sich beim Kontakt mit heißen Bauteilen entzünden. Bei der Arbeit an der Bremshydraulik muss daher genauso vorgegangen werden wie beim Kraftstoffsystem. Hydraulikflüssigkeit ist ein wirksamer Lackentferner und greift Kunststoff an; Spritzer müssen unverzüglich mit reichlich klarem Wasser abgewaschen werden. Hydraulikflüssigkeit ist zudem hygroskopisch, absorbiert also Wasser aus der Luft und kann dadurch zu Korrosion führen. Alte Hydraulikflüssigkeit kann neben Wasser auch andere Kontaminationen enthalten und darf daher nicht wiederverwendet werden.***

**Anmerkung:** *Erkundigen Sie sich vor dem Ausbau nach den Kosten eines Reparatursets oder neuen Ausrückzylinders. Die Verfügbarkeit und Preise dieser benötigten Teile können die Entscheidung erleichtern, ob der Zylinder überholt oder ausgetauscht werden soll. Falls er überholt werden soll, muss vor dem Kauf von Ersatzteilen seine Bohrung inspiziert werden (siehe Schritt 7).*

## Ausbau

**1** Heben Sie das Fahrzeug an und stützen Sie es sicher ab (siehe Seite 275). Lösen Sie die Schrauben des vorderen Verstärkungsrahmens und des Getriebe-Unterfahrschutzes (falls vorhanden) (siehe Abbildungen). Demontieren Sie das rechte Vorderrad.

**4.1a Schrauben des vorderen Verstärkungsrahmens**

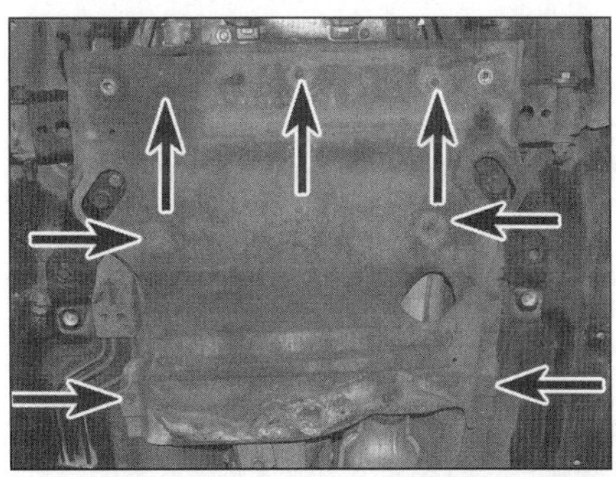

**4.1b Schrauben des Getriebe-Unterfahrschutzes**

**2** Arbeiten Sie durch die Radkasten-Öffnung und trennen Sie das Hydraulikrohr vom Geberzylinder (siehe Abbildung) – verwenden Sie dazu möglichst einen offenen Ringschlüssel statt eines Maulschlüssels, um die Anschlussmutter nicht abzurunden. Halten Sie einen Behälter und Lappen bereit, um austretende Hydraulikflüssigkeit aufzunehmen. Verstopfen Sie das Hydraulikrohr, um keinen Schmutz eindringen zu lassen.

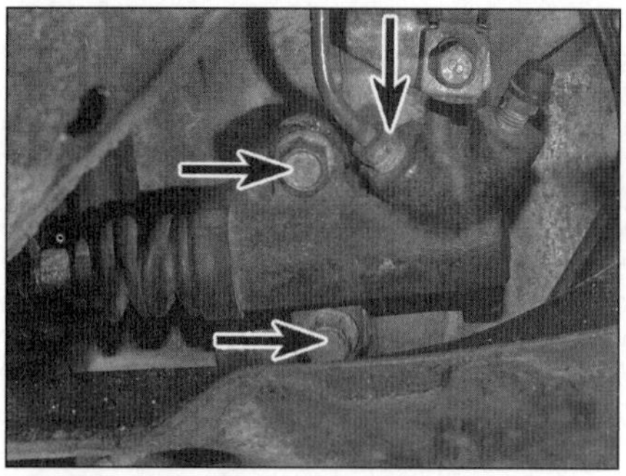

**4.2 Hydraulik-Anschlussmutter und Befestigungsschrauben des Ausrückzylinders**

**3** Lösen Sie die Befestigungsschrauben des Ausrückzylinders und entfernen Sie ihn (Abb. 4.2).

## Überholen

**4** Entfernen Sie die Druckstange und die Gummimanschette (siehe Abbildung).

**4.4 Entfernen Sie die Druckstange und die Gummimanschette.**

**5** Klopfen Sie den Zylinder auf einen Holzblock, um den Kolben samt Dichtring zu befreien; falls der Kolben nicht herauskommen will, muss er vorsichtig mit am Hydraulikanschluss angesetzter Druckluft herausgedrückt werden (siehe Abbildung).

⚠ ***Warnung: Druckluft kann den Kolben plötzlich herausschießen lassen, was Verletzungen hervorrufen kann. Setzen Sie daher nur geringen Luftdruck an und richten Sie die Zylinderöffnung auf den Holzblock – halten Sie keine Finger davor!***

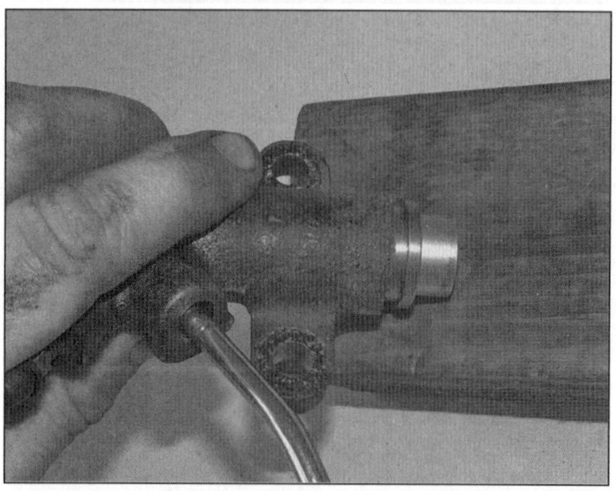

**4.5 Um den Kolben herauszudrücken, muss die Druckluft am Hydraulikanschluss angesetzt werden.**

**6** Entfernen Sie die Feder aus dem Zylinder (siehe Abbildung).

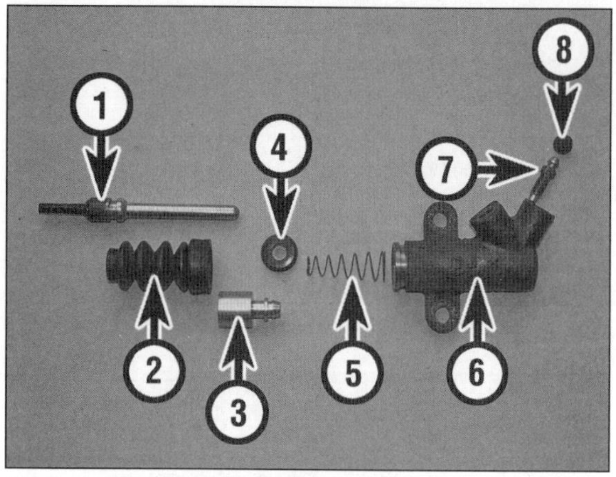


**4.6 Ausrückzylinder-Bauteile**

| | | |
|---|---|---|
| *1 Druckstange* | *4 Dichtring* | *7 Entlüftungs-schraube* |
| *2 Manschette* | *5 Feder* | |
| *3 Kolben* | *6 Zylinder* | *8 Staubkappe* |

**7** Inspizieren Sie sorgfältig die Zylinderbohrung auf tiefe Kratzer, Riefen und Grate. Die Bohrung muss sich absolut glatt anfühlen, andernfalls muss der gesamte Ausrückzylinder ausgetauscht werden.
**8** Verwenden Sie beim Zusammenbau ggf. alle im Reparaturset enthaltenen Bauteile und reichlich frische Bremsflüssigkeit, um sie zu schmieren. Beachten Sie die Einbaurichtungen der Feder und des Dichtrings (siehe Abbildung).

**4.8 Einbaurichtung des Dichtrings am Kolbenv**

## Einbau

**9** Montieren Sie den Ausrückzylinder an die Kupplungsglocke. Die Druckstange muss in die Vertiefung des Ausrückhebels greifen.
**10** Verbinden Sie das Hydraulikrohr mit dem Ausrückzylinder und ziehen Sie die Anschlussmutter an.
**11** Füllen Sie den Ausgleichsbehälter des Geberzylinders mit Bremsflüssigkeit auf.
**12** Entlüften Sie die Kupplungshydraulik (siehe Sektion 6).
**13** Senken Sie das Fahrzeug ab und prüfen Sie vor der ersten Fahrt die Funktion der Kupplung.

## 5 Geberzylinder – Ausbau, Überholen und Einbau

***Warnung: Hydraulikflüssigkeit ist giftig! Waschen Sie Spritzer bei Hautkontakt unverzüglich ab und suchen Sie medizinischen Rat, falls etwas in die Augen gelangt. Hydraulikflüssigkeit kann brennbar sein und sich beim Kontakt mit heißen Bauteilen entzünden. Bei der Arbeit an der Bremshydraulik muss daher genauso vorgegangen werden wie beim Kraftstoffsystem. Hydraulikflüssigkeit ist ein wirksamer Lackentferner und greift Kunststoff an; Spritzer müssen unverzüglich mit reichlich klarem Wasser abgewaschen werden. Hydraulikflüssigkeit ist zudem hygroskopisch, absorbiert also Wasser aus der Luft und kann dadurch zu Korrosion führen. Alte Hydraulikflüssigkeit kann neben Wasser auch andere Kontaminationen enthalten und darf daher nicht wiederverwendet werden.***

**Anmerkung:** *Erkundigen Sie sich vor dem Ausbau nach den Kosten eines Reparatursets oder neuen Geberzylinders. Die Verfügbarkeit und Preise dieser benötigten Teile können die Entscheidung erleichtern, ob der Zylinder überholt oder ausgetauscht werden soll. Falls er überholt werden soll, muss vor dem Kauf von Ersatzteilen seine Bohrung inspiziert werden (siehe Schritt 8).*

## Ausbau

**1** Öffnen Sie die Motorhaube und legen Sie Lappen unter den Geberzylinder.
**2** Trennen Sie das Hydraulikrohr vom Geberzylinder (siehe Abbildung) – verwenden Sie dazu möglichst einen offenen Ringschlüssel statt eines Maulschlüssels, um die Anschlussmutter nicht abzurunden.

**5.2 Hydraulik-Anschlussmutter des Geberzylinders**

**3** Lösen Sie die Muttern, die den Geberzylinder an der Spritzwand sichern, und befreien Sie ihn aus dem Motorraum – seien Sie auf austretende Bremsflüssigkeit vorbereitet (siehe Abbildung).

**Anmerkung:** *Bei manchen Modellen ist eine der Befestigungsmuttern aus dem Innenraum unter dem Armaturenbrett zugänglich (siehe Abbildungen).*

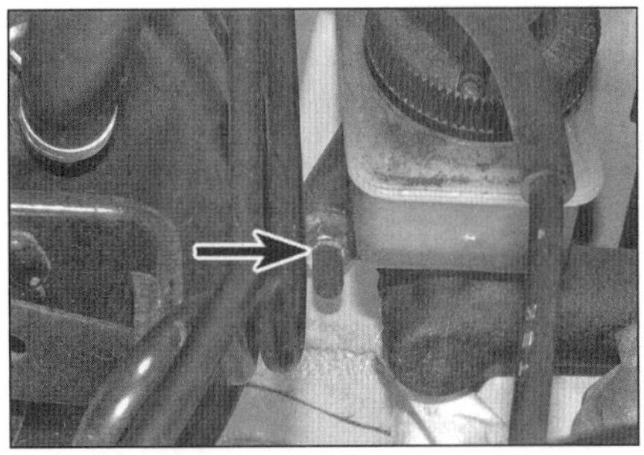

**5.3a Lösen Sie im Motorraum die Befestigungsmutter an der Spritzwand.**

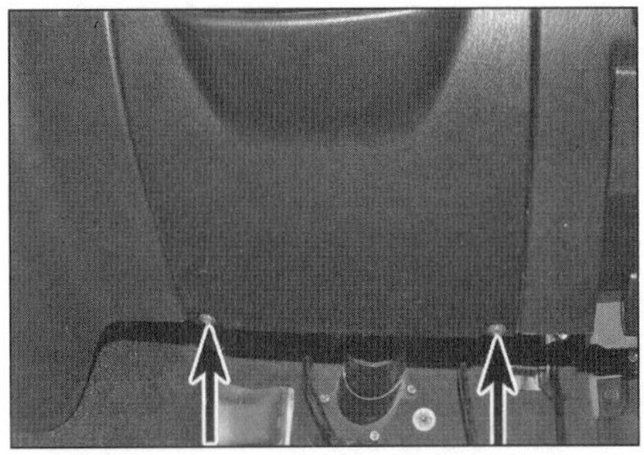

**5.3b Lösen Sie ggf. die Schrauben der Lenksäulen-Abdeckung, …**

**5.3c … und Zugang zur zweiten Befestigungsmutter zu erhalten.**

## Überholen

**4** Drehen Sie den Geberzylinder um und lassen Sie verbliebene Bremsflüssigkeit in einen Behälter ablaufen.
**5** Klemmen Sie den Geberzylinder mit der Zylinderöffnung nach oben in einen mit weichen Backen ausgerüsteten Schraubstock. Drücken Sie den Kolben mit einem Schraubendreher herunter und entfernen Sie mit einer entsprechenden Zange den Seegerring (siehe Abbildung) – beschädigen Sie dabei nicht die Kontaktfläche des Kolbens.

**5.5 Entfernen Sie den Seegerring, um den Kolben zu befreien.**

**6** Klopfen Sie den Geberzylinder auf einen Holzblock, um den Kolben, das Distanzstück, die Primär-Kappe und die Feder aus dem Zylinder zu befreien (siehe Abbildung). **Anmerkung:** *Falls das Reparaturset einen komplett vormontierten Kolben beinhaltet, müssen nicht zutreffende Schritte ignoriert werden.*

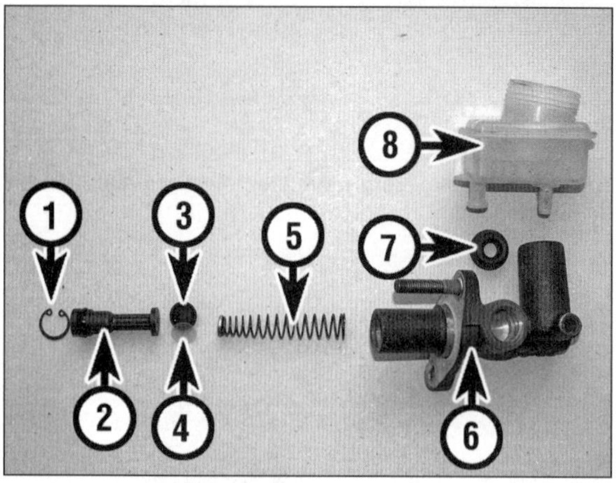


**5.6 Geberzylinder-Bauteile**

*1 Seegerring*
*2 Kolben und Dichtung*
*3 Primär-Kappe*
*4 Distanzstück*
*5 Feder*
*6 Zylinder*
*7 Dichtstopfen*
*8 Ausgleichsbehälter*

**7** Entfernen Sie vorsichtig den Dichtring vom Kolben.
**8** Inspizieren Sie sorgfältig die Zylinderbohrung auf tiefe Kratzer, Riefen und Grate. Die Bohrung muss sich absolut glatt anfühlen, andernfalls muss der gesamte Geberzylinder ausgetauscht werden.
**9** Verwenden Sie beim Zusammenbau ggf. alle im Reparaturset enthaltenen Bauteile oder waschen Sie die alten mit Bremsenreiniger, Spiritus oder frischer Bremsflüssigkeit – verwenden Sie keinesfalls Lösungsmittel auf Petroleumbasis.
**10** Installieren Sie den neuen Dichtring an den Kolben – seine Lippe muss vom Druckstangen-Ende des Kolbens weg zeigen (siehe Abbildung).

**5.10 Einbaurichtung des Dichtrings am Kolben**

**11** Schmieren Sie die Zylinderbohrung, die Feder, die Primär-Kappe, das Distanzstück und den Kolben mit reichlich frischer Bremsflüssigkeit.
**12** Führen Sie die Feder, die Primär-Kappe, das Distanzstück und den Kolben in die Zylinderbohrung ein (siehe Abbildungen).

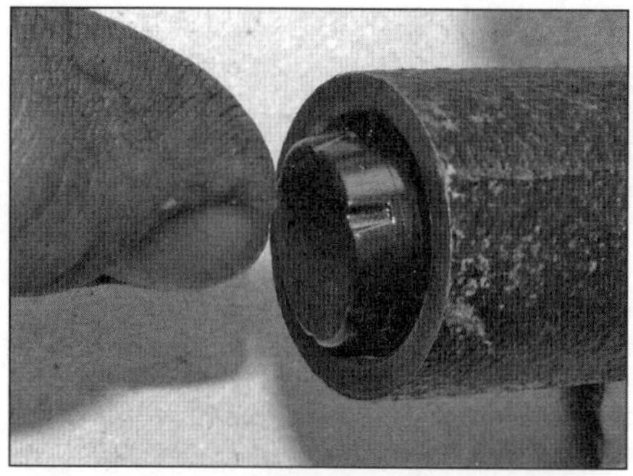

**5.12a Installieren Sie die Primär-Kappe, ...**

**5.12b ... das Distanzstück ...**

**5.12c ... und den Kolben.**

**13** Klemmen Sie den Zylinder erneut in den Schraubstock, drücken Sie den Kolben wieder mit dem Schraubendreher herunter, und installieren Sie den neuen Seegerring.

## Einbau

**14** Versehen Sie das Ende der Druckstange mit etwas Fett. Positionieren Sie den Geberzylinder an der Druckstange und gegen die Spritzwand, drehen Sie die Befestigungsmuttern zunächst handfest auf.
**15** Verbinden Sie das Hydraulikrohr mit dem Geberzylinder – bewegen Sie diesen dazu nötigenfalls etwas, damit das Gewinde der Anschlussmutter greift und nicht verkantet.
**16** Ziehen Sie die Befestigungsmuttern und die Anschlussmutter sorgfältig an.
**17** Füllen Sie den Ausgleichsbehälter mit Bremsflüssigkeit auf und entlüften Sie die Kupplungshydraulik (siehe Sektion 6).
**18** Stellen Sie die Höhe des Kupplungspedals und sein Spiel ein (siehe Kapitel 1, Sektion 5). Prüfen Sie vor der ersten Fahrt die Funktion der Kupplung.

## 6 Hydrauliksystem – Entlüften

***Warnung: Hydraulikflüssigkeit ist giftig! Waschen Sie Spritzer bei Hautkontakt unverzüglich ab und suchen Sie medizinischen Rat, falls etwas in die Augen gelangt. Hydraulikflüssigkeit kann brennbar sein und sich beim Kontakt mit heißen Bauteilen entzünden. Bei der Arbeit an der Kupplungshydraulik muss daher genauso vorgegangen werden wie beim Kraftstoffsystem. Hydraulikflüssigkeit ist ein wirksamer Lackentferner und greift Kunststoff an; Spritzer müssen unverzüglich mit reichlich klarem Wasser abgewaschen werden. Hydraulikflüssigkeit ist zudem hygroskopisch, absorbiert also Wasser aus der Luft, sodass Korrosion gefördert wird. Daher darf nur frische Bremsflüssigkeit des vorgeschriebenen Typs verwendet werden.***

## Allgemeines

**1** Die korrekte Funktion der Kupplungshydraulik ist nur möglich, wenn sämtliche Luft aus dem System entfernt ist; dies wird durch Entlüften gewährleistet.

**2** Während des Entlüftens darf nur frische Bremsflüssigkeit des vorgeschriebenen Typs verwendet werden – niemals bereits durch das System gespülte Flüssigkeit. Vor Arbeitsbeginn muss sichergestellt sein, dass genügend Bremsflüssigkeit vorhanden ist.

**3** Falls im Kupplungssystem nicht dafür vorgesehene Flüssigkeit vorhanden ist, muss diese vollständig mit frischer Bremsflüssigkeit herausgespült werden, zudem sind neue Dichtungen zu verwenden.

**4** Falls durch ein Leck im Kupplungssystem der Pegel im Ausgleichsbehälter stetig absinkt, muss zunächst dieses Problem behoben werden.

**5** Zur Verbesserung des Zugangs kann das Fahrzeug angehoben und sicher abgestützt werden (siehe Seite 275). Demontieren Sie das linke Vorderrad.

**6** Prüfen Sie, ob alle Hydraulikleitungen in Ordnung und alle Anschlüsse verbunden sind. Die Entlüftungsschraube hinten am links unten an der Kupplungsglocke sitzenden Ausrückzylinder muss verschlossen sein. Entfernen Sie die Staubkappe und reinigen Sie die Bereiche um die Entlüftungsschraube (siehe Abbildung).

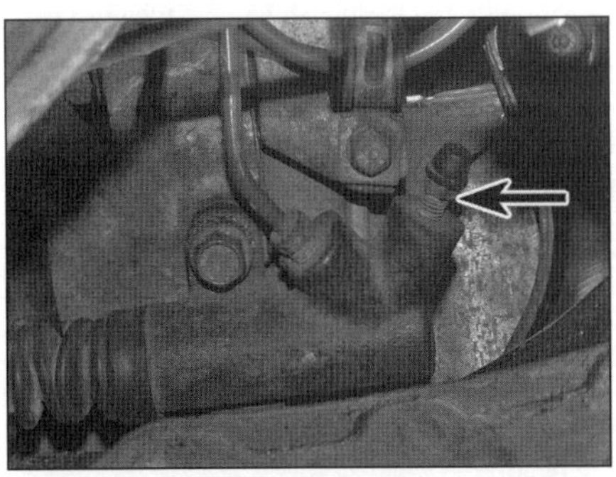

**6.6 Ausrückzylinder-Entlüftungsschraube – betrachtet durch die Radkasten-Öffnung.**

**7** Öffnen Sie den Deckel des Ausgleichsbehälters und füllen Sie ihn bis zur MAX-Markierung auf. Legen Sie den Deckel locker auf und achten Sie darauf, dass der Pegel während der gesamten Prozedur immer über der MIN-Markierung steht – andernfalls kann Luft ins System eindringen und die Prozedur muss wiederholt werden.

**8** Auf dem Markt sind zahlreiche Entlüftungs-Hilfsmittel erhältlich, von denen möglichst eines beschafft werden sollte, da der Entlüftungsprozess deutlich vereinfacht werden kann und das Risiko, bereits ausgetretene Luft wieder anzusaugen, minimiert wird. Falls ein solches Kit nicht erhältlich ist, muss mithilfe eines Assistenten die unten beschriebene Methode durchgeführt werden.

**9** Falls ein Entlüftungs-Kit verwendet wird, muss das Fahrzeug wie oben beschrieben vorbereitet und dann den beigefügten Hinweisen gefolgt werden – die Prozeduren können sich je nach Vorrichtung leicht voneinander unterscheiden, doch die allgemeinen Schritte sind unter den entsprechenden Überschriften beschrieben (siehe unten).

**10** Ungeachtet der angewendeten Methode muss die korrekte Reihenfolge eingehalten werden, um sämtliche Luft aus dem System zu entfernen.

## Entlüften

### Grundmethode (Zwei-Personen-Methode)

**11** Beschaffen Sie ein sauberes Glasgefäß und einen ausreichend langen transparenten Schlauch, der fest über den Nippel der Entlüftungsschraube geschoben werden kann. Die Schraube selbst sollte mit einem passenden Ringschlüssel betätigt werden. Für die Arbeit wird ein Assistent benötigt.

**12** Falls noch nicht geschehen, muss die Entlüftungsschrauben-Kappe abgezogen und der Schlauch auf die Schraube gesteckt werden. Halten Sie das andere Schlauch-Ende in den mit etwas Bremsflüssigkeit gefüllten Behälter, sodass keine Luft angesaugt werden kann.

**13** Achten Sie stets darauf, dass der Ausgleichsbehälter mindestens bis zur MIN-Markierung mit Bremsflüssigkeit gefüllt ist.

**14** Lassen Sie den Assistenten das Kupplungspedal durchdrücken und gedrückt halten.

**15** Lockern Sie bei gedrücktem Pedal die Entlüftungsschraube um etwa eine Umdrehung und lassen Sie die Flüssigkeit durch den Schlauch strömen. Der Assistent muss hierbei das Pedal gedrückt halten und darf es erst auf Anweisung wieder loslassen. Wenn keine Flüssigkeit mehr austritt, wird die Entlüftungsschraube wieder angezogen, und der Assistent löst langsam das Kupplungspedal. Kontrollieren Sie den Pegel im Ausgleichsbehälter.

**16** Wiederholen Sie die Schritte 14 und 15 so lange, bis frische Hydraulikflüssigkeit blasenfrei aus der Schraube austritt.

**17** Sobald keine Luftblasen mehr austreten, wird die Entlüftungsschraube sorgfältig angezogen, der Schlauch abgezogen und die Staubkappe aufgesteckt. Ziehen Sie die Entlüftungsschraube nicht zu fest!

**18** Entfernen Sie den Schlauch und den Schlüssel. Stecken Sie die Staubkappe auf.

**19** Montieren Sie ggf. den Ausrückzylinder an die Kupplungsglocke und ziehen Sie die Muttern sorgfältig an.

**Praxis-Tipp** ***Alte Bremsflüssigkeit ist deutlich dunkler als frische. Pumpen Sie so lange Bremsflüssigkeit heraus, bis helle Flüssigkeit austritt.***

### Mit Rückschlagventil-Kit

**20** Wie der Name bereits andeutet, bestehen diese Kits im Wesentlichen aus einem Schlauch mit integriertem Rückschlagventil, um einmal herausgedrückte Luft und Bremsflüssigkeit nicht wieder ins Kupplungssystem zu saugen. Manche Kits beinhalten einen transparenten Behälter, der so positioniert werden kann, dass die austretenden Luftblasen vom Fahrersitz aus beobachtet werden können.

21 Verbinden Sie das Kit wird mit der Entlüftungsschraube und öffnen Sie diese dann. Setzen Sie sich ins Auto und drücken Sie mit sanftem Druck die Kupplung vollständig durch, um sie dann langsam wieder zu lösen. Wiederholen Sie dies, bis frische Hydraulikflüssigkeit blasenfrei aus der Schraube austritt.
22 Diese Kits funktionieren so gut, dass man leicht den Pegel im Ausgleichsbehälter vergessen kann – achten Sie also stets darauf, dass sich in ihm stets genug Flüssigkeit befindet.

## Mit Druckentlüftungs-Kit

23 Diese Geräte arbeiten oft mit dem im Reserverad gespeicherten Luftdruck; oft muss dieser jedoch zuvor auf einen niedrigeren Wert als üblich abgesenkt werden – beachten Sie die beigefügte Anleitung.
24 Indem ein unter Druck stehender und mit Bremsflüssigkeit gefüllter Behälter an den Ausgleichsbehälter angeschlossen wird, kann das Entlüften einfach durch das Öffnen der Entlüftungsschraube erledigt werden – lassen Sie die Flüssigkeit austreten, bis keine Blasen mehr enthalten sind.
25 Diese Methode hat den Vorteil, dass der große Flüssigkeitsbehälter zusätzliche Sicherheit vor in das System gesaugte Luft bietet.

## Alle Methoden

26 Falls nach den oben beschriebenen Entlüftungs-Versuchen weiterhin Luft im System vermutet wird, muss der Ausrückzylinder demontiert werden, ohne die Hydraulikleitung zu trennen. Drücken Sie den Kolben vollständig ein, halten Sie den Zylinder so, dass die Entlüftungsschraube ganz oben ist, und entlüften Sie das System erneut. **Anmerkung:** *Hierbei müssen darauf geachtet werden, dass der Kolben beim Entlüftungsprozess nicht herausgedrückt wird: sichern Sie ihn nötigenfalls mit einem Metallband und zwei Gewindestangen.*
27 Wenn das Entlüften beendet ist und wieder ein fester Pedaldruck besteht, werden alle Bremsflüssigkeits-Spritzer abgewaschen, die Entlüftungsschraube sorgfältig angezogen und die Staubkappe aufgesteckt.
28 Prüfen Sie nach dem Entlüften den Pegel im Ausgleichsbehälter und füllen Sie ihn ggf. auf.
29 Die aus dem System gepumpte Bremsflüssigkeit muss fachgerecht entsorgt werden – sie darf keinesfalls wiederverwendet werden.
30 Betätigen Sie die Kupplung – falls das Pedal ein schwammiges Gefühl vermittelt oder sogar »gepumpt« werden muss, bis ein Druckpunkt entsteht, befindet sich noch Luft im Kupplungssystem, und es muss erneut entlüftet werden. Bringt auch eine Wiederholung keine zufriedenstellenden Ergebnisse, können defekte Dichtungen im Geber- oder Ausrückzylinder die Ursache sein.
31 Senken Sie das Fahrzeug zum Schluss ab und prüfen Sie vor der ersten Fahrt die Funktion der Kupplung.

## 7 Führungslager – Ersetzen

1 Das in die Schwungscheibe gepresste Führungslager stützt das vordere Ende der Getriebeeingangswelle (siehe Abbildung). Das Lager ist ab Werk mit einer Fettfüllung versehen und benötigt keine weitere Schmierung. Das Führungslager sollte bei jeder Demontage der Kupplung kontrolliert werden. Aufgrund der schwierigen Zugänglichkeit sollte es bei jedem Zweifel ersetzt werden.

**7.1 Das in die Schwungscheibe gepresste Führungslager ...**

2 Bauen Sie das Getriebe aus (siehe Kapitel 7, Sektion 7).
3 Demontieren Sie die Kupplung (siehe Sektion 2).
4 Inspizieren Sie das Lager auf übermäßigen Verschleiß, Riefen, Schmierstoffmangel, trockenen Lauf und andere Schäden. Ein schadhaftes Lager muss auf jeden Fall ausgetauscht werden.
5 Das Lager muss aus der Bohrung der Schwungscheibe herausgezogen werden – hierzu werden ein Innenabzieher und ein Zughammer benötigt (siehe Abbildung).

**7.5 ... kann mithilfe eines Innenabziehers und eines Zughammers befreit werden.**

6 Schmieren Sie den Außenrand des neuen Lagers mit etwas Mehrzweckfett und treiben Sie es mit einem Hammer und einem Rohr oder Steckschlüssel, der nur seinen Außenrand berührt, senkrecht in seine Bohrung, bis es bündig sitzt – der Dichtring muss zum Getriebe zeigen.
7 Schmieren Sie das Führungslager mit Hochtemperaturfett.
8 Montieren Sie die Kupplungs-Komponenten (siehe Sektion 2).
9 Bauen Sie das Getriebe ein (siehe Kapitel 7, Sektion 7).

## 8 Kupplungsschalter – Testen und Ersetzen

## Testen

1 Prüfen Sie die Höhe und das Spiel des Kupplungspedals (siehe Kapitel 1, Sektion 5).
2 Prüfen Sie, ob der Motor sich bei gelöstem Kupplungspedal nicht starten lässt, und nur bei gedrückter Kupplung gestartet werden kann.
3 Bei anderen Ergebnissen muss der Kupplungsschalter erneuert werden. Entfernen Sie zunächst die Abdeckung der Lenksäule (Abb. 5.3b).

**4** Ziehen Sie den Stecker des Kupplungsschalters ab (siehe Abbildung).

**8.4 Stecker des Kupplungsschalters**

**5** Verbinden Sie ein Ohmmeter mit den Schalter-Kontakten und prüfen Sie, ob nur bei gedrücktem Pedal Durchgang messbar ist.
**6** Bei gelöster Kupplung darf kein Durchgang festgestellt werden.
**7** Falls der Schalter andere Ergebnisse liefert, ist er defekt und muss ersetzt werden.

## Ersetzen

**8** Ziehen Sie den Stecker ab, lockern Sie die Kontermutter, und drehen Sie den Schalter heraus.
**9** Installieren Sie den neuen Schalter.
**10** Stellen Sie die Höhe des Kupplungspedals ein (siehe Kapitel 1, Sektion 5).
**11** Prüfen Sie erneut die Funktion des Schalters (Schritt 2).

# Kapitel 7

## Schaltgetriebe

### Inhalt — Sektion


Allgemeine Informationen ... 1
Antriebseinheit-Rahmen – Ausbau und Einbau ... 6
Dichtringe – Ersetzen ... 3
Geschwindigkeitssensor (NB-Modelle ab 1998) – Ausbau und Einbau ... 3
Getriebe – Ausbau und Einbau ... 7
Getriebeüberholung – Allgemeine Informationen ... 8
Rückfahrlicht- und Leerlaufschalter – Testen, Ausbau und Einbau ... 4
Schalthebel – Ausbau und Einbau ... 2
Tachometer-Antriebswelle (NA-Modelle bis 1997) – Ersetzen ... 5


# Schwierigkeitsgrade

| **Leicht.** Geeignet für Anfänger mit wenig Erfahrung. | **Relativ leicht.** Geeignet für Anfänger mit etwas Erfahrung. | **Relativ schwierig.** Geeignet für geübte Selbstschrauber. | **Schwer.** Geeignet für Selbstschrauber mit viel Erfahrung. | **Sehr schwer.** Geeignet für Experten und Profis. |
|---|---|---|---|---|

## Technische Daten

**Typ**

| | |
|---|---|
| 1,6 l-Modell | M (5 Gänge) |
| 1,8 l-Motor | |
| 5-Ganggetriebe | M15M-D |
| 6-Ganggetriebe | Y16M-D |

| **Anzugsdrehmomente** | **Nm** |
|---|---|
| Antriebseinheit-Rahmen | |
| Achsdifferenzialhalterungs-Distanzstück | 45 |
| Rahmen an Getriebe | 112 |
| Rahmen an Achsdifferenzial | 112 |
| Halterung an Rahmen | 112 |
| Halterung an Getriebe | 45 |
| Vordere Querstrebe – Schrauben | 105 |
| Getriebe/Motor-Verbindungsschrauben | 71 |
| Heck-Verstärkungsrahmen – Schrauben | |
| NB-Modelle ab 1998 | 65 |
| NB-Modelle ab 2000 | 105 |
| Heck-Verstärkungsstreben – Schrauben | 35 |
| Rückfahrlicht-Schalter | 21 |
| Radmuttern | 110 |
| Schalthebel-Befestigungsschrauben | 42 |
| Vordere Querlenker-Platte | |
| Schrauben | 105 |
| Muttern | 35 |

## 1 Allgemeine Informationen

**1** Das Fünf- oder Sechsgang-Schaltgetriebe befindet sich in einem hinten an den Motor geschraubten Aluminiumgehäuse.
**2** Die Kraft wird vom Motor über die Kupplungs-Reibscheibe auf die mit Keilnuten versehene Getriebeeingangswelle übertragen. Über die in ständigem Eingriff stehenden Getriebe-Zahnräder wird die Kraft weiter auf die Ausgangswelle geleitet, die sie über die Kardanwelle an das Hinterachs-Differenzial weiterleitet.
**3** Die Getriebeeingangswelle und die Ausgangswelle liegen parallel in Längsrichtung zur Kurbelwelle, sodass ihre Zahnräder ineinandergreifen können. In der Leerlauf-Position drehen die Zahnräder auf der Ausgangswelle frei, sodass die Motorkraft nicht an die Räder weitergeleitet wird.
**4** Die Gänge werden über einen am Karosserieboden gelagerten Schalthebel ausgewählt, dessen Bewegungen an die entsprechenden Schaltgabeln weitergeleitet werden, um die mit Synchronringen ausgerüsteten Schaltmuffen auf den Wellen zu verschieben, sodass das entsprechende Zahnrad arretiert wird und die Kraft übertragen kann.
**5** Damit die Gänge schnell und geräuschlos gewechselt werden können, sorgen die Synchronringe und federbelastete Laschen dafür, dass die Zahnräder bereits vor dem Arretieren auf die korrekte Drehzahl gebracht werden.

## 2 Schalthebel – Ausbau und Einbau

**1** Entfernen Sie die Mittelkonsole (siehe Kapitel 11, Sektion 27).
**2** Schalten Sie das Getriebe in den Leerlauf und lösen Sie die vier Schrauben der Schalthebel-Platte (siehe Abbildung).

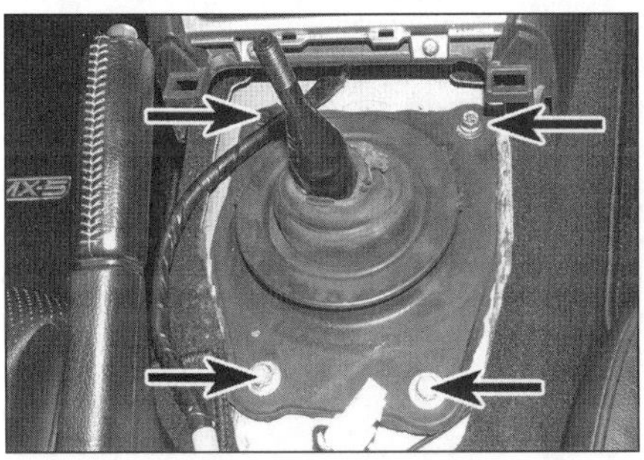

**2.2 Schrauben der Schalthebel-Platte**

**3** Lösen Sie die drei Schrauben der Schalthebel-Befestigung und heben Sie die Hebel-Baugruppe aus dem Getriebe (siehe Abbildung).

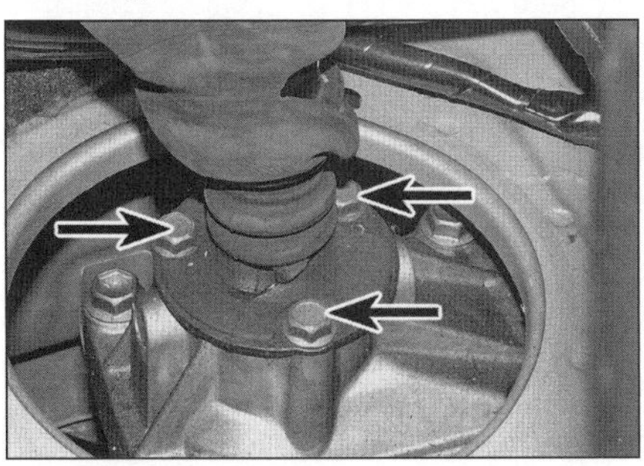

**2.3 Schrauben der Schalthebel-Befestigung**

**4** Falls die Gehäuseverlängerung entfernt war, muss sie mit 85 ml Getriebeöl (75W/90 GL4 oder GL5) befüllt werden, bevor der Schalthebel montiert wird (siehe Abbildung).

**2.4 Füllen Sie 85 ml Getriebeöl in die Gehäuseverlängerung.**

**5** Versehen Sie beide Seiten der neuen Dichtung mit Dichtmasse und legen Sie sie auf. Schmieren Sie die Schalthebel-Grundplatte und senken Sie sie ins Getriebe ab.
**6** Installieren Sie die Schalthebel-Befestigungsschrauben und ziehen Sie sie mit 42 Nm an.
**7** Montieren Sie die Schalthebel-Platte und ziehen Sie ihre Schrauben sorgfältig an.
**8** Montieren Sie die Mittelkonsole (siehe Kapitel 11, Sektion 27).

## 3 Dichtringe und Geschwindigkeitssensor (NB-Modelle) – Ersetzen

**1** Getriebe-Undichtigkeiten können vor allem an den Dichtringen der Gehäuseverlängerung oder des Tachowellenantriebs bzw. des Geschwindigkeitssensors auftreten. Reparaturen sind hier nicht besonders schwierig, da der Austausch der Dichtringe üblicherweise bei eingebautem Getriebe vorgenommen werden kann.

### Gehäuseverlängerungs-Dichtring

**2** Dieser Dichtring sitzt hinten am Getriebe, wo die Kardanwelle angeschlossen ist. Falls hier Undichtigkeiten vermutet werden, muss das Fahrzeug angehoben und sicher abgestützt werden (siehe Seite 275). Bei einem defekten Dichtring kann sich Getriebeöl auf der Kardanwelle verteilen oder hinten am Getriebe abtropfen.
**3** Demontieren Sie die Kardanwelle (siehe Kapitel 8, Sektion 6).
**4** Hebeln Sie vorsichtig mit einem großen Schlitzschraubendreher den Dichtring aus der Getriebe-Verlängerung (siehe Abbildung) – beschädigen Sie dabei weder die Verzahnung der Ausgangswelle noch seinen Sitz.

**3.4 Hebeln Sie den Dichtringe vorsichtig aus der Gehäuseverlängerung.**

**5** Falls sich der Dichtring nicht heraushebeln lässt, muss im Fachhandel ein spezielles Dichtring-Ausbauwerkzeug beschafft und eingesetzt werden.
**6** Treiben Sie den Dichtring senkrecht in seinen Sitz – nutzen Sie dazu z. B. einen Steckschlüssel, der nur den harten Außenbereich berührt.
**7** Fetten Sie die Keilnuten der Ausgangswelle und die Außenseite der Kardanwellen-Hülse und montieren Sie die Kardanwelle (siehe Kapitel 8, Sektion 6) – beschädigen Sie dabei nicht die Lippe des neuen Dichtrings.

## Tachowellenantrieb-O-Ring (NA-Modelle bis 1997)

**8** Das Tachowellen-Antriebsgehäuse sitzt seitlich an der Getriebe-Verlängerung. Falls das Gehäuse oder der umliegende Bereich verölt ist, wird wahrscheinlich der O-Ring lecken.
**9** Trennen Sie die Tachowelle (siehe Abbildung).

**3.9 Lösen Sie den Tachowellen-Rändelring.**

**10** Lösen Sie die Schraube und ziehen Sie das Antriebsgehäuse ab (siehe Abbildung).

**3.10 Schraube des Tachowellen-Antriebsgehäuses**

**11** Rüsten Sie das Gehäuse mit einem neuen O-Ring aus, montieren Sie es, und schließen Sie die Tachowelle wieder an.

## Geschwindigkeitssensor-O-Ring (NB-Modelle ab 1998)

**12** Der Geschwindigkeitssensor sitzt seitlich an der Getriebe-Verlängerung. Falls der Sensor oder der umliegende Bereich verölt ist, wird wahrscheinlich der O-Ring lecken.
**13** Trennen Sie den Sensorstecker.
**14** Lösen Sie die Sensorschraube und ziehen Sie den Sensor heraus (siehe Abbildung).
**15** Rüsten Sie den Sensor mit einem neuen O-Ring aus, installieren Sie ihn, und sichern Sie ihn mit der sorgfältig angezogenen Schraube.

**3.14 Schraube des Geschwindigkeitssensors**

## 4 Rückfahrlicht- und Leerlaufschalter – Testen, Ausbau und Einbau

### Testen

**1** Der Stromkreis des Rückfahrlichts wird von einem rechts ins Getriebe geschraubten Schalter gesteuert. Prüfen Sie bei einem Problem zuerst, ob nicht die Sicherung des Stromkreises durchgebrannt ist (siehe Kapitel 12).
**2** Zum Testen des Schalters muss sein Kabelstecker abgezogen und durch ein auf den Ohm-Bereich geschaltetes Messgerät oder eine Prüflampe samt Stromversorgung der Durchgang an den Schalterkontakten geprüft werden – dieser darf nur bei eingelegtem Rückwärtsgang bzw. Leerlauf bestehen; bei anderen Ergebnissen (und keinen offensichtlichen Unterbrechungen der Verkabelung) ist der Schalter defekt und muss ersetzt werden.

### Ausbau

**3** Heben Sie das Fahrzeug an und stützen Sie es sicher ab (siehe Seite 275).
**4** Trennen Sie den Stecker des Schalters und schrauben Sie diesen aus dem Getriebe (siehe Abbildungen) – die Dichtscheibe muss später erneuert werden.

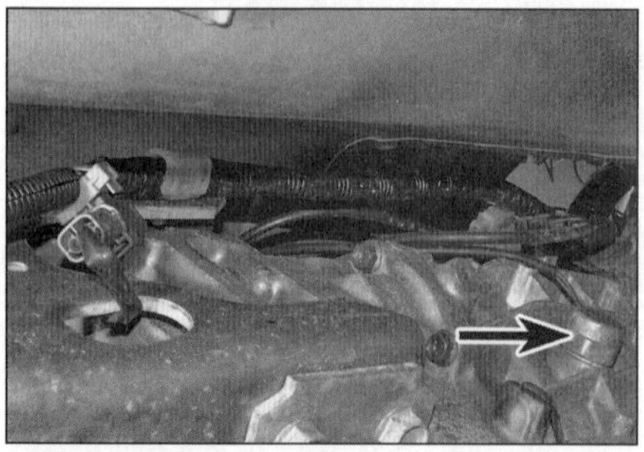

**4.4a Der Leerlaufschalter sitzt rechts am Getriebe.**

**4.4b Der Rückfahrlicht-Schalters sitzt links am Getriebe – Sechsganggetriebe ...**

**4.4c … und Fünfganggetriebe.**

## Einbau

**5** Rüsten Sie den Schalter mit einer neuen Dichtscheibe aus, drehen Sie ihn ins Getriebe, und ziehen Sie ihn sorgfältig an.
**6** Der Rest des Einbaus entspricht der umgekehrten Ausbaureihenfolge.

## 5 Tachometer-Antriebswelle (NA-Modelle bis 1997) – Ersetzen

**1** Trennen Sie den Masseanschluss (–) der Batterie (siehe Kapitel 5A, Sektion 4).
**2** Befreien Sie die Instrumenteneinheit (siehe Kapitel 12, Sektion 9) und ziehen Sie sie ab, um Zugang zum Tachowellen-Anschluss zu haben. Drücken Sie den Hebel der Anschlusshülse ein und ziehen Sie die Welle ab (siehe Abbildung).

**5.2 Drücken Sie seitlich an der Hülse den Hebel ein.**

**3** Schieben Sie die Tachowelle durch die Spritzwand in den Motorraum.
**4** Heben Sie das Fahrzeug an und stützen Sie es sicher ab (siehe Seite 275).
**5** Lösen Sie unter dem Fahrzeug am Tachowellenantrieb den Rändelring und ziehen Sie die Welle ab (Abb. 3.9).
**6** Befreien Sie die Tachowelle aus allen Haltebändern und entnehmen Sie sie aus dem Fahrzeug.
**7** Schieben Sie die neue Welle von vorn durch die Spritzwand und installieren Sie die Gummiöse in die Öffnung. Führen Sie die Welle in ihren Sitz im Instrumentengehäuse und lassen Sie sie am Tachometer einrasten. Montieren Sie die Instrumente.
**8** Führen Sie das untere Ende der Welle ins Antriebsgehäuse am Getriebe ein und drehen Sie den Rändelring sorgfältig an. Sichern Sie die Welle mit den Haltebändern.

## 6 Antriebseinheit-Rahmen – Ausbau und Einbau

## Ausbau

**1** Beim Antriebseinheit-Rahmen handelt es sich um eine rechts am Getriebe sitzende Strebe, die es mit dem Achsdifferenzial verbindet.
**2** Heben Sie das Fahrzeug an und stützen Sie es sicher ab (siehe Seite 275). Demontieren Sie die hintere Sektion der Auspuffanlage (siehe Kapitel 4A, Sektion 12).
**3** Befreien Sie den Kabelbaum und das Massekabel vom Rahmen (siehe Abbildungen).

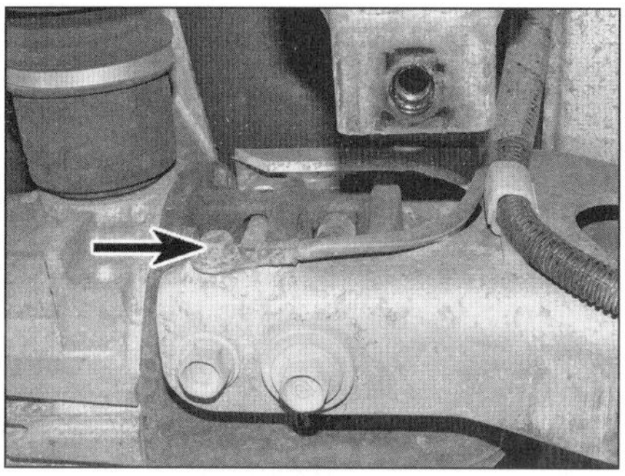

**6.3a Lösen Sie das Massekabel vom Antriebseinheit-Rahmen, …**

**6.3b … und befreien Sie den Kabelbaum.**

**4** Lösen Sie bei NA-Modellen (bis 1997) den Rändelring der Tachowelle und befreien Sie diese vom Antrieb am Getriebe (Abb. 3.9).
**5** Demontieren Sie bei späteren Modellen die hintere Querstrebe (siehe Abbildung).

**6.5 Schrauben der hinteren Querstrebe**

**6** Stützen Sie das Getriebe mit einem Rangierwagenheber ab.
**7** Demontieren Sie die Halterung, die den Antriebseinheit-Rahmen am Getriebe sichert (siehe Abbildung).

**6.7 Entfernen Sie die Halterung zwischen dem Rahmen und der Getriebeverlängerung.**

**8** Lösen Sie hinten am Rahmen die zwei Schrauben und hebeln Sie die Distanzbuchse heraus (siehe Abbildungen) – die Schraube mit dem dickeren Schaft sitzt in der vorderen Bohrung.
**Achtung: Entfernen Sie NIEMALS die Distanzbuchsen aus der Oberseite des Antriebseinheit-Rahmens – hierdurch wird die Schubstrebe geschwächt und die gesamte Baugruppe muss ersetzt werden.**

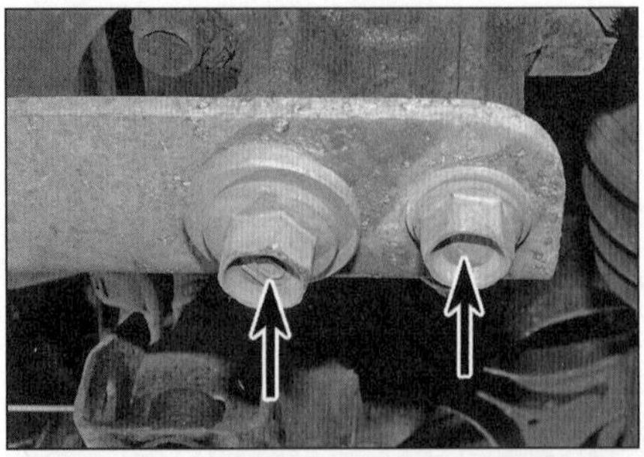

**6.8a Lösen Sie die zwei Schrauben hinten im Rahmen, ...**

**6.8b ... und hebeln Sie die Distanzbuchse heraus.**

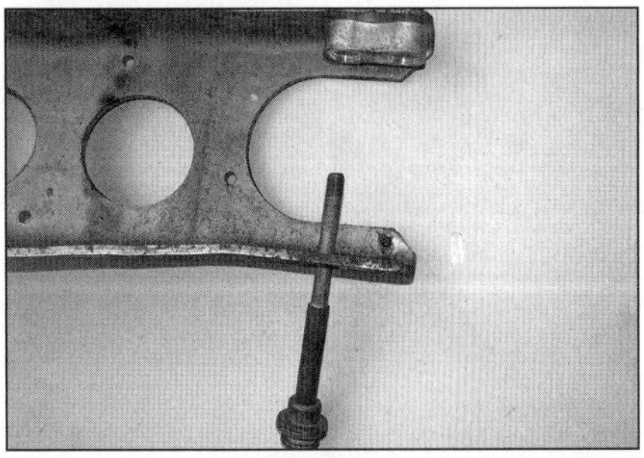

**6.8c Die Schraube mit dem dickeren Schaft sitzt in der vorderen Bohrung des Rahmens.**

**9** Um bei Modellen bis 1997 (NA) die Hülse entfernen zu können, durch die die Schraube mit dem dicken Schaft geführt ist, muss von unten eine M14 x 1,5-Schraube eingedreht und als Griff verwendet werden, um sie drehend herauszuziehen. Sobald die Hülse frei ist, muss die Schraube wieder entfernt werden, indem eine M6 x 1-Schraube durch die Bohrung seitlich in den Block gegen die Hülse gedreht wird. Drehen Sie zuerst die M14 x 1,5-Schraube und dann die M6 x 1-Schraube heraus und entfernen Sie die Hülse. Bei Modellen ab 1998 (NB) sollte die Hülse mit einem weichen Hammer gelockert und dann mit einer Zange oder Schraubendrehern herausgehebelt werden können (siehe Abbildungen).

**6.9a Drehen Sie bei Modellen bis 1997 (NA) eine M14 x 1,5-Schraube von unten in die Hülse und ziehen Sie sie herunter, ...**

**6.9b ... klemmen Sie dann die Hülse mit einer M6 x 1-Schraube ein und entfernen Sie die M14 x 1,5-Schraube.**

**6.9c Klopfen Sie bei Modellen ab 1998 (NB) die Hülse herunter und hebeln Sie sie nach unten heraus – gezeigt am ausgebauten Rahmen.**

**10** Lockern Sie ein Stück weit die vorderen Schrauben des Antriebseinheit-Rahmens, drücken Sie diesen etwas zur Seite, entfernen Sie die Schraube(n), und befreien Sie das Distanzstück vom Achsdifferenzial (siehe Abbildung).

6.10 Distanzstück-Schrauben

**11** Schrauben Sie das vordere Ende des Antriebseinheit-Rahmens vom Getriebe ab und entfernen Sie den Rahmen (siehe Abbildung).

6.11 Vordere Schrauben des Antriebseinheit-Rahmens

## Einbau

**12** Der Einbau entspricht der umgekehrten Ausbaureihenfolge – beachten Sie folgende Punkte:

a) *Installieren Sie die Schraube mit dem dicken Schaft in die vordere Bohrung der Achsdifferenzial-Aufnahme des Rahmens.*

b) *Ziehen Sie die Schrauben des Achsdifferenzial-Distanzstücks und des Halters am Getriebe mit jeweils 45 Nm an. Ziehen Sie dann zuerst die hinteren Rahmen-Schrauben mit 112 und dann die vorderen Schrauben mit ebenfalls 112 Nm an.*

c) *Bei Modellen ab 1998 (NB) muss der Abstand zwischen dem vorderen unteren Rand des Rahmens und dem unteren Rand des Karosserie-Längsträgers gemessen werden – es müssen zwischen 60 und 72 mm festgestellt werden. Bei anderen Ergebnissen müssen die Rahmen-Schrauben am Getriebe gelockert und der Rahmen neu positioniert werden (siehe Abbildung).*

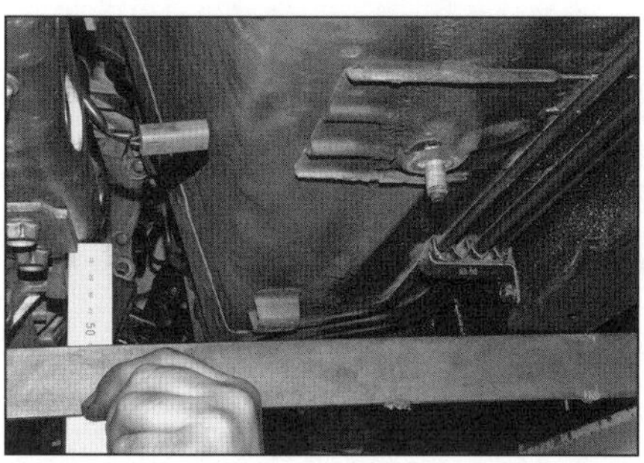

**6.12 Halten Sie ein Richtlineal unter die Längsträger und messen Sie die Höhe des Antriebseinheit-Rahmens darüber.**

## 7 Getriebe – Ausbau und Einbau

**Anmerkung:** *Diese Operation ist sehr umfangreich. Lesen Sie vor Arbeitsbeginn die gesamte Sektion durch und sorgen Sie dafür, dass alle benötigten Hebevorrichtungen vorhanden sind.*

## Ausbau

**1** Trennen Sie den Masseanschluss (–) der Batterie (siehe Kapitel 5A, Sektion 4).
**2** Demontieren Sie den Schalthebel (siehe Sektion 2).
**3** Entfernen Sie die Kardanwelle (siehe Kapitel 8, Sektion 6). Umwickeln Sie das Ende des Getriebes mit einem Plastikbeutel, um Ölverlust zu minimieren und das Eindringen von Schmutz zu verhindern.
**4** Demontieren Sie ggf. den Unterfahrschutz.
**5** Lösen Sie bei Modellen ab 2000 mit Sportfahrwerk die Schrauben und Muttern des vorderen Verstärkungsrahmens und der Querstrebe (siehe Abbildungen).

7.5a Schrauben des vorderen Verstärkungsrahmens

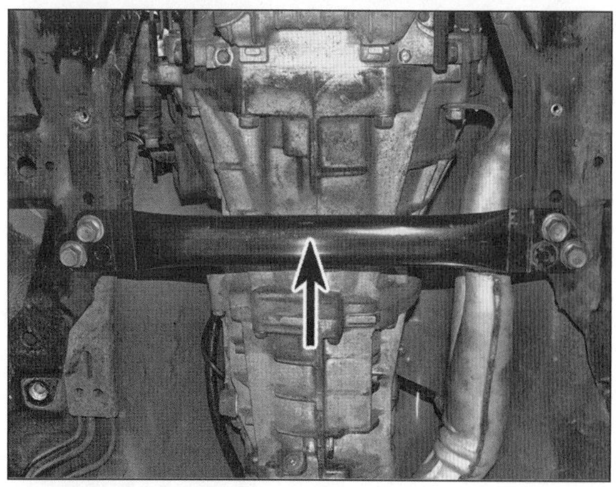

7.5b Vordere Querstrebe

**6** Demontieren Sie die vordere Sektion der Auspuffanlage (siehe Kapitel 4A, Sektion 12).
**7** Bauen Sie den Anlasser aus (siehe Kapitel 5A, Sektion 10).
**8** Entfernen Sie den Kupplungs-Ausrückzylinder (siehe Kapitel 6, Sektion 4).
**9** Lösen Sie ggf. den Tachowellenantrieb und die Kabelbaumstecker vom Getriebe (Abb. 3.9).

**10** Stützen Sie das Getriebe sorgfältig mit einer geeigneten Hebevorrichtung ab und demontieren Sie den Antriebseinheit-Rahmen (siehe Sektion 6).
**11** Lösen Sie die Schrauben, die das Getriebe am Motorblock sichern.
**12** Prüfen Sie noch einmal, ob alle Stecker und Schläuche vom Getriebe getrennt sind, und verlagern Sie dies nach hinten, bis die Getriebeeingangswelle aus der Kupplung befreit ist – halten Sie das Getriebe dabei absolut waagerecht. Seien Sie vorsichtig, denn das Getriebe ist sehr schwer!
**Achtung: Wackeln Sie das Getriebe nicht auf und ab oder von einer Seite zur anderen, um es herauszuziehen, da hierbei der hinten am Motor sitzende Nockenwellensensor beschädigt werden kann.**
**13** Sobald die Eingangswelle frei ist, kann das Getriebe abgesenkt und unter dem Fahrzeug herausmanövriert werden.
**14** Jetzt können die Bauteile der Kupplung kontrolliert werden (siehe Kapitel 6, Sektion 2). Generell empfiehlt es sich, die Kupplung bei jedem Ausbau des Getriebes zu erneuern.

## Einbau

**15** Montieren Sie ggf. die Kupplungs-Komponenten (siehe Kapitel 6, Sektion 2).
**16** Heben Sie das sicher abgestützte Getriebe hinter dem Motor in Position und schieben Sie es vorsichtig nach vorn, sodass die Eingangswelle in die Kupplungsnabe greift – setzen Sie hierzu keine übermäßige Kraft ein, und drehen Sie nötigenfalls die Eingangswelle, um die Kerbverzahnung auszurichten, oder richten Sie den Winkel nötigenfalls nach, um das Getriebe exakt in Flucht zum Motor zu bringen.
**17** Installieren Sie die Schrauben, die das Getriebe am Motorblock sichern, und ziehen Sie sie mit 71 Nm an.
**18** Montieren Sie den Antriebseinheit-Rahmen (siehe Sektion 6).
**19** Entfernen Sie die Hebevorrichtung.
**20** Der Rest des Einbaus entspricht der umgekehrten Ausbaureihenfolge. Ziehen Sie alle Befestigungen mit den in den technischen Daten angegebenen Drehmomenten an.

# 8 Getriebeüberholung – Allgemeine Informationen

**1** Das Überholen eines Schaltgetriebes ist für den Hobbyschrauber eine sehr schwierige Arbeit. Es beinhaltet das Zerlegen und Zusammenbauen vieler Einzelteile. Es müssen zahlreiche Maße ermittelt und Spiel nötigenfalls mit ausgewählten Distanzscheiben und Sicherungsringen ausgeglichen werden. Daher kann ein kompetenter Fahrzeugbesitzer zwar das Getriebe aus- und einbauen, doch sollte er das Überholen einer Fachwerkstatt überlassen. Es sind auch fertig überholte Austauschgetriebe erhältlich – fragen Sie beim Mazda-Händler oder einem Getriebespezialisten nach. Der in die Überholung des eigenen Getriebes gesteckte Zeitaufwand und das Geld für Ersatzteile übersteigen fast immer die Kosten für ein Austauschgetriebe.
**2** Dennoch ist es auch für einen wenig erfahrenen Schrauber nicht unmöglich, ein Getriebe zu reparieren – vorausgesetzt, alle Spezialwerkzeuge sind vorhanden und die Arbeit wird wohlüberlegt Schritt für Schritt durchgeführt, damit nichts übersehen wird.
**3** Zu den für eine Überholung benötigten Werkzeugen gehören: Innen- und Außen-Seegerringzangen, ein Lagerabzieher, ein Zughammer, ein Set Treibdorne, eine Messuhr mit Halterungen und möglichst eine Hydraulikpresse. Zusätzlich werden eine große und solide Werkbank mit einem Schraubstock und ein Getriebeständer benötigt.
**4** Beim Zerlegen des Getriebes muss sorgfältig notiert werden, wie und wo alles montiert ist und wie alle Teile in Position gehalten werden.
**5** Bevor das Getriebe zum Reparieren zerlegt wird, sollte man wissen, wo die Fehlfunktion auftritt. Manche Probleme können eng mit bestimmten Bereichen im Getriebe in Verbindung gesetzt werden, sodass die Begutachtung und Reparatur einfacher wird. Beachten Sie die »Fehlersuche«-Sektion hinten in diesem Buch, um Informationen über mögliche Fehlerursachen zu erhalten.

# Kapitel 8

## Antriebswellen, Achsdifferenzial und Kardanwelle

### Inhalt — Sektion


Achsdifferenzial-Baugruppe – Ausbau und Einbau ....... 2
Achsdifferenzial-Dichtringe – Ersetzen ................. 3
Allgemeine Informationen .............................. 1
Antriebswellen – Ausbau und Einbau ..................... 4
Antriebswellenmanschetten – Ersetzen; Gleichlaufgelenke – Kontrolle ....................... 5
Kardanwelle – Ausbau und Einbau .................... 6
Kardanwellen-Kreuzgelenke – Kontrolle und Ersetzen .... 7


# Schwierigkeitsgrade

| **Leicht.** Geeignet für Anfänger mit wenig Erfahrung. | **Relativ leicht.** Geeignet für Anfänger mit etwas Erfahrung. | **Relativ schwierig.** Geeignet für geübte Selbstschrauber. | **Schwer.** Geeignet für Selbstschrauber mit viel Erfahrung. | **Sehr schwer.** Geeignet für Experten und Profis. |
|---|---|---|---|---|

## Technische Daten

**Allgemein**

**Achsdifferenzial**

| | |
|---|---|
| Typ | ungefedert, montiert an Hinterachs-Querträger |
| Achsdifferenzial-Öl | SAE 90 GL5 |
| Füllmenge | |
| 1,6 l-Modelle bis 1993 | 0,65 Liter |
| 1,6 l-Modelle ab 1994 | 1,0 Liter |
| 1,8 l-Modelle | 1,0 Liter |
| **Antriebswellen** | |
| Typ | Stahlwellen mit Gleichlauf-Kugelgelenken an beiden Enden |
| Gleichlaufgelenk – Fettfüllung | |
| Achsdifferenzial-Seite | 75 bis 95 g je Gelenk |
| Radnaben-Seite | 55 bis 75 g je Gelenk |
| Standard-Länge | |
| Modelle bis 1999 | 659 bis 669 mm |
| Modelle ab 2000 | 772 bis 782 mm |
| **Kardanwelle** | |
| Typ | einteilig, vorn und hinten Kreuzgelenke |
| **Anzugsdrehmomente** | **Nm** |
| **Achsdifferenzial-Baugruppe** | |
| Befestigungsmuttern | 90 |
| Stützrahmenschrauben | |
| groß | 70 |
| klein | 22 |
| Zahnradmutter (siehe Text)* | |
| Minimum | 117 |
| Maximum | 177 |
| **Antriebswellen** | |
| Antriebswellenmutter* | |
| NA-Modelle (bis 1997) | 255 |
| NB-Modelle (ab 1998) | 275 |
| Welle an Achsdifferenzialflansch-Muttern | 60 |
| **Kardanwelle** | |
| Welle an Achsdifferenzial | |
| Modelle bis 1993 | 30 |
| Modelle ab 1994 | 55 |
| **Räder** | |
| Radmuttern | 110 |

* *Stets durch Neuteile ersetzen*

## 1 Allgemeine Informationen

Die Kraft wird vom Getriebe über eine einteilige Kardanwelle auf das Hinterachs-Differenzial übertragen. Das vordere Kreuzgelenk der Welle hat auf der Getriebe-Ausgangswelle einen Gleitsitz, während das hintere mit Schrauben und Muttern am Achsdifferenzial-Antriebsrad gesichert ist.
Die Achsdifferenzial-Baugruppe beinhaltet das Antriebsrad, das Kegelrad, die Ausgleichsräder und die Abtrieb-Räder. Das mit der Kardanwelle verbundene Antriebsrad treibt das Kegelrad an, das über die Ausgleichsräder die Kraft auf die beiden Ausgleichsräder auf die Abtrieb-Räder weiterleitet. Hieran sitzen die inneren Gleichlaufgelenke – entweder verschraubt (Modelle bis 1998) oder auf einer Keilverzahnung. Das Differenzial erlaubt es den Rädern, in Kurven mit unterschiedlichen Drehzahlen zu laufen. Manche Modelle sind mit einem Sperrdifferenzial ausgerüstet.
Zwischen den folgenden Antriebswellen und den Hinterrädern sitzen weitere Gleichlaufgelenke, die in einer Keilverzahnung der Radnabe stecken und mit einer großen Mutter gesichert sind.
Größere Reparaturarbeiten an der Achsdifferenzial-Baugruppe erfordern viele Spezialwerkzeuge und sehr viel Erfahrung, sodass sie nicht vom Hobbyschrauber durchgeführt werden sollten. Wir empfehlen bei Problemen mit dem Differenzial, das Fahrzeug zu einer Mazda-Werkstatt oder einem anderen erfahrenen Fachbetrieb zu bringen.

## 2 Achsdifferenzial-Baugruppe – Ausbau und Einbau

### Ausbau

**1** Heben Sie das Fahrzeug hinten an und stützen Sie es sicher ab (siehe Seite 275). Entfernen Sie die Hinterräder.
**2** Demontieren Sie die Auspuffanlage (siehe Kapitel 4A, Sektion 12).
**3** Demontieren Sie die Kardanwelle (siehe Sektion 6).
**4** Trennen Sie ggf. die Tachowelle und entfernen Sie den Antriebseinheit-Rahmen (siehe Kapitel 7, Sektion 6).
**Achtung: Nachdem der Antriebseinheit-Rahmen entfernt ist, muss das Getriebe dauerhaft abgestützt werden, da es andernfalls herunterhängt und die Aufnahmen des Motors beschädigen kann.**
**5** Lösen Sie bei älteren Modellen die Muttern und Scheiben, mit denen die inneren Enden der Antriebswellen an den Abtrieb-Wellen des Differenzials gesichert sind (Abb. 4.8). Um Platz zum Trennen der Antriebswellen zu erhalten, muss eventuell die Gelenkbolzen entfernt werden, die den oberen Querlenker am Hinterradträger sichern, und der Träger nach außen gezogen werden (siehe Kapitel 10, Sektion 12). Sichern Sie die gelösten Antriebswellen mit Draht an der Karosserie, damit sie nicht die Gleichkaufgelenke belasten.
**6** Bei späteren Modellen, deren Antriebswellen direkt im Differenzial stecken, werden diese vollständig entfernt (siehe Sektion 4).
**7** Demontieren Sie – soweit vorhanden – den Achsdifferenzial-Stützrahmen (siehe Abbildung).
**8** Stützen Sie das Achsdifferenzial mit einem Rangierwagenheber. Entfernen Sie an beiden Seiten die Muttern der oberen Halterung. Schieben Sie das Differenzial nach vorn und senken Sie es aus dem Fahrzeug ab.

**2.7 Lösen Sie die acht Schrauben des Achsdifferenzial-Stützrahmens.**

### Einbau

**9** Der Einbau entspricht der umgekehrten Ausbaureihenfolge. Ziehen Sie alle Befestigungen mit den in den technischen Daten angegebenen Drehmomenten an.
**10** Kontrollieren Sie den Achsdifferenzial-Ölpegel und füllen Sie nötigenfalls Öl auf (siehe Kapitel 1, Sektion 25).
**11** Es ist ratsam, bei nächster Gelegenheit die Ausrichtung der Hinterräder kontrollieren zu lassen.

## 3 Achsdifferenzial-Dichtringe – Ersetzen

### Kardanwellenflansch-Dichtring

**Anmerkung:** *Beim Zusammenbau wird ein neues Flanschmutter-Sicherungsblech benötigt.*
**1** Heben Sie das Fahrzeug hinten an und stützen Sie es sicher ab (siehe Seite 275). Entfernen Sie die Hinterräder und die Bremssättel (siehe Kapitel 9, Sektion 9) – die Bremsleitungen müssen dabei nicht getrennt werden.
**2** Demontieren Sie die hintere Sektion der Auspuffanlage (siehe Kapitel 4A, Sektion 12).
**3** Markieren Sie die Kardanwelle und den Zahnradflansch, um beide später wieder korrekt ausrichten zu können. Demontieren Sie dann die Kardanwelle (siehe Sektion 6).
**4** Entfernen Sie die Ölablassschraube aus dem Differenzialgehäuse und lassen Sie das Öl ablaufen (siehe Kapitel 1, Sektion 25). Sobald das Öl abgetropft ist, sollte die Ablassschraube wieder installiert werden.
**5** Ermitteln Sie mit einem an die Zahnradwellenmutter angesetzten Drehmomentschlüssel durch langsames Drehen, wie viele Newtonmeter aufgewendet werden müssen, um die Welle in Drehung zu versetzen (siehe Abbildung). Notieren Sie diesen Wert.

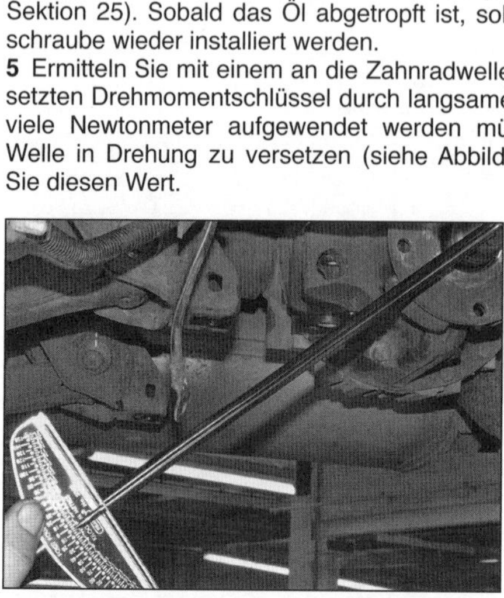

**3.5 Mithilfe eines solchen anzeigenden Drehmomentschlüssels kann der Dreh-Widerstand der Antriebsradwelle ermittelt werden.**

**6** Markieren Sie die Ausrichtung der Zahnradwellenmutter zum Flansch (siehe Abbildung). Kontern Sie den Flansch mit einem geeigneten Haltewerkzeug und lösen Sie die Mutter (siehe Abbildung). Befreien Sie den Flansch nötigenfalls mit einem Abzieher.

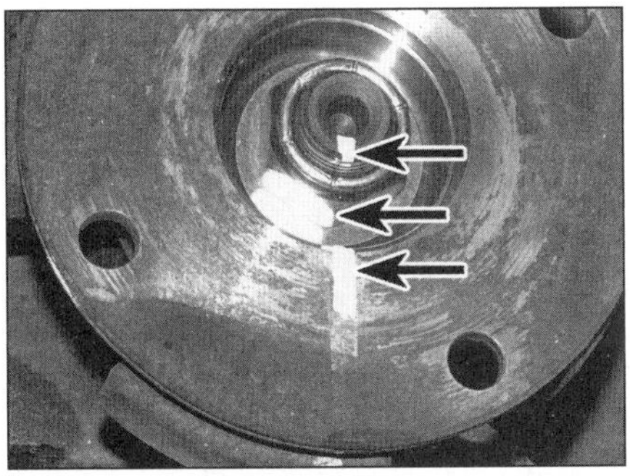

**3.6a Ausrichtmarkierungen zwischen dem Zahnrad, der Mutter und dem Flansch.**

**3.6b Kontern Sie den Flansch und lösen Sie die Mutter.**

**7** Notieren Sie die Einbaurichtung des Dichtrings und hebeln Sie ihn vorsichtig mit einem Schraubendreher o. ä. Heraus – beschädigen Sie dabei nicht die Verzahnung der Welle und verschieben Sie diese nicht.
**8** Reinigen Sie den Dichtring-Sitz und drücken oder klopfen Sie den neuen Dichtring senkrecht ein.
**9** Inspizieren Sie die Keilnuten der Zahnradwelle auf Grate und Kerben. Entfernen Sie raue Stellen mit einem Poliertuch und wischen Sie die Nuten sauber.
**10** Installieren Sie den Anschlussflansch und richten Sie ihn zu den beim Ausbau angebrachten Markierungen aus. Klopfen Sie den Flansch sanft mit einem weichen Hammer auf, bis die Zahnradmutter aufgedreht werden kann.
**11** Kontern Sie den Anschlussflansch mit einem geeigneten Werkzeug und ziehen Sie die neue Mutter mit dem Minimal-Anzugswert von 117 Nm an. Ziehen Sie die Mutter schrittweise weiter und ermitteln Sie immer wieder den Dreh-Widerstand der Welle, bis der in Schritt 5 notierte Wert erreicht ist. Ziehen Sie die Mutter in kleinen Schritten fester und ermitteln Sie nach jedem Schritt den Widerstand.
**Achtung: Die Mutter darf auf keinen Fall wieder zurückgedreht werden, um die Vorspannung auf die Lager zu reduzieren.**
**12** Montieren Sie die Kardanwelle, die Bremssättel und die Hinterräder.
**13** Füllen Sie das Differenzialgehäuse mit Öl auf (siehe Kapitel 1, Sektion 25).
**14** Senken Sie das Fahrzeug ab und führen Sie eine Probefahrt durch, um die Funktion des Dichtrings zu prüfen.

## Antriebswellen-Dichtringe

**15** Demontieren Sie die Antriebswellen (siehe Sektion 4).
**16** Hebeln Sie bei früheren Modellen die Differenzial-Ausgangswelle vorsichtig mit zwei Hebeln heraus (siehe Abbildung). **Anmerkung:** *Lassen Sie die Welle nicht auf den Boden fallen!*

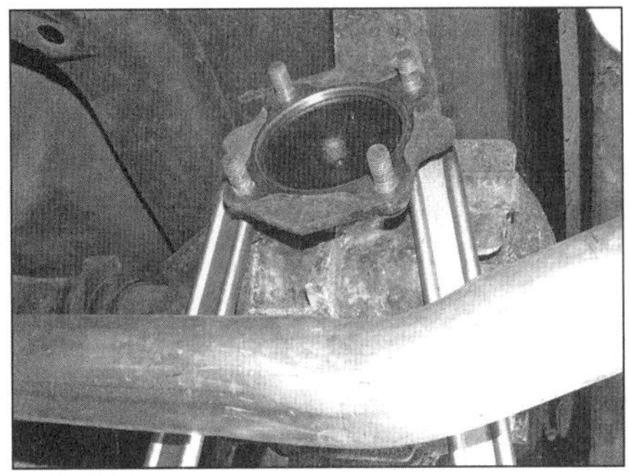

**3.16 Hebeln Sie die Differenzial-Ausgangswelle heraus.**

**17** Hebeln Sie den Dichtring mit einem Ausbauwerkzeug oder einem Schraubendreher heraus (siehe Abbildung).

**3.17 Hebeln Sie den Dichtring heraus.**

**18** Installieren Sie den neuen Dichtring mit einem passenden Steckschlüssel oder Rohr (siehe Abbildung).

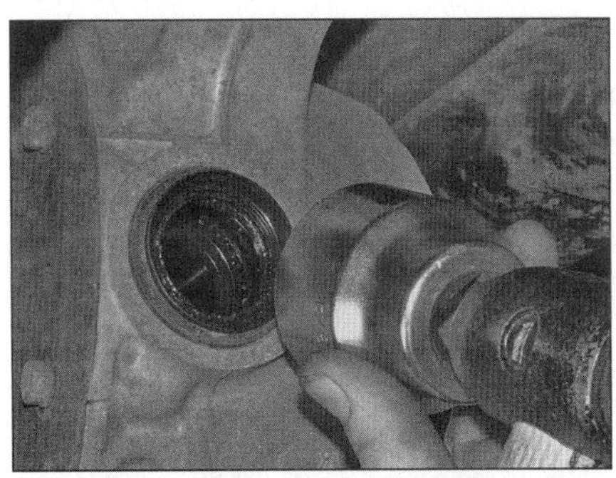

**3.18 Treiben Sie den neuen Dichtring senkrecht in seinen Sitz.**

**19** Rüsten Sie das Ende der Ausgangswelle oder der Antriebswelle mit einem neuen Federring aus.
**20** Schmieren Sie die Dichtlippe mit Motoröl und installieren Sie die Ausgangswelle (frühe Modelle) sowie die Antriebswelle.
**21** Füllen Sie das Differenzialgehäuse mit Öl auf (siehe Kapitel 1, Sektion 25).

## 4 Antriebswellen – Ausbau und Einbau

**Anmerkung:** *Beim Einbau wird eine neue Antriebswellenmutter benötigt.*

## Ausbau

**1** Falls die Felgen entsprechend konstruiert sind, sind die Antriebswellenmuttern ohne den Ausbau der Hinterräder zugänglich. Lockern Sie die Radmuttern eine Viertelumdrehung. Biegen Sie mit einem Dorn und einem Hammer das Sicherungsblech der Antriebswellenmutter zurück und lockern Sie auch diese um eine Viertelumdrehung. Heben Sie das Fahrzeug hinten an und stützen Sie es sicher ab (siehe Seite 275). Entfernen Sie die Hinterräder.

**2** Falls die Antriebswellenmuttern erst nach dem Ausbau der Hinterräder zugänglich sind, müssen die Radmuttern zunächst eine Viertelumdrehung gelockert werden. Heben Sie dann das Fahrzeug hinten an und stützen Sie es sicher ab (siehe Seite 275). Entfernen Sie die Hinterräder. Biegen Sie mit einem Dorn und einem Hammer das Sicherungsblech der Antriebswellenmutter zurück (siehe Abbildung).

**4.2 Biegen Sie den Rand der Antriebswellenmutter mit einem Dorn zurück.**

**3** Entfernen Sie die Antriebswellenmutter. Um die Radnabe am Mitdrehen zu hindern, können zwei mit Löchern versehene Metallstangen mit den Rad-Stehbolzen verschraubt und gegen den Boden abgestützt werden (siehe Abbildung).

**4.3 Verbinden Sie zwei ausreichend lange Metallstangen mit dem Radnabenflansch, um die Mutter zu lockern.**

**4** Entfernen Sie den Gelenkbolzen, der das obere Ende des hinteren Radnabenträgers sichert (siehe Kapitel 10, Sektion 11) – hierdurch kann der Radnabenträger weit genug nach außen geschwenkt werden, um Platz für den Ausbau der Antriebswelle zu schaffen.

**5** Befreien Sie mit einem Abzieher die Antriebswelle aus der Radnaben-Kerbverzahnung (siehe Abbildung). Falls sie sehr fest sitzt (was sehr wahrscheinlich ist), muss der Radnabenträger samt Antriebswelle entfernt werden (siehe Kapitel 10, Sektion 11), um die Welle anschließend mit einer hydraulischen Presse zu befreien.

**Achtung: Wenn auf das Ende der Antriebswelle vor dem Losbrechen in der Nabe große Kraft ausgeübt wird, können die Welle oder das Differenzial beschädigt werden!**

**4.5 Treiben Sie mit einer entsprechenden Vorrichtung die Antriebswelle aus der Radnabe.**

**6** Ziehen Sie das obere Ende des Radnabenträgers nach außen und befreien Sie die Antriebswelle aus der Nabe (siehe Abbildung). Lassen Sie die Welle anschließend nicht am inneren Gleichlaufgelenk hängen – dies kann dabei beschädigt werden; hängen Sie das äußere Ende der Welle nötigenfalls mit Draht am Fahrzeug auf.

**4.6 Ziehen Sie den Radnabenträger oben nach außen und befreien Sie die Antriebswelle aus der Nabe.**

**7** Stellen Sie einen Auffangbehälter unter das Differenzial, um das beim Demontieren der Antriebswelle austretende Öl aufzunehmen.

**8** Die Antriebswelle ist bei früheren Modellen mit Muttern an der Differenzial-Ausgangswelle befestigt. Markieren Sie hier die Ausrichtung des inneren Gleichlaufgelenks zur Ausgangswelle und entfernen Sie die Muttern samt Scheiben (siehe Abbildung).

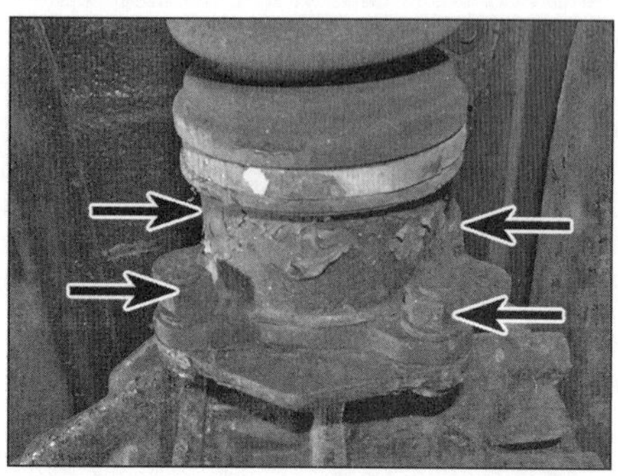

**4.8 Lösen Sie die vier Muttern, mit denen die Antriebswelle an der Differenzial-Ausgangswelle gesichert ist.**

**9** Bei späteren Modellen stecken die Antriebswellen direkt im Differenzial, sodass hier die Ausrichtung des inneren Gleichlaufgelenks zum Differenzial markiert werden muss. Hebeln Sie die inneren Gleichlaufgelenke vorsichtig aus dem Differenzial, ohne dabei die Staubkappe oder den Dichtring zu beschädigen (siehe Abbildung).

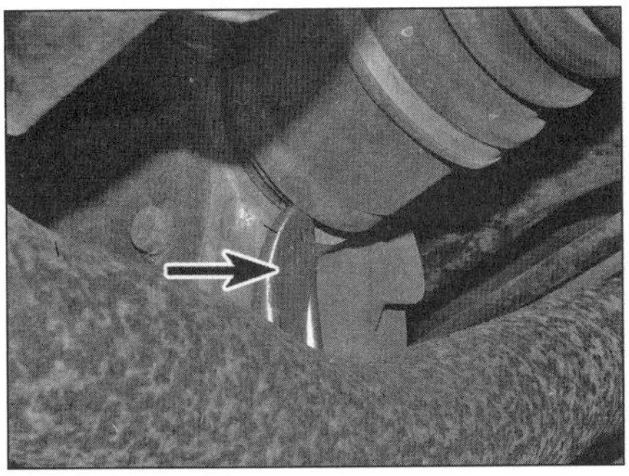

**4.9 Hebeln Sie z.B. mit einem Reifen-Montiereisen (Pfeil) das innere Kreuzgelenk aus dem Differenzial.**

**10** Tauschen Sie ggf. den Antriebswellen-Dichtring aus (siehe Sektion 3).

## Einbau

**11** Der Einbau entspricht der umgekehrten Ausbaureihenfolge – beachten Sie dabei folgende Punkte:

*a) Führen Sie bei älteren Modellen das innere Antriebswellen-Ende über die Stehbolzen der Differenzial-Ausgangswelle, legen Sie die Scheiben auf, installieren Sie die Muttern, und ziehen Sie sie schrittweise mit 60 Nm an.*

*b) Installieren Sie bei späteren Modellen einen neuen Federring an das Ende des inneren Gleichlaufgelenks (siehe Abbildung), tragen Sie Molybdänfett an der Kerbverzahnung und Differenzialöl an der Lippe des Dichtrings auf. Richten Sie die Öffnung des Federrings nach oben aus und drücken Sie die Welle kräftig in ihren Sitz, damit der Ring in der Nut des Differenzial-Abtriebrades einrastet.*

*Achtung: Die scharfen Kanten des Antriebswellen-Federrings können den Wellendichtring beschädigen!*

*c) Installieren Sie eine neue Antriebswellenmutter, ziehen Sie sie mit 255 Nm (NA-Modelle) bzw. 275 Nm (NB-Modelle) an. Verstemmen Sie den Rand der Mutter in der Kerbe der Welle (siehe Abbildung).*

*d) Montieren Sie das Rad und die Radmuttern, senken Sie das Fahrzeug auf den Boden ab, und ziehen Sie die Muttern mit 110 Nm an.*

*e) Kontrollieren Sie den Differenzialölpegel und füllen Sie nötigenfalls Öl nach (siehe Kapitel 1, Sektion 25).*

**4.11a Rüsten Sie die Antriebswelle mit einem neuen Federring aus.**

**4.11b Verstemmen Sie den Rand der Mutter in der Kerbe der Welle.**

## 5 Antriebswellenmanschetten – Ersetzen; Gleichlaufgelenke – Kontrolle

**1** Demontieren Sie die Antriebswelle (siehe Sektion 4).

## Inneres Gleichlaufgelenk und Manschette

### Zerlegen

**2** Klemmen Sie die Antriebswelle in einen mit weichen Backen ausgerüsteten Schraubstock. Kontrollieren Sie das Gelenk auf übermäßigen Verschleiß in radiale Richtung – dies würde auf verschlissene Teile hinweisen. Prüfen Sie, ob sich das Gelenk sanft in alle Richtungen bewegen lässt. Falls eine Manschette gerissen oder beschädigt ist, muss das Gelenk gereinigt und auf Schäden durch verloren gegangenen Schmierstoff sowie eingedrungene Fremdkörper untersucht werden.
**3** Hebeln Sie mit einem kleinen Schraubendreher die Laschen der Manschetten-Schelle hoch und ziehen Sie die Schellen von der Manschette (siehe Abbildung). Nötigenfalls müssen die Schellen mit einer Säge geöffnet werden.

**5.3 Hebeln Sie die Laschen hoch und lockern Sie die Schellen.**

**4** Schieben Sie die Manschette zurück auf die Antriebswelle und hebeln Sie den Sicherungsdraht aus dem äußeren Lagersitz (siehe Abbildung).

**5.4 Hebeln Sie mit einem Schraubendreher den Federring heraus.**

**5** Markieren Sie die Ausrichtung des äußeren Lagersitzes zur Antriebswelle und ziehen Sie den Lagersitz vom Lager (siehe Abbildung) – die Kugeln können dabei aus dem Käfig herausfallen.

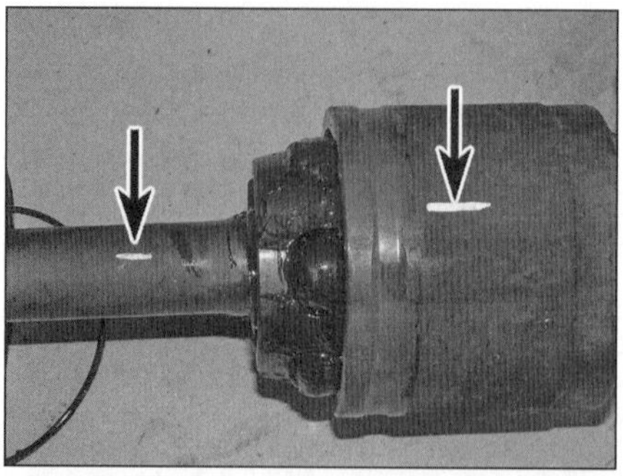

**5.5 Markieren Sie die Ausrichtung des äußeren Lagersitzes zur Antriebswelle. Die Kugeln können beim Abziehen herausfallen!**

**6** Markieren Sie die Ausrichtung des inneren Lagersitzes, des Käfigs und der Antriebswelle (siehe Abbildung).

**5.6 Der Lagersitz, der Käfig und die Welle müssen entsprechend ihrer Ausrichtung markiert werden.**

**7** Entfernen Sie mit einer geeigneten Seegerringzange den Seegerring aus der Nut der Antriebswelle (siehe Abbildung).

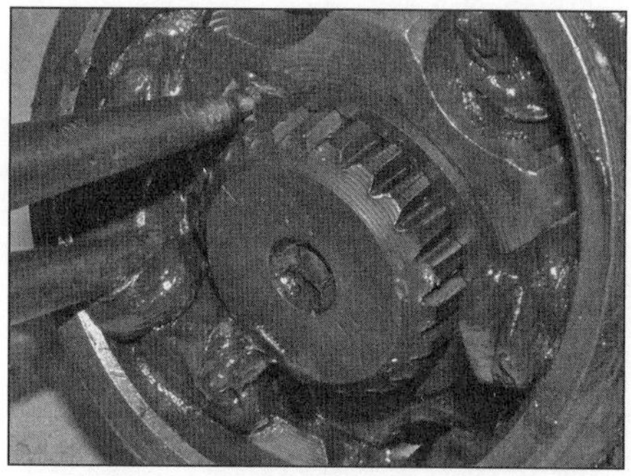

**5.7 Befreien Sie den Seegerring aus der Nut am Ende der Welle.**

**8** Ziehen Sie den inneren Lagersitz samt Kugeln und Käfig von der Antriebswelle.

**9** Hebeln Sie nötigenfalls die Kugeln mit einem kleinen Schraubendreher oder einem Holz aus dem Käfig (siehe Abbildung) – zerkratzen Sie dabei weder den Lagersitz, den Käfig noch die Kugeln.

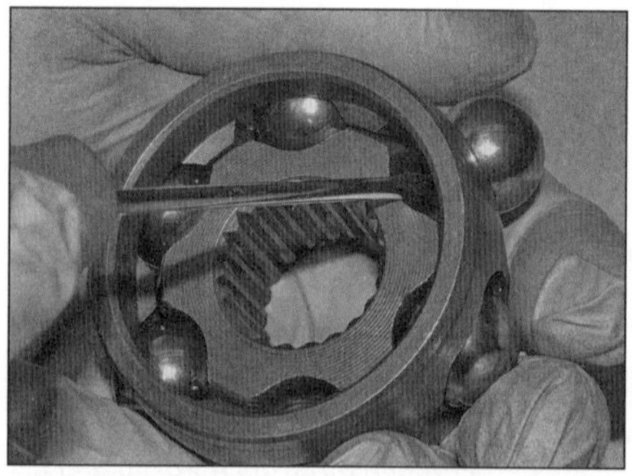

**5.9 Hebeln Sie die Kugeln aus dem Käfig.**

## Kontrolle

**10** Richten Sie die Erhebungen des inneren Lagersitzes zu den Öffnungen des Käfigs aus, um ihn herausziehen zu können (siehe Abbildungen).

**5.10a Richten Sie die Erhebungen des inneren Lagersitzes zu den Öffnungen des Käfigs aus, ...**

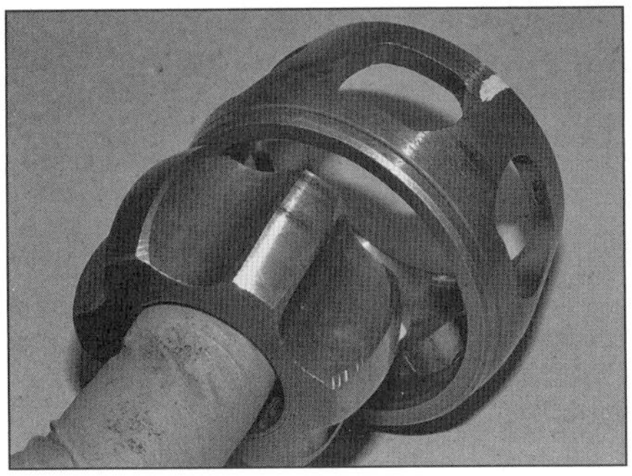

5.10b ... und befreien Sie ihn.

11 Reinigen Sie alle Bauteile mit Lösungsmittel und entfernen Sie sämtliche Fettreste. Inspizieren Sie den Käfig sowie den inneren und äußeren Lagersitz auf Ausbrüche, Riefen, Risse und andere Hinweise auf Verschleiß und Beschädigungen. Glänzende polierte Stellen sind normal und haben keine negativen Effekte auf die Leistungsfähigkeit des Gleichlaufgelenks (siehe Abbildungen).

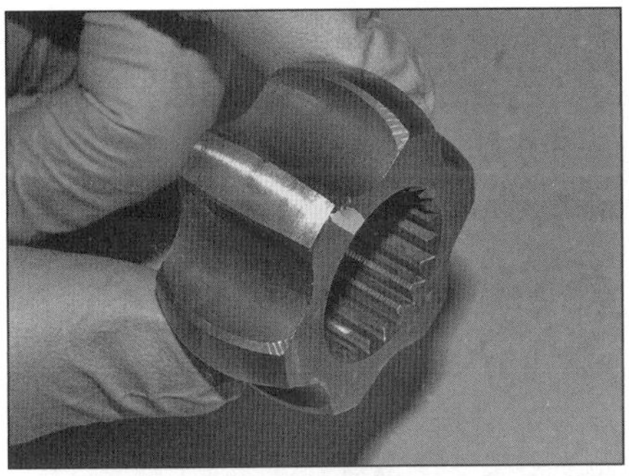

**5.11a Kontrollieren Sie am inneren Lagersitz die Erhebungen und Laufflächen der Kugeln auf Ausbrüche und Riefen.**

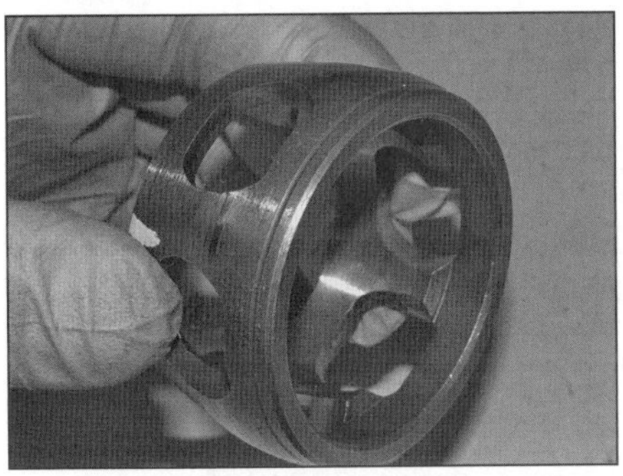

**5.11b Kontrollieren Sie den Käfig auf Risse, Ausbrüche und Riefen.**

## Zusammenbau

12 Führen Sie den inneren Lagersitz in den Käfig ein und richten Sie die Markierungen aus.
13 Drücken Sie die Kugeln von Hand durch die Käfig-Öffnungen ein (siehe Abbildung).

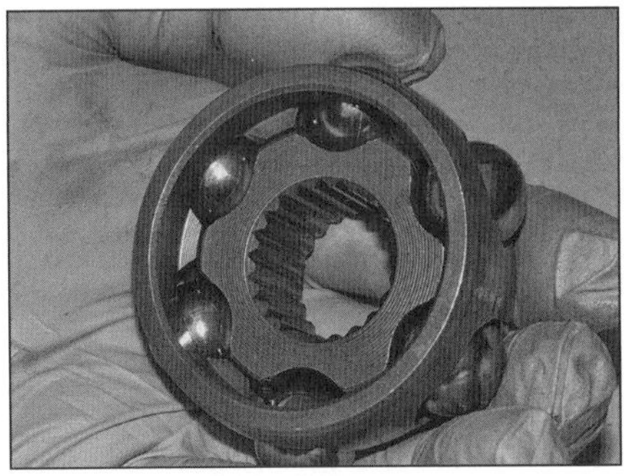

**5.13 Die Kugeln lassen sich mit Handkraft eindrücken.**

14 Umwickeln Sie die Antriebswellen-Keilnuten mit Isolierband, um die Manschette zu schützen. Schieben Sie die kleine Manschetten-Schelle und die neue Manschette auf die Welle und entfernen Sie das Isolierband.
15 Installieren Sie den inneren Lagersitz samt Käfig so auf die Welle, dass die Markierungen fluchten und der größere Außendurchmesser des Käfigs zum Wellen-Ende zeigt.
16 Installieren Sie den Seegerring in die Nut der Welle, um den inneren Lagersitz zu sichern (Abb. 5.7) .
17 Füllen Sie den äußeren Lagersitz und die Manschette mit 75 bis 95 g Lagerfett (normalerweise einer neuen Manschette beigefügt). Arbeiten Sie das Fett von Hand vollständig ins Lager ein (siehe Abbildung).

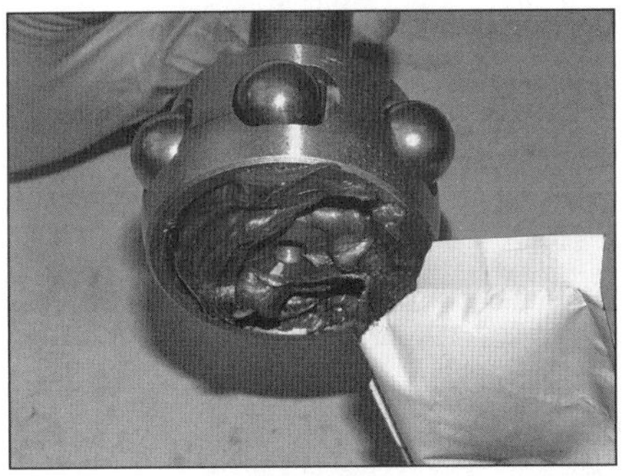

**5.17 Füllen Sie das Gelenk mit dem beigefügten Fett.**

18 Schieben Sie den äußeren Lagersitz mit den ausgerichteten Markierungen über die Kugeln und installieren Sie den Federring in seine Nut (Abb. 5.4).
19 Wischen Sie überschüssiges Fett aus der Manschetten-Nut im äußeren Lagersitz. Schieben Sie den schmaleren Teil der Manschette über die Vertiefung der Antriebswelle. Drücken Sie das andere Ende der Manschette über den äußeren Lagersitz und verschieben Sie diesen, bis die gesamte Antriebswelle die in den technischen Daten vorgegebene Länge erreicht hat (siehe Abbildung).

**5.19 Stellen Sie die korrekte Länge der Antriebswelle sicher (bei frühen Modellen vom Außenrand des inneren Flansches gemessen).**

**20** Sobald die Antriebswelle die korrekte Länge hat, muss mithilfe eines zwischen der Manschette und dem äußeren Lagersitz eingeführten stumpfen Werkzeugs ein möglicher Luftdruck abgebaut werden (siehe Abbildung) – beschädigen Sie dabei nicht die Manschette.

**5.20 Heben Sie den Rand der Manschette an, um den Luftdruck auszugleichen.**

**21** Montieren Sie die Manschetten-Schellen (siehe Abbildungen).

**5.21a Positionieren Sie die Schellen so, dass die offenen Enden gegen die normale Drehrichtung zeigen.**

**5.21b Benutzen Sie ein Spezialwerkzeug, ...**

**5.21c ... um die Schellen zu verpressen.**

**22** Montieren Sie die Antriebswelle (siehe Sektion 4).

# Äußeres Gleichlaufgelenk und Manschette

## Zerlegen

**23** Entfernen Sie das innere Gleichlaufgelenk von der Antriebswelle und zerlegen Sie es (Schritte 1 bis 8).
**24** Entfernen Sie die Schellen der äußeren Gelenk-Manschette (siehe Schritt 3) und ziehen Sie diese von der Antriebswelle.

## Kontrolle

**25** Reinigen Sie das innere und äußere Gleichlaufgelenk sorgfältig mit Lösungsmittel und blasen Sie sie möglichst mit Druckluft trocken. **Anmerkung:** *Weil das äußere Gleichlaufgelenk nicht zerlegt werden kann, lässt es sich nur schwierig komplett reinigen und trocknen.*
**26** Schwenken Sie das äußere Gleichlaufgelenk komplett nach außen, um die Kugeln, den Käfig und den inneren Lagersitz begutachten zu können (siehe Abbildung). Inspizieren Sie das Lager auf Verschleiß, Ausbrüche und Risse, und ersetzen Sie die gesamte Antriebswelle nötigenfalls.

**5.26 Kontrollieren Sie das äußere Gleichlaufgelenk, während Sie es rundherum zur Seite schwenken.**

## Zusammenbau

**27** Umwickeln Sie die Antriebswellen-Keilnuten mit Isolierband, um die Manschette zu schützen. Schieben Sie die neue Manschette auf die Welle. Füllen Sie den äußeren Lagersitz und die Manschette mit 55 bis 75 g Lagerfett (normalerweise einer neuen Manschette beigefügt). Arbeiten Sie das Fett von Hand vollständig ins Lager ein (siehe Abbildung). Schieben Sie die Manschette dann vollständig auf und installieren Sie die neuen Schellen (Abb. 5.21a bis c).

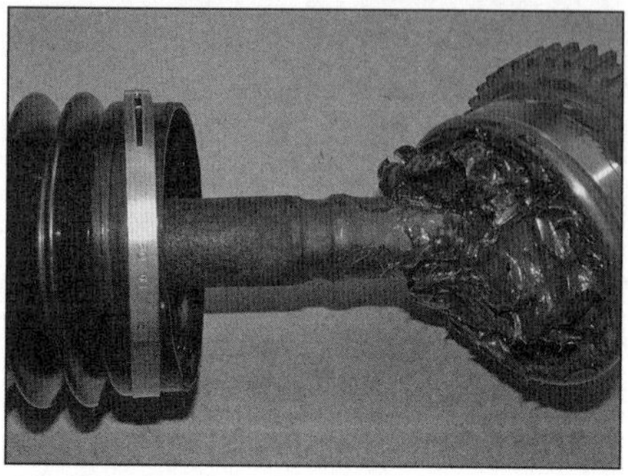

**5.27 Arbeiten Sie das Fett von Hand ins Lager ein.**

**28** Reinigen und montieren Sie das innere Gleichlaufgelenk (Schritte 12 bis 21) und montieren Sie die Antriebswelle (siehe Sektion 4).

## 6 Kardanwelle – Ausbau und Einbau

**1** Blockieren Sie die Vorderräder, heben Sie dann das Fahrzeug hinten an, und stützen Sie es sicher ab (siehe Seite 275).
**2** Markieren Sie die Ausrichtung der Kardanwelle zum Flansch am Differenzial (siehe Abbildung).

**6.2 Ausrichtmarkierungen zwischen der Kardanwelle und dem Differenzial-Flansch**

**3** Lösen Sie ggf. die Schrauben des hinteren Verstärkungsrahmens und entfernen Sie diesen (Abb. 2.7).
**4** Lösen Sie am Differenzial-Flansch die Schrauben, um die Kardanwelle zu trennen. Ziehen Sie die Welle dann nach hinten aus dem Getriebe.
**5** Umwickeln Sie die Gehäuseverlängerung des Getriebes fest mit einer Plastiktüte, um austretendes Getriebeöl aufzunehmen.
**6** Der Einbau entspricht der umgekehrten Ausbaureihenfolge. Richten Sie die zuvor angebrachten Markierungen aus und ziehen Sie die Flansch-Schrauben mit 30 Nm (Modelle bis 1993) bzw. 55 Nm (Modelle ab 1994) an.

## 7 Kardanwellen-Kreuzgelenke – Kontrolle und Ersetzen

### Kontrolle

**1** Verschleiß in den Kreuzgelenken zeigt sich durch Vibrationen im Getriebe, Geräusche beim Beschleunigen, Schläge beim Lastwechsel und in extremen Fällen (Schmiermangel) durch unangenehme Geräusche durch aneinanderreibende Metalle und zerfallende Lager. Die Gelenke können bei eingebauter Kardanwelle überprüft werden.
**2** Kontrollieren Sie das vordere und hintere Ende der Kardanwelle auf ausgetretenes Öl (aus dem Getriebe oder dem Achsdifferenzial) – ersetzen Sie den entsprechenden Dichtring (siehe Kapitel 7, Sektion 3 bzw. Sektion 3 dieses Kapitels).
**3** Lassen Sie einen Assistenten ein Hinterrad drehen, sodass die Kardanwelle dreht, und prüfen Sie, ob die Kreuzgelenke klemmfrei, spielfrei und geräuschlos arbeiten.
**4** Die Kreuzgelenke können auch bei stehender Kardanwelle kontrolliert werden, indem Sie sie mit den Händen an beiden Seiten greifen und versuchen, sie zu verdrehen – jegliches fühlbare Spiel ist ein Hinweis auf beträchtlichen Verschleiß. Auch wenn sich die Kardanwelle fühlbar anheben lässt, ist dies ein Hinweis auf Verschleiß.
**5** Kontrollieren Sie schließlich die Kardanwellen-Schrauben auf Festigkeit.

### Ersetzen

**6** Beim Verfassen dieses Buchs waren die Kreuzgelenke nicht als separate Ersatzteile erhältlich. Falls Schäden oder Verschleiß festgestellt werden, muss nötigenfalls die gesamte Kardanwelle ausgetauscht werden – erkundigen Sie sich beim Mazda-Händler nach der Verfügbarkeit von Einzelteilen.
**7** Falls die Kardanwelle erneuert werden soll, empfiehlt es sich, Rat bei einer Fachwerkstatt zu holen. Hier können die alten Komponenten repariert oder eine Austausch-Kardanwelle beschafft werden.

# Kapitel 9

## Bremsanlage

## Inhalt — Sektion


Allgemeine Informationen . . . 1
Antiblockiersystem (ABS) – Allgemeine Informationen . . . 17
Antiblockiersystem (ABS) – Austausch der Komponenten. 18
Bremsbeläge – Verschleißkontrolle . . . siehe Kapitel 1
Bremsflüssigkeit – Pegelkontrolle . . . siehe Wöchentliche Kontrollen
Bremsflüssigkeit – Austausch . . . siehe Kapitel 1
Bremskraftverstärker – Test, Ausbau und Einbau . . . 12
Bremskraftverstärker-Regelventil – Ausbau, Test und Einbau . . . 13
Bremsleitungen und Schläuche – Ersetzen . . . 3
Bremslichtschalter – Ausbau und Einbau . . . 16
Bremspedal – Kontrolle und Einstellung . . . 11
Handbremse – Einstellung . . . 14
Handbremsen-Seilzüge – Ausbau und Einbau . . . 15
Hauptbremszylinder – Ausbau, Überholung und Einbau . . 10
Hinterrad-Bremsbeläge – Ersetzen . . . 5
Hinterrad-Bremssattel – Ausbau, Überholung und Einbau . . 9
Hinterrad-Bremsscheibe – Kontrolle, Ausbau und Einbau . . 7
Hydrauliksystem – Entlüften . . . 2
Vorderrad-Bremsbeläge – Ersetzen . . . 4
Vorderrad-Bremssattel – Ausbau, Überholung und Einbau . 8
Vorderrad-Bremsscheibe – Kontrolle, Ausbau und Einbau . 6


# Schwierigkeitsgrade

| **Leicht.** Geeignet für Anfänger mit wenig Erfahrung. | **Relativ leicht.** Geeignet für Anfänger mit etwas Erfahrung. | **Relativ schwierig.** Geeignet für geübte Selbstschrauber. | **Schwer.** Geeignet für Selbstschrauber mit viel Erfahrung. | **Sehr schwer.** Geeignet für Experten und Profis. |
|---|---|---|---|---|

## Technische Daten

**Allgemein**

| | |
|---|---|
| ABS-Sensor – Widerstand | 1,1 K-Ohm ± 0,1 K-Ohm |
| Bremspedal-Höhe | |
| gelöst (ab Teppich) | 171 bis 181 mm |
| Reserve (gedrückt ab Teppich) | 95 mm |
| Bremspedal-Spiel | 4 bis 7 mm |
| Spiel zwischen Bremskraftverstärker-Druckstange und Hauptbremszylinder-Kolben | |
| Modelle ohne ABS | 0,1 bis 0,4 mm |
| Modelle mit ABS | siehe Sektion 12 |

**Vorderradbremsen**

| | |
|---|---|
| Bremsscheiben-Durchmesser | |
| Modelle bis 1993 | 235 mm |
| Modelle ab 1994 | |
| ohne ABS | 235 mm |
| mit ABS | 255 mm |
| Sportfahrwerk | 270 mm |
| Bremsscheiben-Stärke (min.) | |
| Modelle bis 1993 | 16 mm |
| Modelle ab 1994 | |
| ohne ABS | 16 mm |
| mit ABS | 18 mm |
| Sportfahrwerk | 20 mm |
| Bremsscheiben-Verzug (max.) | 0,1 mm |
| Bremsbelag-Verschleißgrenze | |
| Modelle mit Sportfahrwerk | 2,0 mm |
| alle anderen Modelle | 1,0 mm |

**Hinterradbremsen**

Bremsscheiben-Durchmesser

| | |
|---|---|
| Modelle bis 1993 | 231 mm |
| Modelle ab 1994 | 231 oder 251 mm (je nach Ausführung) |
| Sportfahrwerk | 276 mm |
| Bremsscheiben-Stärke (min.) | |
| Modelle bis 1993 | 7 mm |
| Modelle ab 1994 | 8 mm |
| Bremsscheiben-Verzug (max.) | 0,1 mm |
| Bremsbelag-Verschleißgrenze | |
| Modelle mit Sportfahrwerk | 2,0 mm |
| alle anderen Modelle | 1,0 mm |

| **Anzugsdrehmomente** | **Nm** |
|---|---|
| ABS-Sensor-Befestigungsschrauben | 20 |
| Bremskraftverstärker-Muttern | 22 |
| Bremspedal-Lagerbolzen/Mutter | 30 |
| Hauptbremszylinder-Befestigungsmuttern | 15 |
| Hinterradbremssattel-Führungszapfenschrauben | 50 |
| Hinterradbremssattelhalter-Schrauben | 50 |
| Radmuttern | 110 |
| Vorderradbremssattelhalter-Schrauben | 65 |
| Vorderradbremssattel-Führungszapfenschrauben | |
| Modelle mit 270 mm großen Bremsscheiben | 26 |
| alle anderen Modelle | 50 |

## 1 Allgemeine Informationen

Das von einem Bremskraftverstärker (»Servobremse«) unterstützte Bremssystem arbeitet mit einem Zweikreissystem, bei dem jeder Bremskreis auf ein Vorderrad und ein Hinterrad wirkt. Unter normalen Umständen arbeiten beide Bremskreise gemeinsam. Falls jedoch ein Bremskreis ausfällt, kann immer noch bei zwei Rädern die volle Bremskraft angewendet werden.

Alle vier Räder werden mit Scheibenbremsen verzögert. Manche Modelle sind mit ABS ausgerüstet – Details dazu finden sich in Sektion 17.

Auf alle Bremsscheiben wirken Einkolben-Schwimmsättel. Der Handbremsmechanismus ist in die Hinterradbremse integriert.

**Anmerkung:** *Arbeiten an der Bremsanlage müssen sorgfältig und methodisch ausgeführt werden, beim Überholen von Hydraulik-Bauteilen muss auf absolute Sauberkeit geachtet werden. Ersetzen Sie Bauteile bei jedem Zweifel über ihren Zustand (ggf. an beiden Seiten der Achse) und benutzen Sie ausschließlich originale Mazda-Ersatzteile oder hochwertige Markenprodukte. Beachten Sie bezüglich der Gefahren durch Asbeststaub und Hydraulikflüssigkeit die Warnhinweise in der Sektion »Sicherheit geht vor!« am Anfang dieses Buchs und in den entsprechenden Sektionen dieses Kapitels.*

## 2 Hydrauliksystem – Entlüften

***Warnung: Hydraulikflüssigkeit ist giftig! Waschen Sie Spritzer bei Hautkontakt unverzüglich ab und suchen Sie medizinischen Rat, falls etwas in die Augen gelangt. Hydraulikflüssigkeit kann brennbar sein und sich beim Kontakt mit heißen Bauteilen entzünden. Bei der Arbeit an der Bremshydraulik muss daher genauso vorgegangen werden wie beim Kraftstoffsystem. Hydraulikflüssigkeit ist ein wirksamer Lackentferner und greift Kunststoff an; Spritzer müssen unverzüglich mit reichlich klarem Wasser abgewaschen werden. Hydraulikflüssigkeit ist zudem hygroskopisch, absorbiert also Wasser aus der Luft. Je mehr Luftfeuchtigkeit aufgenommen wird, desto niedriger sinkt der Siedepunkt, sodass in einer heiß werdenden Bremse rasch Dampfblasen entstehen können und kein Bremsdruck mehr aufgebaut werden kann. Daher darf nur frische Bremsflüssigkeit des vorgeschriebenen Typs verwendet werden.***

***Warnung: Bei Modellen mit ABS dürfen keinesfalls die Hydraulikleitungen zwischen dem Hauptbremszylinder und der Hydraulikeinheit und dem Druckspeicher getrennt werden. Falls hier Anschlüsse getrennt werden und ins Hochdruck-Hydrauliksystem Luft eindringt, kann dies nur von einer entsprechend ausgerüsteten Mazda-Werkstatt entlüftet werden.***

### Allgemeines

**1** Die korrekte Funktion der Bremshydraulik ist nur möglich, wenn sämtliche Luft aus dem System entfernt ist; dies wird durch Entlüften gewährleistet.

**2** Während des Entlüftens darf nur frische Bremsflüssigkeit des vorgeschriebenen Typs (DOT 4) verwendet werden – niemals bereits durch das System gespülte Flüssigkeit. Vor Arbeitsbeginn muss sichergestellt sein, dass genügend Bremsflüssigkeit vorhanden ist.

**3** Falls im Bremssystem nicht dafür vorgesehene Flüssigkeit vorhanden ist, muss diese vollständig mit frischer Bremsflüssigkeit herausgespült werden, zudem sind neue Dichtungen zu verwenden.

**4** Falls durch ein Leck im Bremssystem der Pegel im Ausgleichsbehälter stetig absinkt, muss zunächst dieses Problem behoben werden.

**5** Stellen Sie das Fahrzeug auf eine ebene Fläche, schalten Sie die Zündung aus, und legen Sie den ersten Gang oder den Rückwärtsgang ein. Blockieren Sie die Räder und lösen Sie die Handbremse.

**6** Prüfen Sie, ob alle Schläuche und Rohre in Ordnung, alle Anschlüsse verbunden und alle Entlüftungsschrauben verschlossen sind. Entfernen Sie die Staubkappen und reinigen Sie die Bereiche um die Entlüftungsschrauben.

**7** Öffnen Sie den Deckel des Ausgleichsbehälters und füllen Sie ihn bis zur MAX-Markierung auf. Legen Sie den Deckel locker auf und achten Sie darauf, dass der Pegel während der gesamten Prozedur immer über der MIN-Markierung steht – andernfalls kann Luft ins System eindringen und die Prozedur muss wiederholt werden.
**8** Auf dem Markt sind zahlreiche Entlüftungs-Hilfsmittel erhältlich, von denen möglichst eines beschafft werden sollte, da der Entlüftungsprozess deutlich vereinfacht werden kann und das Risiko, bereits ausgetretene Luft wieder anzusaugen, minimiert wird. Falls ein solches Kit nicht erhältlich ist, muss mithilfe eines Assistenten die unten beschriebene Methode durchgeführt werden.
**9** Falls ein Entlüftungs-Kit verwendet wird, muss das Fahrzeug wie oben beschrieben vorbereitet und dann den beigefügten Hinweisen gefolgt werden – die Prozeduren können sich je nach Vorrichtung leicht voneinander unterscheiden, doch die allgemeinen Schritte sind unter den entsprechenden Überschriften beschrieben (siehe unten).
**10** Ungeachtet der angewendeten Methode muss die korrekte Reihenfolge (Schritte 11 und 12) eingehalten werden, um sämtliche Luft aus dem System zu entfernen.

# Entlüften

## Entlüftungs-Reihenfolge

**11** Falls die Bremshydraulik nur teilweise getrennt und die Hinweise zur Minimierung von Flüssigkeitsverlusten beachtet wurden, reicht es, diesen Teil zu entlüften (d. h. den Primär- oder den Sekundär-Bremskreis).
**12** Falls die gesamte Bremshydraulik entlüftet werden muss, wird an dem Bremssattel begonnen, der am weitesten vom Hauptbremszylinder entfernt liegt (hinten rechts), es folgen der linke hintere Sattel und dann der rechte und linke Vorderrad-Bremssattel.

## Grundmethode (Zwei-Personen-Methode)

**13** Beschaffen Sie ein sauberes Glasgefäß und einen ausreichend langen transparenten Schlauch, der fest über den Nippel der Entlüftungsschraube geschoben werden kann. Die Schraube selbst sollte mit einem passenden Ringschlüssel betätigt werden. Für die Arbeit wird ein Assistent benötigt.
**14** Falls noch nicht geschehen, werden an der entlüftenden Bremse alle Entlüftungsschrauben-Kappen abgezogen und der Schlauch auf die erste Schraube gesteckt. Halten Sie das andere Schlauch-Ende in den mit etwas Bremsflüssigkeit gefüllten Behälter, sodass keine Luft angesaugt werden kann.
**15** Achten Sie stets darauf, dass der Ausgleichsbehälter mindestens bis zur MIN-Markierung mit Bremsflüssigkeit gefüllt ist.
**16** Lassen Sie den Assistenten durch mehrfaches kräftiges Betätigen der Bremse Druck aufbauen und das Pedal gedrückt halten.
**17** Lockern Sie bei gedrücktem Pedal die erste Entlüftungsschraube um etwa eine Umdrehung und lassen Sie die Flüssigkeit durch den Schlauch strömen. Der Assistent tritt hierbei das Pedal bis zum Boden durch und lässt es erst auf Anweisung wieder los. Wenn keine Flüssigkeit mehr austritt, wird die Entlüftungsschraube wieder angezogen, und der Assistent löst langsam das Bremspedal. Kontrollieren Sie den Pegel im Ausgleichsbehälter.
**18** Wiederholen Sie die Schritte 16 und 17 so lange, bis frische Hydraulikflüssigkeit blasenfrei aus der Schraube austritt. Falls der Hauptbremszylinder entleert und wieder aufgefüllt wurde und die erste Bremse der Reihenfolge entlüftet wird, müssen zwischen den Entlüftungsschritten etwa 5 Sekunden Pause eingehalten werden, damit sich die Bremszylinder-Passage wieder füllen kann.
**19** Sobald keine Luftblasen mehr austreten, wird die Entlüftungsschraube sorgfältig angezogen, der Schlauch abgezogen und die Staubkappe aufgesteckt. Ziehen Sie die Entlüftungsschraube nicht zu fest!
**20** Wiederholen Sie die Prozedur an den anderen Bremsen in der in Schritt 12 aufgeführten Reihenfolge, bis sämtliche Luft aus dem Hydrauliksystem entfernt ist. Zum Schluss muss die Bremse einen festen Druckpunkt haben.

**Praxis-Tipp** ***Alte Bremsflüssigkeit ist deutlich dunkler als frische. Pumpen Sie so lange Bremsflüssigkeit heraus, bis helle Flüssigkeit austritt.***

## Mit Rückschlagventil-Kit

**21** Wie der Name bereits andeutet, bestehen diese Kits im Wesentlichen aus einem Schlauch mit integriertem Rückschlagventil, um einmal herausgedrückte Luft und Bremsflüssigkeit nicht wieder ins Bremssystem zu saugen. Manche Kits beinhalten einen transparenten Behälter, der so positioniert werden kann, dass die austretenden Luftblasen besser beobachtet werden können (siehe Abbildung).

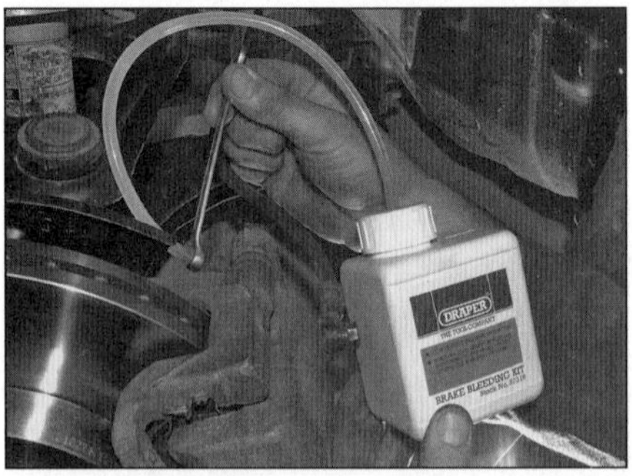


**2.21 Verbinden Sie den Kit mit der Entlüftungsschraube des Bremssattels.**

**22** Verbinden Sie das Kit wird mit der Entlüftungsschraube und öffnen Sie diese dann. Setzen Sie sich ins Auto und drücken Sie mit sanftem Druck die Bremse vollständig durch, um sie dann langsam wieder zu lösen. Wiederholen Sie dies, bis frische Hydraulikflüssigkeit blasenfrei aus der Schraube austritt.
**23** Diese Kits funktionieren so gut, dass man leicht den Pegel im Ausgleichsbehälter vergessen kann – achten Sie also stets darauf, dass sich in ihm stets genug Flüssigkeit befindet.

## Mit Druckentlüftungs-Kit

**24** Diese Geräte arbeiten oft mit dem im Reserverad gespeicherten Luftdruck; oft muss dieser jedoch zuvor auf einen niedrigeren Wert als üblich abgesenkt werden – beachten Sie die beigefügte Anleitung. **Anmerkung:** *Mazda schreibt vor, den Druck von 2 bar nicht zu überschreiten.*
**25** Indem ein unter Druck stehender und mit Bremsflüssigkeit gefüllter Behälter an den Ausgleichsbehälter angeschlossen wird, kann das Entlüften einfach durch das Öffnen der Entlüftungsschrauben (in der oben angegebenen Reihenfolge) erledigt werden – lassen Sie die Flüssigkeit austreten, bis keine Blasen mehr enthalten sind.
**26** Diese Methode hat den Vorteil, dass der große Flüssigkeitsbehälter zusätzliche Sicherheit vor in das System gesaugte Luft bietet.
**27** Druckentlüften ist besonders bei »schwierigen« Systemen zu empfehlen oder wenn das gesamte System bei einem Austausch der Bremsflüssigkeit gespült werden soll (siehe Praxis-Tipp oben).

## Alle Methoden

**28** Wenn das Entlüften beendet ist und wieder ein fester Pedaldruck besteht, werden alle Bremsflüssigkeits-Spritzer

abgewaschen, die Entlüftungsschrauben sorgfältig angezogen und die Staubkappen aufgesteckt.
**29** Prüfen Sie nach dem Entlüften den Pegel im Ausgleichsbehälter und füllen Sie ihn ggf. auf.
**30** Betätigen Sie bei laufendem Motor die Bremse – falls das Pedal ein schwammiges Gefühl vermittelt oder sogar »gepumpt« werden muss, bis ein Druckpunkt entsteht, befindet sich noch Luft im Bremssystem, und es muss erneut entlüftet werden. Bringt auch eine Wiederholung keine zufriedenstellenden Ergebnisse, können defekte Dichtungen im Hauptbremszylinder die Ursache sein.
**31** Die aus dem Bremssystem gespülte Bremsflüssigkeit muss fachgerecht entsorgt werden – keinesfalls darf sie wiederverwendet werden.

## 3 Bremsleitungen und Schläuche – Ersetzen

**Anmerkung:** *Beachten Sie vor Arbeitsbeginn die Warnhinweise in Sektion 2.*
**1** Der Verlust an Bremsflüssigkeit kann minimiert werden, indem der Deckel des Ausgleichsbehälters geöffnet, ein Stück Plastikfolie über die Öffnung gelegt und der Deckel wieder aufgeschraubt wird – so ist der Behälter nicht belüftet, und bei einer getrennten Leitung läuft keine Flüssigkeit nach. Alternativ können Schläuche mit einer speziellen Bremsschlauchklemme abgedichtet werden. Anschlüsse von Metallrohren können direkt nach dem Trennen mit Kappen versehen werden – allerdings darf dabei kein Schmutz ins Bremssystem gelangen. Legen Sie reichlich Lappen unter zu trennende Leitungen, um austretende Bremsflüssigkeit aufzunehmen.
**2** Wenn ein Bremsschlauch getrennt werden soll, muss zuerst die Anschlussmutter des Rohrs gelöst werden, bevor der Federclip entfernt wird, der den Schlauch an seiner Halterung sichert.
**3** Zum Lösen von Anschlussmuttern sollten spezielle Ringschlüssel mit Öffnung verwendet werden, die im gut sortierten Werkzeughandel erhältlich sind. Auch ein gut sitzender Maulschlüssel sollte nur im Notfall benutzt werden, da die nicht besonders harten Muttern oft korrodiert sind und durch den abrutschenden Schlüssel abgerundet werden. In solchen Fällen hilft oft nur eine Gripzange oder ein selbstsichernder Schlüssel und das Rohr muss samt Mutter ersetzt werden. Reinigen Sie einen Anschluss und seine Umgebung, bevor er getrennt wird. Falls eine Komponente mit mehr als einem Anschluss getrennt werden muss, sollten die Positionen der Anschlüsse vorher notiert werden.
**4** Wenn ein Hydraulikrohr ersetzt werden muss, kann es in der richtigen Länge und mit allen Anschlüssen beim Mazda-Händler erworben werden; es muss dann nur noch entsprechend der Vorgaben durch das Originalteil gebogen und am Fahrzeug montiert werden. Alternativ kann man sich Bremsleitungen anfertigen lassen; dies erfordert jedoch eine exakte Vermessung der Originalleitung – bringen Sie diese möglichst mit zur ausführenden Werkstatt.
**5** Die Anschlussmuttern dürfen beim Verbinden nicht überdreht werden – für eine korrekte Abdichtung müssen sie nicht brutal angezogen werden.
**6** Alle Rohre und Schläuche müssen korrekt verlegt sein. Sie dürfen nicht geknickt werden und müssen mit allen vorhandenen Halterungen und Clips gesichert werden (siehe Abbildung).
**7** Entfernen Sie nach dem Einbau die Folie vom Hauptbremszylinder und entlüften Sie das Bremssystem (siehe Sektion 2). Waschen Sie alle Bremsflüssigkeits-Spritzer ab und kontrollieren Sie alles genau auf Undichtigkeit.

## 4 Vorderrad-Bremsbeläge – Ersetzen

***Warnung: Ersetzen Sie immer alle Bremsbeläge beider Vorderradbremsen; der Austausch der Beläge nur an einer Seite würde zu einer ungleichmäßigen Bremswirkung führen.***

***Warnung: Der beim Verschleiß der Bremsbeläge entstehende Staub kann krebserregendes Asbest enthalten und darf daher nicht mit Druckluft ausgeblasen und eingeatmet werden. Entfernen Sie den Staub KEINESFALLS mit Benzin oder Lösungsmittel auf Petroleumbasis. Verwenden Sie Bremsenreiniger oder Spiritus, um Bremsenteile zu reinigen. Lassen Sie weder Bremsflüssigkeit noch Öle oder Fette mit den Bremsbelägen oder der Bremsscheibe in Kontakt kommen. Beachten Sie die Warnhinweise in Sektion 2, um weitere Informationen zu Bremsflüssigkeit zu erhalten.***

**1** Betätigen Sie die Handbremse, heben Sie das Fahrzeug vorn an, und stützen Sie es sicher ab (siehe Seite 275). Demontieren Sie die Vorderräder.
**2** Folgen Sie beim Wechsel der Beläge den Abbildungen 4.2a bis y. Halten Sie die richtige Reihenfolge ein und lesen Sie die Bildunterschriften deutlich durch.

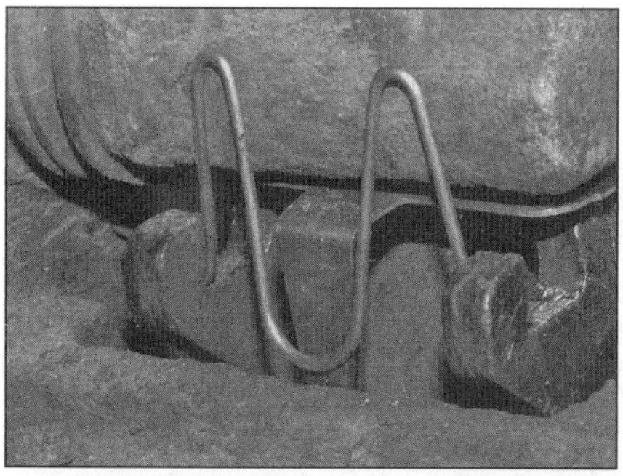

**4.2a Manche Modelle sind mit Drahtfedern zwischen den Belägen ausgerüstet, ...**

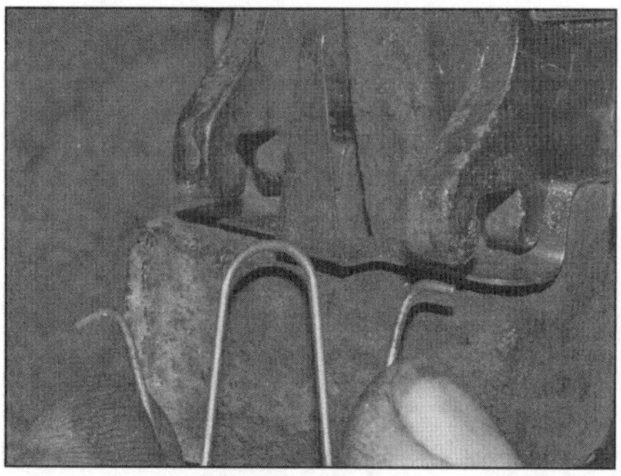

**4.2b ... die beiseite gedrückt und entfernt werden müssen.**

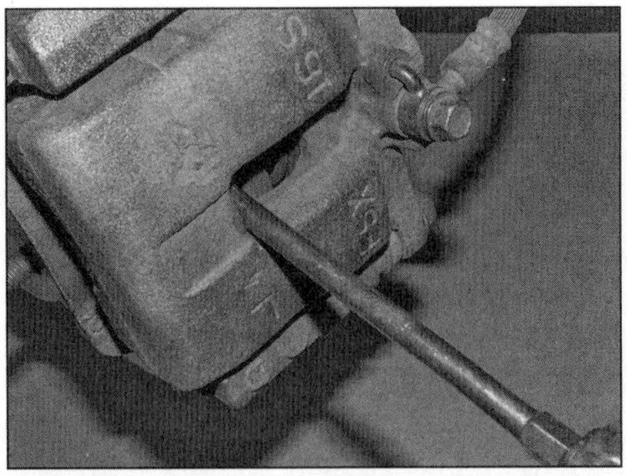

**4.2c Falls sich an der Bremsscheibe eine Verschleißkante gebildet hat, muss der Bremssattel von der Scheibe abgehebelt werden, damit sich der Kolben etwas in seine Bohrung zurückzieht.**

**4.2d Lösen Sie die untere Führungsstift-Schraube, ...**

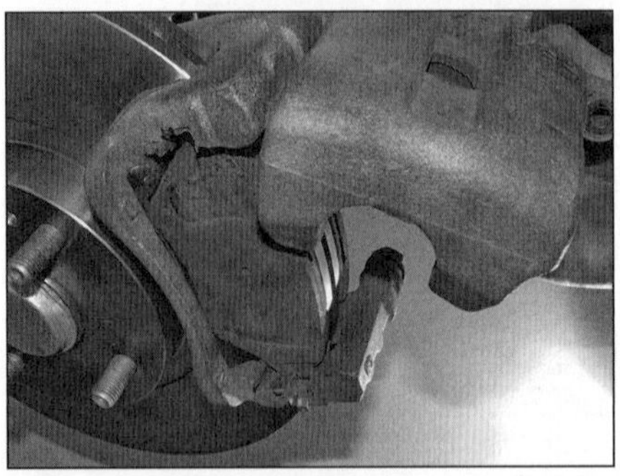

**4.2e ... schwenken Sie den Bremssattel hoch, ...**

**4.2f ... und sichern Sie ihn am Federbein, um den Bremsschlauch nicht unter Last zu setzen.**

**4.2g Entfernen Sie zuerst den äußeren ...**

**4.2h ... und dann den inneren Bremsbelag.**

**4.2i Entfernen Sie die unteren ...**

**4.2j ... und oberen Abstandsbleche.**

4.2k Entfernen Sie bei Modellen mit Drahtfedern das obere ...

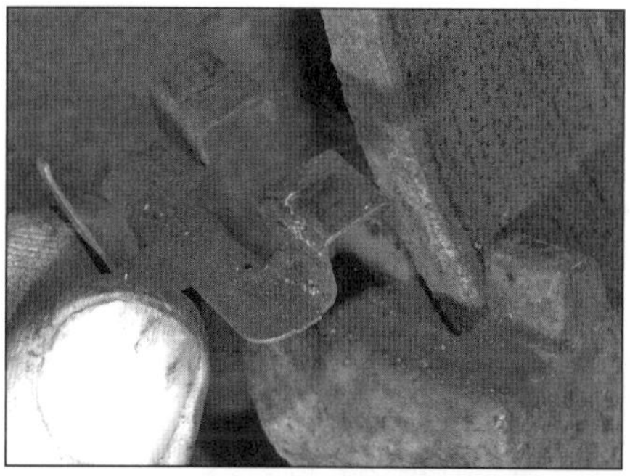

4.2l ... und das untere Abstandsblech.

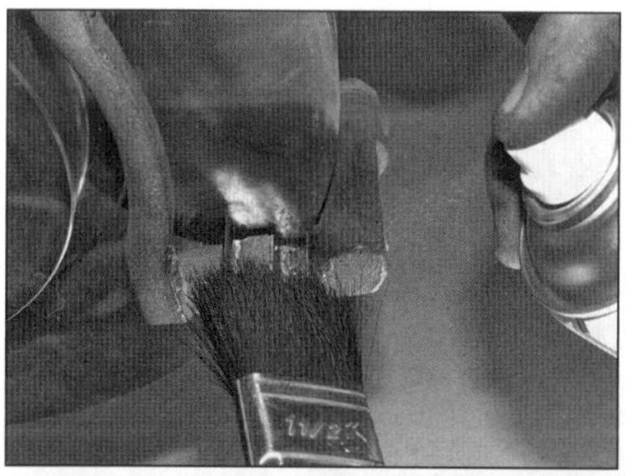

4.2m Säubern Sie mit Bremsenreiniger und einem weichen Pinsel die Bremsbelag-Kontaktflächen.

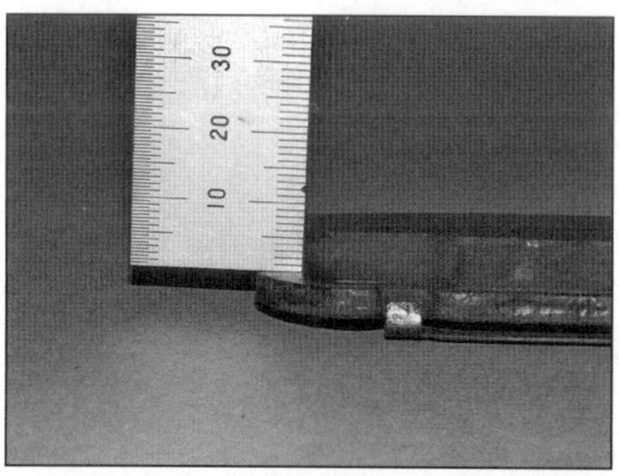


4.2n Messen Sie die Stärke aller Bremsbeläge und ersetzen Sie alle vier Beläge der Vorderachse, falls das Belagmaterial unter 1 mm (2 mm bei Modellen mit Sportfahrwerk) verschlissen ist.

4.2o Tragen Sie an den Kontaktbereichen der Belagträger eine dünne Schicht Kupferpaste auf.

4.2p Setzen Sie an der Rückseite des Trägers das Geräuschdämm-Blech an.

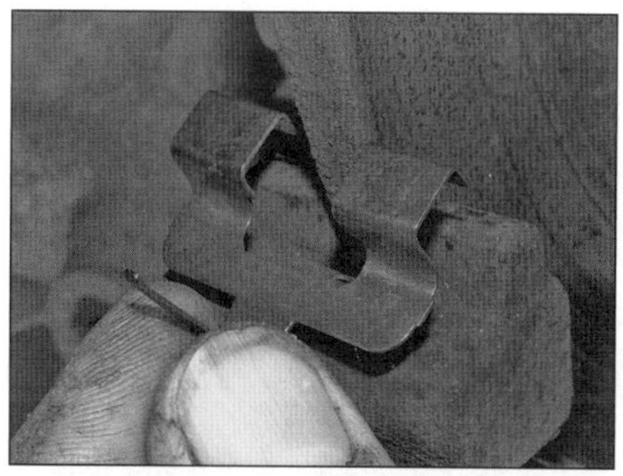

4.2q Installieren Sie das untere Abstandsblech (gezeigt am Typ mit Drahtfeder) ...

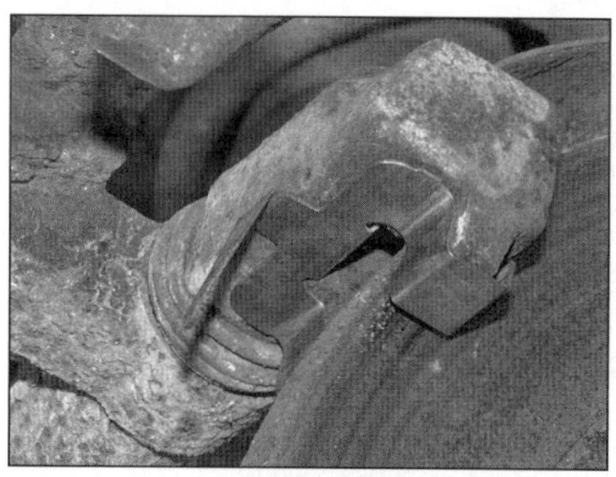

4.2r ... und das obere Blech.

**4.2s Installieren Sie den äußeren ...**

**4.2t ... und dann den inneren Bremsbelag – jeweils mit dem Belagmaterial zur Bremsscheibe.**

**4.2u Falls neue Bremsbeläge installiert werden, muss der Kolben mit einem solchen Werkzeug in den Sattel gedrückt werden – beachten Sie dabei den Pegel im Ausgleichsbehälter.**

**4.2v Schwenken Sie den Bremssattel über die Bremsscheibe, installieren Sie die Führungszapfenschraube, ...**

**4.2w ... und ziehen Sie sie mit 26 Nm (bei 270 mm großen Bremsscheiben) bzw. mit 50 Nm (bei allen anderen Bremsscheiben) an.**

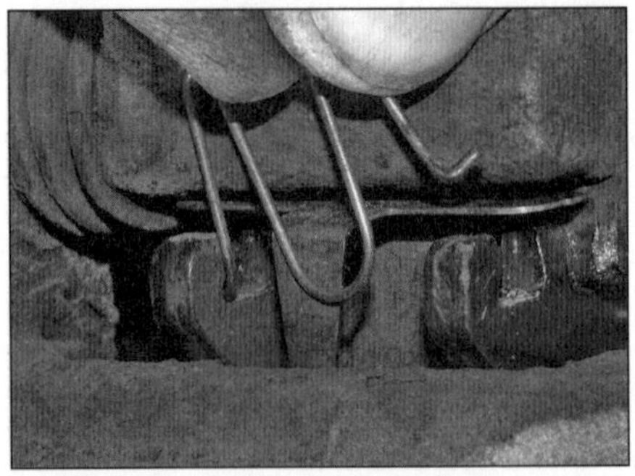

**4.2x Installieren Sie ggf. die obere ...**

**4.2y ... und die untere Drahtfeder.**

**3** Treten Sie mehrmals das Bremspedal durch, um die Beläge an die Bremsscheiben zu drücken und anschließend einen normalen Druckpunkt herzustellen.

**4** Wiederholen Sie die Prozedur mit dem anderen Vorderradbremssattel.

**5** Montieren Sie die Räder, senken Sie das Fahrzeug ab, und ziehen Sie die Radmuttern mit 110 Nm an.

**6** Prüfen Sie den Bremsflüssigkeitspegel und füllen Sie ggf. nach – siehe Wöchentliche Kontrollen.

**Achtung: Wenn neue Bremsbeläge installiert wurden, sollten diese zunächst möglichst ohne Vollbremsungen »eingebremst« werden, damit sie sich den Bremsscheiben anpassen können.**

## 5 Hinterrad-Bremsbeläge – Ersetzen

***Warnung:** Ersetzen Sie immer alle Bremsbeläge beider Hinterradbremsen; der Austausch der Beläge nur an einer Seite würde zu einer ungleichmäßigen Bremswirkung führen.*

***Warnung:** Der beim Verschleiß der Bremsbeläge entstehende Staub kann krebserregendes Asbest enthalten und darf daher nicht mit Druckluft ausgeblasen und eingeatmet werden. Entfernen Sie den Staub KEINESFALLS mit Benzin oder Lösungsmittel auf Petroleumbasis. Verwenden Sie Bremsenreiniger oder Spiritus, um Bremsenteile zu reinigen. Lassen Sie weder Bremsflüssigkeit noch Öle oder Fette mit den Bremsbelägen oder der Bremsscheibe in Kontakt kommen. Beachten Sie die Warnhinweise in Sektion 2, um weitere Informationen zu Bremsflüssigkeit zu erhalten.*

**1** Ziehen Sie die Handbremse und lockern Sie hinten die Radmuttern. Heben Sie das Fahrzeug hinten an und stützen Sie es sicher ab (siehe Seite 275). Demontieren Sie die Hinterräder und lösen Sie die Handbremse.
**2** Folgen Sie beim Wechsel der Beläge den Abbildungen 5.2a bis v. Halten Sie die richtige Reihenfolge ein und lesen Sie die Bildunterschriften deutlich durch.

**5.2a Lösen Sie innen am Bremssattel den Verschluss des Einstellrades, ...**

**5.2b ... und drehen Sie dies mithilfe eines Inbusschlüssels bis zum Anschlag nach links, um den Kolben in den Bremssattel zu ziehen.**

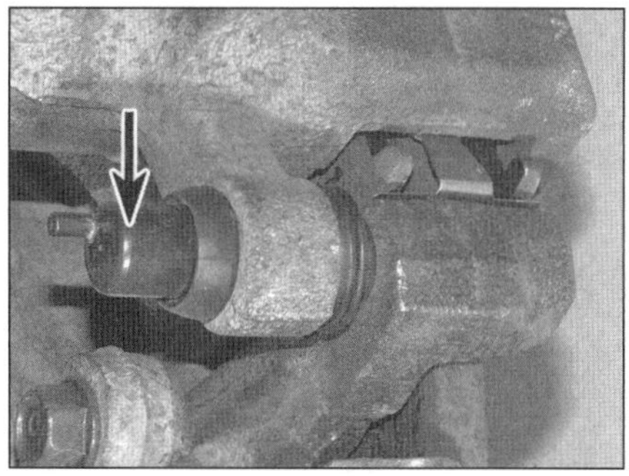

**5.2c Ziehen Sie am unteren Führungszapfen die Gummikappe ab, ...**

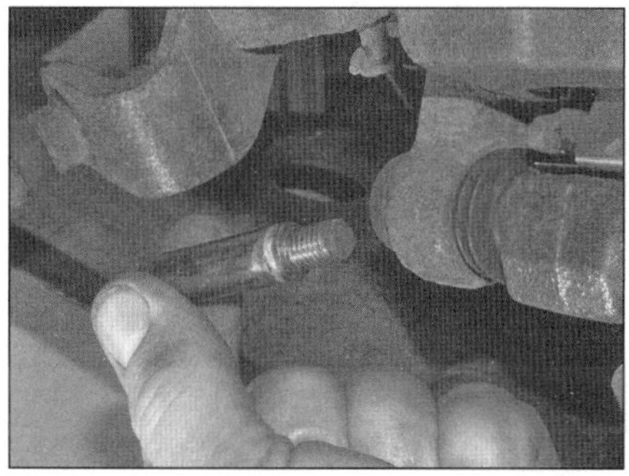

**5.2d ... und schrauben Sie diesen mithilfe eines Inbusschlüssels heraus.**

**5.2e Schwenken Sie den Bremssattel hoch und sichern Sie ihn am Federbein, um den Bremsschlauch nicht unter Last zu setzen.**

**5.2f Entfernen Sie zuerst den äußeren ...**

5.2g ... und dann den inneren Bremsbelag.

5.2h Entfernen Sie das oberen ...

5.2i ... und das untere Abstandsblech.

5.2j Säubern Sie mit Bremsenreiniger und einem weichen Pinsel die Bremsbelag-Kontaktflächen.

5.2k Installieren Sie das untere ...

5.2l ... und das obere Blech.

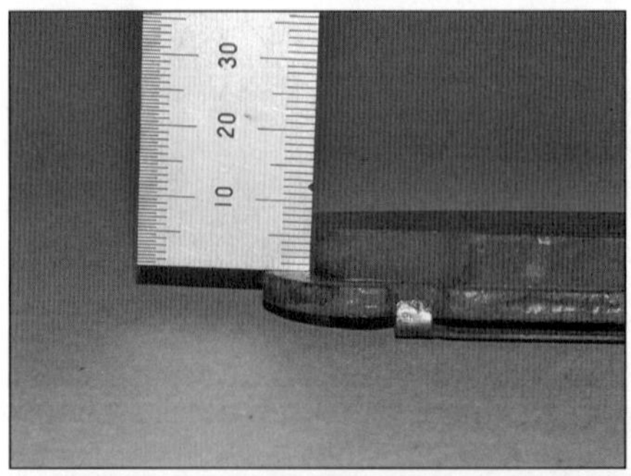


5.2m Messen Sie die Stärke aller Bremsbeläge und ersetzen Sie alle vier Beläge der Hinterachse, falls das Belagmaterial unter 1 mm (2 mm bei Modellen mit Sportfahrwerk) verschlissen ist.

5.2n Tragen Sie an den Kontaktbereichen der Belagträger eine dünne Schicht Kupferpaste auf.

**5.2o Installieren Sie den äußeren ...**

**5.2p ... und dann den inneren Bremsbelag – jeweils mit dem Belagmaterial zur Bremsscheibe.**

**5.2q Schwenken Sie den Bremssattel über die Bremsscheibe, ...**

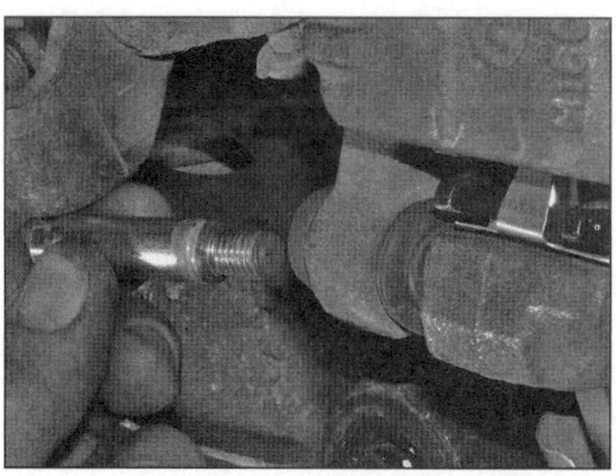

**5.2r ... installieren Sie die untere Führungszapfenschraube, ...**

**5.2s ... ziehen Sie sie mit 50 Nm an, ...**

**5.2t ... und installieren Sie die Gummikappe.**

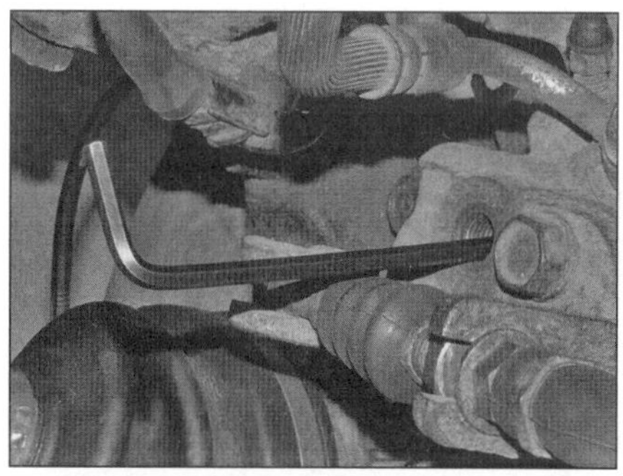

**5.2u Drehen Sie das Einstellrad nach rechts, bis die Bremsbeläge die Bremsscheibe berühren, drehen Sie sie dann um 120° zurück, ...**

**5.2v ... und installieren Sie den Verschluss.**

**3** Treten Sie mehrmals das Bremspedal durch, um die Beläge an die Bremsscheiben zu drücken und anschließend einen normalen Druckpunkt herzustellen.
**4** Wiederholen Sie die Prozedur mit dem anderen Hinterradbremssattel.
**5** Montieren Sie die Räder, senken Sie das Fahrzeug ab, und ziehen Sie die Radmuttern mit 110 Nm an.

**6** Prüfen Sie den Bremsflüssigkeitspegel und füllen Sie ggf. nach – siehe Wöchentliche Kontrollen.

**Achtung: Wenn neue Bremsbeläge installiert wurden, sollten diese zunächst möglichst ohne Vollbremsungen »eingebremst« werden, damit sie sich den Bremsscheiben anpassen können.**

## 6 Vorderrad-Bremsscheibe – Kontrolle, Ausbau und Einbau

**Anmerkung:** *Beachten Sie vor Arbeitsbeginn die den Asbeststaub betreffenden Warnhinweise am Anfang von Sektion 4.*

**Anmerkung:** *Falls eine Bremsscheibe ersetzt werden muss, sind immer beide Vorderrad-Bremsscheiben auszutauschen, um eine gleichmäßige Bremswirkung sicherzustellen. Beim Austausch von Bremsscheiben müssen auch die Bremsbeläge erneuert werden.*

### Kontrolle

**1** Betätigen Sie die Handbremse, heben Sie das Fahrzeug vorn an, und stützen Sie es sicher ab (siehe Seite 275). Demontieren Sie das entsprechende Vorderrad.

**2** Drehen Sie die Bremsscheibe langsam und begutachten Sie auf beiden Seiten den Zustand der Oberfläche auf Kerben und andere Beschädigungen. Um den Zugang zur Innenseite zu verbessern, können die Bremsbeläge entfernt werden (siehe Sektion 4). Leichte Kratzer sind nach Gebrauch normal und behindern nicht die Funktion der Bremse, tiefe Kerben und starker Abrieb reduzieren jedoch die Bremswirkung und erhöhen den Belagverschleiß, sodass die Bremsscheibe ersetzt werden muss.

**3** Am Außenrand der Bremsscheibe findet sich oft eine Kante und Korrosion. Rost kann nötigenfalls entfernt werden. Wenn die Kante eine stark verschlissene Bremsscheibe vermuten lässt, muss ihre Stärke (im Bereich der Bremsbelag-Kontaktflächen) mit einer Messuhr an mehreren Stellen ermittelt werden (siehe Abbildung). Wenn irgendwo die in den technischen Daten angegebene Verschleißgrenze fast erreicht oder unterschritten wird, muss die Bremsscheibe erneuert werden.

**6.3 Messen Sie die Stärke der Bremsscheibe.**

**4** Falls ein Verzug der Bremsscheibe vermutet wird, kann dies mit einer sicher an einem Fixpunkt befestigten Messuhr bei langsam drehender Scheibe kontrolliert werden (siehe Abbildung). Alternativ kann der Verzug auch mit Fühlerlehrenblättern zwischen der Bremsscheibe und beispielsweise dem Bremssattelhalter ermittelt werden. Falls mehr als 0,1 mm festgestellt werden, muss zunächst sichergestellt werden, dass die Radlager in Ordnung sind (siehe Kapitel 10, Sektion 3); sind diese in Ordnung, muss die Bremsscheibe ersetzt werden.

**5** Kontrollieren Sie die Bremsscheibe auf Risse (vor allem an den Stehbolzen-Bohrungen) und andere Schäden oder Verschleiß und ersetzen Sie sie nötigenfalls.

### Ausbau

**6** Lösen Sie die zwei Schrauben, die den Bremssattelhalter am Radnabenträger sichern (siehe Abbildungen). Ziehen Sie die Bremssattel-Baugruppe ab und sichern Sie sie mit Bändern oder Gurten am Federbein – belasten Sie dabei nicht die Bremsleitung.

**7** Falls die originale Bremsscheibe wieder eingebaut werden soll, muss ihre Ausrichtung zur Radnabe markiert werden. Ziehen Sie die Bremsscheibe ab – klopfen Sie sie nötigenfalls mit einem Kunststoffhammer sanft ab.

### Einbau

**8** Der Einbau entspricht der umgekehrten Ausbaureihenfolge – beachten Sie dabei die folgenden Punkte:

*a) Die Kontaktflächen der Bremsscheibe und der Radnabe müssen absolut sauber und frei von Korrosion sein.*
*b) Richten Sie ggf. bei der alten Bremsscheibe die Markierung aus und schieben Sie die Scheibe über die Stehbolzen auf die Radnabe.*
*c) Neue Bremsscheiben müssen mit nicht nachfettendem Lösungsmittel von sämtlichen Schutzbeschichtungen befreit werden.*
*d) Montieren Sie den Bremssattel – die Bremsbeläge müssen auf beiden Seiten an der Bremsscheibe anliegen. Ziehen Sie die Bremssattelhalter-Schrauben mit 65 Nm an. Sichern Sie ggf. die Bremsleitung mit den entsprechenden Befestigungen.*
*e) Montieren Sie das Rad, senken Sie das Fahrzeug ab, und ziehen Sie die Radmuttern mit 113 Nm an.*
*f) Betätigen Sie vor der ersten Fahrt mehrmals die Bremse, um die Beläge an der Bremsscheibe anliegen zu lassen.*
*g) Falls eine neue Bremsscheibe montiert wurde, muss die Prozedur am anderen Vorderrad wiederholt werden.*

## 7 Hinterrad-Bremsscheibe – Kontrolle, Ausbau und Einbau

**Anmerkung:** *Beachten Sie vor Arbeitsbeginn die den Asbeststaub betreffenden Warnhinweise am Anfang von Sektion 4.*

**Anmerkung:** *Falls eine Bremsscheibe ersetzt werden muss, sind immer beide Hinterrad-Bremsscheiben auszutauschen, um eine gleichmäßige Bremswirkung sicherzustellen. Beim Austausch von Bremsscheiben müssen auch die Bremsbeläge erneuert werden.*

### Kontrolle

**1** Blockieren Sie die Vorderräder, heben Sie das Fahrzeug hinten an, und stützen Sie es sicher ab (siehe Seite 275). Demontieren Sie das entsprechende Hinterrad. Lösen Sie die Handbremse.

**2** Führen Sie die Kontrolle entsprechend der Vorgaben in Sektion 6 durch.

### Ausbau

**3** Lösen Sie innen am Bremssattel den Verschluss des Einstellrades und drehen Sie dies mithilfe eines Inbusschlüssels bis zum Anschlag nach links, um den Kolben in den Bremssattel zu ziehen (Abb. 5.2a und b).

**4** Lösen Sie die zwei Schrauben, die den Bremssattelhalter am Radnabenträger sichern. Ziehen Sie die Bremssattel-Baugruppe ab und sichern Sie sie mit Bändern oder Gurten am Fahrzeug (siehe Abbildung) – belasten Sie dabei nicht die Bremsleitung und befreien Sie sie nötigenfalls aus ihren Befestigungen.

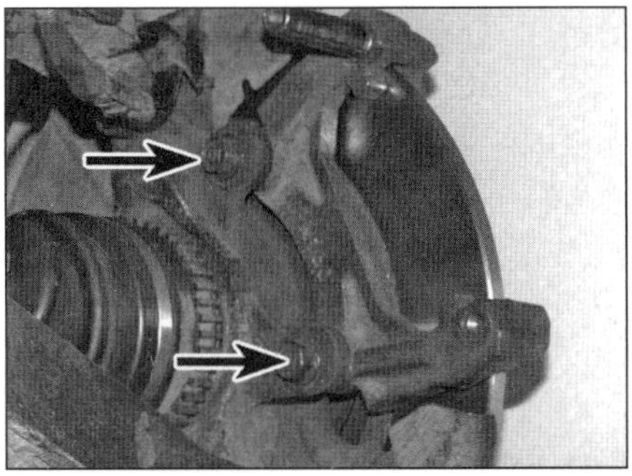

**7.4 Bremssattelschrauben (gezeigt bei ausgebautem Bremssattel)**

**5** Falls die originale Bremsscheibe wieder eingebaut werden soll, muss ihre Ausrichtung zur Radnabe markiert werden. Ziehen Sie die Bremsscheibe ab – klopfen Sie sie nötigenfalls mit einem Kunststoffhammer sanft ab.

## Einbau

**6** Die Kontaktflächen der Bremsscheibe und der Radnabe müssen absolut sauber und frei von Korrosion sein.
**7** Richten Sie ggf. bei der alten Bremsscheibe die Markierung aus und schieben Sie die Scheibe über die Stehbolzen auf die Radnabe.
**8** Neue Bremsscheiben müssen mit nicht nachfettendem Lösungsmittel von sämtlichen Schutzbeschichtungen befreit werden.
**9** Montieren Sie den Bremssattel – die Bremsbeläge müssen auf beiden Seiten an der Bremsscheibe anliegen. Ziehen Sie die Bremssattelhalter-Schrauben mit 50 Nm an. Sichern Sie ggf. die Bremsleitung mit den entsprechenden Befestigungen.
**10** Montieren Sie das Rad, senken Sie das Fahrzeug ab, und ziehen Sie die Radmuttern mit 110 Nm an.
**11** Betätigen Sie vor der ersten Fahrt mehrmals die Bremse, um die Beläge an der Bremsscheibe anliegen zu lassen.
**12** Falls eine neue Bremsscheibe montiert wurde, muss die Prozedur am anderen Hinterrad wiederholt werden.
**13** Prüfen Sie die Einstellung der Handbremse (siehe Sektion 14).

# 8 Vorderrad-Bremssattel – Ausbau, Überholung und Einbau

**Anmerkung:** *Beachten Sie vor Arbeitsbeginn die Warnhinweise am Anfang der Sektionen 2 und 4.*

## Ausbau

**1** Betätigen Sie die Handbremse, heben Sie das Fahrzeug vorn an, und stützen Sie es sicher ab (siehe Seite 275). Demontieren Sie das entsprechende Vorderrad.
**2** Der Verlust an Bremsflüssigkeit kann minimiert werden, indem der Deckel des Ausgleichsbehälters geöffnet, ein Stück Plastikfolie über die Öffnung gelegt und der Deckel wieder aufgeschraubt wird – so ist der Behälter nicht belüftet, und bei einer getrennten Leitung läuft keine Flüssigkeit nach. Alternativ können Schläuche mit einer speziellen Bremsschlauchklemme abgedichtet werden.
**3** Reinigen Sie den Bremssattel im Bereich des Bremsleitungs-Anschlusses und lösen Sie die Anschlussschraube (siehe Abbildungen) – die zwei Dichtscheiben müssen beim Einbau erneuert werden. Bedecken oder verstopfen Sie alle offenen Anschlüsse, damit kein Schmutz eindringt.

**8.3a Lösen Sie die Bremsleitungs-Anschlussschraube, ...**

**8.3b ... und stellen Sie die Dichtscheiben sicher.**

**4** Entfernen Sie die Bremsbeläge (siehe Sektion 4).
**5** Lösen Sie die verbliebene Führungszapfen-Schraube und ziehen Sie den Bremssattel vom Halter.

## Überholen

**6** Reinigen Sie den auf der Werkbank liegenden Bremssattel – achten Sie darauf, keinen Staub einzuatmen.
**7** Ziehen Sie den teilweise aus der Bohrung ragenden Kolben aus dem Bremssattelgehäuse und entfernen Sie die Staubdichtung (siehe Abbildung). **Anmerkung:** *Falls der Kolben nicht von Hand herausgezogen werden kann, muss er mit am Bremsleitungsanschluss angesetzter Druckluft herausgepresst werden – verwenden Sie dabei nur geringen Luftdruck, und passen Sie auf, sich nicht die Finger zwischen Kolben und Sattel einzuklemmen.*

**8.7 Platzieren Sie bei der Druckluft-Methode ein Holz gegenüber dem Kolben, um ihn nicht zu beschädigen.**

**8** Befreien Sie mithilfe eines kleinen Schraubendrehers den Kolben-Dichtring aus der Nut der Bremssattelbohrung – beschädigen Sie diese dabei nicht (siehe Abbildung).

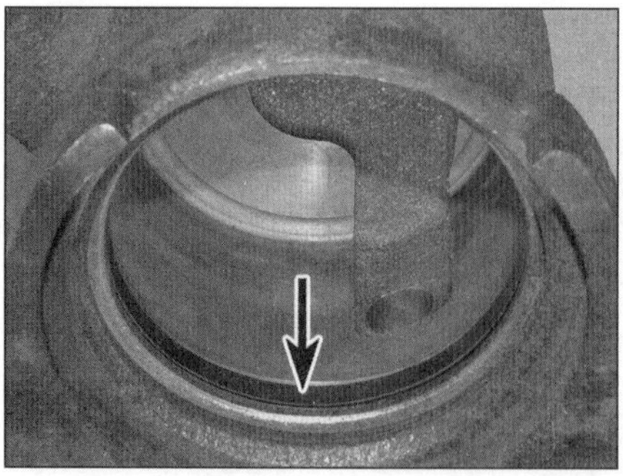

**8.8 Kolben-Dichtring in der Nut der Bremssattelbohrung**

**9** Reinigen Sie sorgfältig alle Komponenten mit Spiritus oder sauberer Bremsflüssigkeit – verwenden Sie niemals Lösungsmittel auf Mineralölbasis (Benzin oder Petroleum), da diese die Gummiteile der Hydraulik angreifen!
**10** Kontrollieren Sie alle Bauteile. Falls der Kolben und/oder seine Bohrung verschlissen, beschädigt oder stark korrodiert ist, muss der gesamte Bremssattel erneuert werden ersetzen Sie verschlissenen. Begutachten Sie auch die Führungszapfen und ihre Buchsen – die (gereinigten) Zapfen müssen spielfrei in den Buchsen gleiten können (siehe Abbildung). Bei jedem Zweifel über ihren Zustand müssen die Teile erneuert werden.

**8.10 Kontrollieren Sie den Führungszapfen und die Manschette.**

**11** Falls der Bremssattel weiterverwendet werden kann, muss ein entsprechender Reparatur-Kit beschafft werden – die benötigten Teile sind beim Mazda-Händler in unterschiedlichen Kombinationen erhältlich. Alle Gummiteile sollten ungeachtet ihres Zustands ersetzt werden.
**12** Achten Sie beim Zusammenbau darauf, dass alle Teile sauber und trocken sind.
**13** Benetzen Sie den Kolben, seine Bohrung und den neuen Dichtring mit frischer Bremsflüssigkeit.
**14** Installieren Sie den neuen Kolben-Dichtring von Hand in die Nut der Bohrung – verwenden Sie hierfür keine Werkzeuge.
**15** Rüsten Sie den Kolben mit der neuen Staubdichtung aus. Positionieren Sie das hintere Ende des Dichtrings in der Vertiefung des Bremssattelgehäuses und schieben Sie den Kolben senkrecht bis zum Boden ein – drehende Bewegungen helfen dabei (siehe Abbildungen).

**8.15a Rüsten Sie das innere Ende des Kolbens mit der neuen Staubdichtung aus, ...**

**8.15b ... stecken Sie die Lippe der Dichtung in die Vertiefung des Gehäuses, ...**

**8.15c ... und drücken Sie den Kolben in seine Bohrung.**

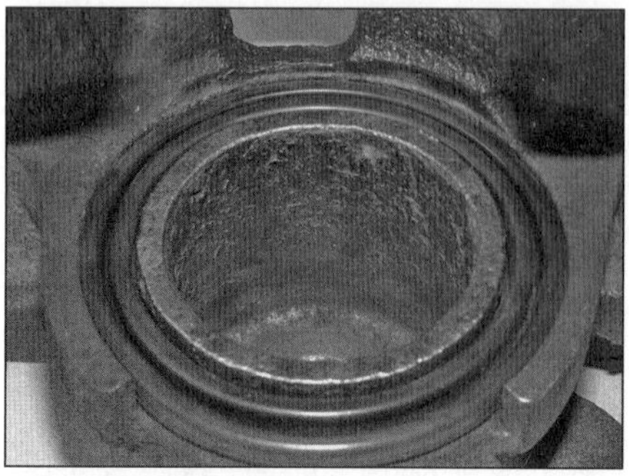

**8.15d Die innere Dichtungs-Lippe muss in der Vertiefung des Kolbens sitzen.**

## Einbau

**16** Installieren Sie die Bremsbeläge (siehe Sektion 4).
**17** Die Bremsleitung muss korrekt verlegt und darf nicht verdreht sein. Verbinden Sie den Anschluss unter Verwendung neuer Dichtscheiben mit dem Bremssattel, installieren Sie die Anschlussschraube, und ziehen Sie sie sorgfältig an.

**18** Entfernen Sie die Bremsleitungs-Klemme oder die Folie aus dem Ausgleichsbehälter. Entlüften Sie die Bremse (siehe Sektion 2) – vorausgesetzt, der Flüssigkeitsverlust wurde minimiert, müssen nur die Vorderradbremsen entlüftet werden.
**19** Montieren Sie das Rad, senken Sie das Fahrzeug ab, und ziehen Sie die Radmuttern mit 110 Nm an.
**20** Betätigen Sie mehrmals das Bremspedal, um die Beläge an die Bremsscheibe anzulegen und einen normalen Druckpunkt zu erzeugen.
**21** Kontrollieren Sie den Pegel im Hauptbremszylinder und füllen Sie nötigenfalls frische Bremsflüssigkeit nach (siehe Wöchentliche Kontrollen).

## 9 Hinterrad-Bremssattel – Ausbau und Einbau

**Anmerkung:** *Beachten Sie vor Arbeitsbeginn die Warnhinweise am Anfang der Sektionen 2 und 4.*

### Ausbau

**1** Blockieren Sie die Vorderräder, heben Sie das Fahrzeug hinten an, und stützen Sie es sicher ab (siehe Seite 275). Demontieren Sie das entsprechende Hinterrad.
**2** Der Verlust an Bremsflüssigkeit kann minimiert werden, indem der Deckel des Ausgleichsbehälters geöffnet, ein Stück Plastikfolie über die Öffnung gelegt und der Deckel wieder aufgeschraubt wird – so ist der Behälter nicht belüftet, und bei einer getrennten Leitung läuft keine Flüssigkeit nach. Alternativ können Schläuche mit einer speziellen Bremsschlauchklemme abgedichtet werden.
**3** Reinigen Sie den Bremssattel im Bereich des Bremsleitungs-Anschlusses und lösen Sie die Anschlussschraube – die zwei Dichtscheiben müssen beim Einbau erneuert werden. Bedecken oder verstopfen Sie alle offenen Anschlüsse, damit kein Schmutz eindringt.
**4** Entfernen Sie die Bremsbeläge (siehe Sektion 5).
**5** Ziehen Sie den verbliebenen Führungszapfen aus dem Halter (siehe Abbildung).

**9.5 Ziehen Sie den Bremssattel vom Führungszapfen.**

### Überholen

**6** Aufgrund des komplexen Aufbaus der hinteren Bremssättel raten wir von einer Zerlegung ab und empfehlen den Austausch durch Neuteile.

### Einbau

**7** Drehen Sie den Bremssattel auf den Bremsschlauch-Anschluss.
**8** Installieren Sie die Bremsbeläge (siehe Sektion 5).
**9** Entfernen Sie die Bremsleitungs-Klemme oder die Folie aus dem Ausgleichsbehälter. Entlüften Sie die Bremse (siehe Sektion 2) – vorausgesetzt, der Flüssigkeitsverlust wurde minimiert, müssen nur die Hinterradbremsen entlüftet werden.
**10** Montieren Sie das Rad, senken Sie das Fahrzeug ab, und ziehen Sie die Radmuttern mit 110 Nm an.
**11** Betätigen Sie mehrmals das Bremspedal, um die Beläge an die Bremsscheibe anzulegen und einen normalen Druckpunkt zu erzeugen.
**12** Kontrollieren Sie den Pegel im Hauptbremszylinder und füllen Sie nötigenfalls frische Bremsflüssigkeit nach (siehe Wöchentliche Kontrollen).

## 10 Hauptbremszylinder – Ausbau und Einbau

### Ausbau

**1** Verfolgen Sie das Kabel des im Hauptbremszylinder sitzenden Pegelsensors zum Stecker und trennen Sie diesen (siehe Abbildung).

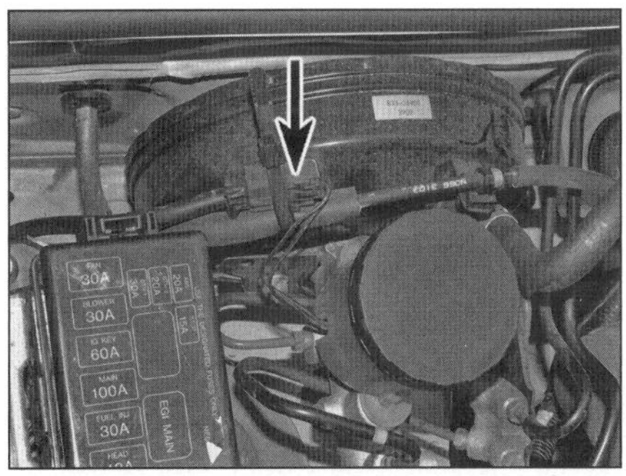

**10.1 Stecker des Bremsflüssigkeitspegel-Sensors**

**2** Schrauben Sie vorsichtig den Deckel des Ausgleichsbehälters ab und saugen Sie mit einer Spritze oder Pipette möglichst viel Bremsflüssigkeit ab. Prüfen Sie dann den Durchgang des Pegelsensors – dieser sollte festgestellt werden, sobald der Pegel unter die MIN-Markierung fällt.
**3** Legen Sie Lappen unter die Anschlüsse und halten Sie Kappen oder Plastikbeutel bereit, um die Anschlüsse nach dem Trennen zu schützen. Lockern Sie dann am Hauptbremszylinder die Bremsleitungs-Anschlüsse (siehe Abbildung) – verwenden Sie dazu möglichst einen offenen Ringschlüssel, um die Anschlussmuttern zu abzurunden.

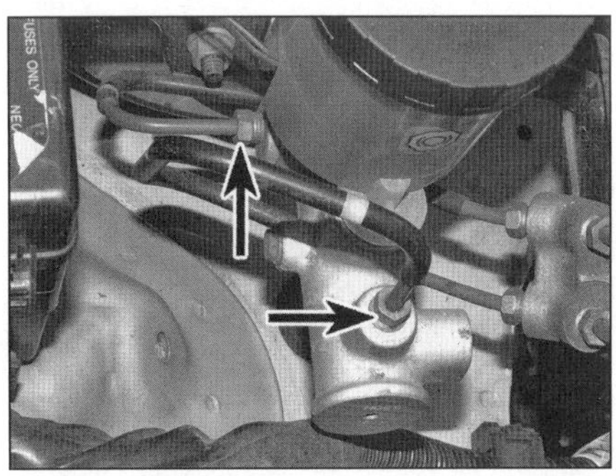

**10.3 Bremsleitungs-Anschlüsse am Hauptbremszylinder**

**4** Lösen Sie die Muttern, die den Hauptbremszylinder am Bremskraftverstärker sichern, und entfernen Sie die Scheiben (siehe Abbildung).

10.4 **Hauptbremszylinder-Befestigungsmuttern**

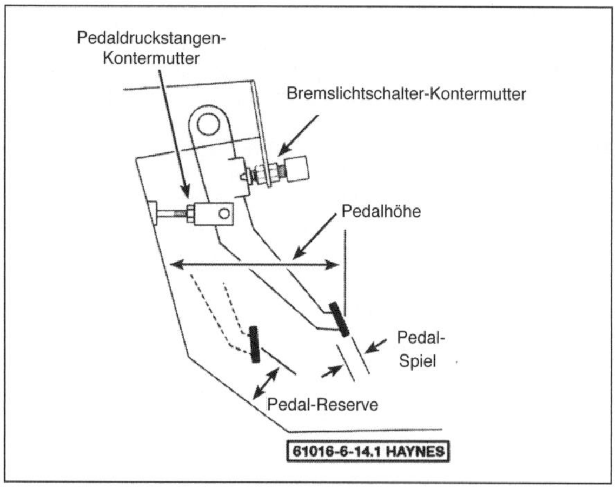


11.1 **Bremspedal – Höhe, Spiel, Reserve und Details**

**5** Ziehen Sie die Bremsleitungen vom Hauptbremszylinder ab und verstopfen Sie ihre Enden, um keine weitere Bremsflüssigkeit austreten zu lassen. Ziehen Sie den Halter des Proportionalventils von seinen Stehbolzen.
**6** Ziehen Sie den Hauptbremszylinder von seinen Stehbolzen – seien Sie erneut auf austretende Bremsflüssigkeit vorbereitet.

## Überholen

**7** Mazda bietet für Hauptbremszylinder keine Reparaturkits mehr an, sodass die Baugruppe bei einem Defekt nur noch durch ein Neuteil ersetzt werden kann.

## Einbau

**8** Installieren Sie den Hauptbremszylinder und das Proportionalventil über ihre Stehbolzen am Bremskraftverstärker, legen Sie die Scheiben auf, und drehen Sie die Muttern zunächst handfest auf.
**9** Verbinden Sie die Bremsleitungen mit dem Hauptbremszylinder – da er noch locker sitzt, kann er etwas bewegt werden, um die Anschlussmuttern greifen zu lassen. Achten Sie darauf, die Anschlussgewinde nicht zu beschädigen.
**10** Verbinden Sie den Ringanschluss der verbliebenen Bremsleitung mit dem Hauptbremszylinder – verwenden Sie dabei neue Dichtscheiben.
**11** Ziehen Sie die Hauptbremszylinder-Befestigungsmuttern mit 15 Nm an. Ziehen Sie die Bremsleitungs-Anschlüsse sorgfältig an.
**12** Füllen Sie den Hauptbremszylinder mit Bremsflüssigkeit auf und entlüften Sie das System (siehe Sektion 2). Prüfen Sie vor der ersten Fahrt sorgfältig die Funktion der Bremsen.

# 11 Bremspedal – Kontrolle und Einstellung

## Bremspedalhöhe

**1** Messen Sie die Höhe des Pedals über dem Teppich (siehe Abbildung) – im Ruhezustand müssen 171 bis 181 mm festgestellt werden.
**2** Falls die Pedalhöhe nicht korrekt ist, muss sie wie folgt eingestellt werden:
**3** Trennen Sie den Stecker des Bremslichtschalters.
**4** Lockern Sie die Kontermutter des Bremslichtschalters und verdrehen Sie den Schalter, bis er nicht mehr das Pedal berührt.
**5** Lockern Sie die Druckstangen-Kontermutter.
**6** Stellen Sie mit der Druckstange die korrekte Pedalhöhe ein.
**7** Ziehen Sie die Druckstangen-Kontermutter wieder an.
**8** Drehen Sie den Bremslichtschalter, bis er leichten Kontakt zum Pedal-Anschlag hat; drehen Sie ihn dann eine halbe Umdrehung weiter.
**9** Ziehen Sie die Kontermutter des Bremslichtschalters an.
**10** Verbinden Sie den Stecker des Bremslichtschalters.
**11** Prüfen Sie, ob das Bremslicht beim Drücken des Bremspedals aufleuchtet – und erlischt, sobald das Pedal in seine Ruheposition zurückkehrt.
**12** Kontrollieren Sie das Bremspedal-Spiel (siehe unten).

## Bremspedal-Spiel

**13** Betätigen Sie bei abgeschaltetem Motor mehrmals die Bremse, bis der Unterdruck im Bremskraftverstärker abgebaut ist.
**14** Drücken Sie das Pedal von Hand herunter, bis etwas Widerstand fühlbar wird. Messen Sie den Abstand zwischen dieser Pedalstellung und der Ruheposition (Abb. 11.1) – es müssen 4 bis 7 mm festgestellt werden, andernfalls muss das Spiel wie folgt eingestellt werden:
**15** Lockern Sie die Kontermutter der Druckstange und verdrehen Sie diese, bis das Spiel korrekt ist. Ziehen Sie die Kontermutter wieder an. Stellen Sie nötigenfalls den Bremslichtschalter ein (siehe oben).

## Brempedal-Reserve

**16** Starten Sie den Motor, lassen Sie einen Assistenten Sie einige Male die Bremse betätigen, dann das Pedal fest herunterdrücken und es dort halten.
**17** Messen Sie jetzt den Abstand zwischen dem Teppich und der Pedal-Oberseite – es müssen ca. 95 mm festgestellt werden.
**18** Falls ein geringerer Abstand ermittelt wird, muss die Einstellung der Druckstange zum Bremskraftverstärker überprüft werden (siehe Sektion 12).
**19** Falls kein fester Druckpunkt festgestellt werden kann, muss das Bremssystem entlüftet werden (siehe Sektion 2).

## 12 Bremskraftverstärker – Test, Ausbau und Einbau

### Test

**1** Betätigen Sie bei abgeschaltetem Motor mehrmals die Bremse, bis der Unterdruck im Bremskraftverstärker abgebaut ist. Halten Sie das Pedal gedrückt und starten Sie den Motor – sobald er läuft, muss sich das Pedal durch den aufbauenden Unterdruck merklich weiter eindrücken lassen. Lassen Sie den Motor mindestens zwei Minuten laufen und schalten Sie ihn wieder ab. Beim erneuten Betätigen der Bremse muss sie sich normal anfühlen, nach einigen Aktivierungen muss sie sich deutlich fester anfühlen und weniger weit eindrücken lassen.
**2** Falls sich die Bremse nicht wie beschrieben verhält, muss zunächst das Bremskraftverstärker-Regelventil überprüft werden (siehe Sektion 13).
**3** Wenn sich das Regelventil als funktionsfähig erwiesen hat, wird der Defekt im Bremskraftverstärker selbst liegen – da Reparaturen nicht möglich sind, muss er ausgetauscht werden.

### Ausbau

**4** Der Bremskraftverstärker sollte nur von einer entsprechend ausgerüsteten Fachwerkstatt zerlegt werden. Aufgrund der lebenswichtigen Funktion der Bremse sollte ein ausgefallener Bremskraftverstärker stets gegen ein Neuteil oder ein überholtes Bauteil ausgetauscht werden.
**5** Ziehen Sie am Bremskraftverstärker den zum Motor führenden Unterdruckschlauch ab (siehe Abbildung).

**12.5 Im Schlauch zwischen m Bremskraftverstärker und dem Motor sitzt auch das Regelventil.**

**6** Demontieren Sie den Hauptbremszylinder (siehe Sektion 10).
**7** Lösen Sie die Schrauben der Armaturenbrett-Verkleidung und entfernen Sie diese (Abb. 16.1).
**8** Ziehen Sie am Gelenkstift der Druckstange zum Bremspedal den Splint heraus und befreien Sie den Stift (siehe Abbildung).

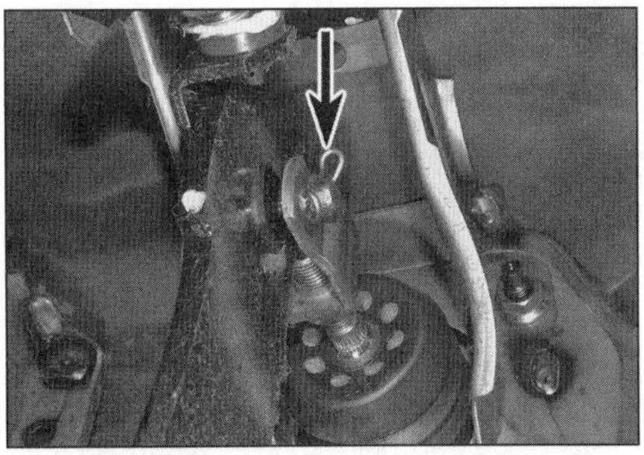

**12.8 Splint des Druckstangen-Gelenkstifts**

**9** Lösen Sie die vier Muttern, die den Bremskraftverstärker an der Spritzwand sichern (siehe Abbildung).

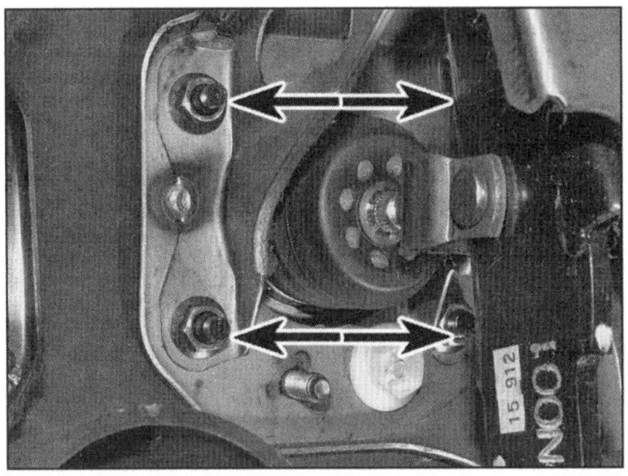

**12.9 Bremskraftverstärker-Befestigungsmuttern**

**10** Ziehen Sie im Motorraum den Bremskraftverstärker von der Spritzwand ab – beschädigen Sie dabei nicht die dazwischenliegende Dichtung.

### Einbau

**11** Der Einbau entspricht generell der umgekehrten Ausbaureihenfolge. Ziehen Sie die Bremskraftverstärker-Muttern mit 22 Nm an. Verwenden Sie möglichst einen neuen Splint.
**12** Achten Sie beim Aufstecken des Unterdruckschlauchs darauf, dass der darauf angebrachte Pfeil zum Motor zeigt.
**13** Falls der Bremskraftverstärker erneuert wurde, muss das Spiel zwischen dessen Kolben und der Druckstange ermittelt und nötigenfalls eingestellt werden.
**Achtung: Dies trifft nur auf Modelle ohne ABS zu – bei Modellen mit ABS sind für eine exakte Einstellung spezielle Messinstrumente nötig, sodass die Arbeit einer Mazda-Werkstatt überlassen werden sollte.**
**14** Ermitteln Sie mit einem Tiefen-Messgerät den Abstand zwischen der Vertiefung des Primärkolbens zum Hauptbremszylinder-Montageflansch. Messen Sie dann bei durch den laufenden Motor oder eine entsprechende Pumpe erzeugten Unterdruck den Abstand zwischen dem Ende der Bremskraftverstärker-Druckstange zur Kontaktfläche des Hauptbremszylinders. Subtrahieren Sie die Tiefe der Kolbentasche vom Vorsprung der Druckstange, um das Spiel zu berechnen – es muss zwischen 0,1 und 0,4 mm liegen. Drehen Sie nötigenfalls die Einstellschraube am Ende der Bremskraftverstärker-Druckstange, bis dieser Wert erreicht ist.
**15** Nach dem endgültigen Einbau des Hauptbremszylinders und aller Bremsleitungen müssen die Bremspedal-Höhe und ihr Spiel eingestellt und die Bremse entlüftet werden.

## 13 Bremskraftverstärker-Regelventil – Ausbau, Test und Einbau

### Ausbau

**1** Betätigen Sie bei abgeschaltetem Motor mehrmals die Bremse, bis der Unterdruck im Bremskraftverstärker abgebaut ist.
**2** Das Regelventil sitzt im vom Motor zum Bremskraftverstärker führenden Unterdruckschlauch (Abb. 12.5) – lösen Sie dessen Schellen und ziehen Sie ihn ab.

### Test

**3** Begutachten Sie das Regelventil auf Beschädigungen und ersetzen Sie es nötigenfalls.
**4** Für eine Kontrolle wird von beiden Seiten ins Ventil geblasen – Luft darf aber nur vom Bremskraftverstärker aus hin-

durchgelangen. Bei anderen Ergebnissen muss das Ventil ersetzt werden.

## Einbau

**5** Der Einbau entspricht der umgekehrten Ausbaureihenfolge – die Pfeile am Schlauch müssen zum Motor zeigen.

## 14 Handbremse – Einstellung

**1** Am korrekt eingestellten Handbremshebel müssen bei moderater Betätigung bis zum vollständigen Anziehen 5 bis 7 Klicks zu hören sein. Bei weniger als 5 Klicks besteht die Gefahr, dass die Handbremse nicht korrekt gelöst wurde und die Hinterradbremsen schleifen. Lässt sich der Hebel weiter als 7 Klicks hochziehen, hält die Bremse das abschüssig geparkte Fahrzeug möglicherweise nicht korrekt, sodass es wegrollen kann.
**2** Um Zugang zum Handbremsseil-Einsteller zu erhalten, muss die Abdeckung des Handbremshebels entfernt werden (siehe Abbildung).

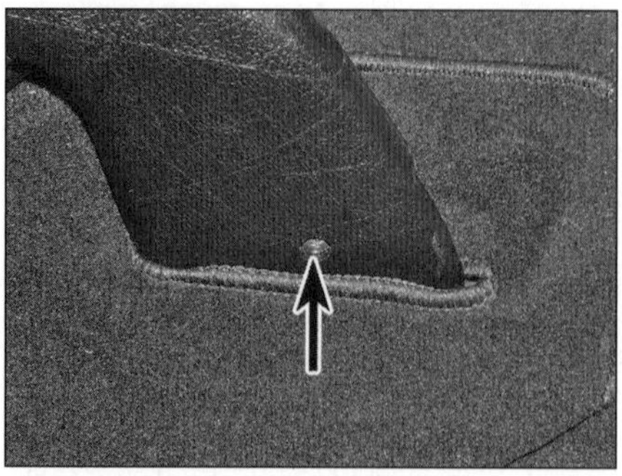

**14.2 Schraube der Handbremshebel-Abdeckung**

**3** Blockieren Sie die Vorderräder, damit das Fahrzeug nicht wegrollen kann. Heben Sie das Fahrzeug hinten soweit an, dass die Hinterräder gerade eben frei sind, und stützen Sie es sorgfältig ab (siehe Seite 275). Legen Sie den Leerlauf ein und lösen Sie die Handbremse.
**4** Drehen Sie die Einstellmutter, bis der Handbremshebel mit 5 bis 7 Klicks angezogen werden kann (siehe Abbildung).

**14.4 Handbremshebel-Einstellmutter**

**5** Ziehen Sie den Handbremshebel mit nur einem Klick an – die Handbremsen-Warnlampe muss aufleuchten. Lösen Sie die Bremse und prüfen Sie, ob sich die Hinterräder frei drehen lassen.
**6** Montieren Sie die Handbremshebel-Abdeckung und senken Sie das Fahrzeug auf den Boden ab.

## 15 Handbremsen-Seilzüge – Ausbau und Einbau

**1** Lockern Sie hinten die Radmuttern. Heben Sie das Fahrzeug hinten an und stützen Sie es sicher ab (siehe Seite 275). Demontieren Sie die Hinterräder.

## Vorderer Seilzug

**2** Die hinteren Seilzüge führen vom Ausgleichsmechanismus zu den Bremsen beider Hinterräder. Lösen Sie die Handbremse und entfernen Sie die Handbremshebel-Abdeckung (Abb. 14.2).
**3** Entfernen Sie die Handbremshebel-Einstellmutter.
**4** Entfernen Sie unter dem Fahrzeug im Bereich der Seilzug-Verbindungen am Handbremshebel den Auspuff und entsprechende Hitzeschilde. Entfernen Sie die Rückholfeder (siehe Abbildung).

**15.4 Rückholfeder des vorderen Handbremszugs**

**5** Hebeln Sie die Gummiöse aus dem Fahrzeugboden und ziehen Sie den vorderen Seilzug heraus.
**6** Der Einbau entspricht der umgekehrten Ausbaureihenfolge. Fetten Sie das in den Ausgleichsmechanismus greifende Ende des vorderen Seilzugs dünn ein. Tragen Sie im Dichtbereich der Gummiöse Silikonpaste auf, um sie wasserdicht zu machen.

## Hintere Seilzüge

**7** Entfernen Sie die Bremsseil-Befestigungsschrauben unter dem Fahrzeugboden.
**8** Lösen Sie am Ausgleichsmechanismus die Sicherungsclips (siehe Abbildung).

**15.8 Ziehen Sie die Seilzug-Sicherungsclips (Pfeile) herunter.**

**9** Befreien Sie den Seilzug vom Bremssattel (siehe Abbildung). Befreien Sie die vorderen Enden vom Ausgleichsmechanismus und ziehen Sie den Seilzug unter dem Fahrzeug heraus.

**15.9 Lösen Sie die Kontermutter (Pfeil) und befreien Sie das Handbremsseil vom Bremssattel.**

**10** Der Einbau entspricht der umgekehrten Ausbaureihenfolge. Fetten Sie die in den Ausgleichsmechanismus greifenden Enden der Seilzüge dünn ein.
**11** Stellen Sie die Handbremse ein (siehe Sektion 14).

## 16 Bremslichtschalter – Ausbau und Einbau

### Ausbau

**1** Lösen Sie die Schrauben der Armaturenbrett-Verkleidung und entfernen Sie diese (siehe Abbildung).

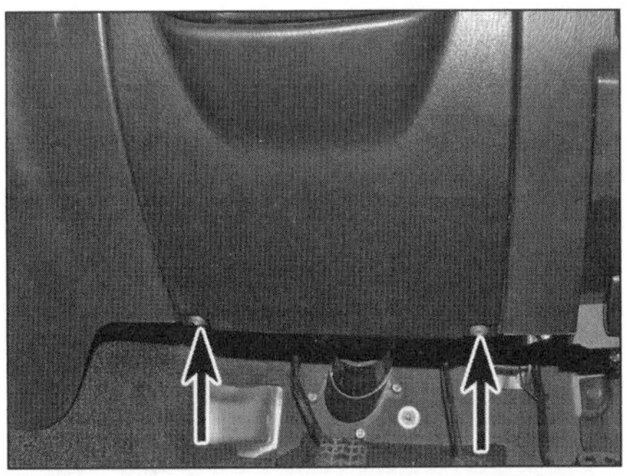

**16.1 Schrauben der Armaturenbrett-Verkleidung**

**2** Ziehen Sie am Bremslichtschalter den Stecker ab.
**3** Lockern Sie die Kontermutter und schrauben Sie den Schalter aus dem Pedalhalter (siehe Abbildung).

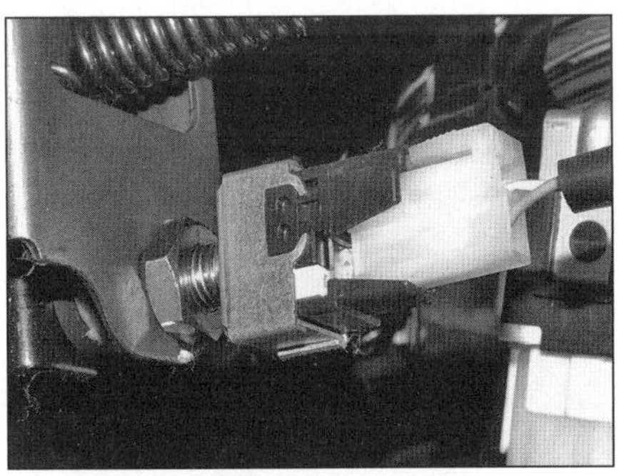

**16.3 Lockern Sie die Kontermutter und schrauben Sie den Schalter heraus.**

### Einbau

**4** Drehen Sie den Schalter in den Pedalhalter, bis er den Pedalanschlag berührt; drehen Sie ihn eine halbe Umdrehung weiter, und ziehen Sie die Kontermutter an.
**5** Verbinden Sie den Bremslichtschalter-Stecker.
**6** Prüfen Sie die Funktion des Bremslichts und montieren Sie die Armaturenbrett-Verkleidung.

## 17 Antiblockiersystem (ABS) – Allgemeine Informationen

**1** Das nur bei manchen Modellen serienmäßig vorhandene Antiblockiersystem überwacht beim Bremsen die Drehzahl aller Räder. Das System arbeitet als Ergänzung zum konventionellen Bremssystem, sodass bei einem Ausfall immer noch normal gebremst werden kann – nur eben ohne Blockierschutz.
**2** Das ABS beinhaltet einen Hydraulikblock und an jedem Rad einen Drehzahlsensor. Im Block befinden sich die Hydraulik-Magnetventile, die elektrisch angetriebene Pumpe und das Steuergerät. Wenn ein Rad plötzlich deutlich langsamer wird (und damit zu blockieren droht), wird an dieser Bremse der Hydraulikdruck reduziert oder kurzzeitig unterbrochen. Die Überwachung und das Regulieren findet mehrmals pro Sekunde statt und kann im Bremspedal eine »pulsierende« Wirkung erzeugen, wenn der Druck geändert wird.
**3** Die Magnetventile werden vom Steuergerät überwacht, das wiederum Signale von den Radsensoren erhält, um die Gesamt-Geschwindigkeit zu ermitteln und die Drehzahl der Räder zu vergleichen.
**4** Die Funktion des ABS hängt vollständig von elektrischen Signalen ab. Um das System vor möglichen Störsignalen zu schützen, beobachtet ein eingebauter Sicherheits-Stromkreis alle vom Steuergerät empfangenen Signale. Falls ein Störsignal oder niedrige Batteriespannung festgestellt werden, wird das ABS automatisch abgeschaltet und die Warnleuchte im Cockpit aktiviert, um den Fahrer über diesen Zustand zu informieren. Die Funktion der Bremse wird hierdurch nicht behindert.
**5** Falls in irgendeinem dieser Systeme ein Defekt festgestellt wird, muss das Fahrzeug zu einer entsprechend ausgerüsteten Fachwerkstatt gebracht werden, wo der Fehler mithilfe eines Diagnosegeräts ausgelesen und repariert werden kann.

## 18 Antiblockiersystem (ABS) – Austausch der Komponenten

### Hydraulikeinheit

**1** Der Hobbyschrauber kann die Hydraulikeinheit zwar ausbauen, doch das Selbstdiagnosesystem der Einheit muss vor und nach dem Ausbau mithilfe spezieller Testgeräte ausgelesen werden, sodass diese Tätigkeit einer entsprechend ausgerüsteten Fachwerkstatt überlassen werden sollte.

### Steuergerät (NA-Modelle bis 1997)

**Anmerkung:** *Bei Modellen ab 1998 (NB) ist das Steuergerät in die Hydraulikeinheit integriert.*
**2** Trennen Sie den Masseanschluss (–) der Batterie (siehe Kapitel 5A, Sektion 4).
**3** Klappen Sie im Beifahrerfußraum den Teppich zurück, um Zugang zum Steuergerät zu erhalten.
**4** Lösen Sie die Schrauben/Muttern der Steuergerät-Abdeckung und entfernen Sie diese.
**5** Trennen Sie den Kabelstecker und heben Sie das Steuergerät heraus.
**6** Der Einbau entspricht der umgekehrten Ausbaureihenfolge.

## Vorderradsensor

**7** Blockieren Sie die Hinterräder, heben Sie das Fahrzeug an, und stützen Sie es sicher ab (siehe Seite 275). Demontieren Sie das entsprechende Vorderrad.
**8** Verfolgen Sie das Sensorkabel zum Stecker im Motorraum, trennen Sie diesen, und merken Sie sich die Verlegung.
**9** Lösen Sie die Schrauben/Clips der Kabelbaum-Führung.
**10** Lösen Sie die Schraube, die den Sensor am Radnabenträger sichert, und entfernen Sie den Sensor samt Kabel (siehe Abbildung).

**18.10 Schraube des Vorderradsensors**

**11** Reinigen Sie die Kontaktflächen des Sensors und des Radnabenträgers und montieren Sie den Sensor – ziehen Sie seine Schraube mit 20 Nm an.
**12** Verlegen Sie das Sensorkabel wie beim Ausbau notiert und verbinden Sie den Stecker. Montieren Sie die Kabelbaumführung.
**13** Bauen Sie das Rad wieder an, senken Sie das Fahrzeug ab, und ziehen Sie die Radmuttern mit 110 Nm an.

## Hinterradsensor

**14** Blockieren Sie die Vorderräder, heben Sie das Fahrzeug an, und stützen Sie es sicher ab (siehe Seite 275). Demontieren Sie das entsprechende Hinterrad.
**15** Falls der Sensor des linken Hinterrades ausgebaut werden soll, muss der Tankstutzen-Protektor entfernt werden.
**16** Falls der Sensor des rechten Hinterrades ausgebaut werden soll, muss das Reserverad entfernt werden.
**17** Verfolgen Sie das Sensorkabel zum Stecker im Kofferraum, trennen Sie diesen, und merken Sie sich die Verlegung. Befreien Sie das Kabel aus allen Befestigungen.
**18** Lösen Sie die Schrauben, die den Sensor am Radnabenträger sichern, und entfernen Sie den Sensor samt Kabel (siehe Abbildung).

**18.18 Schrauben des Hinterradsensors**

**19** Richten Sie sich beim Einbau des Sensors nach den Schritten 11 bis 13.

# Kapitel 10

## Radaufhängung und Lenkung

### Inhalt — Sektion


Allgemeine Informationen . . . 1
Ausrichtung der Räder und Lenkwinkel – Allgemeine Informationen, Kontrolle und Einstellung . . . 22
Domstrebe vorn – Ausbau und Einbau . . . 8
Dreieck-Querlenker hinten – Ausbau, Überholen und Einbau . . . 12
Dreieck-Querlenker vorn – Ausbau, Überholen und Einbau . . . 5
Federbein hinten – Ausbau, Überholen und Einbau . . . 10
Federbein vorn – Ausbau, Überholen und Einbau . . . 4
Hinterradaufhängung – Ausbau, Überholen und Einbau . . . 11
Hinterradnabe und Radlager – Ausbau und Einbau . . . 9
Lenkgetriebe – Ausbau und Einbau . . . 17
Lenkrad – Ausbau und Einbau . . . 14
Lenksäule – Ausbau, Kontrolle und Einbau . . . 15
Lenkschloss – Ausbau und Einbau . . . 16
Räder und Reifen – Wartung und Reifendruckkontrolle . . . siehe Wöchentliche Kontrollen
Servolenkungshydraulik – Entlüften . . . 19
Servolenkungspumpe – Ausbau und Einbau . . . 18
Spurstangenkopf – Ausbau und Einbau . . . 21
Spurstangen-Manschetten – Ersetzen . . . 20
Stabilisator hinten – Ausbau und Einbau . . . 13
Stabilisator vorn – Ausbau und Einbau . . . 7
Vorderradaufhängungs-Kugelgelenke – Ausbau und Einbau . . . 6
Vorderradnabe – Ausbau und Einbau . . . 2
Vorderrad-Nabenträger – Ausbau und Einbau . . . 3


# Schwierigkeitsgrade

| **Leicht.** Geeignet für Anfänger mit wenig Erfahrung. | **Relativ leicht.** Geeignet für Anfänger mit etwas Erfahrung. | **Relativ schwierig.** Geeignet für geübte Selbstschrauber. | **Schwer.** Geeignet für Selbstschrauber mit viel Erfahrung. | **Sehr schwer.** Geeignet für Experten und Profis. |
|---|---|---|---|---|

## Technische Daten

**Allgemeines**

| | |
|---|---|
| Vorderradaufhängung | Einzelradaufhängung, MacPherson-Federbeine mit Schraubenfedern und integriertem Stoßdämpfer, Stabilisator |
| Hinterradaufhängung | Einzelradaufhängung, MacPherson-Federbeine mit Schraubenfedern und integriertem Stoßdämpfer, Stabilisator |
| Lenkung | Zahnstangenlenkung, bei einigen Modellen mit Servo-Unterstützung |

| | |
|---|---|
| Ausrichtung der Räder und Lenkwinkel | |
| Vorderräder | |
| Sturzwinkel | |
| NA-Modelle (bis 1997) | 0°24' ± 45' |
| NB-Modelle (ab 1998) | 0°06' ± 1° |
| Maximale Differenz zwischen links und rechts | 1° |
| Nachlaufwinkel | |
| NA-Modelle (bis 1997) | 4°30' ± 45' |
| NB-Modelle (ab 1998) | 5°48' ± 1° |
| Maximale Differenz zwischen links und rechts | 1°30' |
| Spur (gesamt) | 0°18' ± 18' (3,0 ± 3,0 mm) |
| Hinterräder | |
| Sturzwinkel | |
| NA-Modelle (bis 1997) | -0°43' ± 30' |
| NB-Modelle (ab 1998) | -0°47' ± 1° |
| Maximale Differenz zwischen links und rechts | 1° |
| Spur (gesamt) | 0°18' ± 18' (3,0 ± 3,0 mm) |

| **Anzugsdrehmomente** | **Nm** |
|---|---|
| **Vorderradaufhängung** | |
| Domstreben-Schrauben | 22 |
| Federbein an Dreieck-Querlenker | 90 |
| Federbein – Dämpferstangenmutter | |
| NA-Modelle (bis 1997) | 45 |
| NB-Modelle (ab 1998) | 22 |
| Federbein – obere Befestigungsmuttern | 34 |
| Obere Dreieckquerlenker–Schraube | 130 |
| Obere Kugelgelenk – Mutter | 70 |
| Stabilisator-Anlenkung – Muttern | 50 |
| Stabilisator-Klemmschrauben | 25 |
| Radnaben/Lager-Kontermutter* | 200 |
| Untere Dreieckquerlenker–Schrauben | |
| hinten | 100 |
| vorn | 90 |
| Unteres Kugelgelenk – Befestigungsschrauben | 90 |
| Untere Kugelgelenk – Mutter | 70 |
| **Hinterradaufhängung** | |
| Federbein an Karosserie | 34 |
| Federbein – Dämpferstangenmutter | |
| NA-Modelle (bis 1997) | 45 |
| NB-Modelle (ab 1998) | 22 |
| Federbein – untere Befestigungsschraube | 90 |
| Obere Dreieckquerlenker–Schrauben | 63 |
| Stabilisator-Anlenkung | 50 |
| Stabilisator-Klemmschrauben | 25 |
| Untere Dreieckquerlenker–Schrauben | 90 |
| **Lenkung** | |
| Lenkgetriebe-Befestigungsschrauben | |
| NA-Modelle (bis 1997) | 56 |
| NB-Modelle (ab 1998) | 90 |
| Lenkrad | 45 |
| Lenkwellen-Kreuzgelenk-Klemmschraube | 22 |
| Lenkwellen-Schrauben/Muttern | 22 |
| Servolenkungspumpen-Schrauben | 43 |
| Servolenkungs-Rohranschlussmuttern | 40 |
| Spurstangenkopf-Befestigungsmutter | |
| NA-Modelle (bis 1997) | 40 |
| NB-Modelle (ab 1998) | 50 |
| **Räder** | |
| Radmuttern | 110 |

* *Stets durch Neuteile ersetzen*

## 1 Allgemeine Informationen

Die einzeln aufgehängten Vorder- und Hinterräder werden mit MacPherson-Federbeinen geführt, die aus einer Schraubenfeder mit integriertem Stoßdämpfer bestehen. Die Federbeine sind unten mit Dreieck-Querlenkern verbunden, die in Gummibuchsen gelagert sind und außen ein Kugelgelenk tragen. Auch die oberen Querlenker sind in Gummibuchsen gelagert und tragen außen ein Kugelgelenk. Die Radnabenträger sind an diesen Kugelgelenken aufgehängt; sie tragen auch die Bremssättel und Bremsscheiben. Alle Modelle sind vorn und hinten mit gummigelagerten Stabilisatoren ausgerüstet, die über Anlenkungen mit den unteren Querlenkern verbunden sind.
Die Lenkwelle ist unten über ein Kreuzgelenk mit dem Zahnstangen-Lenkgetriebe verbunden. Das Lenkgetriebe sitzt auf dem vorderen Hilfsrahmen und ist über einstellbare Kugelkopf-Spurstangen mit den nach vorn aus den Radnabenträgern herausragenden Lenkhebeln verbunden.

Einige Modelle sind mit einer hydraulischen Servolenkung ausgerüstet, deren Pumpe mithilfe des Keilrippenriemens angetrieben wird.

## 2 Vorderradnabe – Ausbau und Einbau

### Ausbau

**1** Demontieren Sie den Bremssattel, seinen Halter und die Bremsscheibe (siehe Kapitel 9).
**2** Positionieren Sie eine Messuhr von vorn gegen die Radnabe (siehe Abbildung). Drücken Sie die Nabe vollständig ein und nullen Sie die Anzeige. Ziehen Sie die Nabe jetzt vollständig heraus und notieren Sie das gemessene Axialspiel der Nabe – falls es mehr als 0,5 mm beträgt, muss die Kontermutter gelockert (siehe unten) und mit 200 Nm angezogen werden; falls das Spiel hierdurch nicht unter 0,5 mm verringert wird, muss die gesamte Radnabe erneuert werden.

***Warnung: Wenn das Anziehen der Kontermutter das Spiel auf einen korrekten Wert reduziert, muss die Kontermutter entfernt und durch ein Neuteil ersetzt werden!***

**2.2 Positionieren Sie eine Messuhr von vorn gegen die Radnabe.**

**3** Entfernen Sie die Fettkappe aus der Radnabe (siehe Abbildung) – soweit sie nicht beschädigt ist, kann sie später wiederverwendet werden.

**2.3 Hebeln Sie die Fettkappe ab.**

**4** Biegen Sie mithilfe eines Hammers und eines Dorns den verstemmten Teil der Kontermutter zurück und lösen Sie diese (siehe Abbildung). **Anmerkung:** *Falls die Kontermutter für einen Versuch genutzt werden soll, das korrekte Radnabenspiel einzustellen, muss der gesamte verstemmte Bereich nach dem Entfernen abgeschliffen werden, da sie sich ansonsten nur schwergängig drehen und nicht mit dem korrekten Drehmoment anziehen lässt.*

**2.4 Biegen Sie mit einem Dorn den verstemmten Bund der Kontermutter zurück.**

**5** Ziehen Sie die Radnabe samt Lager von Achszapfen (siehe Abbildung) – nötigenfalls muss dazu ein Abzieher verwendet werden.

**2.5 Ziehen Sie die Radnabe samt Lager von Achszapfen.**

**6** Schrauben Sie nötigenfalls den Bremsscheiben-Spritzschutz ab (siehe Abbildung).

**2.6 Schrauben des Bremsscheiben-Spritzschutzes**

## Einbau

**7** Der Einbau entspricht der umgekehrten Ausbaureihenfolge. Reinigen Sie sorgfältig den Achszapfen und schmieren Sie ihn mit Radlagerfett. Verwenden Sie auf jeden Fall eine neue Kontermutter, ziehen Sie sie mit 200 Nm an, und verstemmen Sie sie in der Nut des Zapfens (siehe Abbildung).

**2.7 Verstemmen Sie den Bund der Kontermutter gegen den Achszapfen.**

# 3 Vorderrad-Nabenträger – Ausbau und Einbau

## Ausbau

**1** Lockern Sie die entsprechenden Radmuttern, heben Sie das Fahrzeug an, und stützen Sie es sicher ab (siehe Seite 275). Demontieren Sie das Vorderrad.

**2** Falls der Radnabenträger ausgetauscht werden soll, muss die Radnabe samt Lager demontiert werden (siehe Sektion 2).
**3** Lösen Sie bei einem mit ABS ausgerüstetem Fahrzeug die Schraube des Sensors und befreien Sie diesen vom Träger.
**4** Trennen Sie den Spurstangenkopf vom Radnabenträger (siehe Sektion 21).
**5** Trennen Sie die Kugelgelenke vom Radnabenträger (siehe Sektion 6) und befreien Sie diesen aus dem Fahrzeug.
**6** Begutachten Sie den Nabenträger auf Verschleiß oder Beschädigungen und ersetzen Sie ihn nötigenfalls.

## Einbau

**7** Der Einbau entspricht der umgekehrten Ausbaureihenfolge. Ziehen Sie alle Befestigungen mit den in den technischen Daten angegebenen Drehmomenten an und sichern Sie die Kugelgelenkmuttern mit neuen Splinten.

# 4 Federbein vorn – Ausbau, Überholen und Einbau

## Ausbau

**1** Blockieren Sie die Hinterräder, ziehen Sie die Handbremse fest an, heben Sie das Fahrzeug vorn an, und stützen Sie es sicher ab (siehe Seite 275). Demontieren Sie das entsprechende Vorderrad.
**2** Lösen Sie ggf. die Befestigungen des Motor-Unterfahrschutzes und entfernen Sie diesen.
**3** Markieren Sie die Feder mit Farbe, um das Federbein in der ursprünglichen Ausrichtung installieren zu können (siehe Abbildung).

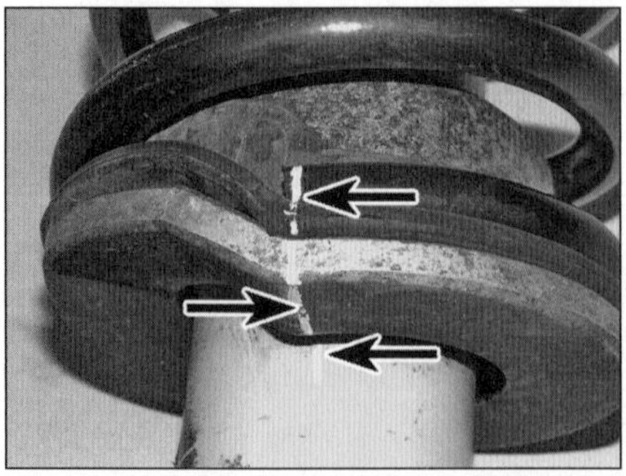

**4.3 Farbmarkierungen als Einbauhilfe**

**4** Lösen Sie an beiden Seiten des Stabilisators die Muttern, mit denen er an den Anlenkungen des unteren Dreieck-Querlenkers verbunden ist (siehe Abbildung) – kontern Sie die Anlenkung dabei mit einem Inbusschlüssel.

**4.4 Kontern Sie die Stabilisator-Anlenkung, während Sie die Mutter lockern.**

**5** Lösen Sie die untere Schraube des Federbeins und ggf. die am Federbein sitzende Schraube des ABS-Sensorkabel-Halters (siehe Abbildungen).

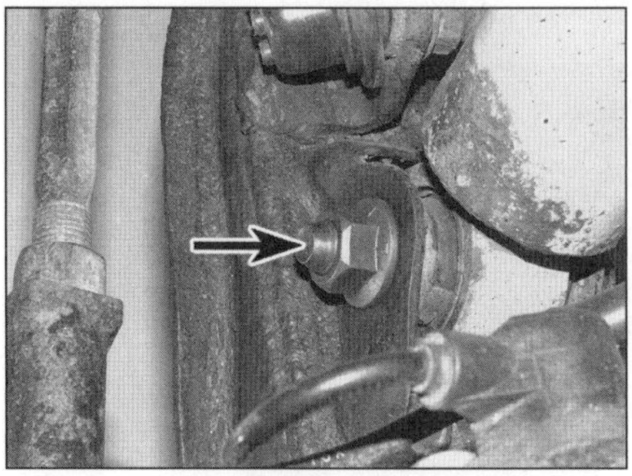

**4.5a Untere Federbein-Schraube**

**4.5b Schraube des ABS-Sensorkabel-Halters am Federbein**

**6** Lösen Sie ggf. am oberen Querlenker die Schraube des ABS-Sensorkabel-Halters. Lösen Sie die Mutter des Querlenker-Gelenkbolzens, entfernen Sie die Scheibe, und ziehen Sie den Bolzen nach vorn heraus, um den Lenker vom Hilfsrahmen zu befreien (siehe Abbildungen).

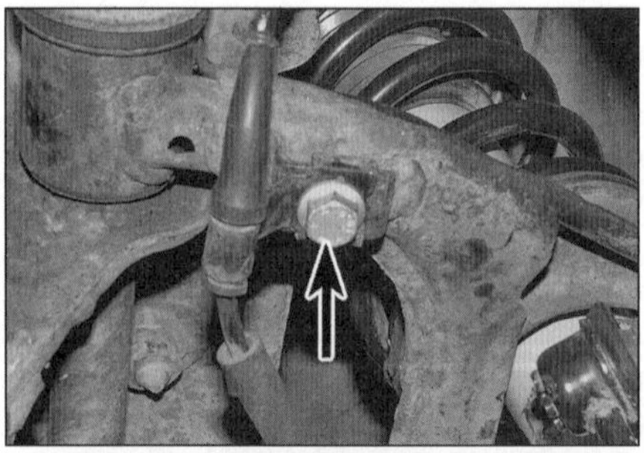

**4.6a Schraube des ABS-Sensorkabel-Halters unten am oberen Dreieck-Querlenker**

**4.6b Oberer Querlenker-Gelenkbolzen**

**7** Lösen Sie im Motorraum die oberen Federbein-Muttern (siehe Abbildung). Hebeln Sie den unteren Dreieck-Querlenker herunter, senken Sie das Federbein ab, und befreien Sie es aus dem Fahrzeug.

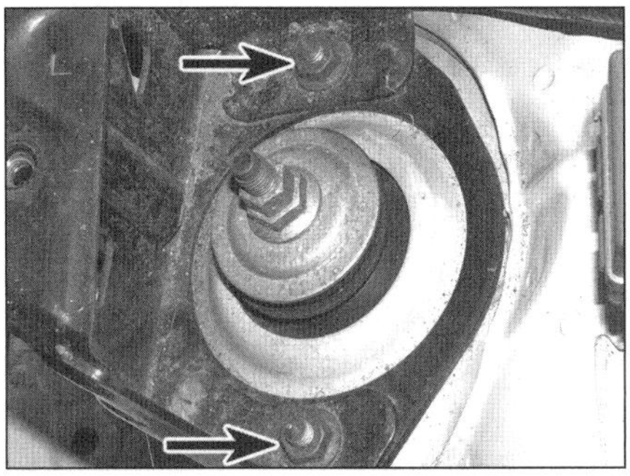

**4.7 Obere Federbein-Muttern**

**8** Kontrollieren Sie das Stoßdämpfergehäuse auf Undichtigkeiten, Beulen, Risse und andere Schäden, die einen Austausch nötig machen.
**9** Überprüfen Sie die Feder auf Ausbrüche und Risse im Lack, die zu Korrosionsschäden führen können. Inspizieren Sie den Federsitz auf Risse und Alterungserscheinungen.
**10** Bei irgendwelchen Schäden muss das Federbein zerlegt und das schadhafte Teil ausgetauscht werden – siehe unten.

## Überholen

***Warnung: Zum Zerlegen eines Federbeins werden geeignete Werkzeuge zum Komprimieren der Feder benötigt. Versuche, ein Federbein ohne ein solches Werkzeug zu zerlegen, stellen ein großes gesundheitliches Risiko dar!***

**11** Reinigen Sie das ausgebaute Federbein äußerlich und klemmen Sie es aufrecht in einen Schraubstock.
**12** Hebeln Sie ggf. die Kappe oben vom Federbein. Kontern Sie die Dämpferstange ggf. mit einem Inbusschlüssel und lockern Sie die Dämpferstangenmutter(n) unterhalb der Kappe – entfernen Sie sie ABER KEINESFALLS jetzt.
**13** Beachten Sie die Anleitung des Schraubenfeder-Spanners, verbinden Sie ihn mit der Feder, und ziehen Sie diese so weit zusammen, bis der obere Federsitz von Hand gedreht werden kann (siehe Abbildung).

**4.13 Komprimieren Sie die Feder mit speziellen Spannwerkzeugen.**

**14** Entfernen Sie die Dämpferstangenmutter(n) samt Scheibe.
**15** Markieren Sie die Außenseite der Feder und der Halteplatten, damit diese in der ursprünglichen Ausrichtung montiert werden können. Entfernen Sie die Mutter, die Scheibe, den Gummisitz und die Halteplatte (siehe Abbildungen). Kontrollieren Sie die Platte auf Risse und andere Alterungserscheinungen – ersetzen Sie sie nötigenfalls.

**4.15a Entfernen Sie die Mutter, ...**

**4.15b ... die Scheibe, ...**

**4.15c ... den Gummisitz ...**

**4.15d ... und die Halteplatte.**

**16** Heben Sie den Gummisitz, die Scheibe, die Manschette und das Anschlaggummi von der Dämpferstange (siehe Abbildungen). Kontrollieren Sie alle Gummis auf Alterungserscheinungen und ersetzen Sie sie nötigenfalls.

**4.16a Heben Sie den Gummisitz, die Scheibe, ...**

**4.16b ... die Manschette ...**

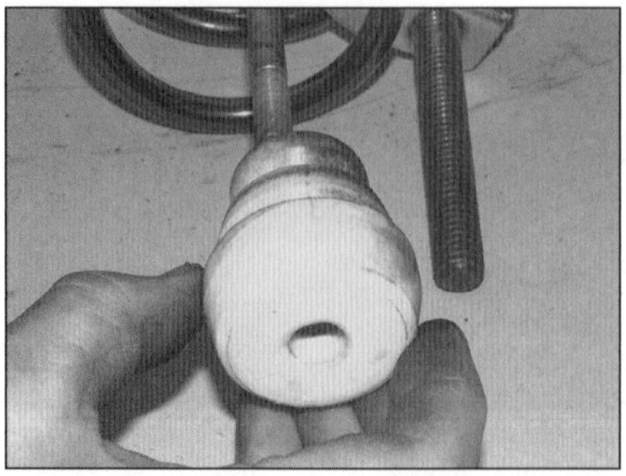

**4.16c ... und das Anschlaggummi von der Dämpferstange.**

**17** Heben Sie vorsichtig die komprimierte Feder ab und lagern Sie sie an einem sicheren Ort (siehe Abbildung).

***Warnung: Richten Sie die Enden der Feder vom Körper weg!***

**4.17 Heben Sie vorsichtig die komprimierte Feder vom Stoßdämpfer ab.**

**18** Sobald das Federbein zerlegt ist, werden alle Komponenten auf Verschleiß, Beschädigungen und Verformung überprüft. Kontrollieren Sie das obere Domlager auf sanfte Funktion – ersetzen Sie alle schadhaften Teile.

**19** Begutachten Sie den Dämpfer auf Undichtigkeiten. Kontrollieren Sie die Dämpferstange auf der gesamten Länge auf Ausbrüche. Überprüfen Sie das Dämpfergehäuse auf Beschädigungen. Halten Sie es aufrecht und prüfen Sie seine Funktion, indem Sie die Dämpferstange zunächst vollständig hineinschieben und wieder herausziehen. Bewegen Sie sie dann in kürzeren Hüben von 4 bis 6 cm hin und her. In beiden Fällen muss ein gleichmäßiger Widerstand fühlbar sein. Falls sich die Stange ruckartig oder ungleichmäßig bewegt oder sichtbare Schäden oder Verschleißspuren festgestellt werden oder Öl austritt, muss der Stoßdämpfer ausgetauscht werden – die Feder, die oberen Befestigungskomponenten und andere Bauteile müssen dann auf das Neuteil übernommen werden.

## Zusammenbau

**20** Installieren Sie die Feder mit dem Ende im Knick des unteren Federsitzes (siehe Abbildung).

**4.20 Das Ende der Feder muss im Ende im Knick des unteren Federsitzes liegen.**

**21** Ziehen Sie die Dämpferstange bis zum Anschlag aus dem Dämpfergehäuse und installieren Sie das Anschlaggummi, die Manschette, die Scheibe und den Gummisitz.

**22** Installieren Sie die Halteplatte, den Gummisitz und die Scheibe. Richten Sie die Platte entsprechend der angebrachten Markierungen aus (siehe Abbildung).

**4.22 Markierungen an Halteplatte und Feder**

### NA-Modelle (bis 1997)

**23** Installieren Sie die Dämpferstangenmutter und drehen Sie sie ein Stück weit auf.

**24** Entfernen Sie den Federspanner.

**25** Ziehen Sie die Dämpferstangenmutter mit 45 Nm an.

### NB-Modelle (ab 1998)

**26** Installieren Sie die untere Dämpferstangenmutter und drehen Sie sie auf, bis die Dämpferstange oben 15,7 bis 17,7 mm herausragt (siehe Abbildung).

**4.26 Drehen Sie die untere Dämpferstangenmutter auf, bis die Stange oben 15,7 bis 17,7 mm herausragt.**

**27** Installieren Sie die obere Dämpferstangenmutter und ziehen Sie sie mit 22 Nm an.
**28** Entfernen Sie den Federspanner.

## Einbau

**29** Der Einbau entspricht der umgekehrten Ausbaureihenfolge – beachten Sie dabei die folgenden Punkte:
*a) Ziehen Sie alle Befestigungen mit den in den technischen Daten angegebenen Drehmomenten an.*
*b) Vergessen Sie nicht die Kunststoff-Dichtung zwischen der oberen Federbein-Platte und der Karosserie (siehe Abbildung).*
*c) Lassen Sie bei nächster Gelegenheit die Ausrichtung der Vorderräder kontrollieren.*

**4.29 Legen Sie zwischen der oberen Federbein-Platte und der Karosserie die Kunststoff-Dichtung auf.**

# 5 Dreieck-Querlenker vorn – Ausbau, Überholen und Einbau

**Anmerkung:** *Beim Einbau werden neue Kugelgelenkmuttern benötigt.*

## Unterer Querlenker

### Ausbau

**1** Blockieren Sie die Hinterräder, damit das Fahrzeug nicht wegrollen kann. Heben Sie die Fahrzeug-Front an und stützen Sie sie sicher ab (siehe Seite 275). Demontieren Sie das entsprechende Vorderrad. Entfernen Sie ggf. den Motor-Unterfahrschutz (siehe Abbildungen).

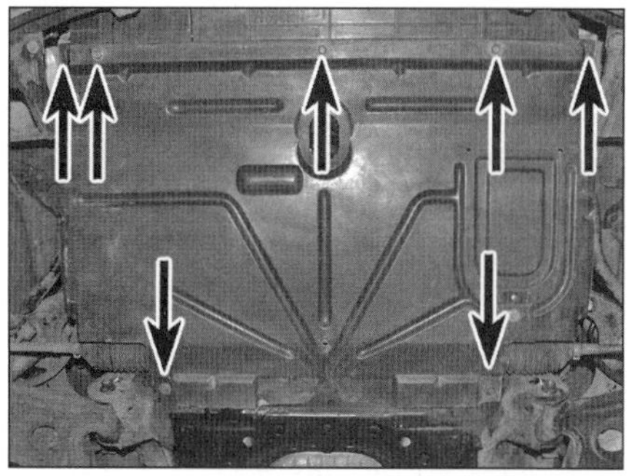

**5.1a Der Motor-Unterfahrschutz ist unten ...**

**5.1b ... und an beiden Seiten mit Schrauben gesichert.**

**2** Befreien Sie die Stabilisator-Anlenkung vom unteren Querlenker (siehe Abbildung).

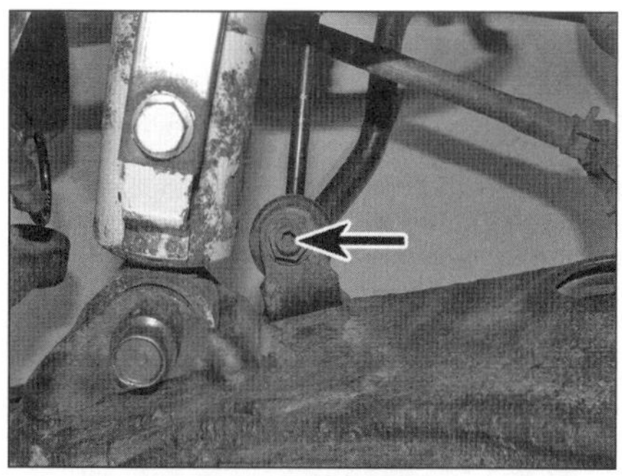

**5.2 Kontern Sie den Kugelkopf-Flansch, während Sie die Mutter lockern.**

**3** Entfernen Sie die untere Federbein-Schraube (siehe Sektion 4).
**4** Entfernen Sie die durchgehende und die obere Schraube, mit denen das Kugelgelenk am Querlenker gesichert ist (siehe Abbildung).

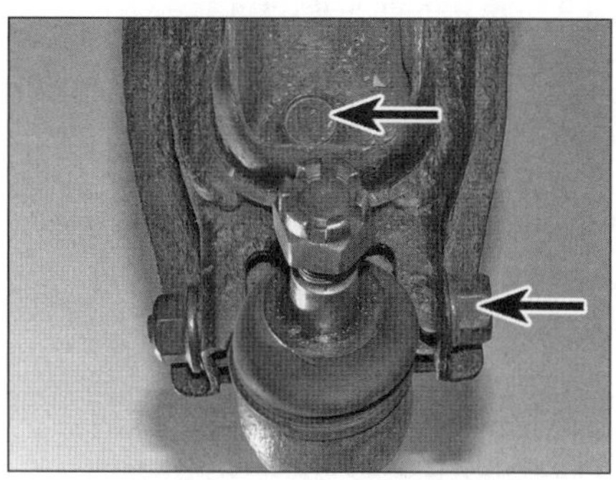

**5.4 Obere und durchgehende Kugelgelenk-Schraube am Querlenker – gezeigt bei entferntem Radnabenträger**

**5** Bringen Sie an den Exzentern der inneren Lagerbolzen und am Hilfsrahmen Markierungen an, lösen Sie diese, senken Sie den Querlenker innen ab, ziehen Sie ihn vom Kugelgelenk, und entfernen Sie ihn aus dem Fahrzeug (siehe Abbildungen).

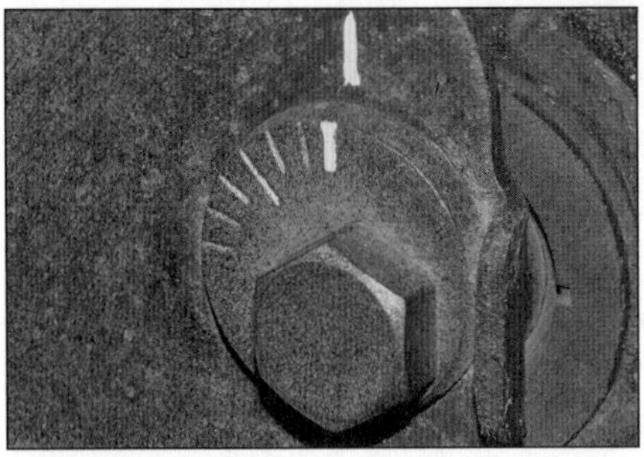

**5.5a Markieren Sie die Ausrichtung des Exzenters zum Hilfsrahmen, ...**

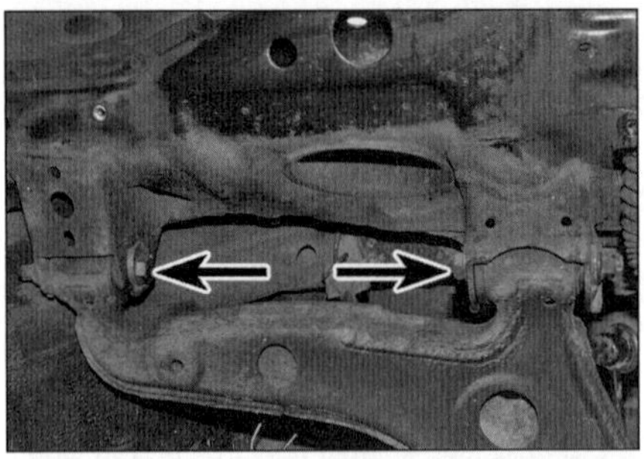

**5.5b ... und entfernen Sie die Gelenkbolzen.**

## Überholen

**6** Kontrollieren Sie die vorderen und hinteren Buchsen des unteren Querlenkers; falls eine von ihnen gerissen oder gebrochen ist, muss sie wie folgt ersetzt werden:
**7** Verwenden Sie zum Ausbau der Buchse(n) möglichst eine hydraulische Presse – das Ausziehen mithilfe einer Gewindestange samt Muttern, passenden Scheiben und Hülsen ist auch möglich (siehe Abbildungen).

**5.7a Schneiden Sie die Gummiflansche ab, ...**

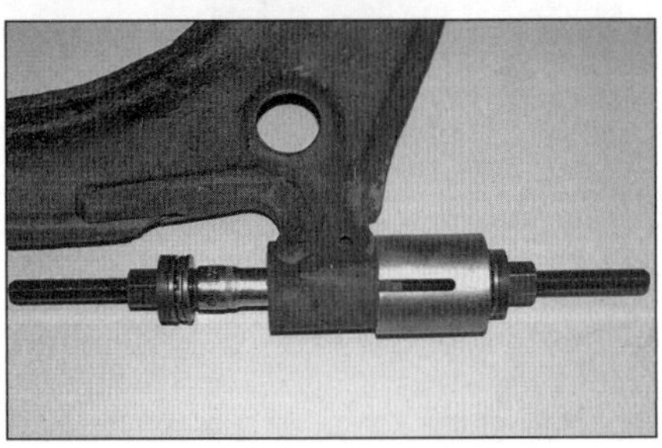

**5.7b ... und pressen oder ziehen Sie die Buchsen heraus – hier mit einer selbstgebauten Ausziehvorrichtung.**

**8** Reinigen Sie die Bohrungen des Querlenkers, positionieren Sie die neuen Buchsen, und pressen oder ziehen Sie sie in ihre Sitze (siehe Abbildungen) – warmes Seitenwasser erleichtert den Einbau beträchtlich.

**5.8a Benetzen Sie die Buchsen mit warmem Seifenwasser, ...**

**5.8b ... und pressen Sie sie in ihre Sitze ...**

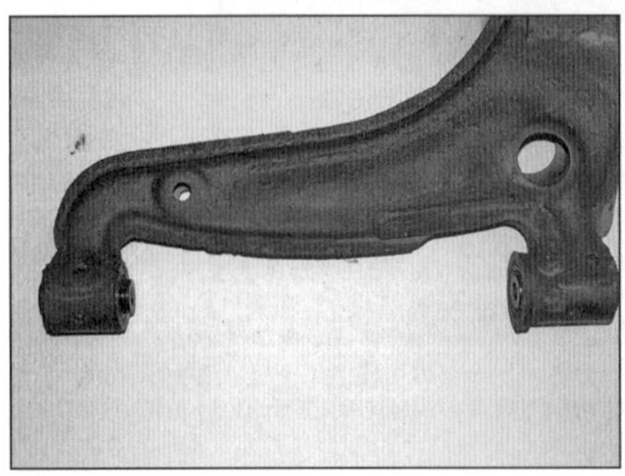

**5.8c ... im Querlenker.**

## Einbau

**9** Der Einbau entspricht der umgekehrten Ausbaureihenfolge. Ziehen Sie die Kugelgelenk-Schrauben bei noch angehobenem Fahrzeug mit 90 Nm an. Ziehen Sie die anderen Befestigungen (Querlenker-Gelenkbolzen, Stabilisator-Anlenkung, untere Federbein-Schraube zunächst nur handfest an. Montieren Sie das Rad, senken Sie das Fahrzeug ab, und ziehen Sie sie dann mit den in den technischen Daten angegebenen Drehmomenten an.
**10** Lassen Sie bei nächster Gelegenheit die Ausrichtung der Vorderräder kontrollieren.

# Oberer Querlenker

## Ausbau

**11** Blockieren Sie die Hinterräder, damit das Fahrzeug nicht wegrollen kann. Heben Sie die Fahrzeug-Front an und stützen Sie sie sicher ab (siehe Seite 275). Demontieren Sie

das entsprechende Vorderrad. Entfernen Sie ggf. den Motor-Unterfahrschutz (Abb. 5.1a und b).
**12** Lösen Sie bei Modellen mit ABS den Clip des Radsensor-Kabels.
**13** Lösen Sie die untere Federbeinschraube. Stützen Sie den unteren Querlenker von unten ab.
**14** Ziehen Sie am oberen Kugelgelenk den Splint heraus, lösen Sie die Mutter, und befreien Sie das Gelenk mithilfe eines Kugelkopfabziehers vom Radnabenträger.
**15** Lösen Sie die Mutter und entfernen Sie den inneren Lagerbolzen (siehe Abbildungen). Befreien Sie den Querlenker aus dem Fahrzeug.

**5.15a Lösen Sie die Mutter, ...**

**5.15b ... und ziehen Sie den Lagerbolzen nach vorn heraus.**

## Überholen

**16** Kontrollieren Sie die vorderen und hinteren Buchsen des unteren Querlenkers; falls eine von ihnen gerissen oder gebrochen ist, muss sie wie folgt ersetzt werden:
**17** Verwenden Sie zum Ausbau der Buchse(n) möglichst eine hydraulische Presse – das Ausziehen mithilfe einer Gewindestange samt Muttern, passenden Scheiben und Hülsen ist auch möglich (Abb. 5.7a und b).
**18** Reinigen Sie die Bohrungen des Querlenkers, positionieren Sie die neuen Buchsen mit den Flanschen nach außen, und pressen oder ziehen Sie sie in ihre Sitze (siehe Abbildung) – warmes Seitenwasser erleichtert den Einbau beträchtlich.

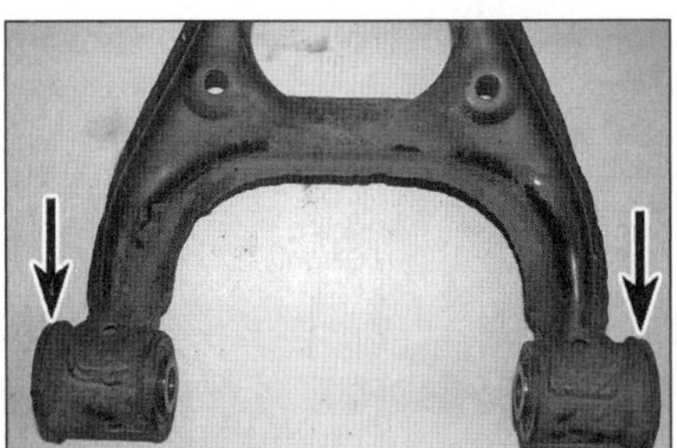

**5.18 Pressen Sie die Buchsen des oberen Querlenkers mit den Flanschen (Pfeile) nach außen in ihre Sitze.**

## Einbau

**19** Der Einbau entspricht der umgekehrten Ausbaureihenfolge. Ziehen Sie die Kugelgelenk-Mutter bei noch angehobenem Fahrzeug mit 60 Nm an. Ziehen Sie die anderen Befestigungen (Querlenker-Gelenkbolzen, untere Federbein-Schraube zunächst nur handfest an. Montieren Sie das Rad, senken Sie das Fahrzeug ab, und ziehen Sie sie dann mit den in den technischen Daten angegebenen Drehmomenten an.
**20** Lassen Sie bei nächster Gelegenheit die Ausrichtung der Vorderräder kontrollieren.

# 6 Vorderradaufhängungs-Kugelgelenke – Ersetzen

## Oberes Kugelgelenk

**1** Das obere Kugelgelenk ist in den oberen Querlenker integriert (siehe Sektion 5), ihre Gummimanschette kann jedoch separat ersetzt werden – demontieren Sie dazu den Querlenker (siehe Sektion 5) – und hebeln Sie die alte Manschette vom Kugelgelenk (siehe Abbildung).

**6.1 Hebeln Sie die alte Manschette vom Kugelgelenk.**

**2** Positionieren Sie die neue Manschette über dem Kugelgelenk und drücken Sie sie mit einem 30er-Steckschlüssel senkrecht auf, bis der Spalt zwischen ihrem Bund und dem Sitz kleiner als 1 mm ist (siehe Abbildung).

**6.2 Pressen Sie die neue Manschette senkrecht über das Kugelgelenk.**

**3** Montieren Sie den oberen Querlenker (siehe Sektion 5).

## Unteres Kugelgelenk

**4** Blockieren Sie die Hinterräder, damit das Fahrzeug nicht wegrollen kann. Heben Sie die Fahrzeug-Front an und stützen Sie sie sicher ab (siehe Seite 275). Demontieren Sie das entsprechende Vorderrad.

**5** Lösen Sie an der unteren Stoßdämpferschraube die Mutter und ziehen Sie die Schraube heraus (Abb. 4.5a).
**6** Stützen Sie den unteren Querlenker mit einem Rangierwagenheber, ziehen Sie den Splint heraus, und lockern Sie die Kugelgelenk-Mutter – entfernen Sie sie aber noch nicht (siehe Abbildung).

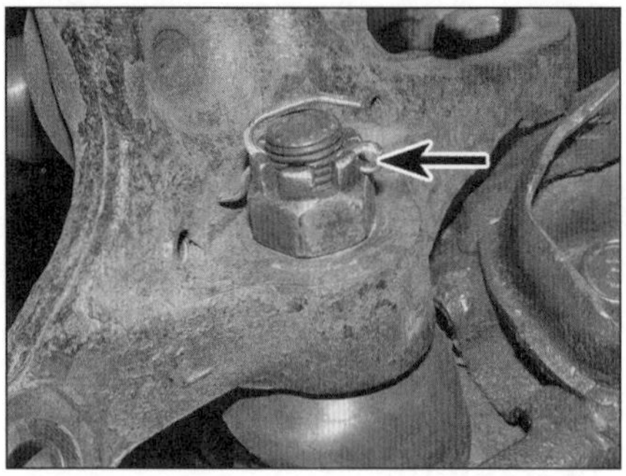

**6.6 Entfernen Sie den Splint der unteren Kugelgelenk-Mutter und lockern Sie diese.**

**7** Befreien Sie mithilfe eines Kugelkopfabziehers das Kugelgelenk aus dem Radnabenträger (siehe Abbildung) und heben Sie diesen über den Kugelgelenk-Zapfen ab.

**6.7 Ziehen Sie das Kugelgelenk mit einem speziellen Abzieher vom Radnabenträger.**

**8** Lösen Sie die Befestigungsschrauben des Kugelgelenks und entnehmen Sie dies (Abb. 5.4).
**9** Führen Sie den neuen Kugelgelenk-Zapfen in die Bohrung unten im Radnabenträger ein und drehen Sie die Mutter zunächst handfest auf.
**10** Installieren Sie die Befestigungsschrauben des Kugelgelenks und ziehen Sie sie mit 90 Nm an.
**11** Ziehen Sie die Kugelgelenkmutter mit 70 Nm an und sichern Sie sie mit einem neuen Splint.
**12** Drehen Sie die untere Stoßdämpferschraube ein und ziehen Sie sie mit 90 Nm an.
**13** Montieren Sie das Rad, senken Sie das Fahrzeug ab, und ziehen Sie sie dann mit den in den technischen Daten angegebenen Drehmomenten an.
**14** Lassen Sie bei nächster Gelegenheit die Ausrichtung der Vorderräder kontrollieren.

## 7 Stabilisator vorn – Ausbau und Einbau

### Ausbau

**1** Blockieren Sie die Hinterräder, damit das Fahrzeug nicht wegrollen kann. Heben Sie die Fahrzeug-Front an und stützen Sie sie sicher ab (siehe Seite 275). Demontieren Sie das entsprechende Vorderrad. Entfernen Sie ggf. den Motor-Unterfahrschutz (Abb. 5.1a und b).
**2** Befreien Sie die Stabilisator-Anlenkung vom unteren Querlenker (Abb. 5.2) – kontern Sie dazu ihren Kugelzapfen mit einem Inbusschlüssel.
**3** Lösen Sie die Befestigungsschrauben der Stabilisator-Klemmungen und entfernen Sie diese (siehe Abbildung).

**7.3 Schrauben der rechten Stabilisator-Klemmung**

**4** Ziehen Sie den Stabilisator unter dem Fahrzeug heraus und entfernen Sie die Gummibuchsen.
**5** Inspizieren Sie die Gummibuchsen und die Gummiösen der Anlenkungen auf Risse und Alterungserscheinungen. Ersetzen Sie alle schadhaften Buchsen und ggf. die Anlenkung.

### Einbau

**6** Richten Sie die Gummibuchsen zu den Markierungen am Stabilisator aus, positionieren Sie diesen, setzen Sie die Klemmstücke an, und ziehen Sie deren Schrauben mit 25 Nm an.
**7** Verbinden Sie die Anlenkungen und ziehen Sie die Muttern mit 50 Nm an.
**8** Montieren Sie den Unterfahrschutz.
**9** Bauen Sie das Vorderrad ein und senken Sie das Fahrzeug ab.

## 8 Domstrebe vorn – Ausbau und Einbau

**Anmerkung:** *Eine Domstrebe ist nur bei Modellen mit Sportfahrwerk ab Modelljahr 2000 montiert.*
**1** Lösen Sie an beiden Seiten die Schrauben der Domstrebe und entnehmen Sie diese (siehe Abbildung).

**8.1 Die Domstrebe ist an jeder Seite mit zwei Schrauben gesichert.**

**2** Lösen Sie nötigenfalls die Muttern der Halterungen und entfernen Sie diese.
**3** Der Einbau entspricht der umgekehrten Ausbaureihenfolge – ziehen Sie die Domstreben-Schrauben mit 22 Nm an.

## 9 Hinterradnabe und Radlager – Ausbau und Einbau

**Anmerkung:** *Die Radnaben-Baugruppe sollte nur demontiert werden, wenn das Radlager erneuert werden muss. Die Nabe ist in den Innenring des Lagers eingepresst und ihr Ausbau zerstört das Lager. Wenn die Radnabe demontiert werden soll, muss auch das Radlager erneuert werden.*

### Ausbau

**1** Demontieren Sie die Radnabenträger-Baugruppe (siehe Sektion 11).
**2** Hebeln Sie innen am Nabenträger den Dichtring heraus.
**3** Drücken Sie die Radnabe mithilfe einer hydraulischen Presse und geeigneter Distanzstücke aus dem Radlager (siehe Abbildung).

**9.3 Pressen Sie die Radnabe aus dem Lager.**

**4** Entfernen Sie den Seegerring und pressen Sie das Lager aus dem Nabenträger (siehe Abbildung). Demontieren Sie den Bremsscheiben-Schutz nur, wenn es zwingend nötig ist.

**9.4 Entfernen Sie den Seegerring, um das Lager aus dem Nabenträger pressen zu können.**

**5** Falls die Radnabe wieder eingebaut werden soll, muss der Lager-Innenring ausgetrieben oder herausgepresst werden (siehe Abbildung).

**9.5 Ausbau des Lager-Innenrings mithilfe eines Lager-Ausziehers**

### Einbau

**6** Reinigen Sie die Nabenträger-Bohrung, befreien Sie sie von Fett und Schmutz, und schleifen Sie Grate oder erhabene Sektionen weg, die den Einbau behindern können. Ersetzen Sie den Seegerring, wenn Zweifel über seinen Zustand bestehen.
**7** Schmieren Sie das Lager außen dünn mit Motoröl, um den Einbau zu erleichtern.
**8** Positionieren Sie das Lager am Nabenträger und pressen Sie es mit einem geeigneten Werkzeug, das nur seinen Außenring berührt, senkrecht ein (siehe Abbildung).

**9.8 Pressen Sie das neue Lager senkrecht in den Radnabenträger.**

**9** Sichern Sie das Lager mit dem neuen Seegerring, der rundherum in der Nut des Radnabenträgers sitzen muss.
**10** Ölen Sie die Radnaben-Oberfläche dünn ein und setzen Sie sie ins Lager ein.
**11** Pressen Sie die Nabe in das nur über den Innenring abgestützte Lager. **Anmerkung:** *Die Nabe darf nicht ins Lager eingeklopft werden, da hierbei sehr wahrscheinlich das Lager beschädigt wird.*
**12** Drücken Sie den neuen Dichtring senkrecht innen im Radnabenträger ein (siehe Abbildung).

**9.12 Installieren Sie den neuen Dichtring innen in den Radnabenträger.**

**13** Montieren Sie den Radnabenträger (siehe Sektion 11).

## 10 Federbein hinten – Ausbau, Überholen und Einbau

### Ausbau

**1** Blockieren Sie die Vorderräder, heben Sie das Fahrzeug hinten an, und stützen Sie es sicher ab (siehe Seite 275). Demontieren Sie das entsprechende Hinterrad.
**2** Stützen Sie den unteren Querlenker von unten ab und befreien Sie die Stabilisatoranlenkung, damit der Lenker weiter heruntergeschwenkt werden kann.
**Achtung: Lassen Sie den herunterhängenden Querlenker nicht die Bremsleitung unter Last setzen!**
**3** Bei Arbeiten am linken Federbein muss zunächst innerhalb des Kofferraums der Tankstutzen-Protektor entfernt werden (siehe Abbildung).

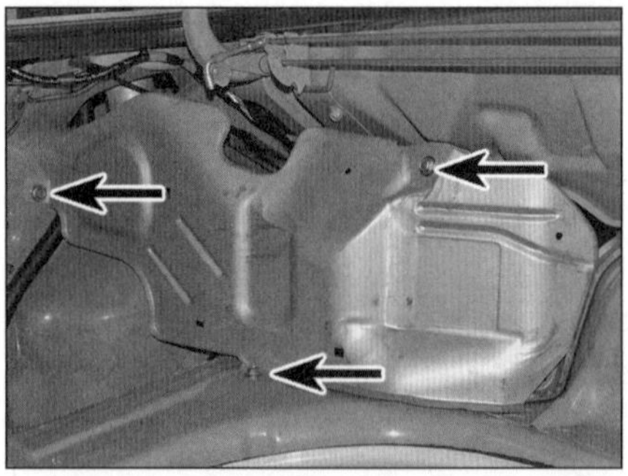

**10.3 Schrauben des Tankstutzen-Protektors**

**4** Lösen Sie unten am Federbein die Schraube samt Mutter (siehe Abbildung).

**10.4 Untere Federbeinaufnahme**

**5** Lösen Sie im Kofferraum die oberen Befestigungsmuttern (siehe Abbildung). Senken Sie das Federbein ab und manövrieren Sie es unter dem Fahrzeug heraus.

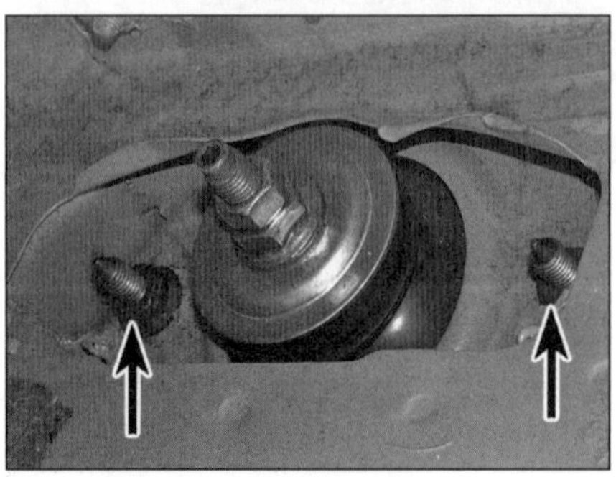

**10.5 Obere Federbein-Muttern**

### Überholen

**6** Inspizieren und überholen Sie das hintere Federbein genauso wie das vordere (siehe Sektion 4).

### Einbau

**7** Der Einbau entspricht der umgekehrten Ausbaureihenfolge – ziehen Sie alle Befestigungen mit den in den technischen Daten angegebenen Drehmomenten an. Ziehen Sie die Schraube der unteren Stabilisatoranlenkung und die Radmuttern erst an, wenn das Fahrzeug abgesenkt ist.

## 11 Hinterradaufhängung – Ausbau, Überholen und Einbau

### Ausbau

**1** Blockieren Sie die Vorderräder, heben Sie das Fahrzeug hinten an, und stützen Sie es sicher ab (siehe Seite 275). Demontieren Sie das entsprechende Hinterrad.
**2** Demontieren Sie die Bremsscheibe und ggf. den ABS-Sensor (siehe Kapitel 9, Sektion 7 und 18).
**3** Entfernen Sie die Radnabenmutter und befreien Sie die Antriebswelle aus der Nabe (siehe Kapitel 8, Sektion 4).
**4** Stützen Sie den unteren Querlenker mit einem Rangierwagenheber ab, entfernen Sie dann die äußeren Gelenkbolzen aus dem oberen und unteren Querlenker, und ziehen Sie den Radnabenträger ab (Abb. 12.4 sowie 12.14a und b). Stützen Sie die Antriebswelle so, dass die Gelenkmanschette nicht beschädigt wird. **Anmerkung:** *Demontieren Sie den Bremsscheiben-Schutz nur, wenn es zwingend nötig ist.*

### Überholen

**5** Inspizieren Sie die obere Gummibuchse auf Risse, Schäden und Alterungserscheinungen. Entfernen Sie die Buchse nötigenfalls mithilfe eines aus einer Gewindestange samt Muttern, passenden Scheiben und Hülsen gebauten Abziehers.
**6** Sorgen Sie dafür, dass die Bohrung des Radnabenträgers sauber und frei von Graten und Korrosion ist.
**7** Benetzen Sie die neue Buchse ausgiebig mit Seifenwasser und ziehen Sie sie mit dem beim Ausbau verwendeten Werkzeug in den Sitz (siehe Abbildung).

**11.7 Die Buchse muss mittig im Radnabenträger sitzen.**

### Einbau

**8** Der Einbau entspricht der umgekehrten Ausbaureihenfolge – beachten Sie dabei folgende Punkte:
*a) Ziehen Sie alle Befestigungen mit den in den technischen Daten angegebenen Drehmomenten an.*

*b) Ziehen Sie in Gummibuchsen sitzende Befestigungen erst endgültig an, nachdem der Radnabenträger angehoben wurde, um die Komponenten unter Last zu setzen.*
*c) Lassen Sie bei nächster Gelegenheit die Ausrichtung der Hinterräder kontrollieren.*

## 12 Dreieck-Querlenker hinten – Ausbau, Überholen und Einbau

## Unterer Querlenker

### Ausbau

**1** Blockieren Sie die Vorderräder, damit das Fahrzeug nicht wegrollen kann. Heben Sie das Fahrzeug hinten an und stützen Sie es sicher ab (siehe Seite 275). Demontieren Sie das entsprechende Hinterrad.
**2** Trennen Sie die Stabilisator-Anlenkung vom unteren Querlenker (siehe Abbildung).

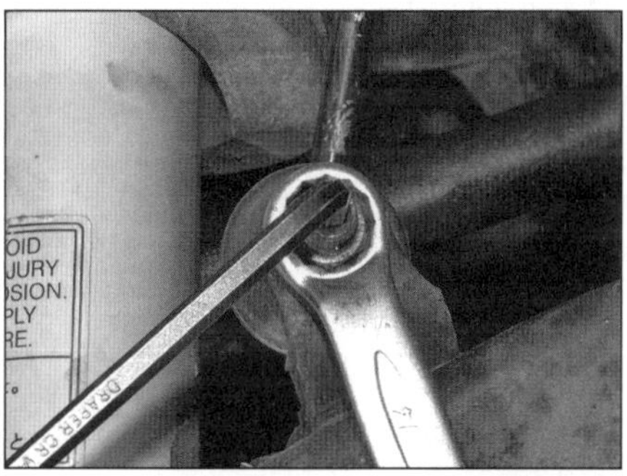

**12.2 Kontern Sie die Stabilisator-Anlenkung, während Sie die Mutter lockern.**

**3** Entfernen Sie die untere Schraube des Federbeins (siehe Sektion 10).
**4** Lösen Sie den äußeren Gelenkbolzen, der den Querlenker am Radnabenträger sichert (siehe Abbildung).

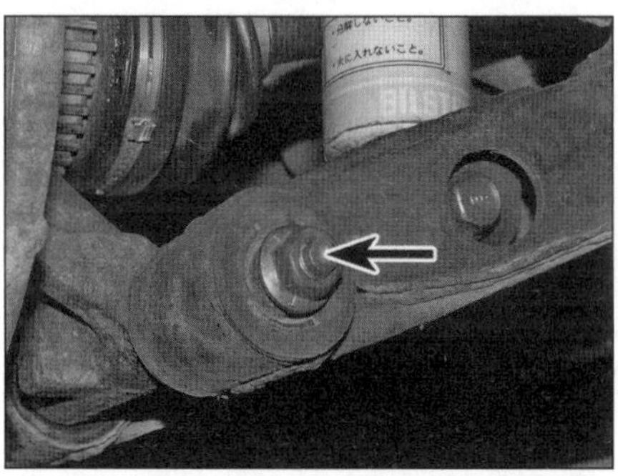

**12.4 Äußerer unterer Querlenker-Gelenkbolzen**

**5** Bringen Sie an den Exzentern der inneren Lagerbolzen und am Hilfsrahmen Markierungen an, lösen Sie diese, senken Sie den Querlenker innen ab, ziehen Sie ihn vom Kugelgelenk, und entfernen Sie ihn aus dem Fahrzeug (siehe Abbildungen).

**12.5a Markieren Sie die Ausrichtung des Exzenters zum Hilfsrahmen, ...**

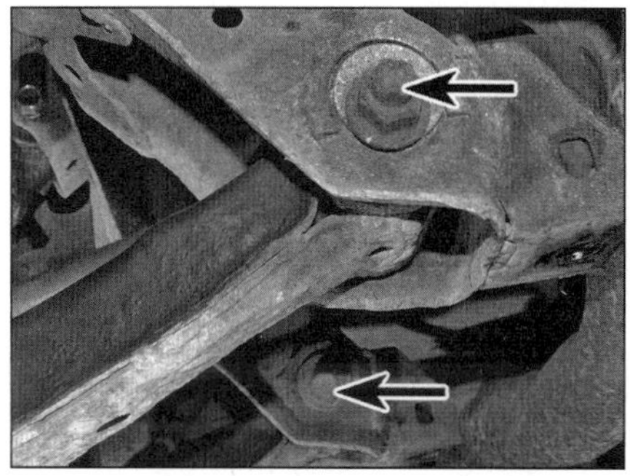

**12.5b ... und entfernen Sie die Gelenkbolzen.**

### Überholen

**6** Kontrollieren Sie die vorderen und hinteren Buchsen des unteren Querlenkers; falls eine von ihnen gerissen oder gebrochen ist, muss sie wie in Sektion 5 beschrieben ersetzt werden.

### Einbau

**7** Installieren Sie die inneren Gelenkbolzen. Richten Sie den Exzenter des Bolzens wie beim Ausbau markiert aus.
**8** Installieren Sie den äußeren durchgehenden Bolzen, heben Sie den Radnabenträger an, um eine Belastung durch das Fahrzeug zu simulieren, und ziehen Sie die beiden Gelenkbolzen mit 90 Nm an.
**9** Montieren Sie die untere Federbeinschraube (34 Nm) und die Schraube der Stabilisatoranlenkung (50 Nm).
**10** Montieren Sie das Hinterrad und senken Sie das Fahrzeug ab.
**11** Lassen Sie bei nächster Gelegenheit die Ausrichtung der Hinterräder kontrollieren.

## Oberer Querlenker

### Ausbau

**12** Blockieren Sie die Vorderräder, damit das Fahrzeug nicht wegrollen kann. Heben Sie das Fahrzeug hinten an und stützen Sie es sicher ab (siehe Seite 275). Demontieren Sie das entsprechende Hinterrad.
**13** Stützen Sie den unteren Querlenker mit einem Rangierwagenheber ab.
**14** Entfernen Sie den inneren und äußeren Gelenkbolzen und manövrieren Sie den Querlenker aus dem Fahrzeug heraus (siehe Abbildungen).

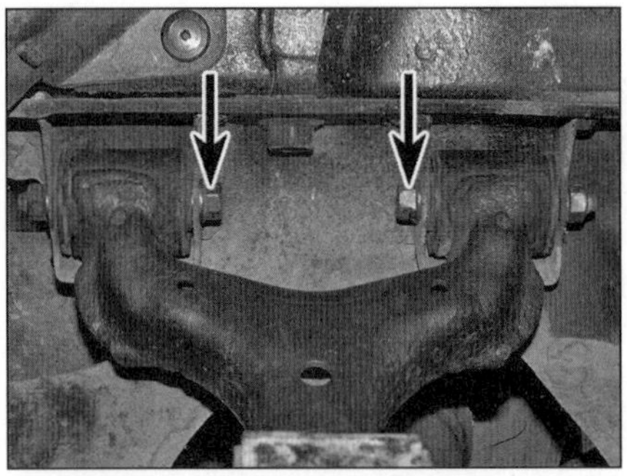

12.14a **Innere Gelenkbolzen des oberen Querlenkers**

12.14b **Äußerer Gelenkbolzen des oberen Querlenkers**

## Überholen

**15** Kontrollieren Sie die inneren Buchsen des oberen Querlenkers; falls eine von ihnen gerissen oder gebrochen ist, muss sie wie in Sektion 5 beschrieben ersetzt werden.

## Einbau

**16** Manövrieren Sie den Querlenker in Position, installieren Sie den inneren und äußeren Gelenkbolzen, aber ziehen Sie sie noch nicht an.
**17** Heben Sie den Radnabenträger an, um eine Belastung durch das Fahrzeug zu simulieren, und ziehen Sie die beiden Gelenkbolzen mit 63 Nm an.
**18** Montieren Sie das Hinterrad und senken Sie das Fahrzeug ab.
**19** Lassen Sie bei nächster Gelegenheit die Ausrichtung der Hinterräder kontrollieren.

# 13 Stabilisator hinten – Ausbau und Einbau

## Ausbau

**1** Blockieren Sie die Vorderräder, damit das Fahrzeug nicht wegrollen kann. Heben Sie das Fahrzeug hinten an und stützen Sie es sicher ab (siehe Seite 275). Demontieren Sie die Hinterräder.
**2** Lösen Sie die Gummibuchsen-Klemmungen von der Karosserie (siehe Abbildung).

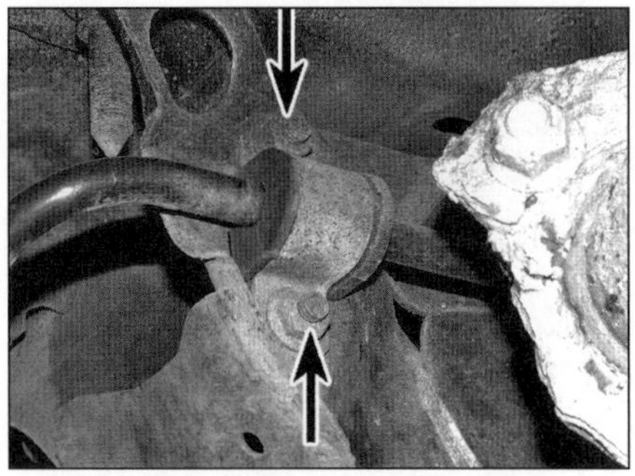

13.2 **Muttern der linken hinteren Stabilisator-Klemmung**

**3** Lösen Sie die oberen Befestigungen der Anlenkungen (siehe Abbildung). Der Stabilisator kann jetzt aus dem Fahrzeug befreit werden. Ziehen Sie ggf. die Gummibuchsen ab.

13.3 **Befestigungsmutter der hinteren Stabilisatoranlenkung**

**4** Lösen Sie die unteren Enden der Stabilisatoranlenkungen und entfernen Sie diese.
**5** Inspizieren Sie die Gummibuchsen und die Gummiösen der Anlenkungen auf Risse und Alterungserscheinungen. Ersetzen Sie alle schadhaften Buchsen und ggf. die Anlenkung.
**6** Reinigen Sie mit einer Drahtbürste die Sitze der Gummibuchsen auf dem Stabilisator.

## Einbau

**7** Der Einbau entspricht der umgekehrten Ausbaureihenfolge. Schmieren Sie die Gummibuchsen vor dem Einbau mit Seifenwasser oder anderem geeigneten Mittel.
Achtung: Schmieren Sie Gummiteile niemals mit Öl oder Fett auf Petroleumbasis oder Bremsflüssigkeit!
**8** Richten Sie die Gummibuchsen mit den Abflachungen zur Karosserie und zu den Farbmarkierungen am Stabilisator aus. Zentrieren Sie links am Fahrzeug die innere Kante der Buchse zur hellen Farbmarkierung zwischen den zwei dunklen Markierungen. Positionieren Sie rechts die innere Kante genau in der dunklen Farbmarkierung.
**9** Installieren Sie die Stabilisator-Klemmschrauben und ziehen Sie sie zunächst nur handfest an. Montieren Sie die Räder, senken Sie das Fahrzeug ab, und ziehen Sie die Klemmschrauben mit 25 und die Radmuttern mit 110 Nm an.

# 14 Lenkrad – Ausbau und Einbau

## Ausbau

**1** Stellen Sie die Lenkung in die Geradeaus-Position.

**2** Demontieren Sie ggf. den Airbag (siehe Kapitel 12, Sektion 20). Hebeln Sie bei Modellen ohne Airbag die Kappe über der Lenkradmutter ab.
**3** Lösen Sie die Lenkradmutter. Trennen Sie alle mit dem Lenkrad verbundenen Kabelstecker (siehe Abbildung).

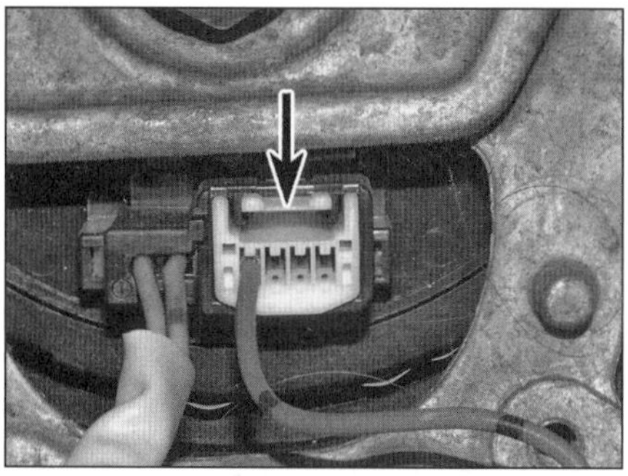

**14.3 Drücken Sie die Lasche (Pfeil), um den Stecker zu trennen.**

**4** Bringen Sie Ausrichtmarkierungen am Lenkrad und der Lenkwelle an, um das Lenkrad später wieder korrekt aufsetzen zu können.
**5** Ziehen Sie das Lenkrad von der Verzahnung der Lenkwelle. Falls es sich auch mit Klopfen und Wackeln nicht lösen will, muss ein über die Welle geführtes Metallstück mit der Lenkradnabe verschraubt und durch schrittweises Anziehen der Schrauben als Abdrücker benutzt werden (siehe Abbildung) – schützen Sie dabei den Airbag-Ringkontakt mit Klebeband vor Beschädigungen.

**14.5 Mithilfe dieser Vorrichtung kann das Lenkrad von der Welle gezogen werden.**

## Einbau

**6** Der Einbau entspricht der umgekehrten Ausbaureihenfolge – beachten Sie dabei folgende Punkte:
a) *Falls der Airbag-Ringkontakt beim oder nach dem Ausbau des Lenkrads gedreht wurde, muss er zentriert werden, indem sein Mittelstück bis zum Anschlag nach links und dann exakt zwei-dreiviertel Umdrehungen nach rechts gedreht wird. Entfernen Sie das Klebeband.*
b) *Setzen Sie das Lenkrad entsprechend der zuvor angebrachten Markierungen auf die Lenkwelle.*
c) *Achten Sie ggf. darauf, dass die Laschen am Blinker-Abschalter korrekt in die Bohrungen vorn am Lenkrad-Bund greifen.*
d) *Ziehen Sie die Lenkradmutter mit 45 Nm an*
e) *Montieren Sie zum Schluss ggf. den Airbag (siehe Kapitel 12, Sektion 20).*

# 15 Lenksäule – Ausbau, Kontrolle und Einbau

## Ausbau

**1** Demontieren Sie das Zünd/Lenkschloss (siehe Kapitel 12, Sektion 4).
**2** Trennen Sie die verbliebenen Kabelstecker und befreien Sie alle Kabel von der Lenksäule.
**3** Ziehen Sie in Höhe der Pedale die untere Lenksäulen-Abdeckung ab (siehe Abbildung).

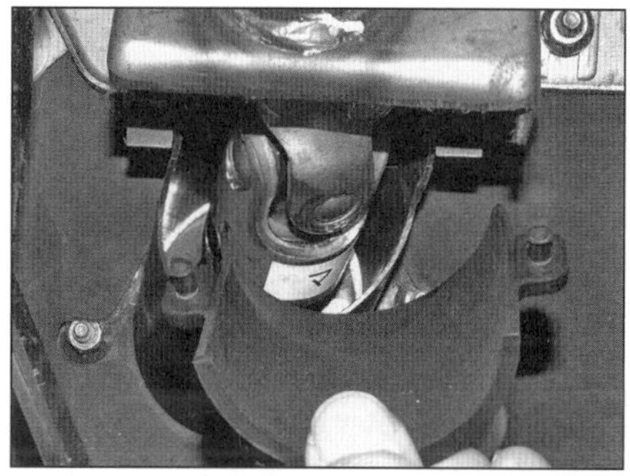

**15.3 Ziehen Sie die untere Lenksäulen-Abdeckung ab.**

**4** Lösen Sie die Klemmschraube des Kreuzgelenks, markieren Sie dessen Ausrichtung zur Lenkwelle, und ziehen Sie es ab (siehe Abbildung).

**15.4 Lösen Sie die Kreuzgelenk-Klemmschraube.**

**5** Lösen Sie die Schrauben und Muttern der Lenksäulen-Halterung und ziehen Sie diese nach hinten (siehe Abbildungen).

**15.5a Die Lenksäule ist oben mit zwei Schrauben ...**

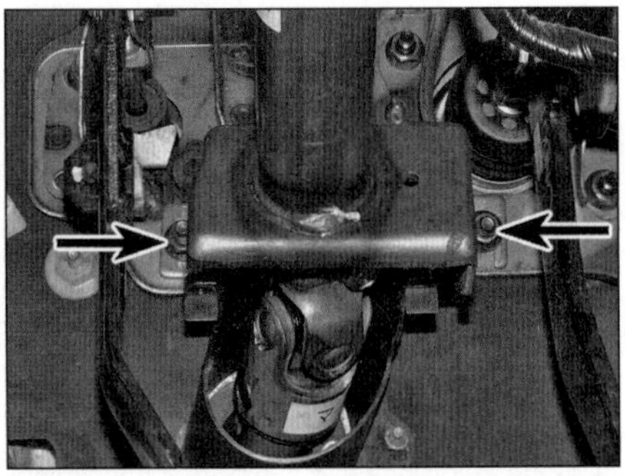

**15.5b ... und unten mit zwei Muttern gesichert.**

## Kontrolle

**6** Die Lenkwelle beinhaltet ein Sicherheitsmerkmal, das sie bei einem Front-Aufprall zusammendrücken lässt, damit der Fahrer nicht durch das Lenkrad verletzt wird. Begutachten Sie vor dem Einbau die Welle und ihre Halterung auf Schäden und Verformungen und ersetzen Sie sie nötigenfalls.
**7** Kontrollieren Sie die Lenkwelle auf Spiel in den Lagerbuchsen. Falls an den Buchsen Schäden oder Verschleiß festgestellt werden, muss die Lenksäule überholt werden – dies sollte aufgrund der Komplexität und erforderlichen Spezialwerkzeuge eine Mazda-Werkstatt erledigen.

## Einbau

**8** Bringen Sie die Lenksäule in Position und lassen Sie die entsprechend der Markierungen ausgerichtete Welle in die Verzahnung des Lenkgetriebes greifen.
**9** Positionieren Sie die Halterungen, installieren Sie die Schrauben und Muttern mit 22 Nm an. Ziehen Sie auch die Kreuzgelenk-Klemmschraube mit 22 Nm an.
**10** Der Rest des Einbaus entspricht der umgekehrten Ausbaureihenfolge.

# 16 Lenkschloss – Ausbau und Einbau

**1** Demontieren Sie das Zündschloss (siehe Kapitel 12, Sektion 4) und trennen Sie den Kabelstecker vom Lenkschloss.
**2** Das Lenkschloss ist mit Sicherheitsschrauben befestigt, deren Köpfe beim Anziehen abscheren. Daher müssen die Schrauben mithilfe eines scharfkantigen Meißels gelöst werden (siehe Abbildung).

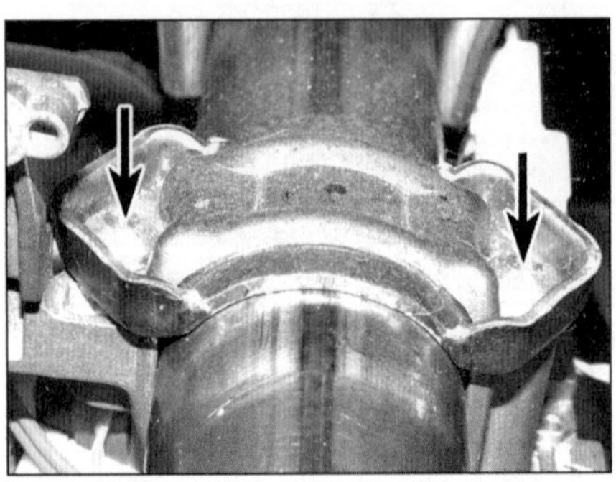

**16.2 Das Lenkschloss ist mit zwei Abscher-Schrauben gesichert.**

**3** Entfernen Sie die obere Halterung und dann das Lenkschloss.
**4** Positionieren Sie das Lenkschloss an der Lenksäule, setzen Sie die obere Halterung an, drehen Sie die neuen Abscher-Schrauben ein, und ziehen Sie sie an, bis ihre Köpfe abreißen.
**5** Verbinden Sie den Kabelstecker und montieren Sie das Zündschloss (siehe Kapitel 12, Sektion 4).

# 17 Lenkgetriebe – Ausbau und Einbau

## Ausbau

**1** Blockieren Sie die Hinterräder, damit das Fahrzeug nicht wegrollen kann. Heben Sie die Fahrzeug-Front an und stützen Sie sie sicher ab (siehe Seite 275). Demontieren Sie beide Vorderräder. Entfernen Sie ggf. den Motor-Unterfahrschutz (Abb. 5.1a und b).
**2** Stellen Sie die Lenkung in die Geradeaus-Position und lassen Sie das Lenkschloss einrasten. Trennen Sie das Massekabel (–) der Batterie (siehe Kapitel 5A, Sektion 4).
**3** Soweit das Fahrzeug mit einer Servolenkung ausgerüstet ist, muss ein Behälter unter das Lenkgetriebe gestellt werden, bevor die Anschlüsse der Druckleitung und der Rücklaufleitung gelöst werden (siehe Abbildung) – verstopfen Sie die Leitungen, um die Menge des auslaufenden Lenkgetriebeöls gering zu halten.

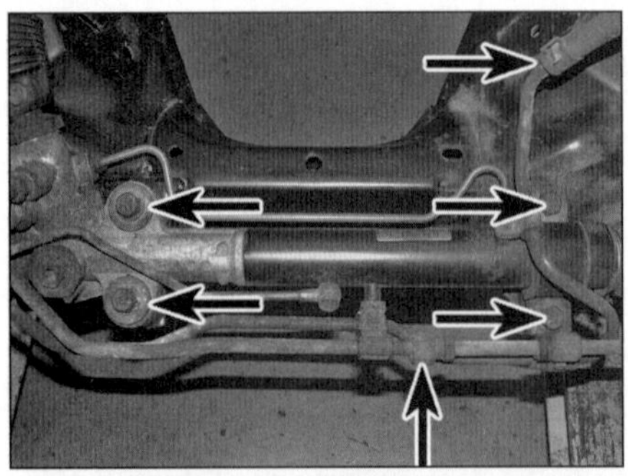

**17.3 Lenkgetriebe-Befestigungsschrauben und Hydraulik-Anschlüsse – gezeigt bei ausgebautem Motor.**

**4** Markieren Sie die Ausrichtung des Lenkwellen-Kreuzgelenks zur Lenkgetriebewelle und lösen Sie die Kreuzgelenk-Klemmschraube (siehe Abbildung).

**17.4 Kreuzgelenk-Klemmschraube am Lenkgetriebe**

**5** Trennen Sie die Spurstangenköpfe von den Radnabenträgern (siehe Sektion 21).

**6** Stützen Sie das Lenkgetriebe und entfernen Sie seine Befestigungsschrauben (Abb. 17.3). Trennen Sie die Lenkwelle vom Getrieberad und entfernen Sie das Getriebe.

***Warnung: Drehen Sie nicht am Lenkrad, wenn das Lenkgetriebe demontiert ist. Falls es versehentlich gedreht wird, muss der Airbag-Drehkontakt auf Schäden kontrolliert und ggf. eingestellt werden (siehe Kapitel 12, Sektion 20).***

**7** Kontrollieren Sie die Gummistopfen der Lenkgetriebe-Aufnahme auf übermäßigen Verschleiß oder Alterungserscheinungen und ersetzen Sie sie nötigenfalls.

## Einbau

**8** Bringen Sie die Lenksäule in Position und führen Sie das Kreuzgelenk und die Getriebewelle entsprechend der zuvor angebrachten Markierungen zusammen.
**9** Montieren Sie das Lenkgetriebe, installieren Sie die Schrauben, und ziehen Sie sie mit 56 Nm (NA-Modelle bis 1997) bzw. 90 Nm (NB-Modelle ab 1998) an.
**10** Verbinden Sie die Spurstangenköpfe an die Radnabenträger (siehe Sektion 21).
**11** Installieren Sie die Kreuzgelenk-Klemmschraube und ziehen Sie sie mit 22 Nm an.
**12** Verbinden Sie ggf. die Anschlüsse der Druckleitung sowie der Rücklaufleitung mit dem Lenkgetriebe und ziehen Sie sie mit 40 Nm an. Füllen Sie den Servopumpen-Ausgleichsbehälter mit Lenkgetriebeöl auf.
**13** Senken Sie das Fahrzeug ab und entlüften Sie die Servolenkung (siehe Sektion 19).
**14** Lassen Sie bei nächster Gelegenheit die Ausrichtung der Vorderräder kontrollieren.

# 18 Servolenkungspumpe – Ausbau und Einbau

## Ausbau

**1** Entfernen Sie den Keilrippenriemen (siehe Kapitel 1, Sektion 6).
**2** Saugen Sie mit einer großen Einwegspritze möglichst viel Hydrauliköl aus dem Pumpenbehälter. Stellen Sie einen Auffangbehälter unter die Pumpe, um die beim Lösen der Schläuche austretende Flüssigkeit aufzunehmen. Verstopfen Sie die Schläuche anschließend, um keinen Schmutz eindringen zu lassen.
**3** Lockern Sie zuerst die Schelle des Rücklaufschlauchs und trennen Sie diesen von der Pumpe (siehe Abbildung). Ziehen Sie ggf. den Drucksensor-Stecker von der Pumpe ab.

**18.3 Schelle des Rücklaufschlauchs (oben), Anschluss der Druckleitung**

**4** Lösen Sie den Anschluss der Druckleitung von der Pumpe und entfernen Sie die Halterung (Abb. 18.3).
**5** Kontrollieren Sie die O-Ringe der Druckleitung und ersetzen Sie sie nötigenfalls.
**6** Heben Sie das Fahrzeug vorn an und stützen Sie es sicher ab (siehe Seite 275).
**7** Entfernen Sie das Gelenk, den Einsteller und die Befestigungen, um die Pumpe aus dem Fahrzeug zu befreien.
**8** Falls der Zugang im Motorraum begrenzt ist, müssen die Schrauben der Pumpenhalterung gelöst und diese entfernt werden.

## Einbau

**9** Der Einbau entspricht der umgekehrten Ausbaureihenfolge – ziehen Sie die Befestigungsschrauben der Pumpe mit 43 Nm und die Anschlussschraube der Druckleitung mit 40 Nm an.
**10** Installieren Sie den Keilrippenriemen (siehe Kapitel 1, Sektion 6).
**11** Füllen Sie den Servopumpen-Ausgleichsbehälter mit Lenkgetriebeöl auf und entlüften Sie die Servolenkung (siehe Sektion 19).

# 19 Servolenkung – Entlüften

**1** Diese Prozedur wird nur nötig, wenn irgendein Teil des Hydrauliksystems getrennt wurde.
**2** Prüfen Sie bei abgeschaltetem Motor und geradeaus stehender Lenkung den Hydrauliköl-Pegel – füllen Sie ihn nötigenfalls bis zur L-Markierung am Peilstab auf.
**3** Lenken Sie bei ausgeschalteten Motor mehrmals langsam von Anschlag zu Anschlag, um Luftblasen aus dem System zu beseitigen. Kontrollieren Sie erneut den Hydrauliköl-Pegel.
**4** Starten Sie den Motor und lassen Sie im erhöhten Standgas laufen, ohne die Lenkung zu bewegen. Schalten Sie den Motor ab und füllen Sie den Behälter nötigenfalls erneut bis zur L-Markierung auf.
**5** Entlüften Sie die Hydraulik, indem Sie die Lenkung hin und her drehen, ohne dabei die Anschläge zu berühren. Kontrollieren Sie dabei immer wieder den Pegel und füllen Sie ihn ggf. auf.
**6** Sobald sämtliche Luft aus der Servohydraulik befreit ist, wird die Lenkung wieder geradeaus gestellt und der Motor mehrere Minuten laufen gelassen (oder eine Probefahrt unternommen); schalten Sie ihn dann ab.
**7** Füllen Sie den Behälter auf, bis er bei normaler Motortemperatur bis zur F-Markierung am Peilstab steht.
**8** Prüfen Sie bei einer Probefahrt, ob die Servolenkung normal und geräuschlos arbeitet.

# 20 Spurstangen-Manschetten – Ersetzen

**1** Demontieren Sie den entsprechenden Spurstangenkopf (siehe Sektion 21).
**2** Lösen Sie die Schellen der Manschette und ziehen Sie diese über die Spurstange ab (siehe Abbildung).

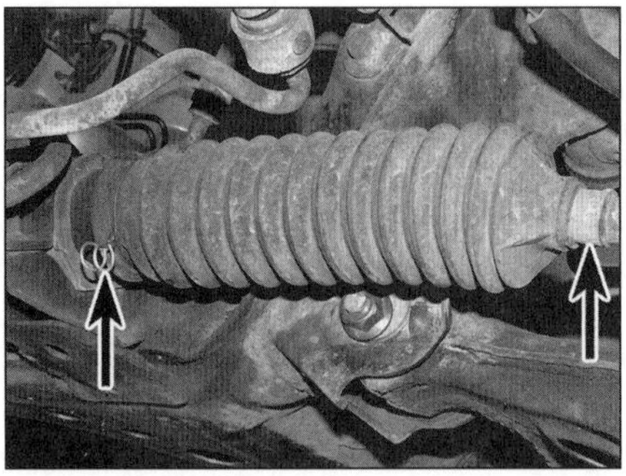

**20.2 Schellen der Spurstangen-Manschette**

**3** Reinigen Sie sorgfältig die Spurstange und das Zahnstangengehäuse und entfernen Sie mit Schleifpapier Korrosion, Riefen und scharfe Kanten, die beim Einbau neuer Manschetten deren Dichtlippen beschädigen könnten. Entfernen Sie das Fett aus der alten Manschette und schmieren Sie damit das innere Kugelgelenk der Spurstange (vorausgesetzt, es ist noch nicht durch Beschädigungen verschmutzt oder mit Wasser versetzt – verwenden Sie bei jedem Zweifel frisches Fett).
**4** Fetten Sie die Spurstange dünn ein, um die Manschette besser aufschieben zu können. Installieren Sie die Manschette samt Schellen und richten Sie sie am Zahnstangengehäuse aus. Positionieren Sie das äußere Ende korrekt an der Spurstange.
**5** Sichern Sie die Manschette mit den Schellen am Zahnstangengehäuse und der Spurstange.
**6** Montieren Sie die Spurstangenköpfe (siehe Sektion 17).

## 21 Spurstangenkopf – Ausbau und Einbau

### Ausbau

**1** Ziehen Sie die Handbremse an, heben Sie das Fahrzeug vorn an, und stützen Sie es sicher ab (siehe Seite 275). Demontieren Sie das entsprechende Vorderrad.
**2** Entfernen Sie den Splint (siehe Abbildung) und lockern Sie die Mutter des Spurstangenzapfens.

**21.2 Entfernen Sie den Splint des Spurstangenzapfens.**

**3** Halten Sie die Spurstange mit einer geeigneten Zange oder Schlüssels und lockern Sie die Kontermutter soweit, bis die Position des Spurstangenkopfes zum Gewinde markiert werden kann (siehe Abbildung).

**21.3 Lockern Sie die Kontermutter des Spurstangenkopfes.**

**4** Trennen Sie den Spurstangenkopf jetzt mit einem Kugelkopfabzieher vom Lenkhebel (siehe Abbildungen).

**21.4 Ziehen Sie mithilfe eines Kugelkopfabziehers den Spurstangenkopf vom Radnabenträger.**

**5** Drehen Sie den Spurstangenkopf von der Stange.

### Einbau

**6** Reinigen Sie sorgfältig den Spurstangenkopf und das Gewinde der Spurstange.
**7** Ersetzen Sie den Spurstangenkopf, falls seine Gummikappe spröde, gerissen oder anderweitig beschädigt ist, oder wenn sich das Kugelgelenk entweder zu locker oder zu fest bewegen lässt. Auch verschlissene Gewinde erfordern den Austausch.
**8** Drehen Sie den Spurstangenkopf bis zur angebrachten Markierung auf die Spurstange.
**9** Drehen Sie die Kronenmutter auf den Zapfen und ziehen Sie sie mit 40 Nm (NA-Modelle bis 1997) bzw. 50 Nm (NB-Modelle ab 1998) an. Falls sich der Splint in dieser Position nicht installieren lässt, muss die Mutter ein kleines Stück weiter gedreht werden, bis die Bohrung im Zapfen zu Vertiefungen der Mutter fluchten, und der Splint installiert und gesichert werden kann.
**10** Lassen Sie bei nächster Gelegenheit die Ausrichtung der Vorderräder kontrollieren.

## 22 Ausrichtung der Räder und Lenkwinkel – Allgemeine Informationen, Kontrolle und Einstellung

### Definitionen

**1** Die Lenk- und Fahrwerksgeometrie eines Automobils wird durch vier Grundeinstellungen definiert (siehe Abbildung). Alle

Winkel werden in Grad ausgedrückt, nur die Spur-Einstellungen werden auch als Längenmaß angegeben. Die Lenkachse ist definiert als imaginäre Linie, die durch die Achse des Federbeins gezogen ist und an einem vorgegebenen Punkt den Boden berührt.

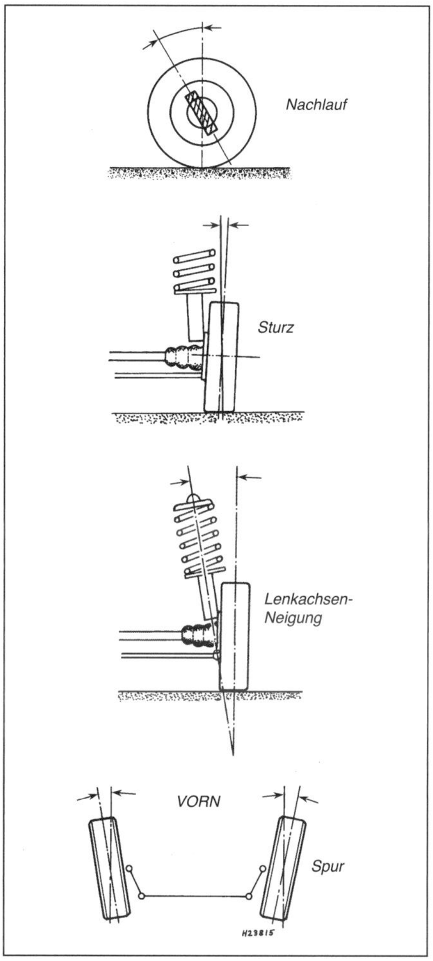


**22.1 Details zur Lenk- und Fahrwerksgeometrie**

**2** Sturz bezeichnet den von vorn oder hinten betrachteten Winkel zwischen dem Rad und einer senkrechten Linie, die durch seine Mitte und der Reifenaufstandsfläche gezogen wird. Bei positivem Sturz sind die Räder oben nach außen gekippt; bei negativem Sturz sind sie nach innen gekippt.
**3** Der Sturz ist bei den Vorderrädern nicht einstellbar und wird nur als Referenzwert angegeben. Der Sturz der Hinterräder kann mithilfe eines Sturzmessgeräts eingestellt werden.
**4** Nachlauf beschreibt den von der Seite betrachteten Winkel zwischen der Lenkachse und einer senkrechten Linie, die durch seine Mitte und der Reifenaufstandsfläche gezogen wird. Üblicherweise trifft eine Linie durch die Lenkachse vor der senkrechten Linie auf den Untergrund, sodass ein positiver Nachlaufwinkel entsteht.
**5** Der Nachlaufwinkel ist nicht einstellbar und wird nur als Referenzwert angegeben. Für die Kontrolle sind spezielle Messgerät erforderlich. Falls erhebliche Abweichungen von den Vorgaben festgestellt werden, muss das Fahrzeug einer professionellen Kontrolle unterzogen werden, da nur Verschleiß oder Schäden an den Radaufhängungen als Ursachen infrage kommen.
**6** Spur bezeichnet den Verlauf der von oben betrachteten imaginären Linien durch die Räder im Verhältnis zur Mittellinie des Fahrzeugs. Die Vorderräder haben Vorspur (laufen also nach innen), die Hinterräder haben Nachspur (laufen also nach außen).
**7** Die Spur der Vorderräder ist einstellbar, indem die Spurstangen aus ihren Köpfen heraus- oder hineingedreht werden, um ihre effektive Länge zu verändern.
**8** An den Hinterrädern ist die Spur nicht einstellbar.

# Kontrolle und Einstellung

## Vorderrad-Spur

**9** Aufgrund spezieller Messausrüstungen, die für eine akkurate Kontrolle der Rad-Einstellung benötigt wird, sollte die Kontrolle und Einstellung besser einer Fachwerkstatt überlassen werden. Heute bieten auch viele Reifenhändler einen solchen Service an.
**10** Für die Kontrolle der Spur wird ein spezielles Spurmessgerät benötigt. Zwei Ausführungen sind erhältlich: mit dem ersten wird beim stehenden Fahrzeug der Abstand zwischen den vorderen und hinteren Innenrädern der Räder gemessen; mit dem zweiten wird beim rollenden Fahrzeug die tatsächliche Position der Reifen-Aufstandsfläche im Verhältnis zur Fahrbahn ermittelt. Hierzu wird das Fahrzeug über eine Platte geschoben oder gefahren, die sich dann entsprechend der Reibung des Reifens verschiebt und diese Bewegung auf einer Skala anzeigt. Beide Typen haben ihre Vor- und Nachteile, können aber bei korrekter und sorgfältiger Verwendung genaue Ergebnisse liefern.
**11** Achten Sie bei den Messungen darauf, dass die Lenkung exakt geradeaus steht.
**12** Falls eine Einstellung nötig wird, muss die Handbremse gezogen und das Fahrzeug vorn angehoben und sicher abgestützt werden (siehe Seite 275).
**13** Reinigen Sie zuerst die Spurstangen-Gewinde; falls sie korrodiert sind, müssen sie vor der Einstellung mit Kriechöl behandelt werden. Lösen Sie die äußeren Schellen der Lenkmanschetten und ziehen Sie diese zurück, um sie innen zu fetten; so sind die Manschetten frei und klemmen oder verdrehen nicht, während die entsprechenden Spurstangen gedreht werden.
**14** Halten Sie die Spurstange mit einem geeigneten Schlüssel und lockern Sie die Spurstangenkopf-Kontermutter. Ändern Sie die Länge der Spurstange, indem Sie sie mithilfe eines an den Abflachungen angesetzten Maulschlüssels in den Kopf hinein- oder herausschrauben. Durch das Verkürzen der Spurstange wird die Vorspur verringert bzw. die Nachspur vergrößert.
**15** Wenn die Einstellung korrekt ist, werden die Spurstangen gehalten und die Kontermuttern angezogen. Falls nach der Einstellung das Lenkrad bei geradeaus stehenden Rädern nicht mehr gerade steht, muss es demontiert und neu positioniert wieder aufgesetzt werden (siehe Sektion 14).
**16** Wenn die Spur korrekt eingestellt ist, wird das Fahrzeug abgesenkt und erneut kontrolliert; stellen Sie nötigenfalls erneut nach. Wenn die Einstellungen korrekt sind, werden die Spurstangenkopf-Kontermuttern korrekt angezogen. Die Spurstangenmanschetten müssen korrekt sitzen und dürfen nicht verdreht sein – sichern Sie sie mit den Schellen (siehe Sektion 20).

## Sturz-Einstellung

**17** Um bei Modellen mit Einzelradaufhängung die Spur und den Sturz akkurat einzustellen, wird eine spezielle optische Ausrüstung benötigt, sodass diese Arbeit einer Fachwerkstatt überlassen werden muss. Bei der Einstellung werden die Gelenkbolzen der unteren Querlenker gelockert und ihre Exzenter gedreht.

# Kapitel 11

## Karosserie und Innenausstattung

### Inhalt — Sektion

Allgemeine Informationen . . . 1
Armaturenbrett-Komponenten – Ausbau und Einbau . . . 28
Außenspiegel – Ausbau und Einbau . . . 18
Hardtop – Ausbau, Einbau und Einstellung . . . 21
Innenverkleidungen – Ausbau und Einbau . . . 26
Karosserie – Größere Reparaturen . . . 5
Karosserie – Kleinere Reparaturen . . . 4
Karosserie und Fahrgestell – Wartung und Pflege . . . 2
Karosserie-Außenteile – Ausbau und Einbau . . . 22
Kofferraumdeckel – Ausbau, Einbau und Einstellung . . . 15
Kofferraum-Schließmechanismus – Ausbau und Einbau . . 16
Mittelkonsole – Ausbau und Einbau . . . 27
Motorhaube – Ausbau, Einbau und Einstellung . . . 8
Motorhaubenverriegelung und Öffnerzug – Ausbau und Einbau . . . 9
Polster und Teppiche – Wartung und Pflege . . . 3
Sicherheitsgurt-Komponenten – Ausbau und Einbau . . . 25
Gurtstraffer-Mechanismus – Allgemeine Informationen . . . 24
Sitze – Ausbau und Einbau . . . 23
Stoffverdeck – Ausbau, Einbau und Einstellung . . . 20
Stoßstange hinten – Ausbau und Einbau . . . 7
Stoßstange vorn – Ausbau und Einbau . . . 6
Tankklappen-Öffnerzug – Ersetzen . . . 29
Türen – Ausbau, Einbau und Einstellung . . . 10
Türfenster – Ausbau, Einbau und Einstellung . . . 13
Türfenster-Mechanismus – Ausbau und Einbau . . . 14
Türöffner und Schließmechanismus – Ausbau und Einbau . . . 12
Türverkleidung – Ausbau und Einbau . . . 11
Windschutzscheibe und Dreieckfenster – Ausbau und Einbau . . . 19
Zentralverriegelungs-Komponenten – Ausbau und Einbau . . . 17

# Schwierigkeitsgrade

| **Leicht.** Geeignet für Anfänger mit wenig Erfahrung. | **Relativ leicht.** Geeignet für Anfänger mit etwas Erfahrung. | **Relativ schwierig.** Geeignet für geübte Selbstschrauber. | **Schwer.** Geeignet für Selbstschrauber mit viel Erfahrung. | **Sehr schwer.** Geeignet für Experten und Profis. |
|---|---|---|---|---|

## Technische Daten

| **Anzugsdrehmomente** | **Nm** |
|---|---|
| Querstreben-Schrauben | 78 |
| Sicherheitsgurt-Befestigungsschrauben | 60 |
| Sitz-Befestigungsschrauben | 44 |

## 1 Allgemeine Informationen

Die Karosserie, die Türen und der Kofferraumdeckel bestehen aus gepressten Stahlblechsektionen, die Motorhaube ist aus Aluminium gefertigt. Die meisten Komponenten sind verschweißt, andere sind miteinander verklebt oder verschraubt. Die Türen und andere Blechteile sind verzinkt und vor dem Lackieren mit Steinschlagschutz behandelt worden.
Viele Kunststoff-Komponenten finden sich im Innenraum, aber auch außen an der Karosserie. Die Stoßstangen bestehen aus einem sehr stabilen, aber dennoch leichten synthetischen Spritzgussmaterial.

## 2 Karosserie und Fahrgestell – Wartung und Pflege

**1** Der Allgemeinzustand der Karosserie eines Fahrzeugs ist der entscheidende Punkt bei der Bestimmung seines Werts. Wartung ist einfach, muss aber regelmäßig durchgeführt werden. Vernachlässigungen können besonders nach kleinen Beschädigungen rasch zu weiterem Verfall und entsprechend hohen Reparaturkosten führen. Wichtig ist, auch auf Fahrzeugteile zu achten, die nicht auf den ersten Blick erkennbar sind – also die Unterseite, die Radkästen und den unteren Bereich des Motorraums.
**2** Die grundlegende Wartungstätigkeit im Bereich der Karosserie ist eine perfekte Wäsche mit reichlich Wasser aus dem Schlauch. Hierdurch werden alle lockeren Festkörper entfernt,

die am Fahrzeug haften geblieben sind; durch Abwaschen besteht wenig Risiko, dass dabei der Lack zerkratzt wird. Die Radkästen und der Unterboden müssen auf die gleiche Weise gewaschen werden, damit Schlamm und Dreck entfernt werden, die sonst Feuchtigkeit speichern und so die Rostbildung beschleunigen. Paradoxerweise ist schlechtes Wetter die beste Zeit zum Reinigen des Unterbodens und der Radkästen, da der Matsch und Schlamm gut durchfeuchtet und weich sind. Bei Regenfahrten reinigt sich der Unterboden üblicherweise automatisch, sodass anschließend ein guter Zeitpunkt für eine Inspektion ist.

**3** Außer bei mit Unterbodenschutz auf Wachsbasis behandelten Modellen ist es eine gute Idee, regelmäßig das gesamte Fahrgestell und den Motorraum mit einem Dampfstrahler zu reinigen, damit bei einer Inspektion auch kleine Schäden entdeckt werden, die repariert oder restauriert werden müssen. Viele Tankstellen halten Dampf- oder Hochdruckreiniger bereit, um damit auch verölte Ablagerungen entfernen zu können, die in manchen Bereichen sehr dick werden können. Falls kein Dampfreiniger zur Hand ist, können hervorragende Lösungsmittel und Entfetter mit Bürsten und Pinseln eingesetzt werden; anschließend kann der Schmutz mit dem Wasserschlauch beseitigt werden. Falls der Unterboden mit Wachs geschützt ist, darf diese Methode nicht angewendet werden, da die Schutzschicht dabei ebenfalls entfernt wird; solche Fahrzeuge sollten einmal jährlich – möglichst vor dem Winter – genau überprüft werden. Dabei wird der Unterboden gewaschen und beschädigter oder fehlender Unterbodenschutz ausgebessert. Im Idealfall wird eine komplette neue Wachsschicht aufgetragen. Auch Hohlraumversiegelungen für Türen, Schweller, Kastenprofile und andere Bereiche sind sehr empfehlenswert, da der Hersteller hier keine zusätzlichen Schutzmaßnahmen gegen Rostschäden eingeleitet hat.

**4** Nachdem Lackflächen gewaschen sind, werden sie mit einem Fensterleder abgerieben, um fleckenfreien Glanz zu erzeugen. Eine Schicht Schutzwachspolitur schützt den Lack zusätzlich vor Umweltbelastungen. Falls die Lackschicht stumpf und oxidiert ist, kann eine Kombination aus Reiniger und Politur den alten Glanz wieder herstellen. Diese Arbeit ist zwar mühsam, doch der trübe Lack hat sich nur gebildet, weil das Fahrzeug nicht regelmäßig gewaschen wurde. Vorsicht ist bei Metallic-Lackierungen geboten: Spezielle Reinigungs- und Poliermittel greifen nicht den oberen Klarlack an.

**5** Kontrollieren Sie stets, ob die Ablaufbohrungen der Türen und der Belüftungsöffnungen frei sind, damit Wasser abtropfen kann. Verzierungen müssen genauso behandelt werden wie lackierte Flächen. Windschutzscheiben und Fenster müssen von Schmierfilmen freigehalten werden, wie sie oft durch normalen Fensterreiniger hervorgerufen werden. Verwenden Sie auf Glas niemals Wachs, Lack- oder Chrompolitur.

## 3 Polster und Teppiche – Wartung und Pflege

Matten und Teppiche sollten regelmäßig abgebürstet oder gesaugt werden, damit sich kein Sand und Dreck darin ansammeln. Wenn sie stark verschmutzt sind, müssen sie ausgebaut und ausgeklopft oder abgewaschen werden; vor dem Einbau müssen sie unbedingt trocken sein. Sitze und Verkleidungen können durch Abwischen mit einem feuchten Tuch sauber gehalten werden. Falls sie stärker verschmutzt sind (bei hellen Oberflächen besser sichtbar), müssen etwas Flüssigreinigungsmittel und eine weiche Nagelbürste eingesetzt werden, um den Dreck aus dem Gewebe zu bekommen. Bei der Verwendung von Flüssigreinigern im Innenraum dürfen die behandelten Flächen nicht zu nass werden. Feuchtigkeit zieht durch Nähte ein und kann Flecken, starke Gerüche und sogar Fäulnis verursachen. Falls der Innenraum des Fahrzeugs versehentlich nass wird, sollte er gut getrocknet werden – besonders wenn Teppiche betroffen sind. Belassen Sie hierfür jedoch keine mit Strom oder gar Kraftstoff betriebenen Heizgeräte im Fahrzeug.

## 4 Karosserie – Kleinere Reparaturen

### Kratzer

**1** Wenn der Kratzer nur oberflächlich ist und nicht bis zum Blech reicht, ist die Reparatur sehr einfach: Reiben Sie den Bereich um den Kratzer mit Lackreiniger oder sehr feiner Schneidpaste ab, um lockere Lackpartikel aus dem Kratzer zu entfernen und die Umgebung von Wachspolitur zu befreien. Spülen Sie alles mit klarem Wasser ab.

**2** Tragen Sie mithilfe eines feinen Pinsels Tupflack auf dem Kratzer auf – dies muss so lange in dünnen Schichten geschehen, bis die Höhe des umgebenden Lacks erreicht ist. Lassen Sie der neuen Farbe mindestens zwei Wochen Zeit zum Aushärten, dann wird sie mit Lackreiniger oder sehr feiner Schneidpaste in die umgebende Lackschicht eingearbeitet. Tragen Sie zum Schluss Wachspolitur auf.

**3** Wo ein Kratzer bis aufs Karosserieblech geht und das Blech zu rosten beginnt, muss eine andere Reparaturmethode angewendet werden. Entfernen Sie mit einer spitzen Klinge sämtlichen Rost aus dem Kratzer und tragen Sie Rostschutzfarbe auf. Füllen Sie anschließend den Kratzer mithilfe eines Gummi- oder Kunststoffspachtels mit Glasfaser-Spachtelmasse. Diese Paste kann nötigenfalls mit Nitroverdünner gemischt werden, um auch in kleine Kratzer einzudringen. Bevor die Spachtelmasse aushärtet, wird ein weiches Baumwolltuch um eine Fingerspitze gewickelt, in den Verdünner getunkt und dann rasch über die Spachtelmasse im Kratzer gewischt, um die Oberfläche leicht auszuhöhlen. Jetzt kann der Kratzer wie oben beschrieben mit Lack betupft werden.

### Beulen

**4** Beulen im Blech müssen zunächst so weit herausgezogen werden, bis die ursprüngliche Form möglichst wieder erreicht ist. Versuche, die Originalform komplett zu restaurieren, bringen nicht viel, da das Metall im beschädigten Bereich gestreckt oder gestaucht ist und nicht mehr in seine ursprüngliche Kontur zurückgeführt werden kann. Es ist besser, die Oberfläche der Beule bis ca. 3 mm unterhalb der umliegenden Fläche herauszuziehen. Sehr flache Beulen sollten möglichst von der Rückseite (soweit zugänglich) mit einem weichen Hammer herausgeklopft werden; halten Sie dabei von außen ein Stück Holz davor, um die Schläge aufzufangen und Ausbeulungen zu verhindern. (Ein nicht unerheblicher Faktor hierbei ist die Zeit: direkt nach dem Einbeulen lässt sich Stahlblech oft deutlich besser wieder in seine ursprüngliche Form bringen als nach einigen Tagen.)

**5** Falls die Beule in einem Karosseriebereich sitzt, wo Doppelbleche vorhanden sind oder andere Gründe vorliegen, warum sie nicht von hinten zugänglich ist, muss eine andere Technik eingesetzt werden: Bohren Sie einige kleine Löcher in die Beulen – möglichst in den tiefsten Stellen. Drehen Sie dann lange selbstschneidende Schrauben so weit ein, dass sie gerade fest genug sitzen. Jetzt wird der Schraubenkopf mit einer Zange gegriffen und die Beule herausgezogen.

**6** Als nächstes wird im beschädigten Bereich und einem Umkreis von 2 bis 3 cm der Lack entfernt – entweder mit einer Drahtbürste oder Schleifpapier, gern mit einer entsprechend ausgerüsteten Maschine. Zur Vollendung der Vorbereitung werden mit einer Feile oder anderen Werkzeugen Riefen ins

Blech gekratzt oder kleine Löcher gebohrt, damit die Spachtelmasse wirklich guten Halt bekommt.
**7** Weiter geht es mit der Sektion »Füllen und Lackieren«.

## Rostlöcher

**8** Entfernen Sie mit einer Drahtbürste oder Schleifpapier (oder einer entsprechend ausgerüsteten Maschine) den Lack im beschädigten Bereich und einem Umkreis von 2 bis 3 cm. Jetzt lässt sich auch der Umfang der Korrosion besser erkennen – und entscheiden, ob das gesamte Blech ersetzt (falls möglich) oder der schadhafte Bereich repariert wird. Reparaturbleche sind nicht sehr teuer und ihre Montage ist oft schneller und zufriedenstellender als das Reparieren größerer korrodierter Flächen.
**9** Entfernen Sie sämtliche Befestigungen vom betroffenen Bereich (außer solchen, die als Hinweis auf die Originalform gelten (z. B. Scheinwerfergehäuse). Entfernen Sie dann mit einer kleinen Blechschere oder einem Sägeblatt sämtliches lockeres sowie stark korrodiertes Metall. Klopfen Sie mit einem Hammer die Räder der Löcher nach innen, um eine leichte Vertiefung für die Spachtelmasse zu erhalten.
**10** Reinigen Sie den betroffenen Bereich mit einer Drahtbürste, um vom verbliebenen Metall sämtlichen Flugrost zu entfernen, und tragen Sie Rostumwandler auf – falls die Rückseite des verrosteten Bereichs zugänglich ist, sollte dies auch hier geschehen.
**11** Bevor Spachtelmasse aufgetragen wird, muss das Loch irgendwie verstopft werden – beispielsweise mit einem Aluminium- oder Kunststoffgitter oder Aluminiumband.
**12** Alu- oder Plastikgitter oder Glasfasermatten sind wahrscheinlich das beste Material für größere Löcher. Schneiden Sie ein entsprechendes Teil zurecht und positionieren Sie es so im Loch, dass seine Ränder unterhalb der umgebenden Karosserie liegen. Mit einigen Klecksen Spachtelmasse kann es rundherum in Position gehalten werden.
**13** Aluminiumband kann bei kleineren oder sehr schmalen Löchern verwendet werden. Ziehen Sie ein Stück von der Rolle, bringen Sie es auf die gewünschte Größe und in Form, ziehen Sie dann ggf. die Schutzfolie ab, und kleben Sie das Band über das Loch – es darf überlappen, falls eine Lage nicht ausreicht. Drücken Sie die Ränder des Bands z. B. mit einem Schraubendrehergriff herunter, um sicherzugehen, dass es fest auf dem Untergrund klebt.

## Füllen und Lackieren

**14** Sie sind mit den Reparaturen aus den vorherigen Sektionen so weit fertig? Dann geht es hier weiter.
**15** Auf dem Markt sind zahlreiche Spachtelmassen erhältlich, doch generell eignen sich für solche Reparaturen noch immer Zweikomponenten-Kits mit Füllspachtel und einer Tube Härter am besten. Um eine glatte und korrekt geformte Oberfläche zu erzeugen, wird ein breiter Spachtel aus Plastik oder Nylon benötigt.
**16** Mischen Sie eine kleine Menge Spachtelmasse auf einem sauberen Stück Pappe oder einem Brett an – beachten Sie genau das vorgeschriebene Mischungsverhältnis, damit die Masse nicht zu schnell oder zu langsam aushärtet. Tragen Sie die Masse mit dem Spachtel auf der vorbereiteten Fläche auf; ziehen Sie den Spachtel über die Masse, um die korrekte Kontur und Höhe zu erreichen. Sobald die Form in etwa dem Original entspricht, wird aufgehört, da die Masse bei zu langer Arbeit klebrig wird und am Spachtel haften bleibt. Tragen Sie in zwanzigminütigen Intervallen weitere dünne Schichten Spachtelmasse auf, bis die Höhe knapp über der umgebenden Karosserie liegt.
**17** Sobald die Spachtelmasse ausgehärtet ist, kann überschüssiges Material mit einem Metallhobel oder einer Feile entfernt werden. Von da an wird immer feineres Sandpapier verwendet – beginnend mit 40er-Körnung und endend mit 400er-Nassschleifpapier. Legen Sie das Schleifpapier stets um einen Gummi-, Kork- oder Holzblock, da ansonsten die Oberfläche der Spachtelmasse nicht komplett eben wird. Während des Glättens der Oberfläche mit dem Nass-Schleifpapier sollte der Bereich regelmäßig mit Wasser abgespült werden, um sicherzugehen, dass die Fläche ein besonders glattes Finish erhält.
**18** Eine Beule sollte jetzt von einem Ring aus blankem Metall umgeben sein, der wiederum von einem feinen »gefiederten« Rand aus gutem Lack umrandet ist. Spülen Sie den Bereich mit klarem Wasser ab, bis sämtlicher Schleifstaub verschwunden ist.
**19** Sprühen Sie den gesamten Bereich dünn mit Grundierung ein – dies zeigt alle Mängel in der Oberfläche der Spachtelmasse. Reparieren Sie diese Fehler mit frischer Spachtelmasse und glätten Sie die Oberfläche erneut mit Schleifpapier. Falls Glasfaser-Spachtelmasse verwendet wird, kann diese nötigenfalls mit Nitroverdünner gemischt werden, um auch in kleine Löcher einzudringen. Wiederholen Sie den Grundierungsauftrag und die Reparatur, bis eine perfekte Oberfläche entstanden ist und auch der »gefiederte« Rand gut aussieht. Waschen Sie erneut alles mit klarem Wasser ab und lassen Sie es komplett abtrocknen.
**20** Der reparierte Bereich ist jetzt bereit für die Endlackierung. Sprühlacke müssen in einer warmen, trockenen, staubfreien und windsicheren Umgebung aufgetragen werden. Dieser Zustand kann künstlich erzeugt werden, wenn Zugang zu einer ausreichend dimensionierten Halle besteht; »Outdoor«-Lackierungen müssen dagegen sorgfältig mit dem Wetterbericht abgestimmt werden. In einer Halle hilft das Befeuchten des Bodens gegen aufgewirbelten Staub. Falls sich die Reparatur auf ein Karosserieteil beschränkt, müssen die umliegenden Bereiche abgeklebt werden; dies hilft bei der Minimierung der Wirkung einer leichten Farbdiskrepanz. Auch Anbauteile wie Zierleisten, Türgriffe usw. müssen abgedeckt werden; verwenden Sie hierzu Kreppband und mehrere Schichten Zeitungspapier.
**21** Vor dem Lackieren muss die Sprühdose gut geschüttelt werden, dann werden Probestücke – z. B. alte Bleche – besprüht, bis die Technik beherrscht wird. Sprühen Sie den zu reparierenden Bereich zunächst dick mit Grundierung ein; die Stärke der Grundierung muss sich dabei aus mehreren dünnen Schichten zusammensetzen. Glätten Sie die Oberfläche mit 400er-Nassschleifpapier und spülen Sie dabei immer wieder die Fläche mit klarem Wasser ab. Lassen Sie alles trocknen, bevor weitere Farbschichten aufgetragen werden.
**22** Sprühen Sie den eigentlichen Lack ebenfalls in dünnen Schichten auf; beginnen Sie dabei stets in der Mitte und schwenken Sie die Sprühdose im konstanten Abstand etwa 5 cm über den Originallack hinaus. Entfernen Sie die Abdeckungen 10 bis 15 Minuten nach dem Auftragen der letzten Farbschicht.
**23** Lassen Sie den neuen Lack mindestens zwei Wochen aushärten, dann wird mit Lackreiniger oder sehr feiner Schneidpaste ein weicher Übergang in die umgebende Lackschicht hergestellt. Tragen Sie schließlich Wachspolitur auf.

## Kunststoff-Komponenten

**24** Mit der Verwendung von immer mehr Karosserieteilen aus Plastik durch die Hersteller (Stoßstangen, Spoiler und manchmal sogar größere Karosserieteile) muss die Reparatur ernsthafter Schäden an solchen Dingen entweder einer Fachwerkstatt überlassen werden oder die Teile werden einfach ausgetauscht. Angesichts der Kosten für die Ausrüstung und erforderliche Materialien sind solche Reparaturen für den Hobbyschrauber nicht wirklich praktikabel. Die Grundtechnik besteht bei Thermoplasten darin, mit einer entsprechenden Maschine entlang des Risses im Kunststoff eine Kerbe herzustellen, um dann mithilfe eines Heißluftgebläses und einer Kunststoffstange die beiden Hälften zu »verschweißen«. Überschüssiges Plastik wird dann abgeschliffen, bis eine glatte Oberfläche entsteht. Wichtig ist dabei,

dass die »Schweißstange« aus exakt dem gleichen Kunststoff besteht wie das zu reparierende Teil (dies kann aus Polycarbonat, ABS oder Polypropylen bestehen).
**25** Kleinere Schäden (Scheuerstellen, kleine Risse usw.) können relativ leicht mit Zweikomponenten-Epoxidspachtelmasse repariert werden. Wenn diese Masse aus zwei gleichen Teilen vermischt ist, kann sie genauso verwendet werden wie Glasfaser-Spachtelmasse auf Blechen. Der Füllspachtel härtet normalerweise in 20 bis 30 Minuten aus, um dann geschliffen und lackiert werden zu können.
**26** Wer eine komplette Komponente selbst ersetzen will oder eine Reparatur mit Epoxid-Spachtel durchgeführt hat, hat das Problem, einen geeigneten Lack zu finden, der auf diesem Kunststoff hält. Irgendwann war die Verwendung normaler Lacke dank der verschiedenen Kunststoffe bei Karosserie-Komponenten nicht mehr möglich, da Standardlacke nicht gut darauf halten. Heute gibt es jedoch Kunststoff-Präpariersets, die aus einer Vorgrundierung, einer Grundierung und einer Farb-Endschicht bestehen. Die Vorgrundierung wird zuerst aufgetragen und darf etwa eine halbe Stunde trocknen, dann kommt die Grundierung, der etwa eine Stunde Zeit gegeben wird, bevor schließlich die eigentliche Lackschicht aufgebracht wird. Das Resultat ist eine korrekt lackierte Komponente, bei der die Farbschicht elastisch genug ist, um nicht bald wieder abzublättern – eine Eigenschaft, die normaler Lack nicht aufweist.

## 5 Karosserie – Größere Reparaturen

Falls größere Schäden aufgetreten sind oder größere Bereiche aufgrund Vernachlässigung ersetzt werden müssen, müssen komplett neue Sektionen oder Reparaturbleche eingeschweißt werden – was besser einer Fachwerkstatt überlassen werden sollte. Falls die Schäden durch einen Unfall entstanden sind, muss die Ausrichtung der gesamten Karosseriestruktur überprüft werden. Bei selbsttragenden Karosserien kann die Stabilität und Form der gesamten Konstruktion durch einen Schaden in einem bestimmten Bereich beeinträchtigt werden. In solchen Fällen ist der Besuch einer mit speziellen Prüfgeräten ausgerüsteten Fachwerkstatt unerlässlich. Falls mit einer verzogenen Karosserie weitergefahren wird, besteht die größte Gefahr darin, dass sich das Fahrverhalten ändert. Aber auch die höhere Belastung der Lenkung, des Motors und des Antriebs sorgen für erhöhten Verschleiß oder den kompletten Ausfall einzelner Komponenten. Der Reifenverschleiß wird deutlich ansteigen.

## 6 Stoßstange vorn – Ausbau und Einbau

### Ausbau

#### NA-Modelle (bis 1997)

**1** Ziehen Sie die Handbremse an, heben Sie das Fahrzeug vorn an, und stützen Sie es sicher ab (siehe Seite 275). Demontieren Sie ggf. den Unterfahrschutz und öffnen Sie die Motorhaube.
**2** Trennen Sie den Masseanschluss (–) der Batterie (siehe Kapitel 5A, Sektion 4).
**3** Entfernen Sie die vorderen Blinker (siehe Kapitel 12, Sektion 7).
**4** Demontieren Sie – falls vorhanden – die oberhalb der Stoßstange vor dem Kühler sitzende Blende.
**5** Hebeln Sie unten am Lufteinlass – falls vorhanden – die Kunststoff-Clips heraus (siehe Abbildung).

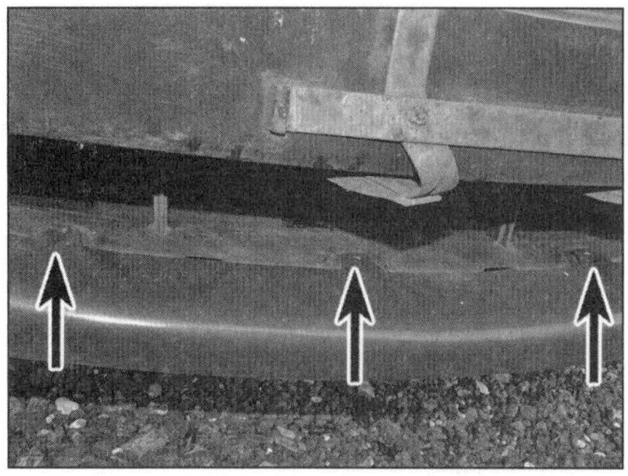

**6.5 Positionen der Clips am unteren Rand des Lufteinlasses**

**6** Lösen Sie die unteren Schrauben, mit denen die Stoßstange an der Verstärkung gesichert ist (siehe Abbildung).

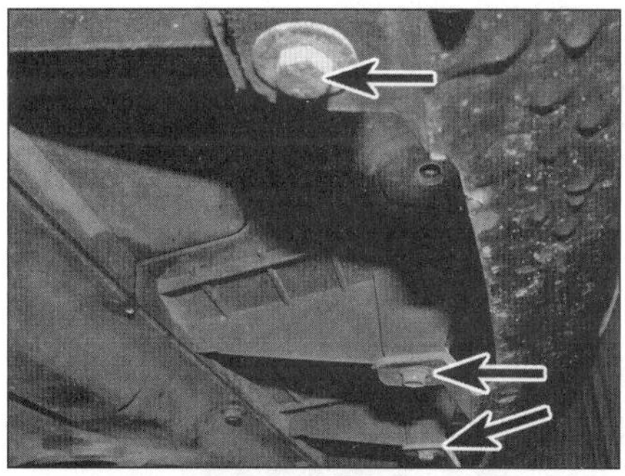

**6.6 Untere Stoßstangen-Schrauben**

**7** Lösen Sie am oberen Rand des Lufteinlasses die Stoßstangenschrauben und ggf. die Befestigungen des Kennzeichenhalters (siehe Abbildung).

**6.7 Lösen Sie die Schrauben und hebeln Sie die Befestigungen am oberen Rand des Lufteinlasses heraus.**

**8** Lösen Sie an beiden Seiten von unten die Schrauben/Muttern der Haltebänder, sowie die Schrauben mit denen die Stoßstange an den Kotflügeln gesichert ist (siehe Abbildungen).

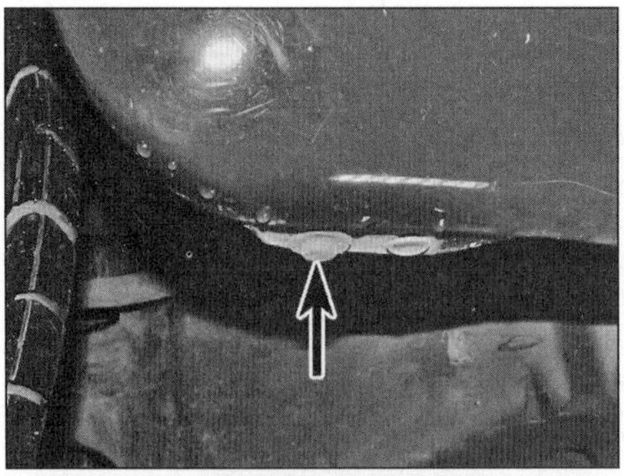

**6.8a Untere Halteband-Schraube**

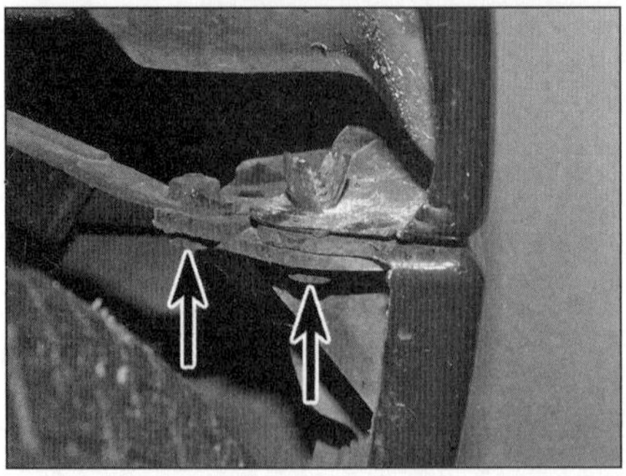

**6.8b Obere Halteband-Schraube und Befestigung zum Kotflügel**

**9** Lösen Sie an beiden Seiten die Mutter der Verbindung zum Kotflügel und ziehen Sie die Stoßstange ab (siehe Abbildung).

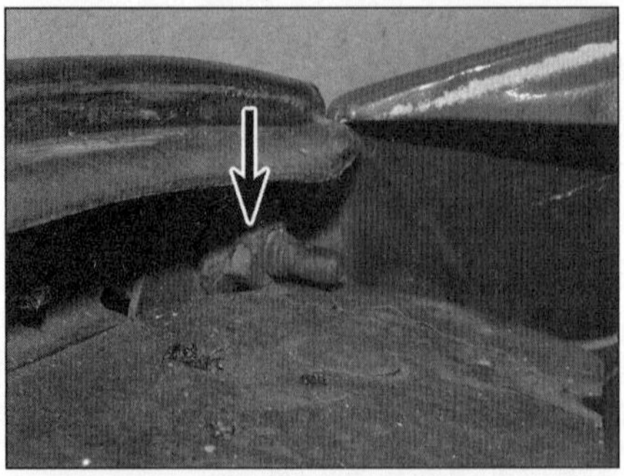

**6.9 Lösen Sie an jeder Seite die Mutter direkt vor dem Scheinwerfer.**

## NB-Modelle (ab 1998)

**10** Lösen Sie an der Verbindung zum Kotflügel im Radkasten die mittleren Schrauben, hebeln Sie die drei Clips heraus, und ziehen Sie die Radhausschale etwas ab, um die Schraube zum Kotflügel lösen zu können (siehe Abbildungen).

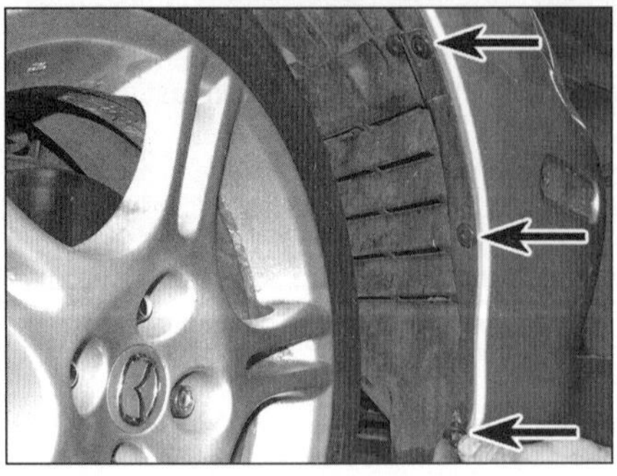

**6.10a Lösen Sie die Befestigungen zur Radhausschale, ...**

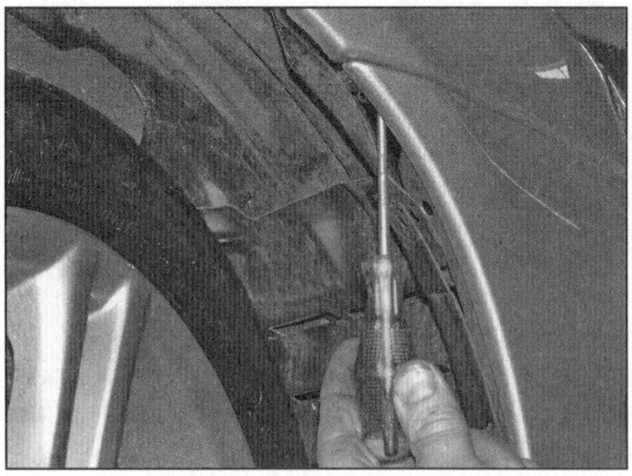

**6.10b ... um Zugang zur Kotflügelschraube zu erhalten.**

**11** Lösen Sie an beiden Seiten die unteren Stoßstangenschrauben (siehe Abbildung).

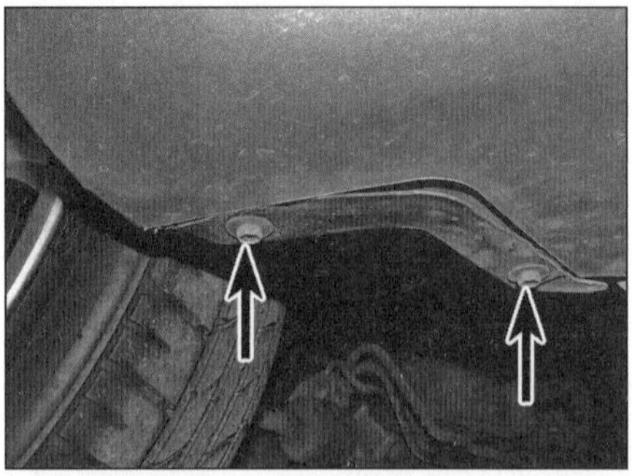

**6.11 Schrauben an der Unterseite der Stoßstange**

**12** Lösen Sie die vier Schrauben oben an der Stoßstange (siehe Abbildung).

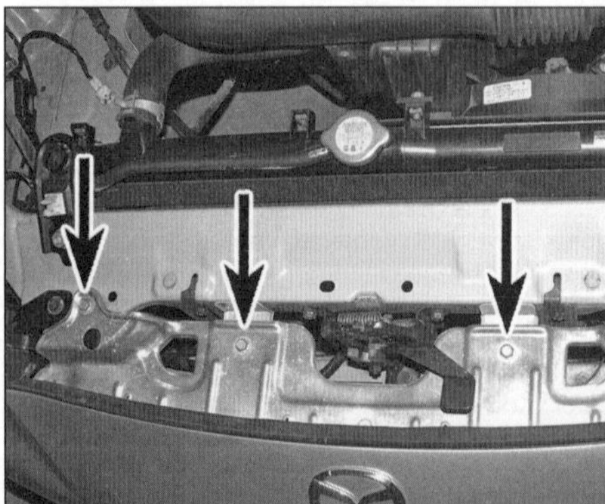

**6.12 Schrauben an der Oberseite der Stoßstange**

**13** Lösen Sie oben am Kühllufteinlass die Schrauben und hebeln Sie die zwei Clips heraus (siehe Abbildung)

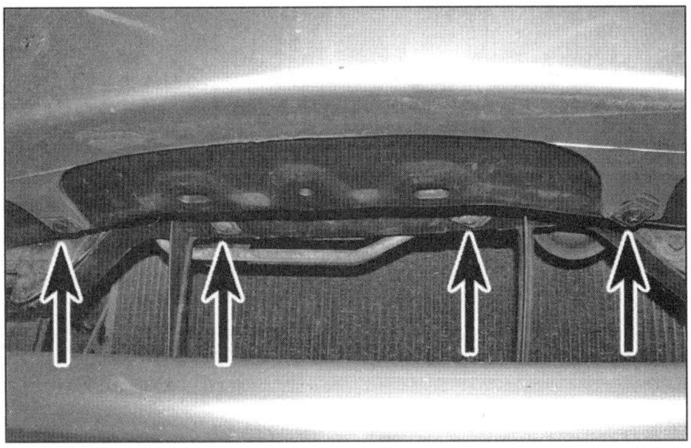

6.13 **Schrauben und Clips am Kühllufteinlass**

**14** Hebeln Sie unten am Kühllufteinlass die drei Kunststoff-Clips heraus (siehe Abbildung).

6.14 **Hebeln Sie unten am Kühllufteinlass die drei Clips heraus.**

**15** Ziehen Sie mithilfe eines Assistenten die hinteren Enden der Stoßstange etwas nach außen, um die Clips zu lösen, und manövrieren Sie sie dann nach vorn ab – trennen Sie dabei alle mit ihr verbundenen Kabelstecker (siehe Abbildung).

6.15 **Ziehen Sie die hinteren Enden etwas nach außen.**

## Einbau

**16** Der Einbau entspricht der umgekehrten Ausbaureihenfolge.

## 7 Stoßstange hinten – Ausbau und Einbau

## Ausbau

### NA-Modelle (bis 1997)

**1** Blockieren Sie die Vorderräder, heben Sie das Fahrzeug hinten an, und stützen Sie es sicher ab (siehe Seite 275).

**2** Lösen Sie von unten die Befestigungen, mit denen die Stoßstange mit der Radhausschale und dem Kotflügel verbunden ist (siehe Abbildung). Sprühen Sie die Clips zuvor mit Kriechöl ein, um sie zu lockern.

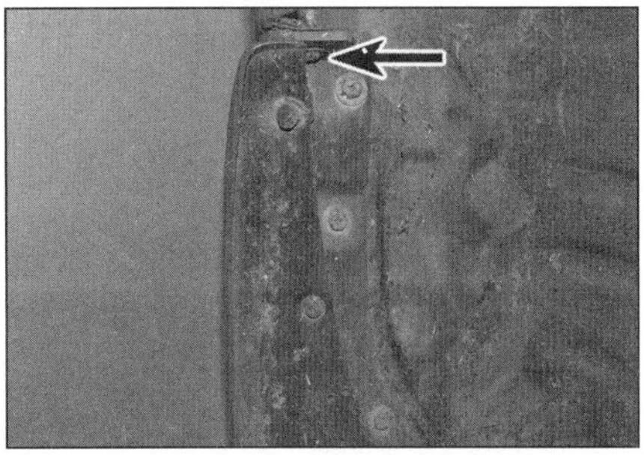

7.2 **Lösen Sie zuerst die Schrauben zum Radhauskasten und dann die Schraube zum Kotflügel (Pfeil).**

**3** Lösen Sie an beiden Seiten die Befestigungen an der Unterseite der Stoßstange (siehe Abbildung).

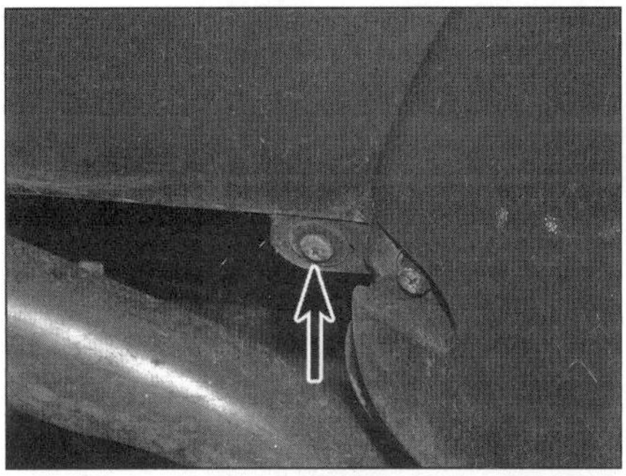

7.3 **Schraube an der Stoßstangen-Unterseite**

**4** Lösen Sie die insgesamt acht Stoßstangen-Muttern (siehe Abbildung) und manövrieren Sie die Stoßstange mithilfe eines Assistenten nach hinten ab.

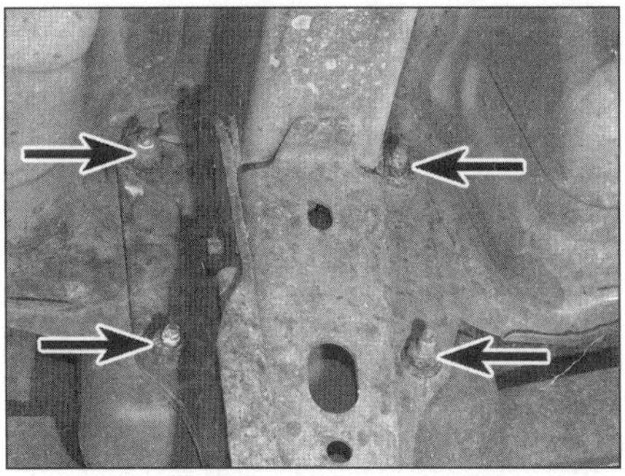

7.4 **Die Stoßstange ist an jeder Seite mit vier Muttern an der Karosserie befestigt.**

### NB-Modelle (ab 1998)

**5** Demontieren Sie die Rückleuchten-Einheiten (siehe Kapitel 12, Sektion 7).
**6** Lösen Sie an beiden Seiten die Schrauben/Kunststoff-Niete, um die Stoßstange zu lösen (siehe Abbildungen).

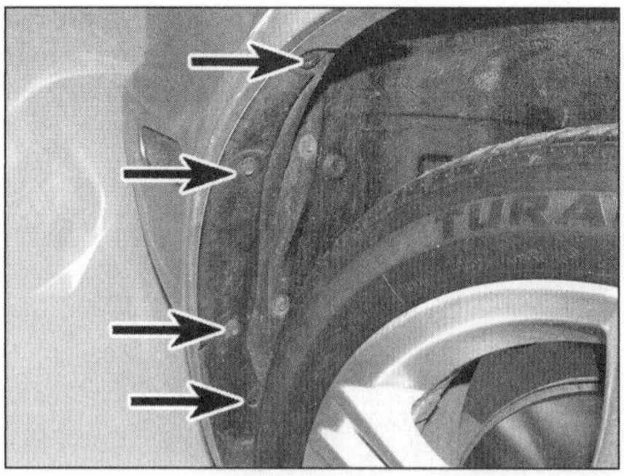

**7.6a Entfernen Sie die Befestigungen zu den Radhausschalen, ...**

**7.6b ... und die unteren Schrauben, ...**

**7.6c ... und ziehen Sie die Stoßstange an beiden Seiten ab.**

**7** Lösen Sie die Kunststoff-Niete der Radhausschalen und die Schraube(n) an beiden Seiten des Radkastens (siehe Abbildung).

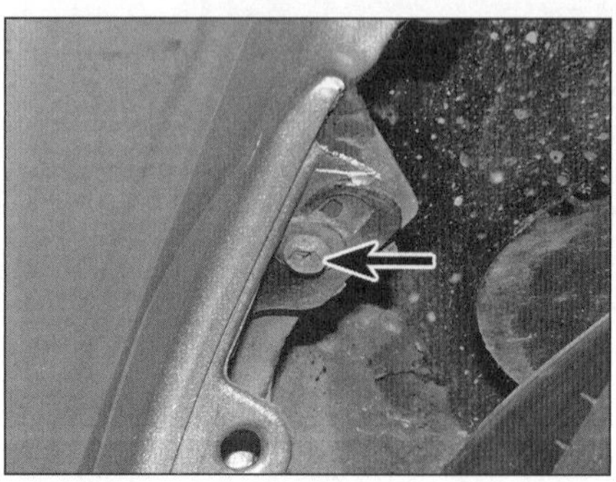

**7.7 Lösen Sie an beiden Seiten die Schraube, mit der die Stoßstange am Kotflügel gesichert ist.**

**8** Entfernen Sie das Kennzeichen und lösen Sie die zwei dahinter sitzenden Schrauben (siehe Abbildung).

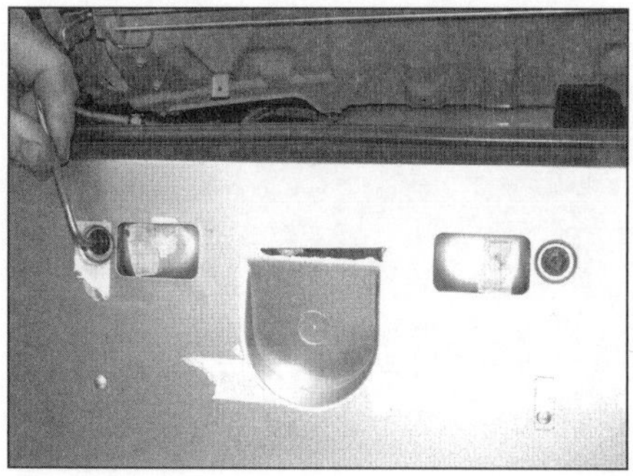

**7.8 Lösen Sie die Schrauben hinter dem Kennzeichen.**

**9** Lösen Sie an der Unterseite der Stoßstange die Schrauben und hebeln Sie die zwei Plastikniete heraus (siehe Abbildung).

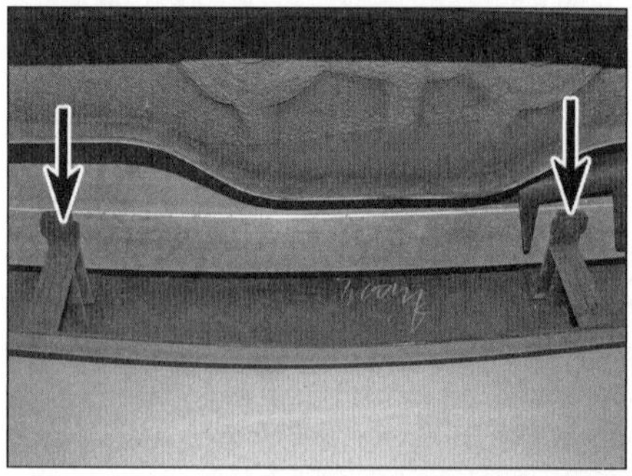

**7.9 Lösen Sie die mittlere Schraube und hebeln Sie unterhalb der Stoßstange die Kunststoff-Niete heraus.**

**10** Ziehen Sie mithilfe eines Assistenten die vorderen Enden der Stoßstange etwas nach außen, um die Clips zu lösen (siehe Abbildung), und manövrieren Sie sie dann nach hinten ab – trennen Sie dabei alle mit ihr verbundenen Kabelstecker.

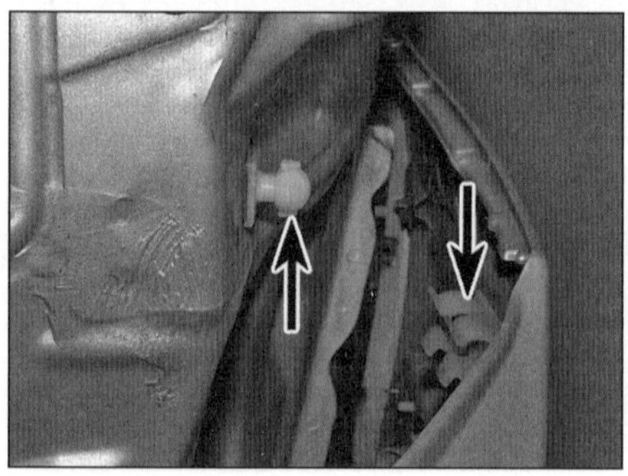

**7.10 Ziehen Sie die vorderen Kanten ab, um den Clip zu befreien.**

## Einbau

**11** Der Einbau entspricht der umgekehrten Ausbaureihenfolge. Achten Sie darauf, dass die Stoßstangen-Enden korrekt positioniert sind.

# 8 Motorhaube – Ausbau, Einbau und Einstellung

## Ausbau und Einbau

**1** Öffnen Sie die Motorhaube. Markieren Sie dann mit einem geeigneten Stift die Umrandung der Scharnierbleche an der Haube, um den Einbau zu erleichtern.

2 Befreien Sie den Wischwasserschlauch (siehe Abbildung).

8.2 Clip des Wischwasserschlauchs

3 Lassen Sie den Assistenten die Motorhaube an einer Seite halten und lösen Sie die Muttern der Scharniere (siehe Abbildung). Heben Sie die Haube mithilfe des Assistenten vorsichtig ab, um sie an einem sicheren Ort abzustellen.

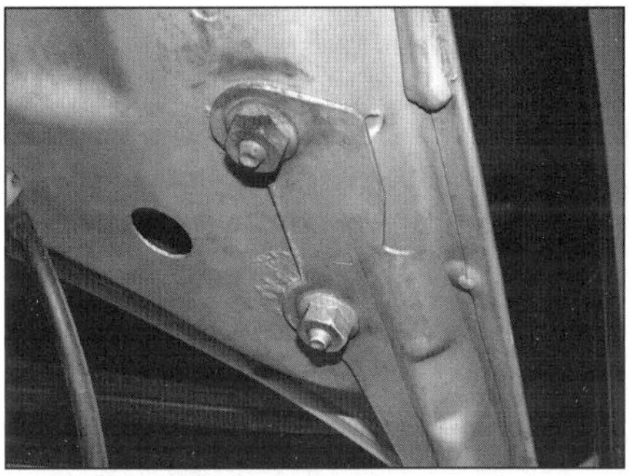

8.3 Motorhauben-Scharniermuttern

4 Der Einbau entspricht der umgekehrten Ausbaureihenfolge.

## Einstellung

5 Die Motorhaube kann korrekt ausgerichtet werden, indem ihre Scharnierplatten-Langlöcher nach dem Lockern der Muttern verschoben werden.
6 Bringen Sie um die gesamte Scharnierplatte herum Ausrichtmarkierungen an, um den benötigten Bewegungsspielraum einschätzen zu können.
7 Lockern Sie die Muttern und verschieben Sie die Haube ein kleines Stück in die gewünschte Richtung. Ziehen Sie die Scharniermuttern, senken Sie die Haube ab, und kontrollieren Sie ihre Position.
8 Nötigenfalls kann auch die gesamte Motorhauben-Verriegelung auf der Kühler-Querstrebe justiert werden, damit die Haube sicher schließt und bündig zu den Kotflügeln steht. Bringen Sie für die Einstellung Markierungen um die Verriegelungs-Schrauben an, um den Einbau zu erleichtern. Lockern Sie dann die Schrauben und positionieren Sie die Verriegelung, um sie zum Riegel der Haube auszurichten (siehe Abbildung). Ziehen Sie nach Beendigung der Einstellung die Schrauben sorgfältig an. Bei späteren Modellen kann die Höhe der Motorhaube durch Drehen der Gummipuffer in den vorderen Ecken eingestellt werden.

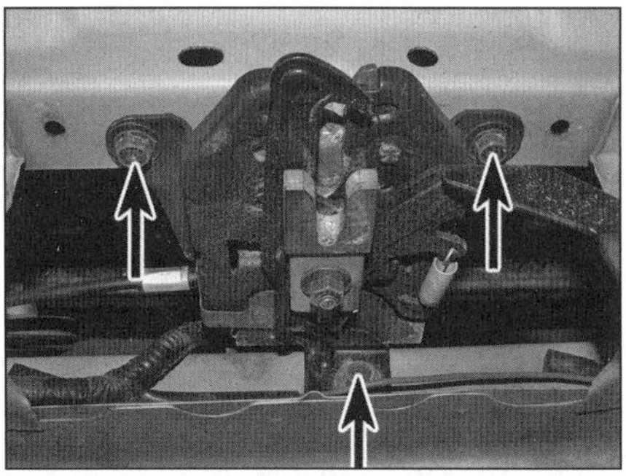

8.8 Schrauben der Motorhauben-Verriegelung

9 Sowohl der Öffnermechanismus als auch die Haubenscharniere sollten regelmäßig mit weißem Lithiumfett geschmiert werden, um ihre Funktion sicherzustellen und Verschleiß zu minimieren.

# 9 Motorhaubenverriegelung und Öffnerzug – Ausbau und Einbau

## Verriegelung

1 Bringen Sie um das Schloss herum Markierungen an, um den Einbau zu erleichtern. Entfernen Sie die Verriegelungs-Schrauben (Abb. 8.8) und entnehmen Sie die Verriegelung.
2 Trennen Sie den Öffnerzug, indem Sie dessen Sicherungs-Clip neben der Verriegelung entfernen und den Zug aus dem Mechanismus befreien.
3 Der Einbau entspricht der umgekehrten Ausbaureihenfolge.
**Anmerkung:** *Stellen Sie die Verriegelung so ein, dass die Motorhaube sicher schließt, und ihre Gummipuffer leicht komprimiert sind.*

## Öffnerzug

4 Befreien Sie den Öffnerzug von der Verriegelung (siehe oben).
5 Verbinden Sie einen dünnen Draht oder ein Seil mit dem Ende des Bowdenzuges und lösen Sie alle Öffnerzug-Befestigungen.
6 Lockern Sie unter der Lenksäule die Kontermutter des Öffnerhebels und befreien Sie diesen (siehe Abbildung).

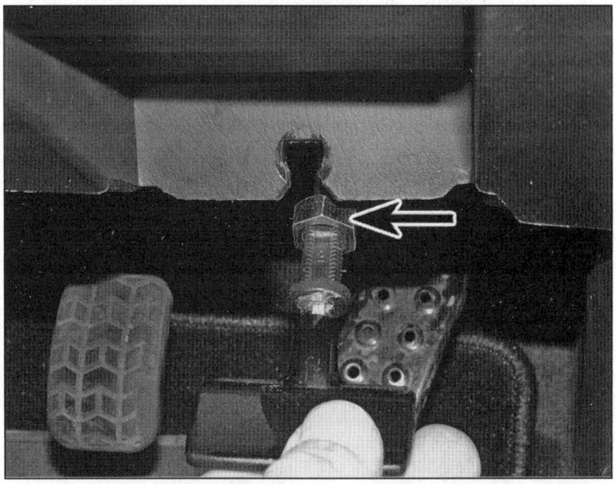

9.6 Lockern Sie die Kontermutter, verdrehen Sie den Öffnerhebel etwas, und befreien Sie ihn nach unten aus dem Armaturenbrett.

**7** Ziehen Sie den Öffnerzug und die Gummiöse nach hinten in den Fußraum, bis der Draht oder das Seil sichtbar werden. Achten Sie darauf, dass der neue Öffnerzug mit einer Gummiöse ausgerüstet ist, lösen Sie den Draht oder das Seil vom alten Zug, und verbinden Sie ihn/es mit dem neuen.
**8** Ziehen Sie mit dem Draht oder Seil den neuen Öffnerzug in den Motorraum zurück.
**9** Der Rest des Einbaus entspricht der umgekehrten Ausbaureihenfolge. **Anmerkung:** *Drücken Sie die Gummiöse vom Fußraum aus in die Spritzwand.*

## 10 Türen – Ausbau, Einbau und Einstellung

### Ausbau und Einbau

**1** Öffnen Sie zunächst das Fenster und trennen Sie zunächst das Massekabel (–) der Batterie (siehe Kapitel 5A, Sektion 4).
**2** Öffnen Sie die Tür vollständig und stützen Sie sie mit Hölzern oder einem Rangierwagenheber ab – schützen Sie den Lack mit Lappen.
**3** Entfernen Sie die Türverkleidung und die Dichtfolie (siehe Sektion 11).
**4** Demontieren Sie den Türlautsprecher (siehe Abbildung).

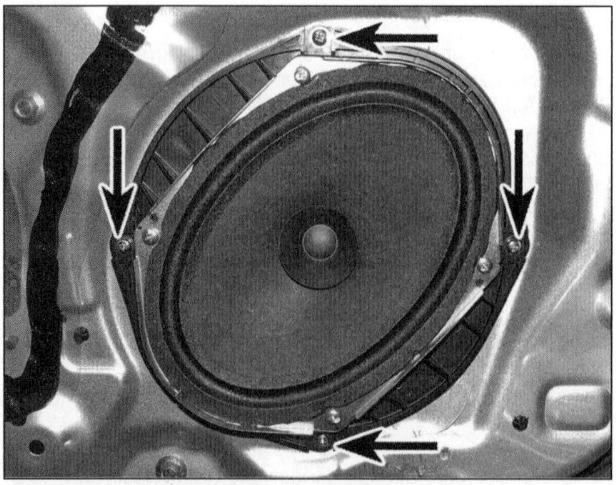

**10.4 Schrauben des Türlautsprechers**

**5** Markieren Sie alle Kabelstecker, trennen Sie sie, und befreien Sie die Verkabelung aus der Tür.
**6** Greifen Sie durch die Lautsprecheröffnung und die Türöffnung und befreien Sie die als Kabelführung dienende Gummimanschette. Ziehen Sie die Verkabelung durch die Führung aus der Tür heraus.
**7** Ziehen Sie den Stift aus dem Türfangband (siehe Abbildung). Lösen Sie die Muttern und befreien Sie das Fangband von der Tür.

**10.7 Stift des Türfangbands**

**8** Markieren Sie die Position der Scharniere und ihrer Schrauben an der Tür, um diese beim Einbau leichter ausrichten zu können (siehe Abbildung).

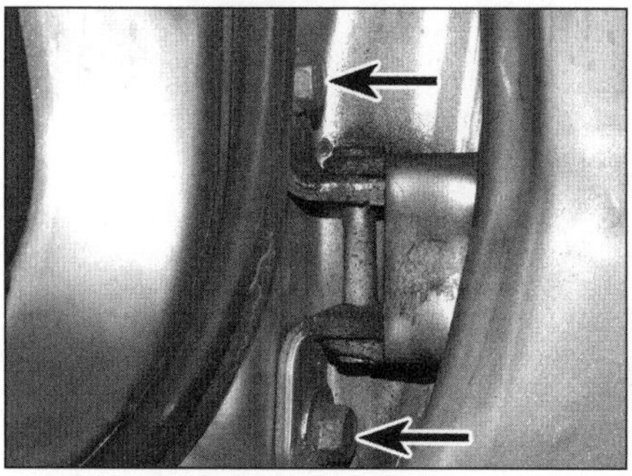

**10.8 Türscharnier-Schrauben**

**9** Lassen Sie einen Assistenten die Tür halten, lösen Sie an ihr die vier Scharnierschrauben, und heben Sie die Tür vom Fahrzeug ab.
**10** Der Einbau entspricht der umgekehrten Ausbaureihenfolge. Richten Sie die Tür sorgfältig aus (siehe unten).

### Einstellung

**11** Richten Sie beim Einbau die zuvor angebrachten Markierungen aus. Falls die Tür nicht korrekt sitzt, muss sie wie folgt eingestellt werden:
a) *Nach dem Lockern der Scharnierschrauben zur Karosserie kann die Tür auf und ab sowie vor und zurück verschoben werden. Zum Erreichen einiger Schrauben wird ein speziell geformtes Werkzeug benötigt.*
b) *Nach dem Lockern der Scharnierschrauben zur Tür kann diese auf und ab sowie nach innen und außen verschoben werden. Zum Erreichen einiger Schrauben wird ein speziell geformtes Werkzeug benötigt.*
c) *Auch der Türschließer kann auf und ab sowie seitlich eingestellt werden, um satt einzurasten. Lockern Sie hierzu seine Schrauben und bewegen Sie ihn von Hand oder mit leichten Hammerschlägen.*
d) *Prüfen Sie die Einstellung des Keils unten am Türpfosten zum Schwalbenschwanz in der Tür. Lockern Sie nötigenfalls die Schrauben des Keils und verschieben Sie ihn auf oder ab.*

## 11 Türverkleidungen – Ausbau und Einbau

### Ausbau

#### NA-Modelle (bis 1997)

**1** Entfernen Sie ggf. die Fensterkurbel, indem Sie ein Tuch dahinter klemmen und hin und her bewegen – so löst sich der Sicherungsdraht, und die Kurbel kann abgezogen werden (siehe Abbildung). Mazda bietet hierfür nötigenfalls auch ein Spezialwerkzeug an.

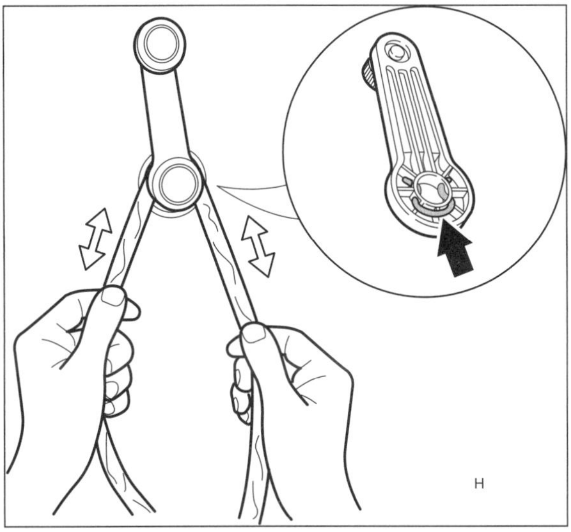


**11.1 Befreien Sie die Fensterkurbel mithilfe eines Tuchs**

**2** Hebeln Sie oben an der Armlehne die Kappe ab und lösen Sie die drei Schrauben, um die Lehne zu entfernen (siehe Abbildungen).

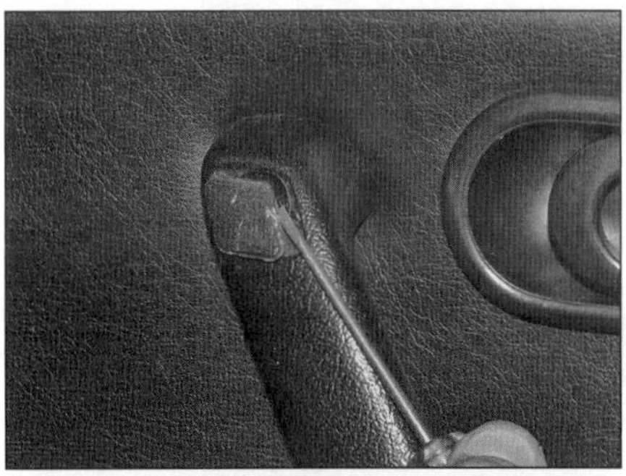

**11.2a Hebeln Sie oben die Kappe ab, ...**

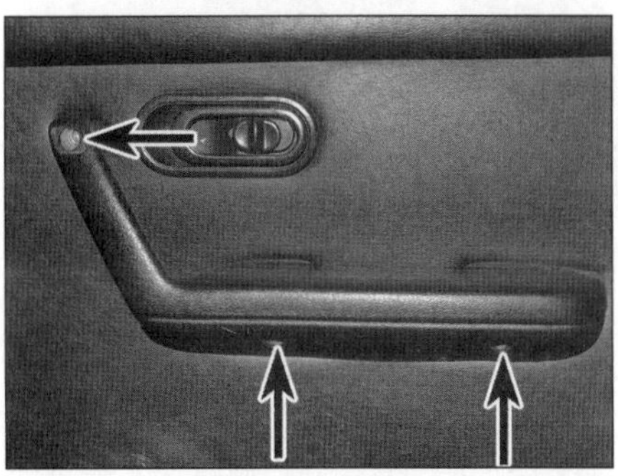

**11.2b ... und lösen Sie die drei Armlehnen-Schrauben.**

**3** Lösen Sie die Schraube der Türöffner-Schale (siehe Abbildung).

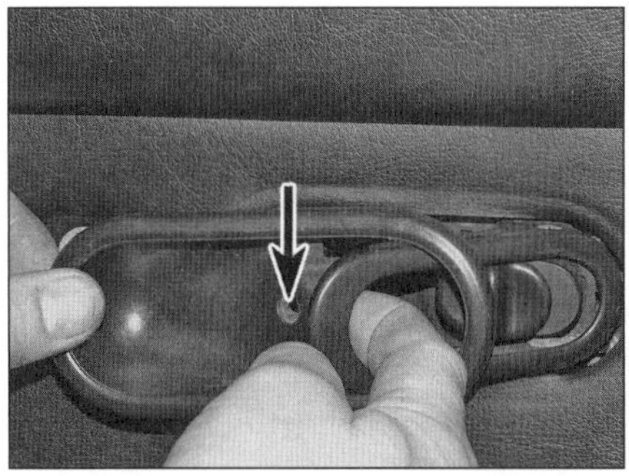

**11.3 Lösen Sie die Schraube, ziehen Sie den Öffner, und schieben Sie die Schale nach vorn ab.**

**4** Heben Sie den Türöffner an und entfernen Sie die Schale.
**5** Führen Sie ein flaches stumpfes Werkzeug zwischen der Lautsprecher-Blende und der Tür ein und hebeln Sie die Blende ab. Befreien Sie auf die gleiche Weise rundherum die Türverkleidung, indem Sie die Clips lösen (siehe Abbildungen).

**11.5a Hebeln Sie die Lautsprecherblende ab.**

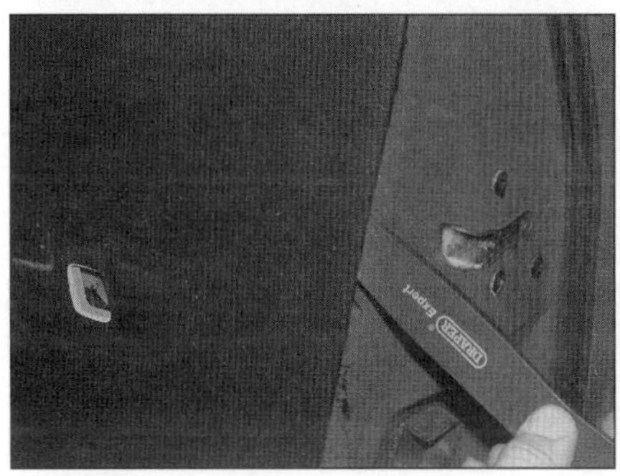

**11.5b Hebeln Sie die Türverkleidung rundherum ab, um die Clips zu lösen.**

**6** Kontrollieren Sie, ob alle Türverkleidungs-Clips befreit sind, und entnehmen Sie die Verkleidung, indem Sie sie sanft hochdrücken und abziehen – trennen Sie dabei alle Kabelstecker.
**7** Um Zugang zu den Innen-Komponenten der Tür zu erhalten, muss die Dichtfolie entfernt werden; ziehen Sie sie ab, ohne sie zu zerreißen. Um die Folie komplett entfernen zu können, muss der innere Türöffner entfernt und seine separate Folie abgezogen werden (siehe Abbildung).

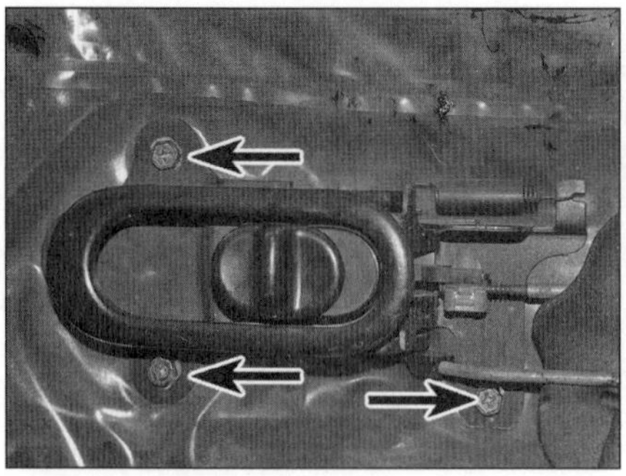

**11.7 Lösen Sie die Schrauben und befreien Sie den inneren Türöffner.**

## NB-Modelle (ab 1998)

**8** Entfernen Sie ggf. die Fensterkurbel, indem Sie ein Tuch dahinter klemmen und hin und her bewegen – so löst sich der Sicherungsdraht, und die Kurbel kann abgezogen werden (Abb. 11.1). Mazda bietet hierfür nötigenfalls auch ein Spezialwerkzeug an.
**9** Lösen Sie die Schraube der Türöffner-Schale (siehe Abbildungen).

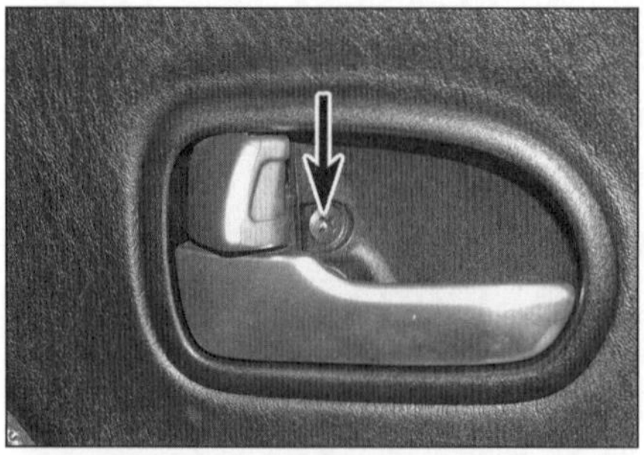

**11.9a Lösen Sie die Schraube, ...**

**11.9b ... und entfernen Sie die Schale.**

**10** Hebeln Sie an den vorderen und hinteren Verkleidungs-Nietstiften das Mittelteil heraus (siehe Abbildungen).

**11.10a Hebeln Sie das Mittelteil heraus und befreien Sie die Nietstifte vorn ...**

**11.10b ... und hinten aus der Türverkleidung.**

**11** Lösen Sie die Schraube(n) des Türgriffs (siehe Abbildungen).

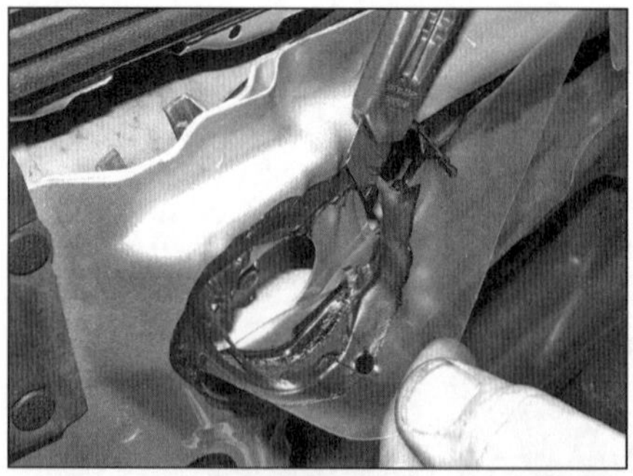

**11.11a Je nach Modell muss die Matte angehoben werden, um Zugang zur unteren Türgriff-Schraube zu erhalten.**

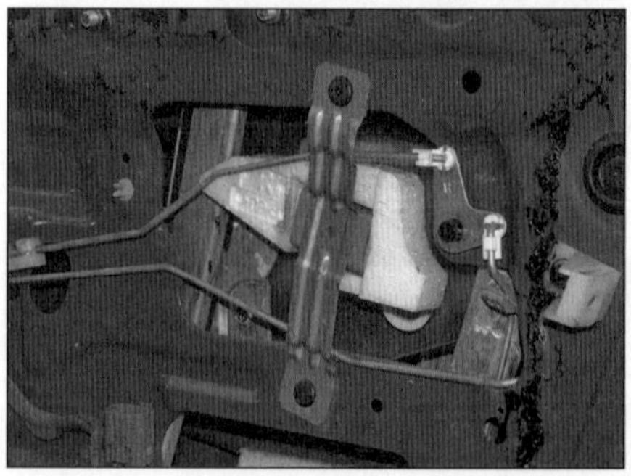

**11.11b Lösen Sie die obere Türgriffschraube.**

**12** Führen Sie ein flaches stumpfes Werkzeug zwischen der Türverkleidung der Tür ein und hebeln Sie sie rundherum ab, indem Sie die Clips lösen (Abb. 11.5b).
**13** Kontrollieren Sie, ob alle Türverkleidungs-Clips befreit sind, und entnehmen Sie die Verkleidung, indem Sie sie sanft hoch drücken und abziehen – trennen Sie dabei alle Kabelstecker.
**14** Um Zugang zu den Innen-Komponenten der Tür zu erhalten, muss die Dichtfolie entfernt werden: Lösen Sie die Schraube des inneren Türöffners, entfernen Sie diesen, und ziehen Sie die Folie ab, ohne sie zu zerreißen. Entfernen Sie nötigenfalls den Polystyrol-Block, drehen Sie den Öffner um, und trennen Sie die Seilzüge/Gestänge (siehe Abbildungen).

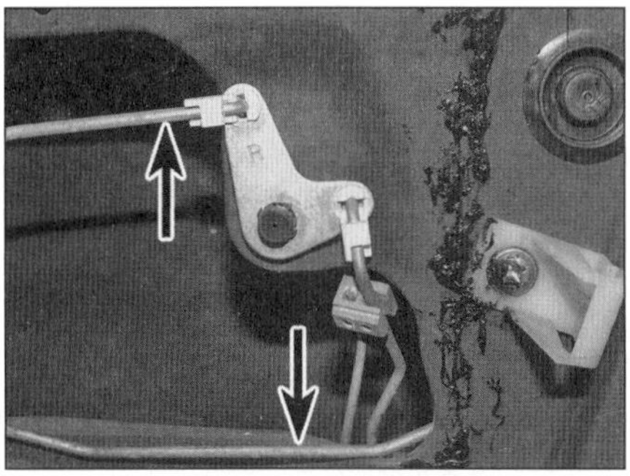

**11.14a Schraube des Türöffners**

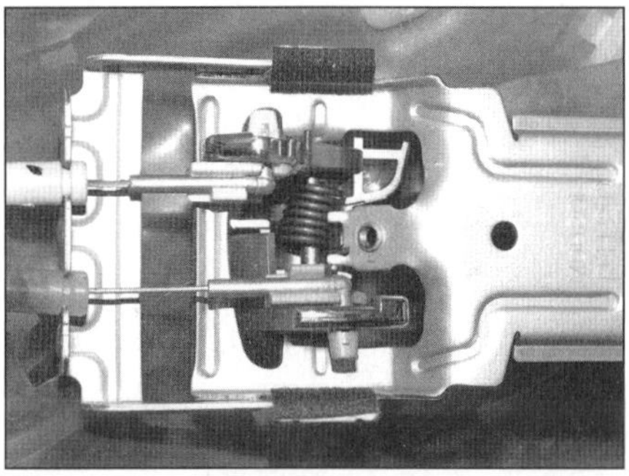

**11.14b Trennen Sie mit einem scharfen Messer die Dichtfolie von der Tür.**

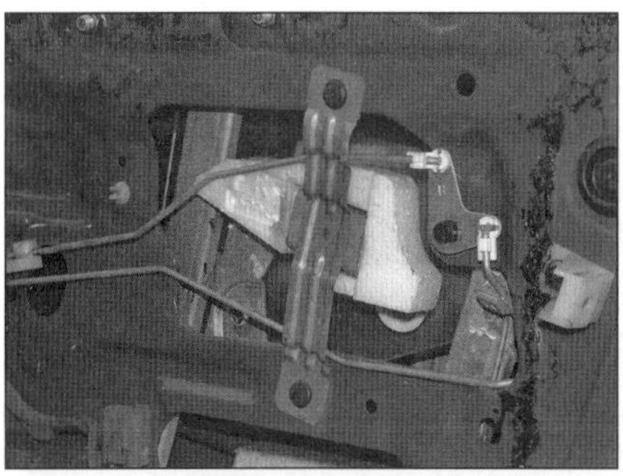

**11.14c Lösen Sie ggf. die Schrauben und entfernen Sie den Polystyrol-Block.**

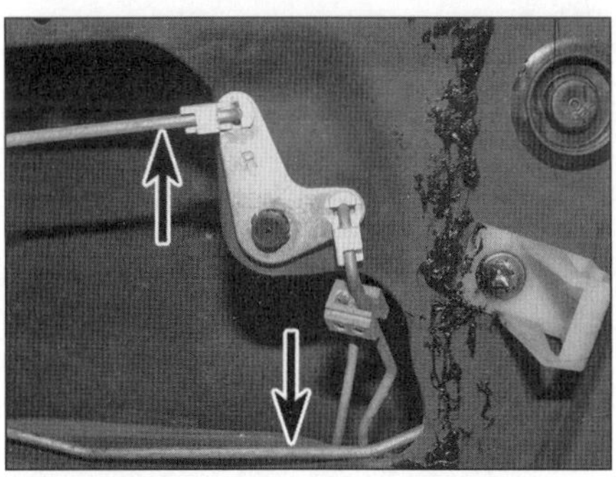

**11.14d Befreien Sie das Türgestänge ...**

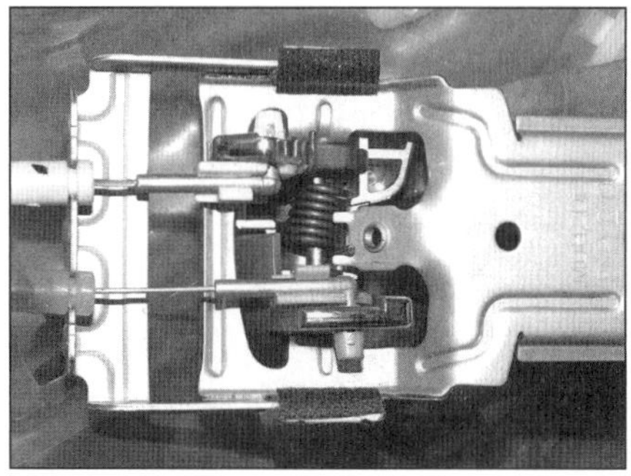

**11.14e ... oder die Seilzüge.**

## Einbau

**15** Drücken Sie zuerst die Dichtfolie wieder an die Tür – verwenden Sie nötigenfalls zusätzlich Dichtmasse. Montieren Sie den Türöffner und ggf. den Polystyrol-Block.

**16** Achten Sie vor dem Einbau der Türverkleidung darauf, dass alle beim Ausbau herausgefallenen Clips wieder installiert werden.

**17** Positionieren Sie die Türverkleidung, verlegen Sie alle Kabel, und verbinden Sie alle Kabelstecker. Drücken Sie die Verkleidung an die Tür, sodass die Clips einrasten.

**18** Der Rest des Einbaus entspricht der umgekehrten Ausbaureihenfolge. Platzieren Sie ggf. den Sicherungsdraht an der Fensterkurbel und drücken Sie diese auf die Welle, bis der Draht einrastet.

## 12 Türöffner und Schließmechanismus – Ausbau und Einbau

## Türschloss

**1** Entfernen Sie die Türverkleidung und die Dichtfolie (siehe Sektion 11).

### NA-Modelle (bis 1997)

**2** Demontieren Sie die Türfenster (siehe Sektion 13).

**3** Lösen Sie die zwei Muttern der hinteren Fensterführung und entfernen Sie diese (siehe Abbildungen).

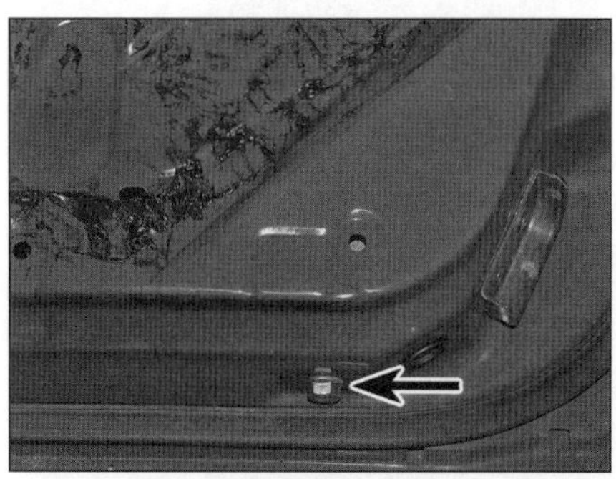

**12.3a Lösen Sie die Mutter unten an der hinteren Fensterführung ...**

**12.3b … und die obere Mutter.**

**4** Befreien Sie das Gestänge des Außen-Türöffners vom Türschloss und das Schließzylinder-Gestänge vom Hebel des Zylinders (siehe Abbildungen).

**12.4a Ziehen Sie den Clip (Pfeil) ab, um das Gestänge des Außen-Türöffners zu befreien.**

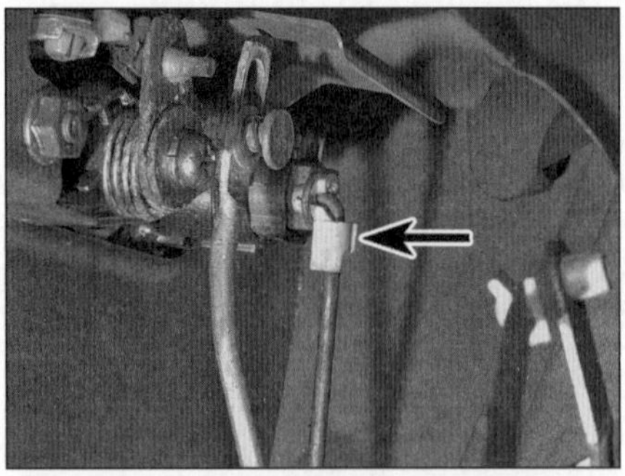

**12.4b Schieben Sie den Clip (Pfeil) beiseite, um das Schließzylinder-Gestänge zu trennen.**

**5** Drücken Sie an der Anlenkung des Innen-Öffners die Clips zusammen, um sie aus der Tür zu befreien (siehe Abbildung).

**12.5 Die Clips des Zapfens lassen sich mit einem geeigneten Steckschlüssel zusammendrücken.**

**6** Lösen Sie hinten in der Tür die drei Türschloss-Schrauben und befreien Sie das Schloss (siehe Abbildung).

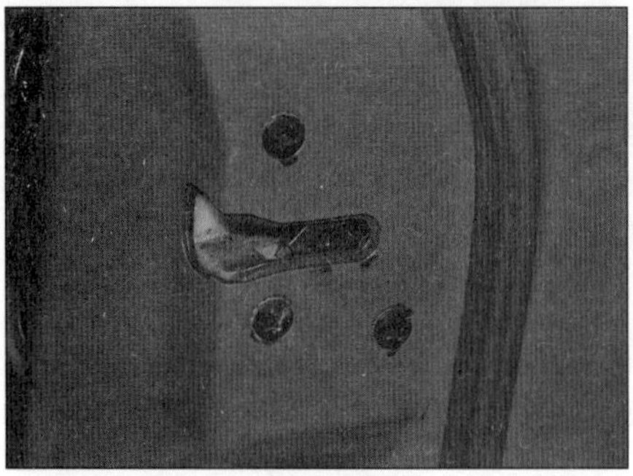

**12.6 Türschloss-Schrauben**

## NB-Modelle (ab 1998)

**7** Demontieren Sie die Türfenster (siehe Sektion 13).
**8** Lösen Sie die zwei Muttern der hinteren Fensterführung und entfernen Sie diese (Abb. 12.3a und b).
**9** Lösen Sie ggf. die zwei Muttern der Polystyrol-Blöcke und entfernen Sie diese vom Türrahmen – merken Sie sich ihre Einbauposition (siehe Abbildung).

**12.9 Muttern der Polystyrol-Blöcke**

**10** Greifen Sie in die Tür, lösen Sie die Mutter und den Spreizniet der Kunststoffabdeckung über dem Außen-Türöffner, und entfernen Sie diese (siehe Abbildungen).

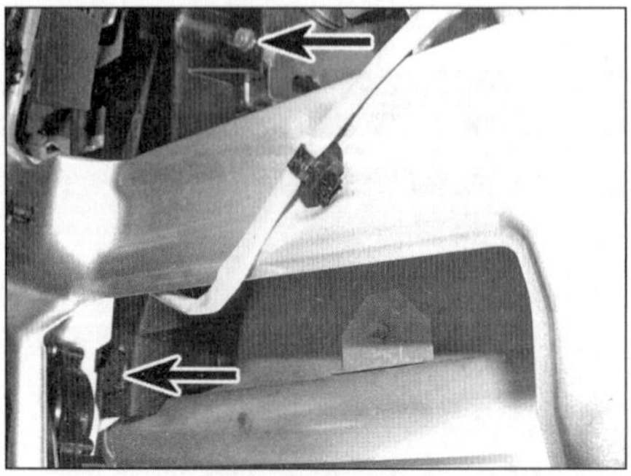

**12.10a Lösen Sie die Mutter und den Spreizniet, …**

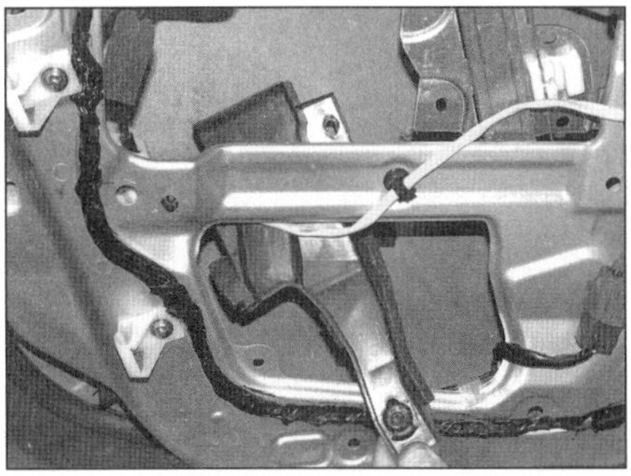

**12.10b ... und befreien Sie die Abdeckung.**

**11** Lösen Sie die Clips der Gestänge, um diese vom Schließzylinder und dem Außen-Türöffner zu lösen (siehe Abbildung).

**12.11 Drehen Sie die Clips und befreien Sie die Gestänge.**

**12** Lösen Sie bei 1998er- und 99er-Modellen die zwei Schrauben, die den Schließmotor an der Tür sichern (siehe Abbildung).

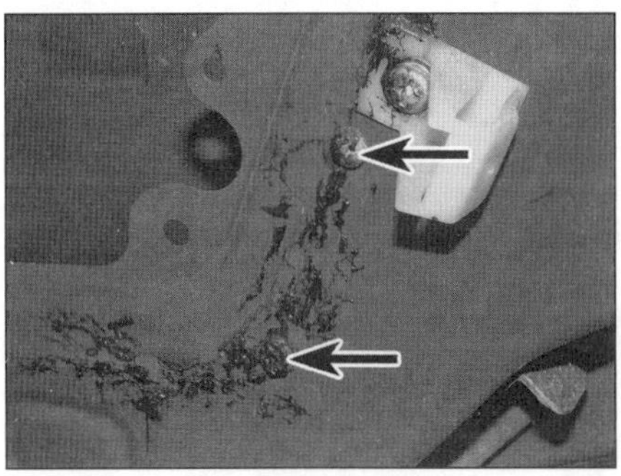

**12.12 Schrauben des Schließmotors – 1998er- und 99er-Modelle**

**13** Lösen Sie bei allen Modellen hinten in der Tür die drei Türschloss-Schrauben und befreien Sie das Schloss (Abb. 12.6) – trennen Sie dabei alle Kabelstecker.

**14** Lösen Sie nötigenfalls die Schraube der Kunststoffabdeckung, entfernen Sie diese, und trennen Sie die Gestänge/Seilzüge vom Türschloss (siehe Abbildungen).

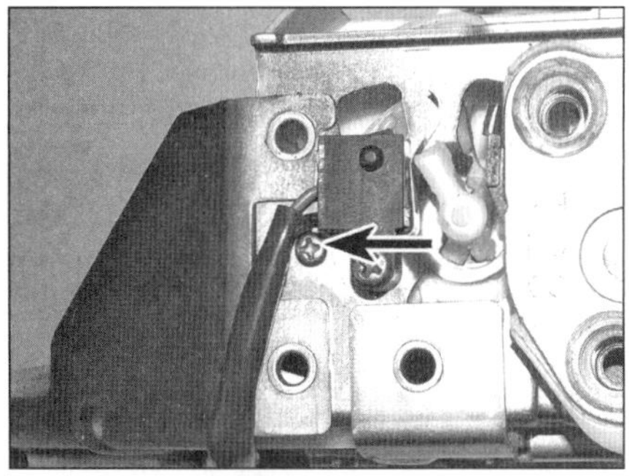

**12.14a Lösen Sie die Schraube, ...**

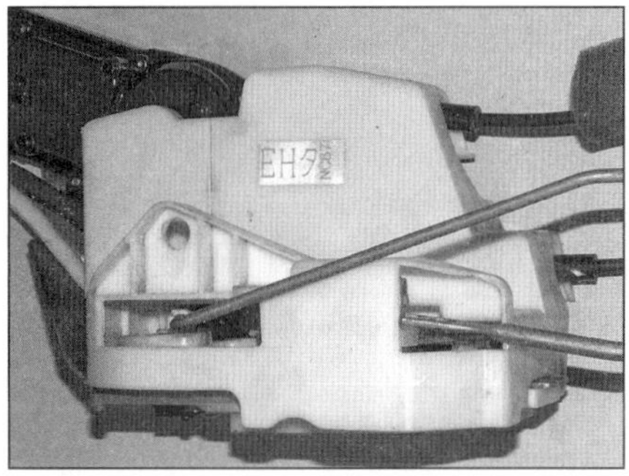

**12.14b ... und entfernen Sie die Abdeckung, ...**

**12.14c ... um Zugang zu den Seilzügen zu erhalten.**

**12.14d Türschloss-Gestänge**

## Alle Modelle

**15** Der Einbau entspricht der umgekehrten Ausbaureihenfolge.

# Türöffner außen

**16** Entfernen Sie die Türverkleidung und die Dichtfolie (siehe Sektion 11).

## NA-Modelle (bis 1997)

**17** Demontieren Sie die Türfenster (siehe Sektion 13). Lösen Sie die zwei Muttern der hinteren Fensterführung und entfernen Sie diese (Abb. 12.3a und b). Befreien Sie das Gestänge des Außen-Türöffners vom Türschloss und das Schließzylinder-Gestänge vom Hebel des Zylinders (Abb. 12.4a und b).

**18** Lösen Sie die Muttern und befreien Sie den Türöffner aus der Tür (siehe Abbildung).

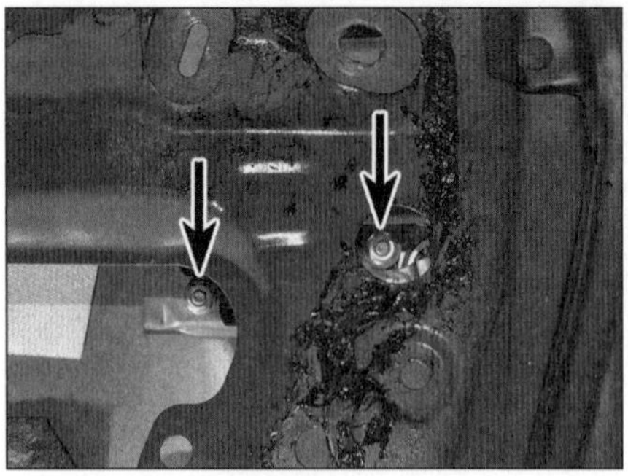

**12.18 Muttern des äußeren Türöffners**

**19** Hebeln Sie nötigenfalls den Sicherungsdraht heraus und ziehen Sie den Schließzylinder aus dem Türöffner (siehe Abbildungen).

**12.19a Hebeln Sie den Sicherungsdraht heraus, ...**

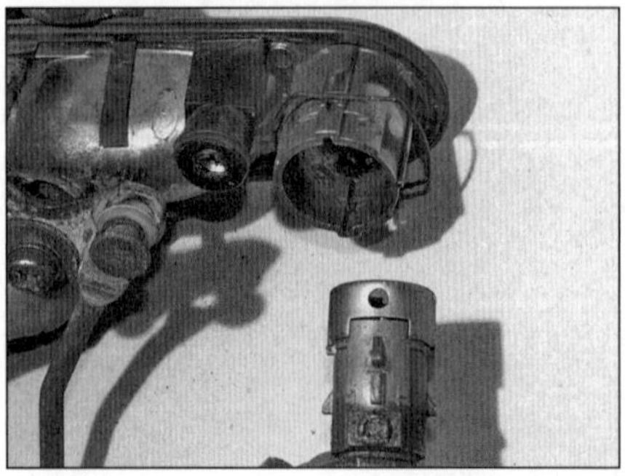

**12.19b ... und ziehen Sie den Schließzylinder aus dem Türöffner.**

## NB-Modelle (ab 1998)

**20** Demontieren Sie die Türfenster (siehe Sektion 13).

**21** Lösen Sie die zwei Muttern der hinteren Fensterführung und entfernen Sie diese (Abb. 12.3a und b).

**22** Lösen Sie ggf. die zwei Muttern der Polystyrol-Blöcke und entfernen Sie diese vom Türrahmen – merken Sie sich ihre Einbauposition (Abb. 12.9).

**23** Greifen Sie in die Tür, lösen Sie die Mutter und den Spreizniet der Kunststoffabdeckung über dem Außen-Türöffner, und entfernen Sie diese (Abb. 12.10a und b).

**24** Lösen Sie die Clips der Gestänge, um diese vom Schließzylinder und dem Außen-Türöffner zu lösen (Abb. 12.11).

**25** Hebeln Sie die Gummikappe heraus und entfernen Sie durch die Türöffnung hindurch die Türöffner-Mutter (siehe Abbildungen), entnehmen Sie dann den Öffner von der Tür.

**12.25a Hebeln Sie die Gummikappe heraus, ...**

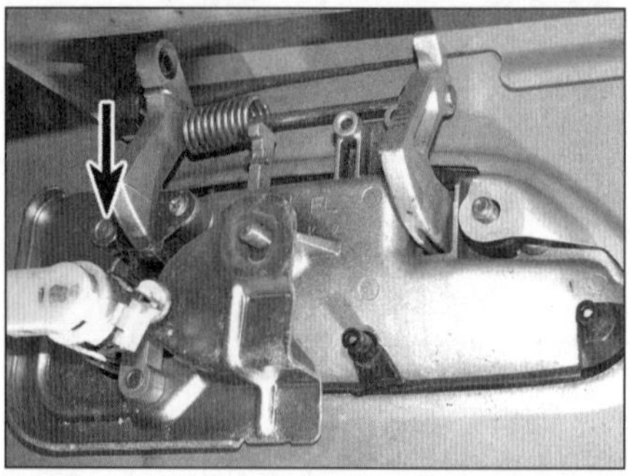

**12.25b ... um Zugang zur Mutter des Türöffners zu erhalten.**

**26** Befreien Sie ggf. den Schalter vom Schließzylinder (siehe Abbildungen) – beachten Sie die Ausrichtung der Teile zueinander.

**12.26a Lösen Sie an beiden Seiten die Lasche, um den Schalter zu befreien, ...**

**12.26b … beachten Sie seine Ausrichtung zum Schließzylinder.**

**27** Hebeln Sie mit einer Zange oder einem Schraubendreher den Sprengring ab und ziehen Sie den Zylinder heraus (siehe Abbildung).

**12.27 Schließzylinder-Sicherungsring**

### Alle Modelle

**28** Der Einbau entspricht der umgekehrten Ausbaureihenfolge.

## Türöffner innen

**29** Beachten Sie die Hinweise in Sektion 11.

## 13 Türfenster – Ausbau, Einbau und Einstellung

## Ausbau und Einbau

**1** Öffnen Sie das Fenster, sodass es etwa 190 mm (NA-Modelle bis 1997) bzw. 225 mm (NB-Modelle ab 1998) aus der Tür herausragt.
**2** Entfernen Sie die Türverkleidung und die Dichtfolie (siehe Sektion 11).

### NA-Modelle (bis 1997)

**3** Hebeln Sie oben an der Tür an beiden Enden der äußeren Dichtleiste die Clips heraus und entfernen Sie diese (siehe Abbildungen).

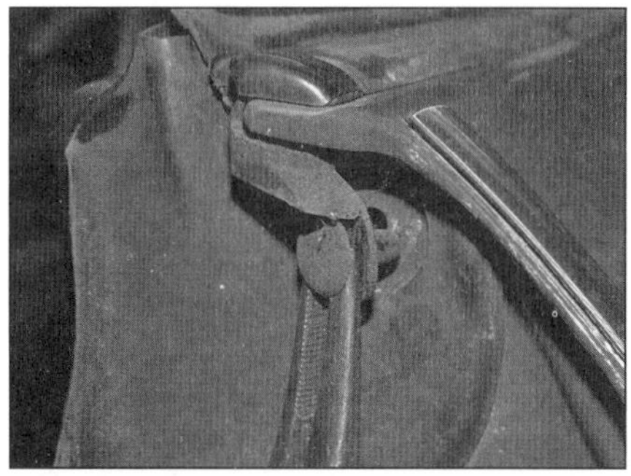

**13.3a Hebeln Sie hinten …**

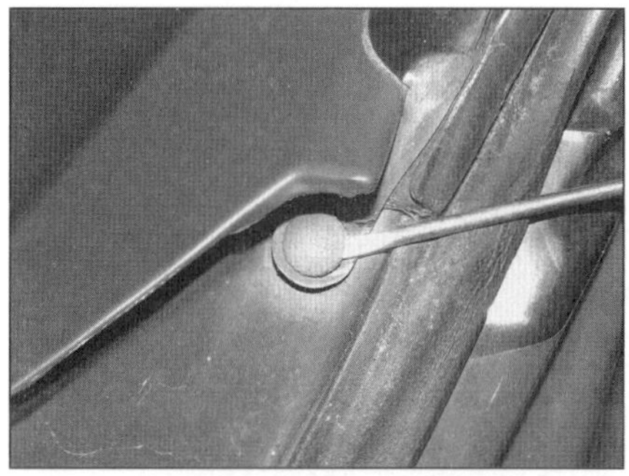

**13.3b … und vorn den Clip heraus, …**

**13.3c … um die äußere Dichtleiste entfernen zu können.**

### Alle Modelle

**4** Beachten Sie die Einbaupositionen der Fenster-Anschläge, lösen Sie ihre Schrauben, und entfernen Sie sie aus der Tür (siehe Abbildungen).

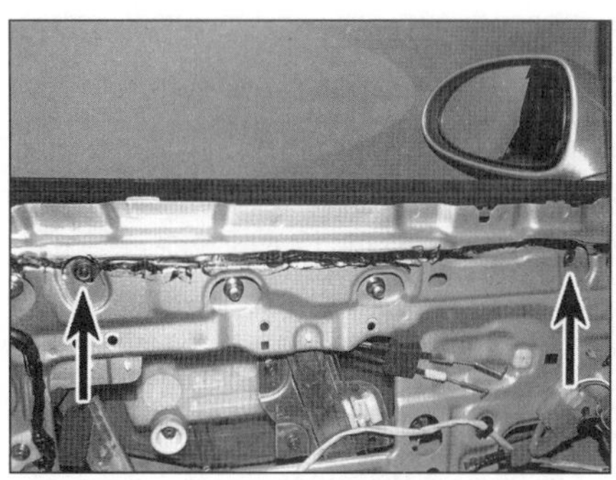

**13.4a Lösen Sie die Schrauben, …**

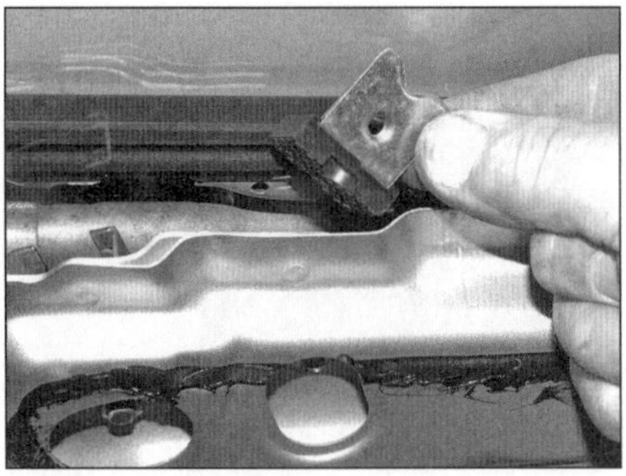

**13.4b … und entfernen Sie die Fensteranschläge.**

**5** Lösen Sie die drei Schrauben, die das Glas am Fensterheber sichern (siehe Abbildung).

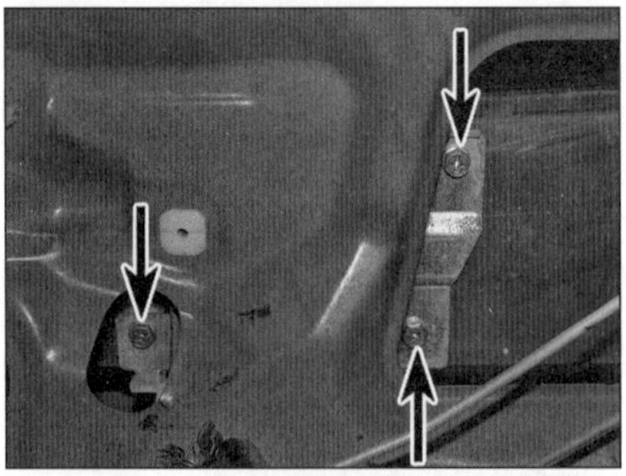

**13.5 Fensterglas-Sicherungsschrauben**

**6** Heben Sie das Glas nach oben aus der Tür (siehe Abbildung).

**13.6 Heben Sie das Glas aus der Tür.**

**7** Der Einbau entspricht der umgekehrten Ausbaureihenfolge.

## Einstellung

**8** Die Höheneinstellung erfolgt mithilfe der oberen Anschläge am Türrahmen (NA-Modelle) oder am unteren Glasrand (NB-Modelle). Lockern Sie die Schrauben der Anschläge, positionieren und halten Sie das Fenster vollständig geschlossen im Türrahmen, und ziehen Sie die Schrauben leicht wieder an. Senken Sie das Fenster langsam ab und prüfen Sie dabei, ob es sich sanft bewegen lässt. Stellen Sie das Fenster vertikal und horizontal ein, sodass es vollständig schließt und sich sanft auf und ab bewegen lässt.
**9** Um das Fenster nach innen oder außen zu verstellen, müssen die unteren Enden der hinteren Führung und des Fensterhebers nach innen oder außen bewegt werden – lockern Sie hierzu ihre Muttern unten in der Tür. Bewegen Sie die Führung und den Heber nach innen oder außen, um das geschlossene Fenster korrekt auszurichten, und ziehen Sie die Muttern wieder an.

## 14 Türfenster-Mechanismus – Ausbau und Einbau

**1** Demontieren Sie das Türfenster (siehe Sektion 13).
**2** Markieren Sie die Ausrichtung der unteren Muttern/Schrauben, ziehen Sie die Gummileiste aus der Führung, lösen Sie die Muttern/Schrauben der vorderen Führungsschiene, und entfernen Sie diese (siehe Abbildungen).

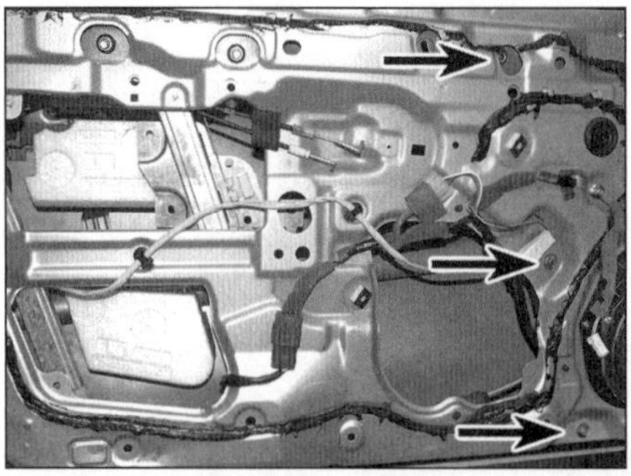

**14.2a Untere Schrauben/Muttern der vorderen Führungsschiene**

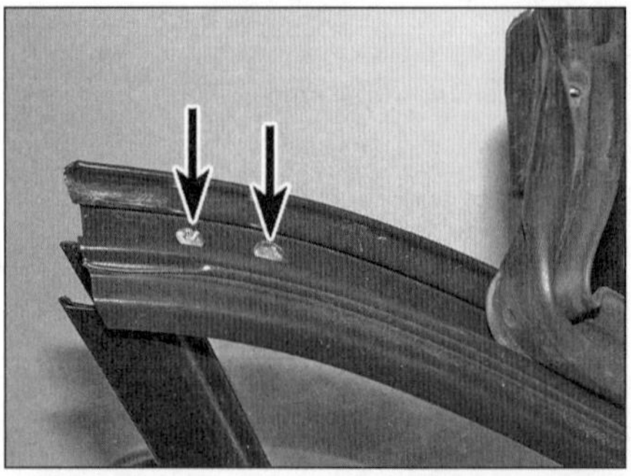

**14.2b Ziehen Sie das Gummi ab, lösen Sie die Schrauben, …**

**14.2c … und entfernen Sie die vordere Führung.**

**3** Markieren Sie die Ausrichtung der Fensterheber-Befestigungsschrauben/Muttern, um den Einbau zu erleichtern.
**4** Trennen Sie bei Modellen mit elektrischem Fensterheber den Kabelstecker des Motors und befreien Sie die Verkabelung.
**5** Lösen Sie die Fensterheber-Befestigungsschrauben/Muttern und befreien Sie diesen ggf. samt Motor durch den Tür-

rahmen heraus (siehe Abbildungen). Befreien Sie ggf. die Verkabelung.

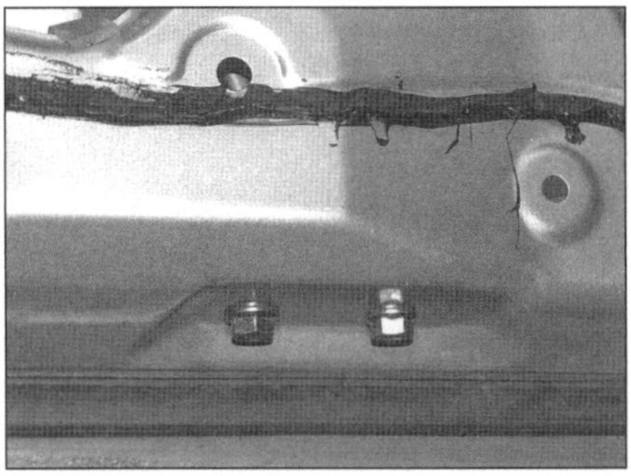

**14.5a Lösen Sie die unteren, ...**

**14.5b ... die mittleren ...**

**14.5c ... und die oberen Muttern des Fensterhebers.**

## 15 Kofferraumdeckel – Ausbau, Einbau und Einstellung

***Warnung: Der Kofferraumdeckel ist schwer genug, um ohne die Ausgleichsfeder Verletzungen hervorrufen zu können. Falls die Feder ausgebaut werden soll, empfiehlt es sich, vorher den Deckel zu demontieren.***

### Ausbau und Einbau

**1** Trennen und befreien Sie alle Kabel oder Stecker, die beim Ausbau des Kofferraumdeckels hinderlich sein können.
**2** Markieren Sie die Ausrichtungen der Scharniermuttern an den Langlöchern, um den Einbau zu erleichtern (siehe Abbildung).

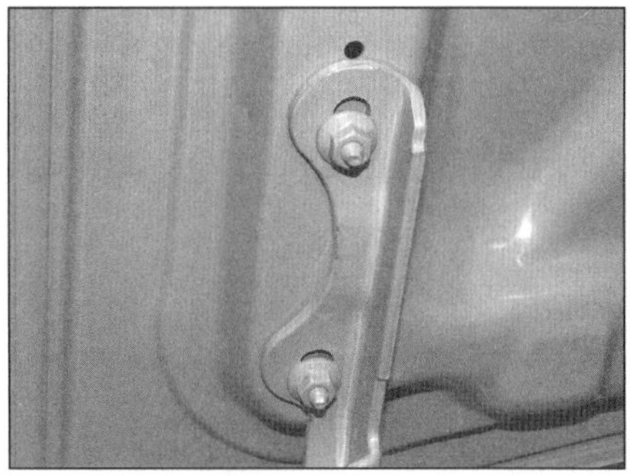

**15.2 Markieren Sie die Ausrichtung der Scharniermuttern.**

**3** Lassen Sie einen Assistenten den Kofferraumdeckel halten, lösen Sie an beiden Seiten die Muttern, und entnehmen Sie den Deckel.
**4** Falls die Ausgleichsfeder entfernt werden soll, muss ein Schraubendreher zum Schutz des Lacks mit Klebeband umwickelt und am Ende der Feder eingeführt werden, um diese aus der Kerbe zu hebeln.
**5** Der Einbau entspricht der umgekehrten Ausbaureihenfolge – richten Sie die Scharniere entsprechend der zuvor angebrachten Markierungen aus.

### Einstellung

**6** Der Kofferraumdeckel kann nach dem Lockern der Scharnier-Befestigungen vor und zurück sowie seitlich verschoben werden.
**7** Ziehen Sie mit einem Stift eine Linie um die Scharnierplatte, um die Bewegung besser einschätzen zu können.
**8** Lockern Sie die Muttern und bewegen Sie den Kofferraumdeckel, um ihn korrekt auszurichten. Ziehen Sie die Scharniermuttern sorgfältig an, senken Sie den Deckel vorsichtig ab, und kontrollieren Sie die Ausrichtung.
**9** Der Schließriegel des Kofferraumdeckels muss nach dem Einbau nötigenfalls justiert werden, damit der Deckel sicher schließt und bündig zu den Kotflügeln steht. Ziehen Sie hierzu mit einem Stift eine Linie um die Riegelplatte, um einen Referenzpunkt zu haben. Lockern Sie dann die Schrauben des Riegels und verschieben Sie diesen (siehe Abbildung). Ziehen Sie die Schrauben nach der Einstellung sorgfältig an.

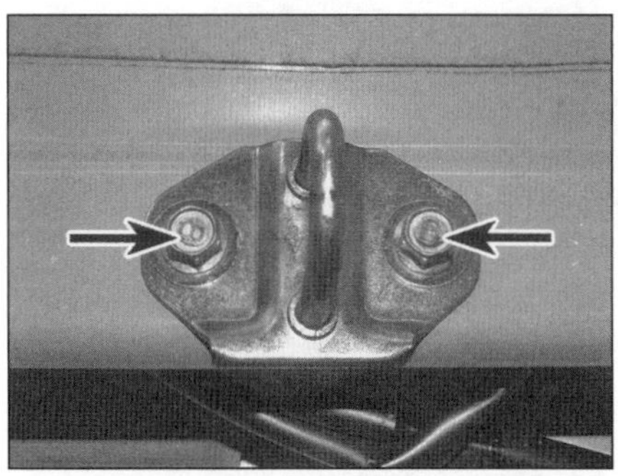

**15.9 Schrauben des Kofferraumdeckel-Riegels**

## 16 Kofferraum-Schließmechanismus – Ausbau und Einbau

### Kofferraumschloss

**1** Öffnen Sie den Kofferraum, hebeln Sie an der hinteren Innenverkleidung die Stifte der Spreizniete heraus, und entfernen Sie diese, um die Verkleidung entnehmen zu können (siehe Abbildungen).

**16.1a Hebeln Sie die mittigen Stifte heraus, ...**

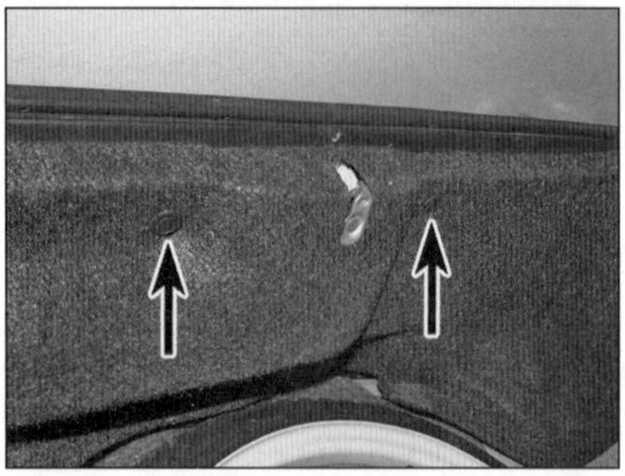

**16.1b ... und entfernen Sie die Spreizniete.**

**2** Bringen Sie zwischen dem Schloss und seinem Sitz Markierungen an, lösen Sie die Schrauben, und entnehmen Sie das Schloss (siehe Abbildung) – trennen Sie dabei ggf. vorhandene Kabelstecker.

**16.2 Lösen Sie die Schrauben des Kofferraum-Schlosses, ...**

**3** Befreien Sie den Öffnerzug oder das Gestänge vom Schloss (siehe Abbildung).

**16.3 ... und befreien Sie den Seilzug oder das Gestänge.**

**4** Schrauben Sie ggf. am Kofferraumdeckel den Riegel ab (Abb. 15.9).

**5** Der Einbau entspricht der umgekehrten Ausbaureihenfolge – richten Sie das Schloss und den Riegel entsprechend der Hinweise in Sektion 15 aus.

## Schließzylinder

**6** Öffnen Sie den Kofferraum, hebeln Sie an der hinteren Innenverkleidung die Stifte der Spreizniete heraus, und entfernen Sie diese, um die Verkleidung entnehmen zu können (Abb. 16.1a und b).

**7** Hebeln Sie am Öffnergestänge den Sicherungsclip ab und trennen Sie es vom Schließzylinder. Ziehen Sie ggf. den Kabelstecker ab (siehe Abbildung).

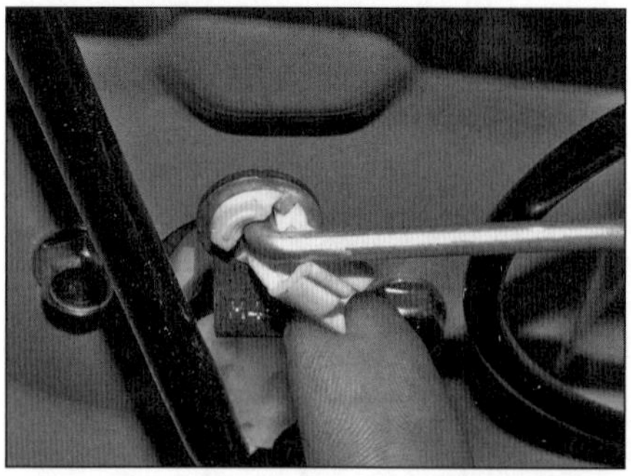

**16.7 Schwenken Sie den Clip herum und trennen Sie das Gestänge.**

**8** Entfernen Sie bei NA-Modellen (bis 1997) das Kennzeichen, lösen Sie die Muttern, und entfernen Sie die äußere Heckabdeckung.

**9** Entfernen Sie bei NB-Modellen (ab 1998) die hintere Stoßstange (siehe Sektion 7).

**10** Lösen Sie bei allen Modellen die Schrauben des Schließzylinders und ziehen Sie diesen aus dem Abschlussblech (siehe Abbildung).

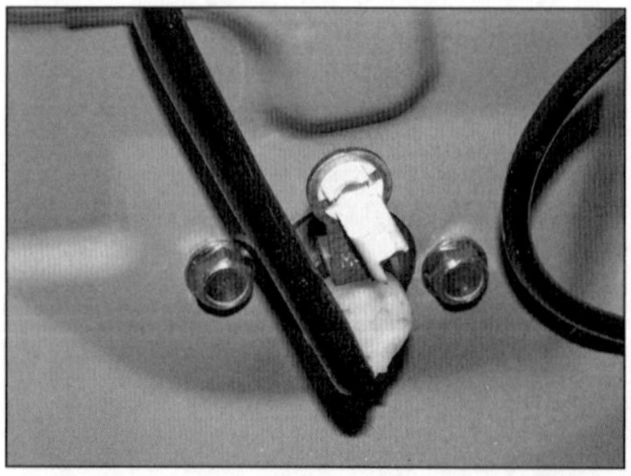

**16.10 Schrauben der Schließzylinder-Baugruppe**

**11** Der Einbau entspricht der umgekehrten Ausbaureihenfolge.

## Öffnerzug

**12** Demontieren Sie die Mittelkonsole (siehe Sektion 27).

**13** Entfernen Sie das Kofferraumdeckel-Schloss und trennen Sie den Öffnerzug (siehe oben).

**14** Lösen Sie links im Kofferraum die Schraube des Staufachs und heben Sie dies heraus (siehe Abbildung).

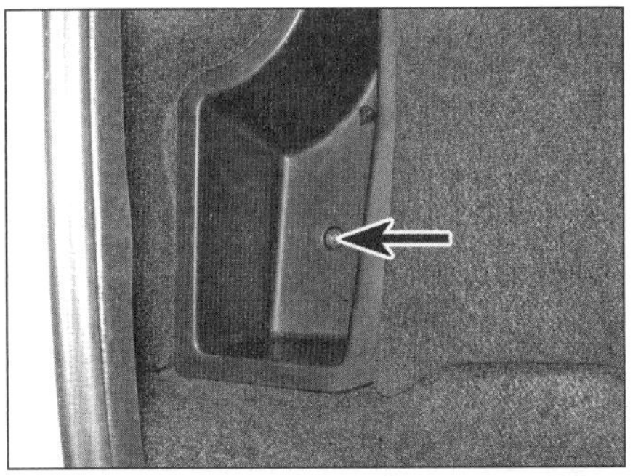

16.14 **Schraube des Kofferraum-Staufachs**

**12** Soweit links eine Kofferraumverkleidung vorhanden ist, müssen die Mittelstifte der Spreizniete herausgehebelt und diese herausgezogen werden, um die Verkleidung zu entfernen.
**16** Lösen Sie die Schrauben der Blechverkleidung links vorn im Kofferraum und entfernen Sie diese (siehe Abbildung).

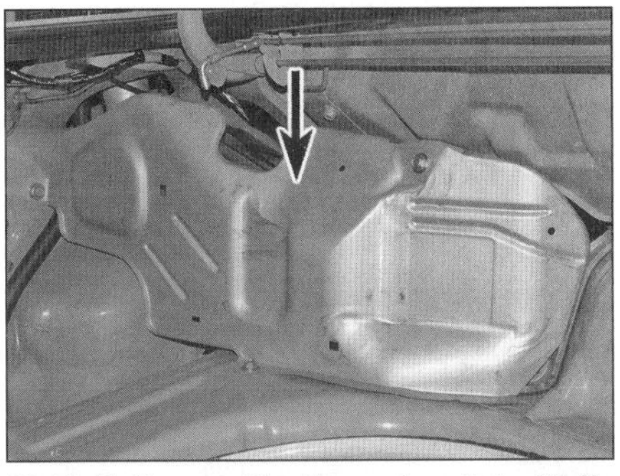

**16.16 Entfernen Sie die vordere linke Kofferraumverkleidung.**

**17** Ziehen Sie die Öffnerzug-Hülle aus der Aufnahme hinter dem Öffnerhebel und befreien Sie den Bowdenzug-Nippel (siehe Abbildung).

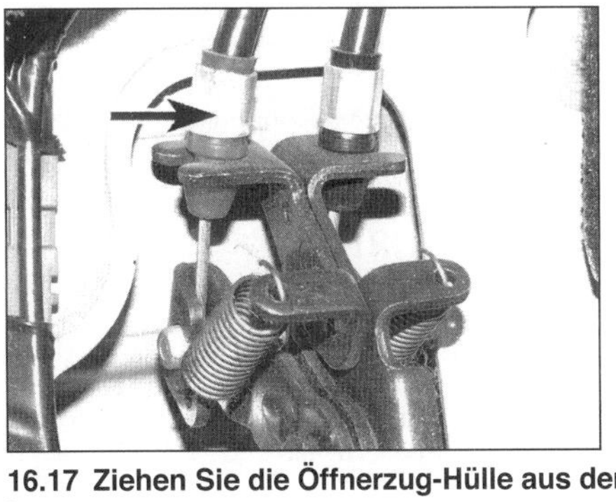

**16.17 Ziehen Sie die Öffnerzug-Hülle aus dem Widerlager.**

**18** Merken Sie sich die Einbaulage des Öffnerzugs und befreien Sie ihn aus allen Befestigungen.
**19** Verbinden Sie ein Seil mit dem vorderen Ende des Seilzugs, befreien Sie den Gummistopfen aus der Spritzwand, und ziehen Sie den Öffnerzug nach hinten heraus. Lösen Sie das Seil und verbinden Sie es mit dem neuen Öffnerzug, um diesen in Position zu ziehen.
**20** Der Rest des Einbaus entspricht der umgekehrten Ausbaureihenfolge. Prüfen Sie die Funktion des Öffnerzugs, bevor Sie den Kofferraum schließen.

## 17 Zentralverriegelungs-Komponenten – Ausbau und Einbau

### Tür/Kofferraum-Motor

#### NB-Modelle bis 1999

**1** Demontieren Sie die Türschloss-Baugruppe (siehe Sektion 12).
**2** Hängen Sie den Motor an der Betätigung aus (siehe Abbildung).

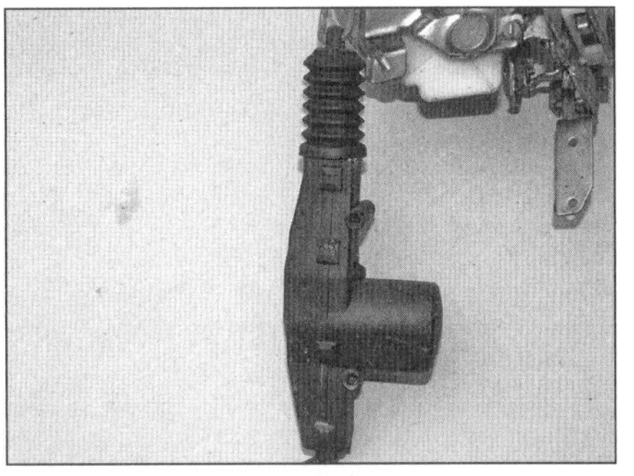

**17.2 Hängen Sie den Zentralverriegelungs-Motor am Türschloss-Gestänge aus.**

#### NB-Modelle ab 2000

**3** Die Motoren sind in die Türschlösser integriert – beachten Sie hierzu die Hinweise in Sektion 12.

#### Alle Modelle

**4** Der Einbau entspricht der umgekehrten Ausbaureihenfolge. Prüfen Sie vor der Montage von Verkleidungsteilen die Funktion der Zentralverriegelung.

### Tür/Kofferraumschloss-Verzögerungsregler

**5** Öffnen Sie die Türschlösser und trennen Sie den Masseanschluss (–) der Batterie (siehe Kapitel 5A, Sektion 4). Lösen Sie die zwei Schrauben der unteren Armaturenbrettverkleidung und entfernen Sie diese (siehe Abbildung).

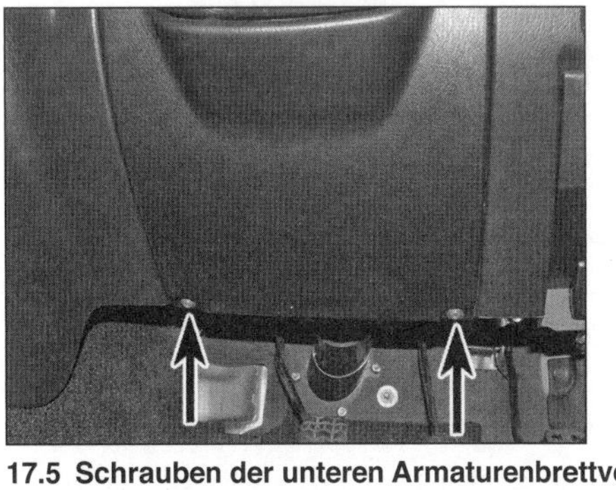

**17.5 Schrauben der unteren Armaturenbrettverkleidung**

**6** Trennen Sie den Kabelstecker und befreien Sie den Verzögerungsregler aus der Halterung (siehe Abbildung).

**17.6 Die Verzögerungsregler sitzt vor der Wegfahrsperre (Pfeil).**

**7** Der Einbau entspricht der umgekehrten Ausbaureihenfolge. Prüfen Sie vor der Montage von Verkleidungsteilen die Funktion der Zentralverriegelung.

## Schließzylinder-Schalter

**8** Entfernen Sie die Türverkleidung und die Dichtfolie (siehe Sektion 11). Befreien Sie die Gestänge des äußeren Türöffners und des Schließzylinder-Gestänges.
**9** Trennen Sie den Kabelstecker und befreien Sie den Schalter vom Schließzylinder (Abb. 12.26a).
**10** Der Einbau entspricht der umgekehrten Ausbaureihenfolge. Prüfen Sie vor der Montage von Verkleidungsteilen die Funktion der Zentralverriegelung.

## Schlüssellose Entriegelung

**11** Öffnen Sie die Türschlösser und trennen Sie den Masseanschluss (–) der Batterie (siehe Kapitel 5A, Sektion 4). Demontieren Sie das Handschuhfach (siehe Sektion 26).
**12** Trennen Sie den Kabelstecker, lösen Sie die Mutter, und entfernen Sie die Entriegelungs-Einheit samt Halter (siehe Abbildung).

**17.12 Keyless-Entriegelungs-Einheit**

**13** Lösen Sie nötigenfalls die Schraube der Halterung und befreien Sie diese von der Entriegelungs-Einheit.
**14** Der Einbau entspricht der umgekehrten Ausbaureihenfolge. Prüfen Sie vor der Montage von Verkleidungsteilen die Funktion der Zentralverriegelung.

## Fernbedienungs-Batterie

**12** Der Austausch der Batterie ist in Kapitel 1, Sektion 27 beschrieben.

# 18 Außenspiegel – Ausbau und Einbau

## NA-Modelle (bis 1997)

**1** Hebeln Sie mit einem stumpfen, flachen Werkzeug vorsichtig die Kunststoffkappe von der Rückspiegel-Halterung an der Tür, um die Schrauben freizulegen (siehe Abbildung).

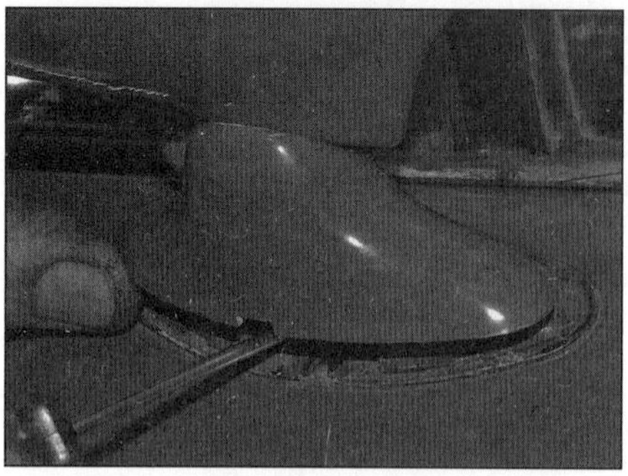

**18.1 Hebeln Sie die Kappe ab.**

**2** Drehen Sie den Spiegel etwas und lösen Sie die Schrauben (siehe Abbildung), um ihn zu entnehmen.

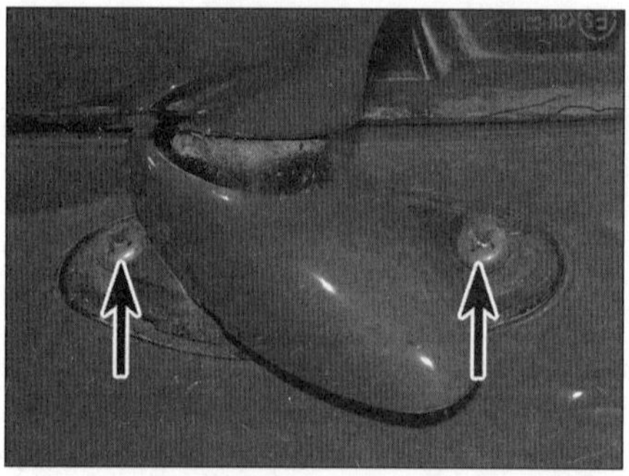

**18.2 Rückspiegel-Schrauben – NA-Modelle**

**3** Der Einbau entspricht der umgekehrten Ausbaureihenfolge.

## NB-Modelle (ab 1998)

### Elektrisch verstellbare Rückspiegel

**4** Demontieren Sie die Haupt-Türlautsprecher (siehe Kapitel 12, Sektion 16).
**5** Greifen Sie in die Türöffnung und trennen Sie den oberhalb der Öffnung innen an der Tür sitzenden Rückspiegel-Stecker.

### Alle Rückspiegel

**6** Drehen Sie den Spiegel etwas und lösen Sie die Schrauben (siehe Abbildung), um ihn zu entnehmen.

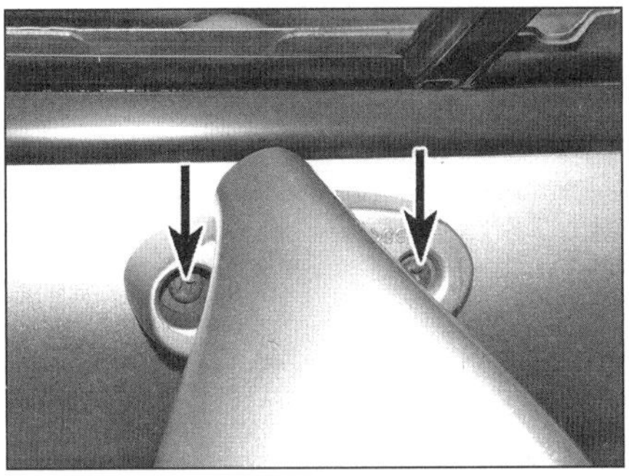

**18.6 Rückspiegel-Schrauben – NB-Modelle**

7 Der Einbau entspricht der umgekehrten Ausbaureihenfolge.

### Rückspiegelglas

8 Drücken Sie das Spiegelglas vorsichtig oben ein und hebeln Sie es durch den unten entstehenden Spalt aus der Lasche (siehe Abbildung). Trennen Sie alle vorhandenen Kabelstecker.

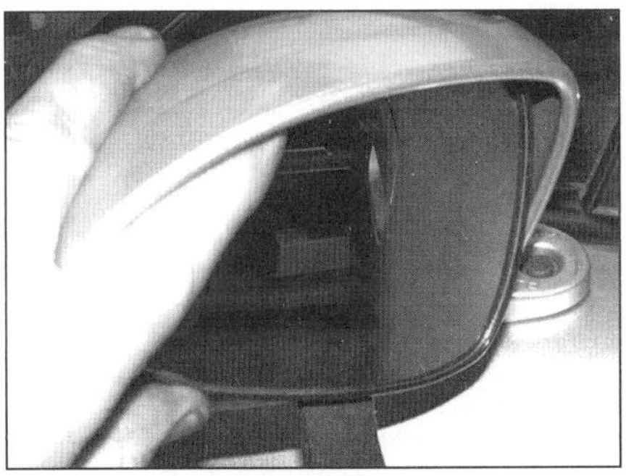

**18.8 Hebeln Sie das Spiegelglas vorsichtig unten ab.**

9 Verbinden Sie beim Einbau alle Stecker, setzen Sie den unteren Rand des Glas-Halters (mit Glas) am Rahmen ein, und drücken Sie den oberen Rand nach vorn, um ihn einrasten zu lassen.

## 19 Windschutzscheibe und Dreieckfenster – Ausbau und Einbau

### Windschutzscheibe

1 Diese Glasfläche ist mit Spezialklebstoff gesichert und mit einer stabilen Dichtung abgedichtet. Der Austausch des Fensters ist eine schwierige, schmutzige und zeitaufwendige Aufgabe, die die Fähigkeiten der meisten Hobbyschrauber übersteigt. Beim Einkleben eine perfekte Abdichtung zu erreichen, ist nur mit reichlich Praxis möglich. Zudem besteht besonders bei der Verbundglas-Windschutzscheibe eine große Bruchgefahr. Aus all diesen Gründen wird sehr empfohlen, Arbeiten an allen fest montierten Fenstern einem Autoglaser zu überlassen.
2 Wer die nötigen Erfahrungen und die geeignete Ausrüstung hat, kann die folgenden Vorarbeiten erledigen – beachten Sie dazu die entsprechenden Kapitel und Sektionen:
*a) Entfernen Sie beide Scheibenwischerarme (siehe Kapitel 12, Sektion 12).*
*b) Entfernen Sie die Sonnenblenden, die obere Windschutzscheibenverkleidung und die A-Säulen-Verkleidungen (siehe Sektion 26 dieses Kapitels).*

### Dreieckfenster

3 Entfernen Sie die Türfenster (siehe Sektion 13).
4 Ziehen Sie vorsichtig das Dreieckfenster samt Gummidichtung nach hinten aus dem Rahmen und trennen Sie das Glas aus dem Gummi (siehe Abbildungen).

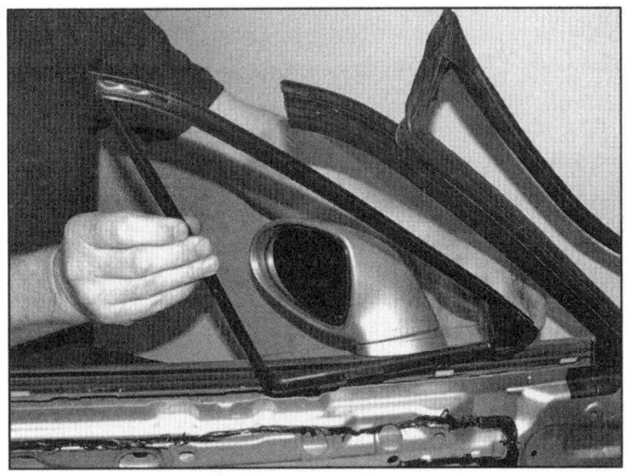

**19.4a Ziehen Sie vorsichtig das Dreieckfenster samt Gummidichtung nach hinten, ...**

**19.4b ... und trennen Sie das Glas aus dem Gummi.**

5 Der Einbau entspricht der umgekehrten Ausbaureihenfolge.

## 20 Stoffverdeck – Ausbau, Einbau und Einstellung

### Ausbau und Einbau

1 Öffnen Sie bei NA-Modellen den Reißverschluss des Heckfensters, um es zu befreien. Schützen Sie bei allen Modellen das Fenster seitlich mit Tüchern, um es vor Kratzern zu schützen, und senken Sie seine Oberseite ab.
2 Entfernen Sie an beiden Seiten die Heckabdeckung (siehe Sektion 26).
3 Hebeln Sie an den Hecklautsprechern (falls vorhanden) die Abdeckung ab und trennen Sie die Kabelstecker (siehe Abbildung).

**20.3 Hecklautsprecher-Stecker**

4 Entfernen Sie die hintere Ablage (siehe Sektion 26).
5 Lösen Sie am unteren Rand die Muttern und entfernen Sie die Haltestreifen (siehe Abbildungen).

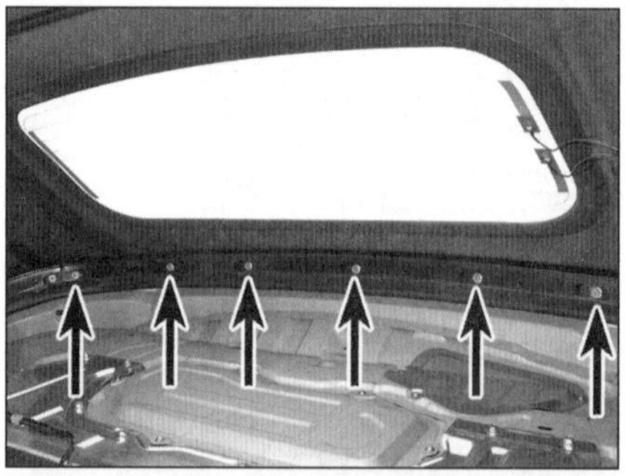

**20.5a Lösen Sie die Muttern am hinteren Rand ...**

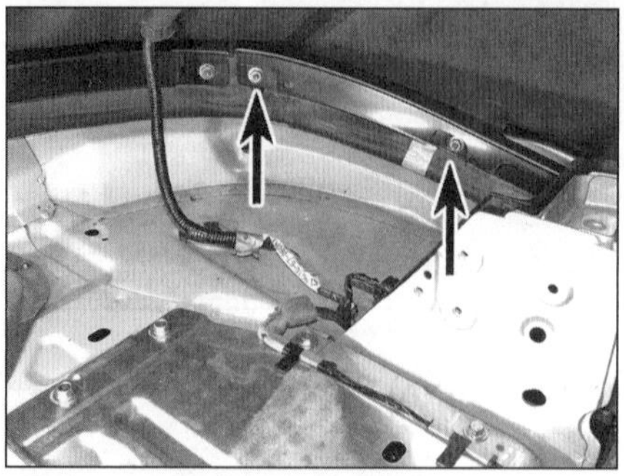

**20.5b ... und an beiden Seiten.**

6 Trennen Sie ggf. den Stecker der Heckscheibenheizung.
7 Hebeln Sie ggf. an den Abdeckungen der Scharniere die Mittelstifte der Spreizniete hoch, hebeln Sie diese heraus, und entfernen Sie sie.
8 Lösen Sie in den vorderen Ecken die Schrauben, hebeln Sie die Clips heraus, und hängen Sie das Dach an den Zapfen und der Dichtlippe aus (siehe Abbildungen). Heben Sie das Verdeck mithilfe eines Assistenten vom Fahrzeug – zerkratzen Sie dabei nicht das Fenster.

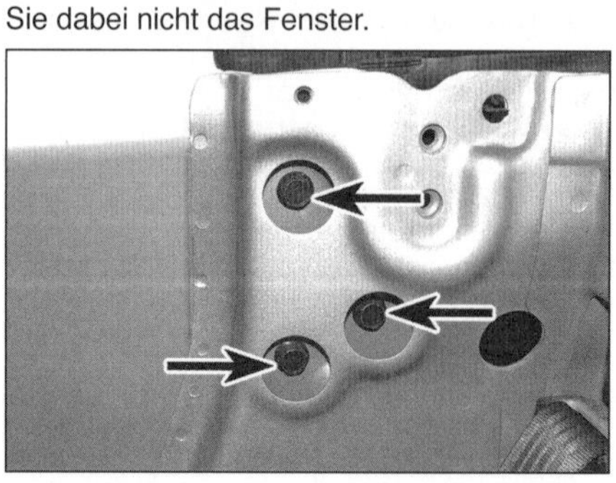

**20.8a Lösen Sie an beiden Seiten die Schrauben, ...**

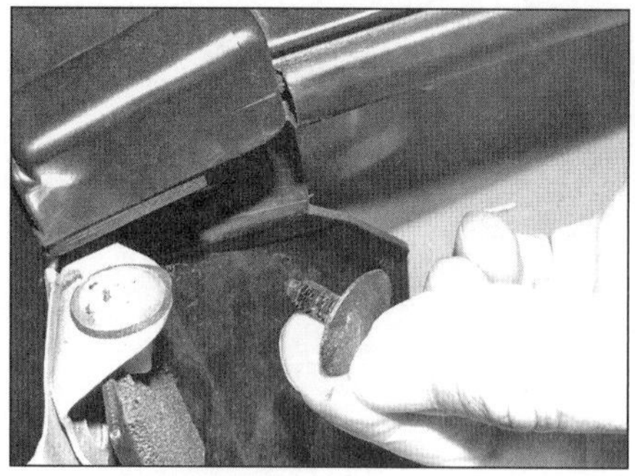

**20.8b ... und hebeln Sie an beiden vorderen Ecken den Clip heraus.**

9 Nutzen Sie die Gelegenheit, an beiden Seiten die Ablaufbohrungen zu reinigen (siehe Abbildung).

**20.9 Ablaufbohrung**

10 Der Einbau entspricht der umgekehrten Ausbaureihenfolge – die Regenschiene und die Dichtlippe müssen korrekt abdichten.

## Einstellung

11 Heben Sie an der oberen Verriegelungs-Einstellmutter die Kappe an, um diese freizulegen (siehe Abbildung). Drehen Sie die Mutter im Uhrzeigersinn, um das Spiel zwischen der Oberseite und dem Windschutzscheiben-Rahmen zu verringern (oder links herum, um es zu vergrößern).

**20.11 Heben Sie die Abdeckung an, um Zugang zur Verriegelungs-Einstellmutter zu erhalten.**

## 21 Hardtop – Ausbau, Einbau und Einstellung

**Anmerkung:** *Das Hardtop ist schwer und manchmal schwierig aus- und einzubauen, sodass ein Assistent sehr hilfreich ist.*

### Ausbau und Einbau

**1** Öffnen Sie beide Türfenster vollständig.
**2** Trennen Sie ggf. den Stecker der Heckscheibenheizung.
**3** Klappen Sie die Sonnenblenden herunter und lösen Sie die Laschen oberhalb der Windschutzscheibe.
**4** Lösen Sie an beiden Seiten die oberen Laschen an der unteren Ecke.
**5** Halten Sie den vorderen Teil des Hardtops mit einer Hand und lassen Sie einen Assistenten das gleiche auf der anderen Seite tun. Drücken Sie den unteren Deckverschluss herunter, um das Hardtop von den Zapfen des hinteren Decks zu befreien. Verlagern Sie das Hardtop soweit zurück, bis die Zapfen befreit sind, und heben Sie es nach oben vom Fahrzeug ab.
**6** Der Einbau entspricht der umgekehrten Ausbaureihenfolge – das Stoffverdeck muss zuvor vollständig versenkt sein.

### Einstellung

**7** Die seitlichen und oberen Laschen werden genauso eingestellt wie diejenigen des Stoffverdecks (Abb. 20.11).
**8** Zur Einstellung der Befestigungszapfen am hinteren Deck müssen deren Schrauben gelockert werden. Verschieben Sie die Platten in die gewünschte Richtung und ziehen Sie die Schrauben wieder sorgfältig an.

## 22 Karosserie-Außenteile – Ausbau und Einbau

### Radhausschalen und Unterboden-Verkleidungen

**1** Die Radhausschalen und andere Abdeckungen sind mit Einpress-Stiften, unterschiedlichen Schrauben oder Muttern gesichert. Ihr Ausbau sollte ersichtlich sein. Arbeiten Sie sich rundherum methodisch vor, lösen Sie die Schrauben und Stifte, bis die Verkleidung entnommen werden kann. Die meisten bei diesen Fahrzeugen verwendeten Clips können einfach herausgehebelt werden; bei anderen muss zunächst der Mittelstift herausgezogen werden, um den Spreizniet entfernen zu können.
**2** Trennen Sie beim Ausbau der Radhausschalen ggf. die Stecker des Reifendruck-Transmitters.
**3** Ersetzen Sie beim Einbau alle beim Ausbau abgebrochenen Befestigungs-Clips und prüfen Sie, ob alle Befestigungen korrekt sitzen.

### Schutzleisten und Plaketten

**4** Die verschiedenen Leisten und Plaketten sind mit Spezialkleber befestigt, der für den Ausbau erwärmt werden muss, um weich zu werden und abgeschnitten werden zu können. Aufgrund des hohen Risikos, den Lack der Karosserie zu beschädigen, sollte diese Arbeit einer Fachwerkstatt überlassen werden.

## 23 Sitze – Ausbau und Einbau

***Warnung: Lesen Sie vor Arbeitsbeginn die Hinweise in Sektion 24.***

**1** Trennen Sie bei Modellen mit Airbags und Gurtstraffern zunächst das Massekabel (–) der Batterie (siehe Kapitel 5A, Sektion 4) und warten Sie mindestens eine Minute, bis sich sämtliche elektrische Ladung abgebaut hat.
**2** Lösen Sie die Sitzschienen-Schrauben am Boden, trennen Sie vorn am Sitz den/die Stecker, und heben Sie den Sitz aus dem Fahrzeug (siehe Abbildungen).

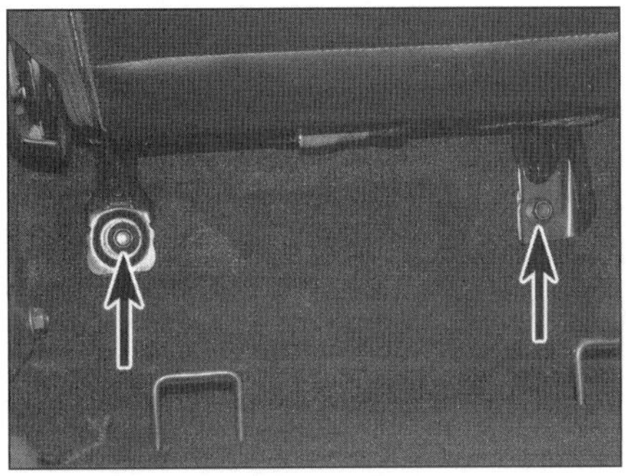

**23.2a Lösen Sie die hinteren …**

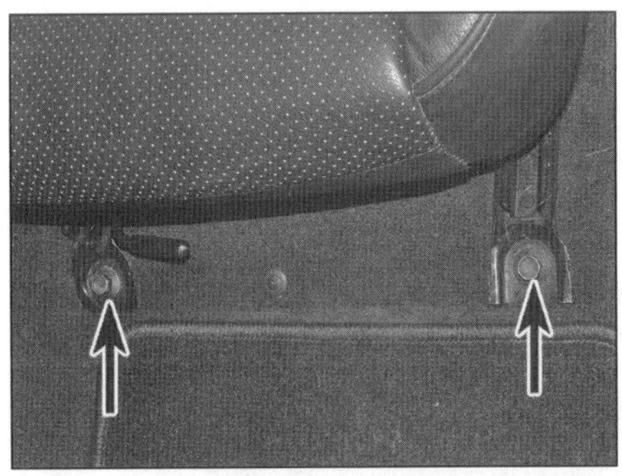

**23.2b … und vorderen Sitzschienen-Schrauben.**

**3** Der Einbau entspricht der umgekehrten Ausbaureihenfolge – ziehen Sie die Sitz-Befestigungsschrauben mit 44 Nm an.

## 24 Gurtstraffer-Mechanismus – Allgemeine Informationen

**1** Manche NB-Modelle (ab 1998) sind mit einem Gurtstraffer-System ausgerüstet, das bei einem Frontalaufprall jeglichen Durchhang aus den Sicherheitsgurten nimmt und so das Verletzungsrisiko verringert. Der Mechanismus ist in die Gurtrollen integriert.
**2** Die Gurtstraffer werden durch Sensoren ausgelöst, die auf einen Frontalaufprall ab einer vorbestimmten Stärke reagieren. Auf leichtere Auffahrunfälle oder einen Aufprall von hinten reagieren sie nicht.
**3** Wenn das System auslöst, wirkt die Explosion einer pyrotechnischen Vorrichtung auf die Gurtrolle, um den Passagier

im Sitz zurückzuhalten. Nach dem Auslösen wird der Gurt dauerhaft blockiert und die gesamte Baugruppe muss ausgetauscht werden.
**4** Falls das System bei Arbeiten am Fahrzeug unbeabsichtigt ausgelöst wird, besteht ein gewisses Verletzungsrisiko. Falls am Sitz oder dem Gurt gearbeitet wird, muss der Gurtstraffer-Mechanismus durch Trennen des Massekabels (–) von der Batterie (siehe Kapitel 5A, Sektion 4) deaktiviert und mindestens eine Minute gewartet werden, bis sich sämtliche elektrische Ladung abgebaut hat.
**5** Beachten Sie zudem die folgenden Warnungen, bevor Arbeiten am Sitz oder dem Gurt durchgeführt werden:

***Warnung: Falls der Gurtstraffer-Mechanismus herunterfällt, muss er ungeachtet seines Zustands durch ein Neuteil ersetzt werden.***
***• Lassen Sie niemals Lösungsmittel in Kontakt mit dem Gurtstraffer-Mechanismus kommen.***
***• Setzen Sie den Sitz niemals Erschütterungen aus, die den Gurtstraffer-Mechanismus auslösen können.***

## 25 Sicherheitsgurt-Komponenten – Ausbau und Einbau

***Warnung: Lesen Sie vor Arbeitsbeginn die Hinweise in Sektion 24.***

## Ausbau

### Gurt/Gurtrolle

**1** Falls bei Modellen ab 1994 hinter den Sitzlehnen eine Querstrebe vorhanden ist, müssen deren Kappen abgehebelt und ihre Schrauben gelöst werden, um sie zu entfernen.
**2** Entfernen Sie die entsprechende hintere Seitenverkleidung (siehe Sektion 26).
**3** Lösen Sie die untere Ankerschraube (siehe Abbildung) – notieren Sie die Positionen aller Scheiben und Distanzhülsen.

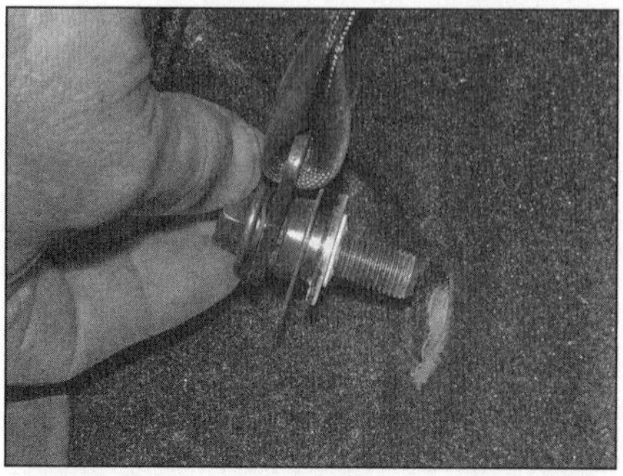

**25.3 Notieren Sie die Positionen aller Scheiben und Distanzhülsen an der unteren Gurt-Ankerschraube.**

**4** Lösen Sie die Gurtrollen-Befestigungsschrauben (siehe Abbildung). Trennen Sie ggf. den Kabelstecker von der Gurtrolle.

**25.4 Gurtrollen-Befestigungsschrauben**

### Gurtpeitsche

**5** Für einen besseren Zugang kann der entsprechende Sitz ausgebaut werden (siehe Sektion 23). Lösen Sie seitlich am Sitz die Schraube der Gurtpeitsche und entnehmen Sie diese (siehe Abbildung) – notieren Sie die Positionen aller Scheiben. Trennen Sie ggf. die Kabelstecker von der Gurtpeitsche.

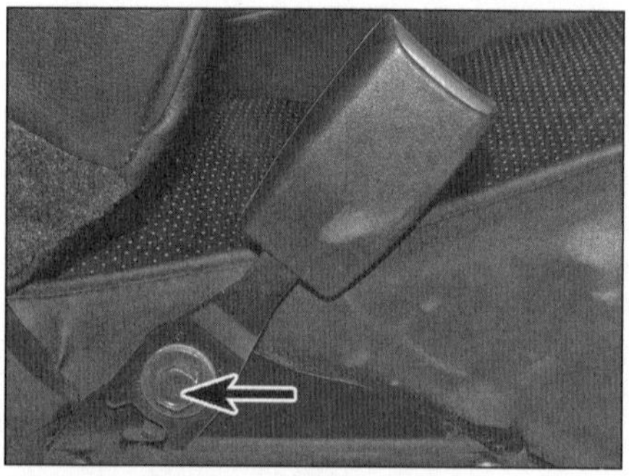

**25.5 Gurtpeitschen-Schraube**

## Einbau

**6** Der Einbau entspricht der umgekehrten Ausbaureihenfolge – versehen Sie die Gurtrollen- und Gurtpeitschen-Schrauben mit Sicherungspaste und ziehen Sie sie mit 60 Nm an. Ziehen Sie die Querstreben-Schrauben mit 78 Nm an.

## 26 Innenverkleidung – Ausbau und Einbau

## Allgemeines

**1** Die Innenverkleidungen können mit verschiedenen Clips oder Schrauben befestigt sein.
**2** Prüfen Sie, ob das zu demontierende Verkleidungsteil nicht von anderen Teilen überlappt wird; üblicherweise lässt eine nähere Betrachtung eine logische Ausbaureihenfolge erkennen.
**3** Entfernen Sie sichtbare Befestigungen wie Schrauben. Falls sich das Verkleidungsteil dadurch nicht befreien lässt, gibt es noch versteckte Befestigungen, die sich normalerweise an den Rändern finden. Clips lassen sich normalerweise heraushebeln – können aber auch leicht abbrechen, sodass Ersatz beschafft werden muss. Ohne das passende Spezialwerkzeug leistet oft ein großer Schlitzschraubendreher gute Dienste. Manche Verkleidungen sind mit Spreizniete gesichert, deren Mittelstift herausgezogen werden muss,

bevor der Niet entfernt werden kann. Oft muss ein benachbarter Dichtstreifen beiseite gehebelt werden, bevor ein Verkleidungsteil entfernt werden kann.

**4** Setzen Sie beim Ausbau eines Verkleidungsteils niemals übermäßige Kraft ein, da es hierdurch beschädigt wird. Prüfen Sie vor Ausbau-Versuchen stets sorgfältig, ob alle Befestigungen gelöst oder entfernt sind.

**5** Der Einbau entspricht der umgekehrten Ausbaureihenfolge. Drücken Sie alle Clips und Spreizniete sorgfältig ein und ziehen Sie Schrauben gut an, um das Klappern von Verkleidungsteilen zu verhindern.

## Obere Windschutzscheibenrahmen-Verkleidung

**6** Markieren Sie die Ausrichtung der Verdeckhalterungs-Schrauben, lösen Sie sie und entfernen Sie Aufnahmen (siehe Abbildung).

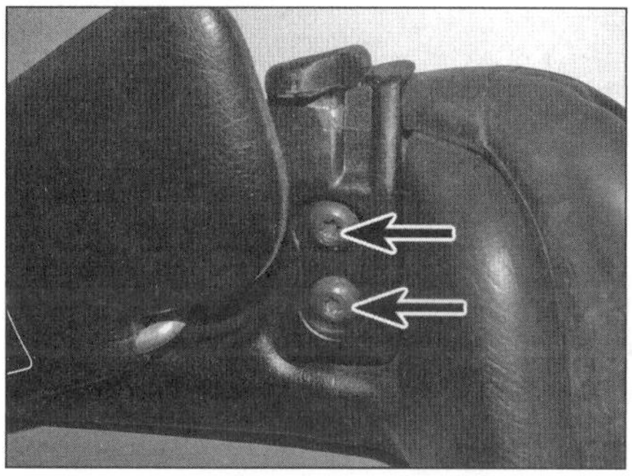

**26.6 Verdeckhalterungs-Schrauben**

**7** Hebeln Sie bei NA-Modellen (bis 1997) die Kappe der Innenspiegel-Halterung ab, lösen Sie die Schrauben und entfernen Sie den Rückspiegel (siehe Abbildungen).

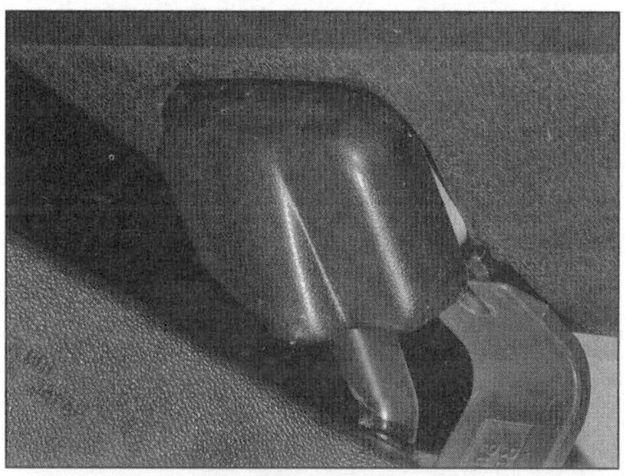

**26.7a Hebeln Sie die Kappe ab, ...**

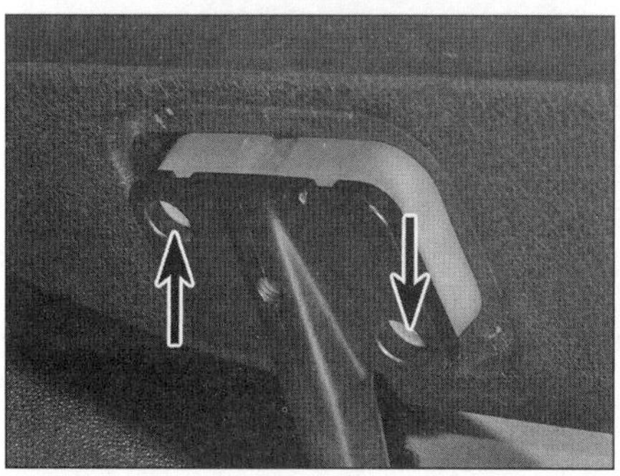

**26.7b ... und lösen Sie die Rückspiegel-Schrauben.**

**8** Lösen Sie an beiden Seiten die Schrauben der Sonnenblenden-Halterungen, entfernen Sie ggf. das Innenbeleuchtungs-Glas und lösen Sie die Schrauben der Innenbeleuchtung (siehe Abbildungen).

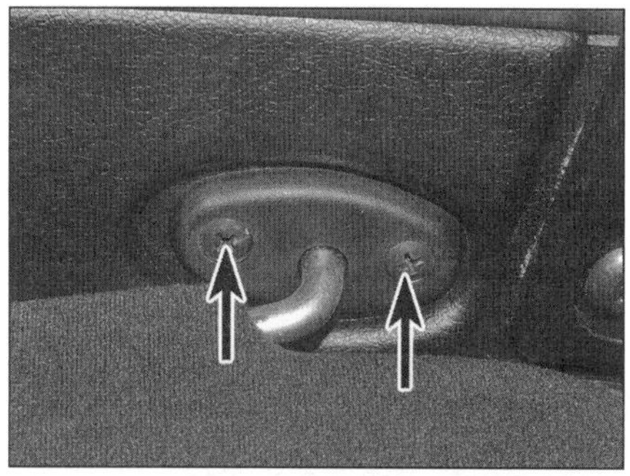

**26.8a Schrauben der Sonnenblenden-Halterung**

**26.8b Hebeln Sie das Glas der Innenbeleuchtung ab, ...**

**26.8c ... und lösen Sie die Schrauben der Innenbeleuchtung.**

**9** Ziehen Sie vorsichtig die Verkleidung vom Windschutzscheiben-Rahmen, um die Clips zu lösen. Beachten Sie, wie ihre Enden oben in den A-Säulen-Verkleidungen sitzen (siehe Abbildung). Trennen Sie beim Entnehmen der Verkleidung ggf. den Stecker der Innenbeleuchtung.

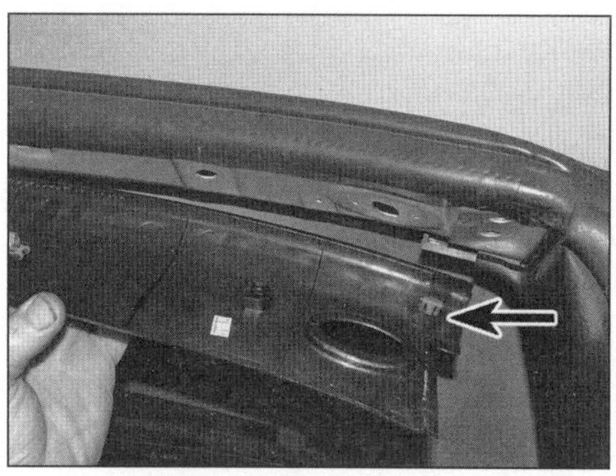

**26.9 Diese Klemme sichert den Windschutzscheibenrahmen an der A-Säulen-Verkleidung.**

**10** Der Einbau entspricht der umgekehrten Ausbaureihenfolge.

## A-Säulen-Verkleidung

**11** Entfernen Sie die obere Windschutzscheibenrahmen-Verkleidung (siehe oben).
**12** Ziehen Sie im Bereich der A-Säule die Dichtleiste heraus.
**13** Ziehen Sie die Verkleidung ins Wageninnere – beginnen Sie oben. Beachten Sie die Laschen am unteren Rand (siehe Abbildungen).

**26.13a Ziehen Sie die A-Säulen-Verkleidung nach innen von der Säule, ...**

**26.13b ... beachten Sie unten die Lasche.**

**14** Der Einbau entspricht der umgekehrten Ausbaureihenfolge. Drücken Sie alle Clips und Spreizniete sorgfältig ein und ziehen Sie Schrauben gut an, um das Klappern von Verkleidungsteilen zu verhindern.

## Lenksäulenverkleidung

**12** Lösen Sie die Schrauben der Verkleidung und entnehmen Sie diese (siehe Abbildungen).

**26.15a Bei früheren Modellen ist die Lenksäulenverkleidung mit vier Schrauben befestigt, ...**

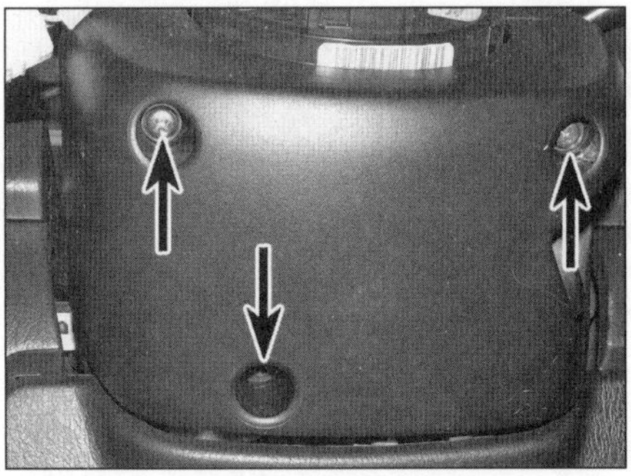

**26.15b ... während bei späteren Modellen nur drei Schrauben zum Einsatz kommen.**

**16** Hebeln Sie vorsichtig die obere Verkleidungshälfte von der unteren und befreien Sie beide aus ihren Positionen (siehe Abbildung).

**26.16 Hebeln Sie die obere Verkleidungshälfte von der unteren – gezeigt bei demontiertem Lenkrad.**

**17** Der Einbau entspricht der umgekehrten Ausbaureihenfolge.

## Vordere Seitenverkleidung

**18** Lösen Sie bei NA-Modellen (bis 1997) die Befestigungsschrauben der Schwellerverkleidung. Ziehen Sie bei NB-Modellen (ab 1998) die Verkleidung hoch, um die Befestigungs-Clips freizulegen (siehe Abbildungen).

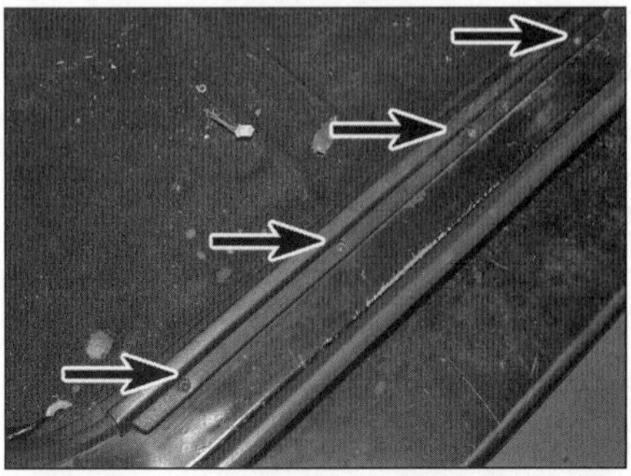

**26.18a Lösen Sie bei NA-Modellen (bis 1997) die Schrauben der Schwellerverkleidung.**

**26.18b Ziehen Sie die Schwellerverkleidung hoch, um die Clips freizulegen – NB-Modell ab 1998**

**19** Ziehen Sie die Türdichtung im Bereich der vorderen Seitenverkleidung ab.
**20** Hebeln Sie in der vorderen Ecke der vorderen Seitenverkleidung den Stift aus dem Spreizniet (siehe Abbildung) und entfernen Sie diesen.

**26.20 Hebeln Sie den Stift aus dem Spreizniet, um diesen zu entfernen.**

**21** Ziehen Sie die Verkleidung nach innen, um alle anderen Clips zu befreien.
**22** Der Einbau entspricht der umgekehrten Ausbaureihenfolge. Drücken Sie alle Clips und Spreizniete sorgfältig ein und ziehen Sie Schrauben gut an, um das Klappern von Verkleidungsteilen zu verhindern. Hebeln Sie nötigenfalls die Clips aus dem Schweller und installieren Sie sie in die Abdeckung, um diese besser befestigen zu können.

## Hintere Seitenverkleidung

**23** Lösen Sie bei NA-Modellen (bis 1997) die Befestigungsschrauben. Ziehen Sie bei allen Modellen die Schwellerverkleidung hoch, um die Befestigungs-Clips freizulegen (Abb. 26.18a und b).
**24** Ziehen Sie die Türdichtung im Bereich der hinteren Seitenverkleidung ab.
**25** Lösen Sie ggf. an beiden Seiten die Schrauben der Dachzapfenplatte und entfernen Sie diese (siehe Abbildung).

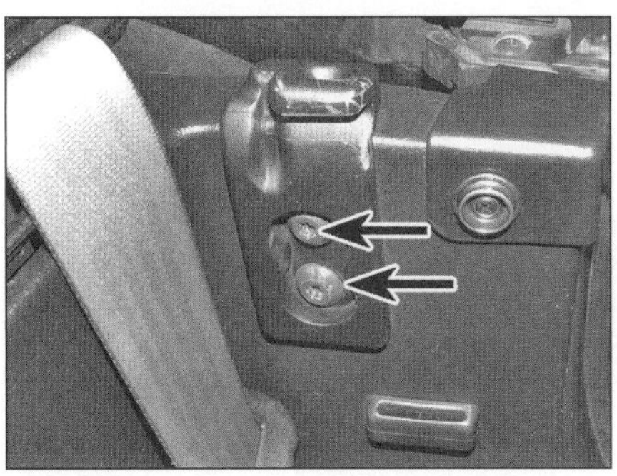

**26.25 Schrauben der Dachzapfenplatte**

**26** Hebeln Sie die Gurtführung und die Abdeckung der oberen Gurtverankerung ab und lösen Sie den Ankerbolzen – beachten Sie die Positionen aller Scheiben und Distanzhülsen (siehe Abbildungen).

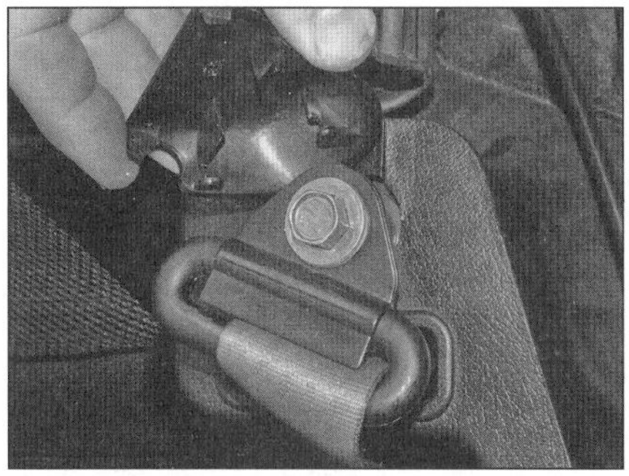

**26.26a Hebeln Sie die Kappe ab und lösen Sie den Ankerbolzen.**

**26.26b Beachten Sie am Ankerbolzen die Positionen aller Scheiben und Distanzhülsen.**

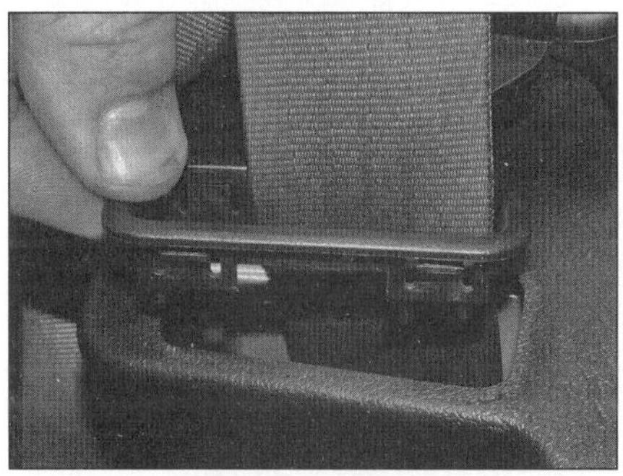

**26.26c Befreien Sie die Gurtführung.**

**27** Lösen Sie je nach Modell die Schrauben und/oder hebeln Sie den Stift heraus, um die Abdeckung an der Ecke der Verkleidung zu entfernen (siehe Abbildungen).

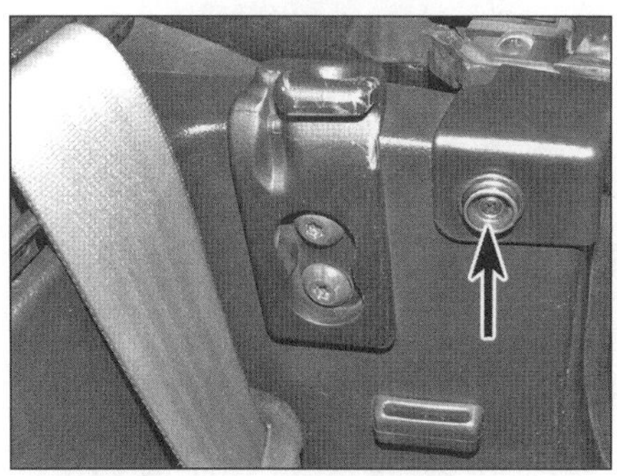

**26.27a Lösen Sie die Schraube, ...**

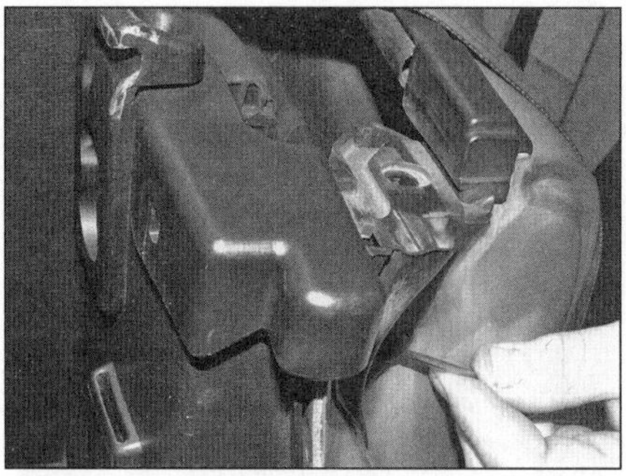

**26.27b ... und hebeln Sie den Stift der Ecken-Abdeckung heraus.**

**28** Lösen Sie ggf. die Schrauben des Windschottrahmens (siehe Abbildung) und entfernen Sie diesen – trennen Sie dabei den Stecker der Hecklautsprecher (Abb. 20.3).

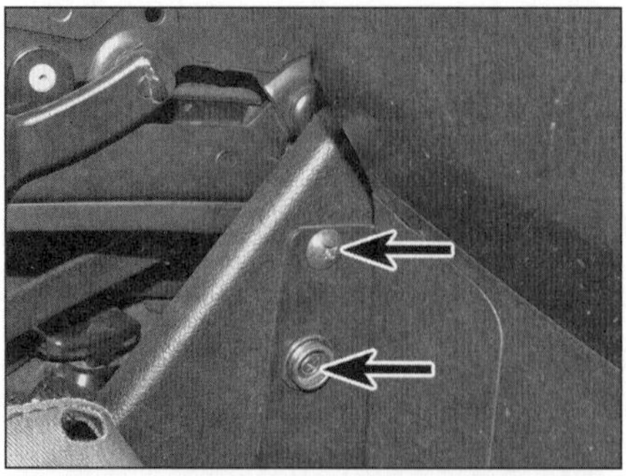

**26.28 Schrauben des Windschottrahmens**

**29** Lösen Sie je nach Modell die Schrauben und/oder hebeln Sie den Spreizniet-Stift sowie den Niet der Seitenverkleidung heraus (siehe Abbildungen).

**26.29a Hebeln Sie den Mittelstift heraus und entfernen Sie den Spreizniet, ...**

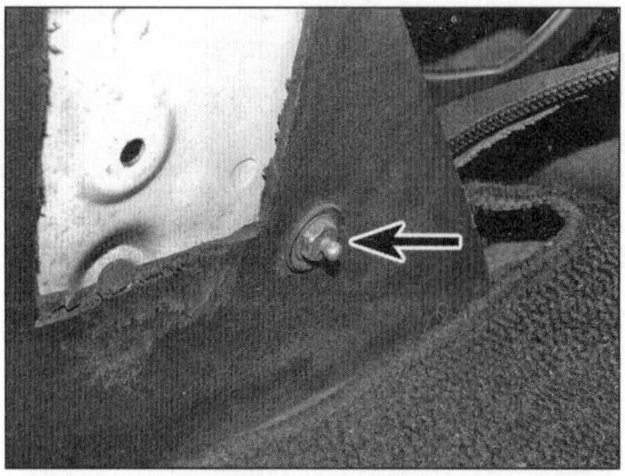

**26.29b ... oder lösen Sie die Schraube der hinteren Seitenverkleidung.**

**30** Ziehen Sie die Verkleidung nach innen, um alle anderen Clips zu lösen, befreien Sie sie dann vom Sicherheitsgurt (siehe Abbildung).

**26.30 Befreien Sie die hintere Innenverkleidung vom Sicherheitsgurt.**

**31** Der Einbau entspricht der umgekehrten Ausbaureihenfolge. Drücken Sie alle Clips und Spreizniete sorgfältig ein und ziehen Sie Schrauben gut an, um das Klappern von Verkleidungsteilen zu verhindern. Hebeln Sie nötigenfalls die Clips aus dem Schweller und installieren Sie sie in die Abdeckung, um diese besser befestigen zu können.

## Hintere Ablage

**32** Entfernen Sie die hintere Innenverkleidung (siehe oben). Lösen Sie dann an beiden Seiten die Schrauben der Verdeck-Anschläge (siehe Abbildung).

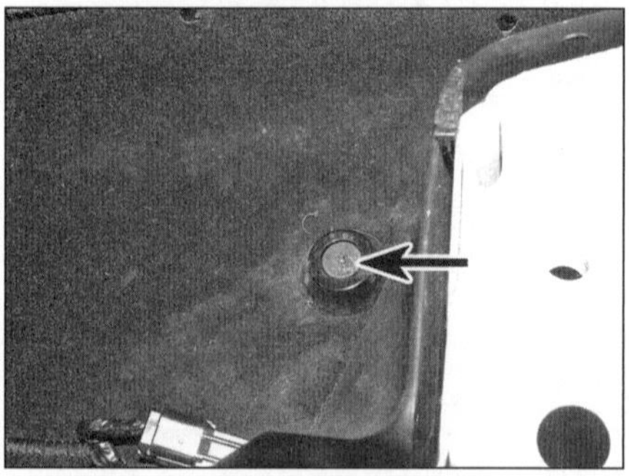

**26.32 Lösen Sie die Schraube und entfernen Sie den Verdeck-Anschlag.**

**33** Die hintere Ablage ist mit einer Kombination aus Zapfen, Schrauben und Spreiznieten gesichert (siehe Abbildungen). Zum Ausbau der Spreizniete müssen zunächst deren Mittelstifte herausgezogen werden; die Zapfen werden herausgehebelt. Heben Sie die Ablage anschließend heraus.

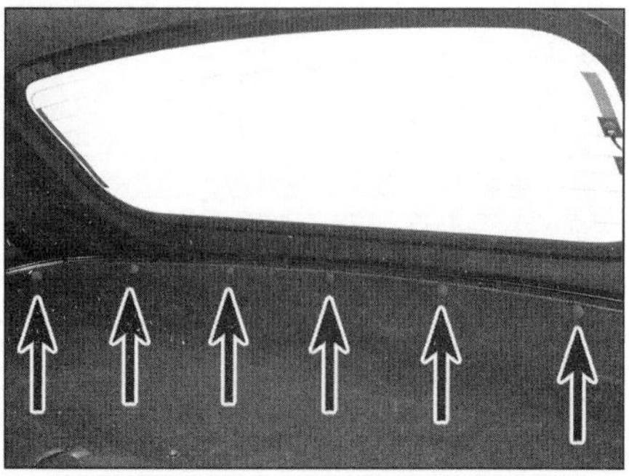

**26.33a Die hintere Ablage ist an der hinteren Kante ...**

**26.33b … und den vorderen Ecken mit verschiedenen Befestigungen gesichert.**

**34** Der Einbau entspricht der umgekehrten Ausbaureihenfolge. Drücken Sie alle Clips und Spreizniete sorgfältig ein und ziehen Sie Schrauben gut an, um das Klappern von Verkleidungsteilen zu verhindern.

## Kofferraum-Verkleidung

**35** Die verschiedenen Segmente der Kofferraum-Verkleidung sind mit Spreiznieten gesichert (Abb. 16.1a und b). Zum Ausbau der Spreizniete müssen zunächst deren Mittelstifte herausgezogen werden; die Zapfen werden herausgehebelt. Heben Sie das Verkleidungsteil anschließend heraus.
**36** Der Einbau entspricht der umgekehrten Ausbaureihenfolge.

## Untere Armaturenbrett-Verkleidung (Fahrerseite)

**37** Lösen Sie die zwei Schrauben am unteren Rand (Abb. 17.5) und ziehen Sie die Verkleidung nach hinten, um sie zu befreien.
**38** Der Einbau entspricht der umgekehrten Ausbaureihenfolge.

## Handschuhfach

### NA-Modelle (bis 1997)

**39** Öffnen Sie das Handschuhfach, lösen Sie die Scharnierschrauben am unteren Rand, und entfernen Sie das Fach (siehe Abbildung).

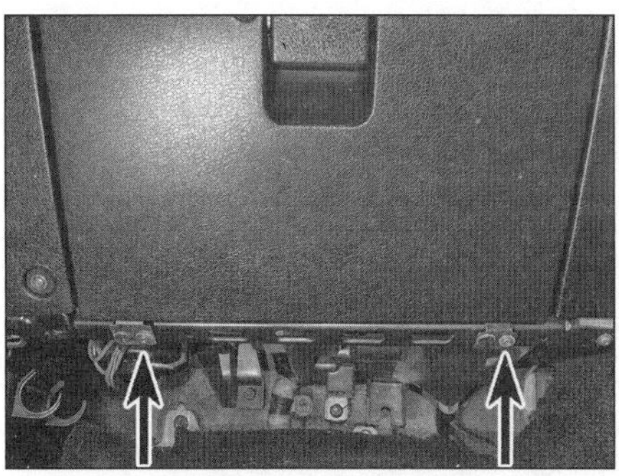

**26.39 Lösen Sie die zwei Schrauben und entnehmen Sie das Handschuhfach – Modelle bis 1997.**

### NB-Modelle (ab 1998)

**40** Öffnen Sie das Handschuhfach und drücken Sie den oberen Rand des Fachs nach innen, um die Anschläge zu lösen (siehe Abbildung).

**26.40 Drücken Sie den oberen Rand des Handschuhfachs nach innen, um die Anschläge zu lösen – Modelle ab 1998.**

**41** Schieben Sie das Handschuhfach zur Fahrzeugmitte und lösen Sie den Gelenkzapfen (siehe Abbildung). Befreien Sie das Fach aus dem Armaturenbrett.

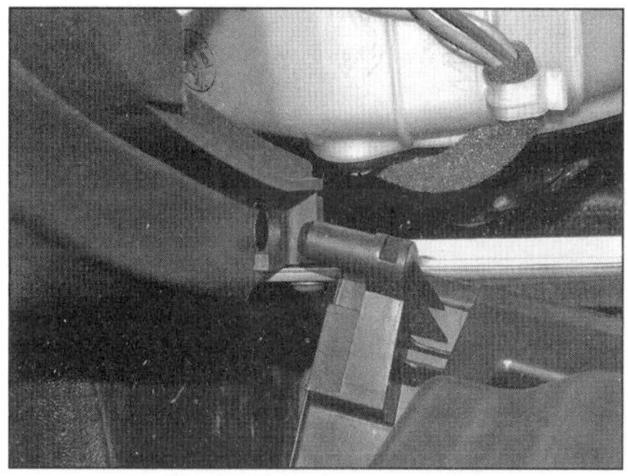

**26.41 Schieben Sie das Handschuhfach zur Fahrzeugmitte und lösen Sie den Gelenkzapfen.**

### Alle Modelle

**42** Der Einbau entspricht der umgekehrten Ausbaureihenfolge.

## Teppiche

**43** Der Teppich im Fußraum ist einteilig und an den Rändern mit Schrauben oder Stiften gesichert, die üblicherweise auch benachbarte Verkleidungsteile halten.
**44** Der Aus- und Einbau des Teppichs ist zwar nicht schwierig, aber sehr zeitaufwändig, weil zunächst alle umliegende Verkleidungen und andere Komponenten wie die Sitze, die Mittelkonsole und die unteren Gurtverankerungen demontiert werden müssen.

# 27 Mittelkonsole – Ausbau und Einbau

## Ausbau

**1** Trennen Sie zunächst das Massekabel (–) der Batterie (siehe Kapitel 5A, Sektion 4).
**2** Schrauben Sie den Schalthebel-Knauf ab (siehe Abbildung).

**27.2 Schrauben Sie den Schalthebel-Knauf ab.**

**3** Heben Sie bei Modellen bis 1999 den Aschenbecher heraus und entfernen Sie die darunter liegende Schraube (siehe Abbildungen).

**27.3a Heben Sie den Aschenbecher heraus und lösen Sie die Schraube – NA-Modelle (bis 1997).**

**27.3b … und NB-Modelle bis 1999.**

**4** Hebeln Sie bei Modellen ab 2000 den Schalter der elektrischen Fensterheber heraus und lösen Sie die darunterliegende Schraube (siehe Abbildung).

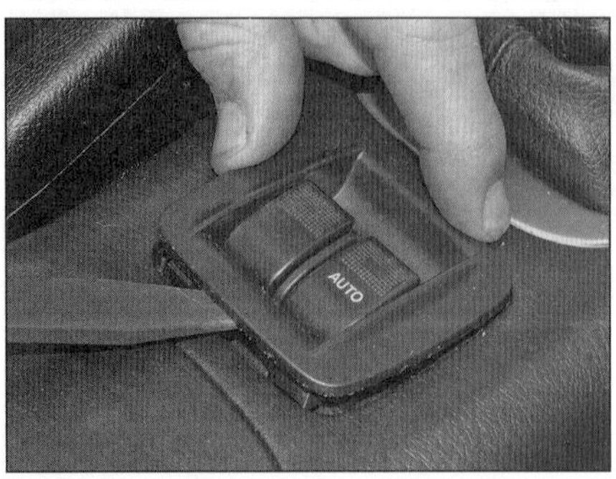


**27.4 Hebeln Sie den Schalter heraus und lösen Sie die darunterliegende Schraube – Modelle ab 2000.**

**5** Öffnen Sie das Ablagefach, lösen Sie die Schrauben an dessen Boden, und entfernen Sie ggf. die um die Kofferraum/Tankklappen-Öffnerhebel liegende Gummidichtung (siehe Abbildungen).

**27.5a Lösen Sie die Schrauben im Boden des Ablagefachs.**

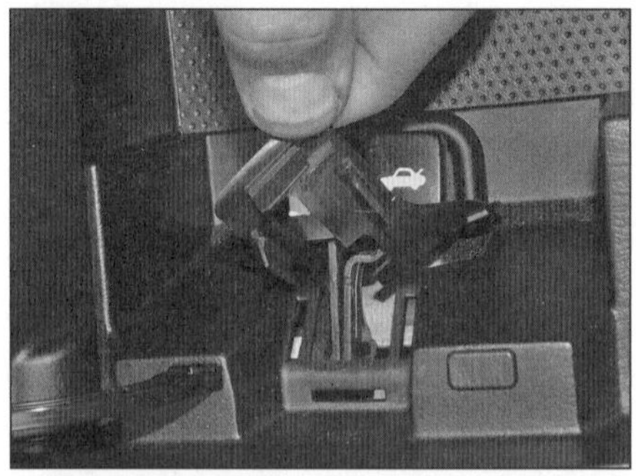

**27.5b Entfernen Sie die um die Kofferraum/Tankklappen-Öffnerhebel liegende Gummidichtung.**

**6** Hebeln Sie an beiden Seiten vorn unten an der Mittelkonsole ggf. die Kappen von den Schrauben und lösen Sie diese (siehe Abbildungen).

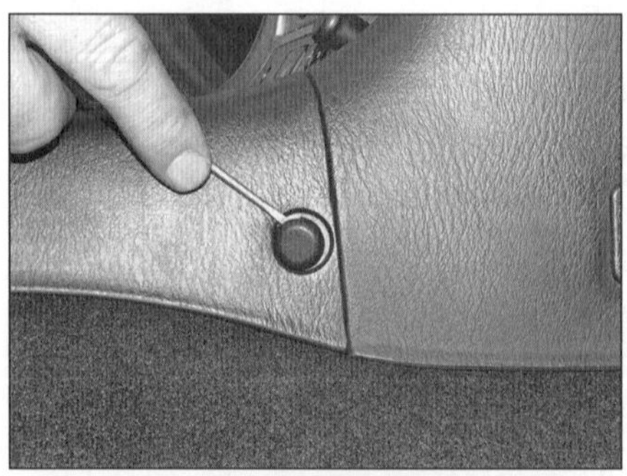

**27.6a Hebeln Sie die Kappe ab, …**

**27.6b … und lösen Sie die vordere Schraube der Mittelkonsole.**

**7** Heben Sie die Mittelkonsole an und befreien Sie alle Kabel von ihrer Unterseite (siehe Abbildung). Heben Sie sie über den Schalthebel und befreien Sie sie aus dem Fahrzeug.

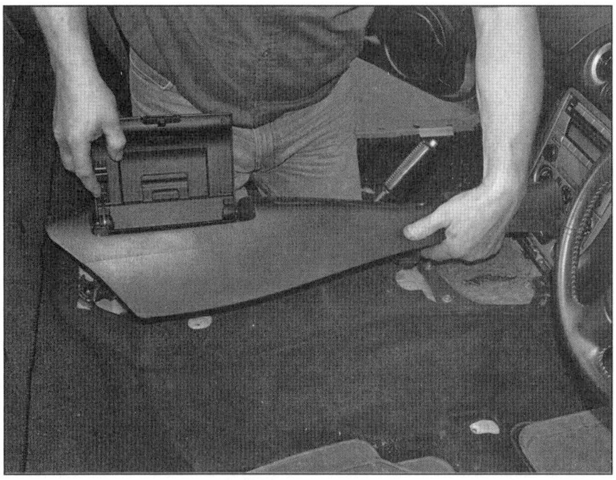

**27.7 Heben Sie die Mittelkonsole an und befreien Sie alle Kabel von ihrer Unterseite.**

## Einbau

**8** Senken Sie die Mittelkonsole über dem Schalthebel ab. Der Rest des Einbaus entspricht der umgekehrten Ausbaureihenfolge – alle Befestigungen müssen korrekt gesichert sein.

## 28 Armaturenbrett-Komponenten – Ausbau und Einbau

**Praxis-Tipp** ***Beschriften Sie alle getrennten Kabelstecker entsprechend ihrer Komponenten, um beim Einbau alles richtig verlegen und durch diverse Öffnungen des Armaturenbretts führen zu können.***

## Ausbau

**1** Trennen Sie zunächst das Massekabel (–) der Batterie (siehe Kapitel 5A, Sektion 4).
**2** Demontieren Sie die Mittelkonsole (siehe Sektion 27).
**3** Entfernen Sie an beiden Seiten die A-Säulen-Verkleidungen (siehe Sektion 26).
**4** Demontieren Sie die Lenksäule (siehe Kapitel 10, Sektion 15).
**5** Entfernen Sie ggf. den Beifahrer-Airbag (siehe Kapitel 12, Sektion 20).
**6** Befreien Sie ggf. das Audiosystem aus dem Armaturenbrett (siehe Kapitel 12, Sektion 15).
**7** Demontieren Sie die Heizungsregler-Baugruppe (siehe Kapitel 3, Sektion 9).
**8** Entfernen Sie den Instrumentenblock (siehe Kapitel 12, Sektion 9)
**9** Entfernen Sie das Handschuhfach (siehe Sektion 26).
**10** Befreien Sie den Motorhauben-Öffner aus dem Armaturenbrett (Abb. 9.6).
**11** Öffnen Sie bei NB-Modellen (ab 1998) den Deckel der Sicherungsbox und lösen Sie die Schrauben, mit denen der Sicherungsträger im Armaturenbrett gesichert ist (siehe Abbildung).

**28.11 Schrauben des Sicherungsträgers**

**12** Hebeln Sie im Bereich der Windschutzscheiben-Belüftungsschlitze die zentrale Abdeckung aus dem Armaturenbrett und lösen Sie die darunterliegende Schraube (siehe Abbildung).

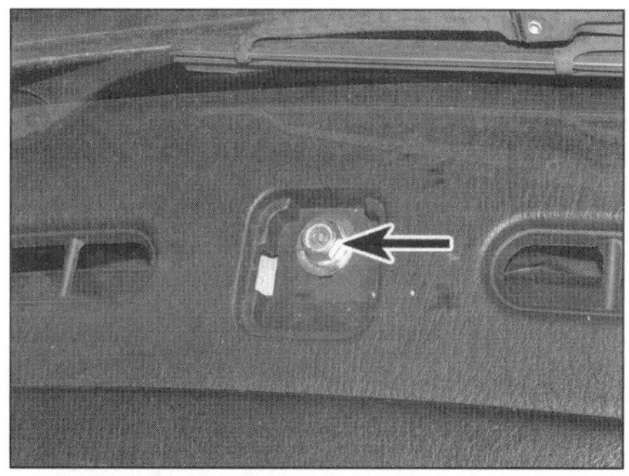

**28.12 Schraube unter der zentralen Armaturenbrett-Abdeckung**

**13** Hebeln Sie die Schrauben-Abdeckungen links und rechts an den Befestigungen neben den Türöffnungen und unten am Mittelteil ab und lösen Sie die darunterliegende Schraube (siehe Abbildungen).

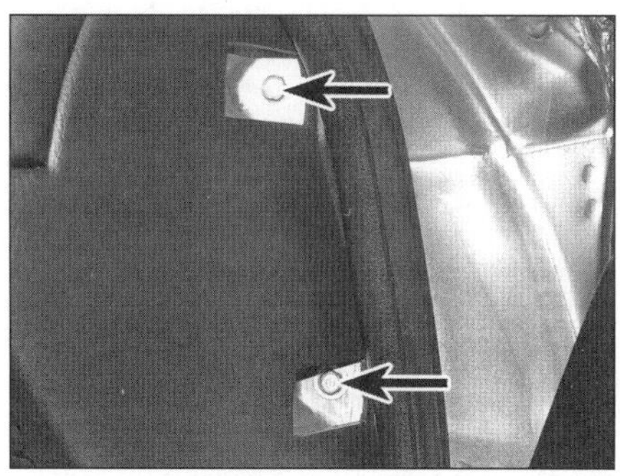

**29.13a Schrauben unter den seitlichen Abdeckungen ...**

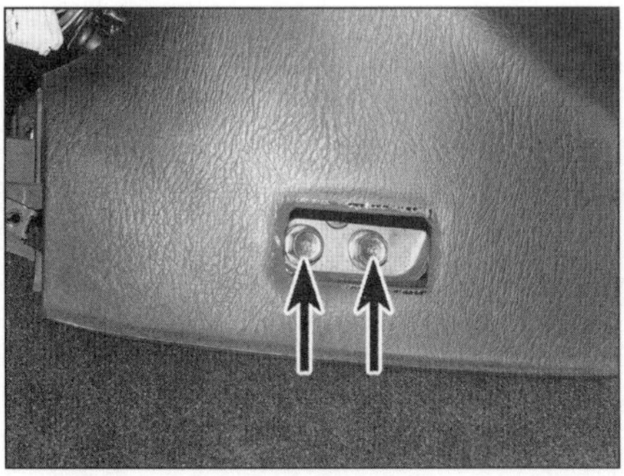

**29.13b … und unter den Abdeckungen unten am Mittelteil**

**14** Heben Sie mithilfe eines Assistenten vorsichtig das Armaturenbrett heraus – trennen Sie dabei alle Kabelstecker und merken Sie sich die Verlegung aller Kabel.

## Einbau

**12** Der Einbau entspricht im Wesentlichen der umgekehrten Ausbaureihenfolge – beachten Sie dabei folgende Punkte:

*a) Manövrieren Sie das Armaturenbrett in Position und achten Sie darauf, alle Kabel korrekt zu verlegen und zu sichern.*

*b) Nachdem alle Kabel durch ihre Öffnungen geführt und die Stecker verbunden sind, werden die Schrauben installiert und sorgfältig angezogen.*

*c) Schließen Sie zum Schluss die Batterie an und prüfen Sie die Funktion aller Schalter und elektrischen Komponenten.*

## 29 Tankklappen-Öffnerzug – Ersetzen

**1** Demontieren Sie die Mittelkonsole (siehe Sektion 27).
**2** Lösen Sie links im Kofferraum die Schraube des Staufachs und heben Sie dies heraus (Abb. 16.14).
**3** Soweit links eine Kofferraumverkleidung vorhanden ist, müssen die Mittelstifte der Spreizniete herausgehebelt und diese herausgezogen werden, um die Verkleidung zu entfernen.
**4** Lösen Sie die Schrauben der Blechverkleidung links vorn im Kofferraum und entfernen Sie diese (Abb. 16.16).
**5** Ziehen Sie die Öffnerzug-Hülle aus der Aufnahme hinter dem Öffnerhebel und befreien Sie den Bowdenzug-Nippel (siehe Abbildung).

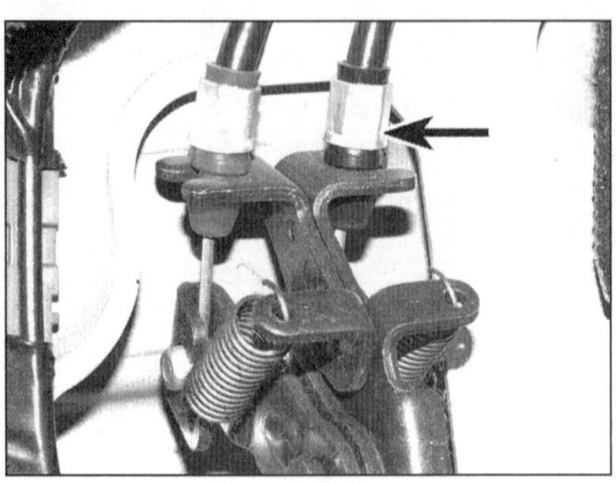

**29.5 Ziehen Sie die Öffnerzug-Hülle aus dem Widerlager.**

**6** Greifen Sie von unten in den Tankklappen-Bereich und ziehen Sie den Hebel, um die Klappe zu öffnen (siehe Abbildungen).

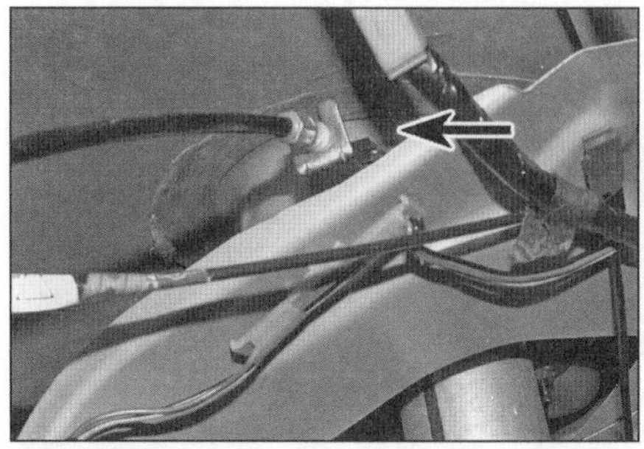

**29.6a Greifen Sie von unten in den Tankklappen-Bereich, …**

**29.6b … und ziehen Sie den Hebel, um die Klappe zu öffnen – hier zur besseren Sichtbarkeit ausgebaut.**

**7** Lösen Sie die Mutter des Öffnermechanismus und ziehen Sie diesen in den Kofferraum (siehe Abbildung).

**29.7 Lösen Sie die Mutter und ziehen Sie den Öffnermechanismus in den Kofferraum.**

**8** Notieren Sie die Einbauposition und befreien Sie die Seilzug-Hülle aus dem Widerlager der Halterung sowie den Nippel aus der Betätigung (siehe Abbildung).

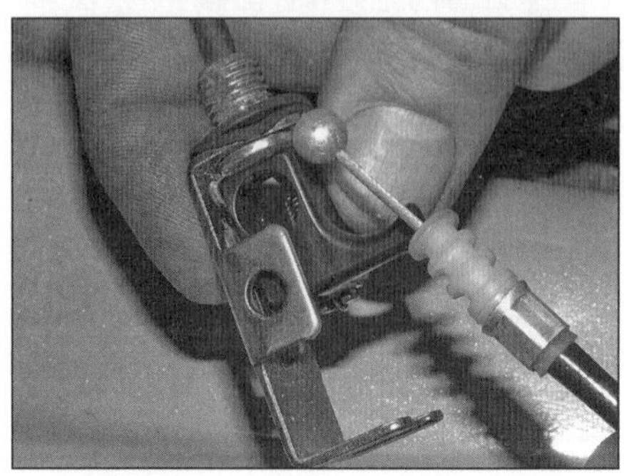

**29.8 Merken Sie sich, mit welcher Nut die Seilzughülle in der Halterung sitzt.**

**9** Der Einbau entspricht im Wesentlichen der umgekehrten Ausbaureihenfolge – prüfen Sie die Funktion des Öffnerzugs, bevor Sie die Tankklappe schließen.

# Kapitel 12

## Fahrzeug-Elektrik

### Inhalt — Sektion


Airbag-System – Allgemeine Informationen und Warnhinweise . . . 19
Airbag-Systemkomponenten – Ausbau und Einbau . . . 20
Alarmanlage und Wegfahrsperre – Allgemeine Informationen . . . 18
Allgemeine Informationen und Warnhinweise . . . 1
Anlasser – Ausbau, Einbau, Testen und Überholen . . . siehe Kapitel 5A
Audiosystem – Ausbau und Einbau . . . 15
Batterie – Testen, Laden, Ausbau und Einbau . . . siehe Kapitel 5A
Elektrik-Fehlersuche – Allgemeine Informationen . . . 2
Hupe – Ausbau und Einbau . . . 11
Instrumentenblock – Ausbau und Einbau . . . 9
Ladesystem – Testen . . . siehe Kapitel 5A
Lampen (außen) – Ersetzen . . . 5
Lampen (innen) – Ersetzen . . . 6
Lampen-Baugruppen (außen) – Ausbau und Einbau . . . 7
Lautsprecher – Ausbau und Einbau . . . 16
Lichtmaschine – Ausbau, Einbau, Testen und Überholen . . . siehe Kapitel 5A
Radio-Antenne – Ausbau und Einbau . . . 17
Schalter – Ausbau und Einbau . . . 4
Scheibenwaschsystem-Komponenten – Ausbau und Einbau . . . 14
Scheibenwischerarme – Ausbau und Einbau . . . 12
Scheibenwischermotor und Gestänge – Ausbau und Einbau . . . 11
Scheinwerferausrichtung – Allgemeine Informationen . . . 8
Sicherungen und Relais – Allgemeine Informationen . . . 3
Uhr (NB-Modelle ab 1998) – Ausbau und Einbau . . . 10


# Schwierigkeitsgrade

| **Leicht.** Geeignet für Anfänger mit wenig Erfahrung. | **Relativ leicht.** Geeignet für Anfänger mit etwas Erfahrung. | **Relativ schwierig.** Geeignet für geübte Selbstschrauber. | **Schwer.** Geeignet für Selbstschrauber mit viel Erfahrung. | **Sehr schwer.** Geeignet für Experten und Profis. |
|---|---|---|---|---|

## Technische Daten

| | |
|---|---|
| **System-Typ** | 12 Volt, Minus an Masse |
| **Sicherungen** | siehe Sicherungsdeckel |
| **Lampen (außen)** | **Leistung (Watt)** |
| Blinker-Seitenleuchte | 5 |
| Blinker | |
| Vorn | 21 |
| Hinten | |
| NA-Modelle | 21 |
| NB-Modelle | 21 (sockellos) |
| Nebelscheinwerfer | 55 (H11) |
| Scheinwerfer | |
| NA-Modelle | 55/60 (H4) |
| NB-Modelle | |
| Fernlicht | 60 (HB3) |
| Abblendlicht | 51 (HB4) |
| Standlicht | 5 (sockellos) |
| Zusatzbremslicht | 21 |
| Kennzeichenbeleuchtung | 5 (sockellos) |
| Nebelschlusslicht | |
| NA-Modelle | 21 |
| NB-Modelle | 21 (sockellos) |
| Rückfahrleuchte | |
| NA-Modelle | 21 |
| NB-Modelle | 21 (sockellos) |

| | |
|---|---|
| Brems-/Rücklicht | |
| NA-Modelle | 21/5 |
| NB-Modelle | 21/5 (sockellos) |

| **Lampen (innen)** | |
|---|---|
| Innenbeleuchtung | 8 (Soffitte) |
| Instrumente/Kontrollleuchten | |
| Blinker-Anzeige | 3,4 (sockellos) |
| Beleuchtung | 3,4 (sockellos) |
| Kontrolllampen | 1,4 (sockellos) |
| Heizungsregler-Beleuchtung | 1,4 (sockellos) |

| **Anzugsdrehmomente** | **Nm** |
|---|---|
| Airbag-Befestigungen | |
| Fahrer-Airbag | |
| Muttern | 5 |
| Schrauben | 10 |
| Beifahrer-Airbag-Schrauben/Muttern | |
| NA-Modelle | 22 |
| NB-Modelle | 12 |

## 1 Allgemeine Informationen und Warnhinweise

### Allgemeine Informationen

Die Fahrzeug-Elektrik wird mit 12 Volt Spannung versorgt, Minus geht an Masse. Die Stromversorgung übernimmt ein Blei-Säure-Akkumulator, der von der Lichtmaschine geladen wird.
Dieses Kapitel beinhaltet Reparaturen und Wartungsarbeiten an den verschiedenen elektrischen Systemen, die nicht mit dem Ladesystem und der Motorsteuerung zu tun haben – diese finden sich in den Kapitel 5A oder B).

### Warnhinweise

⚠ ***Warnung: Bevor an der Elektrik gearbeitet wird, müssen die Hinweise in der Sektion »Sicherheit geht vor!« am Anfang dieses Handbuchs sowie am Anfang von Kapitel 5A, Sektion 1 durchgelesen werden.***

⚠ ***Warnung: Bevor an der Elektrik gearbeitet wird, muss das Massekabel (–) der Batterie getrennt werden, um Kurzschlüsse und dadurch entstehende Brände zu verhindern – beachten Sie dazu die Hinweise in Kapitel 5A, Sektion 4.***

⚠ ***Warnung: Die meisten Modelle sind mit Airbags und per Pyrotechnik aktivierten Gurtstraffern ausgerüstet – beachten Sie daher bei Arbeiten an der Elektrik die Warnhinweise in Sektion 19, um die Systeme nicht auszulösen und kein Verletzungsrisiko einzugehen.***

## 2 Elektrik-Fehlersuche – Allgemeine Informationen

**Anmerkung:** *Beachten Sie vor Arbeitsbeginn die Warnhinweise in Sektion 1. Die folgenden Tests beziehen sich auf Kontrollen der Hauptstromkreise und dürfen nicht bei empfindlichen Elektronik-Bauteilen wie dem ABS- oder anderen Steuergeräten durchgeführt werden.*

### Allgemeines

**1** Ein typischer Stromkreis besteht aus einem Verbraucher, entsprechenden Schaltern, Relais und Motoren sowie Kabeln und Steckern, die das Bauteil mit der Batterie und der Karosserie (Masse) verbinden. Zur Lokalisierung eines Problems und als Hilfe bei den Kabelfarben können die Schaltpläne am Ende des Kapitels beachtet werden.
**2** Bevor Sie einen defekten Stromkreis untersuchen, müssen Sie den Schaltplan studieren, um ein vollständiges Bild über die Bestandteile des Stromkreises zu erhalten. Probleme können beispielsweise dadurch eingekreist werden, indem man andere zum Stromkreis gehörende Komponenten auf ihre Funktion überprüft. Wenn mehrere Komponenten eines Stromkreises gleichzeitig ausfallen, ist es sehr wahrscheinlich, dass der Fehler in der Sicherung oder einem defekten Masseanschluss liegt, da mehrere Stromkreise oftmals an derselben Sicherung oder Masse angeschlossen sind.
**3** Elektrikprobleme sind oftmals auf Kleinigkeiten wie lockere oder korrodierte Stecker, eine durchgebrannte Sicherung oder ein defektes Relais zurückzuführen. Bevor Komponenten getestet werden, sollten stets die Sicherungen, Kabel und Stecker des betroffenen Stromkreises einer Sichtkontrolle unterzogen worden sein. Damit das Problem lokalisiert werden kann, müssen mithilfe der Schaltpläne die richtigen Anschlüsse überprüft werden.
**4** Für Kontrollen am elektrischen System empfiehlt sich ein Multimeter – ein Mehrfachmessgerät, mit dem sich Spannungs-, Stromstärken- und Widerstandsmessungen durchführen lassen. Leicht ablesbare digitale Ausführungen sind nicht teuer. Für einfache Prüfungen reicht auch ein Durchgangstester oder eine Prüflampe, doch können hiermit keine Messungen vorgenommen werden. Für manche Messungen werden zudem Überbrückungskabel benötigt, mit denen Verbraucher direkt an die Batterie geklemmt werden können. Bevor versucht wird, ein Problem mit Prüfgeräten zu lokalisieren, muss mithilfe der Schaltpläne herausgefunden werden, wo diese angeschlossen werden müssen.
**5** Um die Ursache einer unterbrochenen Leitung zu entdecken (üblicherweise eine korrodierte oder verschmutzte Steckverbindung oder eine beschädigte Kabelisolierung), kann ein »Wackeltest« hilfreich sein; hierbei wird von Hand an Kabeln gewackelt, um festzustellen, ob dabei der Fehler auftritt oder kurzzeitig behoben wird. Hierbei sollte es möglich

sein, die Fehlerquelle auf eine begrenzte Sektion des Kabels einzugrenzen. Diese Prüfmethode kann zusammen mit den in den folgenden Untersektionen beschriebenen Tests verwendet werden.

**6** Abgesehen von Problemen aufgrund schlechter Verbindungen können in einem elektrischen Stromkreis zwei grundlegende Fehlertypen auftreten: eine Stromkreisunterbrechung und ein Kurzschluss.

**7** Stromkreisunterbrechungen können durch Kabelbrüche, abgerissene oder abgezogene Stecker irgendwo im Stromkreis hervorgerufen werden, sodass der Strom nicht mehr fließt. Eine Stromkreisunterbrechung hindert eine Komponente an der Funktion, sorgt aber nicht dafür, dass eine Sicherung durchbrennt.

**8** Bei Kurzschlüssen findet der Strom eine Abkürzung, um nicht durch die elektrische Komponente, sondern direkt zu Masse zu fließen. Kurzschluss-Fehler entstehen üblicherweise durch eine defekte Kabelisolierung, sodass ein Stromkabel direkt mit einer mit Masse verbundenen Komponente oder der Karosserie in Kontakt kommt. Ein Kurzschluss-Fehler sorgt normalerweise dafür, dass die entsprechende Stromkreis-Sicherung durchbrennt.

## Durchgangsprüfungen

**9** Bei diesem Test wird ermittelt, ob der Strom durch einen Stromkreis fließen kann. Zum Testen eignen sich ein Durchgangsprüfer (der bei geschlossenem Stromkreis piept) oder das auf den Ohm-Messbereich geschaltete Multimeter. Beide Geräte arbeiten mit einer eigenen Stromversorgung, sodass die Zündung abgeschaltet sein muss. Zur Sicherheit sollte auch der Masseanschluss (–) der Batterie getrennt werden – ganz besonders, wenn das Zündsystem überprüft wird.

**10** Schalten Sie das Multimeter auf die Durchgangsfunktion (falls vorhanden) oder den Ohm-Messbereich. Halten Sie die beiden Spitzen der Prüfkabel zusammen – das Gerät sollte jetzt durch Piepen oder eine angezeigte Null Durchgang erkennen lassen. Schalten Sie nach dem Prüfen das Gerät aus, damit sich die Batterie nicht entlädt.

**11** Ein Durchgangsprüfer kann auf die gleiche Weise benutzt werden – entweder piept er oder eine Lampe leuchtet auf, wenn Durchgang besteht.

**12** Bei normalen Durchgangsprüfungen ist die Polarität des Messgerätes egal, allerdings muss beim Prüfen von Dioden oder Magnetschaltern darauf geachtet werden, den genauen Hinweisen über das Verbinden des Plus- und des Minus-Kabels zu folgen.

## Durchgangsprüfung am Schalter

**13** Scheint ein Schalter defekt zu sein, müssen seine Kabel bis zum Stecker verfolgt werden. Trennen Sie den Stecker und überprüfen Sie, ob seine Kontakte in Ordnung sind. Verschmutzte oder korrodierte Kontakte können Gründe für das Problem sein – reinigen Sie sie und versehen Sie sie mit etwas wasserverdrängendem Lösungsmittel wie WD40 oder Kontaktreiniger und geeignetem Schutzspray.

**14** Wird ein Multimeter verwendet, muss es entweder auf die Durchgangsfunktion (falls vorhanden) oder den Ohm-Messbereich geschaltet werden, dann werden die Prüfkabel-Spitzen mit den Steckerkontakten verbunden. Einfache An/Aus-Schalter wie Bremslichtschalter haben nur zwei Kontakte, während kombinierte Schalter wie diejenigen am Armaturenbrett oft über mehrere Kabelkontakte verfügen. Studieren Sie den entsprechenden Schaltplan (am Ende dieses Kapitels), um sicherzustellen, dass an den korrekten Kabelkontakten geprüft wird. Bei eingeschaltetem Schalter muss Durchgang bestehen, bei ausgeschaltetem Schalter darf kein Durchgang bestehen.

## Durchgangsprüfung bei Kabeln

**12** Viele elektrische Probleme sind auf beschädigte Kabel zurückzuführen, was oft an einer falschen Verlegung, Quetschung bei falscher Montage von Teilen sowie lockeren oder korrodierten Steckern liegt.

**16** Eine Durchgangsprüfung kann an einem einzelnen Kabel durchgeführt werden, nachdem man es an beiden Enden getrennt und hier die Prüfklemmen angeschlossen hat. Ist ein Kabel in Ordnung, wird Durchgang angezeigt – besteht dieser nicht, wird das Kabel irgendwo gebrochen sein.

**17** Um den Durchgang eines Massekabels zu Masse zu prüfen, wird eine Prüfklemme an den Massekontakt des Steckers und die andere an die Karosserie, den Motor oder (bei angeschlossenem Massekabel) an den Minuspol der Batterie gehalten. Sind das Kabel und sein Massekontakt in Ordnung, wird Durchgang angezeigt. Wird kein Durchgang festgestellt, wird ein Kabel gebrochen sein oder einen schlechten Massekontakt haben (siehe unten).

## Spannungsprüfungen

**18** Eine Spannungsprüfung kann belegen, ob der Strom einen Verbraucher erreicht. Schalten Sie das Multimeter auf den Volt-Messbereich für Gleichstrom (DC), um die Spannung des Gleichrichters oder hinter der Batterie zu prüfen, schalten sie es auf AC (Wechselstrom), um die Spannung der Lichtmaschine zu messen. Für den Gleichstrombereich kann auch eine einfache Prüflampe verwendet werden, doch das Messgerät hat den Vorteil, den Wert der Spannung anzuzeigen.

**19** Verbinden Sie die Prüfklemmen parallel zur vorhandenen Verkabelung.

**20** Identifizieren Sie zuerst den entsprechenden Stromkreis mithilfe des Schaltplans am Ende dieses Kapitels.

**21** Wird ein Messgerät eingesetzt, muss zunächst sichergestellt sein, dass die Prüfklemmen korrekt daran angeschlossen sind – rot an Plus (+), schwarz an Minus (–). Schalten Sie das Messgerät auf den gewünschten Bereich (z. B. 0 bis 20 Volt DC). Verbinden Sie die rote Plusklemme mit dem stromführenden Kabel und die schwarze Minusklemme mit Masse am Motor oder der Karosserie oder dem Minuspol der Batterie. Bei eingeschalteten Schaltern muss beispielsweise Batteriespannung oder ein anderer in den technischen Daten angegebener Wert angezeigt werden.

**22** Wird eine Prüflampe eingesetzt, muss die Plusklemme mit dem stromführenden Kabel und die Minusklemme mit Masse an Motor oder Karosserie oder dem Minuspol der Batterie verbunden werden – bei eingeschaltetem Stromkreis muss die Lampe leuchten.

**23** Liegt keine Spannung an, muss man sich zur Stromquelle (z. B. der Batterie) vorarbeiten, um herauszufinden, wo das Problem liegt.

## Masseprüfung

**24** Masseverbindungen gibt es entweder direkt zur Befestigung an der Karosserie oder dem Motor (wie z. B. den Anlasser oder Zündspulen, die nur einen Steckerkontakt für Plus haben) oder über Kabel zum Massekabel an der Batterie. Auch kann ein kurzes Kabel vom Verbraucher direkt zur Karosserie verlegt sein. Das Bauteil und/oder die Karosserie ist also Teil des Stromkreises, sodass lockere oder korrodierte Verbindungen auch für elektrische Defekte – vom Totalausfall eines Stromkreises bis zu einem kniffligen Teilausfall – verantwortlich sind. Lampen können schwächer leuchten (vor allem, wenn andere Verbraucher in Betrieb sind, die den gleichen Massepunkt nutzen), Motoren (Scheibenwischer, Kühlventilator) langsamer laufen und der Betrieb eines Stromkreises kann eine scheinbar unzusammenhängende Wirkung auf einen anderen haben. Isolierte Komponenten wie die elastisch aufgehängte Motor/Getriebe-Einheit werden mithilfe von Massebändern mit der Karosserie verbunden (siehe Abbildungen).

**2.24a Das Massekabel von der Batterie ist innerhalb des Motorraums mit der Karosserie verbunden, …**

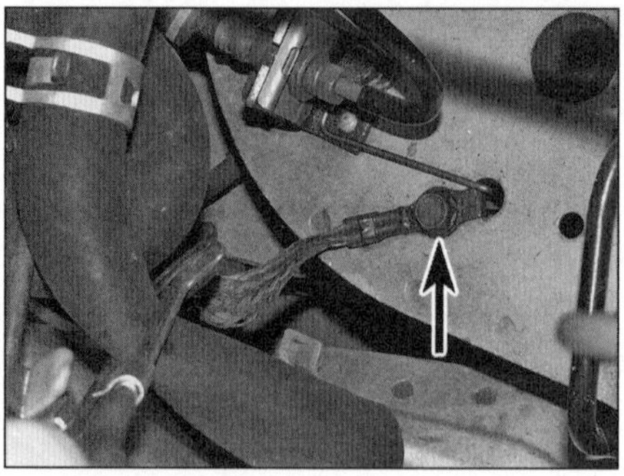

**2.24b … während das Motor-Masseband mit der Spritzwand verschraubt ist.**

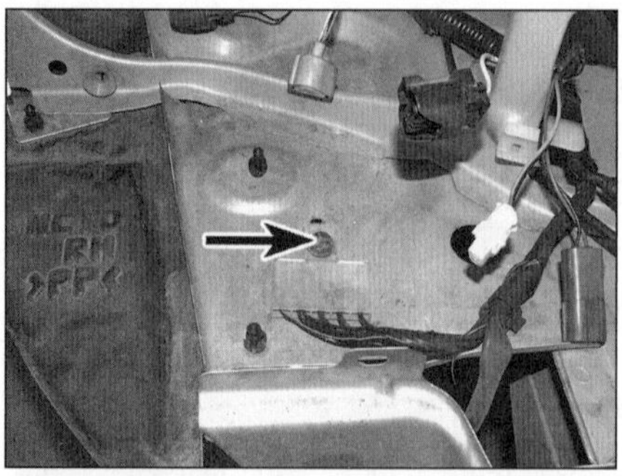

**2.24c Andere Massepunkte können unter dem Scheinwerfer, …**

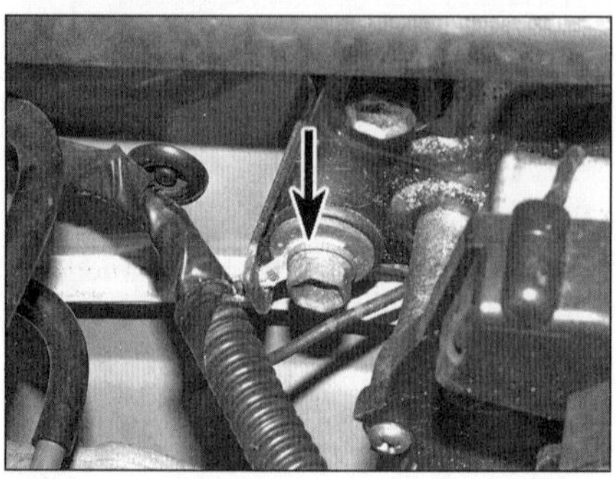

**2.24d … unter der Halterung des Scheibenwischer-motors, …**

**2.24e … hinten am Zylinderkopf, …**

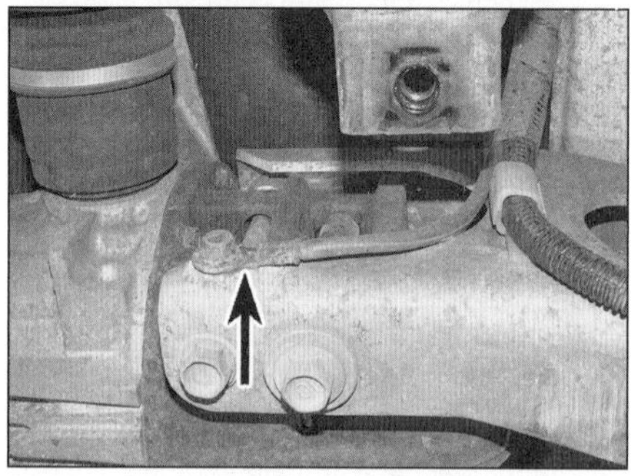

**2.24f … hinten am Antriebsstrang-Rahmen, …**

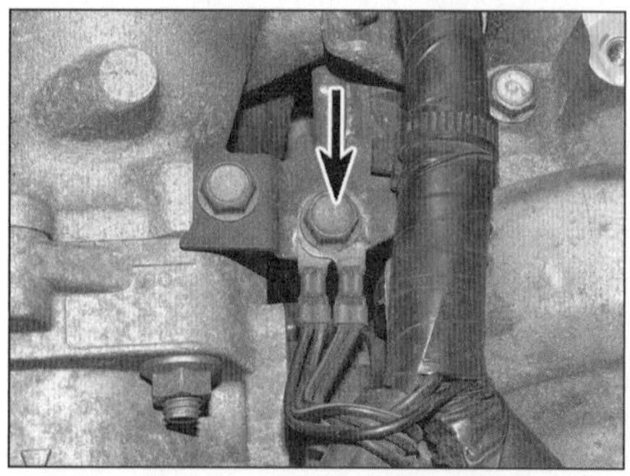

**2.24g … zwischen dem Einlassstutzen und dem Zylinderkopf …**

**2.24h … und hinter der Armaturenbrett-Querstrebe vorhanden sein.**

**25** Korrosion ist genauso ein verbreiteter Grund für eine schlechte Masseverbindung, wie es lockere Anschlüsse sind.
**26** Fallen alle oder mehrere Verbraucher gleichzeitig aus, muss die Festigkeit des Haupt-Massekabels (–) an der Batterie überprüft werden, außerdem sind das an den Motor geschraubte Massekabel sowie die Massepunkte an der Karosserie zu kontrollieren. Bei Korrosion muss der Anschluss

freigelegt und gereinigt werden, bis wieder blankes Metall zum Vorschein kommt. Verbinden Sie den Anschluss und tragen Sie etwas Polfett auf, um weiterem Rost vorzubeugen.

**27** Um einen Verbraucher auf guten Masseschluss zu prüfen, muss sein Massekontakt oder sein Gehäuse übergangsweise mithilfe eines Überbrückungskabels mit der Karosserie verbunden werden – arbeitet der Verbraucher jetzt, ist sein Masseschluss defekt.

**28** Prüfen Sie bei einem Massekabel zunächst seine Anschlüsse auf Korrosion und lockere Kontakte, kontrollieren Sie dann das Kabel auf Durchgang (siehe Schritt 13).

**Praxis-Tipp** ***Bedenken Sie immer: Ein elektrischer Stromkreis soll Strom von der Quelle (der Batterie) durch Kabel, Schalter, Relais usw. zum Verbraucher (Lampe, Anlasser etc.) leiten, von dort aus geht es über die Masseverbindung zurück zur Batterie. Elektrische Probleme sind im wesentlichen Unterbrechungen dieses Stromflusses.***

## 3 Sicherungen und Relais – Allgemeine Informationen

### Sicherungen

**1** Sicherungen finden sich hinter einer Abdeckung links unten im Armaturenbrett und rechts im Motorraum (siehe Abbildungen).

**3.1a Die Haupt-Sicherungsbox im Armaturenbrett – NB-Modelle (ab 1998) ...**

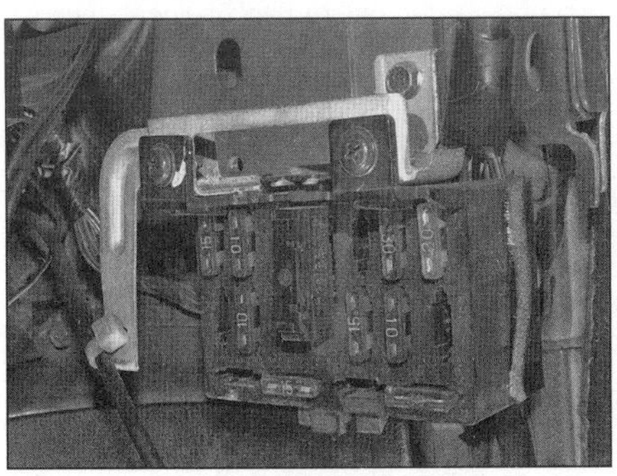

**3.1b ... und NA-Modelle bis 1997).**

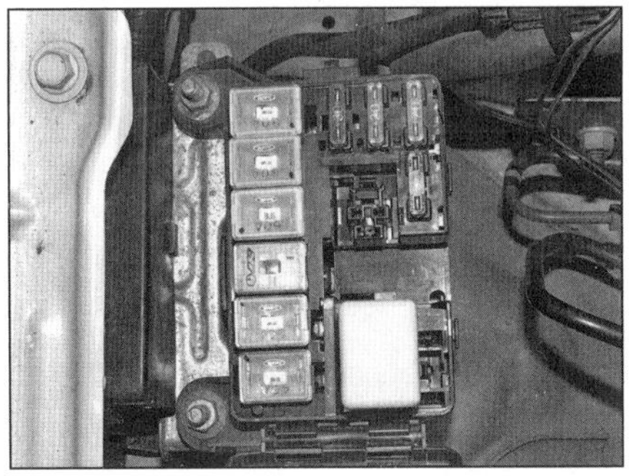

**3.1c Sicherungsbox rechts im Motorraum**

**2** Die Zuständigkeit der Sicherungen zu den Stromkreisen ist im Sicherungsdeckel angegeben. In der Sicherungsbox findet sich auch ein Werkzeug zum Ausbau der Sicherungen. Hauptsicherungen mit hohen Absicherungsstärken finden sich in der Sicherungsbox im Motorraum. Weitere Details zu den Sicherungen finden sich in den Schaltplänen am Ende dieses Kapitels.

**3** Schalten Sie zum Ausbau einer Sicherung zunächst den Stromkreis oder die Zündung aus. Ziehen Sie die Sicherung heraus. Eine durchgebrannte Sicherung kann an ihrem unterbrochenen Draht erkannt werden.

**4** Verwenden Sie nur Ersatzsicherungen der gleichen Absicherungsrate. Auch eine kurzzeitig eingesetzte »stärkere« Sicherung oder Notreparaturen mit einem Stück Draht können größere Schäden bis hin zum Brand nach sich ziehen.

**5** Sicherungen sind mit unterschiedlichen Farben durchgefärbt, die auf die Absicherungsrate hinweisen:

| Farbe | Absicherungsrate |
|---|---|
| Orange | 5 Ampere |
| Rot | 10 Ampere |
| Blau | 15 Ampere |
| Gelb | 20 Ampere |
| Weiß oder transparent | 25 Ampere |
| Grün | 30 Ampere |

**6** Falls eine neue Sicherung sofort wieder durchbrennt, muss vor einem erneuten Austausch die Ursache dafür gefunden werden. Übermäßig viel Strom fließt normalerweise aufgrund einer defekten Komponente oder eines Kurzschlusses (siehe Sektion 2). Führen Sie stets Ersatzsicherungen der entsprechenden Absicherungsraten mit – je eine von jeder Rate muss unten in der Sicherungsbox sitzen.

### Relais

**7** Ein Relais ist ein elektrisch betätigter Schalter, der aus folgenden Gründen zum Einsatz kommt:

a) *Ein Relais kann abseits vom Stromkreis hohe Stromstärken steuern, sodass kleinere Schalterkontakte und dünnere Kabel zum Schalter und ggf. zum Armaturenbrett verwendet werden können.*

b) *Ein Relais kann anders als ein mechanischer Schalter mehr als einen Steuerimpuls empfangen.*

c) *Ein Relais kann eine Zeitschaltfunktion haben – beispielsweise das Blinkrelais oder die Intervallschaltung des Scheibenwischers.*

**8** Die wichtigsten Relais sitzen links und rechts im Motorraum, während andere unter dem Armaturenbrett oder im Kofferraum sitzen (siehe Abbildungen).

**3.8a Relais können rechts ...**

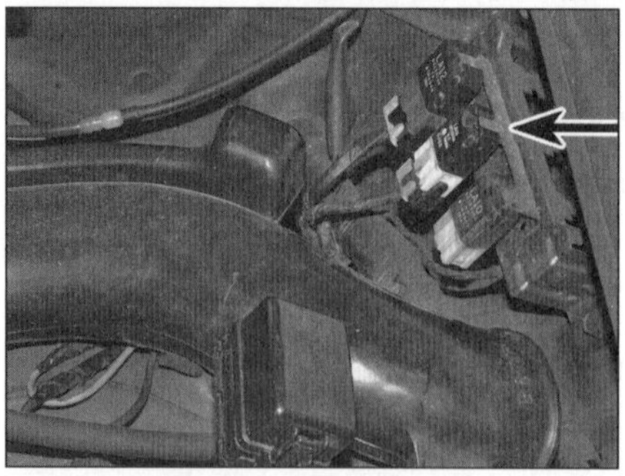

**3.8b ... und links im Motorraum, ...**

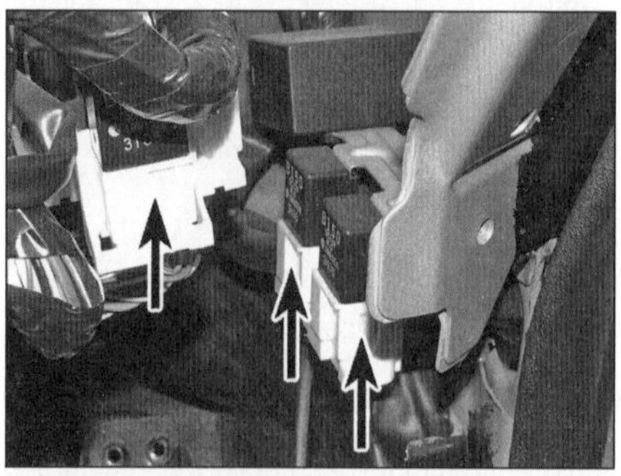

**3.8c ... unter dem Armaturenbrett ...**

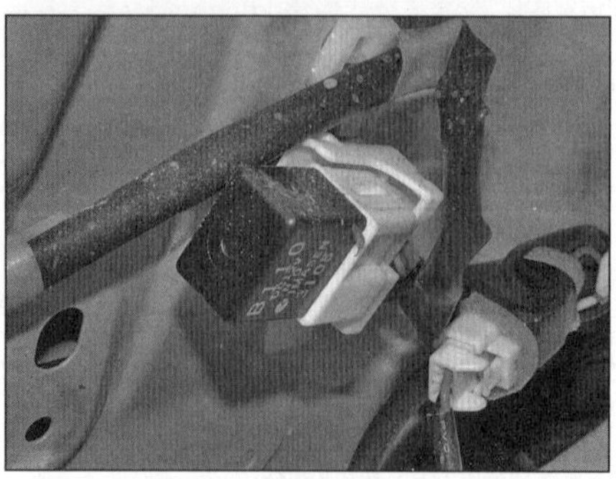

**3.8d ... oder im Kofferraum sitzen.**

**9** Wenn ein Stromkreis, der ein Relais enthält, einen Defekt aufweist, kann auch das Relais selbst die Ursache hierfür sein. Ein funktionierendes Relais muss beim Einschalten des Stromkreises ein hörbares Klicken von sich geben – in diesem Fall liegt der Fehler in der Verkabelung oder im Verbraucher. Wenn ein Relais nicht klickt, kommt bereits hier kein Strom an, oder das Relais selbst hat einen Defekt; die einfachste Kontrolle ist der Austausch gegen ein erwiesenermaßen funktionsfähiges Relais. **Achtung: Niemals darf davon ausgegangen werden, dass ein ähnlich aussehendes Relais gegen das vorhandene Relais ausgetauscht werden darf.**

**10** Bevor ein Relais ausgebaut wird, muss sichergestellt sein, dass der entsprechende Stromkreis (oder die Zündung) abgeschaltet ist. Das Relais kann dann einfach aus seinem Sockel gezogen werden.

## 4 Schalter – Ausbau und Einbau

**Anmerkung:** *Bevor ein Schalter demontiert wird, muss das Massekabel (–) der Batterie getrennt werden (siehe Kapitel 5A, Sektion 4), um Kurzschlüsse und dadurch entstehende Brände zu verhindern. Verbinden Sie nach dem Einbau der Batterie das Massekabel wieder.*

### Zündschloss

**1** Entfernen Sie die obere und untere Lenksäulenabdeckung (siehe Kapitel 11, Sektion 26).
**2** Trennen Sie den Zündschlosssstecker.
**3** Lösen Sie die Schraube, um das Zündschloss von der Lenkschloss-Baugruppe zu trennen (siehe Abbildung).

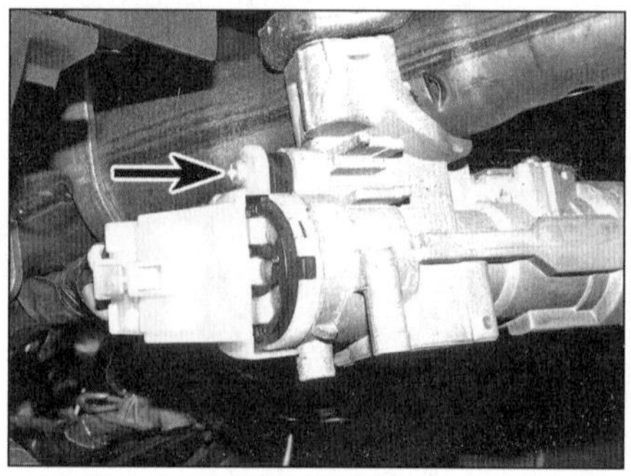

**4.3 Zündschloss-Schraube**

**4** Der Einbau entspricht der umgekehrten Ausbaureihenfolge.

### Lenksäulen-Kombischalter

**5** Demontieren Sie das Lenkrad (siehe Kapitel 10, Sektion 14).
**6** Entfernen Sie die obere und untere Lenksäulenabdeckung (siehe Kapitel 11, Sektion 26). Entfernen Sie die untere Armaturenbrett-Verkleidung (siehe Abbildung).

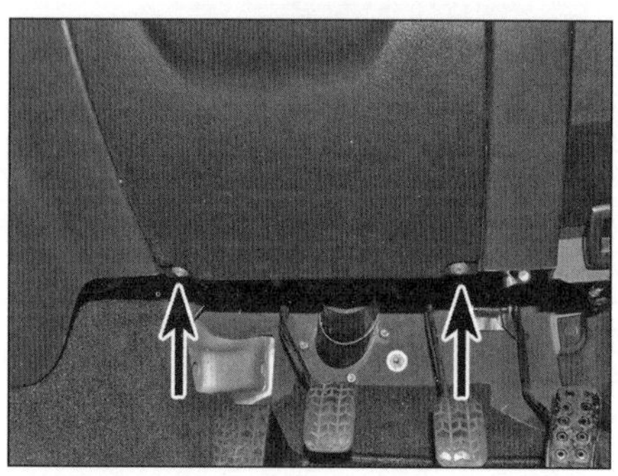

**4.6 Lösen Sie die Schrauben und entfernen Sie die Verkleidung unterhalb der Lenksäule.**

## Modelle ohne Airbag

**7** Lockern Sie die Klemmschraube unterhalb des Schalters, heben Sie den Arretierstift an, und ziehen Sie die Baugruppe von der Lenksäule ab (siehe Abbildungen) – trennen Sie dabei die Kabelstecker.

**4.7a Lockern Sie die Klemmschraube, ...**

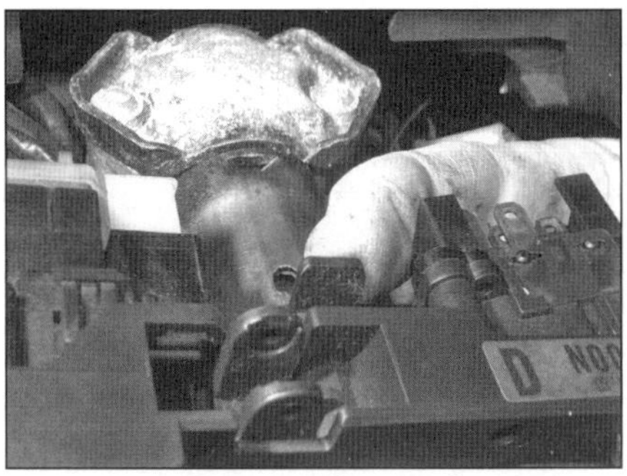

**4.7b ... heben Sie den Arretierstift an.**

## Modelle mit Airbag

**8** Lösen Sie die drei Schrauben des Kombischalters (siehe Abbildung).

**4.8 Schrauben des Kombischalters**

**9** Trennen Sie die Kabelstecker und ziehen Sie den Schalter von der Lenksäule (siehe Abbildung).

***Warnung: Behandeln Sie den Kombischalter samt Drehkontakt äußerst vorsichtig. Schäden am Drehkontakt können zu Defekten am Airbag-System führen und zu schmerzhaften Verletzungen führen.***

**4.9 Ziehen Sie den Schalter mit einem kräftigen Zug von der Lenksäule ab.**

## Alle Modelle

**10** Der Einbau entspricht der umgekehrten Ausbaureihenfolge. Bevor der Kombischalter montiert wird, muss die Drehkontakt-Einheit korrekt ausgerichtet werden:

*a) Stellen Sie die Lenkung geradeaus.*
*b) Drehen Sie den Drehkontakt langsam bis zum Anschlag nach links – üben Sie hierbei keine übermäßige Kraft aus.*
*c) Drehen Sie den Kontakt dann zwei-dreiviertel Umdrehungen nach rechts.*
*d) Richten Sie die Markierung an der inneren Nabe zu derjenigen am Gehäuse aus (siehe Abbildung).*

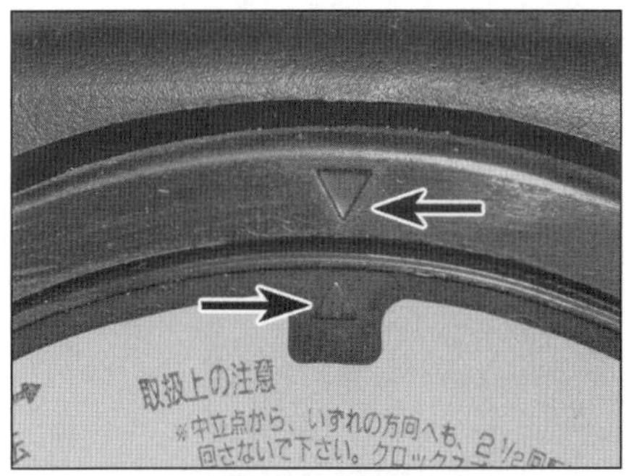


**4.10 Richten Sie die Markierung an der inneren Nabe zu derjenigen am Gehäuse aus.**

# Warnblinkschalter und Scheinwerfer-Arretierung

## NA-Modelle (bis 1997)

**11** Demontieren Sie die Mittelkonsole (siehe Kapitel 11, Sektion 27).
**12** Hebeln Sie vorsichtig die Lüftungsdüsen aus der mittleren Blende im Armaturenbrett (siehe Abbildung).

**4.12 Hebeln Sie die Lüftungsdüsen aus der mittleren Blende im Armaturenbrett.**

**13** Lösen Sie innerhalb der Düsensitze und unten an der Blende die Schrauben, ziehen Sie die Blende nach hinten, und trennen Sie dabei die Kabelstecker (siehe Abbildungen).

**4.13a Lösen Sie die Schrauben in den Düsen-Öffnungen ...**

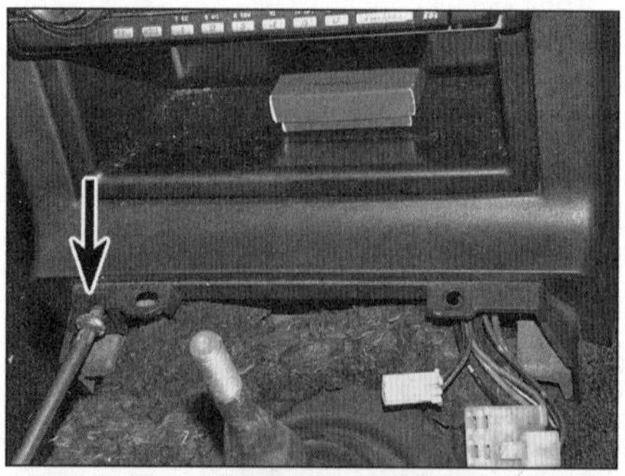

**4.13b ... und unten an der Blende, ...**

**4.13c ... um diese abzuziehen.**

**14** Lösen Sie an der Rückseite der Blende die Schrauben der Schalter und entfernen Sie diese (siehe Abbildung).

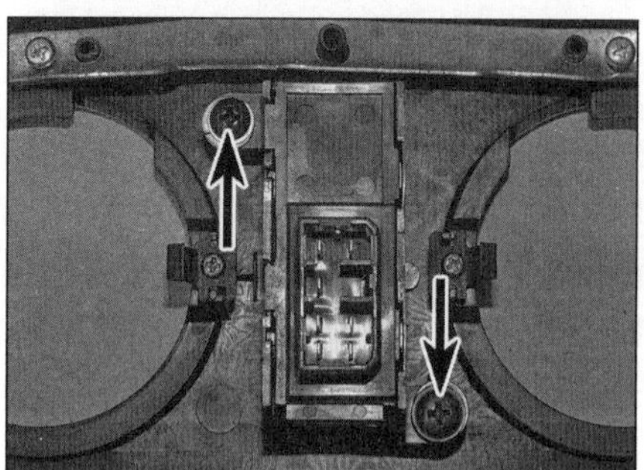

**4.14 Schalter-Schrauben**

**15** Der Einbau entspricht der umgekehrten Ausbaureihenfolge.

### NB-Modelle (ab 1998) (ohne Scheinwerfer-Arretierung)

**16** Demontieren Sie die Elektrik-Einheit unterhalb des Warnblinkschalters. Bei manchen Modellen kann dies die Uhr (Sektion 10), bei anderen die Audio-Einheit (Sektion 15) sein.
**17** Greifen Sie durch die Öffnung und drücken Sie den Schalter aus dem Armaturenbrett heraus (siehe Abbildung) – trennen Sie dabei den Kabelstecker.

**4.17 Drücken Sie den Warnblinkschalter aus dem Armaturenbrett heraus.**

**18** Der Einbau entspricht der umgekehrten Ausbaureihenfolge.

## Fensterheber-Schalter

### Modelle bis 1999

**19** Demontieren Sie die Mittelkonsole (siehe Kapitel 11, Sektion 27).
**20** Der Schalter ist bei früheren Modellen mit zwei Schrauben befestigt, während er bei späteren Ausführungen mit Laschen gesichert ist. Lösen Sie die entsprechende Befestigung und befreien Sie den Schalter (siehe Abbildungen).

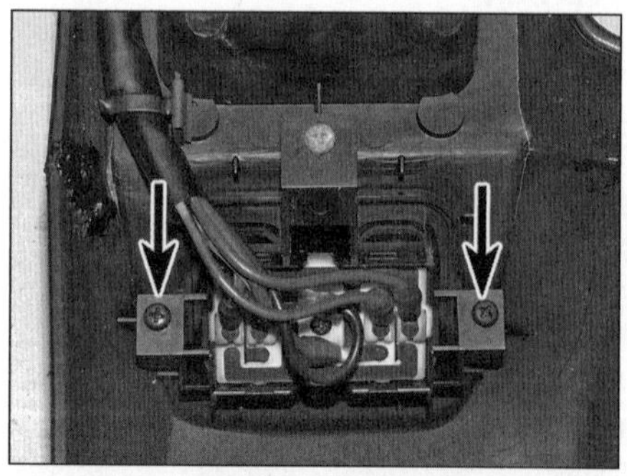

**4.20a Mit Schrauben gesicherter Schalter bei frühen Modellen**

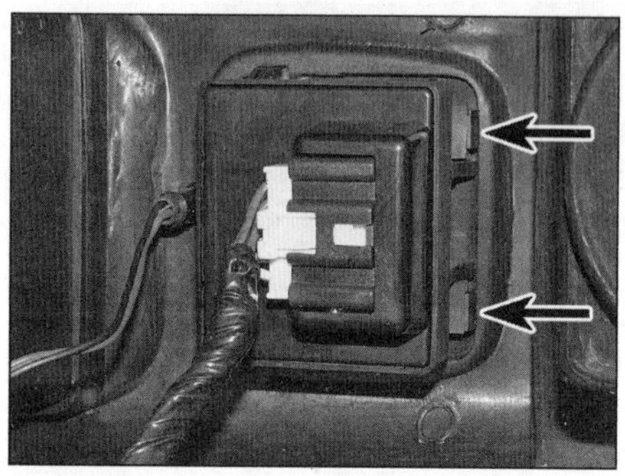

**4.20b Mit Laschen gesicherter Schalter bei späteren Modellen**

**21** Der Einbau entspricht der umgekehrten Ausbaureihenfolge.

## Modelle ab 2000

**22** Hebeln Sie mit einem stumpfen, flachen Werkzeug den Schalter vorsichtig aus der Mittelkonsole (siehe Abbildung) – trennen Sie beim Ausbau den Kabelstecker.

**4.22 Hebeln Sie den Schalter aus der Mittelkonsole – Modelle ab 2000**

**23** Der Einbau entspricht der umgekehrten Ausbaureihenfolge.

# Außenspiegel-Schalter

**24** Hebeln Sie mit einem stumpfen, flachen Werkzeug den Schalter vorsichtig aus dem Armaturenbrett (siehe Abbildung) – trennen Sie beim Ausbau den Kabelstecker.

**4.24 Hebeln Sie den Schalter aus dem Armaturenbrett**

**25** Der Einbau entspricht der umgekehrten Ausbaureihenfolge.

# Kupplungspedal-Schalter

**26** Beachten Sie hierzu die Hinweise in Kapitel 6, Sektion 8.

# Nebelschlussleuchten- und Heckscheibenheizungs-Schalter

## NA-Modelle (bis 1997)

**27** Entfernen Sie die untere Armaturenbrett-Verkleidung (Abb. 4.6).
**28** Drücken Sie den/die Schalter von hinten aus dem Armaturenbrett (siehe Abbildung) – trennen Sie dabei den/die Kabelstecker.

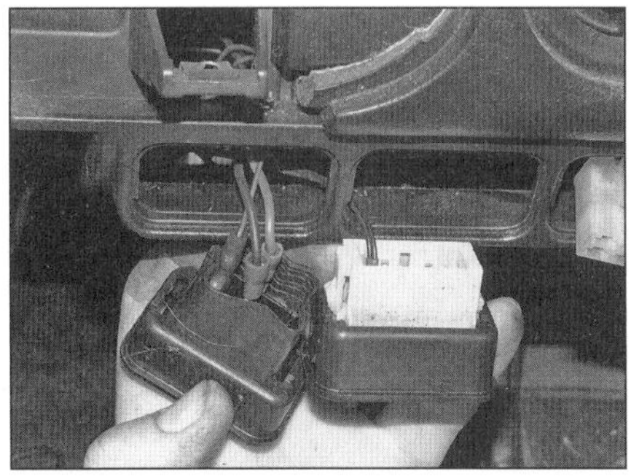

**4.28 Drücken Sie die Schalter aus dem Armaturenbrett.**

**29** Der Einbau entspricht der umgekehrten Ausbaureihenfolge.

## NB-Modelle bis 1999

**Anmerkung:** *Bei diesen Modellen ist der Heckscheibenheizungs-Schalter in die Heizungsregler-Blende integriert.*
**30** Demontieren Sie die Mittelkonsole (siehe Kapitel 11, Sektion 27).
**31** Lösen Sie die Schrauben am unteren Rand der mittleren Armaturenbrett-Blende, ziehen Sie diese zurück, um ihre Laschen zu befreien (siehe Abbildungen).

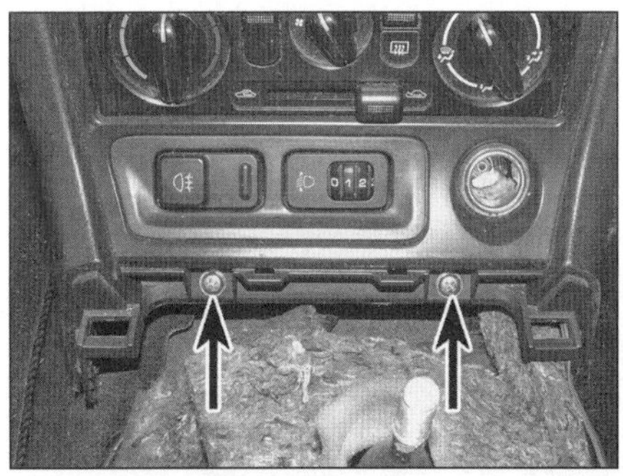

**4.31a Lösen Sie die Schrauben am unteren Rand, ...**

**4.31b ... und ziehen Sie die mittlere Armaturenbrett-Blende nach hinten ab.**

**32** Trennen Sie den/die Kabelstecker, drücken Sie die Laschen des Schalters zusammen, und ziehen Sie ihn aus der Blende (siehe Abbildung).

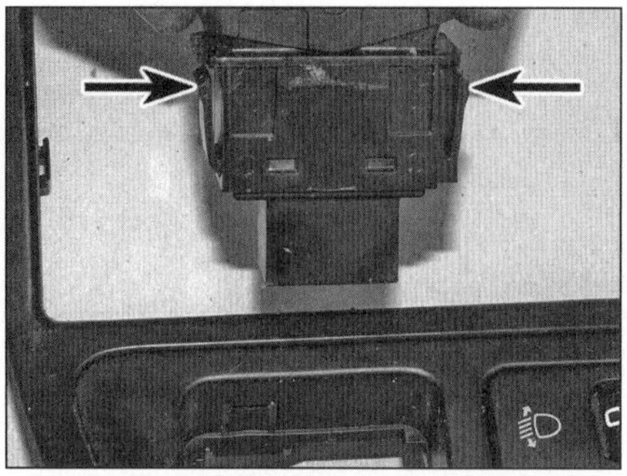

4.32 **Drücken Sie die Laschen des Schalters zusammen, um ihn zu entfernen.**

**33** Der Einbau entspricht der umgekehrten Ausbaureihenfolge.

## NB-Modelle ab 2000

**Anmerkung:** *Diese Prozedur trifft auch auf den Instrumentenbeleuchtungs-Schalter zu.*
**34** Entfernen Sie den Deckel der Sicherungsbox aus dem Armaturenbrett.
**35** Pressen Sie von hinten die Laschen des Schalters zusammen und drücken Sie ihn nach vorn aus dem Armaturenbrett (siehe Abbildung) – trennen Sie dabei den Kabelstecker.

4.35 **Drücken Sie den/die Schalter von hinten aus dem Armaturenbrett.**

**36** Der Einbau entspricht der umgekehrten Ausbaureihenfolge.

# Tür-Schalter

**37** Lösen Sie die Schraube des in der Türöffnung sitzenden Schalter und ziehen Sie ihn heraus (siehe Abbildung) – trennen Sie dabei den Kabelstecker.

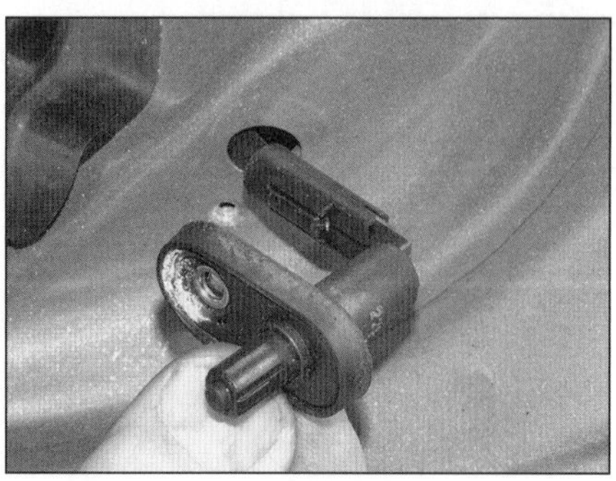

4.37 **Ausbau des Türschalters**

**38** Der Einbau entspricht der umgekehrten Ausbaureihenfolge.

# Leuchtweiten- und Sitzheizungs-Schalter

## NB-Modelle bis 2000

**39** Demontieren Sie die Mittelkonsole (siehe Kapitel 11, Sektion 27).
**40** Lösen Sie die Schrauben am unteren Rand der mittleren Armaturenbrett-Blende, ziehen Sie diese zurück, um ihre Laschen zu befreien (Abb. 4.31a und b).
**41** Trennen Sie den/die Kabelstecker, pressen Sie von hinten die Laschen des Schalters zusammen, und drücken Sie ihn nach vorn aus dem Armaturenbrett (siehe Abbildung).

4.41 **Drücken Sie die Laschen des Leuchtweiten-Schalters zusammen, um ihn zu entfernen.**

**42** Der Einbau entspricht der umgekehrten Ausbaureihenfolge.

## NB-Modelle ab 2000

**43** Hebeln Sie vorsichtig die Schalterblende aus der Mittelblende (siehe Abbildung).

4.43 **Hebeln Sie die Schalterblende aus der Mittelblende.**

**44** Pressen Sie von hinten die Laschen des Schalters zusammen und drücken Sie ihn nach vorn aus dem Armaturenbrett (siehe Abbildung) – trennen Sie dabei den Kabelstecker.

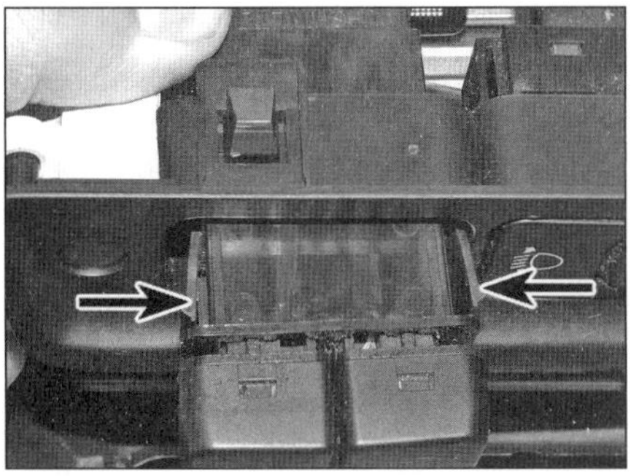

4.44 Drücken Sie den/die Schalter von hinten aus der Blende.

**45** Der Einbau entspricht der umgekehrten Ausbaureihenfolge.

## 5 Lampen (außen) – Ersetzen

## Allgemeines

**1** Beachten Sie beim Austauschen von Lampen die folgenden Punkte:

*a) Bedenken Sie, dass Lampen im Betrieb sehr heiß werden und etwas Zeit zum Abkühlen brauchen.*
*b) Kontrollieren Sie stets die Kontakte der Lampe und des Sockels. Entfernen Sie Korrosion und Schmutz, damit guter Kontakt sichergestellt werden kann.*
*c) Achten Sie bei Lampen mit Bajonettverriegelung darauf, dass die Kontaktplatte im Sockel mit Federkraft gegen die Lampe drücken kann.*
*d) Achten Sie auf die korrekte Watt-Stärke der neuen Lampe.*
*e) Fassen Sie das Glas nicht direkt mit den Fingern an bzw. reinigen Sie das Glas nach dem Einbau.*

## Scheinwerferlampe – NA-Modelle (bis 1997)

**2** Betätigen Sie den Schalter, um die Scheinwerfer auszuklappen. Trennen Sie dann das Massekabel (–) der Batterie (siehe Kapitel 5A, Sektion 4).
**3** Lösen Sie die Schrauben an beiden Seiten des Scheinwerfer-Rahmens und entfernen Sie diesen (siehe Abbildung).

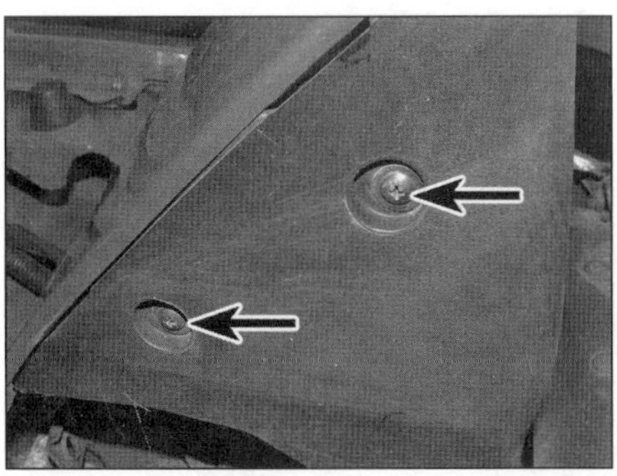

**5.3 Der Scheinwerferrahmen ist an jeder Seite mit zwei Schrauben gesichert.**

**4** Drücken Sie den Scheinwerfer etwas ins Gehäuse, drehen Sie ihn gegen den Uhrzeigersinn, und ziehen Sie ihn heraus. Trennen Sie den Lampenstecker und entfernen Sie die Gummikappe (siehe Abbildung).

**5.4 Drücken Sie den Scheinwerfer ein und richten Sie die Schrauben (Pfeile) zu den größeren Ausschnitten der Langlöcher aus.**

**5** Befreien Sie den Sicherungsdraht und entnehmen Sie die Lampe – beachten Sie die Ausrichtung ihrer Laschen (siehe Abbildungen).

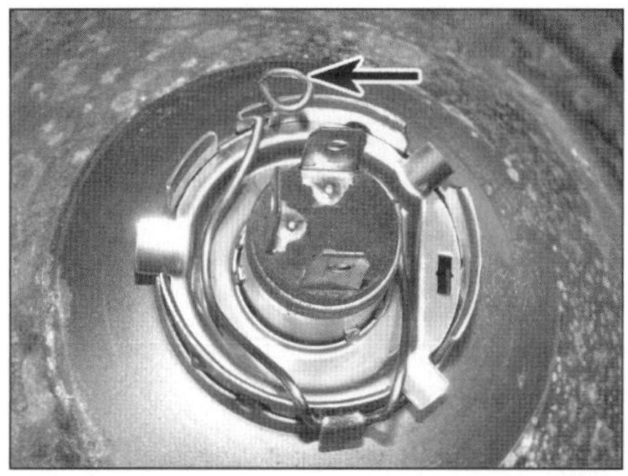

**5.5a Lösen Sie den Drahtbügel, um die Lampe zu entfernen.**

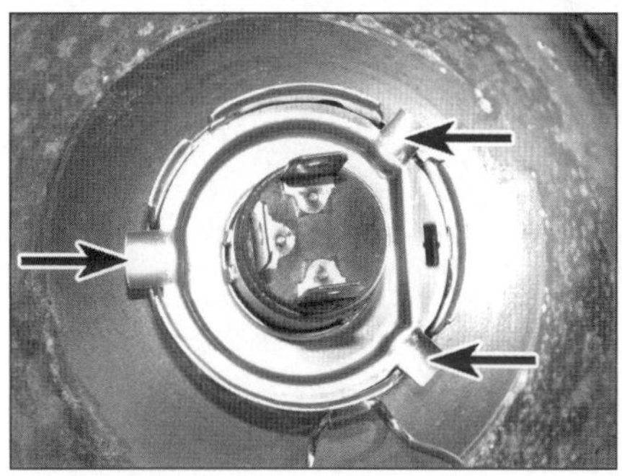

**5.5b Beachten Sie die Ausrichtung der Laschen zu den Ausschnitten im Reflektor.**

**6** Der Einbau entspricht der umgekehrten Ausbaureihenfolge.

## Scheinwerferlampe – NB-Modelle ab 1998 bis 1999

**7** Öffnen Sie die Motorhaube, greifen Sie hinter den Scheinwerfer, und ziehen Sie den Lampenstecker ab.
**8** Beachten Sie die Einbaulage und ziehen Sie die Gummikappe vom Scheinwerfer ab (siehe Abbildung).

**5.8 Ziehen Sie hinten am Scheinwerfer die Gummikappe ab.**

**9** Befreien Sie den Sicherungsdraht und entnehmen Sie die Lampe – beachten Sie die Ausrichtung ihrer Laschen (siehe Abbildung).

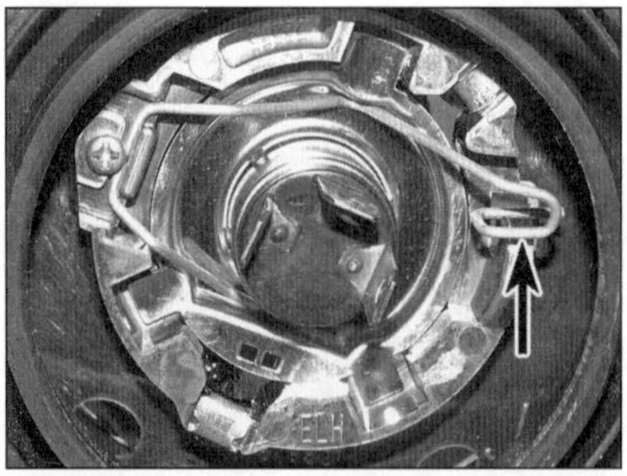

**5.9 Lösen Sie den Drahtbügel, um die Lampe zu entfernen.**

**10** Stecken Sie die korrekt ausgerichtete Lampe in den Reflektor und sichern Sie sie mit dem Drahtbügel (siehe Abbildung).

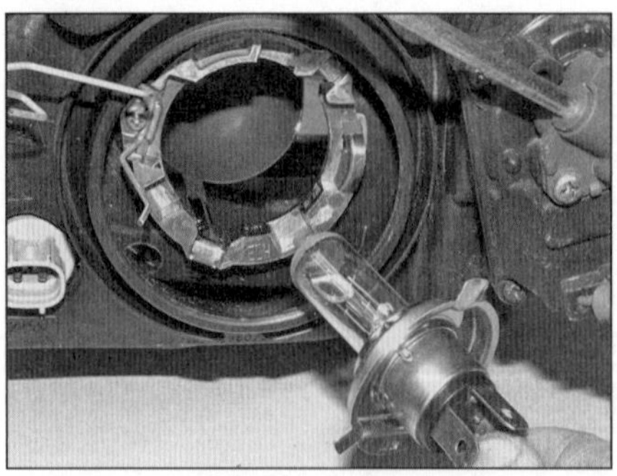

**5.10 Richten Sie die Lampe korrekt aus und stecken Sie sie in den Reflektor.**

**11** Stecken Sie die Gummikappe auf und verbinden Sie den Lampenstecker.

## Scheinwerferlampe – NB-Modelle ab 2000

**12** Bei diesen Modellen gibt es jeweils eine Lampe für Fernlicht und Abblendlicht, doch die Austausch-Prozedur ist bei beiden gleich. Öffnen Sie die Motorhaube, greifen Sie hinter den Scheinwerfer, halten Sie die Gummikappe in Position, und drehen Sie den Lampenhalter um etwa 90° gegen den Uhrzeigersinn, um ihn samt Lampe aus dem Reflektor befreien zu können (siehe Abbildung) – außen sitzt das Abblendlicht, innen das Fernlicht.

**5.12 Drehen Sie den Lampenhalter nach links, um ihn zu entfernen.**

**13** Drücken Sie die Lasche ein und trennen Sie den Kabelstecker.

**14** Der Einbau entspricht der umgekehrten Ausbaureihenfolge.

## Standlichtlampe

### NA-Modelle (bis 1997)

**12** Demontieren Sie die Standlicht-/Blinker-Baugruppe (siehe Sektion 7).

**16** Drehen Sie den Lampenhalter gegen den Uhrzeigersinn und ziehen Sie ihn aus der Baugruppe.

**17** Ziehen Sie die Lampe aus dem Halter – sie ist sockellos (siehe Abbildung).

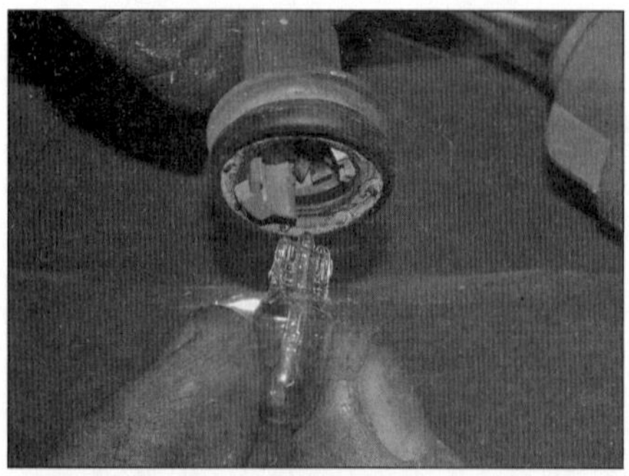

**5.17 Ziehen Sie die sockellose Lampe aus der Standlicht-/Blinker-Baugruppe.**

**18** Der Einbau entspricht der umgekehrten Ausbaureihenfolge.

### NB-Modelle (ab 1998)

**19** Drehen Sie den Lampenhalter gegen den Uhrzeigersinn und ziehen Sie ihn aus dem Reflektor (siehe Abbildungen).

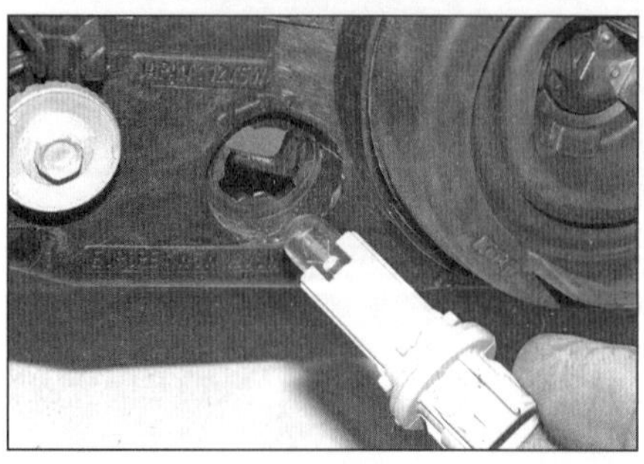

**5.19a Ausbau des Lampenhalters aus dem Reflektor – NB-Modelle bis 1999 ...**

**5.19b … und NB-Modelle ab 2000**

**20** Der Einbau entspricht der umgekehrten Ausbaureihenfolge.

## Blinkerlampe vorn

### NA-Modelle (bis 1997)

**21** Demontieren Sie die Standlicht-/Blinker-Baugruppe (siehe Sektion 7).
**22** Drehen Sie den Lampenhalter gegen den Uhrzeigersinn und ziehen Sie ihn aus der Baugruppe (siehe Abbildung)

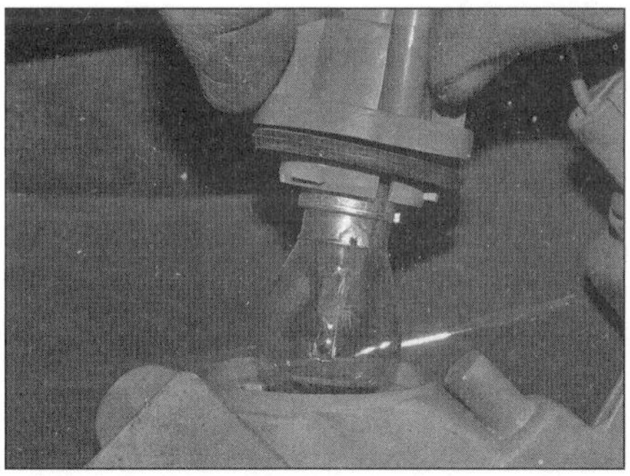

**5.22 Blinkerlampenhalter – NA-Modelle (bis 1997)**

**23** Die Lampe ist mit einem Bajonettsockel ausgerüstet, sodass sie vorsichtig heruntergedrückt, gegen den Uhrzeigersinn verdreht und herausgezogen werden kann.
**24** Der Einbau entspricht der umgekehrten Ausbaureihenfolge.

### NB-Modelle (ab 1998)

**25** Drehen Sie den Lampenhalter gegen den Uhrzeigersinn und ziehen Sie ihn aus dem Scheinwerfer (siehe Abbildungen).

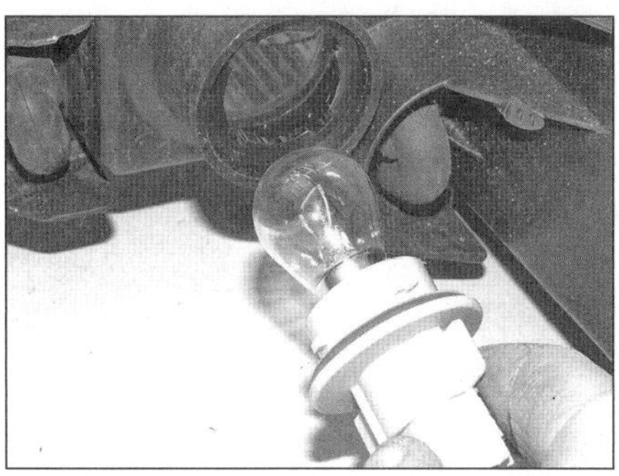

**5.25a Ausbau des Lampenhalters aus dem Reflektor – NB-Modelle bis 1999**

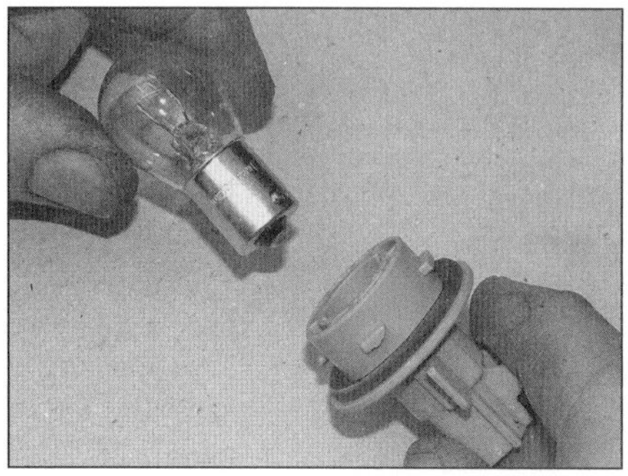

**5.25b Drücken Sie die Lampe in den Halter und drehen Sie sie nach links, um sie zu entfernen.**

**5.25c Blinkerlampe – NB-Modelle ab 2000**

**26** Die Lampe ist mit einem Bajonettsockel ausgerüstet, sodass sie vorsichtig heruntergedrückt, gegen den Uhrzeigersinn verdreht und herausgezogen werden kann.
**27** Der Einbau entspricht der umgekehrten Ausbaureihenfolge.

## Seitliche Blinkerlampe

**28** Demontieren Sie die Zusatz-Blinkleuchte (siehe Sektion 7).
**29** Drehen Sie den Lampenhalter gegen den Uhrzeigersinn und ziehen Sie ihn aus dem Lampenglas, ziehen Sie dann die sockellose Lampe aus dem Halter (siehe Abbildung).

**5.29 Befreien Sie den Lampenhalter aus dem Lampenglas.**

**30** Der Einbau entspricht der umgekehrten Ausbaureihenfolge.

## Nebelscheinwerfer

**31** Lösen Sie im vorderen unteren Bereich der Radhausschale die Schrauben und ziehen Sie sie zurück. Zur Verbesserung des Zugangs kann das Fahrzeug vorn angehoben und sicher abgestützt werden (siehe Seite 275), um das entsprechende Vorderrad zu demontieren.

**32** Trennen Sie den Lampenstecker, lösen Sie den Drahtbügel, drehen Sie den Lampenhalter gegen den Uhrzeigersinn, und ziehen Sie ihn aus dem Lampengehäuse – Lampe und Halter bilden ein Bauteil (siehe Abbildungen).

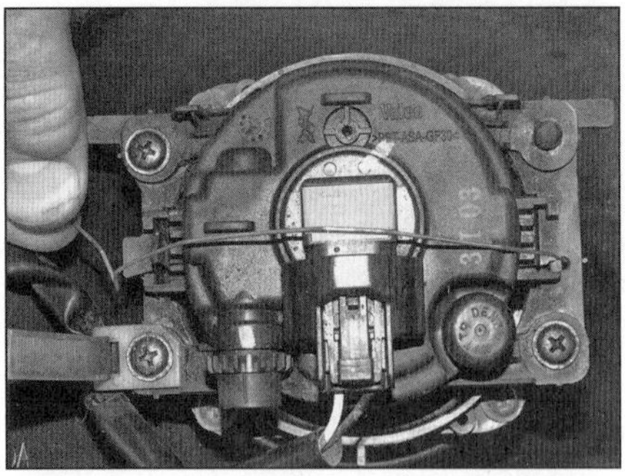

**5.32a Befreien Sie den Drahtbügel des Nebelscheinwerfers.**

**5.32b Drehen Sie den Lampenhalter gegen den Uhrzeigersinn und entfernen Sie ihn.**

**33** Der Einbau entspricht der umgekehrten Ausbaureihenfolge. Stellen Sie notfalls die Ausrichtung des Nebelscheinwerfers mithilfe der Schraube an seiner Rückseite ein (siehe Abbildung).

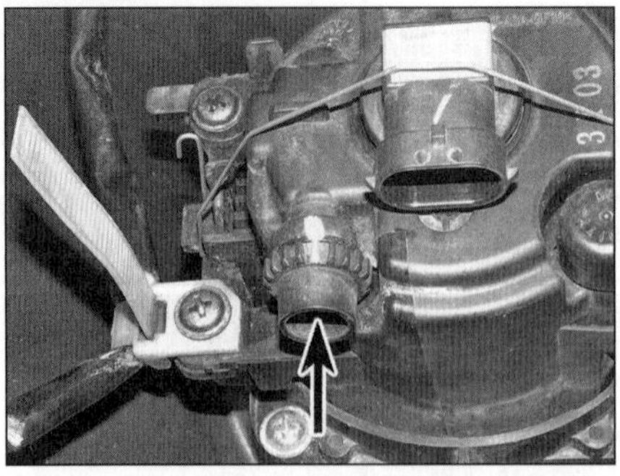

**5.33 Nebelscheinwerfers-Einstellschraube**

## Rücklicht-Lampen

### NA-Modelle (bis 1997)

**34** Zum Ausbau der Blinkerlampe muss der Lampenhalter gegen den Uhrzeigersinn verdreht und aus der Rücklicht-Einheit gezogen werden (siehe Abbildung). Die Lampe ist mit einem Bajonettsockel ausgerüstet, sodass sie vorsichtig heruntergedrückt, gegen den Uhrzeigersinn verdreht und herausgezogen werden kann.

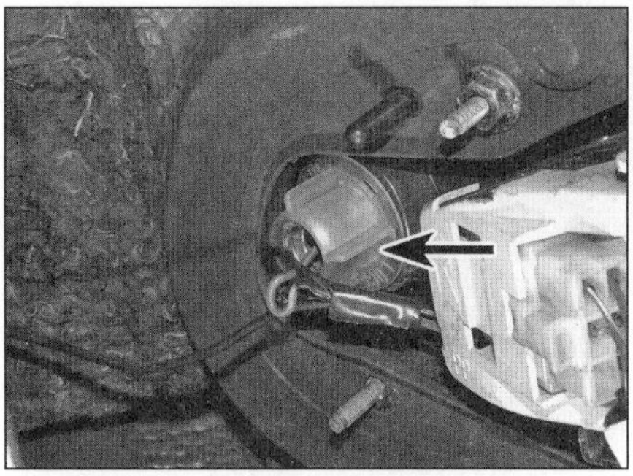

**5.34 Drehen Sie den hinteren Blinkerlampenhalter nach links und ziehen Sie ihn aus der Rücklicht-Einheit.**

**35** Zum Ausbau der Brems-/Rücklichtlampe oder der Rückfahrlichtlampe müssen die Laschen des kombinierten Lampenhalters zusammengedrückt und dieser aus der Rücklichteinheit gezogen werden (siehe Abbildungen). Die jeweilige Lampe ist mit einem Bajonettsockel ausgerüstet, sodass sie vorsichtig heruntergedrückt, gegen den Uhrzeigersinn verdreht und herausgezogen werden kann.

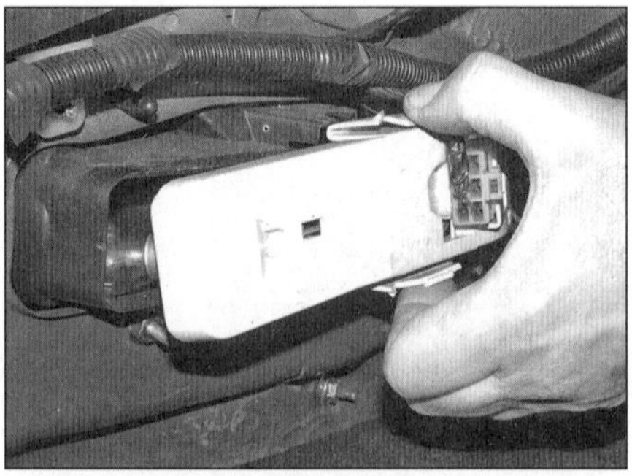

**5.35a Drücken Sie die Laschen zusammen und ziehen Sie den kombinierten Lampenhalter aus der Rücklichteinheit.**

**5.35b Drücken Sie die jeweilige Lampe in den Halter und drehen Sie sie nach links, um sie zu entfernen.**

**36** Der Einbau entspricht der umgekehrten Ausbaureihenfolge.

### NB-Modelle (ab 1998)

**37** Demontieren Sie die entsprechende Rücklichteinheit (siehe Sektion 7).
**38** Drehen Sie den entsprechenden Lampenhalter gegen den Uhrzeigersinn und ziehen Sie ihn aus der Rücklichteinheit (siehe Abbildung), ziehen Sie dann die sockellose Lampe aus dem Halter.

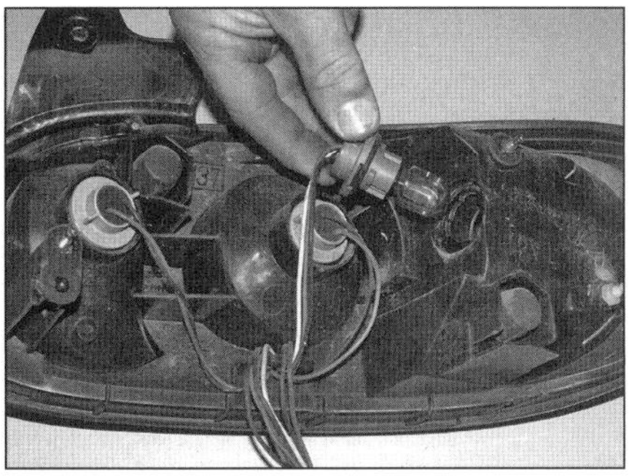

**5.38 Befreien Sie den Lampenhalter aus der Rücklichteinheit – Modelle ab 1998**

**39** Der Einbau entspricht der umgekehrten Ausbaureihenfolge.

# Nebelschlusslampe

## NA-Modelle (bis 1997)

**40** Lösen Sie die zwei Schrauben und entnehmen Sie das Lampenglas.
**41** Die Lampe ist mit einem Bajonettsockel ausgerüstet, sodass sie vorsichtig heruntergedrückt, gegen den Uhrzeigersinn verdreht und herausgezogen werden kann.
**42** Der Einbau entspricht der umgekehrten Ausbaureihenfolge.

# Zusatzbremslicht

**43** Drehen Sie den Lampenhalter gegen den Uhrzeigersinn und ziehen Sie ihn aus dem Lampengehäuse (siehe Abbildung). Die Lampe ist mit einem Bajonettsockel ausgerüstet, sodass sie vorsichtig heruntergedrückt, gegen den Uhrzeigersinn verdreht und aus dem Halter herausgezogen werden kann.

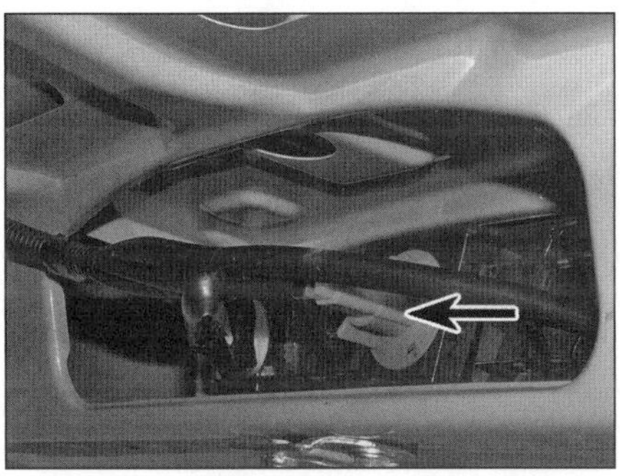

**5.43 Drehen Sie den Lampenhalter gegen den Uhrzeigersinn und ziehen Sie ihn aus dem Lampengehäuse.**

**44** Der Einbau entspricht der umgekehrten Ausbaureihenfolge.

# Kennzeichenbeleuchtung

## NA-Modelle (bis 1997)

**45** Hebeln Sie den Clip heraus und ziehen Sie die Abdeckung vom Lampenglas ab.
**46** Drehen Sie den Lampenhalter nach links und befreien Sie ihn aus dem Gehäuse (siehe Abbildung). Entfernen Sie die Lampe.

**5.46 Lampenhalter der Kennzeichenbeleuchtung – NA-Modelle (bis 1997)**

**47** Der Einbau entspricht der umgekehrten Ausbaureihenfolge.

## NB-Modelle (ab 1998)

**48** Drücken Sie vorsichtig die Lampenbaugruppe in Pfeilrichtung gegen die Feder und entfernen Sie sie (siehe Abbildung). Falls sich die Lampe nicht lösen lässt, muss die Zusatzbremsleuchte entfernt (siehe Sektion 7) und durch die Öffnung hindurch der Clip am Pfeil-Ende zusammengedrückt und die Lampe herausgedrückt werden.

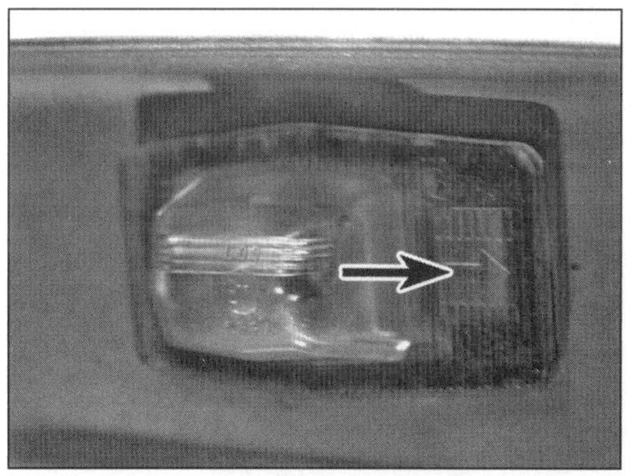

**5.48 Drücken Sie die Kennzeichenbeleuchtung in Richtung des angegossenen Pfeils.**

**49** Drehen Sie den Lampenhalter nach links und befreien Sie ihn aus dem Gehäuse (siehe Abbildung). Ziehen Sie die sockellose Lampe heraus.

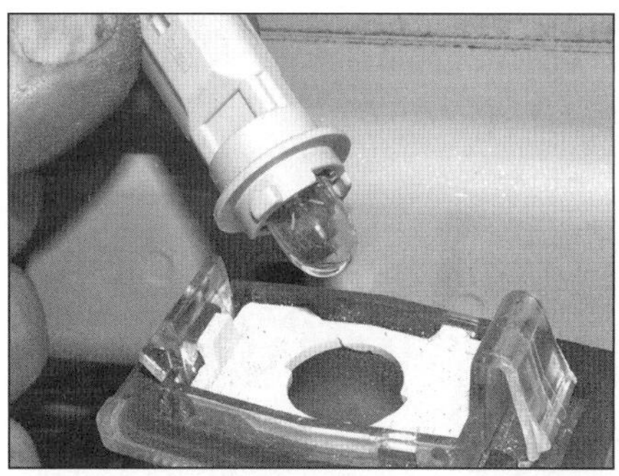

**5.49 Drehen Sie den Lampenhalter gegen den Uhrzeigersinn und ziehen Sie ihn aus dem Lampengehäuse.**

**50** Der Einbau entspricht der umgekehrten Ausbaureihenfolge.

# 6 Lampen (innen) – Ersetzen

## Allgemeines

**1** Beachten Sie die Hinweise in Sektion 5, Schritt 1.

## Innenbeleuchtung

**2** Hebeln Sie das Lampenglas (ggf. mit einem kleinen Plastik- oder Holzspachtel) am unteren Rand (NA-Modelle bis 1997) oder an der Seite (NB-Modelle ab 1998) heraus und entfernen Sie es (siehe Abbildungen).

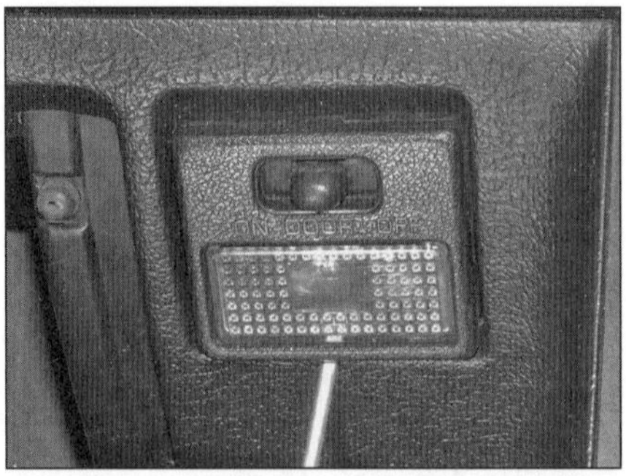

**6.2a Hebeln Sie das Lampenglas unten (NA-Modelle bis 1997) ...**

**6.2b ... oder an der Seite (NB-Modelle ab 1998) heraus.**

**3** Befreien Sie die Soffitte aus ihren Kontakten (siehe Abbildung).

**6.3 Hebeln Sie die Soffitte aus der Lampe.**

**4** Der Einbau entspricht der umgekehrten Ausbaureihenfolge.

## Kofferraumbeleuchtung

**5** Hebeln Sie das Lampenglas (ggf. mit einem kleinen Plastik- oder Holzspachtel) am seitlichen Rand heraus und entfernen Sie es.
**6** Befreien Sie die Soffitte aus ihren Kontakten.
**7** Der Einbau entspricht der umgekehrten Ausbaureihenfolge.

## Instrumentenbeleuchtung und Warnleuchten

**8** Demontieren Sie den Instrumentenblock (siehe Sektion 9).
**9** Drehen Sie den Lampenhalter gegen den Uhrzeigersinn und ziehen Sie ihn hinten aus der Platine (siehe Abbildung).

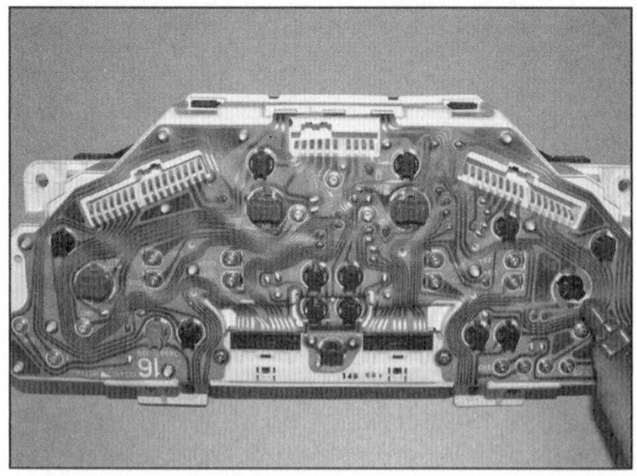

**6.9 Drehen Sie den Lampenhalter nach links und ziehen Sie ihn aus der Platine.**

**10** Ziehen Sie die sockellose Lampe aus dem Halter (siehe Abbildung).

**6.10 Ziehen Sie die Lampe aus dem Halter.**

**11** Der Einbau entspricht der umgekehrten Ausbaureihenfolge.

## Heizungsregler-Beleuchtung

**12** Befreien Sie die Heizungsregler-Blende (siehe Kapitel 3, Sektion 9).
**13** Drehen Sie den Lampenhalter gegen den Uhrzeigersinn und ziehen Sie ihn hinten aus der Blende. Ziehen Sie die sockellose Lampe aus dem Halter.
**14** Der Einbau entspricht der umgekehrten Ausbaureihenfolge.

## Schalterbeleuchtung

**12** Viele Schalter sind mit austauschbaren Lampen ausgerüstet – demontieren Sie den entsprechenden Schalter (siehe Sektion 4).
**16** Drehen Sie den Lampenhalter gegen den Uhrzeigersinn und ziehen Sie ihn hinten aus dem Schalter – oft hilft hierbei eine kleine Spitzzange (siehe Abbildung).

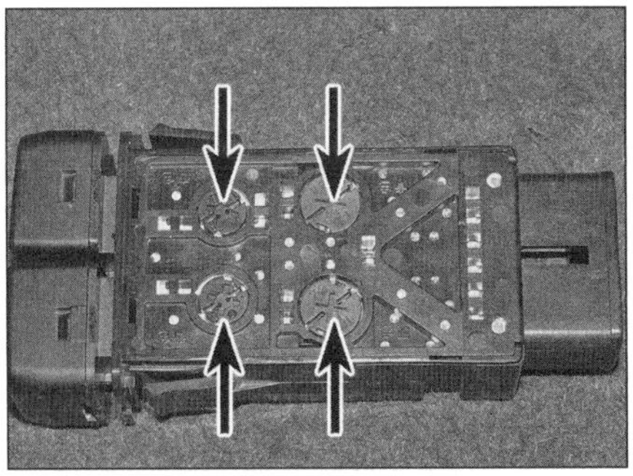

**6.16 Schalterbeleuchtungs-Lampenhalter**

**17** Ziehen Sie die sockellose Lampe aus dem Halter.
**18** Der Einbau entspricht der umgekehrten Ausbaureihenfolge.

## 7 Lampen-Baugruppen (außen) – Ausbau und Einbau

## Scheinwerfer

### NA-Modelle (bis 1997)

**1** Entfernen Sie die Scheinwerferlampe (siehe Sektion 5).
**2** Lockern Sie an beiden Seiten die zwei Schrauben und heben Sie den »Deckel« des Scheinwerfers ab (siehe Abbildung).

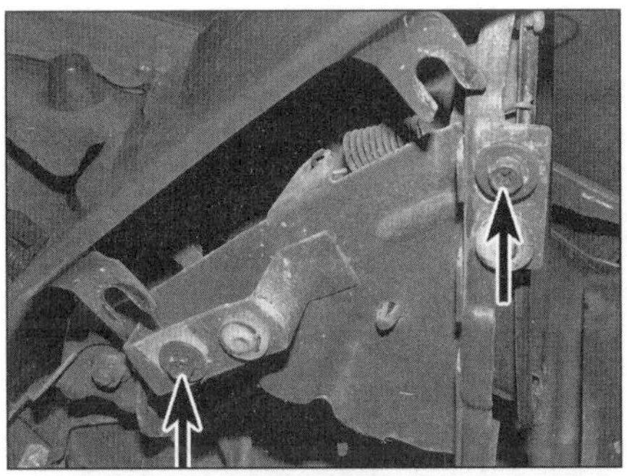

**7.2 Der Scheinwerfer-»Deckel« ist an jeder Seite mit zwei Schrauben gesichert.**

Befreien Sie die Verkabelung, lösen Sie an jeder Seite die Schraube, hebeln Sie das Betätigungsgestänge am Hebel des Scheinwerfer-Motors aus, und entnehmen Sie den Scheinwerfer (siehe Abbildungen).

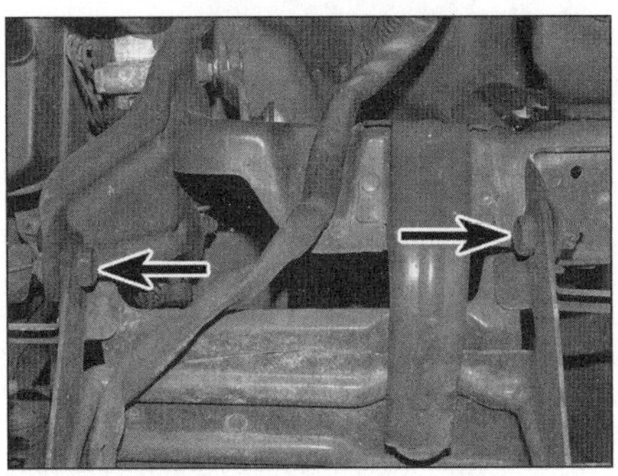

**7.3a Lösen Sie die zwei Schrauben, ...**

**7.3b ... und befreien Sie mit einer Zange das Gestänge vom Hebel.**

**4** Der Einbau entspricht der umgekehrten Ausbaureihenfolge.

### NB-Modelle (ab 1998)

**5** Demontieren Sie die vordere Stoßstange (siehe Kapitel 11, Sektion 6).
**6** Der Scheinwerfer ist oben mit zwei Schrauben befestigt – lösen Sie diese und ziehen Sie den Scheinwerfer etwas nach vorn, um unten seinen Stift zu befreien (siehe Abbildungen).

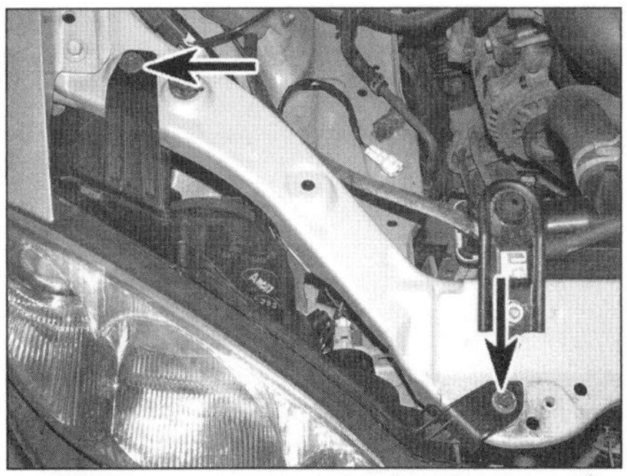

**7.6a Scheinwerfer-Befestigungsschrauben**

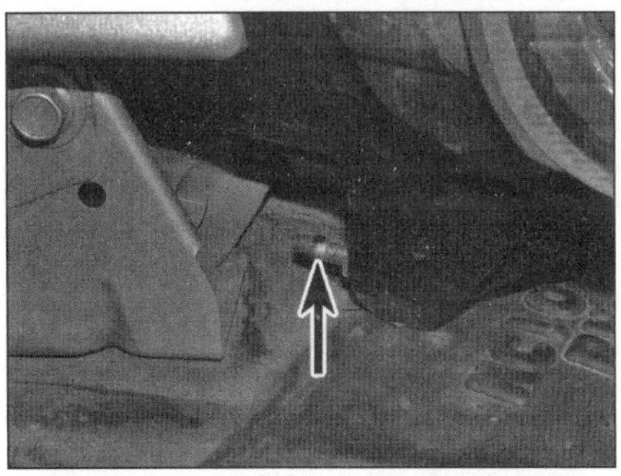

**7.6b Befreien Sie den Stift unten am Scheinwerfer.**

**7** Trennen Sie den/die Lampenstecker und befreien Sie ggf. die Verkabelung.
**8** Der Einbau entspricht der umgekehrten Ausbaureihenfolge. Ziehen Sie die Schrauben zunächst locker an und prüfen Sie mit montierter Stoßstange die grobe Ausrichtung. Sobald die Beleuchtung korrekt positioniert ist, werden die Schrauben sorgfältig angezogen und die Ausrichtung entsprechend der Informationen in Sektion 8 vorgenommen.

## Scheinwerfer-Motor (NA-Modelle)

### Einstellung

**9** Betätigen Sie den Schalter, um die Scheinwerfer auszuklappen. Trennen Sie dann das Massekabel (–) der Batterie (siehe Kapitel 5A, Sektion 4).
**10** Hebeln Sie das Gelenk des Gestänges vom Hebel des Motors ab (Abb. 7.3b).
**11** Klappen Sie den Scheinwerfer von Hand bis zum Anschlag herunter (siehe Abbildung) – der »Deckel« muss bündig zur Karosserie sitzen; falls nicht, muss der Scheinwerfer wieder hochgeklappt und der Anschlag entsprechend verstellt werden.

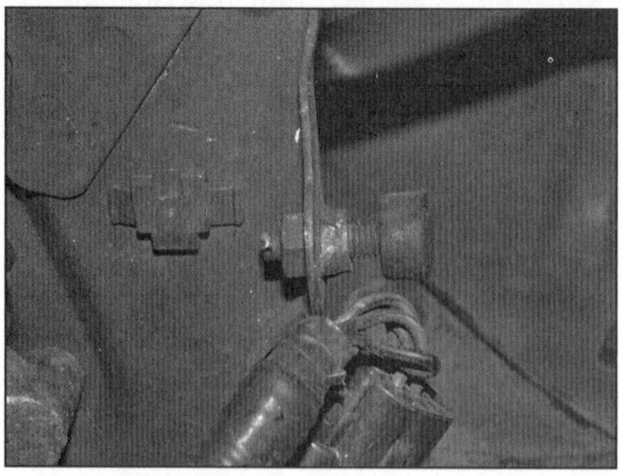

**7.11 Lockern Sie die Kontermutter, um die Position des Anschlags zu verstellen.**

**12** Verbinden Sie das Gelenk des Gestänges mit dem Hebel des Motors und schließen Sie die Batterie wieder an. Betätigen Sie den Scheinwerfer-Motor mit dem Schalter und kontrollieren Sie erneut die Ausrichtung.

### Ersetzen

**13** Trennen Sie den Kabelstecker und hebeln Sie das Gelenk des Gestänges vom Hebel des Motors ab (Abb. 7.3b). Lösen Sie die Schrauben des Motors und befreien Sie ihn (siehe Abbildung).

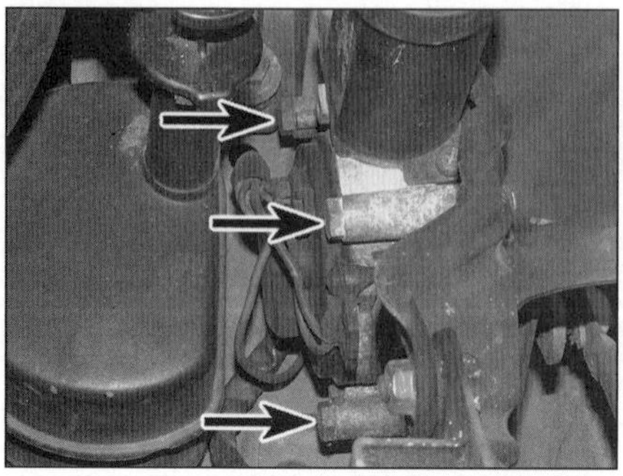

**7.13 Schrauben des Scheinwerfer-Motors**

**14** Der Einbau entspricht der umgekehrten Ausbaureihenfolge.

## Blinker-/Standlichtleuchte (NA-Modelle)

**12** Lösen Sie die zwei Schrauben und befreien Sie die Leuchten-Baugruppe nach vorn aus dem Fahrzeug (siehe Abbildung).

**7.15 Schrauben der Blinker-/Standlichtleuchte**

**16** Drehen Sie die Lampenhalter nach links und befreien Sie sie aus der Leuchte.
**17** Der Einbau entspricht der umgekehrten Ausbaureihenfolge.

## Seitliche Blinkleuchte

### NA-Modelle (bis 1997)

**18** Führen Sie an der Nut hinten an der Leuchte ein stumpfes Werkzeug ein, drücken Sie die Lasche ein, und hebeln Sie die Leuchte vorsichtig aus dem Kotflügel (siehe Abbildungen). Drehen Sie den Lampenhalter nach links und befreien Sie ihn aus der Leuchte.

**7.18a Drücken Sie am hinteren Rand die Lasche der Blinkleuchte ein, ...**

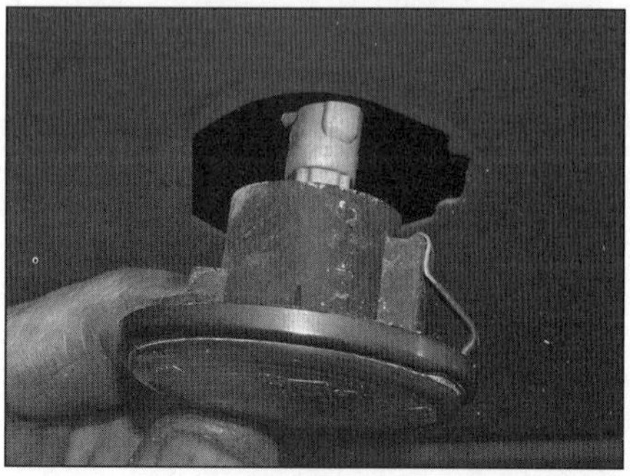

**7.18b ... und hebeln Sie sie aus dem Kotflügel.**

**19** Der Einbau entspricht der umgekehrten Ausbaureihenfolge.

### NB-Modelle (ab 1998)

**20** Drücken Sie die seitliche Blinkleuchte vorsichtig von Hand nach hinten. Hebeln Sie die vordere Kante heraus und ziehen Sie die Leuchte aus dem Kotflügel (siehe Abbildung) – trennen Sie dabei den Kabelstecker.

**7.20 Drücken Sie die Leuchte nach hinten gegen den Federclip (Pfeil), um sie zu entfernen.**

**21** Der Einbau entspricht der umgekehrten Ausbaureihenfolge.

## Nebelscheinwerfer

**22** Lösen Sie im vorderen unteren Bereich der Radhausschale die Schrauben und ziehen Sie sie zurück. Zur Verbesserung des Zugangs kann das Fahrzeug vorn angehoben und sicher abgestützt werden (siehe Seite 275), um das entsprechende Vorderrad zu demontieren.
**23** Lösen Sie die vier Schrauben des Nebelscheinwerfers und befreien Sie ihn aus der Stoßstange (siehe Abbildung) – trennen Sie dabei den Kabelstecker.

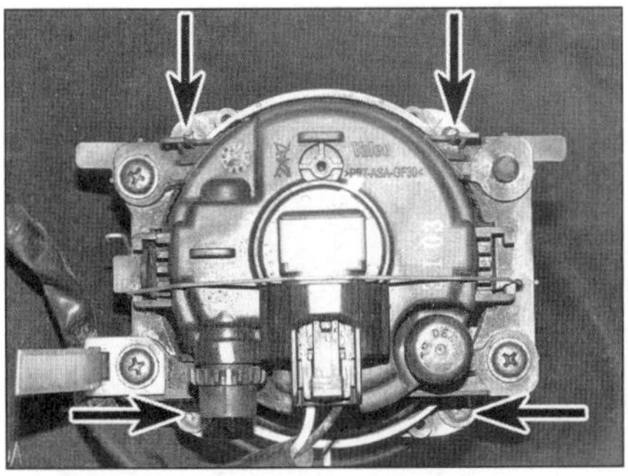

**7.23 Nebelscheinwerfer-Schrauben**

**24** Der Einbau entspricht der umgekehrten Ausbaureihenfolge. Stellen Sie notfalls die Ausrichtung des Nebelscheinwerfers mithilfe der Schraube an seiner Rückseite ein (Abb. 5.33).

## Rücklicht-Baugruppe

### NA-Modelle (bis 1997)

**25** Entfernen Sie alle Rücklichtlampen (siehe Sektion 5).
**26** Befreien Sie die Verkabelung aus den Befestigungen innen am Rücklicht.
**27** Lösen Sie die vier Muttern und ziehen Sie die Baugruppe vorsichtig heraus – beschädigen Sie dabei nicht den Schaumstoff zwischen ihr und der Karosserie (siehe Abbildungen).

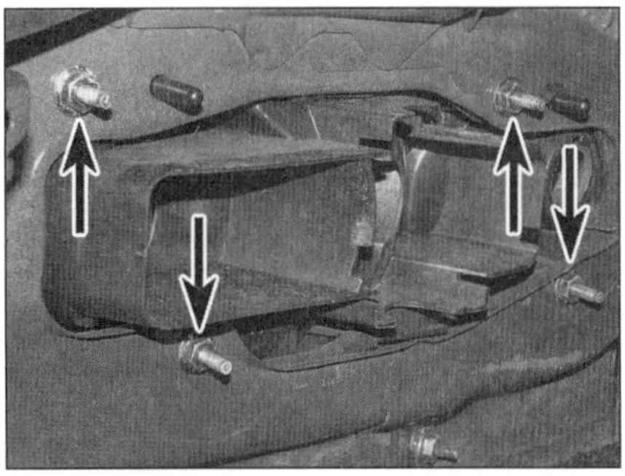

**7.27a Rücklicht-Muttern – NA-Modelle**

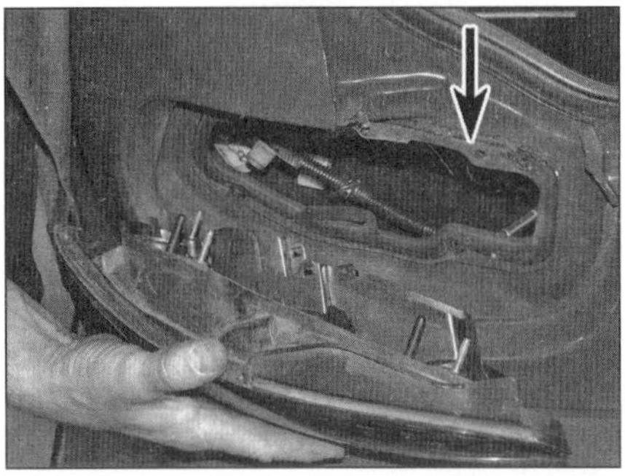

**7.27b Kontrollieren Sie den Zustand der Schaumstoff-Dichtung.**

**28** Der Einbau entspricht der umgekehrten Ausbaureihenfolge.

### NB-Modelle (ab 1998)

**29** Hebeln Sie an der entsprechenden Verkleidung im Kofferraum die Stifte der Spreizniete heraus und entfernen Sie diese (siehe Abbildung).

**7.29 Hebeln Sie den Stift heraus und entfernen Sie den Spreizniet, um die Verkleidung zu befreien.**

**30** Lösen Sie außen an der Rücklicht-Baugruppe die Schraube und innen die zwei Muttern, um sie zu entfernen (siehe Abbildungen) – trennen Sie dabei den Kabelstecker.

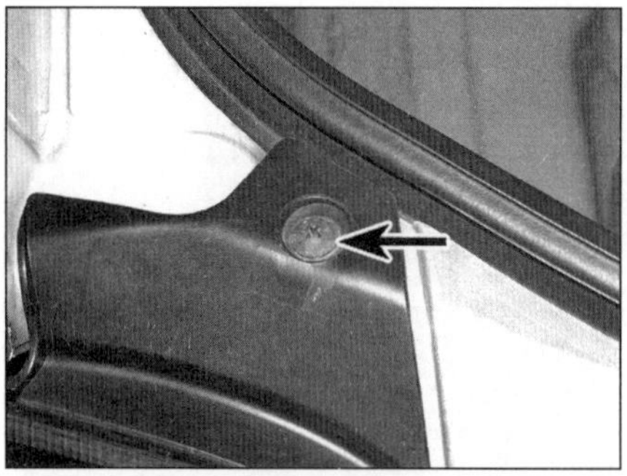

7.30a Lösen Sie außen die Schraube ...

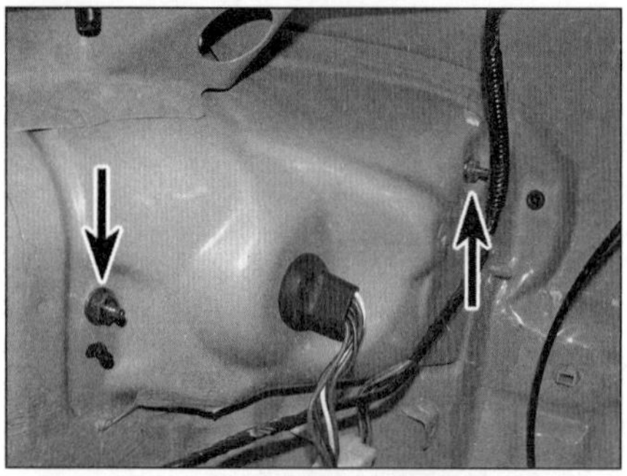

7.30b ... und innen die Muttern, ...

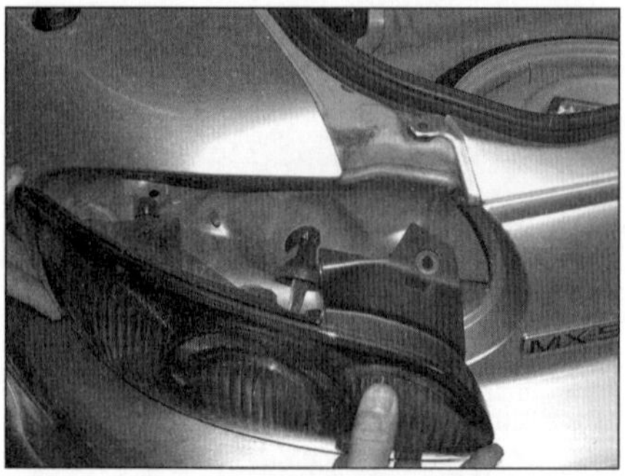

7.30c ... um das Rücklicht zu befreien.

**31** Der Einbau entspricht der umgekehrten Ausbaureihenfolge.

# Zusatzbremsleuchte

## NA-Modelle (bis 1997)

**32** Öffnen Sie den Kofferraumdeckel und trennen Sie den Kabelstecker.
**33** Lösen Sie an beiden Seiten die Muttern und befreien Sie die Zusatzbremsleuchte aus dem Kofferraumdeckel (siehe Abbildung).

7.33 Muttern der Zusatzbremsleuchte (NA-Modelle)

**34** Der Einbau entspricht der umgekehrten Ausbaureihenfolge.

## NB-Modelle (ab 1998)

**35** Öffnen Sie den Kofferraumdeckel, trennen Sie den Kabelstecker, befreien Sie die Verkabelung von den Stehbolzen, und lösen Sie die Muttern (siehe Abbildung).

7.35 Kabelklemmen auf den Stehbolzen der Zusatzbremsleuchte

**36** Führen Sie in der inneren Nut der Zusatzbremsleuchte einen kleinen Schraubendreher ein, um die Lasche einzudrücken und die Leuchte aus dem Kofferraumdeckel zu befreien (siehe Abbildungen).

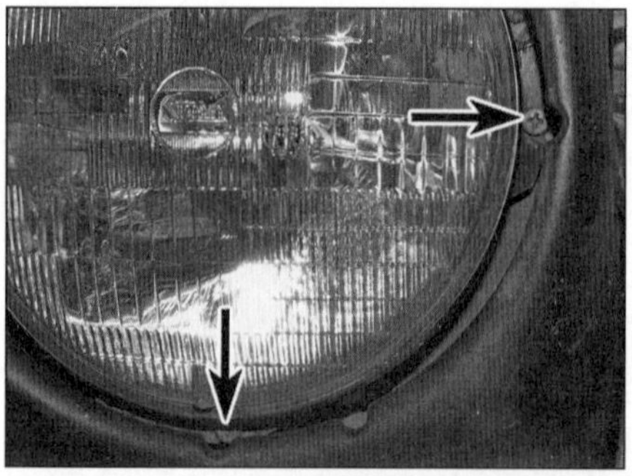

7.36a Führen Sie einen Schraubendreher in die Nut ein, ...

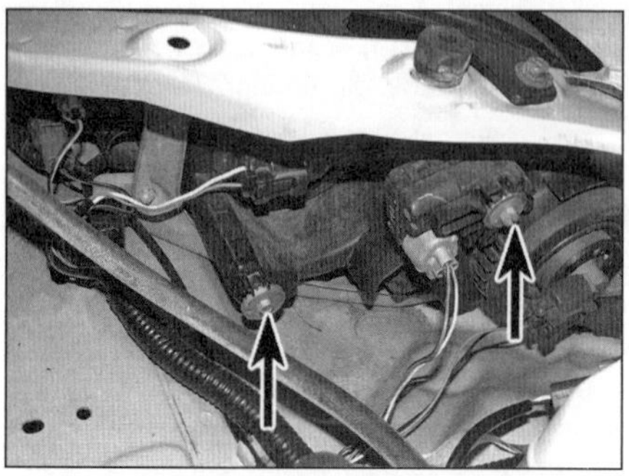

7.36b ... und lösen Sie damit die Lasche – gezeigt an der ausgebauten Zusatzbremsleuchte.

**37** Der Einbau entspricht der umgekehrten Ausbaureihenfolge.

## 8 Scheinwerferausrichtung – Allgemeine Informationen

**1** Eine akkurate Einstellung der Scheinwerfer erfordert spezielle optische Messgeräte und muss daher einer entsprechend ausgerüsteten Fachwerkstatt überlassen werden.
**2** Die Einstellung erfolgt durch Drehen der entsprechenden Einstellschrauben:
- NA-Modelle (bis 1997) haben unten am Scheinwerfer eine Schraube zur Höhenverstellung und seitlich am Scheinwerfer eine Schraube zur seitlichen Verstellung (siehe Abbildung).
- NB-Modelle (ab 1998) sind an der Rückseite des Scheinwerfers mit entsprechenden Einstellschrauben ausgerüstet (siehe Abbildung).

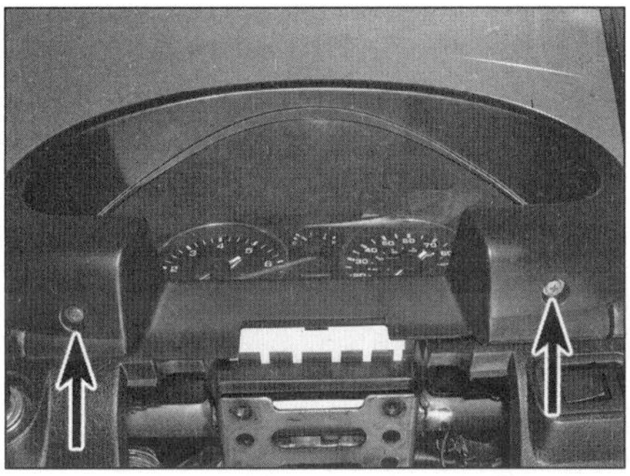

**8.2a Schrauben zur Scheinwerfer-Einstellung – NA-Modelle (bis 1997) ...**

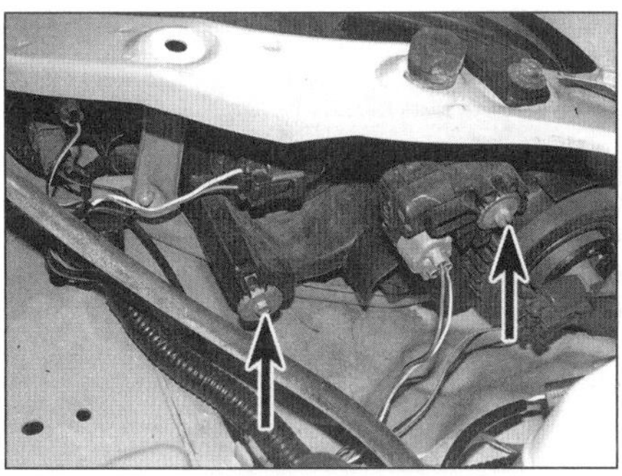

**8.2b ... und NB-Modelle (ab 1998).**

**3** Manche Modelle sind mit elektronischen Scheinwerfereinstellungen ausgerüstet, die mithilfe eines Schalters im Armaturenbrett geregelt werden – achten Sie darauf, dass dieser Schalter vor der Einstellung der Scheinwerfer abgeschaltet wird

## 9 Instrumente – Ausbau und Einbau

### Ausbau

**1** Demontieren Sie das Lenkrad (siehe Kapitel 10, Sektion 14).
**2** Lösen Sie die Schrauben der unteren Lenksäulenverkleidung, befreien die obere Verkleidung, und entfernen Sie beide (siehe Kapitel 11, Sektion 26).

### NA-Modelle (bis 1997)

**3** Lösen Sie die zwei Schrauben unten an der Instrumentenabdeckung und ziehen Sie diese nach hinten, um ihre Clips zu befreien (siehe Abbildung).

**9.3 Schrauben der Instrumentenabdeckung – NA-Modelle**

### NB-Modelle (ab 1998)

**4** Ziehen Sie die Instrumentenabdeckung nach hinten, um ihre Clips zu befreien (siehe Abbildung).

**9.4 Ziehen Sie die Instrumentenabdeckung ab – NB-Modelle ab 1998**

### Alle Modelle

**5** Lösen Sie die Schrauben des Instrumentenblocks und ziehen Sie diesen ein Stück weit nach hinten (siehe Abbildung).

**9.5 Schrauben des Instrumentenblocks – NA-Modelle ähnlich**

**6** Lösen Sie ggf. die Tachowelle. Trennen Sie die Kabelstecker (siehe Abbildung) und manövrieren Sie den Instrumentenblock aus dem Armaturenbrett heraus.

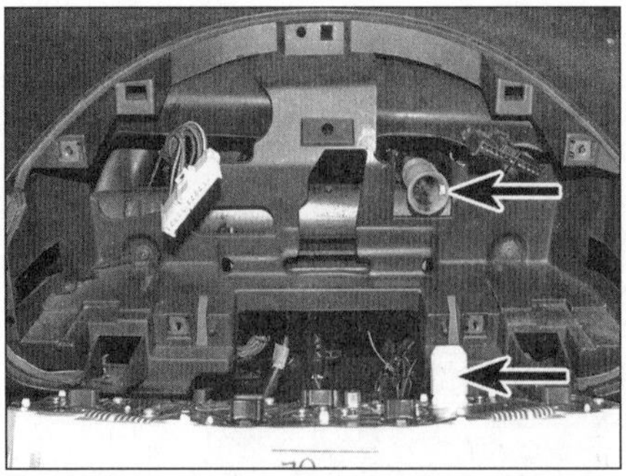

**9.6 Schrauben Sie ggf. die Tachowelle ab.**

## Einbau

**7** Der Einbau entspricht der umgekehrten Ausbaureihenfolge. Die Instrumentenstecker müssen sicher verbunden und alle Kabel entsprechend gesichert sein. Prüfen Sie nach dem Anschließen der Batterie, ob alle Kontrollleuchten korrekt funktionieren.

## 10 Uhr – (NB-Modelle ab 1998) – Ausbau und Einbau

**1** Demontieren Sie die Mittelkonsole (siehe Kapitel 11, Sektion 27).
**2** Lösen Sie die Schrauben am unteren Rand der mittleren Armaturenbrett-Blende, ziehen Sie diese zurück, um ihre Laschen zu befreien (Abb. 4.31a und b).
**3** Hebeln Sie vorsichtig die Uhr aus dem Armaturenbrett (siehe Abbildung) – trennen Sie dabei den Kabelstecker.

**10.3 Hebeln Sie die Uhr aus dem Armaturenbrett**

**4** Der Einbau entspricht der umgekehrten Ausbaureihenfolge.

## 11 Hupe – Ausbau und Einbau

**1** Die Hupe sitzt neben der Motorhauben-Verriegelung.
**2** Lösen Sie die Schraube und entfernen Sie die Hupe – trennen Sie dabei den Kabelstecker.
**3** Der Einbau entspricht der umgekehrten Ausbaureihenfolge.

## 12 Scheibenwischerarme – Ausbau und Einbau

## Ausbau

**1** Schalten Sie die Scheibenwischer ein und wieder aus, sodass diese wieder in ihre Ruheposition gelangen. Öffnen Sie die Motorhaube.
**2** Markieren Sie mit Kreppband die Positionen der Wischerblätter auf der Windschutzscheibe.
**3** Entfernen Sie die Kappe und lösen Sie die Mutter der Wischerarm-Welle. Heben Sie den Wischer von der Windschutzscheibe und ziehen Sie den Arm von der Welle (siehe Abbildungen) – nötigenfalls muss er mit einem geeigneten Werkzeug abgehebelt werden.

**12.3a Hebeln Sie die Kappe ab, lösen Sie die Mutter, ...**

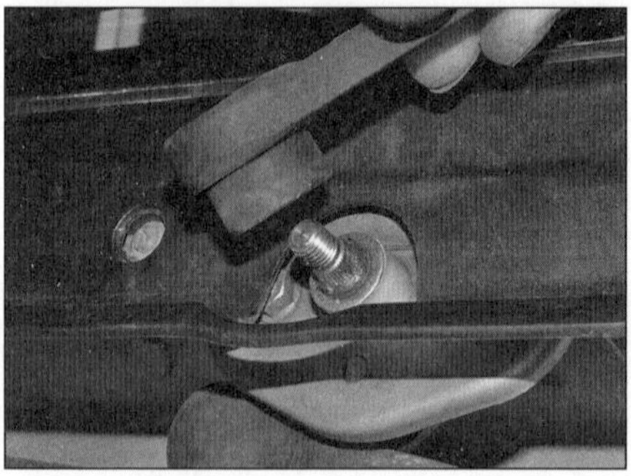

**12.3b ... und ziehen Sie den Wischerarm von der Welle.**

## Einbau

**4** Die Kerbverzahnungen des Wischerarms und der Welle müssen sauber und trocken sein.
**5** Richten Sie das Wischerblatt zur Markierung an der Scheibe aus und stecken Sie den Wischerarm auf die Welle. Falls keine Markierung vorhanden ist, muss das Wischerblatt etwa 25 mm über dem unteren Rand der Windschutzscheibe liegen (siehe Abbildung).

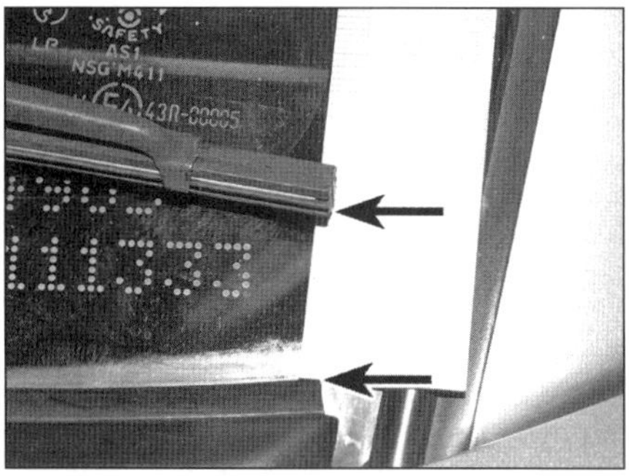

**12.5 Das Wischerblatt muss etwa 25 mm über dem unteren Rand der Windschutzscheibe liegen.**

**6** Drehen Sie die Wellenmutter auf und ziehen Sie sie sorgfältig an. Drücken Sie die Kappe auf.

## 13 Scheibenwischermotor und Gestänge – Ausbau und Einbau

## Ausbau

### Scheibenwischer-Gestänge

**1** Demontieren Sie die Wischerarme (siehe Sektion 12).
**2** Hebeln sie hinten im Motorraum an der Windlaufblende die Kunststoffkappen ab, lösen Sie die Schrauben, und entfernen Sie die Blende (siehe Abbildungen).

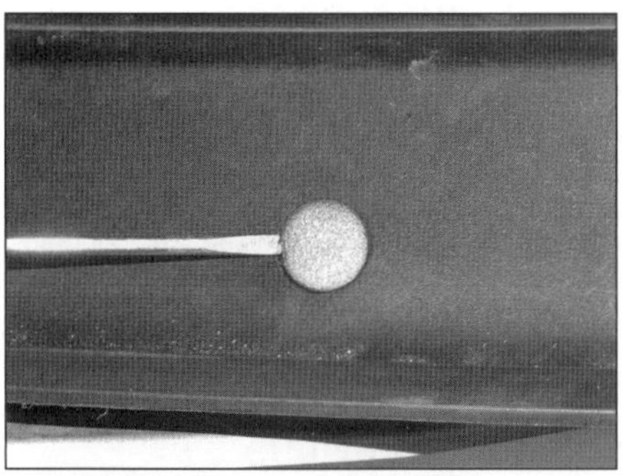

**13.2a Hebeln Sie die Kappen ab, ...**

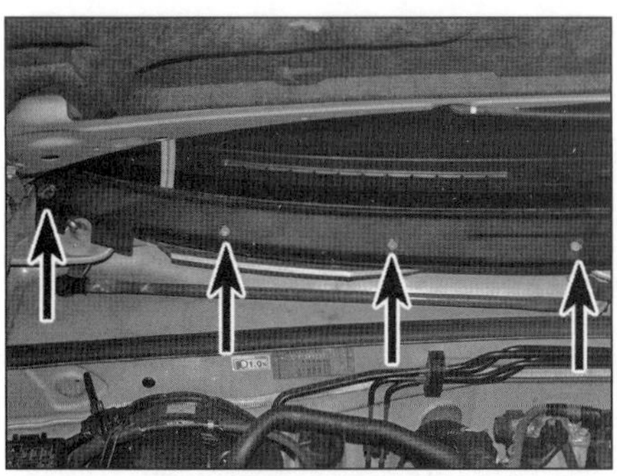

**13.2b ... lösen Sie die Schrauben – gezeigt sind diejenigen der rechten Seite), ...**

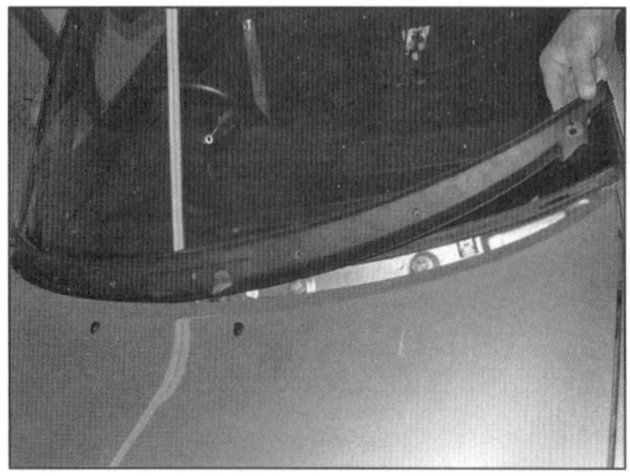

**13.2c ... und ziehen Sie die Windlaufblende nach oben ab.**

**3** Hebeln Sie an der Gestänge-Abdeckung die Stifte der Spreizniete hoch und entfernen Sie diese. Lösen Sie die Schrauben und entfernen Sie die Abdeckung (siehe Abbildung).

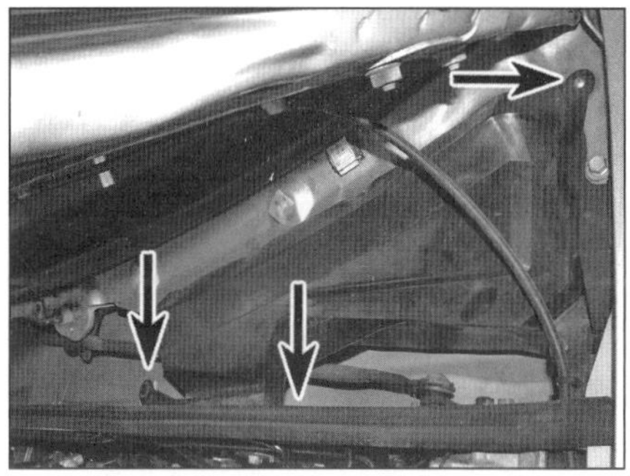

**13.3 Befestigungen der Gestänge-Abdeckung**

**4** Hebeln Sie mit einem Schraubendreher das Gestänge vom Hebel des Motors ab (siehe Abbildung).

**13.4 Hebeln Sie das Gestänge vom Scheibenwischermotor ab.**

**5** Lösen Sie die Schrauben des Gestänges und entnehmen Sie es (siehe Abbildung).

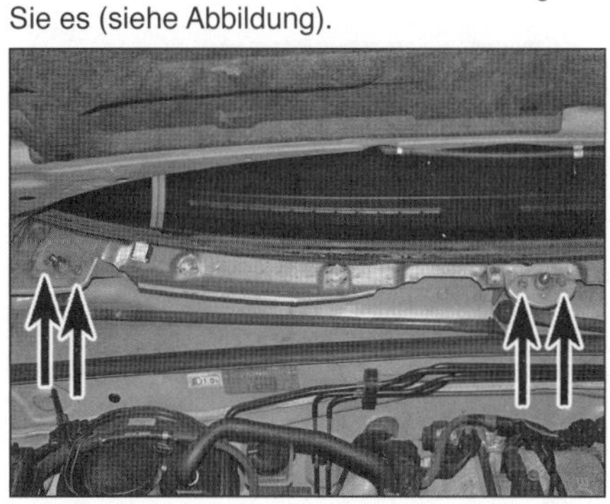

**13.5 Schrauben des Scheibenwischer-Gestänges**

## Scheibenwischermotor

**6** Trennen Sie den Kabelstecker des Motors.
**7** Hebeln Sie mit einem Schraubendreher das Gestänge vom Hebel des Motors ab (Abb. 13.4).
**8** Lösen Sie die vier Befestigungsschrauben des Motors und befreien Sie ihn von der Spritzwand (siehe Abbildung).

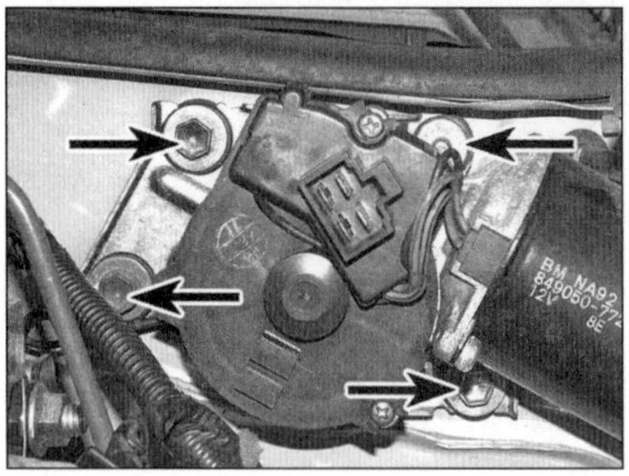

**13.8 Der Scheibenwischermotor ist von vorn mit drei und von hinten mit einer Schraube gesichert.**

## Einbau

**9** Der Einbau entspricht der umgekehrten Ausbaureihenfolge.

# 14 Scheibenwaschsystem-Komponenten – Ausbau und Einbau

## Wischwasserbehälter

**1** Der Wischwasserbehälter sitzt im Motorraum.
**2** Entleeren Sie den Behälter oder seien Sie auf austretendes Wischwasser vorbereitet.
**3** Lösen Sie die Behälterschraube(n) (siehe Abbildungen).

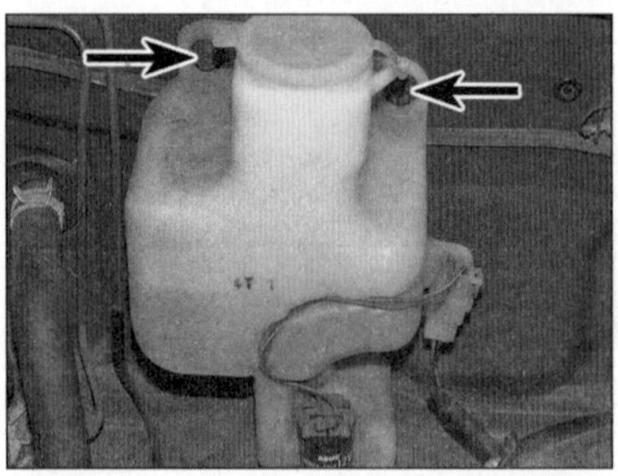

**14.3a Schrauben des Wischwasserbehälters – Modelle bis 1999 ...**

**14.3b ... und Modelle ab 2000**

**4** Manövrieren Sie den Behälter aus seinem Sitz und trennen Sie den/die Stecker des Pegelsensors und der Pumpe. Trennen Sie die verschiedenen Schläuche – merken Sie sich ihre Positionen.
**5** Der Einbau entspricht der umgekehrten Ausbaureihenfolge – richten Sie die Stifte unten am Behälter zu den Nuten im Innenkotflügel aus. Füllen Sie Wischwasser auf und kontrollieren Sie alles auf Undichtigkeiten.

## Wischwasserpumpe

**6** Demontieren Sie den Wischwasserbehälter (siehe oben).
**7** Ziehen Sie die Pumpe vorsichtig aus dem seitlich im Behälter steckenden Gummistopfen (siehe Abbildung).

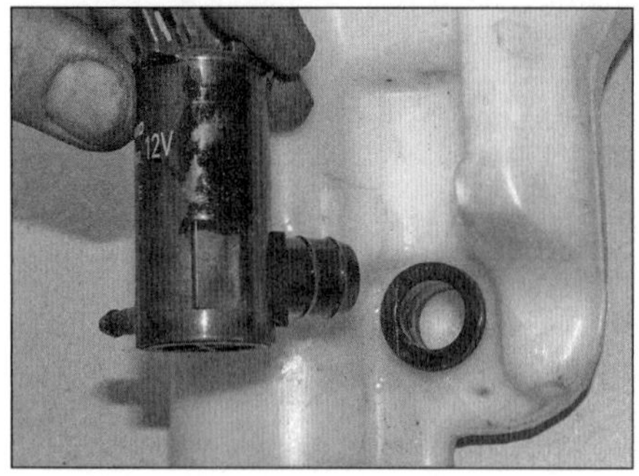

**14.7 Ziehen Sie die Pumpe aus dem Behälter.**

**8** Der Einbau entspricht der umgekehrten Ausbaureihenfolge – verwenden Sie nötigenfalls einen neuen Gummistopfen, falls der alte beschädigt ist oder Alterserscheinungen zeigt. Füllen Sie Wischwasser auf und kontrollieren Sie den Pumpensitz auf Undichtigkeiten.

## Wischwasser-Pegelsensor

**9** Einige Modelle sind mit einem Pegelsensor und einer entsprechenden Warnleuchte ausgerüstet. Demontieren Sie den Wischwasserbehälter (siehe oben).
**10** Ziehen Sie den Sensor vorsichtig aus dem unten im Behälter steckenden Gummistopfen
**11** Der Einbau entspricht der umgekehrten Ausbaureihenfolge – verwenden Sie nötigenfalls einen neuen Gummistopfen, falls der alte beschädigt ist oder Alterserscheinungen zeigt. Füllen Sie Wischwasser auf und kontrollieren Sie den Sensorsitz auf Undichtigkeiten.

## Windschutzscheiben-Düse

**12** Öffnen Sie die Motorhaube und ziehen Sie den Schlauch von der Düse.
**13** Drücken Sie die Laschen der Düse zusammen und befreien Sie sie nach oben aus der Motorhaube (siehe Abbildung).

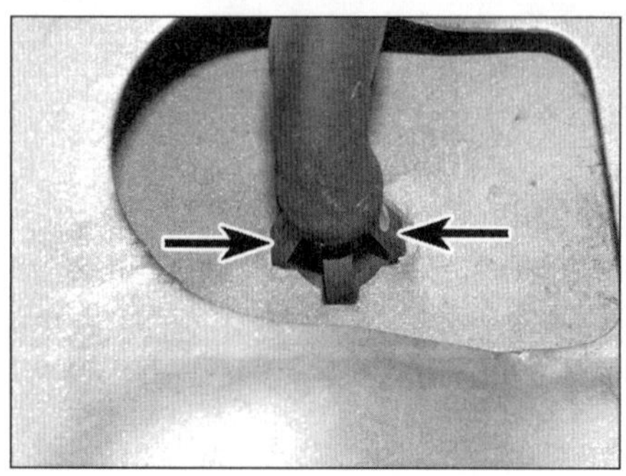

**14.13 Drücken Sie die Laschen der Windschutzscheiben-Düse zusammen, um sie aus der Motorhaube zu befreien.**

**14** Drücken Sie beim Einbau die Düse wieder in die Motorhaube, bis ihre Laschen einrasten, und stecken Sie den Schlauch auf. Richten Sie die Düse nötigenfalls mithilfe einer eingeführten Stecknadel aus.

## 15 Audiosystem – Ausbau und Einbau

**Anmerkung:** *Die folgende Prozedur gilt für das ab Werk erhältliche Audiosystem – andere Geräte müssen ähnlich behandelt werden.*

### Ausbau

**1** Trennen Sie den Masseanschluss (–) der Batterie (siehe Kapitel 5A, Sektion 4).
**2** Hebeln Sie mit einem stumpfen Werkzeug vorsichtig die seitlichen Blenden ab (siehe Abbildung) – sie müssen senkrecht gelöst werden, damit ihre Stifte nicht abbrechen.

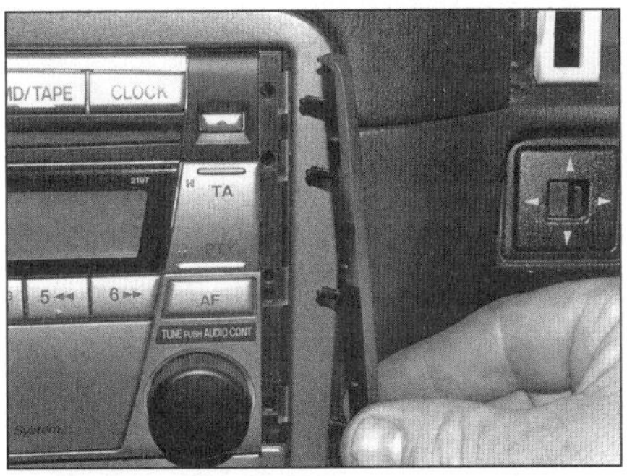


**15.2 Hebeln Sie vorsichtig die seitlichen Blenden ab.**

**3** Installieren Sie die Mazda-Spezialwerkzeuge oder dem Audiosystem beigefügte Werkzeuge an beiden Seiten in die Löcher, um die Laschen zu lösen und das Gerät herausziehen zu können. Trennen Sie die Kabelstecker, sobald sie zugänglich sind (siehe Abbildung). Ausbauwerkzeuge sind beim Mazda-Händler oder Fachbetrieb erhältlich.

**15.3 Installieren Sie das Ausbauwerkzeug und ziehen Sie das Audiosystem heraus.**

### Einbau

**4** Der Einbau entspricht der umgekehrten Ausbaureihenfolge – aber zumeist ohne Spezialwerkzeuge möglich.

## 16 Lautsprecher – Ausbau und Einbau

### Haupt-Türlautsprecher

#### NA-Modelle (bis 1997)

**1** Entfernen Sie vorsichtig die Lautsprecherblende aus der Tür (siehe Abbildung).

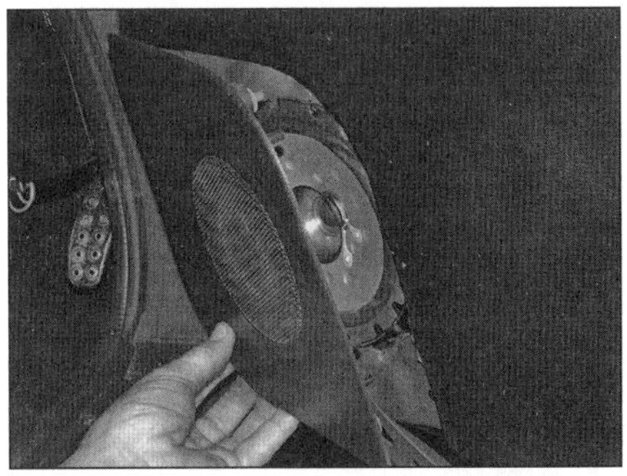

**16.1 Hebeln Sie die Lautsprecherblende ab.**

**2** Lösen Sie die Schrauben des Lautsprechers und befreien Sie ihn aus der Tür – trennen Sie dabei den Kabelstecker.
**3** Der Einbau entspricht der umgekehrten Ausbaureihenfolge
NB-Modelle (Ab 1998)
**4** Entfernen Sie die Türverkleidung (siehe Kapitel 11, Sektion 11).
**5** Lösen Sie die Schrauben des Lautsprechers (siehe Abbildung) und befreien Sie ihn aus der Tür – trennen Sie dabei den Kabelstecker.

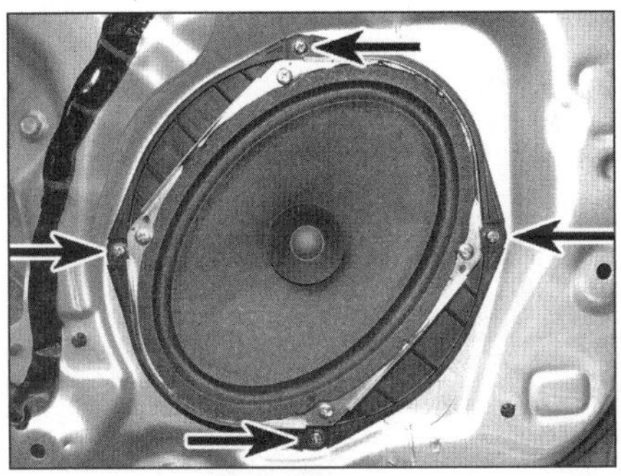

**16.5 Lautsprecher-Schrauben – NB-Modelle**

**6** Der Einbau entspricht der umgekehrten Ausbaureihenfolge

### Obere Türlautsprecher

**7** Entfernen Sie die Türverkleidung (siehe Kapitel 11, Sektion 11).
**8** Lösen Sie die Schrauben des Lautsprechers und befreien Sie ihn aus der Tür – trennen Sie dabei den Kabelstecker.
**9** Der Einbau entspricht der umgekehrten Ausbaureihenfolge

### Kopfstützen-Lautsprecher

**10** Demontieren Sie den Sitz (siehe Kapitel 11, Sektion 23). Entfernen Sie den Rückenlehnen-Teil der Sitzfläche.
**11** Entfernen Sie die Lautsprecherblende und lösen Sie dann die Schrauben/Muttern des Lautsprechers. Trennen Sie den Stecker und entnehmen Sie den Lautsprecher.

**12** Der Einbau entspricht der umgekehrten Ausbaureihenfolge

## 17 Radio-Antenne – Ausbau und Einbau

**1** Öffnen Sie den Kofferraum und trennen Sie den Antennenstecker (siehe Abbildung). **Anmerkung:** *Die Antenne kann nötigenfalls getestet werden, indem ermittelt wird, ob an den Stecker-Kontakten Durchgang besteht.*

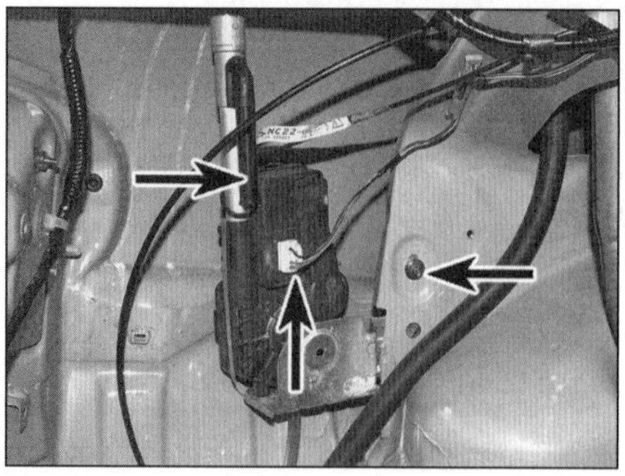

**17.1 Antennenstecker und Befestigungsmutter**

**2** Schützen Sie den Lack um die Antenne herum mit Kreppband vor Beschädigungen.
**3** Schrauben Sie bei einer manuellen Antenne den »Mast« und entfernen Sie ihn.
**4** Lösen Sie bei allen Modellen die Antennen-Basis und entfernen Sie sie (siehe Abbildung).

**17.4 Schrauben Sie mit einer passenden Zange oder ähnlichem die Antennenbasis ab.**

**5** Schalten Sie bei Modellen mit elektrischer Antenne die Zündung und das Radio ein. Nachdem die Antenne ausgefahren ist, sollte sich der »Mast« mit wenig Kraft zusammen mit der Nylon-Zahnstange herausziehen lassen.
**6** Um die Antennen-Baugruppe entfernen zu können, muss zunächst das entsprechende Verkleidungsteil aus dem Kofferraum entfernt werden (siehe Kapitel 11, Sektion 26). Trennen Sie den/die Antennenstecker und lösen Sie die Schraube oder Mutter, um die Antenne entnehmen zu können.
**7** Der Einbau entspricht im Wesentlichen der umgekehrten Ausbaureihenfolge – beachten Sie beim elektrischen Antennenmasten folgende Punkte:
*a) Schalten Sie die Zündung und das Radio ein.*
*b) Warten Sie, bis der Antennen-Anschlag den Motor abschaltet und keine Geräusche mehr zu hören sind.*
*c) Schieben Sie den Masten in die Antennen-Baugruppe.*
*d) Achten Sie darauf, dass die Zahnstange in das Zahnrad des Motors greift.*
*e) Schalten Sie die Zündung aus – der Antennenmotor muss den Masten zurückziehen.*
*f) Wenn die Antenne korrekt funktioniert, wird die Schraube oder Mutter sorgfältig angezogen.*

## 18 Alarmanlage und Wegfahrsperre – Allgemeine Informationen

Viele MX-5-Modelle sind mit einer komplexen Alarmanlage und einer Wegfahrsperre ausgerüstet. Falls in diesem System ein Fehler auftritt, muss das Selbstdiagnosesystem mit geeigneten Prüfgeräten ausgelesen werden – konsultieren Sie hierzu einen Mazda-Händler oder eine andere Fachwerkstatt.

## 19 Airbag-System – Allgemeine Informationen und Warnhinweise

**1** Die in diesem Handbuch behandelten Modelle können mit einem Fahrer-Airbag (in der Mitte des Lenkrads) und einem Beifahrer-Airbag (im Armaturenbrett) ausgerüstet sein. Das System besteht aus den Airbags samt Gas-Generatoren, Aufprall-Sensoren, dem Steuergerät und einer Warnleuchte in den Instrumenten.
**2** Bei einem Aufprall werden die Airbags binnen Millisekunden aufgepumpt, um den Insassen ein Polster zum Lenkrad bzw. dem Armaturenbrett zu bieten und das Risiko von Verletzungen zu reduzieren. Der Airbag entleert sich anschließend fast genauso schnell. Das Steuergerät aktiviert ggf. auch die Gurtstraffer der Sicherheitsgurte (siehe Kapitel 11, Sektion 24).
**3** Bei jedem Einschalten der Zündung führt das Airbag-Steuergerät eine 2 bis 6 Sekunden dauernde Selbstdiagnose durch, während der die Warnleuchte aktiviert ist. Wenn alles in Ordnung ist, erlischt die Lampe. Falls die Warnlampe gar nicht aufleuchtet, nicht einige Sekunden nach dem Einschalten der Zündung erlischt oder während der Fahrt aufleuchtet, liegt im Airbag-System ein Fehler vor – lassen Sie das System möglichst rasch bei einer Fachwerkstatt überprüfen.

### Warnhinweise

***Warnung: Die folgenden Vorsichtsmaßnahmen müssen bei der Arbeit am Airbag-System beachtet werden, um Gesundheitsrisiken zu minimieren.***

## Allgemeine Vorkehrungen

Die folgenden Vorsichtsmaßnahmen **müssen** bei der Arbeit am Fahrzeug beachtet werden:
*a) Trennen Sie **niemals** die Batterie bei laufendem Motor.*
*b) Demontieren Sie alle Airbag-Komponenten, bevor irgendwelche Arbeiten in der Umgebung von Airbags durchgeführt werden.*
*c) Deaktivieren Sie das Airbag-System, bevor Schweißarbeiten am Fahrzeug vorgenommen werden.*
*d) Testen Sie **niemals** Stromkreise des Airbag-Systems mit irgendwelchen Messgeräten.*
*e) Versuchen Sie beim Aufleuchten der Airbag-Warnlampe **niemals** selbst, eine Fehlerdiagnose durchzuführen oder Teile des Airbag-Systems zu zerlegen – bringen Sie das Fahrzeug **unbedingt** in eine Mazda-Werkstatt.*

## Umgang mit dem Airbag

*a) Transportieren Sie einen Airbag **immer** mit dem Luftsack nach oben.*
*b) Legen Sie **niemals** Ihre Arme um den Airbag.*
*c) Halten Sie den Airbag **stets** dicht am Körper – mit dem Luftsack nach außen.*
*d) Lassen Sie einen Airbag **niemals** fallen; setzen Sie ihn keinen Schlägen aus.*
*e) Versuchen Sie **niemals**, einen Airbag zu zerlegen.*
*f) Verbinden Sie **niemals** irgendwelche elektrischen Komponenten mit Teilen des Airbag-Stromkreises.*

## Lagern eines Airbags

*a) Lagern Sie einen Airbag mit dem Luftsack nach oben in einem geschlossenen Schrank.*
*b) Setzen Sie einen Airbag **niemals** Temperaturen über 90 °C aus.*
*c) Setzen Sie einen Airbag **niemals** offenen Flammen aus.*
*d) Entsorgen Sie einen Airbag nur über eine Mazda-Werkstatt.*
*e) Bauen Sie **niemals** einen Airbag ins Auto ein, der erwiesenermaßen defekt oder beschädigt ist.*

## 20 Airbag-Systemkomponenten – Ausbau und Einbau

***Warnung: Beachten Sie die Warnhinweise in Sektion 19, bevor Sie diese Arbeiten durchführen! Jeder potenzielle Defekt am Airbag-System sollte in einer Mazda-Werkstatt untersucht werden – versuchen Sie NIEMALS, Arbeiten zu erledigen, die über den Ausbau der vorderen Airbags oder des Drehschalters hinausgehen!***

**1** Trennen Sie stets zunächst das Massekabel (–) der Batterie (siehe Kapitel 5A, Sektion 4) und fahren Sie mit dem entsprechenden Bauteil fort.

## Fahrer-Airbag

### NA-Modelle (bis 1997)

**2** Lenken Sie die Vorderräder geradeaus. Lösen Sie die zwei Schrauben der unteren Armaturenbrett-Verkleidung und ziehen Sie diese ab (siehe Abbildung).

**20.2 Schrauben der unteren Armaturenbrett-Verkleidung**

**3** Trennen Sie unterhalb des Armaturenbretts den orangen und blauen Drehkontakt-Stecker.
**4** Lösen Sie im Lenkrad die vier Airbag-Muttern und befreien Sie den Airbag – trennen Sie dabei die Kabelstecker. Lassen Sie den Airbag weder fallen noch irgendwo anschlagen und lagern Sie ihn mit dem Luftsack nach oben.

**5** Verbinden Sie beim Einbau die Stecker und montieren Sie den Airbag so, dass keine Kabel eingeklemmt werden. Ziehen Sie die Muttern mit 5 Nm an. Schließen Sie die Batterie wieder an.

### NB-Modelle (ab 1998)

**6** Lenken Sie die Vorderräder geradeaus. Hebeln Sie ggf. an beiden Seiten die Kunststoff-Kappen ab und lösen Sie die Airbag-Schrauben (siehe Abbildung).

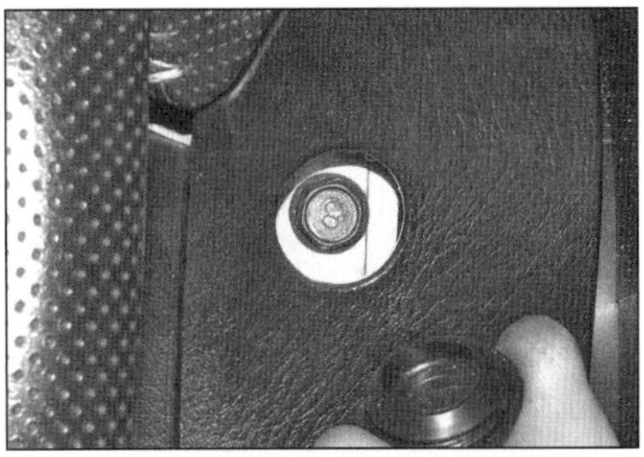

**20.6 Die Airbag-Schrauben sitzen ggf. hinter Kappen links und rechts in der Lenkrad-Nabe.**

**7** Heben Sie den Airbag vorsichtig vom Lenkrad ab. Beachten Sie die Positionen des/der Stecker(s) und trennen Sie ihn/sie vom Airbag (siehe Abbildung). Lassen Sie den Airbag weder fallen noch irgendwo anschlagen und lagern Sie ihn mit dem Luftsack nach oben.

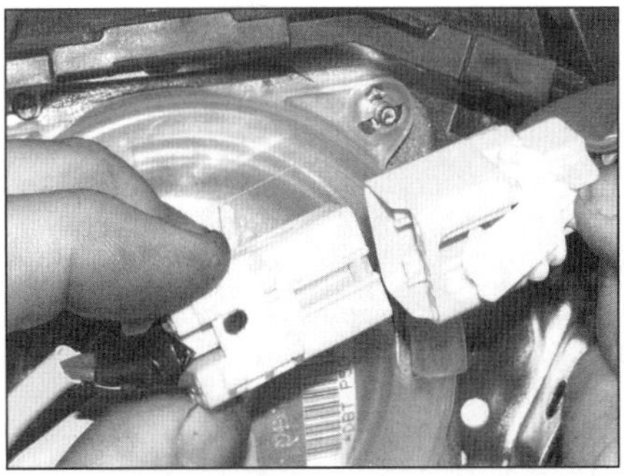

**20.7 Drücken Sie die Lasche und trennen Sie den Airbag-Stecker.**

**8** Verbinden Sie beim Einbau den/die Stecker und montieren Sie den Airbag so, dass keine Kabel eingeklemmt werden. Ziehen Sie die Schrauben mit 10 Nm an. Schließen Sie die Batterie wieder an.

## Beifahrer-Airbag

**9** Entfernen Sie das Handschuhfach (siehe Kapitel 11, Sektion 26).
**10** Drücken Sie die Lasche(n) des/der Stecker und trennen Sie ihn/sie vom Airbag (siehe Abbildung).

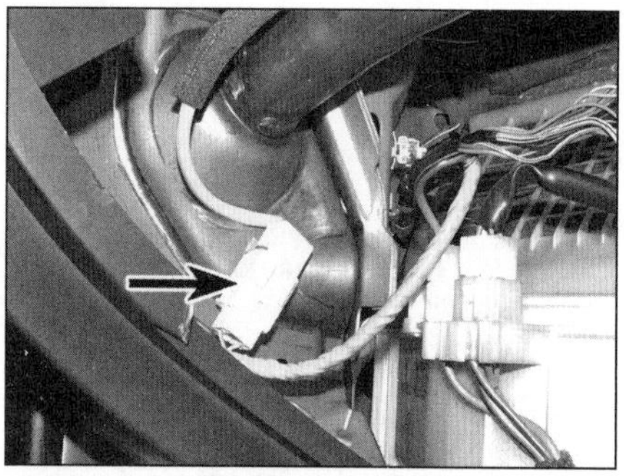

**20.10 Airbag-Stecker**

**11** Lösen Sie die vier Muttern/Schrauben und manövrieren Sie den Airbag nach hinten (nicht nach oben) aus dem Armaturenbrett (siehe Abbildungen).

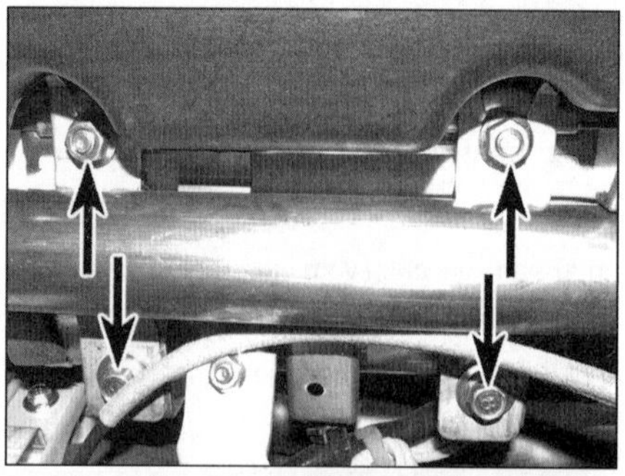

**20.11a Lösen Sie die Muttern/Schrauben ...**

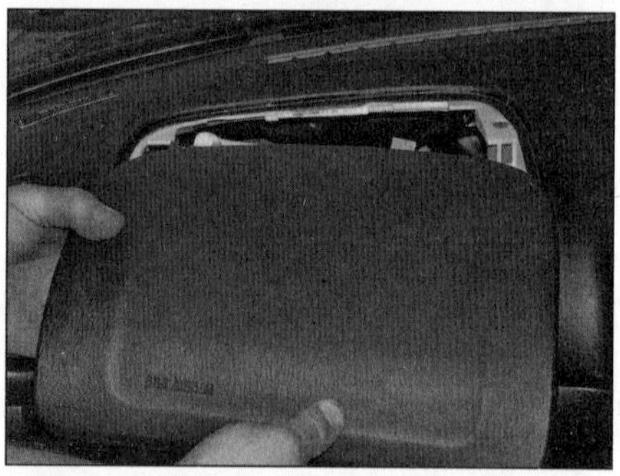

**20.11b ... und manövrieren Sie den Beifahrer-Airbag nach hinten heraus.**

**12** Der Einbau entspricht der umgekehrten Ausbaureihenfolge. Ziehen Sie die Muttern/Schrauben mit 22 Nm (NA-Modelle) bzw. 12 Nm (NB-Modelle) an. Schließen Sie die Batterie wieder an.

## Drehkontakt-Baugruppe

### NA-Modelle (bis 1997)

**13** Der Drehkontakt ist in den Lenksäulen-Kombischalter integriert – dessen Aus- und Einbau ist in Sektion 4 beschrieben.

### NB-Modelle (ab 1998)

**14** Demontieren Sie das Lenkrad (siehe Kapitel 10, Sektion 14).
**12** Entfernen Sie die Lenksäulen-Verkleidung (siehe Kapitel 11, Sektion 26).
**16** Lösen Sie die drei Schrauben der Drehkontakt-Baugruppe (siehe Abbildung).

**20.16 Schrauben der Drehkontakt-Baugruppe – NB-Modelle**

**17** Der Einbau entspricht der umgekehrten Ausbaureihenfolge. Richten Sie den Drehkontakt wie in Sektion 4 beschrieben aus (Abb. 4.10).

## Steuergerät

### NA-Modelle (bis 1997)

**18** Das Steuergerät sitzt links unter dem Armaturenbrett – entfernen Sie dieses komplett (siehe Kapitel 11, Sektion 28).
**19** Lösen Sie die Muttern des Steuergerät-Halters und entfernen Sie das Gerät samt Halter – trennen Sie dabei die Kabelstecker.
**20** Der Einbau entspricht der umgekehrten Ausbaureihenfolge.

### NB-Modelle (ab 1998)

**21** Demontieren Sie das komplette Armaturenbrett (siehe Kapitel 11, Sektion 28).
**22** Lösen Sie die Muttern des Steuergerät-Halters und entfernen Sie das Gerät samt Halter (siehe Abbildung) – trennen Sie dabei die Kabelstecker. Lösen Sie nötigenfalls die Schrauben, um das Steuergerät vom Halter zu trennen.

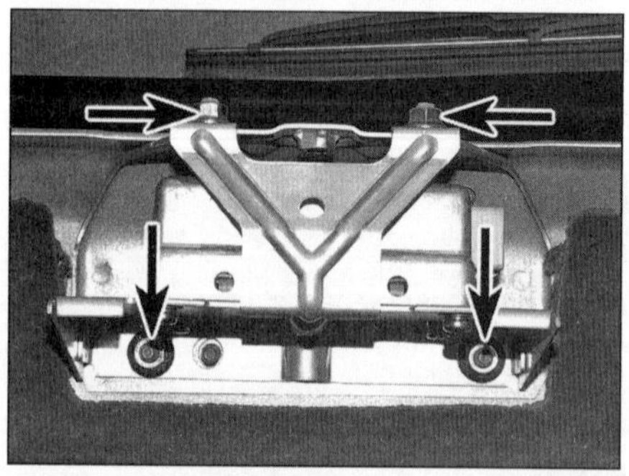

**20.22 Steuergerät-Befestigungsmuttern – NB-Modelle**

**23** Der Einbau entspricht der umgekehrten Ausbaureihenfolge – der Pfeil auf dem Steuergerät muss nach vorn zeigen (siehe Abbildung).

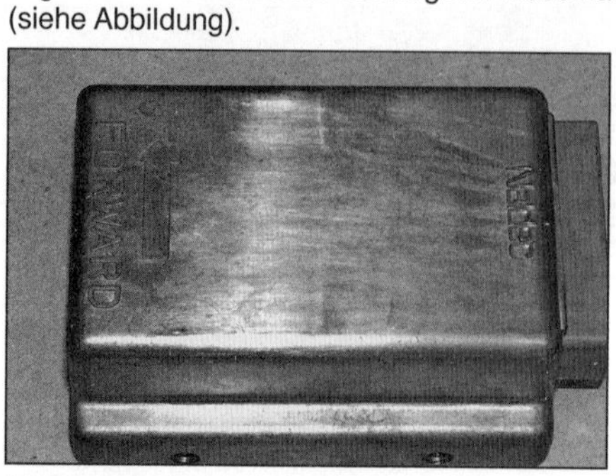

**20.23 Der Pfeil auf dem Steuergerät muss zur Fahrzeugfront zeigen.**

## Aufprall-Sensoren (nur NA-Modelle)

**24** Die D-Sensoren sitzen in der vorderen Stoßstange. Um die äußeren Sensoren entfernen zu können, müssen die Befestigungen der Radhausschalen gelöst und diese entfernt werden. Trennen Sie den/die Sensorstecker.

**25** Der S-Sensor sitzt mittig unter dem Armaturenbrett – demontieren Sie dies für den Zugang (siehe Kapitel 11, Sektion 28).

**26** Lösen Sie die Schrauben oder Muttern des entsprechenden Sensors und entnehmen Sie ihn samt Halter. Behandeln Sie die Sensoren äußerst vorsichtig – sie sind sehr empfindlich und leicht beschädigt.

**27** Der Einbau entspricht der umgekehrten Ausbaureihenfolge – ziehen Sie die Schrauben oder Muttern sorgfältig an.

## Mazda MX-5 NA (1989-1997) Schaltpläne **Grafik 1**

***Warnung: Die zum »Supplemental Restraint System« (SRS) gehörenden Airbags und Gurtstraffer können beim Einsatz elektrischer Prüfgeräte auslösen und schwere Verletzungen hervorrufen. Daher ist bei der Identifikation des korrekten Stromkreises extreme Vorsicht geboten, um nicht versehentlich SRS-Komponenten zu aktivieren.***
***Anmerkung: SRS-Anschlüsse lassen sich üblicherweise anhand gelber und/oder oranger Kabel und Stecker identifizieren.***

### Symbol-Legende

Magnetstellantrieb

Massepunkt

Kabelfarbe
(hier: blau mit weißem Indikator) L/W

Gestrichelte Konturen markieren einen Teil einer größeren Komponente, enthält in diesem Fall ein elektronisches oder Halbleiter-Element.

Lampe

Schalter

Sicherung/Schmelzverbindung **F4 40A**

Widerstand

Regelwiderstand

Regelwiderstand

Kabelverbindung, Lötverbindung oder nicht spezifizierte Steckverbindung

Kabelanschluss

Diode

Licht emittierende Diode (LED)

Bauteil-Nummer **12**

Motor/Pumpe

Heizelement

### Motorraum-Sicherungsbox **5**

*F1* 30A Einspritzanlage, Lichtmaschine
*F2* 30A Scheinwerfer
*F3* 80A Hauptsicherung
*F4* 40A Zündung
*F5* 60A ABS
*F6* 30A Kühlventilator
*F7* 20A Zusatz-Kühlventilator
*F8* 15A Nebellampen
*F9* 10A Einspritzanlage
*F10* 30A ????? Headlight retractor

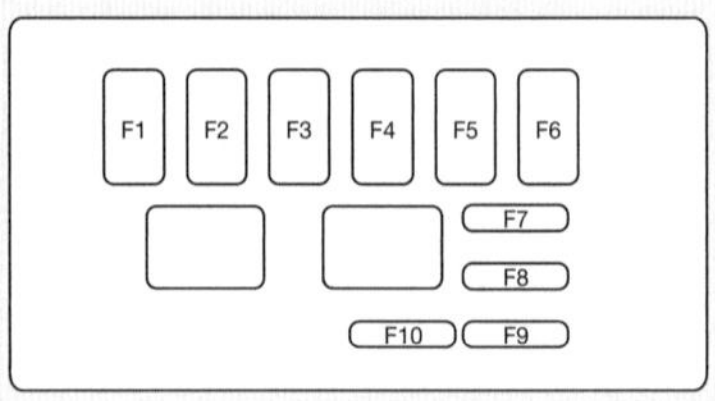


### Armaturenbrett-Sicherungen **6**

*F1* 15A Kühlventilator
*F2* 10A Instrumente
*F3* - frei
*F4* 30A Heizungsgebläse
*F5* - frei
*F6* 30A Fensterheber
*F7* 20A Scheibenwischer, Wischwasserpumpe
*F8* - frei
*F9* 10A Hupe, Bremsleuchten
*F10* - frei
*F11* 10A Hupe, Bremsleuchten
*F12* 10A Warnblinker
*F13* - frei
*F14* - frei
*F15* 15A Zigarettenanzünder
*F16* - frei
*F17* 10A Innenbeleuchtung

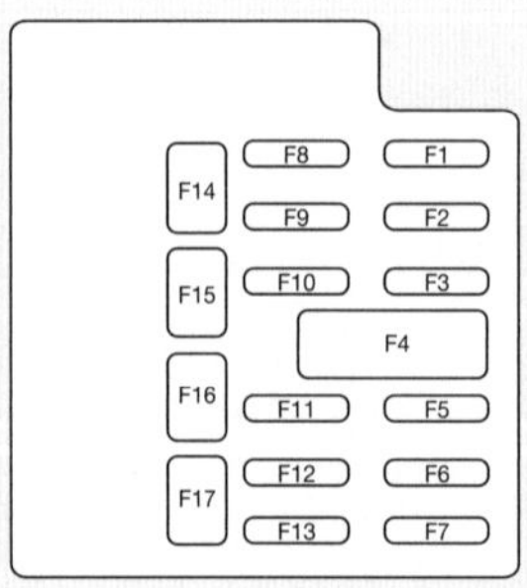


### Kofferraum-Sicherungsbox **13**

*F1* 10A Heckscheibenheizung (optional)
*F2* 10A Antennenmotor (optional)

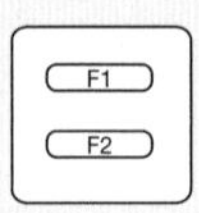


H47487

## Grafik 2

### Kabelfarben

| | | | |
|---|---|---|---|
| **B** | Schwarz | **R** | Rot |
| **Y** | Gelb | **Pu** | Purpur |
| **L** | Blau | **N** | Beige |
| **Br** | Braun | **T** | Hellbraun |
| **G** | Grün | **Sb** | Himmelblau |
| **Gy** | Grau | **Lg** | Hellgrün |
| **P** | Pink | **Lb** | Hellblau |
| **V** | Violett | **Dl** | Dunkelblau |
| **O** | Orange | **Dg** | Dunkelgrün |
| **W** | Weiß | | |

### Legende – Komponenten

1 Batterie
2 Lichtmaschine
3 Anlasser
4 Motorraum-Sicherungsbox
5 Zündschloss
6 Armaturenbrett-Sicherungsbox
7 Hupenknopf
8 Hupe
9 Hupenrelais
10 Kühlventilator
11 Kühlventilator-Relais
12 Zigarettenanzünder
13 Kofferraum-Sicherungsbox
14 Heckscheibenheizungs-Relais
15 Heckscheibenheizungs-Schalter
16 Heckscheibenheizung
17 Heizgebläse-Schalter
18 Heizgebläse-Motor

H47488

### Anlasser und Ladesystem

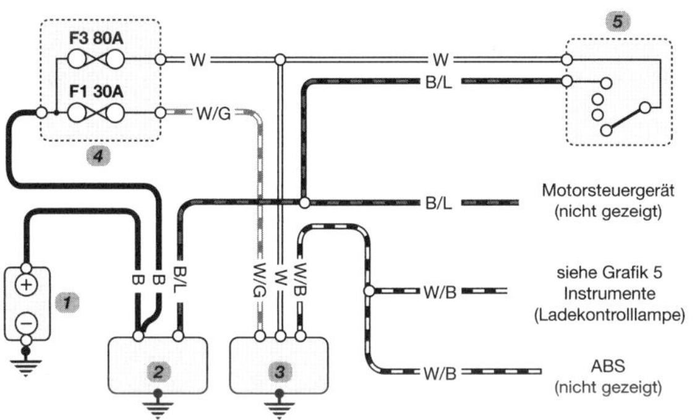


### Hupe

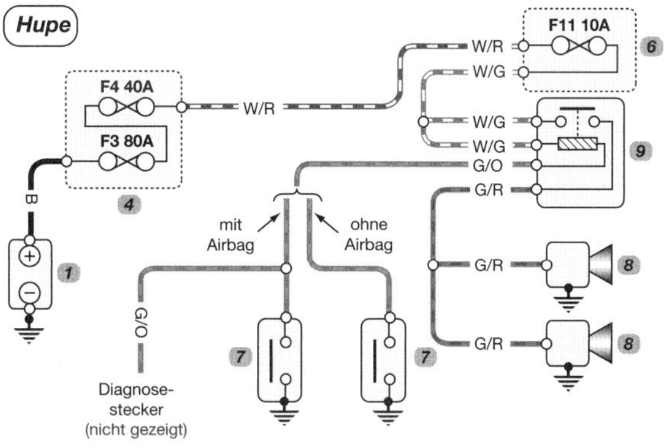


### Kühlventilator

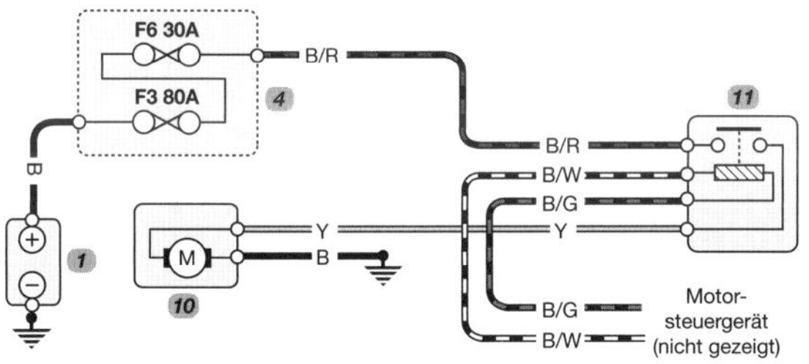


### Zigarettenanzünder

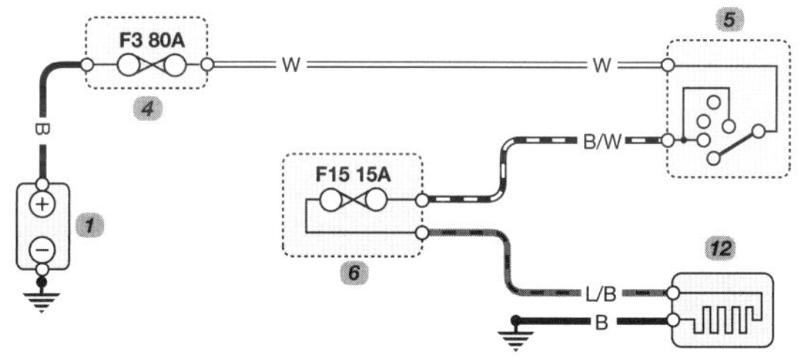


### Heckscheibenheizung

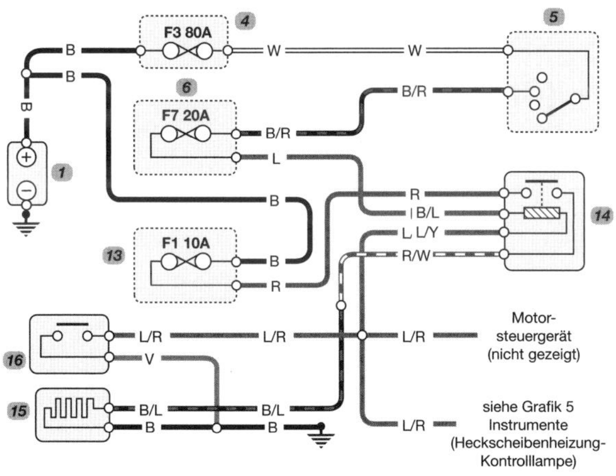


### Heizgebläse

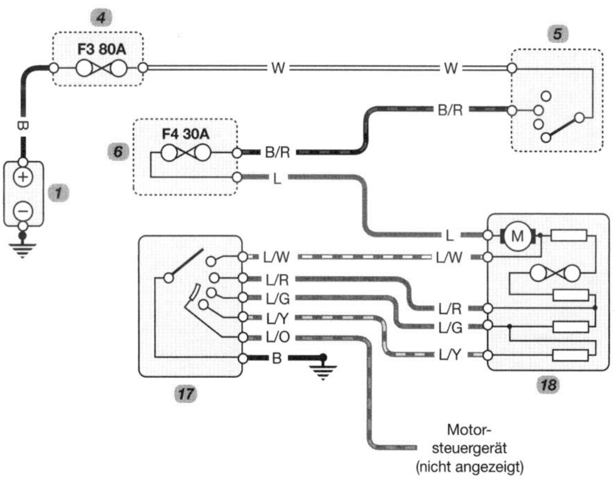

## Grafik 3

### Kabelfarben

| | | | |
|---|---|---|---|
| **B** | Schwarz | **R** | Rot |
| **Y** | Gelb | **Pu** | Purpur |
| **L** | Blau | **N** | Beige |
| **Br** | Braun | **T** | Hellbraun |
| **G** | Grün | **Sb** | Himmelblau |
| **Gy** | Grau | **Lg** | Hellgrün |
| **P** | Pink | **Lb** | Hellblau |
| **V** | Violett | **Dl** | Dunkelblau |
| **O** | Orange | **Dg** | Dunkelgrün |
| **W** | Weiß | | |

### Legende – Komponenten

1 Batterie
4 Motorraum-Sicherungsbox
5 Zündschloss
6 Armaturenbrett-Sicherungsbox
20 Scheinwerfer-Relais
21 Beleuchtungs-Relais
22 Lichtschalter
a = Aus/Standlicht/Fahrlicht
b = Lichthupe
c = Abblend-/Fernlicht
23 Abblend-Relais
24 Abblend-Widerstand
25 Scheinwerfer links
26 Scheinwerfer rechts
27 Standlicht links
28 Standlicht rechts
29 Rücklicht links
30 Rücklicht rechts
31 Kennzeichenbeleuchtung links
32 Kennzeichenbeleuchtung rechts
33 Bremslichtschalter
34 Rückfahrlichtschalter
35 Rückfahrlicht links
36 Rückfahrlicht rechts
37 Zusatzbremsleuchte
38 Bremslicht links
39 Bremslicht rechts
40 Nebelschlussleuchte
41 Nebelschlusslicht-Schalter
42 Klappscheinwerfer-Kurzschlussbrücke

H47489

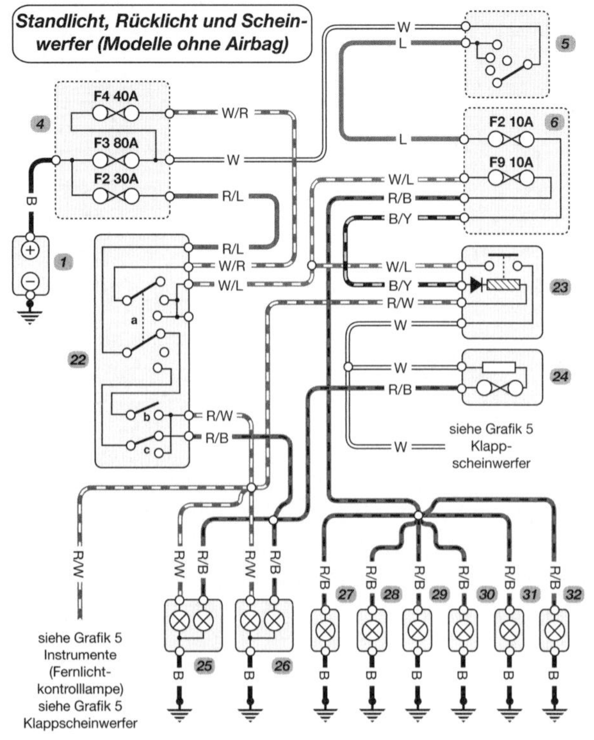


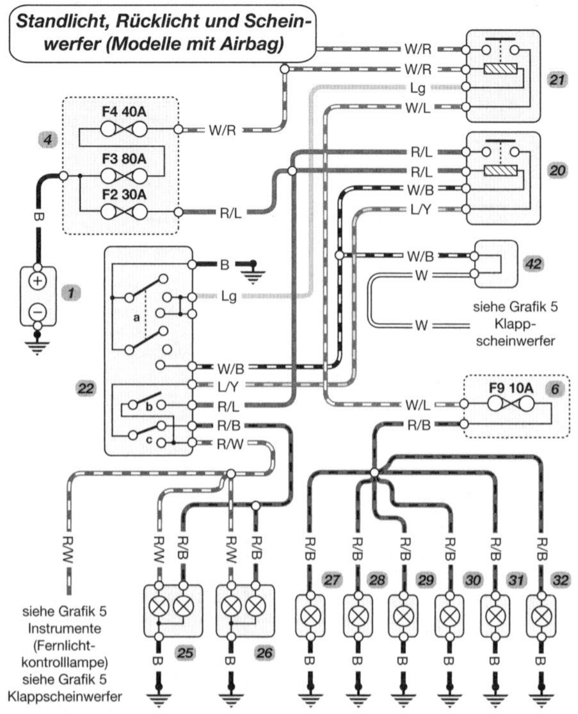


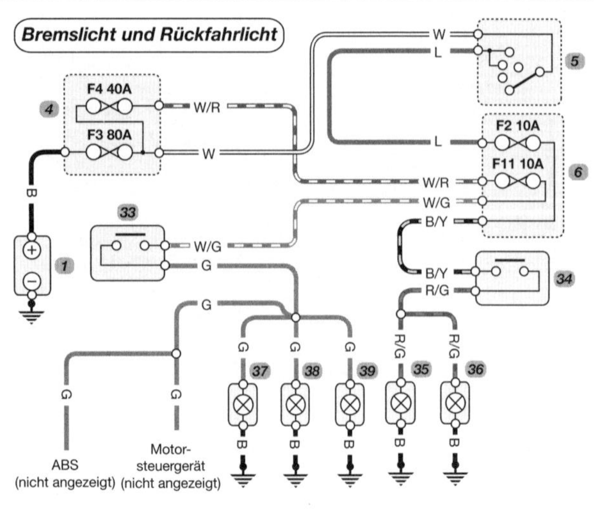


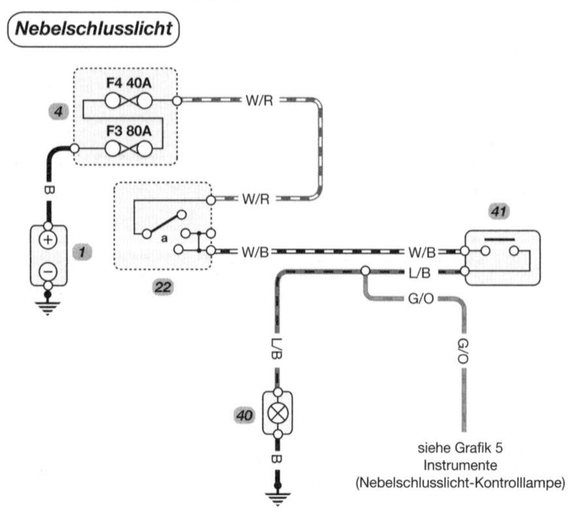

## Kabelfarben

| | | | |
|---|---|---|---|
| **B** | Schwarz | **R** | Rot |
| **Y** | Gelb | **Pu** | Purpur |
| **L** | Blau | **N** | Beige |
| **Br** | Braun | **T** | Hellbraun |
| **G** | Grün | **Sb** | Himmelblau |
| **Gy** | Grau | **Lg** | Hellgrün |
| **P** | Pink | **Lb** | Hellblau |
| **V** | Violett | **Dl** | Dunkelblau |
| **O** | Orange | **Dg** | Dunkelgrün |
| **W** | Weiß | | |

## Legende – Komponenten

## Grafik 4

1 Batterie
4 Motorraum-Sicherungsbox
5 Zündschloss
6 Armaturenbrett-Sicherungsbox
13 Kofferraum-Sicherungsbox
21 Beleuchtungs-Relais
22 Lichtschalter
  a = Aus/Standlicht/Fahrlicht
45 Innenbeleuchtung links
46 Innenbeleuchtung rechts
47 Türschalter links
48 Türschalter rechts
49 Blinkerschalter
50 Blinkrelais
51 Warnblinkschalter
52 Blinker links vorn
53 Seitenblinker links
54 Blinker links hinten
55 Blinker rechts vorn
56 Seitenblinker rechts
57 Blinker rechts hinten
58 Schalterbeleuchtungs-Dimmer
59 Scheibenwischermotor
60 Wischwasch-Schalter
  a = Kurz-Wischen
  b = Scheibenwischer
  c = Scheibenwäsche
61 Wischwasserpumpe
62 Audio-Einheit
63 Elektrische Antenne
64 Türlautsprecher links
65 Türlautsprecher rechts

H47490

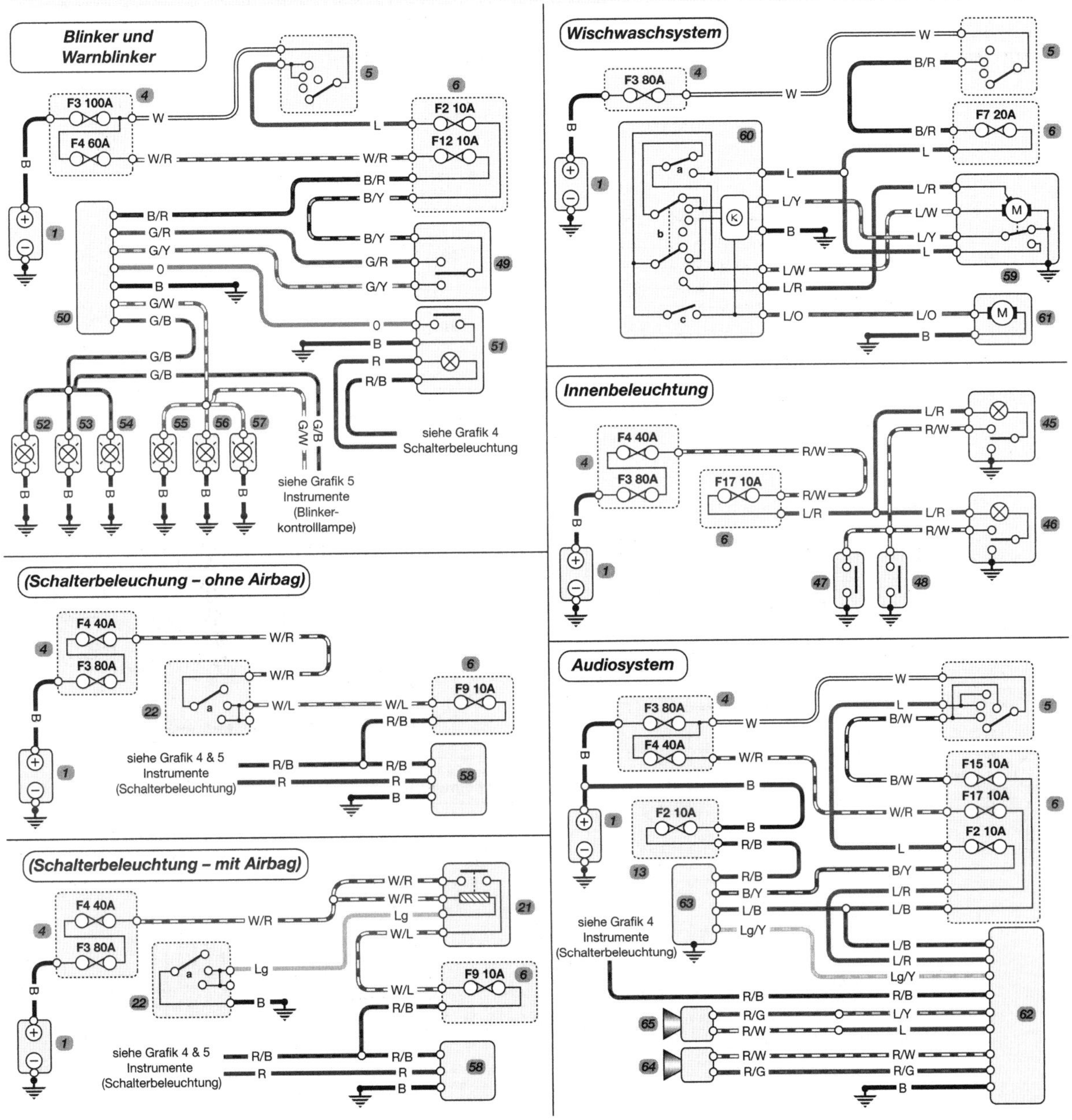

## Kabelfarben

| | | | |
|---|---|---|---|
| **B** | Schwarz | **R** | Rot |
| **Y** | Gelb | **Pu** | Purpur |
| **L** | Blau | **N** | Beige |
| **Br** | Braun | **T** | Hellbraun |
| **G** | Grün | **Sb** | Himmelblau |
| **Gy** | Grau | **Lg** | Hellgrün |
| **P** | Pink | **Lb** | Hellblau |
| **V** | Violett | **Dl** | Dunkelblau |
| **O** | Orange | **Dg** | Dunkelgrün |
| **W** | Weiß | | |

## Legende – Komponenten

**Grafik 5**

1 Batterie
4 Motorraum-Sicherungsbox
5 Zündschloss
6 Armaturenbrett-Sicherungsbox
70 Tankanzeige-Geber/Benzinpumpe
71 Kühltemperatursensor
72 Öldruckschalter
73 Bremsflüssigkeitspegel-Schalter
74 Handbremsen-Schalter
75 Wischwascherpegel-Schalter
76 Instrumentenblock
a = Heckscheibenheizung-Kontrolllampe
b = ABS-Warnlampe
c = Bremssystem-Warnlampe
d = Wischwasserpegel-Warnlampe
e = Ladekontrolllampe
f = Airbag-Warnlampe
g = Öldruck-Anzeige
h = Kühltemperaturanzeige
i = Tankuhr
j = Drehzahlmesser
k = Instrumentenbeleuchtung
l = Klappscheinwerfer-Warnleuchte
m = Blinker-Kontrolllampe rechts
n = Blinker-Kontrolllampe links
o = Fernlicht-Kontrolllampe
p = Nebelschlusslicht-Kontrolllampe
q = Geschwindigkeitssensor
80 Fensterheber-Schalter
81 Fensterhebermotor links
82 Fensterhebermotor rechts
83 Außenspiegel-Schalter
84 Außenspiegel links
85 Außenspiegel rechts
86 Klappscheinwerfer-Einheit
87 Klappscheinwerfer-Schalter
88 Klappscheinwerfer-Motor links
89 Klappscheinwerfer-Motor rechts

H47491

### Instrumentenblock

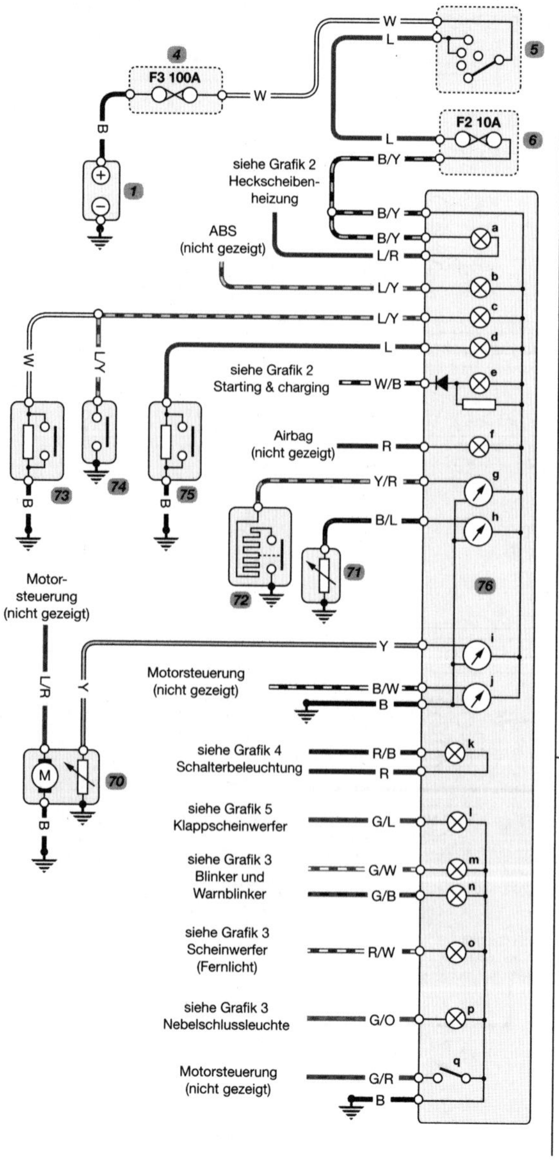


### Elektrische Fensterheber

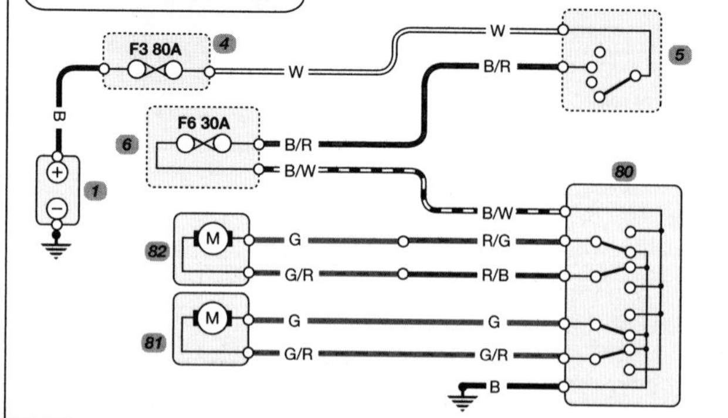


### Elektrische Außenspiegel

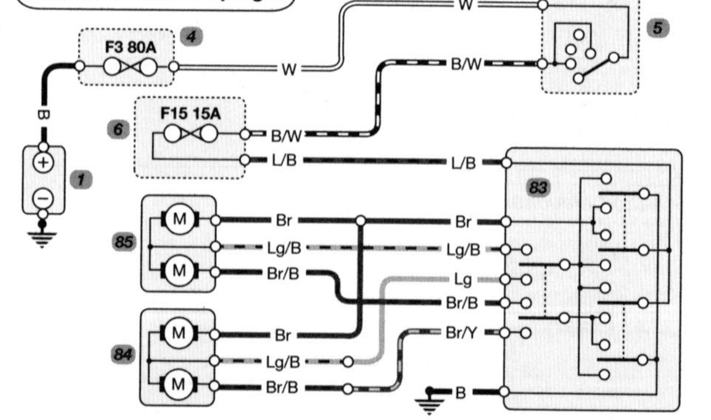


### Klappscheinwerfer

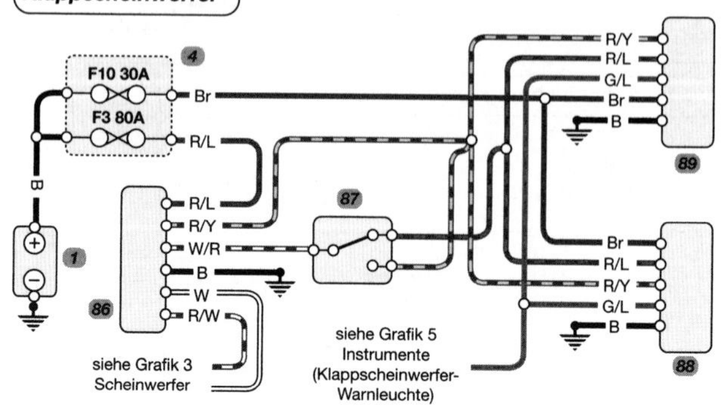

## Mazda MX-5 NB (1998 bis 1999) Schaltpläne

**Grafik 6**

***Warnung: Die zum »Supplemental Restraint System« (SRS) gehörenden Airbags und Gurtstraffer können beim Einsatz elektrischer Prüfgeräte auslösen und schwere Verletzungen hervorrufen. Daher ist bei der Identifikation des korrekten Stromkreises extreme Vorsicht geboten, um nicht versehentlich SRS-Komponenten zu aktivieren.***
***Anmerkung: SRS-Anschlüsse lassen sich üblicherweise anhand gelber und/oder oranger Kabel und Stecker identifizieren.***

### Symbol-Legende

Magnetstellantrieb

Massepunkt

Kabelfarbe
(hier: blau mit weißem Indikator) L/W

Gestrichelte Konturen markieren einen Teil einer größeren Komponente, enthält in diesem Fall ein elektronisches oder Halbleiter-Element.

Lampe

Schalter

Sicherung/Schmelz-verbindung F4 40A

Widerstand

Regel-widerstand

Regel-widerstand

Kabelverbindung, Lötverbindung oder nicht spezifizierte Steckverbindung

Kabelanschluss

Diode

Licht emittierende Diode (LED)

Bauteil-Nummer 12

Motor/Pumpe

Heizelement

### Motorraum-Sicherungsbox 5

| | | |
|---|---|---|
| *F1* | 40A | Scheinwerfere und Heckscheibenheizung |
| *F2* | 30A | Einspritzanlage |
| *F3* | 80A | Hauptsicherung |
| *F4* | 40A | Zündung |
| *F5* | 30A | Heizungsgebläsemotor |
| *F6* | 30A | Kühlventilator |
| *F7* | 20A | Rückleuchten, Instrumentenbeleuchtung |
| *F8* | 20A | Zentralverriegelung |
| *F9* | 20A | ABS |
| *F10* | 15A | Bremslicht, Hupe und Schaltsperre |

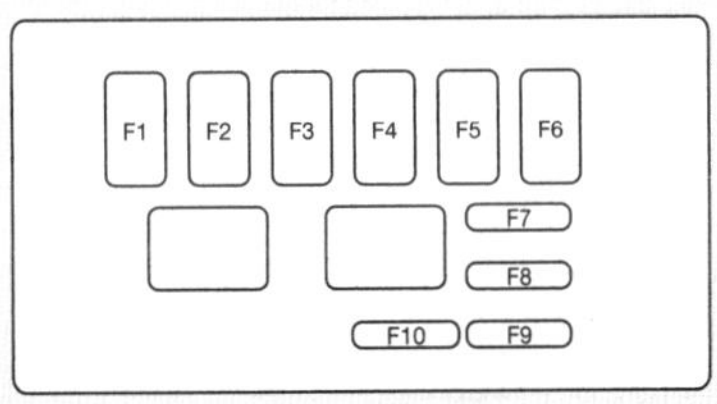


### Armaturenbrett-Sicherungen 6

| | | |
|---|---|---|
| *F1* | 20A | Scheibenwischer, Wischwasserpumpe |
| *F2* | 30A | Fensterheber |
| *F3* | 10A | Klimaanlage |
| *F4* | 10A | Blinker |
| *F5* | 10A | Zentralverriegelung |
| *F6* | - | frei |
| *F7* | 15A | Heckscheibenheizung |
| *F8* | 10A | Innenbeleuchtung, elektr. Antenne und Alarmanlage |
| *F9* | 20A | Zigarettenanzünder |
| *F10* | 10A | Audiosystem |
| *F11* | - | frei |
| *F12* | 15A | Rückleuchten/Parklicht |
| *F13* | 15A | Motorsteuerung |
| *F14* | 15A | Instrumente |
| *F15* | 10A | Blinker |
| *F16* | 10A | SRS und ABS |
| *F17* | 30A | Kühlventilator, Magnetkupplung |
| *F18* | - | frei |
| *F19* | 10A | Nebelschlussleuchte |
| *F20* | 15A | Scheinwerfer rechts |
| *F21* | 15A | Scheinwerfer links |
| *F22* | - | frei |

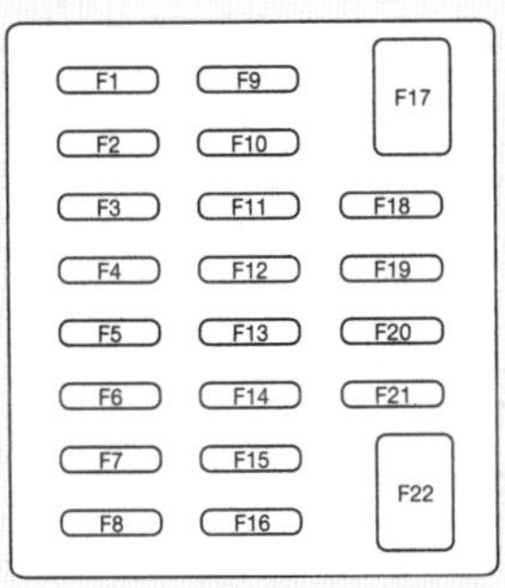


H47497

## Kabelfarben

| | | | |
|---|---|---|---|
| **B** | Schwarz | **R** | Rot |
| **Y** | Gelb | **Pu** | Purpur |
| **L** | Blau | **N** | Beige |
| **Br** | Braun | **T** | Hellbraun |
| **G** | Grün | **Sb** | Himmelblau |
| **Gy** | Grau | **Lg** | Hellgrün |
| **P** | Pink | **Lb** | Hellblau |
| **V** | Violett | **Dl** | Dunkelblau |
| **O** | Orange | **Dg** | Dunkelgrün |
| **W** | Weiß | | |

## Legende – Komponenten

1 Batterie
2 Lichtmaschine
3 Anlasser
4 Motorraum-Sicherungsbox
5 Zündschloss
6 Armaturenbrett-Sicherungsbox
7 Hupenknopf
8 Hupe
9 Lenkrad-Drehschalter
10 Hupenrelais
11 Kühlventilator
12 Kühlventilator-Relais
13 Zigarettenanzünder
14 Klimaanlagen-Relais
15 Klimaanlagen-Ventilator
16 Klimaanlagenkompressor-Kupplungsrelais
17 Klimaanlagenkompressor-Kupplung
18 Heckscheibenheizungs-Relais
19 Heckscheibenheizungs-Schalter
20 Heckscheibenheizung
21 Kondensator
22 Temperaturschutz

## Grafik 7

H47493

### Anlasser und Ladesystem

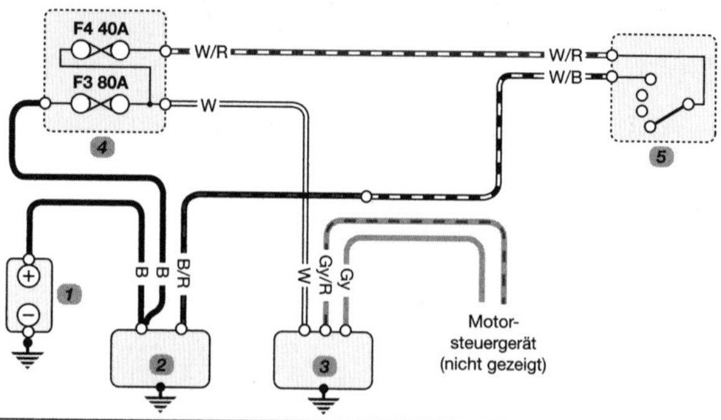


### Hupe

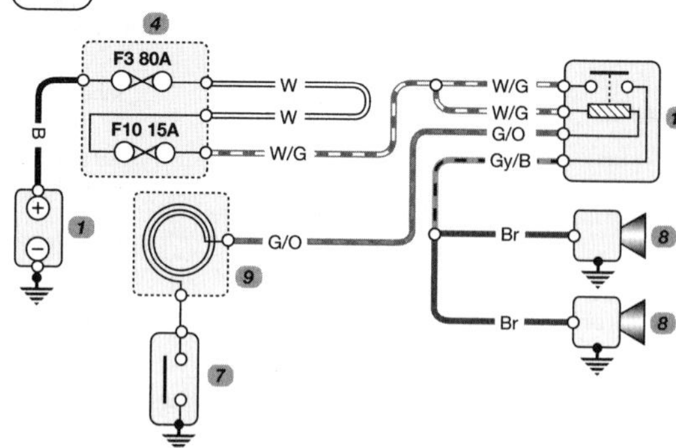


### Kühlventilator

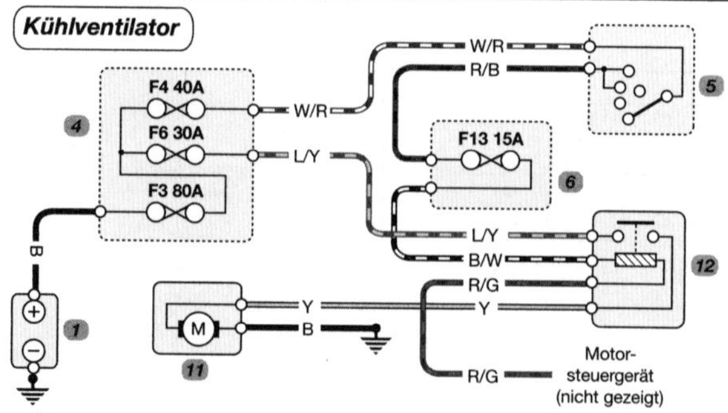


### Zigarettenanzünder

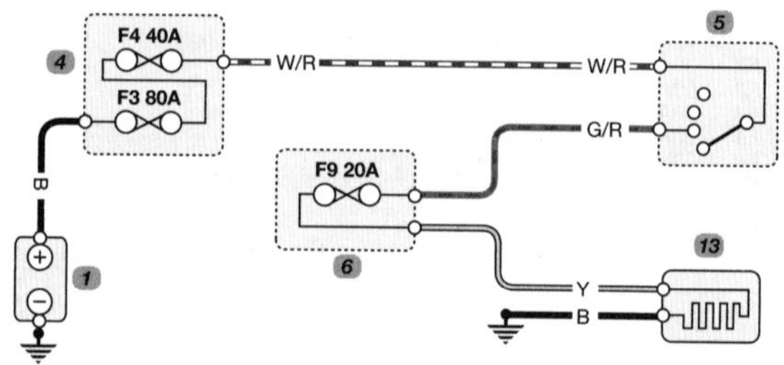


### Klimaanlagenkompressor-Kupplung und Ventilator

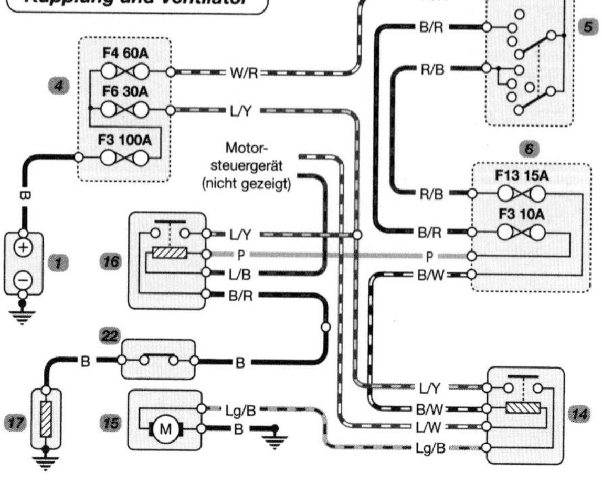


### Heckscheibenheizung

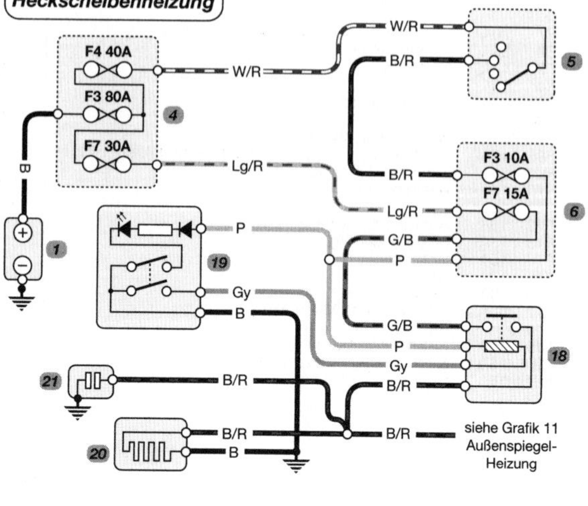

## Grafik 8

### Kabelfarben

| | | | |
|---|---|---|---|
| **B** | Schwarz | **R** | Rot |
| **Y** | Gelb | **Pu** | Purpur |
| **L** | Blau | **N** | Beige |
| **Br** | Braun | **T** | Hellbraun |
| **G** | Grün | **Sb** | Himmelblau |
| **Gy** | Grau | **Lg** | Hellgrün |
| **P** | Pink | **Lb** | Hellblau |
| **V** | Violett | **Dl** | Dunkelblau |
| **O** | Orange | **Dg** | Dunkelgrün |
| **W** | Weiß | | |

### Legende – Komponenten

1 Batterie
4 Motorraum-Sicherungsbox
5 Zündschloss
6 Armaturenbrett-Sicherungsbox
24 Scheinwerfer-Relais
25 Beleuchtungs-Relais
26 Lichtschalter
  a = Abblendlicht/Fernlicht
  b = Aus/Standlicht/Fahrlicht
27 Abblendlicht links
28 Abblendlicht rechts
29 Fernlicht links
30 Fernlicht rechts
31 Standlicht links
32 Standlicht rechts
33 Rücklicht links
34 Rücklicht rechts
35 Bremslichtschalter
36 Rückfahrlichtschalter
37 Rückfahrlicht
38 Bremslicht links
39 Bremslicht rechts
40 Zusatzbremsleuchte
41 Blinkrelais
42 Blinkerschalter
43 Warnblinkschalter
44 Blinker links vorn
45 Blinker links hinten
46 Seitenblinker links
47 Blinker rechts vorn
48 Blinker rechts hinten
49 Seitenblinker rechts
50 Kennzeichenbeleuchtung links
51 Kennzeichenbeleuchtung rechts
52 Nebelschlusslicht-Schalter
53 Nebelschlusslicht-Relais
54 Nebelschlussleuchte

H47494

### Standlicht, Rücklicht und Scheinwerfer

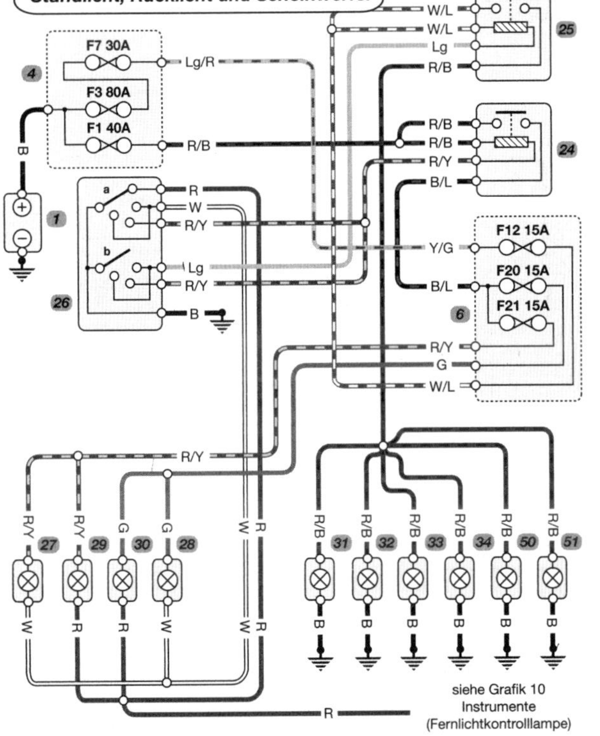


### Blinker und Warnblinker

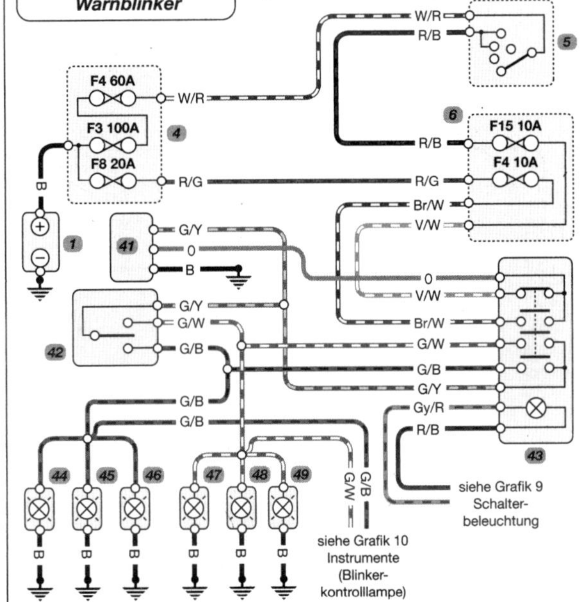


### Bremslicht und Rückfahrlicht

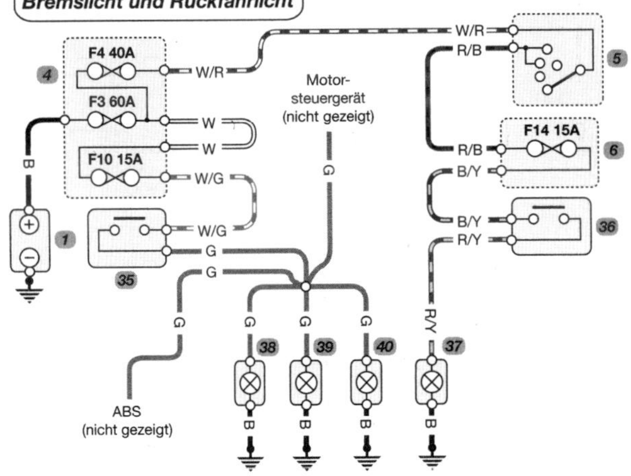


### Nebelschlusslicht

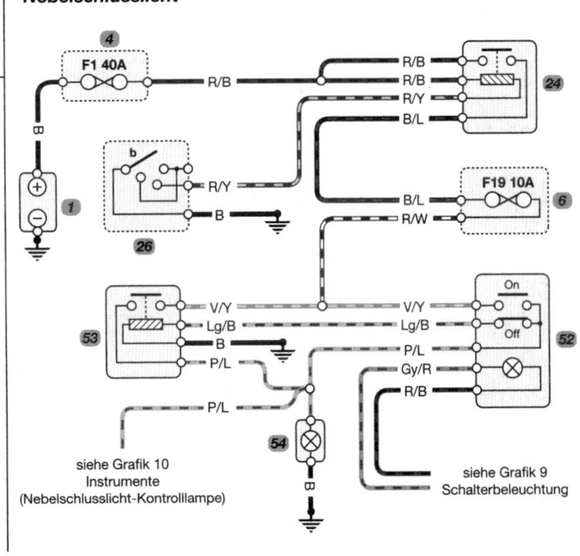

## Kabelfarben

| | | | |
|---|---|---|---|
| **B** | Schwarz | **R** | Rot |
| **Y** | Gelb | **Pu** | Purpur |
| **L** | Blau | **N** | Beige |
| **Br** | Braun | **T** | Hellbraun |
| **G** | Grün | **Sb** | Himmelblau |
| **Gy** | Grau | **Lg** | Hellgrün |
| **P** | Pink | **Lb** | Hellblau |
| **V** | Violett | **Dl** | Dunkelblau |
| **O** | Orange | **Dg** | Dunkelgrün |
| **W** | Weiß | | |

## Legende – Komponenten

## Grafik 9

1 Batterie
4 Motorraum-Sicherungsbox
5 Zündschloss
6 Armaturenbrett-Sicherungsbox
25 Beleuchtungs-Relais
26 Lichtschalter
b = Aus/Standlicht/Fahrlicht
70 Innenbeleuchtung
71 Schalterbeleuchtungs-Dimmer
72 Türschalter links
73 Türschalter rechts
74 Heizgebläse-Relais
75 Heizgebläse-Motor/Widerstände
76 Heizgebläseschalter
77 Klimaanlagenschalter
78 Thermoschalter/Verdampfertemperatursensor
79 Kältemittel-Druckschalter
80 Scheibenwischermotor
81 Wischwasser-Schalter
a = Kurz-Wischen
b = Scheibenwischer
c = Scheibenwäsche
82 Audio-Einheit
83 Wischwasserpumpe
84 Elektrische Antenne
85 Türlautsprecher links
86 Türlautsprecher rechts
87 Hochtöner links
88 Hochtöner rechts

H47495

### Innenbeleuchtung und Schalterbeleuchtung

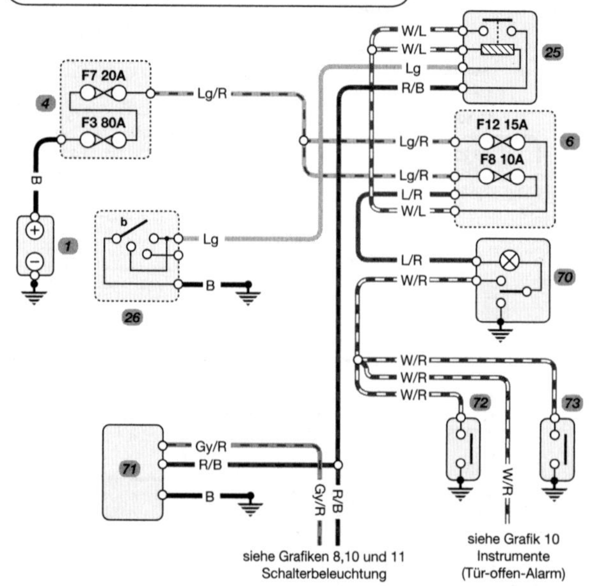


### Wischwaschsystem

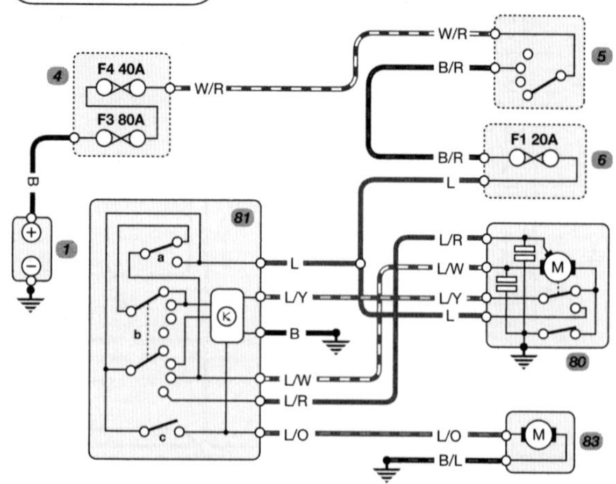


### Heizung und Klimaanlage

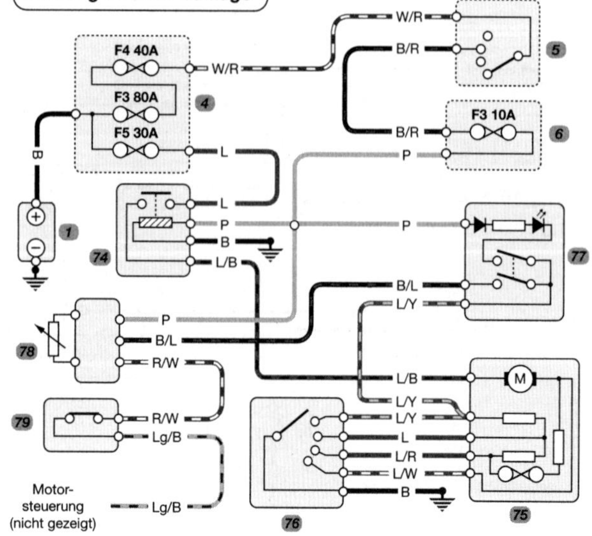


### Audiosystem

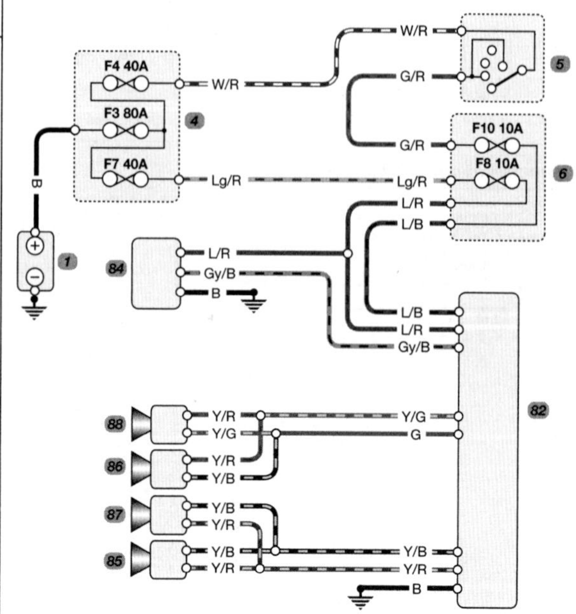

## Kabelfarben

| | | | |
|---|---|---|---|
| **B** | Schwarz | **R** | Rot |
| **Y** | Gelb | **Pu** | Purpur |
| **L** | Blau | **N** | Beige |
| **Br** | Braun | **T** | Hellbraun |
| **G** | Grün | **Sb** | Himmelblau |
| **Gy** | Grau | **Lg** | Hellgrün |
| **P** | Pink | **Lb** | Hellblau |
| **V** | Violett | **Dl** | Dunkelblau |
| **O** | Orange | **Dg** | Dunkelgrün |
| **W** | Weiß | | |

## Legende – Komponenten

**Grafik 10**

1 Batterie
4 Motorraum-Sicherungsbox
5 Zündschloss
6 Armaturenbrett-Sicherungsbox
95 Tankanzeige-Geber/Benzinpumpe
96 Kühltemperatursensor
97 Öldruckschalter
98 Bremsflüssigkeitspegel-Schalter
99 Handbremsen-Schalter
100 Geschwindigkeitssensor
101 Instrumentenblock
a = Alarm
b = Fahrstrecken-Computer
c = SRS-Warnleuchte
d = ABS-Warnlampe
e = Bremssystem-Warnlampe
f = Tankuhr
g = Kühltemperaturanzeige
h = Öldruck-Anzeige
i = Fernlicht-Kontrolllampe
j = Tachometer
k = Drehzahlmesser
l = Nebelschlusslicht-Kontrolllampe
m = Blinker-Kontrolllampe rechts
n = Blinker-Kontrolllampe links
o = Ladekontrolllampe
p = »Airbag aus«-Warnleuchte
q = Tankreserve-Warnleuchte
r = Instrumentenbeleuchtung

H47496

### *Instrumentenblock*

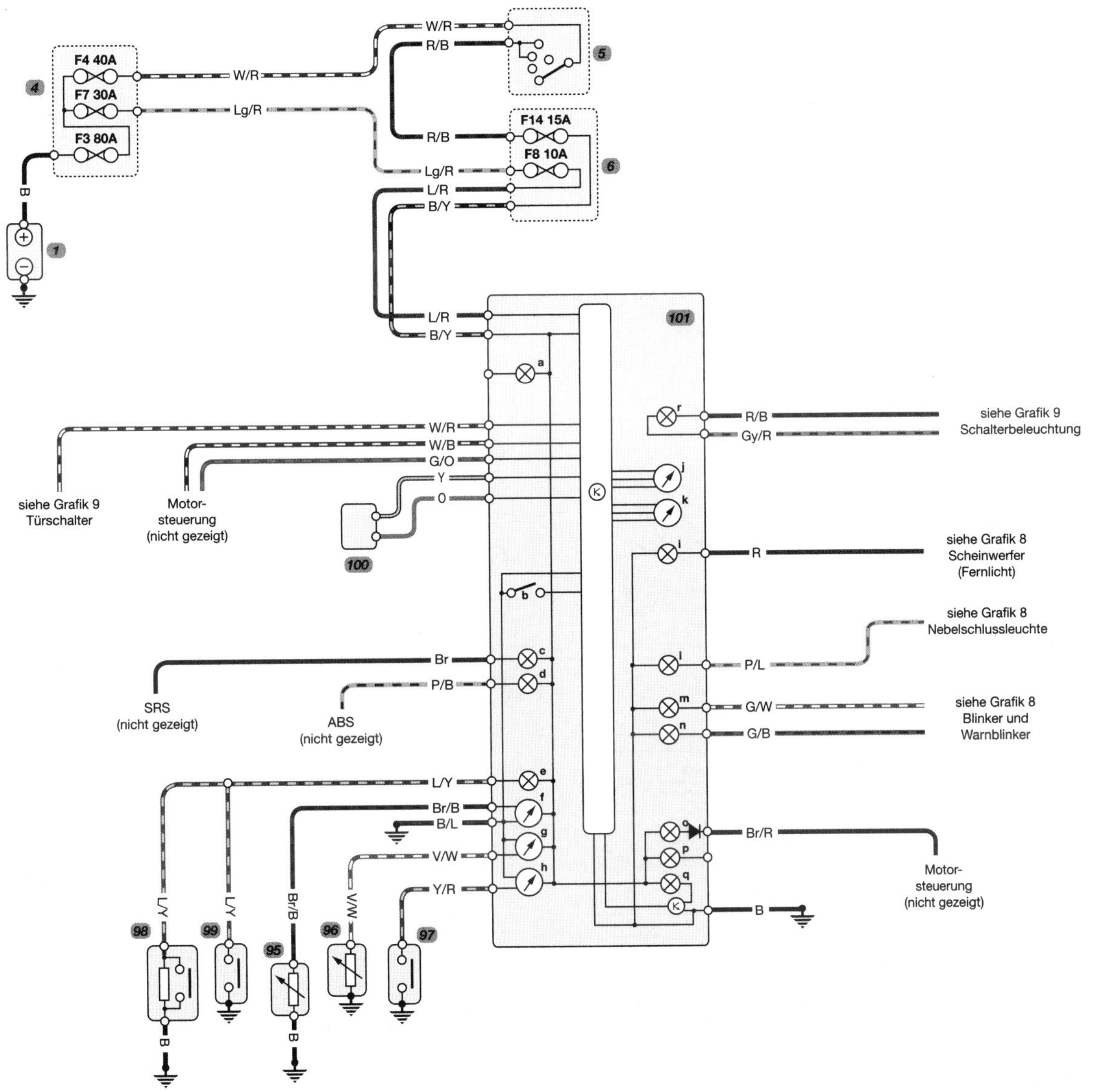

## Grafik 11

### Kabelfarben

**B** Schwarz
**Y** Gelb
**L** Blau
**Br** Braun
**G** Grün
**Gy** Grau
**P** Pink
**V** Violett
**O** Orange
**W** Weiß
**R** Rot
**Pu** Purpur
**N** Beige
**T** Hellbraun
**Sb** Himmelblau
**Lg** Hellgrün
**Lb** Hellblau
**Dl** Dunkelblau
**Dg** Dunkelgrün

### Legende – Komponenten

1 Batterie
4 Motorraum-Sicherungsbox
5 Zündschloss
6 Armaturenbrett-Sicherungsbox
24 Scheinwerfer-Relais
26 Lichtschalter
a = Abblendlicht/Fernlicht
b = Aus/Standlicht/Fahrlicht
105 Fensterheber-Schalter
106 Fensterhebermotor links
107 Fensterhebermotor rechts
108 Außenspiegel-Schalter
109 Außenspiegel links
110 Außenspiegel rechts
112 Zentralverriegelungs-Einheit
113 Türschließmotor
114 Türschließschalter
115 Leuchtweiten-Schalter
116 Leuchtweitenversteller links
117 Leuchtweitenversteller rechts

H47497

### Elektrische Fensterheber

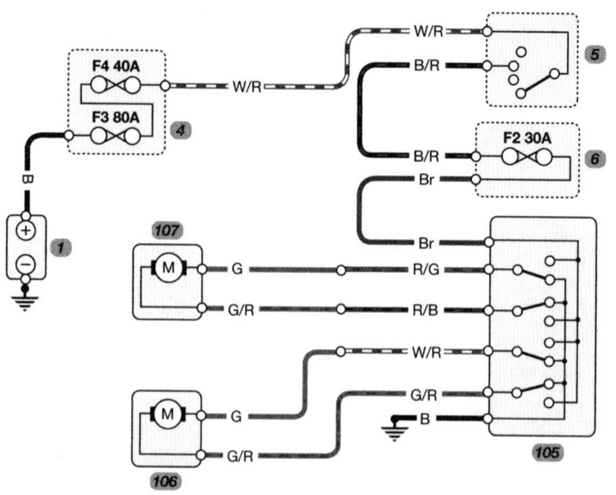


### Zentralverriegelung

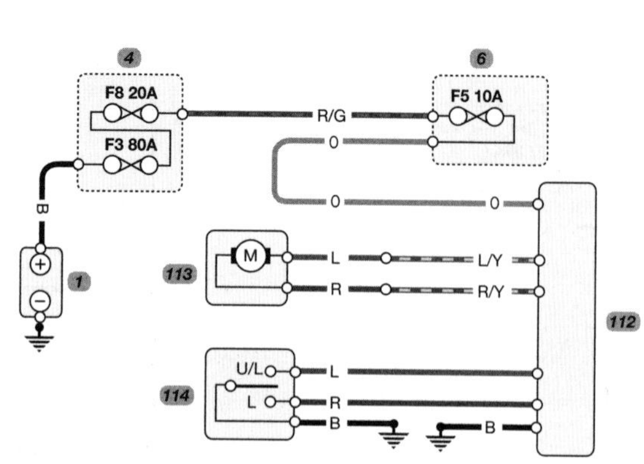


### Elektrische Außenspiegel

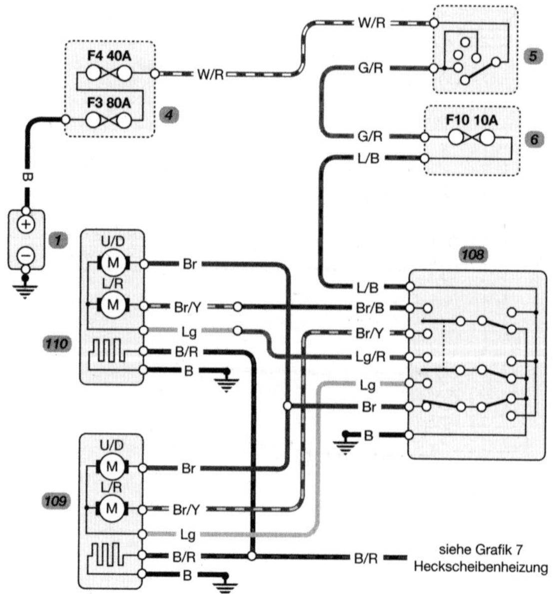


### Leuchtweitenverstellung

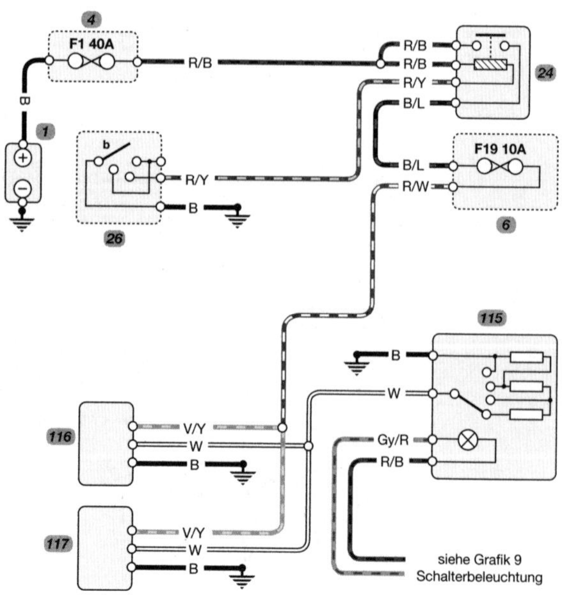

## Mazda MX-5 NB (ab 2000) Schaltpläne **Grafik 12**

***Warnung: Die zum »Supplemental Restraint System« (SRS) gehörenden Airbags und Gurtstraffer können beim Einsatz elektrischer Prüfgeräte auslösen und schwere Verletzungen hervorrufen. Daher ist bei der Identifikation des korrekten Stromkreises extreme Vorsicht geboten, um nicht versehentlich SRS-Komponenten zu aktivieren.***
***Anmerkung: SRS-Anschlüsse lassen sich üblicherweise anhand gelber und/oder oranger Kabel und Stecker identifizieren.***

### Symbol-Legende

Magnetstellantrieb

Massepunkt

Kabelfarbe
(hier: blau mit weißem Indikator) L/W

Gestrichelte Konturen markieren einen Teil einer größeren Komponente, enthält in diesem Fall ein elektronisches oder Halbleiter-Element. K

Lampe

Schalter

Sicherung/Schmelzverbindung **F4 60A**

Widerstand

Regelwiderstand

Regelwiderstand

Kabelverbindung, Lötverbindung oder nicht spezifizierte Steckverbindung

Kabelanschluss

Diode

Licht emittierende Diode (LED

Bauteil-Nummer **12**

Motor/Pumpe M

Heizelement

### Motorraum-Sicherungsbox **5**

| | | |
|---|---|---|
| *F1* | 40A | Scheinwerfer und Heckscheibenheizung |
| *F2* | 30A | Einspritzanlage |
| *F3* | 100A | Hauptsicherung |
| *F4* | 60A | Zündung |
| *F5* | 30A | Heizgebläsemotor |
| *F6* | 30A | Kühlventilator |
| *F7* | 30A | Rückleuchten, Instrumentenbeleuchtung |
| *F8* | 20A | Zentralverriegelung |
| *F9* | 20A | ABS |
| *F10* | 15A | Bremslicht, Hupe und Schaltsperre |

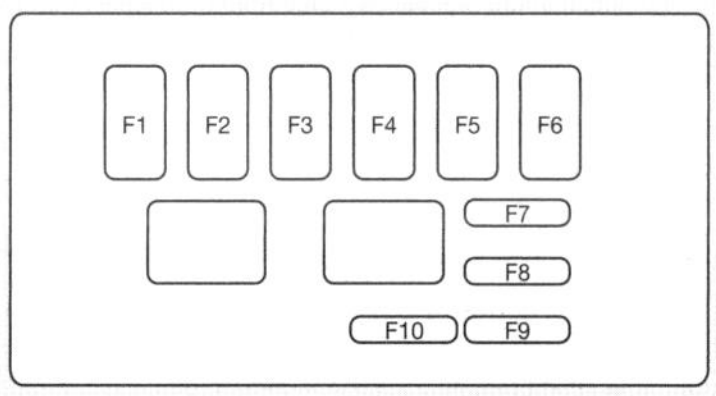


### Armaturenbrett-Sicherungen **6**

| | | |
|---|---|---|
| *F1* | 20A | Scheibenwischer, Wischwasserpumpe |
| *F2* | 30A | Fensterheber |
| *F3* | 7.5A | Klimaanlage |
| *F4* | 10A | Blinker |
| *F5* | 10A | Zentralverriegelung |
| *F6* | - | frei |
| *F7* | 15A | Heckscheibenheizung |
| *F8* | 10A | Innenbeleuchtung, elektr. Antenne und Alarmanlage |
| *F9* | 20A | Zigarettenanzünder |
| *F10* | 10A | Audiosystem |
| *F11* | 15A | Nebelscheinwerfer |
| *F12* | 15A | Rückleuchten/Parklicht |
| *F13* | 15A | Motorsteuerung |
| *F14* | 15A | Instrumente |
| *F15* | 7.5A | Blinker |
| *F16* | 10A | SRS und ABS |
| *F17* | 20A | Kühlventilator, Magnetkupplung |
| *F18* | 20A | Sitzheizung |
| *F19* | 10A | Nebelschlussleuchte |
| *F20* | 15A | Scheinwerfer rechts |
| *F21* | 15A | Scheinwerfer links |
| *F22* | - | frei |

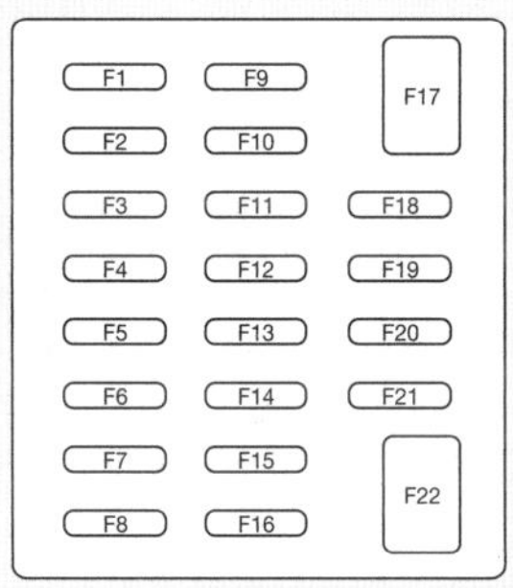


H47498

## Kabelfarben

| | | | |
|---|---|---|---|
| **B** | Schwarz | **R** | Rot |
| **Y** | Gelb | **Pu** | Purpur |
| **L** | Blau | **N** | Beige |
| **Br** | Braun | **T** | Hellbraun |
| **G** | Grün | **Sb** | Himmelblau |
| **Gy** | Grau | **Lg** | Hellgrün |
| **P** | Pink | **Lb** | Hellblau |
| **V** | Violett | **Dl** | Dunkelblau |
| **O** | Orange | **Dg** | Dunkelgrün |
| **W** | Weiß | | |

## Legende – Komponenten

**Grafik 13**

1 Batterie
2 Lichtmaschine
3 Anlasser
4 Motorraum-Sicherungsbox
5 Zündschloss
6 Armaturenbrett-Sicherungsbox
7 Hupenknopf
8 Hupe
9 Lenkrad-Drehschalter
10 Hupenrelais
11 Kühlventilator
12 Kühlventilator-Relais
13 Zigarettenanzünder
14 Klimaanlagen-Relais
15 Klimaanlagen-Ventilator
16 Klimaanlagenkompressor-Kupplungsrelais
17 Klimaanlagenkompressor-Kupplung
18 Heckscheibenheizungs-Relais
19 Heckscheibenheizungs-Schalter
20 Heckscheibenheizung
21 Kondensator
22 Anlasserrelais

H47499

### Anlasser und Ladesystem

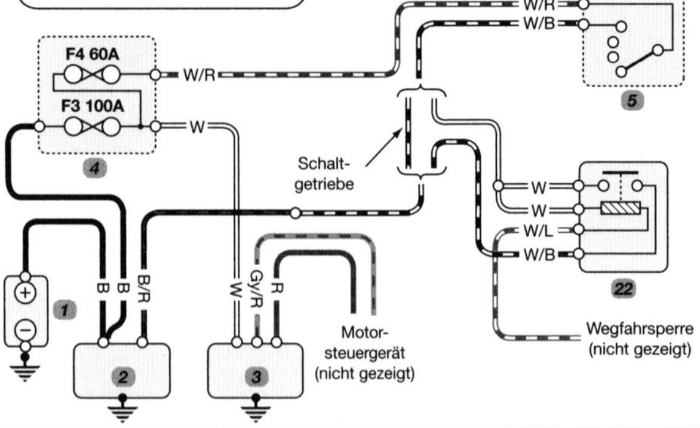


### Hupe

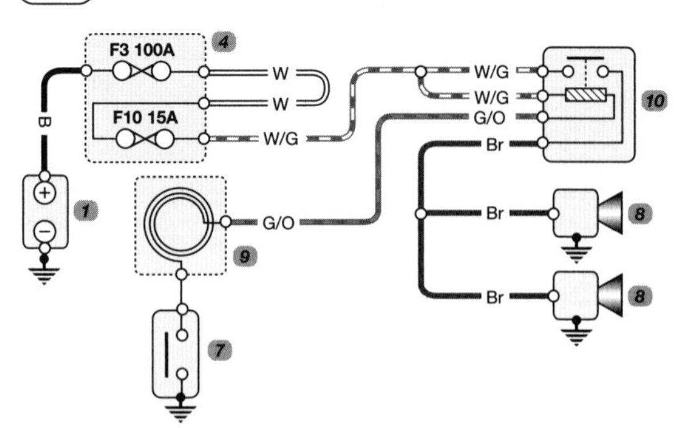


### Kühlventilator

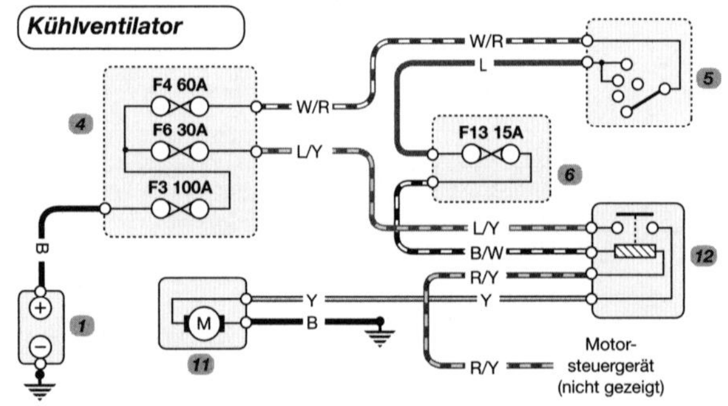


### Zigarettenanzünder

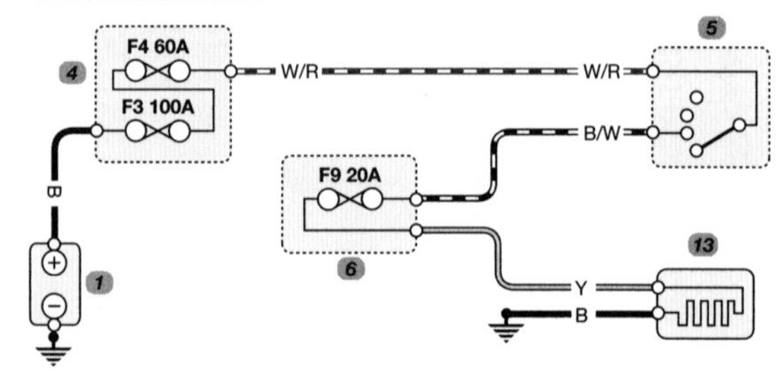


### Klimaanlagenkompressor-Kupplung und Ventilator

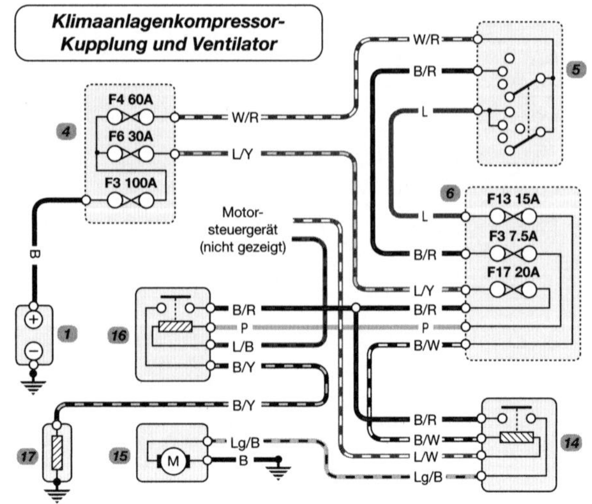


### Heckscheibenheizung

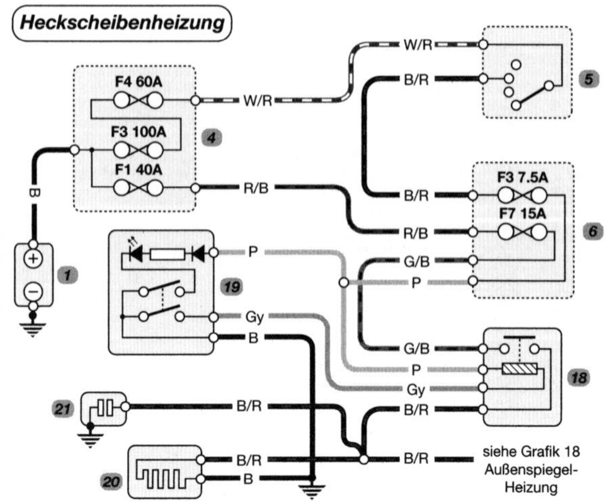

## Kabelfarben

| | | | |
|---|---|---|---|
| **B** | Schwarz | **R** | Rot |
| **Y** | Gelb | **Pu** | Purpur |
| **L** | Blau | **N** | Beige |
| **Br** | Braun | **T** | Hellbraun |
| **G** | Grün | **Sb** | Himmelblau |
| **Gy** | Grau | **Lg** | Hellgrün |
| **P** | Pink | **Lb** | Hellblau |
| **V** | Violett | **Dl** | Dunkelblau |
| **O** | Orange | **Dg** | Dunkelgrün |
| **W** | Weiß | | |

## Legende – Komponenten

## Grafik 14

1 Batterie
4 Motorraum-Sicherungsbox
5 Zündschloss
6 Armaturenbrett-Sicherungsbox
24 Scheinwerfer-Relais
25 Beleuchtungs-Relais
26 Lichtschalter
  a = Abblendlicht/Fernlicht
  b = Aus/Standlicht/Fahrlicht
27 Abblendlicht links
28 Abblendlicht rechts
29 Fernlicht links
30 Fernlicht rechts
31 Standlicht links
32 Standlicht rechts
33 Rücklicht links
34 Rücklicht rechts
35 Bremslichtschalter
36 Rückfahrlichtschalter
37 Rückfahrlicht
38 Bremslicht links
39 Bremslicht rechts
40 Zusatzbremsleuchte
41 Blinkrelais
42 Blinkerschalter
43 Warnblinkschalter
44 Blinker links vorn
45 Blinker links hinten
46 Seitenblinker links
47 Blinker rechts vorn
48 Blinker rechts hinten
49 Seitenblinker rechts
50 Kennzeichenbeleuchtung links
51 Kennzeichenbeleuchtung rechts
52 Nebelschlusslicht-Schalter
53 Nebelschlusslicht-Relais
54 Nebelschlussleuchte
55 Wahlhebel-Beleuchtung (Automatikgetriebe)

H47500

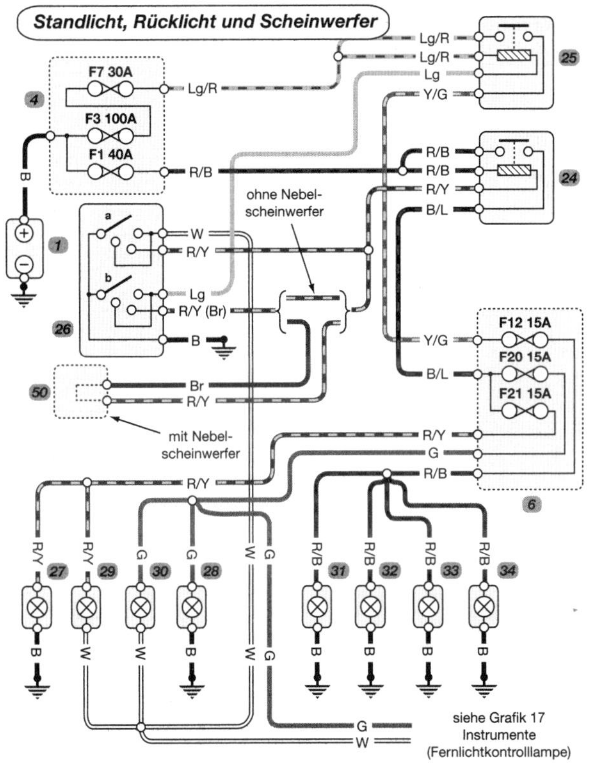


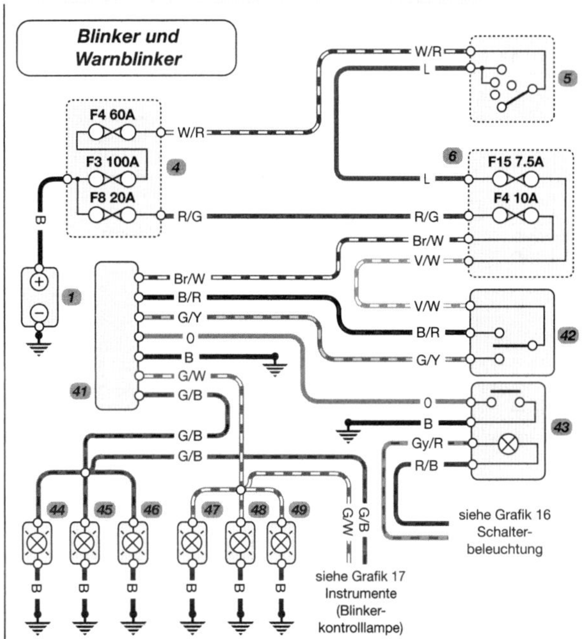


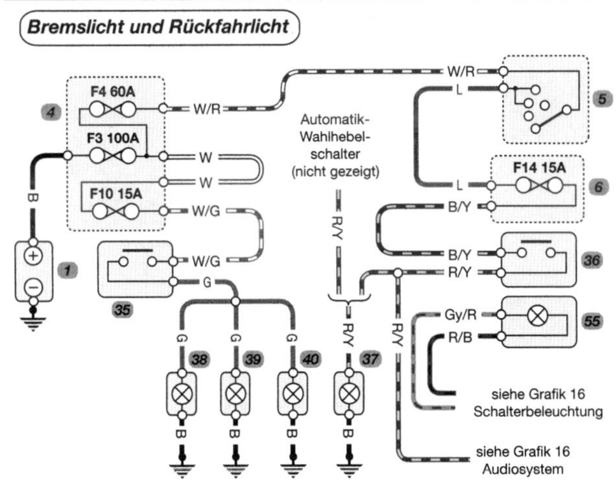


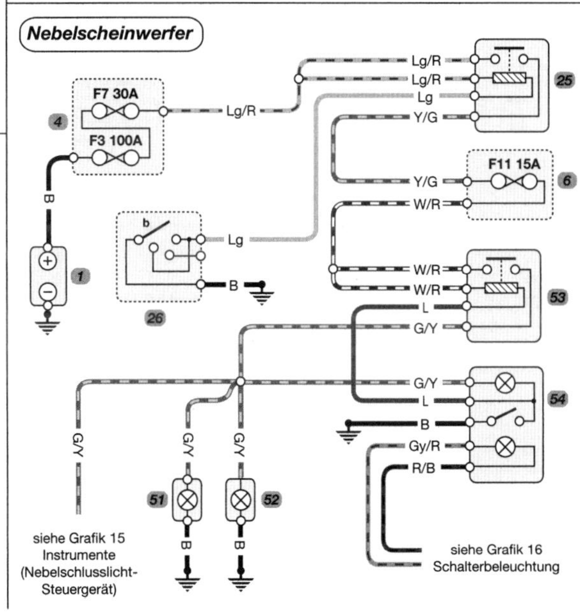

## Grafik 15

### Kabelfarben

**B** Schwarz
**Y** Gelb
**L** Blau
**Br** Braun
**G** Grün
**Gy** Grau
**P** Pink
**V** Violett
**O** Orange
**W** Weiß
**R** Rot
**Pu** Purpur
**N** Beige
**T** Hellbraun
**Sb** Himmelblau
**Lg** Hellgrün
**Lb** Hellblau
**Dl** Dunkelblau
**Dg** Dunkelgrün

### Legende – Komponenten

1 Batterie
4 Motorraum-Sicherungsbox
6 Armaturenbrett-Sicherungsbox
24 Scheinwerfer-Relais
25 Beleuchtungs-Relais
26 Headlight switch
b = Aus/Standlicht/Fahrlicht
50 Nebelschlusslicht-Steuergerät
57 Nebelschlusslicht-Schalter
58 Nebelschlusslicht-Relais
59 Nebelschlussleuchte
60 Kofferraumbeleuchtungs-Relais
61 Kofferraumdeckel-Schalter
62 Kofferraum-/Kennzeichnungsbeleuchtung links
63 Kofferraum-/Kennzeichnungsbeleuchtung rechts
64 Leuchtweiten-Schalter
65 Leuchtweitenversteller links
66 Leuchtweitenversteller rechts

H47495

### Nebelschlusslicht – Modelle ohne Nebelscheinwerfer

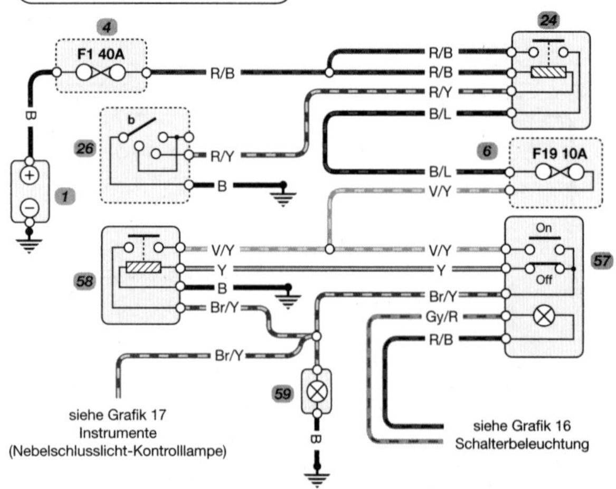


### Kennzeichenbeleuchtung, Kofferraumbeleuchtung

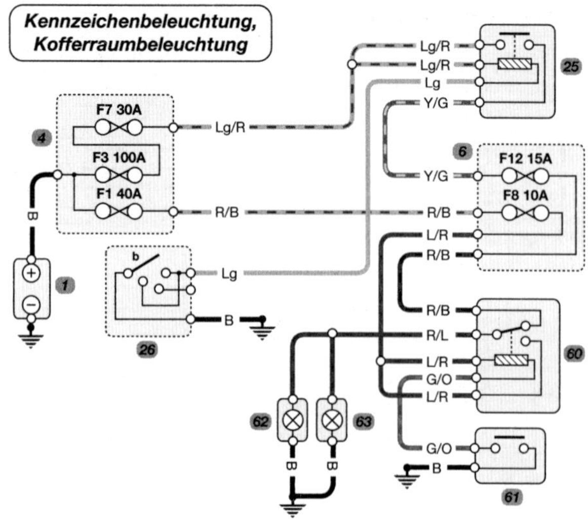


### Nebelschlusslicht – Modelle mit Nebelscheinwerfer

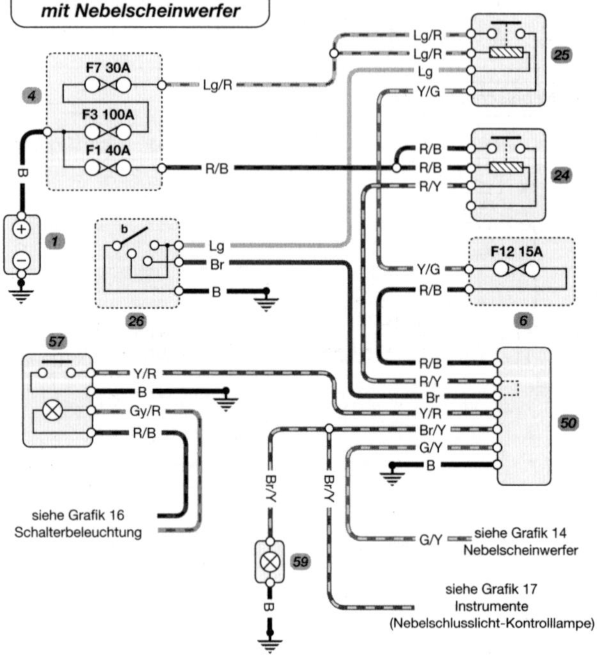


### Leuchtweitenverstellung

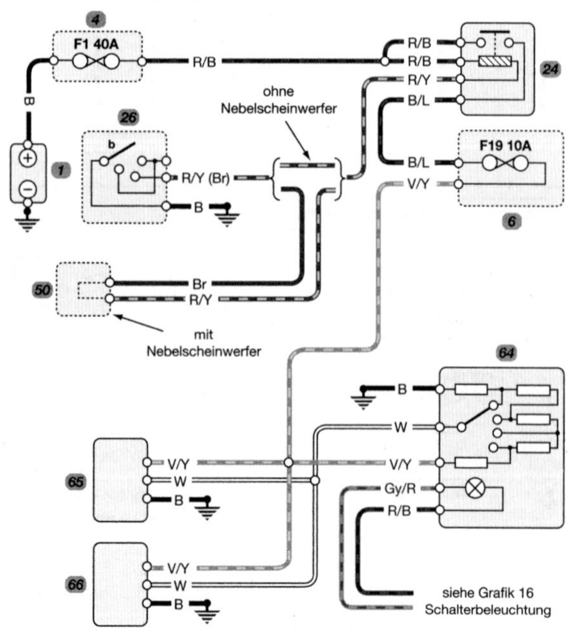

## Grafik 16

### Kabelfarben

| | | | |
|---|---|---|---|
| **B** | Schwarz | **R** | Rot |
| **Y** | Gelb | **Pu** | Purpur |
| **L** | Blau | **N** | Beige |
| **Br** | Braun | **T** | Hellbraun |
| **G** | Grün | **Sb** | Himmelblau |
| **Gy** | Grau | **Lg** | Hellgrün |
| **P** | Pink | **Lb** | Hellblau |
| **V** | Violett | **Dl** | Dunkelblau |
| **O** | Orange | **Dg** | Dunkelgrün |
| **W** | Weiß | | |

### Legende – Komponenten

1 Batterie
4 Motorraum-Sicherungsbox
5 Zündschloss
6 Armaturenbrett-Sicherungsbox
25 Beleuchtungs-Relais
26 Headlight switch
  b = Aus/Standlicht/Fahrlicht
70 Innenbeleuchtung
71 Schalterbeleuchtungs-Dimmer
72 Türschalter links
73 Türschalter rechts
74 Heizgebläse-Relais
75 Heizgebläse-Motor/Widerstände
76 Heizgebläseschalter
77 Klimaanlagenschalter
78 Thermoschalter/Verdampfertemperatursensor
79 Kältemittel-Druckschalter
80 Scheibenwischermotor
81 Wischwasch-Schalter
  a = Kurz-Wischen
  b = Scheibenwischer
  c = Scheibenwäsche
82 Audio-Einheit
83 Wischwascherpumpe
84 Elektrische Antenne
85 Türlautsprecher links
86 Türlautsprecher rechts
87 Hochtöner links
88 Hochtöner rechts
89 Windschott-Lautsprecher links
90 Windschott-Lautsprecher rechts

H47502

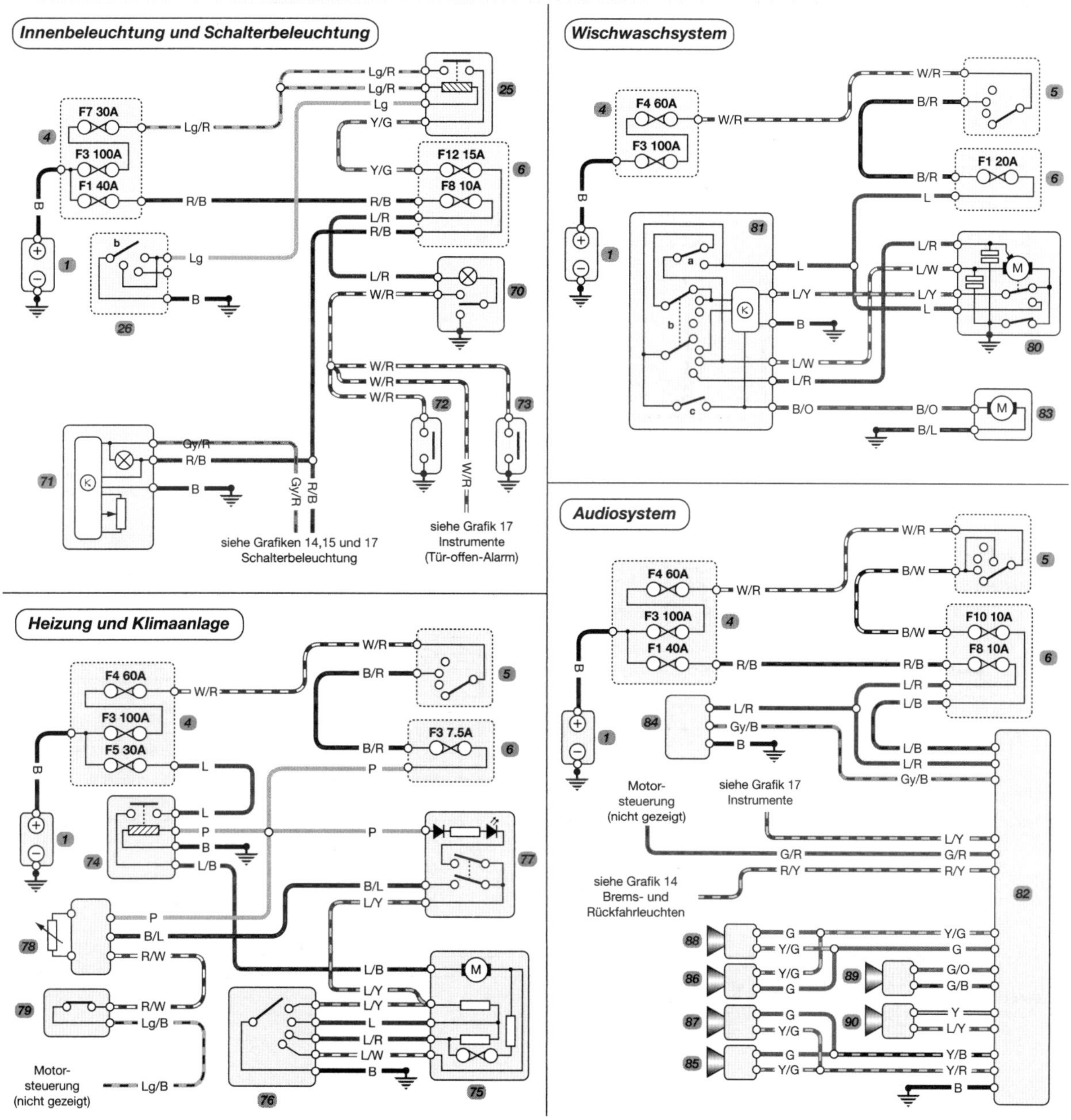

## Grafik 17

### Kabelfarben

| | | | |
|---|---|---|---|
| **B** | Schwarz | **R** | Rot |
| **Y** | Gelb | **Pu** | Purpur |
| **L** | Blau | **N** | Beige |
| **Br** | Braun | **T** | Hellbraun |
| **G** | Grün | **Sb** | Himmelblau |
| **Gy** | Grau | **Lg** | Hellgrün |
| **P** | Pink | **Lb** | Hellblau |
| **V** | Violett | **Dl** | Dunkelblau |
| **O** | Orange | **Dg** | Dunkelgrün |
| **W** | Weiß | | |

### Legende – Komponenten

1 Batterie
4 Motorraum-Sicherungsbox
5 Zündschloss
6 Armaturenbrett-Sicherungsbox
95 Tankanzeige-Geber
96 Kühltemperatursensor
97 Öldruckschalter
98 Bremsflüssigkeitspegel-Schalter
99 Handbremsen-Schalter
100 Gurt-Schalter
101 Gurt-Warnleuchte
102 Geschwindigkeitssensor
103 Instrumentenblock
a = Alarm
b = Fahrstrecken-Computer
c = Gurt-Warnleuchte
d = SRS-Warnleuchte
e = ABS-Warnlampe
f = Bremssystem-Warnlampe
g = Tankuhr
h = Kühltemperaturanzeige
i = Öldruck-Anzeige
j = Fernlicht-Kontrolllampe
k = Tachometer
l = Drehzahlmesser
m = Nebelschlusslicht-Kontrolllampe
n = Blinker-Kontrolllampe rechts
o = Blinker-Kontrolllampe links
p = Automatik-Haltewarnleuchte
q = Störanzeige-Warnleuchte (MIL)
r = Ladekontrolllampe
s = »Airbag aus«-Warnleuchte
t = Tankreserve-Warnleuchte
u = Instrumentenbeleuchtung

H47503

**Instrumentenblock**

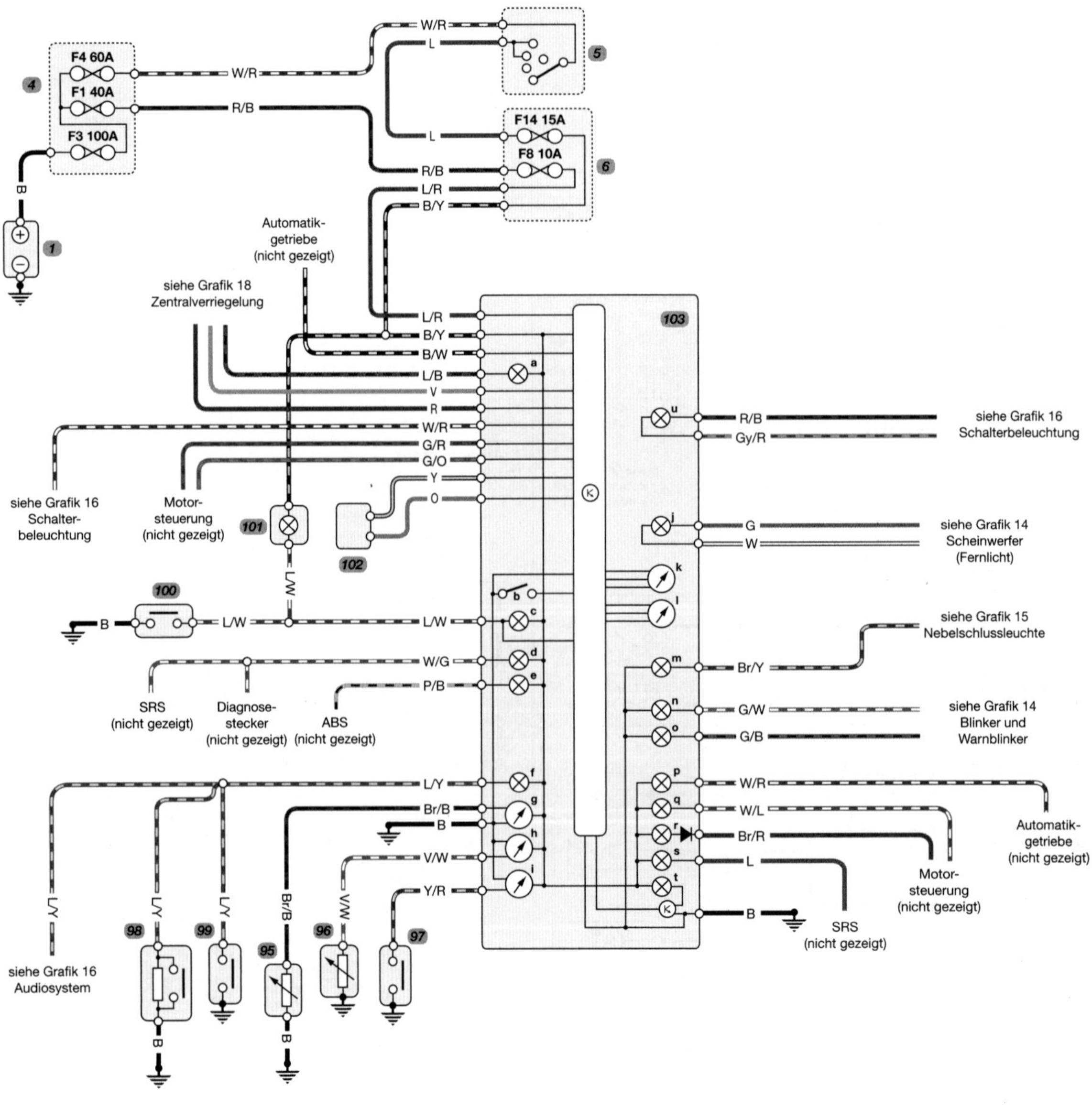

## Kabelfarben

**B** Schwarz **R** Rot
**Y** Gelb **Pu** Purpur
**L** Blau **N** Beige
**Br** Braun **T** Hellbraun
**G** Grün **Sb** Himmelbraun
**Gy** Grau **Lg** Hellgrün
**P** Pink **Lb** Hellblau
**V** Violett **Dl** Dunkelblau
**O** Orange **Dg** Dunkelgrün
**W** Weiß

## Legende – Komponenten

1 Batterie
4 Motorraum-Sicherungsbox
5 Zündschloss
6 Armaturenbrett-Sicherungsbox
105 Fensterheber-Schalter
106 Fensterhebermotor links
107 Fensterhebermotor rechts
108 Außenspiegel-Schalter
109 Außenspiegel links
110 Außenspiegel rechts
111 Schlüsselwarnschalter
112 Zentralverriegelungs-Einheit
113 Türschließmotor links
114 Türschließmotor rechts
115 Türschließzylinder links
116 Türschließzylinder rechts

## Grafik 18

H47504

### Elektrische Fensterheber

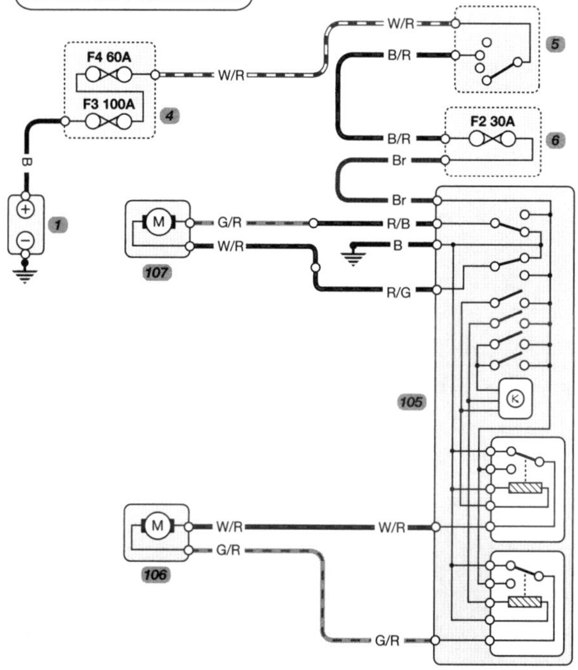


### Elektrische Außenspiegel

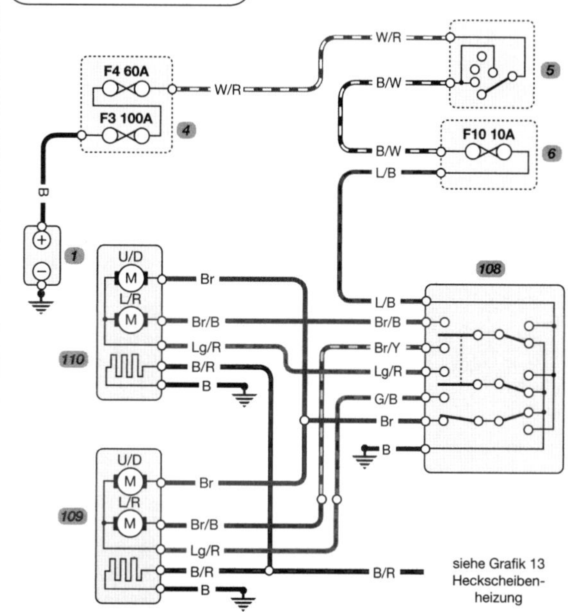


### Zentralverriegelung

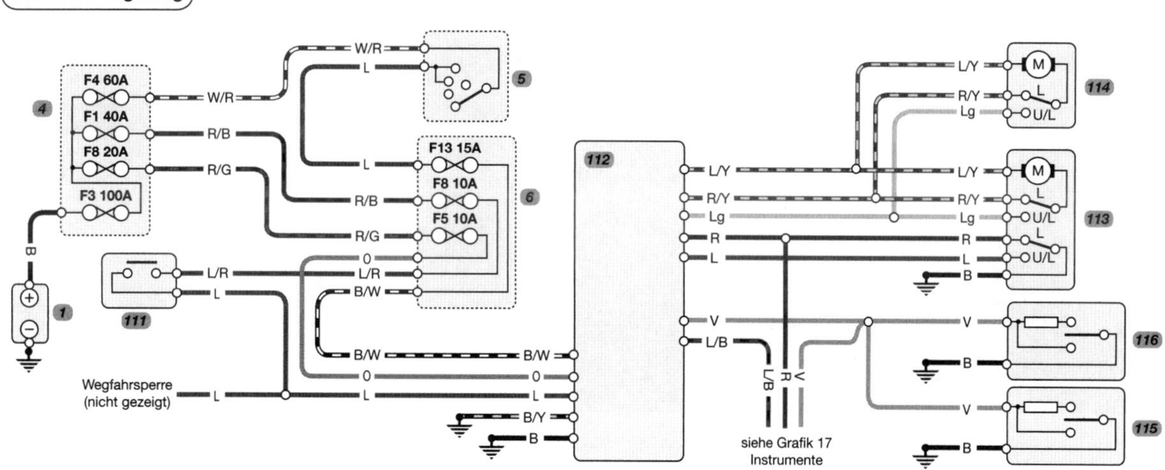

# Anhang

## Inhalt


Technische Daten . . . 273
Ersatzteilkauf . . . 273
Fahrzeug-Identifikation . . . 273
Allgemeine Reparaturarbeiten . . . 274
Anheben und Abstützen . . . 275
Werkzeug und Werkstatt-Ausrüstung . . . 276
Hauptuntersuchungs-Vorbereitungen . . . 280
Fehlersuche . . . 286

# Technische Daten

Maße

**Anmerkung:** *Alle Angaben sind grobe Richtwerte; die tatsächlichen Werte variieren je nach Modell und Ausstattung. Beachten Sie für exakte Werte die Hinweise des Fahrzeugherstellers.*

| | |
|---|---|
| Gesamtlänge | |
| NA-Modelle (bis 1997) | 3948 mm |
| NB-Modelle (ab 1998) | 3975 mm |
| Gesamtbreite (ohne Rückspiegel) | |
| NA-Modelle (bis 1997) | 1676 mm |
| NB-Modelle (ab 1998) | 1680 mm |
| Gesamthöhe | 1225 mm |
| Radstand | 2266 mm |

## Ersatzteilkauf

Ersatzteile sind aus unterschiedlichen Quellen erhältlich: über den offiziellen Mazda-Ersatzteilkatalog, aus dem Zubehörhandel, von Fachwerkstätten, vom Autoverwerter usw. Um sicherzugehen, das richtige Teil zu bekommen, sollten die Fahrzeug-Identifikations-, die Fahrgestell- und ggf. die Motornummer bereitgehalten werden; es kann auch hilfreich sein, das alte Teil zum Händler mitzunehmen. Dinge wie der Anlasser und die Lichtmaschine sind oft als Austauschteile erhältlich, sodass die Altteile gesäubert abgegeben werden müssen.

Unsere Ratschläge zum Thema Ersatzteil-Quellen lauten:

### Offizielle Vertragshändler

Hier bekommt man Original-Ersatzteile und muss nicht das Risiko eingehen, minderwertige Nachbauten zu erhalten. Dies hat zwar seinen Preis, doch bei sicherheitsrelevanten Bauteilen darf Geld keine Rolle spielen. Bei neueren Fahrzeugen gilt zudem, dass Nachbauteile die Garantie erlöschen lassen.

### Zubehörhandel

Hier können Teile gekauft werden, die bei der Wartung benötigt werden: Öle, Kraftstoff- und Luftfilter, Zündkerzen, Lampen, Antriebsriemen, Schmierstoffe, Bremsbeläge, Reparaturlack usw. Achten Sie darauf, dass das Material qualitativ hochwertig ist.

### Fachwerkstatt

Gute Werkstätten haben die wichtigsten Verschleißteile auf Lager und können Komponenten zum Überholen von Baugruppen beschaffen. Sie erledigen auch Arbeiten wie das Schleifen von Zylinderbohrungen, das Einpressen vom Bauteilen usw.

### Reifen- und Auspuff-Spezialisten

Oft bieten Spezialbetriebe den Austausch entsprechender Dinge zu besonders günstigen Konditionen an. Allerdings muss genau auf das Angebot geachtet werden, da beispielsweise bei einem Reifenwechsel das Auswuchten oder ein neues Ventil zusätzlich bezahlt werden müssen.

### Andere Quellen

Wer Ersatzteile günstig im Internet, auf dem Flohmarkt oder bei ähnlichen Gelegenheiten kaufen will, darf sich nicht wundern, wenn ein niedriger Preis auch minderwertige Qualität bedeutet. Bei allen sicherheitsrelevanten Bauteilen wie Bremsbelägen sollte hier kein Risiko eingegangen werden.

## Fahrzeug-Identifikation

Während der Fahrzeugproduktion wurden unabhängig von größeren Modelländerungen ständig Bauteile verbessert und verändert, ohne dass dies irgendwo publiziert wurde. Ersatzteillisten und Handbücher wurden auf numerischer Basis erstellt und die individuellen Fahrzeug-Identifikationsnummern sind für die korrekte Identifikation der betreffenden Teile unerlässlich.

Beim Bestellen von Ersatzteilen müssen stets so viele Informationen wie möglich bereitgehalten werden: das Fahrzeug-Modell, das Modelljahr (nicht unbedingt identisch mit dem Baujahr und der Erstzulassung!) und ggf. die Fahrgestell- und Motornummer.

Die Fahrzeug-Identifikationsnummer ist im Motorraum mitten in die Spritzwand eingeschlagen (siehe Abbildung). Direkt daneben befindet sich eine Modell-Plakette, auf der Details zur Beladung, dem Motortyp, dem Farbcode und anderen Punkten angegeben ist.

Die Motornummer ist rechts (1,6 l-Motor) bzw. links (1,8 l-Motor) hinten in den Motorblock eingeschlagen (siehe Abbildung).

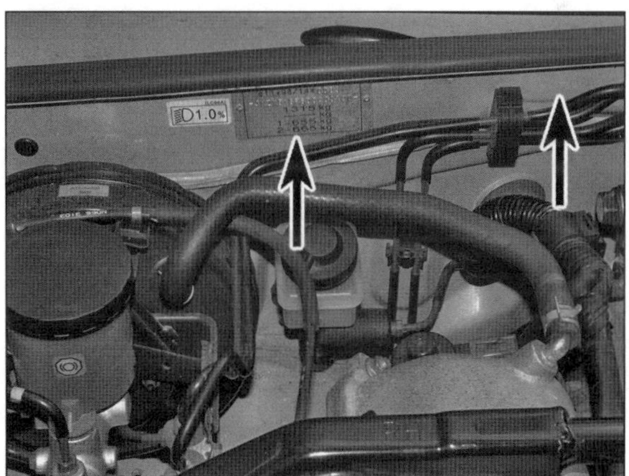


**Modellplakette (Mitte) und Fahrzeug-Identifizierungsnummer (rechts)**

**Position der Motornummer – 1,8 l-Motor**

## Allgemeine Reparaturarbeiten

Wenn am Fahrzeug Wartungs-, Überhol- oder Reparaturarbeiten erledigt werden müssen, sollten die folgenden Hinweise und Anleitungen beachtet werden, um sämtliche Prozeduren effizient und professionell durchführen zu können.

## Dichtflächen und Dichtungen

Zum Trennen von Komponenten an ihren Dichtflächen dürfen diese niemals mit einem Schraubendreher oder anderen Hilfsmitteln an diesen Kontaktbereichen auseinander gehebelt werden, da hierbei schwere Schäden entstehen können, die zu austretenden Betriebsflüssigkeiten (Öl, Kühlmittel) führen können. Zum Trennen müssen die Teile im Bereich der Dichtflächen mit einem weichen Hammer abgeklopft werden, um sie voneinander zu lösen. Diese Methode ist jedoch an Verbindungen, die mit Passhülsen gesichert sind, nicht immer wirkungsvoll; bei solchen finden sich oft außerhalb der Dichtflächen spezielle Angüsse, an denen gehebelt werden darf.

Wo zwischen zwei Komponenten eine Dichtung (aus Papier, Metall oder anderen Materialien) vorhanden ist, muss diese generell ersetzt werden. Solange nicht anders erwähnt, müssen die Dichtflächen trocken und sauber sein und die Dichtungen trocken aufgelegt werden. Falls eine Dichtfläche von altem Dichtmaterial befreit werden muss, dürfen dazu nur mechanische Hilfsmittel verwendet werden, die kein Gehäusematerial abtragen oder ihm Riefen zufügen. Falls Kerben oder Grate vorhanden sind, müssen diese vorsichtig mit einem Abziehstein oder einer feinen Feile beseitigt werden.

Gewindebohrungen sollten mit einem Pfeifenreiniger von Dichtungsresten befreit werden; ein Gewindebohrer kann auch die Reste alter Gewinde-Sicherungspaste beseitigen.

Alle Bohrungen, Kanäle und Rohre müssen sauber sein und möglichst mit Druckluft ausgeblasen werden.

## Wellendichtringe

Diese auch »Simmerringe« genannten Dichtringe können z. B. mit einem breiten Schlitzschraubendreher aus ihren Sitzen gehebelt werden. Alternativ können selbstschneidende Blechschrauben in vorgebohrte Löcher gedreht werden, um daran eine Zange anzusetzen und den Ring herauszuziehen. Ein einmal ausgebauter Wellendichtring muss auf jeden Fall durch ein Neuteil ersetzt werden.

Die sehr feine Dichtlippe eines Wellendichtrings ist empfindlich und wird eine Welle, die nicht völlig frei von Kratzern oder Riefen ist, nicht lange abdichten können. Falls die originale Dichtfläche des Bauteils nicht wiederhergestellt werden kann und der Hersteller keine Angaben dazu macht, ob der Dichtring vielleicht etwas tiefer eingebaut werden darf, muss die Welle ersetzt werden.

Falls ein Dichtring z. B. über die Kerbverzahnung einer Welle geschoben werden muss, sollte diese mit Kreppband abgeklebt werden; an scharfen Kanten einer Welle sollte möglichst eine konische Hülse angesetzt werden. Schmieren Sie die Dichtlippe vor dem Einbau mit Öl; bei Doppel-Dichtlippen sollte der Bereich zwischen den beiden Lippen mit Fett gefüllt werden.

Soweit nicht anders erwähnt, müssen Wellendichtringe immer mit der Dichtlippe in Richtung der Flüssigkeit eingebaut werden.

Treiben Sie den Dichtring mit einem passenden Holzstück in seinen Sitz. Soweit der Sitz nicht in einer Vertiefung liegt und soweit nicht anders erwähnt, werden Dichtringe stets bündig zum Gehäuse installiert.

## Schraubengewinde und Befestigungen

Festsitzende Muttern und Schrauben sind bei Korrosion ein unvermeidlicher Nebeneffekt. Kriechöl oder Rostlöser kann dieses Problem oft verringern, wenn ihm genügend Zeit zum Einwirken gegeben wird. Auch der Einsatz eines Schlagschraubers kann festsitzende Verbindungen lösen. Falls keine dieser Methoden Wirkung zeigt, muss das Glück mithilfe von Hitze und/oder einem Mutternsprenger gesucht werden; manchmal hilft nur noch eine Säge bzw. ein Winkelschleifer.

Stehbolzen werden üblicherweise mithilfe zweier gegeneinander verkonterter Muttern herausgeschraubt – der Schlüssel wird hierbei an der unteren Mutter angesetzt. Schrauben oder Stehbolzen, die bündig oder unterhalb der Kontaktfläche abgerissen sind, können manchmal mit einem Linksausdreher entfernt werden – hierzu gehört allerdings etwas Geschick.

Gewinde-Sacklöcher müssen frei von Öl, Wasser, Fett und Schmutz sein, bevor die Schraube oder der Stehbolzen wieder eingedreht wird – andernfalls kann der dabei entstehende hydraulische Druck Risse im Gehäuse erzeugen.

Eine Kronenmutter, die mit einem Splint gesichert wird, muss zunächst bis zum vorgeschriebenen Drehmoment und dann weitergedreht werden, bis die nächste Kerbe zur Bohrung ausgerichtet ist, um den Splint zu installieren.

Viele Befestigungen – z. B. bei Zylinderköpfen – werden in mehreren Schritten (und einer vorgeschriebenen Reihenfolge!) angezogen, bei der im letzten Schritt die Mutter oder Schraube in einem bestimmten Winkel per Gradscheibe weitergedreht werden muss.

Ob Schrauben oder Muttern mit dem korrekten Drehmoment angezogen sind, kann geprüft werden, indem man sie um eine Viertelumdrehung lockert und dann wieder mit dem korrekten Wert anzieht; dies gilt nicht für Befestigungen, die nach dem Anziehen per Drehmomentschlüssel in einem zweiten Schritt per Gradscheibe angezogen werden müssen.

## Sicherungsmuttern, Sicherungsscheiben, Sicherungsbleche

Bei Befestigungen, die beim Anziehen gegen ein Gehäuse oder ein anderes Bauteil gedreht werden, muss stets eine Scheibe untergelegt werden.

Federringe oder Federscheiben müssen immer erneuert werden, wenn sie wichtige Komponenten wie z. B. Pleuelschrauben sichern. Auch Sicherungsbleche, bei denen Laschen gegen Muttern gebogen werden, müssen ersetzt werden.

Selbstsichernde Muttern können in unkritischen Bereichen wiederverwendet werden, solange beim Aufdrehen ein gewisser Widerstand fühlbar ist; die Nylon-Einsätze verlieren allerdings mit den Jahren ihre Spannkraft, sodass die Muttern hin und wieder ersetzt werden müssen.

Splinte, deren Enden umgebogen werden, müssen nach jedem Ausbau durch Neuteile ersetzt werden.

Falls eine Schraube mit Sicherungspaste (»Loctite«) versehen wurde, muss ihr Gewinde mit einer Drahtbürste und Lösungsmittel gereinigt werden (die Bohrung möglichst mit einem Gewindebohrer), bevor direkt vor dem Einsetzen frische Dichtmasse aufgetragen wird.

## Spezialwerkzeuge

Manche Reparaturmethoden in diesem Handbuch erfordern spezielle Werkzeuge wie eine Hydraulik-Presse, einen Zwei- oder Dreiarmabzieher, Federpressen usw. Soweit möglich, werden Alternativen zu den Spezialwerkzeugen des Herstellers beschrieben und im Einsatz gezeigt. Manchmal ist jedoch aus Gründen der Sicherheit oder der Wirksamkeit keine Alternative möglich. Solange man nicht Profi ist und die durchzuführende Prozedur komplett verstanden hat, darf niemals versucht werden, ein Spezialwerkzeug zu umgehen, wenn dies verlangt ist; neben Gefahren für die Gesundheit besteht ansonsten auch das Risiko teurer Schäden.

## Umweltschutz

Öle, Bremsflüssigkeit und Kühlmittel dürfen weder im Boden versickern noch in die Kanalisation gelangen. Füllen Sie alle Betriebsflüssigkeiten (separat!) in auslaufsichere Behälter. Jeder Händler, der technische Öle verkauft, ist auch dazu verpflichtet, entsprechende Mengen Altöl zurückzunehmen. Bringen Sie andere Flüssigkeiten zur fachgerechten Entsorgung oder zum Recyclinghof.

## Anheben und Abstützen

Der dem Bordwerkzeug beigefügte Wagenheber sollte nur bei Reifenpannen am Straßenrand verwendet werden, um das Reserverad zu montieren – siehe Seite 12. Für andere Arbeiten sollte das Fahrzeug unter den vorgegebenen Punkten mit einer hydraulischen Vorrichtung angehoben und mit Böcken abgestützt werden. Falls die Räder nicht demontiert werden müssen, kommt auch eine Rampe in Betracht (die auch nach dem Anheben des Fahrzeugs unter die Räder geschoben werden kann).

Das Anheben darf nur auf einer festen und ebenen Oberfläche erfolgen. Selbst bei leichtem Gefälle muss sorgfältig darauf geachtet werden, dass sich das Fahrzeug nach dem Anheben nicht bewegen kann. Vom Anheben auf unebenem oder lockerem Untergrund wird abgeraten, da das Fahrzeuggewicht nicht gleichmäßig verteilt ist und die Hebevorrichtung abrutschen kann.

Belassen Sie ein angehobenes Fahrzeug möglichst niemals unbeaufsichtigt – besonders bei in der Nähe spielenden Kindern.

Ziehen Sie vor dem Anheben der Fahrzeug-Front stets die Handbremse an und legen Sie den ersten Gang ein. Platzieren Sie vor dem Anheben des Fahrzeug-Hecks Keile vor die Vorderräder.

Bei der Verwendung eines hydraulischen Rangierwagenhebers oder von Stützböcken müssen diese stets unterhalb der Wagenheber-Löcher in den Schwellern angesetzt werden. Das Fahrzeug kann auch mit einem unter der vorderen Querstrebe oder dem Differenzialgehäuse angesetzten Rangierwagenheber angehoben werden (siehe Abbildungen).

Achten Sie vor dem Anheben darauf, dass der Kopf der Hebevorrichtung korrekt sitzt.

Verwenden Sie beim Anheben stets zwischen den Heber und das Fahrzeug eingesetzte Hölzer – diese verteilen die Last besser und schützen Lack oder Unterbodenschutz vor Schäden. Heben Sie das Fahrzeug KEINESFALLS unter der Ölwanne oder an Lenkungs- oder Federungs-Komponenten an!

Arbeiten Sie NIEMALS unter oder neben einem nur angehobenen, aber nicht abgestützten Fahrzeug!

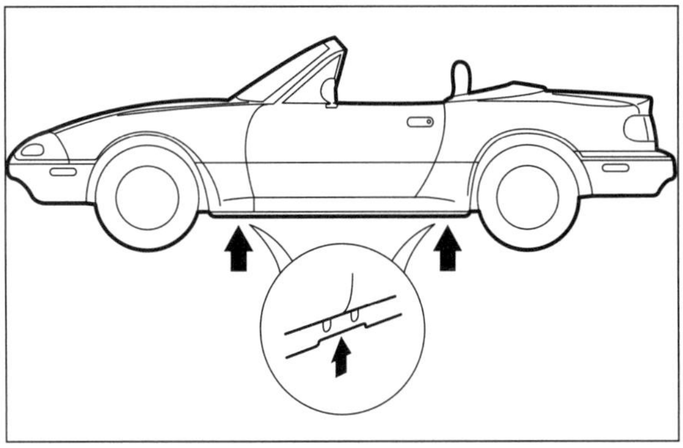

**Die Wagenheber-Punkte unter dem Schweller sind mit zwei Vertiefungen markiert.**

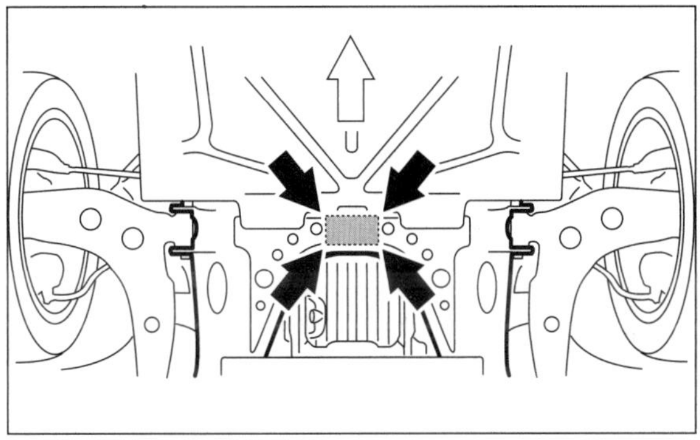

**Ein Rangierwagenheber kann unter der vorderen Querstrebe …**

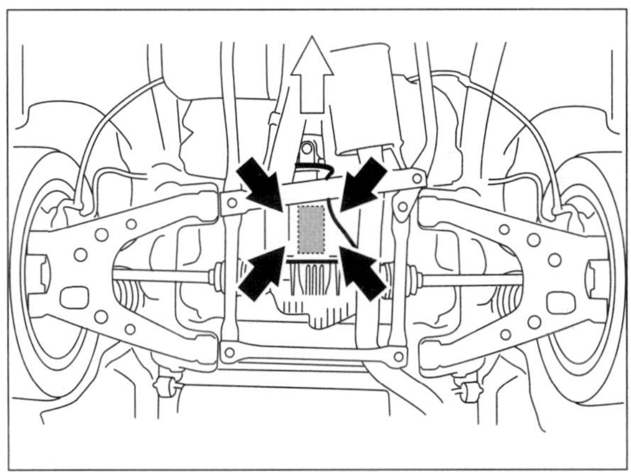

**… oder unter dem Differenzialgehäuse angesetzt werden.**

## Werkzeug und Werkstatt-Ausrüstung

# Einleitung

Ein gutes Werkzeugsortiment ist für jedermann, der Wartungs- und Reparaturarbeiten an seinem Fahrzeug durchführen möchte, eine grundlegende Voraussetzung. Wer kein oder nur sehr wenig Werkzeug zu Hause hat, muss zunächst in Werkzeug investieren, um durch Eigenleistung das Geld wieder einzusparen. Hochwertiges Werkzeug hält jahrzehntelang und macht sich bei regelmäßigem Gebrauch mehrfach bezahlt.

Um den Fahrzeugbesitzer besser entscheiden zu lassen, welche Werkzeuge er für die verschiedenen in diesem Buch beschriebenen Aufgaben benötigt, haben wir drei Listen erstellt: *Wartung und kleinere Reparaturen; Reparaturen und Überholung* sowie *Spezialwerkzeug.* Wer neu im Schrauber-Sektor ist, sollte mit dem Werkzeugsatz *Wartung und kleinere Reparaturen* beginnen und sich zunächst mit einfacheren Aufgaben am Fahrzeug vertraut machen. Sobald die Erfahrungen und das Vertrauen wachsen, können schwierigere Arbeiten verrichtet werden – mit den entsprechenden zusätzlichen Werkzeugen. Auf diese Weist kann ein Set für *Wartungsarbeiten und kleinere Reparaturen* mit der Zeit und ohne große Ausgaben zu einem Kit für *umfangreiche Reparaturen und Überholungen* ausgebaut werden. Der erfahrene Hobbyschrauber hat dann eine Werkzeug-Ausstattung für die meisten Reparaturen und Überholtätigkeiten und muss nur noch dann Werkzeuge aus der letzten Kategorie dazukaufen, wenn er der Meinung ist, dass sich der finanzielle Aufwand zur Häufigkeit des Einsatzes lohnt.

# Wartungsarbeiten und kleinere Reparaturen

Die hier aufgelisteten Werkzeuge können als Minimalausstattung für routinemäßige Wartungsarbeiten, die Instandhaltung und kleine Reparaturen betrachtet werden. Wir empfehlen den Kauf von kombinierten Ring-/Maul-Schlüsseln – diese sind zwar teurer als reine Maulschlüssel, hinterlassen bei richtigem Gebrauch aber auch weniger Schäden an Muttern und Schrauben.

- ☐ *Schraubenschlüssel-Set 8 bis 19 mm*
- ☐ *Rollgabelschlüssel bis ca. 35 mm*
- ☐ *Zündkerzenschlüssel (mit Gummieinsatz)*
- ☐ *Drahtlehre für Zündkerzen-Elektroden*
- ☐ *Fühlerlehren-Set*
- ☐ *Ringschlüssel für Entlüftungsnippel (falls kleiner als 8 mm)*
- ☐ *Schraubendreher: Schlitz – 100 mm lang, 6 mm breit Phillips (Kreuzschlitz) – 100 mm lang, 6 mm breit*
- ☐ *Inbus-Schlüssel, 4–10 mm Größe – je nach Fahrzeugtyp*
- ☐ *Torx-Schlüssel, verschiedene Größen – je nach Fahrzeugtyp*
- ☐ *Kombizange*
- ☐ *Metall-Bügelsäge*
- ☐ *Reifen-Luftpumpe*
- ☐ *Luftdruckprüfer*
- ☐ *Ölkanne*
- ☐ *Ölfilterschlüssel (Bandschlüssel)*
- ☐ *Feines Schleifpapier*
- ☐ *Drahtbürste (klein)*
- ☐ *Trichter (mittelgroß)*
- ☐ *Ablassschrauben-Schlüssel (je nach Fahrzeug)*

# Umfangreiche Reparaturen und Überholung

Diese Werkzeuge sind – zusammen mit denen für Wartung und kleinere Reparaturen – für Reparaturen und andere Arbeiten am Fahrzeug unerlässlich. Zu dieser Liste gehört ein umfangreicher Steckschlüsselsatz; auch wenn er relativ teuer ist, ist er aufgrund seiner Vielseitigkeit unbezahlbar – besonders, wenn darin verschiedene Antriebe enthalten sind. Wir empfehlen einen Knarrenkasten mit Halbzoll-Antrieb, weil diese Steckschlüssel auch auf die meisten Drehmomentschlüssel passen.

Die Werkzeuge aus dieser Liste müssen manchmal durch Teile aus der Spezialwerkzeug-Liste ergänzt werden:

- ☐ *Steckschlüsselkasten mit*
  *Sechskantschlüsseln (6–24 mm)*
  *Inbus-Einsätze*
  *Torx-Einsätze*
  *Ratsche*
  *Verlängerung 250 mm*
  *Kreuzgelenk*
  *verstellbarem T-Griff*
- ☐ *Drehmomentschlüssel*
- ☐ *Gripzange*
- ☐ *Schlosserhammer mit Kugelkopf*
- ☐ *Kunststoff- oder Gummihammer*
- ☐ *Schlitzschraubendreher (verschiedene Größen)*
- ☐ *Phillips-Kreuzschlitzschraubendreher (verschiedene Größen)*
- ☐ *Zangen:*
  *Spitzzange*
  *Wasserpumpenzange*
  *Seitenschneider*
  *Seegerringzange (innen und außen)*
- ☐ *Flachmeißel*
- ☐ *Reißnadel*
- ☐ *Schaber*
- ☐ *Körner*
- ☐ *Treibdorn*
- ☐ *Metallsäge*
- ☐ *Bremsschlauch-Klemme*
- ☐ *Bremsen-/Kupplungs-Entlüftungskit*
- ☐ *Bohrer-Set*
- ☐ *Metall-Lineal/Richtwinkel*
- ☐ *Feilen-Sortiment*
- ☐ *Drahtbürsten*
- ☐ *Stützbock*
- ☐ *Hydraulischer Heber oder Rangierwagenheber*
- ☐ *Lampe mit Verlängerungskabel*
- ☐ *Multimeter (Volt AC/DC, Ohm, Ampere)*

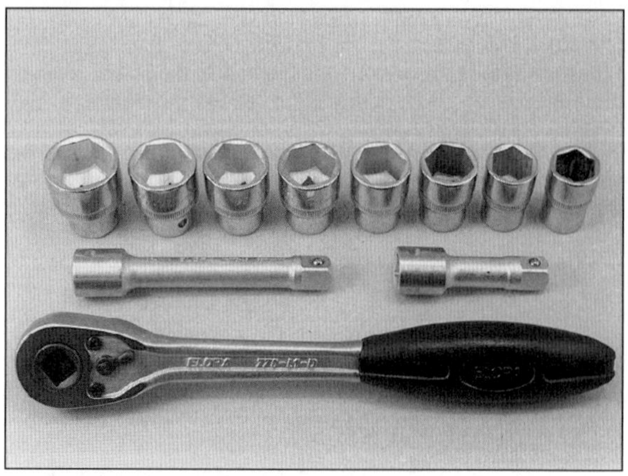

**Steckschlüssel mit Ratsche und Verlängerungen**

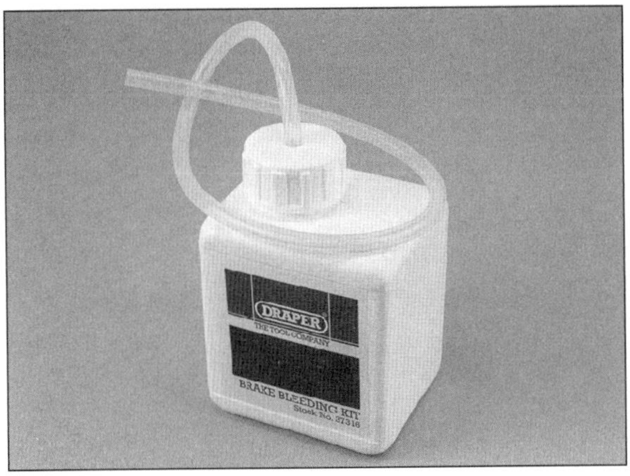


**Bremsen-Entlüftungskit**

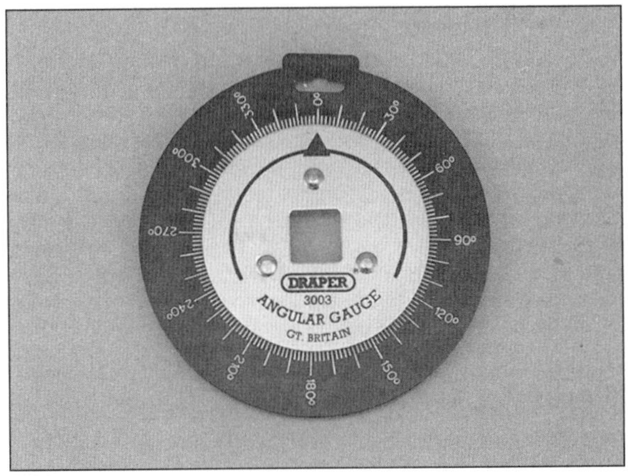


**Gradscheibe mit Vierkant für Steckschlüssel-Antrieb**

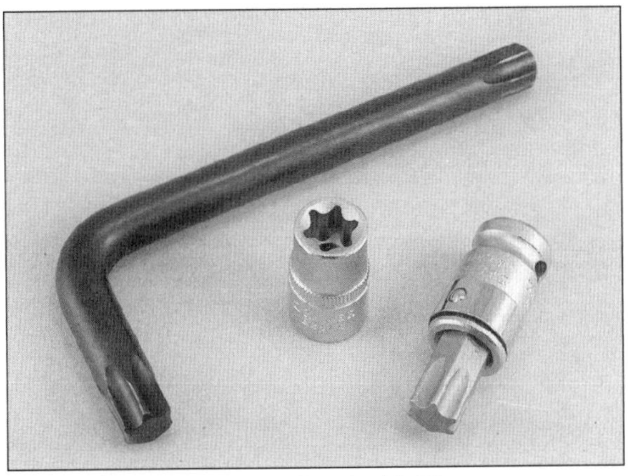

**Torx-Schlüssel, -Steckschlüssel und -Bit**

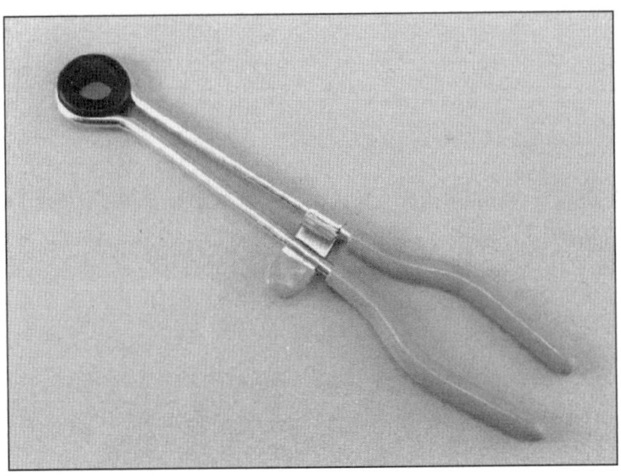

**Schlauchklemme**

## Spezialwerkzeug

Die in dieser Liste aufgeführten Werkzeuge werden nicht regelmäßig benötigt, sind teuer oder müssen entsprechend der Anweisungen ihrer Hersteller eingesetzt werden. Solange nicht regelmäßig schwierige Reparaturarbeiten verrichtet werden, ist der Kauf vieler dieser Werkzeuge nicht wirtschaftlich. In solchen Fällen kann man das Werkzeug entweder mit Freunden zusammen kaufen, einem Klub beitreten oder das Teil bei einer Werkstatt oder einem Werkzeugverleiher mieten. Auch viele Baumärkte vermieten Werkzeug zu moderaten Konditionen.

Die folgende Liste enthält nur frei verkäufliche Werkzeuge und Instrumente, aber keine Spezialwerkzeuge, die vom Fahrzeughersteller für sein Händlernetz produziert werden. Im Handbuch wird gelegentlich auf solche Werkzeuge verwiesen und oft wird auch eine Alternative dazu angegeben, doch manchmal ist das Hersteller-Spezialwerkzeug unerlässlich, sodass es beim Hersteller gekauft oder der Fachwerkstatt des Vertrauens ausgeliehen werden muss.

- ☐ *Gradscheibe*
- ☐ *Ventilfederpresse*
- ☐ *Ventil-Einschleif-Ausrüstung*
- ☐ *Kolbenringzange*
- ☐ *Zylinderbohrungs-Honwerkzeug*
- ☐ *Kolbenring-Aus- und Einbauwerkzeug*
- ☐ *Federpresse für Fahrwerk-Federn*
- ☐ *Kugelgelenk-Abzieher*
- ☐ *Zwei- und Dreiarmabzieher*
- ☐ *Schlagschrauber*
- ☐ *Messschieber und/oder Mikrometerschraube*
- ☐ *Messuhr*
- ☐ *Schließwinkelmesser / Drehzahlmesser*
- ☐ *Fehlercode-Auslesegerät*
- ☐ *Kompressionsprüfer*
- ☐ *Unterdruckpumpe und Druckprüfer*
- ☐ *Kupplungsscheiben-Zentrierwerkzeug*
- ☐ *Bremsbackenfeder-Ausbauwerkzeug*
- ☐ *Buchsen- und Lager-Aus- und Einbauwerkzeug*
- ☐ *Stehbolzenausdreher*
- ☐ *Werkstattkran*
- ☐ *Rangierwagenheber*

## Werkzeug-Kauf

Im Autozubehör- und Werkzeugfachhandel wird oft hochwertiges Werkzeug zu günstigen Preisen angeboten, sodass sich der Preisvergleich lohnt.
Man muss nicht das teuerste Werkzeug kaufen, doch es ist auch ratsam, nicht das billigste zu nehmen. Vorsicht ist auf Flohmärkten und bei »Kofferraum«-Geschäften auf Automärkten geboten. Es gibt zahlreiche Marken, die hochwertiges Werkzeug produzieren, doch stets sollte vor allem darauf geachtet werden, dass das Material alle wichtigen Sicherheitsstandards erfüllt. Im Zweifelsfall sollten vor einer Kaufentscheidung Fachleute zurate gezogen werden.

## Werkzeug – Sorgfalt und Pflege

Nachdem ein akzeptables Werkzeug-Sortiment erworben wurde, ist es wichtig, die Werkzeuge in einem sauberen und brauchbaren Zustand zu erhalten. Nach jedem Einsatz müssen Schmutz, Fett und Metallpartikel mit sauberen und trockenen Lappen abgewischt werden, bevor das Werkzeug weggepackt wird. Niemals sollte man Werkzeug herumliegen lassen. Ein einfaches Regal an der Garagen- oder Werkstattwand ist für die meisten Werkzeuge völlig ausreichend. Ein Knarrenkasten sollte stets vollständig sein und Messinstrumente, Messuhren und andere sensible Geräte müssen sorgfältig gelagert werden, sodass sie weder Stöße abbekommen noch rosten.
Werkzeuge verschleißen mit der Zeit: Ein Hammerkopf bekommt unweigerlich Riefen und Schraubendreher-Klingen werden mit der Zeit rund. Der gelegentliche Einsatz von Schleifleinen oder einer Feile kann solche Dinge wieder in einen guten Zustand versetzen.

## Arbeitsplatz

Beim Thema Werkzeug darf die Werkstatt nicht vergessen werden. Sobald mehr als routinemäßige Wartungsarbeiten verrichtet werden sollen, kommt man um einen brauchbaren Arbeitsplatz nicht herum.
Viele Fahrzeugbesitzer sind gezwungen, Bauteile ihres Autos – bis hin zum Motor – im Freien auszubauen, doch dann sollten Reparaturen stets unter einem schützenden Dach stattfinden.
Sämtliche Zerlegungen sollten stets auf einer sauberen und ebenen Arbeitsfläche durchgeführt werden, die sich in einer angenehmen Arbeitshöhe befindet.
Jede Werkbank benötigt einen Schraubstock; mit einem Öffnungsbereich von 100 mm sollten sich die meisten Arbeiten erledigen lassen. Wie bereits erwähnt, werden auch saubere und trockene Lagerflächen für Werkzeug, aber auch für Schmiermittel, Reinigungsmittel, Lacke usw. benötigt.
Das wichtigste Elektrowerkzeug ist eine gute Bohrmaschine mit Drehzahl-Einstellung; in diese können außer Bohrern viele andere Werkzeuge eingespannt werden, die die Arbeit erleichtern.
Schließlich muss eine Sammlung alter Zeitungen und sauberer, nicht fusselnder Lappen bereitgehalten werden, um den Arbeitsplatz, das Werkzeug und die zu reparierenden Dinge möglichst sauber zu halten.

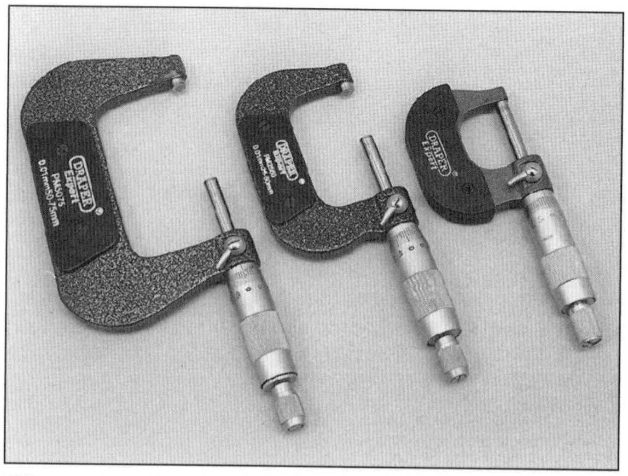

**Mikrometerschraube (Bügelmessschraube)**

**Messuhr**

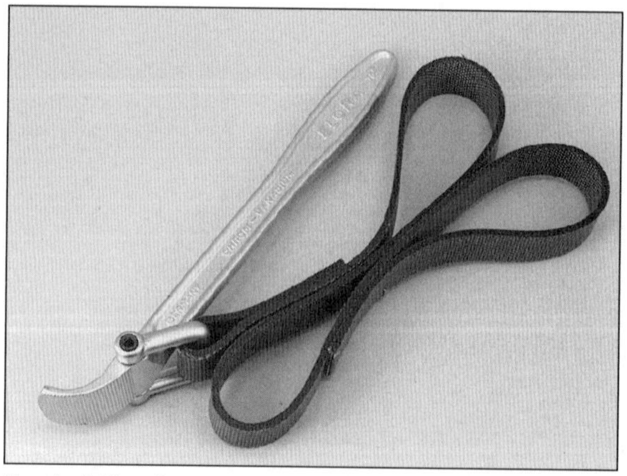

**Bandschlüssel**

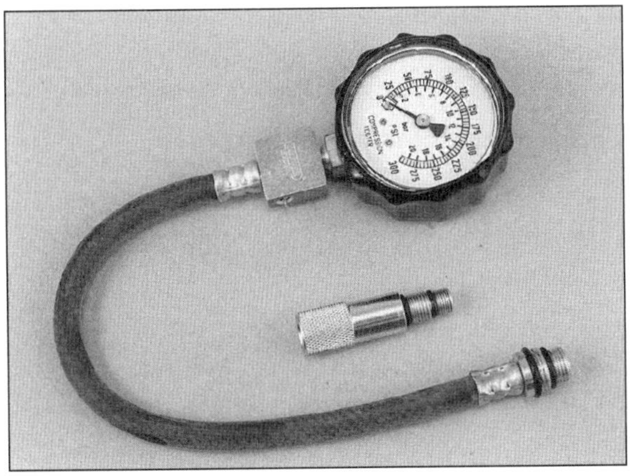

**Kompressionsprüfer**

**Lagerabzieher**

## Hauptuntersuchungs-Vorbereitungen

Diese Hinweise sollen helfen, das Fahrzeug durch die alle zwei Jahre anstehende Hauptuntersuchung (HU) zu führen. Natürlich kann der Hobbyschrauber sein Auto nicht genauso kontrollieren wie der Prüfer beim TÜV, bei der DEKRA oder anderen Organisationen. Wer sich jedoch durch die folgenden Prüfpunkte arbeitet, sollte alle Probleme erkannt haben, bevor das Fahrzeug vorgeführt wird.

Wenn der Zustand einer zu prüfenden Komponente grenzwertig ist, liegt es im Ermessen des Prüfers, ob er sie beanstandet oder durchgehen lässt. Die Grundlage dieses Ermessens liegt darin, ob der Prüfer gut damit leben könnte, das Fahrzeug in diesem Zustand einem Freund oder Verwandten anzuvertrauen. Wenn das Auto sauber und offenbar gut gepflegt vorgestellt wird, wird der Prüfer vielleicht eher geneigt sein, eine grenzwertige Komponente durchgehen zu lassen, als dies bei einem ungepflegten und offensichtlich vernachlässigten Fahrzeug der Fall wäre.

Die hier beschriebenen Anforderungen können nur den aktuellen Stand beim Verfassen des Buchs wiedergeben. Prüfstandards werden immer strenger, doch für ältere Fahrzeuge gelten oft Ausnahmen.

Für einige Kontrollen wird ein Assistent benötigt.

*Die Kontrollen wurden in vier Kategorien unterteilt:*

**1** Die Prüfung erfolgt:
**Im Innenraum**

**2** Die Prüfung erfolgt:
**Bei auf dem Boden stehendem Fahrzeug**

**3** Die Prüfung erfolgt:
**Bei angehobenem Fahrzeug mit freien Rädern**

**4** Die Prüfung erfolgt:
**Am Abgassystem**

## 1 Die Prüfung erfolgt: **Im Innenraum**

## Handbremse

- ☐ Prüfen Sie die Funktion der Handbremse. Zu viele Klicks weisen auf eine schlecht eingestellte Bremse hin. Die Wirkung lässt sich behelfsweise im Fahrversuch prüfen: Lassen Sie das Fahrzeug rollen und bremsen Sie es mit der Handbremse ab – die Räder müssen zum Blockieren gebracht werden können.

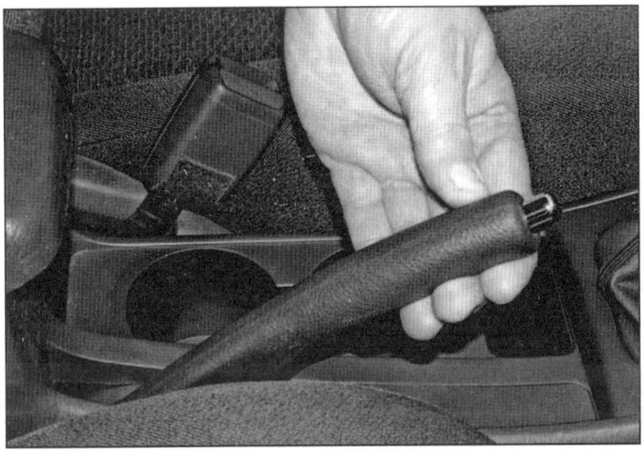

- ☐ Prüfen Sie, ob die Handbremse nicht durch seitliches Drücken des Hebels gelöst wird. Kontrollieren Sie die Festigkeit der Hebelaufnahme.

## Fußbremse

- ☐ Treten Sie auf das Pedal und prüfen Sie, ob es sich nicht bis zum Boden durchdrücken lässt (was auf einen Defekt im Hauptbremszylinder hinweist). Lassen Sie das Pedal zurückkehren, warten Sie einige Sekunden, und treten Sie es erneut. Falls es sich fast durchtreten lässt, bevor Widerstand spürbar wird, sind Einstellungen oder Reparaturen erforderlich. Falls sich das Pedal schwammig anfühlt und/oder sich »aufpumpen« lässt, befindet sich Luft im System, die entleert werden muss.

- ☐ Prüfen Sie, ob das Bremspedal sicher befestigt und nicht ausgeschlagen ist. Kontrollieren Sie auch den Bereich um das Pedal herum auf ausgetretene Bremsflüssigkeit – dies weist auf einen defekten Dichtring im Hauptbremszylinder hin.
- ☐ Kontrollieren Sie den Bremskraftverstärker, indem Sie das Bremspedal mehrmals durchtreten, dann gedrückt halten und den Motor starten – hierbei muss es sich etwas weiter herunterdrücken lassen; andernfalls kann der Unterdruckschlauch oder der Bremskraftverstärker selbst defekt sein. Schalten Sie bei getretenem Bremspedal den Motor ab: Wird der Unterdruck nicht gehalten, so sind Bremskraftverstärker und/oder Schlauch defekt.

## Lenkrad und Lenksäule

- ☐ Begutachten Sie das Lenkrad auf Brüche, lockeren Sitz oder lockere Teile.
- ☐ Drücken Sie das Lenkrad nach links und rechts sowie auf und ab – es darf kein Spiel aufweisen. Kontrollieren Sie ggf. das Lenksäulen-Lager und die Lenkradschraube.

- ☐ Drehen Sie das Lenkrad – es darf weder Spiel aufweisen noch rau laufen, ansonsten können Lager, Kreuzgelenke oder das Lenkgetriebe verschlissen sein.
- ☐ Bei abgezogenem Zündschlüssel muss beim Drehen des Lenkrads das Lenkschloss einrasten.

## Windschutzscheibe, Rückspiegel und Sonnenblende

- ☐ Die Windschutzscheibe darf im Sichtbereich des Fahrers keine Kratzer, Risse oder Steinschlaglöcher aufweisen. Als grobe Einschätzung für das Sichtfeld kann behelfsmäßig ein hochkant vor die Scheibe gelegtes DIN-A4-Blatt genommen werden. Die Rückspiegel müssen funktionsfähig und einstellbar sein.

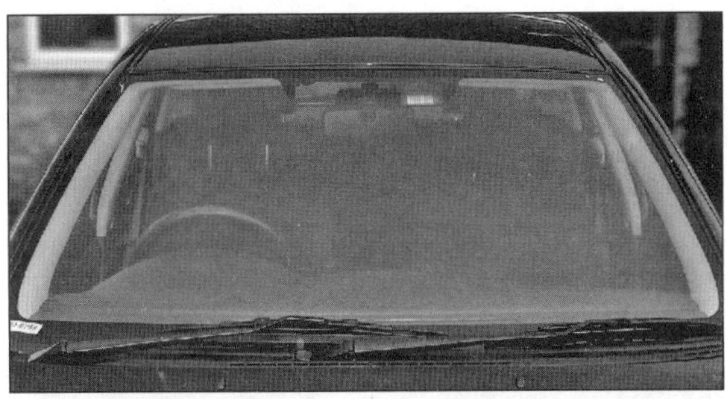

- ☐ Die Sonnenblende des Fahrers darf nicht von allein herunterklappen.

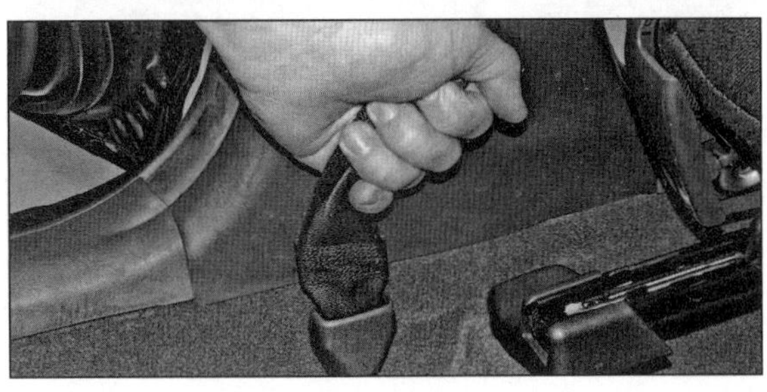

## Sicherheitsgurte und Sitze

☐ Kontrollieren Sie das Gewebe aller Gurte auf Risse, Ausfransungen oder andere Beschädigungen. Prüfen Sie bei allen Gurten die Funktion der Gurtschlösser und – falls vorhanden – der Gurtrollen-Sperren. Prüfen Sie die Festigkeit aller von innen zugänglichen Gurt- und Gurtpeitschen-Befestigungen.
☐ Gurte mit Gurtstraffer-Vorrichtungen haben an der Gurtpeitsche eine Kennzeichnung – die Gurtstraffer selbst können nicht getestet werden.
☐ Die Vordersitze müssen sicher befestigt sein und die Rückenlehne muss in jeder Position arretierbar sein.

## Türen

☐ Alle Türen müssen sich von innen und außen öffnen und schließen lassen. Beim Zudrücken müssen sie sicher einrasten.

## Motorhaube und Kofferraumdeckel

☐ Die Motorhaube und der Kofferraumdeckel müssen beim Zuschlagen sicher verriegelt werden.

# 2 Die Prüfung erfolgt: **Bei auf dem Boden stehendem Fahrzeug**

## Fahrzeug-Identifikation

☐ Die Kennzeichen müssen sich in einem guten Zustand befinden und in ihren Maßen den Vorschriften entsprechen.

☐ Das Typenschild und die eingeschlagene Fahrgestellnummer müssen lesbar sein.

## Fahrzeug-Elektrik

☐ Schalten Sie die Zündung ein und prüfen Sie die Funktion der Hupe.
☐ Prüfen Sie die Funktion aller Scheibenwischer und der Scheibenwaschanlage. Ersetzen Sie beschädigte oder verschlissene Wischerblätter.

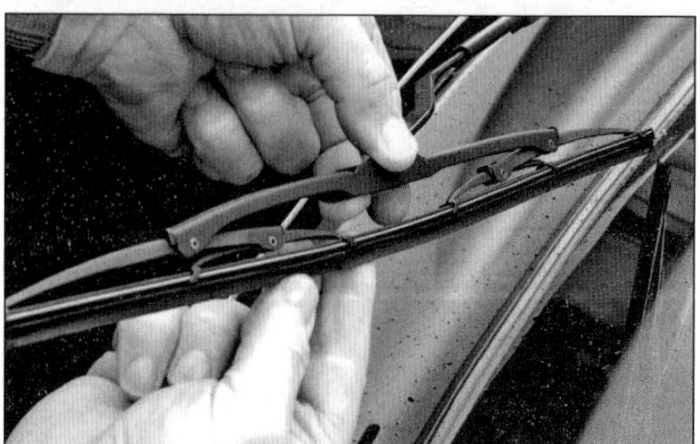

☐ Prüfen Sie die komplette Beleuchtungseinrichtung
☐ Prüfen Sie die Funktion der Bremsleuchten.
☐ Prüfen Sie die Funktion der Standleuchten und Rücklichter. Lampengläser und Reflektoren müssen fest sitzen, sauber sein und dürfen keine Risse aufweisen.
☐ Prüfen Sie bei eingeschalteter Zündung die Funktion und Ausrichtung der Scheinwerfer. Die Reflektoren dürfen nicht matt sein und die Lampengläser dürfen weder matt sein noch Risse aufweisen.
☐ Achten Sie bei der Kontrolle des Abblendlichts darauf, dass die ggf. vorhandene Leuchtweitenregelung funktioniert (Anpassung der Scheinwerfereinstellung an eventuelle Beladung). Die Einstellung des Abblendlichts ist für den Gegenverkehr von entscheidender Bedeutung und ist daher immer genau zu überprüfen (korrekte Asymmetrie und Höhe der Einstellung)
☐ Prüfen Sie bei eingeschalteter Zündung die Funktion aller Blinker einschließlich der Kontrollleuchten im Armaturenbrett. Prüfen Sie die Funktion des Warnblinkers. Die Blinker dürfen nicht die Standlicht- oder Rücklichtlampen beeinträchtigen – ansonsten liegt ein Massefehler vor. Falls die Blinkfrequenz ungewöhnlich schnell oder langsam ist, kann das Blinkrelais defekt sein oder ebenfalls ein Massefehler vorliegen.
☐ Prüfen Sie die Funktion der Nebelschlussleuchte und ihrer Kontrollleuchte im Armaturenbrett oder im Schalter.
☐ Alle Kontrollleuchten müssen nach dem Einschalten der Zündung entsprechend der Herstellervorgaben aufleuchten. Nach dem Starten des Motors müssen die meisten Leuchten wieder erlöschen, die ABS-Warnleuchte muss nach wenigen Sekunden erlöschen.

## Bremsen

☐ Begutachten Sie den Hauptbremszylinder, den Bremskraftverstärker, den ABS-Modulator und alle Bremsleitungen auf korrekte Verlegung/Befestigung, Undichtigkeit, lockere Anschlüsse, Korrosion und andere Schäden.

☐ Der Ausgleichsbehälter am Hauptbremszylinder muss fest sitzen und der Pegel muss zwischen der MAX- (A) und MIN-Markierung (B) liegen (ein kurz vor Minimum stehender Bremsflüssigkeitsstand deutet auf verschlissene Scheibenbremsbeläge hin, eventuell auch auf eine Undichtigkeit).

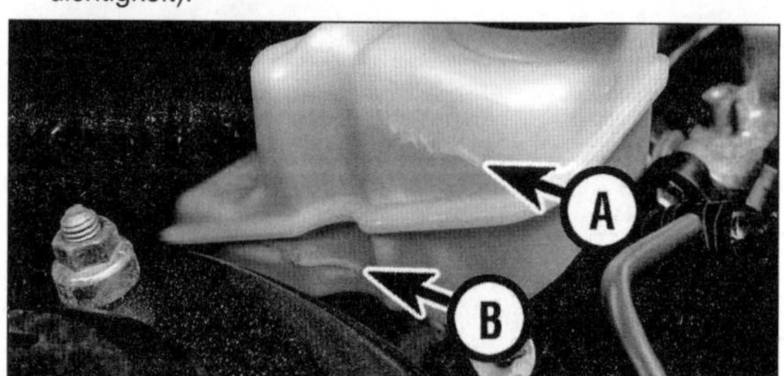

- ☐ Kontrollieren Sie alle Bremsschläuche auf Risse und Alterungserscheinungen. Drehen Sie die Lenkung von Anschlag zu Anschlag, um zu prüfen, ob die vorderen Schläuche nicht die Räder, Reifen oder andere Teile der Lenkung oder der Radaufhängung berühren. Bei fest gedrücktem Bremspedal muss kontrolliert werden, ob die Schläuche ausbeulen oder Lecks aufweisen. Treten Sie bei laufendem Motor ohne Gasgeben (also aktivem Bremskraftverstärker) mehrfach schlagartig und kräftig auf das Pedal, um eine Extrembelastung zu simulieren, der eine intakte Bremsanlage gewachsen sein muss.

## Lenkung und Radaufhängungen

- ☐ Lassen Sie einen Assistenten das Lenkrad leicht zwischen den Punkten, an denen die Bewegung auf die Räder übertragen wird, hin- und herdrehen, um sein Spiel zu ermitteln.
- ☐ Lassen Sie den Assistenten das Lenkrad kräftig in beide Richtungen drehen, sodass sich die Vorderräder zu bewegen beginnen. Kontrollieren Sie hierbei alle Verbindungselemente, Befestigungen und Anschlüsse (also Spurstangenköpfe, Spurstangen, Lenkhebel, Lenkschubstangen, Trag- und Führungsgelenke etc.). Ersetzen Sie alle Bauteile, die Verschleiß (also unzulässiges Spiel) oder Schäden aufweisen. Prüfen Sie die Funktion und den Zustand aller Komponenten der Servo-Unterstützung.
- ☐ Prüfen Sie, ob das auf einer ebenen Fläche stehende Fahrzeug nicht an einer Seite oder vorn bzw. hinten herunterhängt.

## Stoßdämpfer

- ☐ Drücken Sie das Fahrzeug nacheinander an jeder Ecke herunter und lassen Sie es wieder los – es muss wieder ausfedern und in seine Ruheposition zurückkehren. Falls es nachschaukelt, ist der Stoßdämpfer defekt; dieser Zustand kann zu gefährlichem Fahrverhalten führen. Zudem sind alle Stoßdämpfer auf Dichtigkeit zu überprüfen.

## Auspuffanlage

- ☐ Starten Sie den Motor und lassen Sie einen Assistenten das Auspuffrohr mit einem Lappen verstopfen. Prüfen Sie jetzt die gesamte Auspuffanlage auf Undichtigkeit und reparieren oder ersetzen Sie entsprechende Bauteile.

## 3 Die Prüfung erfolgt: **Bei angehobenem Fahrzeug mit freien Rädern**

***Heben Sie das Fahrzeug vorn und hinten an und stützen Sie es so auf Böcken ab, dass diese nicht die Federelemente behindern. Die Räder müssen frei drehbar und die Lenkung von Anschlag zu Anschlag zu drehen sein.***

## Lenkung

- ☐ Lassen Sie einen Assistenten das Lenkrad von Anschlag zu Anschlag drehen. Prüfen Sie, ob sich die Lenkung frei drehen lässt und keine Teile der Lenkung (einschließlich der Räder und Reifen) mit Bremsleitungen oder andere Bauteilen in Kontakt kommen.
- ☐ Kontrollieren Sie die Gummimanschetten des Lenkgestänges auf Beschädigungen oder lockere Schellen. Prüfen Sie, ob irgendwo Hydraulikflüssigkeit der Servolenkung austritt. Kontrollieren Sie, ob die Lenkung schwergängig ist, ob irgendwo Splinte fehlen oder Befestigungen locker sind und ob im Umkreis von 30 cm um irgendwelche Befestigungspunkte der Lenkung an der Karosserie starke Korrosion auftritt.

## Vorder- und Hinterradfederung sowie Radlager

☐ Beginnen Sie an der vorderen rechten Ecke, greifen Sie das Vorderrad in der 3- und 9-Uhr-Position und versuchen Sie, daran zu wackeln. Prüfen Sie, ob Spiel in den Radlagern, an den Federungs-Kugelgelenken, den Aufhängungen, Gelenken und Befestigungen festzustellen ist.

☐ Greifen Sie jetzt das Rad in der 12- und 6-Uhr-Position und wiederholen Sie die Prüfung. Drehen Sie das Rad, um im Radlager Schwergängigkeit oder rauen Lauf festzustellen.

☐ Falls an einem Gelenk übermäßiges Spiel vermutet wird, kann dies mit einem zwischen der Halterung und dem angeschlossenen Teil als Hebel eingeführten großen Schraubendreher festgestellt werden; so lässt sich ermitteln, ob der Verschleiß in seiner Befestigung, den Lagerbuchsen oder in der Halterung selbst liegt (oft schlagen die Schraubenlöcher aus).

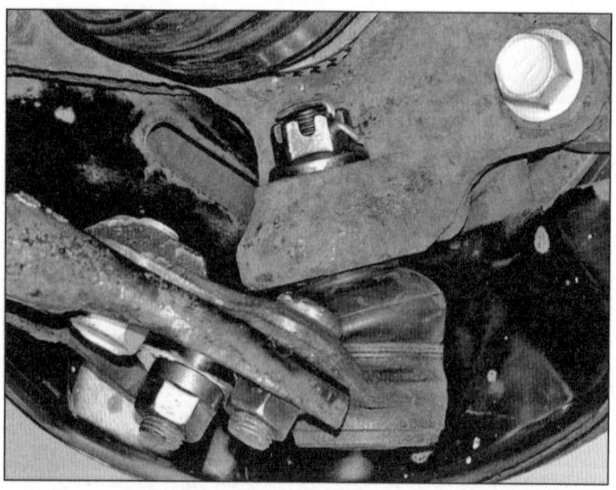

☐ Führen Sie alle beschriebenen Kontrollen am anderen Vorderrad und dann an den Hinterrädern durch.

## Federn und Stoßdämpfer

☐ Begutachten Sie die Federbeine auf austretendes Öl, Korrosion oder ein beschädigtes Gehäuse. Prüfen Sie auch die Festigkeit aller Aufnahmen.

☐ Die Enden von Schraubenfedern müssen in ihren Sitzen liegen und die Feder selbst darf nicht korrodiert, gerissen oder gebrochen sein.

☐ Kontrollieren Sie die Stoßdämpfer auf Undichtigkeit. Anschlaggummis sowie Gummibuchsen in den Aufnahmen dürfen nicht spröde oder beschädigt sein.

## Antriebswellen

☐ Drehen Sie die angetriebenen Räder und überprüfen Sie dabei die Manschetten der Gleichlaufgelenke auf Risse und Beschädigungen. Die Antriebswellen selbst dürfen nicht verbogen oder beschädigt sein.

## Bremssystem

☐ Prüfen Sie die Bremsbelag-Stärke und den Zustand der Bremsscheiben möglichst im eingebauten Zustand. Das Belagmaterial (A) und die Bremsscheibe (B) dürfen nicht unter die in Kapitel 9 angegebenen Werte verschlissen sein. Die Bremsscheibe darf weder gebrochen noch gerissen sein oder starke Riefen oder Ausbrüche aufweisen.

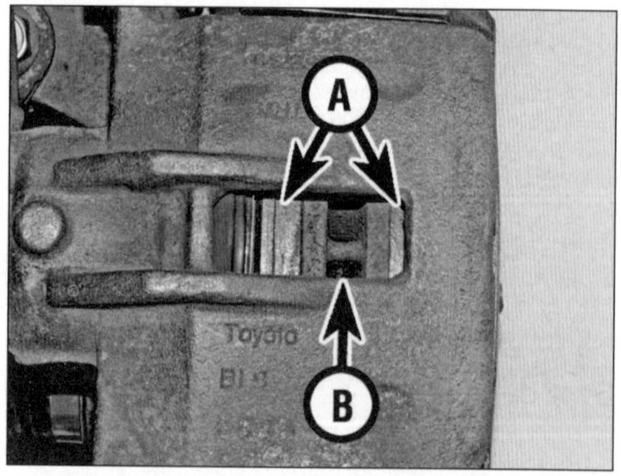


☐ Kontrollieren Sie alle Bremsleitungen und Bremsschläuche unter dem Fahrzeug auf Undichtigkeit und/oder andere Schäden. Die Leitungen dürfen nicht verrostet oder geknickt sein, die Schläuche dürfen keine Risse oder Blasen aufweisen.

☐ An den Bremssätteln und den Bremsankerplatten dürfen keine Flüssigkeiten austreten. Reparieren oder erneuern Sie undichte Bauteile.

☐ Drehen Sie jedes Rad langsam von Hand, während der Assistent das Bremspedal gleichmäßig herunterdrückt und wieder löst. Jede Bremse muss korrekt funktionieren und das Rad muss sich nach dem Lösen wieder frei drehen lassen.

☐ Kontrollieren Sie den Handbremsmechanismus auf ausgefranste oder gerissene Seilzüge, starke Korrosion oder Verschleiß und übermäßiges Spiel am Gestänge. Prüfen Sie, ob die Bremse auf beide Hinterräder wirkt und diese sich nach dem Lösen wieder frei drehen lassen.

- ☐ Die Bremswirkung ist ohne einen Prüfstand nicht kontrollierbar, aber bei einer Probefahrt kann später getestet werden, ob das Fahrzeug beim Bremsen nicht zu einer Seite zieht.

## Kraftstoff- und Auspuffsystem

- ☐ Kontrollieren Sie den Tank (einschließlich Tankdeckel), alle Kraftstoffleitungen und ihre Anschlüsse. Alle Komponenten müssen sicher befestigt sein und dürfen nicht lecken.
- ☐ Begutachten Sie die Auspuffanlage von vorn bis hinten auf Beschädigungen, gerissene oder fehlende Befestigungen, fest sitzende Schellen und Durchrostungen.

## Räder und Reifen

- ☐ Kontrollieren Sie die Flanken und Laufflächen aller Reifen. Achten Sie auf Schnitte, Risse, Beulen, Auswölbungen, sich lösende Profilblöcke und durch Beschädigungen oder Verschleiß sichtbares Gewebe. Der Reifenwulst muss korrekt auf der Felge sitzen, das Ventil muss dicht sein und korrekt sitzen.
- ☐ Keine Felge darf verzogen, verbogen, gerissen oder stark korrodiert sein. Alle Radmuttern oder Bolzen müssen fest sitzen.
- ☐ Die Reifen müssen die in den Fahrzeugpapieren angegebene Größen haben. Reifen auf einer Achse sollten baugleich sein (empfehlenswert, aber nicht vorgeschrieben). Der Luftdruck aller Reifen muss in Ordnung sein.
- ☐ Kontrollieren Sie die Profiltiefe. Aktuell darf an keiner Stelle weniger als 1,6 mm gemessen werden. Ungleichmäßig verschlissene Reifen weisen auf falsch eingestellte Radaufhängungen hin.

## Korrosion

- ☐ Überprüfen Sie die gesamte Fahrzeugstruktur auf Korrosion an tragenden Teilen (Kastenprofile des Chassis, Schweller, Querträger, Säulen und sämtliche Radaufhängungen, Federelemente, Lenkungs- und Bremsenteile sowie Gurtbefestigungen und Verankerungen). Jede Korrosion, die die Materialstärke tragender Teile verringert, stellt eine ernsthafte Gefahr dar, sodass professionelle Reparaturmaßnahmen eingeleitet werden müssen. Bei einer selbsttragenden Karosserie (um solche Karosserien handelt es sich bei heutigen Autos in 99 % aller Fälle) sind alle Blechteile als tragend zu betrachten. Eine durchgerostete Tür kann also durchaus dafür sorgen, dass eine HU nicht positiv abgeschlossen wird.
- ☐ Beschädigungen oder Korrosion, die zu scharfkantigen Rändern führen, können dazu führen, dass die HU nicht bestanden wird.

## Abschlepp-Vorrichtungen

- ☐ Überprüfen Sie die Abschleppösen oder deren Befestigungen auf Korrosion und Beschädigungen. Demontierbare Vorrichtungen dürfen kein übermäßiges Spiel aufweisen.

# 4 Die Prüfung erfolgt: **Am Abgassystem**

## Benzinmotor

- ☐ Bringen Sie den gut gewarteten Motor (Zündsystem in Ordnung, Luftfilter sauber usw.) auf Betriebstemperatur.
- ☐ Lassen Sie den Motor zunächst rund 20 Sekunden mit etwa 2500/min drehen und dann auf Standgasdrehzahl abfallen; beobachten Sie dabei, ob aus dem Auspuff Rauch austritt. Falls das Standgas offensichtlich zu hoch ist oder länger als 5 Sekunden dichter blauer oder schwarzer Rauch austritt, kann dies dazu führen, dass die HU nicht bestanden wird. Als Faustregel gilt, dass blauer Rauch für verbranntes Öl und damit Motorverschleiß steht, während schwarzer Rauch auf unverbrannten Kraftstoff hinweist (verschmutzter Luftfilter oder Schäden bzw. Verschleiß im Kraftstoff- oder Zündsystem.
- ☐ Für weitere Kontrollen wird ein Abgas-Analysegerät benötigt, das den Gehalt an Kohlenmonoxid (CO) und Kohlenwasserstoff (CH) ermitteln kann. Falls dies nicht gemietet oder ausgeliehen werden kann, sollte die Prüfung gegen ein kleines Entgelt von einer Fachwerkstatt durchgeführt werden.

## CO-Emissionen (Gemisch)

- ☐ Der HU-Prüfer hat Zugang zu den erlaubten CO-Abgaswerten aller Fahrzeuge. Der CO-Wert wird bei Standgas und »erhöhtem Standgas« (2500 bis 3000/min) gemessen. Die folgenden Werte sind nur Anhaltswerte:

Bei Standgas – weniger als 0,5 % CO
Bei erhöhtem Standgas – weniger als 0,3 % CO
Lambda-Messung – 0,97 bis 1,03

- ☐ Falls der CO-Wert zu hoch ist, kann dies ein Hinweis auf schlechte Wartung, ein Problem in der Gemischaufbereitung (Vergaser oder Einspritzanlage), eine defekte Lambdasonde oder einen schadhaften Katalysator sein. Probieren Sie eine Einspritzdüsen-Reinigung aus und lesen Sie ggf. das Steuergerät auf Fehlercodes aus.

## CH-Emissionen

- ☐ Der HU-Prüfer hat Zugang zu den erlaubten CH-Abgaswerten aller Fahrzeuge. Der CH-Wert wird bei »erhöhtem Standgas« (2500 bis 3000/min) gemessen. Als Anhaltswerte gilt: weniger als 200 ppm.
- ☐ Zu hohe CH-Emissionen weisen auf verbranntes Motoröl hin. Der Grund hierfür kann ein verschlissener Motor, eine verstopfe Motorentlüftung oder zu altes und verdünntes Motoröl sein, sodass ein Ölwechsel hilft. Falls der Motor insgesamt schlecht läuft, sollte ggf. das Steuergerät auf Fehlercodes ausgelesen werden.

Im Normalfall sind die CH-Emissionen zwar ermittelbar, im Rahmen der Abgasuntersuchung gibt es jedoch derzeit keine Grenzwerte. Gemessen werden CO, $CO_2$ $O_2$, HC und Lambda, wobei es lediglich für CO und Lambda vom Gesetzgeber bzw. Fahrzeughersteller einzuhaltende Vorgaben gibt. Hohe CO-Werte haben aber für sich allein auch schon eine hohe Aussagekraft über die Funktion der Abgasreinigung.

Zudem gelten die groben Faustregeln: Lambda-Werte über 1 (bei intakter Gemischaufbereitung) deuten auf eine undichte Auspuffanlage hin, Lambda unter 1 (fettes Gemisch) lassen auf eine defekte Gemischaufbereitung schließen. Hohe CO-Werte bei Lambda 1 deuten auf einen verschlissenen Katalysator hin.

## Fehlersuche

### Motor

- ☐ Motor lässt sich nicht per Anlasser durchdrehen
- ☐ Motor dreht, springt aber nicht an
- ☐ Motor springt kalt schlecht an
- ☐ Motor springt warm schlecht an
- ☐ Anlasser macht laute Geräusche oder rückt übermäßig hart ein
- ☐ Motor startet und geht gleich wieder aus
- ☐ Motor läuft im Standgas ungleichmäßig
- ☐ Motor produziert im Standgas Fehlzündungen
- ☐ Motor produziert im Fahrbetrieb Fehlzündungen
- ☐ Motor beschleunigt schlecht
- ☐ Motor stirbt ab
- ☐ Motorleistung mangelhaft
- ☐ Motor erzeugt Auspuffknallen
- ☐ Öldrucklampe leuchtet bei laufendem Motor auf
- ☐ Motor läuft nach dem Abschalten weiter
- ☐ Motor macht ungewöhnliche Geräusche

### Kühlsystem

- ☐ Kühlmittel überhitzt
- ☐ Kühltemperatur zu gering
- ☐ Kühlmittel läuft aus
- ☐ Kühlmittel gelangt in den Motor
- ☐ Korrosion

### Kraftstoff- und Auspuffsystem

- ☐ Übermäßiger Kraftstoffverbrauch
- ☐ Kraftstoff läuft aus und/oder verursacht Gerüche
- ☐ Laute Geräusche aus dem Auspuff
- ☐ Rauch aus dem Auspuff

### Kupplung

- ☐ Kupplungspedal lässt sich bis zum Boden durchtreten – kein Druck oder geringer Widerstand
- ☐ Kupplung trennt nicht (Gänge lassen sich nicht einlegen)
- ☐ Kupplung rutscht (Motordrehzahl steigt, Geschwindigkeit aber nicht)
- ☐ Kupplung vibriert beim Einrücken
- ☐ Geräusche beim Einrücken oder Ausrücken der Kupplung

### Schaltgetriebe

- ☐ Geräusche im Leerlauf bei laufendem Motor
- ☐ Geräusche in einem bestimmten Gang
- ☐ Gänge lassen sich schwierig einlegen
- ☐ Gang springt heraus
- ☐ Vibrationen
- ☐ Getriebeöl tritt aus

### Differenzial und Kardanwelle

- ☐ Vibrationen beim Beschleunigen oder im Schiebebetrieb
- ☐ Heulen, Frequenz mit zunehmender Geschwindigkeit ansteigend

### Antriebswellen und Kardanwelle

- ☐ Vibrationen beim Beschleunigen oder im Schiebebetrieb

### Bremssystem

- ☐ Fahrzeug zieht beim Bremsen zu einer Seite
- ☐ Geräusche (Schleifen oder Quietschen) beim Bremsen
- ☐ Langer Bremspedalweg
- ☐ Bremspedal fühlt sich beim Treten schwammig an
- ☐ Zum Verzögern ist übermäßige Kraft beim Treten des Bremspedals nötig
- ☐ Beim Bremsen treten im Bremspedal oder im Lenkrad Vibrationen auf
- ☐ Bremsen schleifen
- ☐ Hinterräder blockieren beim normalen Bremsen

### Radaufhängungen und Lenkung

- ☐ Fahrzeug zieht zu einer Seite
- ☐ Räder flattern oder vibrieren
- ☐ Starkes Einsinken und/oder Schlingern in Kurven oder beim Bremsen
- ☐ Fahrzeug bleibt nicht in der Spur oder ist generell instabil
- ☐ Schwergängige Lenkung
- ☐ Übermäßiges Spiel in der Lenkung
- ☐ Mangelnde Servo-Unterstützung
- ☐ Starker Reifenverschleiß

### Elektrik

- ☐ Batterie entlädt nach wenigen Tagen
- ☐ Zündungs- oder Ladekontrollleuchte leuchtet nach dem Starten des Motors weiter
- ☐ Zündungs- oder Ladekontrollleuchte leuchtet beim Einschalten der Zündung nicht
- ☐ Licht funktioniert nicht
- ☐ Instrumente zeigen falsch oder ungleichmäßig an
- ☐ Hupe funktioniert nicht oder nur unzuverlässig
- ☐ Scheibenwischer funktionieren nicht oder nur unzuverlässig
- ☐ Scheibenwaschanlage funktioniert nicht oder nur unzuverlässig
- ☐ Elektrische Fensterheber funktionieren nicht oder nur unzuverlässig
- ☐ Zentralverriegelung funktioniert nicht oder nur unzuverlässig

## Einleitung

Fahrzeugbesitzer, die alle Wartungsarbeiten entsprechend der Vorgaben erledigen, müssen in diese Sektion nicht allzu oft hineinschauen. Vorausgesetzt, dass Verschleiß und Alterung regelmäßig überprüft und entsprechende Teile erneuert werden, muss dank der Zuverlässigkeit moderner Komponenten heute kaum noch mit plötzlichen Ausfällen gerechnet werden; allerdings steigt die Wahrscheinlichkeit mit zunehmendem Alter und hoher Laufleistung immer mehr an. Störungen entstehen üblicherweise nicht als Ergebnis eines plötzlichen Ausfalls, sondern entwickeln sich mit der Zeit. Gerade größeren technischen Defekten gehen oft charakteristische Symptome über Hunderte oder gar Tausende von Kilometern voraus. Bauteile, die gelegentlich ohne Vorwarnung ausfallen, sind oft klein und können leicht repariert oder ausgetauscht werden.

Bei jeder Fehlersuche liegt der erste Schritt in der Entscheidung, wo mit der Untersuchung begonnen werden soll. Manchmal ist dies offensichtlich, doch hin und wieder ist auch etwas Detektivarbeit nötig. Besitzer, die ein halbes Dutzend planlose Einstellungen vornehmen oder willkürlich Teile tauschen, mögen beim Behandeln von Ausfällen (oder deren Symptomen) erfolgreich sein, sind aber nicht klüger, wenn der Defekt zurückkehrt; zudem haben sie am Ende mehr Geld und Zeit als nötig investiert. Eine ruhige und logische Herangehensweise ist langfristig gesehen deutlich zufriedenstellender. Stets müssen Warnsignale und Abnormalitäten aller Art berücksichtigt werden, die in der Zeit vor dem Ausfall bemerkt wurden: Leistungsmangel, hohe oder niedrige Anzeigewerte, ungewöhnliche Gerüche usw. Zudem muss bedacht werden, dass Ausfälle von Bauteilen wie Sicherungen oder Zündkerzen zumeist nur Hinweise auf tatsächliche Defekte sind.

Die folgenden Seiten stellen einen einfachen Leitfaden zu den üblichen Problemen dar, die im normalen Fahrbetrieb auftreten können. Diese Probleme und ihre möglichen Ursachen sind nach den verschiedenen Komponenten oder Systemen (Motor, Kühlung usw.) geordnet. Das Kapitel, in dem das Problem behandelt wird, ist in Klammern angegeben. Wo auch immer der Defekt liegt – es gelten stets gewisse Grundprinzipien:

- ☐ *Überprüfen Sie den Defekt.* Hier geht es einfach darum, vor Arbeitsbeginn die Symptome mit Sicherheit zu erkennen. Dies ist besonders wichtig, falls man einen Fehler für jemand anderes finden muss, der das Problem vielleicht nicht exakt beschreiben konnte.
- ☐ *Übersehen Sie nicht das Wesentliche.* Lässt sich das Fahrzeug beispielsweise nicht starten, sollte auch überprüft werden, ob Kraftstoff im Tank ist (Vertrauen Sie gerade hierbei nie den Worten anderer oder der Tankanzeige). Falls ein Elektrik-Ausfall festgestellt wird, muss zuerst auf getrennte Stecker oder lockere Kabel geachtet werden, bevor die Prüfausrüstung ausgepackt wird.
- ☐ *Heilen Sie das Leiden, nicht die Symptome.* Eine entladene Batterie durch eine vollständig geladene zu ersetzen, kann einen zunächst einmal wieder nach Hause bringen, doch wenn die zugrunde liegende Ursache nicht behandelt wird, ist die neue Batterie auch bald wieder leer. Genauso macht bei Benzinmotoren der Austausch verölter Zündkerzen durch Neuteile das Auto erst einmal wieder mobil, doch auch der Grund für diese Verschmutzung (solange es nicht ein falscher Wärmewert war) muss rasch gefunden und behoben werden.
- ☐ *Nehmen Sie nichts als gegeben hin.* Vergessen Sie vor allem niemals, dass auch eine »neue« Komponente defekt sein kann (besonders, wenn sie schon monatelang im Kofferraum durchgeschüttelt wurde). Schließen Sie auch keine Komponenten bei der Fehlerdiagnose aus, nur weil sie neu sind oder erst kürzlich installiert wurden. Wenn schließlich ein schwieriger Defekt diagnostiziert wurde, wird man möglicherweise feststellen, dass alle Beweise von Anfang an darauf hingewiesen haben.

## Motor

### *Motor lässt sich nicht per Anlasser durchdrehen*

- ☐ Batterieanschlüsse locker oder korrodiert (*Wöchentliche Kontrollen*)
- ☐ Batterie entladen oder defekt (Kapitel 5A)
- ☐ Verkabelung im Anlasserstromkreis gebrochen, locker oder getrennt (Kapitel 5A)
- ☐ Anlasser-Magnetschalter oder Zündschloss defekt (Kapitel 5A oder 10)
- ☐ Anlasser defekt (Kapitel 5A)
- ☐ Zähne am Anlasser-Zahnrad oder Schwungscheiben-Zahnkranz gebrochen (Kapitel 2A oder 5A)
- ☐ Massekabel des Motors gebrochen oder getrennt (Kapitel 12)
- ☐ »Hydraulische Blockade« durch eingedrungenes Wasser (größeres internes Leck im Kühlsystem oder angesaugt beim Waten) – konsultieren Sie eine Fachwerkstatt.

### *Motor dreht, springt aber nicht an*

- ☐ Tank leer
- ☐ Batterie entladen (Anlasser dreht langsam) (Kapitel 5A)
- ☐ Batterieanschlüsse locker oder korrodiert (*Wöchentliche Kontrollen*)
- ☐ Zündungskomponenten feucht oder beschädigt (Kapitel 1 und 5B)
- ☐ Gebrochene, lockere oder getrennte Kabel im Zündungs-Stromkreis (Kapitel 1 und 5B)
- ☐ Zündkerzen verschlissen, defekt oder mit falschem Elektrodenabstand (Kapitel 1)
- ☐ Wegfahrsperre defekt oder nicht codierter Zündschlüssel (Kapitel 12 oder *Straßenrand-Reparaturen*)
- ☐ Kurbelwellensensor defekt (Kapitel 4A)
- ☐ Einspritzung/Motorsteuerung defekt (Kapitel 4A)
- ☐ Größerer technischer Defekt (z. B. Zahnriemen übergesprungen) (Kapitel 2A)

### *Motor springt kalt schlecht an*

- ☐ Batterie entladen (Kapitel 5A)
- ☐ Batterieanschlüsse locker oder korrodiert (*Wöchentliche Kontrollen*)
- ☐ Zündkerzen verschlissen, defekt oder mit falschem Elektrodenabstand (Kapitel 1)
- ☐ Anderer Zündsystem-Defekt (Kapitel 1 oder 5A)
- ☐ Einspritzung/Motorsteuerung defekt (Kapitel 4A)
- ☐ Motoröl mit falscher Viskosität (zu »zäh«) (*Wöchentliche Kontrollen*, Kapitel 1)
- ☐ Motorkompression niedrig (Kapitel 2A)

### *Motor springt warm schlecht an*

- ☐ Luftfilterelement verschmutzt oder verstopft (Kapitel 1)
- ☐ Einspritzung/Motorsteuerung defekt (Kapitel 4A)
- ☐ Motorkompression niedrig (Kapitel 2A)

### *Anlasser macht laute Geräusche oder rückt übermäßig hart ein*

- ☐ Zähne am Anlasser-Zahnrad oder Schwungscheiben-Zahnkranz gebrochen (Kapitel 2A oder 5A)
- ☐ Anlasser-Befestigungsschrauben locker oder verloren gegangen (Kapitel 5A)
- ☐ Interne Anlasser-Komponenten verschlissen oder defekt (Kapitel 5A)

### *Motor startet und geht gleich wieder aus*

- ☐ Anschlüsse im Zündungs-Stromkreis locker oder defekt (Kapitel 1 oder 5B)
- ☐ Unterdruck-Leck im Drosselklappengehäuse, Einlassstutzen oder Verbindungsschläuchen (Kapitel 4A)
- ☐ Einspritzdüsen verstopft, Einspritzung/Motorsteuerung defekt (Kapitel 4A)

### *Motor läuft im Standgas ungleichmäßig*

- ☐ Luftfilterelement verstopft (Kapitel 1)
- ☐ Unterdruck-Leck im Drosselklappengehäuse, Einlassstutzen oder Verbindungsschläuchen (Kapitel 4A)
- ☐ Zündkerzen verschlissen, defekt oder mit falschem Elektrodenabstand (Kapitel 1)
- ☐ Ventilspiel unkorrekt (Kapitel 1)
- ☐ Motorkompression ungleichmäßig oder niedrig (Kapitel 2A)
- ☐ Nockenwellen-Nocken stark verschlissen (Kapitel 2A)
- ☐ Zahnriemen unkorrekt gespannt oder falsch installiert (Kapitel 2A)
- ☐ Einspritzdüsen verstopft, Einspritzung/Motorsteuerung defekt (Kapitel 4A)

### *Motor produziert im Standgas Fehlzündungen*

- ☐ Zündkerzen verschlissen, defekt oder mit falschem Elektrodenabstand (Kapitel 1)
- ☐ Kerzenstecker defekt (Kapitel 1)
- ☐ Unterdruck-Leck im Drosselklappengehäuse, Einlassstutzen oder Verbindungsschläuchen (Kapitel 4A)
- ☐ Einspritzung/Motorsteuerung defekt (Kapitel 4A)
- ☐ Motorkompression ungleichmäßig oder niedrig (Kapitel 2A)

☐ Motorentlüftungsschläuche getrennt, undicht oder beschädigt (Kapitel 4B)

***Motor produziert im Fahrbetrieb Fehlzündungen***
☐ Kraftstofffilter verstopft (Kapitel 1)
☐ Kraftstoffpumpe defekt oder Druck zu gering (Kapitel 4A)
☐ Tankentlüftung oder Kraftstoffleitungen verstopft (Kapitel 4A)
☐ Unterdruck-Leck im Drosselklappengehäuse, Einlassstutzen oder Verbindungsschläuchen (Kapitel 4A)
☐ Zündkerzen verschlissen, defekt oder mit falschem Elektrodenabstand (Kapitel 1)
☐ Kerzenstecker defekt (Kapitel 1)
☐ Zündspule defekt (Kapitel 5B)
☐ Motorkompression ungleichmäßig oder niedrig (Kapitel 2A)
☐ Einspritzdüsen verstopft, Einspritzung/Motorsteuerung defekt (Kapitel 4A)
☐ Katalysator blockiert (Kapitel 4A)
☐ Motor überhitzt (Kapitel 3)

***Motor beschleunigt schlecht***
☐ Zündkerzen verschlissen, defekt oder mit falschem Elektrodenabstand (Kapitel 1)
☐ Unterdruck-Leck im Drosselklappengehäuse, Einlassstutzen oder Verbindungsschläuchen (Kapitel 4A)
☐ Einspritzdüsen verstopft, Einspritzung/Motorsteuerung defekt (Kapitel 4A)

***Motor stirbt ab***
☐ Unterdruck-Leck im Drosselklappengehäuse, Einlassstutzen oder Verbindungsschläuchen (Kapitel 4A)
☐ Kraftstofffilter verstopft (Kapitel 1)
☐ Kraftstoffpumpe defekt oder Druck zu gering (Kapitel 4A)
☐ Tankentlüftung oder Kraftstoffleitungen verstopft (Kapitel 4A)
☐ Einspritzdüsen verstopft, Einspritzung/Motorsteuerung defekt (Kapitel 4A)

***Motorleistung mangelhaft***
☐ Luftfilter verstopft (Kapitel 1)
☐ Kraftstofffilter verstopft (Kapitel 1)
☐ Kraftstoffleitungen verstopft oder gequetscht (Kapitel 4A)
☐ Ventilspiel unkorrekt (Kapitel 1)
☐ Zündkerzen verschlissen, defekt oder mit falschem Elektrodenabstand (Kapitel 1)
☐ Motor überhitzt (Kapitel 3)
☐ Gaszug verschlissen (Kapitel 4A)
☐ Unterdruck-Leck im Drosselklappengehäuse, Einlassstutzen oder Verbindungsschläuchen (Kapitel 4A)
☐ Einspritzdüsen verstopft, Einspritzung/Motorsteuerung defekt (Kapitel 4A)
☐ Zahnriemen falsch installiert (Kapitel 2A)
☐ Kraftstoffpumpe defekt oder Druck zu gering (Kapitel 4A)
☐ Motorkompression ungleichmäßig oder niedrig (Kapitel 2A)
☐ Katalysator blockiert (Kapitel 4A)
☐ Bremsen schleifen (Kapitel 1 und 9)
☐ Kupplung rutscht durch (Kapitel 6)

***Motor erzeugt Auspuffknallen***
☐ Zahnriemen falsch installiert (Kapitel 2A)
☐ Unterdruck-Leck im Drosselklappengehäuse, Einlassstutzen oder Verbindungsschläuchen (Kapitel 4A)
☐ Einspritzdüsen verstopft, Einspritzung/Motorsteuerung defekt (Kapitel 4A)
☐ Katalysator blockiert (Kapitel 4A)
☐ Kerzenstecker falsch installiert (Kapitel 1 oder 5B)
☐ Zündspule defekt (Kapitel 5B)

***Öldrucklampe leuchtet bei laufendem Motor auf***
☐ Ölpegel niedrig, Viskosität gering oder Ölsorte falsch (*Wöchentliche Kontrollen*)
☐ Öldruckschalter oder Kabel defekt (Kapitel 5A)
☐ Ölpumpe und/oder Gleitlager im Motor verschlissen (Kapitel 2A)
☐ Motortemperatur zu hoch (Kapitel 3)
☐ Öl-Überdruckventil defekt (Kapitel 2A)
☐ Öl-Ansaugsieb verstopft (Kapitel 2A)

***Motor läuft nach dem Abschalten weiter***
☐ Erhebliche Kohleablagerungen im Motor (Kapitel 2B)
☐ Motortemperatur zu hoch (Kapitel 3)
☐ Einspritzung/Motorsteuerung defekt (Kapitel 4A)

***Motor macht ungewöhnliche Geräusche***
**Klingeln oder Klopfen beim Beschleunigen oder unter Last**
☐ Zündzeitpunkt unkorrekt/Zündsystem defekt (Kapitel 1 oder 5B)
☐ Zündkerzen mit falschem Wärmewert (Kapitel 1)
☐ Kraftstoffsorte falsch (Kapitel 4A)
☐ Klopfsensor defekt (falls vorhanden) (Kapitel 5B)
☐ Unterdruck-Leck im Drosselklappengehäuse, Einlassstutzen oder Verbindungsschläuchen (Kapitel 4A)
☐ Erhebliche Kohleablagerungen im Motor (Kapitel 2B)
☐ Einspritzdüsen verstopft, Einspritzung/Motorsteuerung defekt (Kapitel 4A)
**Pfeifen oder Zischen**
☐ Einlassstutzen-Dichtung undicht (Kapitel 4A)
☐ Auspuffstutzen-Dichtung oder Rohranschluss undicht (Kapitel 4A)
☐ Unterdruckschlauch undicht (Kapitel 4A oder 9)
☐ Zylinderkopfdichtung defekt (Kapitel 2A)
☐ Motorentlüftung teilweise blockiert oder undicht (Kapitel 4A)
**Pochen oder Klappern**
☐ Ventilspiel unkorrekt (Kapitel 1)
☐ Ventiltrieb oder Nockenwelle(n) verschlissen (Kapitel 2A)
☐ Nebenaggregate (Wasserpumpe, Lichtmaschine usw.) defekt (Kapitel 3, 5A usw.)
**Klopfen oder Schlagen**
☐ Pleuelfußlager verschlissen (gleichmäßiges starkes Klopfen, unter Last eventuell leiser) (Kapitel 2B)
☐ Kurbelwellen-Hauptlager verschlissen (Rumpeln und Klopfen, unter Last eventuell stärker) (Kapitel 2B)
☐ Kolben-Kippen (bei kaltem Motor am lautesten) (Kapitel 2B)
☐ vNebenaggregate (Wasserpumpe, Lichtmaschine usw.) defekt (Kapitel 3, 5A usw.)
☐ Motorhalterungen verschlissen oder defekt (Kapitel 2A)
☐ Vorderradaufhängung oder Lenkungs-Komponenten verschlissen (Kapitel 10)

## Kühlsystem

***Kühlmittel überhitzt***
☐ Kühlmittel-Pegel zu niedrig (*Wöchentliche Kontrollen*)
☐ Thermostat defekt (klemmt geschlossen) (Kapitel 3)
☐ Wasserkühler verstopft oder Rippen stark verschmutzt (Kapitel 3)
☐ Kühlerventilator oder Widerstand-Paket (Modelle mit zwei Ventilatoren) defekt (Kapitel 3)
☐ Kühltemperatursensor defekt (Kapitel 3)
☐ Überdruckventil defekt (Kapitel 3)
☐ Motorsteuerung defekt (Kapitel 4A)
☐ Lufteinschlüsse im Kühlsystem (Kapitel 1)

***Kühltemperatur zu gering***
- ☐ Thermostat defekt (klemmt offen) (Kapitel 3)
- ☐ Kühltemperatur-Geber sendet falsche Werte (Kapitel 3)
- ☐ Kühlerventilator defekt (Kapitel 3)
- ☐ Motorsteuerung defekt (Kapitel 4A)

***Kühlmittel läuft aus***
- ☐ Schläuche porös oder beschädigt, Schellen defekt (Kapitel 1)
- ☐ Wasserkühler oder Heizungs-Wärmetauscher undicht (Kapitel 3)
- ☐ Überdruckventil defekt (Kapitel 3)
- ☐ Wasserpumpendichtung defekt (Kapitel 3)
- ☐ Kühlmittel kocht bei Überhitzung auf (Kapitel 3)
- ☐ Froststopfen undicht (Kapitel 2B)

***Kühlmittel gelangt in den Motor***
- ☐ Zylinderkopfdichtung defekt (Kapitel 2A)
- ☐ Zylinderkopf oder Motorblock gerissen (Kapitel 2A oder B)

***Korrosion***
- ☐ Kühlmittel wurde nicht regelmäßig ersetzt (Kapitel 1)
- ☐ Falsches Frostschutz-Gemisch oder falscher Frostschutzmittel-Typ (*Wöchentliche Kontrollen*)

## Kraftstoff- und Auspuffsystem

***Übermäßiger Kraftstoffverbrauch***
- ☐ Unökonomischer Fahrstil oder ungünstige Bedingungen (Kälte, starker Gegenwind usw.)
- ☐ Luftfilter verschmutzt oder verstopft (Kapitel 1)
- ☐ Einspritzung/Motorsteuerung defekt (Kapitel 4A)
- ☐ Motorentlüftung blockiert (Kapitel 4B)
- ☐ Kraftstoffsystem undicht (vorgetäuschter hoher Verbrauch) (Kapitel 1 oder 4A)
- ☐ Reifendruck zu gering (*Wöchentliche Kontrollen*)
- ☐ Bremsen schleifen (Kapitel 1 und 9)

***Kraftstoff läuft aus und/oder verursacht Gerüche***
- ☐ Tank, Kraftstoffleitungen oder Anschlüsse verrostet oder beschädigt (Kapitel 4A)
- ☐ Verdunstungsregelung defekt (Kapitel 4B)

***Laute Geräusche aus dem Auspuff***
- ☐ Auspuffanlagen-Verbindungen oder Auspuffstutzen undicht (Kapitel 1 oder 4A)
- ☐ Schalldämpfer innerlich verrostet oder Rohre durchgerostet (Kapitel 1 oder 4A)
- ☐ Halterungen gebrochen oder gerissen, sodass Kontakt zu Karosserie oder Fahrgestell entsteht (Kapitel 1)

## Kupplung

***Kupplungspedal lässt sich bis zum Boden durchtreten – kein Druck oder geringer Widerstand***
- ☐ Kupplungshydraulik enthält Luft (Kapitel 6)
- ☐ Ausrückzylinder defekt (Kapitel 6)
- ☐ Geberzylinder defekt (Kapitel 6)
- ☐ Kupplungspedal-Rückholfeder ausgehängt oder gebrochen (Kapitel 6)
- ☐ Ausrücklager oder Gabel gebrochen (Kapitel 6)
- ☐ Tellerfeder in Druckplatte gebrochen (Kapitel 6)

***Kupplung trennt nicht (Gänge lassen sich nicht einlegen)***
- ☐ Kupplungshydraulik enthält Luft (Kapitel 6)
- ☐ Kupplungspedal-Höhe unkorrekt (Kapitel 1)
- ☐ Ausrückzylinder defekt (Kapitel 6)
- ☐ Geberzylinder defekt (Kapitel 6)
- ☐ Mitnehmerscheibe klemmt auf Getriebewellen-Kerbverzahnung (Kapitel 6)
- ☐ Mitnehmerscheibe klemmt in Schwungscheibe oder an Druckscheibe (Kapitel 6)
- ☐ Druckscheiben-Baugruppe defekt (Kapitel 6)
- ☐ Ausrückmechanismus verschlissen oder falsch montiert (Kapitel 6)

***Kupplung rutscht (Motordrehzahl steigt, Geschwindigkeit aber nicht)***
- ☐ Kupplungshydraulik defekt (Kapitel 6)
- ☐ Kupplungspedal-Höhe unkorrekt (Kapitel 1)
- ☐ Druckscheiben-Beläge extrem verschlissen (Kapitel 6)
- ☐ Druckscheiben-Beläge verölt (Kapitel 6)
- ☐ Druckscheiben-Baugruppe defekt oder Tellerfeder ermüdet (Kapitel 6)

***Kupplung vibriert beim Einrücken***
- ☐ Druckscheiben-Beläge verölt (Kapitel 6)
- ☐ Druckscheiben-Beläge extrem verschlissen (Kapitel 6)
- ☐ Druckscheibe oder Tellerfeder defekt oder verzogen (Kapitel 6)
- ☐ Motor/Getriebe-Aufnahmen verschlissen oder locker (Kapitel 2A)
- ☐ Druckscheiben-Nabe oder Getriebewellen-Kerbverzahnung verschlissen (Kapitel 6)

***Geräusche beim Einrücken oder Ausrücken der Kupplung***
- ☐ Ausrücklager verschlissen (Kapitel 6)
- ☐ Kupplungspedal-Buchsen verschlissen oder trocken (Kapitel 6)
- ☐ Geberzylinder-Kolben verschlissen oder trocken (Kapitel 6)
- ☐ Druckscheiben-Baugruppe defekt (Kapitel 6)
- ☐ Tellerfeder gebrochen (Kapitel 6)
- ☐ Druckscheiben-Dämpferfedern gebrochen (Kapitel 6)

## Schaltgetriebe

***Geräusche im Leerlauf bei laufendem Motor***
- ☐ Getriebeölpegel zu niedrig (Kapitel 1)
- ☐ Eingangswellen-Lager verschlissen (wird beim Treten der Kupplung leiser) (Kapitel 7)*
- ☐ Kupplungs-Ausrücklager verschlissen (wird beim Treten der Kupplung lauter) (Kapitel 6)

***Geräusche in einem bestimmten Gang***
- ☐ Zahnrad-Zähne verschlissen oder ausgebrochen (Kapitel 7)*
- ☐ Getriebelager verschlissen (Kapitel 7)*

***Gänge lassen sich schwierig einlegen***
- ☐ Kupplung defekt (Kapitel 6)
- ☐ Kupplungspedal-Höhe unkorrekt (Kapitel 1)
- ☐ Getriebeölpegel zu niedrig (Kapitel 1)
- ☐ Synchronringe verschlissen (Kapitel 7)*

***Gang springt heraus***
- ☐ Synchronringe verschlissen (Kapitel 7)*
- ☐ Schaltgabeln verschlissen (Kapitel 7)*

***Vibrationen***
- ☐ Getriebeöl-Mangel (Kapitel 1)
- ☐ Getriebelager verschlissen (Kapitel 7)*

***Getriebeöl tritt aus***
- ☐ Antriebs- oder Schaltwellendichtring undicht (Kapitel 7)
- ☐ Getriebegehäuse-Dichtfläche undicht (Kapitel 7)*
- ☐ Eingangswellen-Dichtring defekt (Kapitel 7)*

* *Obwohl die notwendigen Arbeitsschritte zur Beseitigung der beschriebenen Symptome außerhalb der Fähigkeiten eines Hobbyschraubers liegen, können die Informationen helfen, die Ursache zu isolieren, sodass bei einer Fachwerkstatt klare Aussagen gemacht werden können.*

## Differenzial und Kardanwelle

***Vibrationen beim Beschleunigen oder im Schiebebetrieb***
- ☐ Kreuzgelenk verschlissen (Kapitel 8)
- ☐ Kardanwelle verbogen oder beschädigt verdreht (Kapitel 8)

***Heulen, Frequenz mit zunehmender Geschwindigkeit ansteigend***
- ☐ Differenzial verschlissen (Kapitel 8)

## Antriebswellen

***Vibrationen beim Beschleunigen oder im Schiebebetrieb***
- ☐ Innere Gleichlaufgelenke verschlissen (Kapitel 8)
- ☐ Antriebswelle verbogen oder verdreht (Kapitel 8)

## Bremssystem

**Anmerkung:** *Bevor von einem Bremsenproblem ausgegangen wird, muss überprüft werden, ob die Reifen in Ordnung und korrekt aufgepumpt sind, die Spur der Vorderräder korrekt eingestellt ist und das Fahrzeug nicht ungleichmäßig beladen ist. Abgesehen von der Überprüfung aller Bremsleitungen sollten alle Mängel am ABS von einer Fachwerkstatt diagnostiziert und behoben werden.*

***Fahrzeug zieht beim Bremsen zu einer Seite***
- ☐ Bremsbeläge einer Seite sind verschlissen, beschädigt oder verölt (Kapitel 1 und 9)
- ☐ Bremssattelkolben schwergängig oder fest (Kapitel 1 und 9)
- ☐ Bremsbelag-Material unterscheidet sich zwischen beiden Seiten (Kapitel 1 und 9)
- ☐ Bremssattel-Befestigung locker (Kapitel 9)
- ☐ Lenkungs- oder Radaufhängungs-Komponenten verschlissen oder beschädigt (Kapitel 1 und 10)

***Geräusche (Schleifen oder Quietschen) beim Bremsen***
- ☐ Bremsbeläge bis auf Trägerplatte verschlissen (Kapitel 1 und 9)
- ☐ Bremsscheiben stark korrodiert (z. B. nach langer Standzeit) (Kapitel 1 und 9)
- ☐ Fremdkörper (Steine, Äste usw.) zwischen Bremsscheibe und Spritzschutz eingeklemmt (Kapitel 1 und 9)

***Langer Bremspedalweg***
- ☐ Hauptbremszylinder defekt (Kapitel 9)
- ☐ Bremspedalhöhe unkorrekt (Kapitel 9)
- ☐ Luft in Bremshydraulik (Kapitel 9)
- ☐ Bremskraftverstärker defekt (Kapitel 9)

***Bremspedal fühlt sich beim Treten schwammig an***
- ☐ Luft in Bremshydraulik (Kapitel 1 oder 9)
- ☐ Bremsschläuche stark gealtert (Kapitel 1 und 9)
- ☐ Hauptbremszylinder-Muttern locker (Kapitel 9)
- ☐ Hauptbremszylinder defekt (Kapitel 9)

***Zum Verzögern ist übermäßige Kraft beim Treten des Bremspedals nötig***
- ☐ Bremskraftverstärker defekt (Kapitel 9)
- ☐ Bremskraftverstärker-Unterdruckschlauch getrennt, beschädigt oder schlecht gesichert (Kapitel 9)
- ☐ Primär- oder Sekundär-Bremskreis defekt (Kapitel 9)
- ☐ Bremssattelkolben schwergängig oder fest (Kapitel 9)
- ☐ Bremsbeläge falsch montiert (Kapitel 9)
- ☐ Bremsbelag-Material falsch (Kapitel 9)
- ☐ Bremsbeläge verölt (Kapitel 9)

***Beim Bremsen treten im Bremspedal oder im Lenkrad Vibrationen auf***
**Anmerkung:** *Bei ABS-Modellen können beim starken Bremsen im Bremspedal Vibrationen fühlbar sein – dies ist normal und beeinträchtigt nicht die Funktion.*
- ☐ Bremsscheibe(n) stark verzogen oder verformt (Kapitel 9)
- ☐ Bremsbeläge verschlissen (Kapitel 1 und 9)
- ☐ Bremssattel-Befestigung locker (Kapitel 9)
- ☐ Lenkungs- oder Radaufhängungs-Komponenten verschlissen (Kapitel 1 und 10)
- ☐ Vorderräder sind nicht korrekt gewuchtet (*Wöchentliche Kontrollen*)

***Bremsen schleifen***
- ☐ Bremssattelkolben schwergängig oder fest (Kapitel 9)
- ☐ Handbremsmechanismus falsch eingestellt (Kapitel 9)
- ☐ Hauptbremszylinder defekt (Kapitel 9)

***Hinterräder blockieren beim normalen Bremsen***
- ☐ Hinterradbremsbeläge verschmutzt oder beschädigt (Kapitel 1 und 9)
- ☐ Hinterradbremsscheibe(n) verzogen (Kapitel 1 und 9)
- ☐ ABS defekt (Kapitel 9)

## Radaufhängungen und Lenkung

**Anmerkung:** *Bevor von einem Problem an den Radaufhängungen oder der Lenkung ausgegangen wird, muss überprüft werden, ob das Problem nicht durch falschen Reifendruck, falsche Reifen oder eine schleifende Bremse entstanden ist.*

***Fahrzeug zieht zu einer Seite***
- ☐ Reifen defekt (Wöchentliche Kontrollen)
- ☐ Lenkungs- oder Radaufhängungs-Komponenten stark verschlissen (Kapitel 1 und 10)
- ☐ Spur und Sturz nicht korrekt eingestellt (Kapitel 10)
- ☐ Unfallschaden an Lenkungs- oder Radaufhängungs-Komponenten (Kapitel 1 und 10)

***Räder flattern oder vibrieren***
- ☐ Vorderräder nicht gewuchtet (Vibrationen vor allem im Lenkrad spürbar) (*Wöchentliche Kontrollen*)
- ☐ Hinterräder nicht gewuchtet (Vibrationen im Fahrzeug spürbar) (*Wöchentliche Kontrollen*)
- ☐ Räder beschädigt oder verzogen (*Wöchentliche Kontrollen*)

☐ Reifen beschädigt oder defekt (*Wöchentliche Kontrollen*)
☐ Lenkungs- oder Radaufhängungs-Gelenke, Buchsen und Komponenten verschlissen (Kapitel 1 und 10)
☐ Radmuttern locker (Kapitel 1)

***Starkes Einsinken und/oder Schlingern in Kurven oder beim Bremsen***
☐ Stoßdämpfer defekt (Kapitel 1 und 10)
☐ Federn und/oder Federelemente ermüdet oder gebrochen (Kapitel 1 und 10)
☐ Stabilisator-Befestigungen verschlissen oder beschädigt (Kapitel 10)

***Fahrzeug bleibt nicht in der Spur oder ist generell instabil***
☐ Spur und Sturz nicht korrekt eingestellt (Kapitel 10)
☐ Lenkungs- oder Radaufhängungs-Gelenke, Buchsen und Komponenten verschlissen (Kapitel 1 und 10)
☐ Räder nicht gewuchtet (*Wöchentliche Kontrollen*)
☐ Reifen beschädigt oder defekt (*Wöchentliche Kontrollen*)
☐ Radmuttern locker (Kapitel 1)
☐ Stoßdämpfer defekt (Kapitel 1 und 10)

***Schwergängige Lenkung***
☐ Servolenkungspumpe defekt (Kapitel 10)
☐ Spurstangenkopf- oder Federbein-Kugelgelenk klemmt (Kapitel 1 und 10)
☐ Spur und Sturz der Vorderräder nicht korrekt eingestellt (Kapitel 1 und 10)
☐ Lenkgestänge oder Lenksäule verbogen oder beschädigt (Kapitel 1 und 10)

***Übermäßiges Spiel in der Lenkung***
☐ Lenksäulen-Kreuzgelenk(e) verschlissen (Kapitel 10)
☐ Lenk-Zahnstange verschlissen (Kapitel 10)
☐ Spurstangenköpfe verschlissen (Kapitel 10)
☐ Lenkungs- oder Radaufhängungs-Gelenke, Buchsen und Komponenten verschlissen (Kapitel 1 und 10)

***Mangelnde Servo-Unterstützung***
☐ Servolenkungspumpe defekt (Kapitel 10)
☐ Lenk-Zahnstange verschlissen (Kapitel 10)

***Starker Reifenverschleiß***
**Reifenprofil bildet »Sägezähne«**
☐ Spur nicht korrekt eingestellt (Kapitel 10)
**Reifenverschleiß in der Profilmitte**
☐ Luftdruck zu hoch (*Wöchentliche Kontrollen*)
**Verschleiß an den Innen- und Außenrädern**
☐ Luftdruck zu gering (*Wöchentliche Kontrollen*)
**Verschleiß an den Innen- oder Außenrädern**
☐ Luftdruck zu gering (*Wöchentliche Kontrollen*)
☐ Spur und Sturz nicht korrekt eingestellt (Verschleiß nur an einer Seite) (Kapitel 10)
☐ Lenkungs- oder Radaufhängungs-Gelenke, Buchsen und Komponenten verschlissen (Kapitel 10)
☐ Sportliche Fahrweise
☐ Unfallschaden
**Ungleichmäßiger Verschleiß**
☐ Reifen schlecht oder nicht gewuchtet (*Wöchentliche Kontrollen*)
☐ Reifen oder Felge stark verschlissen (*Wöchentliche Kontrollen*)
☐ Stoßdämpfer verschlissen (Kapitel 1 und 10)
☐ Reifen defekt (*Wöchentliche Kontrollen*)

## Elektrik

**Anmerkung:** *Probleme mit dem Anlasser werden unter dem Stichpunkt »Motor« behandelt.*

***Batterie entlädt nach wenigen Tagen***
☐ Batterie stark verschmutzt, sodass Kriechströme entstehen (*Wöchentliche Kontrollen*)
☐ Batterie hat internen Defekt (Kapitel 5A)
☐ Batterieanschlüsse locker oder korrodiert (*Wöchentliche Kontrollen*)
☐ Keilrippenriemen locker oder verschlissen (Kapitel 1)
☐ Lichtmaschine lädt nicht mit korrekter Leistung (Kapitel 5A)
☐ Lichtmaschine oder Spannungsregler defekt (Kapitel 5A)
☐ Kurzschluss verursacht dauerhafte Entladung (Kapitel 5A und 12)

***Ladekontrollleuchte leuchtet nach dem Starten des Motors weiter***
☐ Keilrippenriemen locker oder verschlissen (Kapitel 1)
☐ Lichtmaschine oder Spannungsregler defekt (Kapitel 5A)
☐ Kabel des Ladestromkreises getrennt, locker oder gebrochen (Kapitel 5A)

***Ladekontrollleuchte leuchtet beim Einschalten der Zündung nicht***
☐ Kontrollleuchte defekt (Kapitel 12)
☐ Kabel des Kontrollleuchten-Stromkreises getrennt, locker oder gebrochen (Kapitel 5A oder 12)
☐ Lichtmaschine defekt (Kapitel 5A)

***Licht funktioniert nicht***
☐ Lampe durchgebrannt (Kapitel 12)
☐ Lampen- oder Sockel-Kontakt korrodiert (Kapitel 12)
☐ Sicherung durchgebrannt (Kapitel 12)
☐ Relais defekt (Kapitel 12)
☐ Kabel getrennt, locker oder gebrochen (Kapitel 12)
☐ Schalter defekt (Kapitel 12)

***Instrumente zeigen falsch oder ungleichmäßig an***
**Tankuhr oder Temperaturanzeige zeigt nichts an**
☐ Geber defekt (Kapitel 3 oder 4A)
☐ Stromkreis unterbrochen (Kapitel 12)
☐ Anzeige defekt (Kapitel 12)
**Tankuhr oder Temperaturanzeige zeigen ständig Maximalwerte an**
☐ Geber defekt (Kapitel 3 oder 4A)
☐ Kurzschluss im Stromkreis (Kapitel 12)
☐ Anzeige defekt (Kapitel 12)

***Hupe funktioniert nicht oder nur unzuverlässig***
**Hupe arbeitet ständig**
☐ Hupenknopf klemmt oder hat Dauer-Massekontakt (Kapitel 12)
☐ Lenkrad-Kabelstecker hat Massekontakt (Kapitel 12)
**Hupe funktioniert nicht**
☐ Sicherung durchgebrannt (Kapitel 12)
☐ Lenkrad-Kabelstecker getrennt, locker oder gebrochen (Kapitel 12)
☐ Hupe defekt (Kapitel 12)
**Hupe arbeitet unzuverlässig oder erzeugt krächzende Töne**
☐ Kabelstecker locker (Kapitel 12)
☐ Hupen-Befestigung locker (Kapitel 12)
☐ Hupe defekt (Kapitel 12)

***Scheibenwischer funktionieren nicht oder nur unzuverlässig***
**Scheibenwischer funktioniert gar nicht oder nur sehr langsam**
☐ Wischerblätter kleben auf Scheibe (Pollen, Baumharz, Blattläuse)
☐ Wischergestänge klemmt, Gelenke stark verrostet (Kapitel 12)
☐ Sicherung durchgebrannt (Kapitel 12)
☐ Batterie entladen (Kapitel 5A)
☐ Kabel getrennt, locker oder gebrochen (Kapitel 12)

☐ Relais defekt (Kapitel 12)
☐ Scheibenwischermotor defekt (Kapitel 12)

**Wischerblätter wischen über zu großen oder zu kleinen Bereich der Glasscheibe**
☐ Wischerblätter falsch montiert oder falsche Größe (*Wöchentliche Kontrollen*)
☐ Wischerarm falsch auf Welle positioniert (Kapitel 12)
☐ Wischergestänge stark verschlissen (Kapitel 12)
☐ Scheibenwischermotor- oder Wischerarm-Befestigungen locker (Kapitel 12)

**Wischerblätter können Glasscheibe nicht wirkungsvoll reinigen**
☐ Wischerblätter stark verschmutzt, verschlissen oder eingerissen (*Wöchentliche Kontrollen*)
☐ Wischerarm-Feder gebrochen oder Scharniere verrostet (Kapitel 12)
☐ Waschwasser-Zusatz zu gering, fehlt oder falsch (*Wöchentliche Kontrollen*)

***Scheibenwaschanlage funktioniert nicht oder nur unzuverlässig***

**Eine oder mehrere Düsen funktionieren nicht**
☐ Düse verstopft – mit Nadel reinigen
☐ Schlauch abgezogen, abgeknickt oder verstopft (Kapitel 12)
☐ Wischwasserbehälter leer (*Wöchentliche Kontrollen*)

**Wischsystem-Pumpe arbeitet nicht**
☐ Kabel getrennt, locker oder gebrochen (Kapitel 12)
☐ Sicherung durchgebrannt (Kapitel 12)
☐ Schalter defekt (Kapitel 12)
☐ Pumpe defekt (Kapitel 12)

**Wischsystem-Pumpe läuft lange, bis Wasser aus Düsen austritt**
☐ Einwegventil in Schlauch defekt (Kapitel 12)

***Elektrische Fensterheber funktionieren nicht oder nur unzuverlässig***

**Fensterheber arbeitet nur in eine Richtung**
☐ Schalter defekt (Kapitel 12)

**Fensterheber arbeitet sehr langsam**
☐ Batterie entladen (Kapitel 5A)
☐ Fensterheber-Mechanismus festgegangen, Schmiermangel (Kapitel 11)
☐ Türverkleidung oder andere Komponenten behindern Fensterheber-Mechanismus (Kapitel 11)
☐ Motor defekt (Kapitel 11)

**Fensterheber arbeitet nicht**
☐ Sicherung durchgebrannt (Kapitel 12)
☐ Kabel getrennt, locker oder gebrochen (Kapitel 12)
☐ Motor defekt (Kapitel 11)
☐ Relais defekt (Kapitel 12)

***Zentralverriegelung funktioniert nicht oder nur unzuverlässig***

**Zentralverriegelung komplett ausgefallen**
☐ Fernbedienungs-Batterie entladen (falls vorhanden) (Kapitel 1)
☐ Sicherung durchgebrannt (Kapitel 12)
☐ Relais defekt (Kapitel 12)
☐ Kabel getrennt, locker oder gebrochen (Kapitel 12)
☐ Steuergerät defekt (Kapitel 11)

**Türverriegelung schließt, aber öffnet nicht oder umgekehrt**
☐ Fernbedienungs-Batterie entladen (falls vorhanden) (Kapitel 1)
☐ Hauptschalter defekt (Kapitel 12)
☐ Gestänge oder Hebel ausgehängt oder gebrochen (Kapitel 11)
☐ Relais defekt (Kapitel 12)
☐ Steuergerät defekt (Kapitel 11)

**Einzelnes Türschloss funktioniert nicht**
☐ Kabel getrennt, locker oder gebrochen (Kapitel 12)
☐ Betätigung defekt (Kapitel 11)
☐ Gestänge oder Hebel ausgehängt oder gebrochen (Kapitel 11)
☐ Türverriegelung defekt (Kapitel 11)